Jens Falta | Thomas Möller

Forschung mit Synchrotronstrahlung

Jens Falta | Thomas Möller

Forschung mit Synchrotron-strahlung

Eine Einführung in die Grundlagen und Anwendungen

STUDIUM

Unter Mitarbeit von:
Felix Beckmann, Thomas Brückel, Helmut Ehrenberg, Gerald Falkenberg, Josef Feldhaus, Alexander Föhlisch, Rainer Gehrke, Günter Goerigk, Walther Graeff, Ulrich Hahn, Franz Hennies, Stefan Heun, Ortwin Kaul, Lutz Kipp, Christian Kumpf, Thomas Lippmann, Eckhard Mandelkow, Alexander Marx, Jörg Neuefeind, Wolf Osterode, Elke Plönjes, Gerd Rapp, Mathias Richter, Daniel Rolles, Stefan Sack, Thomas Schmidt, Jochen Schneider, Horst Schulte-Schrepping, Bernd Sonntag, Markus Tischer, Larc Tröger, Rolf Treusch, Thomas Tschentscher, Edmund Welter, Thomas Wroblewski

VIEWEG+
TEUBNER

Bibliografische Information der Deutschen Nationalbibliothek
Die Deutsche Nationalbibliothek verzeichnet diese Publikation in der
Deutschen Nationalbibliografie; detaillierte bibliografische Daten sind im Internet über
<http://dnb.d-nb.de> abrufbar.

Prof. Dr. Jens Falta
Physikstudium an den Universitäten Hamburg und Hannover, Promotion 1991 in Hannover, 1991 bis
1992 Postdoctoral Fellow am IBM T. J. Watson Research Center in Yorktown Heights, NY, USA, 1992
bis 1999 Wissenschaftler am Deutschen Elektronensynchrotron DESY, Habilitation in Experimentalphysik 1997 an der Universität Hannover, seit 1999 Professor für Experimentalphysik im Institut für
Festkörperphysik an der Universität Bremen.
In der Forschung beschäftigt er sich mit der Struktur und Morphologie von Oberflächen und Grenzflächen, dem Kristallwachstum und damit verbundenen Oberflächenprozessen. Hierfür setzt er neben
anderen Methoden vor allem Synchrotronstrahlung ein.

Prof. Dr. Thomas Möller
Physik- und Astronomie-Studium an der Universität Hamburg, Promotion 1986 in Hamburg, Habilitation
in Experimentalphysik 1991 an der Universität Hamburg, 1992 bis 2003 Wissenschaftler am Deutschen
Elektronensynchrotron DESY, 1996 Gastwissenschaftler an der University of California in Berkely,
seit 2004 Professor für Experimentalphysik im Institut für Optik und Atomare Physik an der
Technischen Universität Berlin.
In der Forschung beschäftigt er sich mit der elektronischen Struktur von Clustern und Nanokristallen
sowie der Wechselwirkung von Clustern mit hochintensiven Röntgenpulsen z. B. aus Freie-Elektronen
Lasern.

1. Auflage 2010

Alle Rechte vorbehalten
© Vieweg+Teubner Verlag | Springer Fachmedien Wiesbaden GmbH 2010

Lektorat: Ulrich Sandten | Kerstin Hoffmann

Vieweg+Teubner Verlag ist eine Marke von Springer Fachmedien.
Springer Fachmedien ist Teil der Fachverlagsgruppe Springer Science+Business Media.
www.viewegteubner.de

Umschlaggestaltung: KünkelLopka Medienentwicklung, Heidelberg
Druck und buchbinderische Verarbeitung: MercedesDruck, Berlin
Gedruckt auf säurefreiem und chlorfrei gebleichtem Papier.

ISBN 978-3-519-00357-1

Adressenliste der Autoren

Dr. Felix Beckmann
GKSS Außenstelle
HASYLAB / DESY
Notkestrasse 85
22607 Hamburg

Prof. Dr. Thomas Brückel
Institut für Festkörperforschung
Forschungszentrum Jülich
52425 Jülich

Dr. Helmut Ehrenberg
IFW Dresden
Helmholtzstraße 20
01069 Dresden

Dr. Gerald Falkenberg
HASYLAB
Deutsches Elektronen-Synchrotron
Notkestrasse 85
22607 Hamburg

Prof. Dr. Jens Falta
Universität Bremen
Institut für Festkörperphysik
Postfach 330440
28334 Bremen

Dr. Josef Feldhaus
HASYLAB
Deutsches Elektronen-Synchrotron
Notkestrasse 85
22607 Hamburg

Prof. Dr. Alexander Föhlisch
Helmholtz-Zentrum Berlin und Universität Potsdam
Institut Methoden und Instrumentierung der Forschung mit Synchrotronstrahlung
Albert-Einstein-Str. 15
12489 Berlin

Dr. Rainer Gehrke
HASYLAB
Deutsches Elektronen-Synchrotron
Notkestrasse 85
22607 Hamburg

Dr. Günter Goerigk
Aussenstelle JCNS-FRMII Forschungszentrum Jülich
Außenstelle am FRMII
c/o Technische Universität München
Lichtenbergstraße 1
85747 Garching

Dr. Walther Graeff
c/o HASYLAB
Deutsches Elektronen-Synchrotron
Notkestrasse 85
22607 Hamburg

Dr. Ulrich Hahn
HASYLAB
Deutsches Elektronen-Synchrotron
Notkestrasse 85
22607 Hamburg

Dr. Franz Hennies
MAX-lab
Lund University
221 00 Lund, Schweden

Dr. Stefan Heun
NEST, CNR-INFM and Scuola Normale Superiore
Piazza San Silvestro 12
56127 Pisa, Italy

Dr. Ortwin Kaul
c/o Deutsches Elektronen-Synchrotron
Notkestrasse 85
22607 Hamburg

Prof. Dr. Lutz Kipp
Christian-Albrechts-Universität zu Kiel
Institut für Experimentelle und Angewandte Physik
Leibnizstraße 11–19
24118 Kiel

Priv. Doz. Dr. Christian Kumpf
Institut für Bio- und Nanosysteme (IBN-3)
Forschungszentrum Jülich
Leo-Brandt-Straße
52425 Jülich

Dr. Thomas Lippmann
GKSS Außenstelle
HASYLAB / DESY
Notkestrasse 85
22607 Hamburg

Prof. Dr. Eckhard Mandelkow
Max-Planck-Arbeitsgruppen für strukturelle Molekularbiologie
c/o DESY, Gebäude 25b
Notkestrasse 85
22607 Hamburg

Dr. Alexander Marx
Max-Planck-Arbeitsgruppen für strukturelle Molekularbiologie
c/o DESY, Gebäude 25b
Notkestrasse 85
22607 Hamburg

Prof. Dr. Thomas Möller
Institut für Optik und Atomare Physik
Technische Universität Berlin
Hardenbergstrasse 36
10623 Berlin

Dr. Jörg Neuefeind
Privatdozent Universität Bremen / SNS Project
Oak Ridge National Laboratory
PO Box 2008 MS 6475 Oak Ridge, TN, 37831
USA

Prof. Dr. Dr. Wolf Osterode
Univ. Klinik für Innere Medizin II
Währinger Gürtel 18-20
A- 1090 Wien, Österreich

Dr. Elke Plönjes
HASYLAB
Deutsches Elektronen-Synchrotron
Notkestrasse 85
22607 Hamburg

Dr. Gert Rapp
Rapp OptoElectronic GmbH
Gehlenkamp 9a
22559 Hamburg

Prof. Dr. Mathias Richter
Physikalisch-Technische Bundesanstalt
Fachbereich 7.1
Abbestrasse 2–12
10587 Berlin

Dr. Daniel Rolles
Max Planck Advanced Study Group at CFEL
c/o Deutsches Elektronen-Synchrotron
Notkestrasse 85
22607 Hamburg

Dr. Stefan Sack
Max-Planck-Arbeitsgruppen für strukturelle Molekularbiologie
c/o DESY, Gebäude 25b
Notkestrasse 85
22607 Hamburg

Priv. Doz. Dr. Thomas Schmidt
Universität Bremen
Institut für Festkörperphysik Abteilung Oberflächenphysik
28334 Bremen

Prof. Dr. Jochen R. Schneider
Center for Free-Electron Laser Science CFEL
Deutsches Elektronen-Synchrotron
Notkestrasse 85
22607 Hamburg

Dr. Horst-Schulte Schrepping
HASYLAB
Deutsches Elektronen-Synchrotron
Notkestrasse 85
22607 Hamburg

Prof. Dr. Bernd Sonntag
Institut für Experimentalphysik
Universität Hamburg
Luruper Chaussee 149
22761 Hamburg

Dr. Markus Tischer
HASYLAB
Deutsches Elektronen-Synchrotron
Notkestrasse 85
22607 Hamburg

Dr. Rolf Treusch
HASYLAB
Deutsches Elektronen-Synchrotron
Notkestrasse 85
22607 Hamburg

Dr. Larc Tröger
c/o HASYLAB
Deutsches Elektronen-Synchrotron
Notkestrasse 85
22607 Hamburg

Dr. Thomas Tschentscher
European XFEL
Albert Einstein Ring 19
22761 Hamburg

Dr. Edmund Welter
HASYLAB
Deutsches Elektronen-Synchrotron
Notkestrasse 85
22607 Hamburg

Dr. Thomas Wroblewski
HASYLAB
Deutsches Elektronen-Synchrotron
Notkestrasse 85
22607 Hamburg

Vorwort

Die Anwendungen von Synchrotronstrahlung stellen eines der in den letzten Jahrzehnten am stärksten wachsenden Forschungsfelder dar. Getragen wird diese Entwicklung von der Verfügbarkeit immer intensiverer und besser definierter Strahlung in einem weiten Spektralbereich vom Ultravioletten bis hin zu harter Röntgenstrahlung. Anwendungen finden sich in vielen gleichzeitig hochaktuellen und expandierenden Forschungsfeldern wie Nanostrukturen oder Proteinkristallographie. Das Ende dieser Entwicklung ist derzeit nicht absehbar, vielmehr trägt der gegenwärtig betriebene Aufbau neuerer, nochmals um Größenordnungen intensiverer Strahlungsquellen wie Freie-Elektronen-Laser noch zu einer weiteren Beschleunigung dieser Tendenzen bei.

Das vorliegende Buch über Forschung mit Synchrotronstrahlung wendet sich gleichermaßen an junge Wissenschaftler und Wissenschaftlerinnen wie auch an Studierende der Natur- und Ingenieurwissenschaften. Es ist modular aufgebaut und kann sowohl durchgehend gelesen wie auch zur Erarbeitung spezieller Aspekte genutzt werden. In der ersten Hälfte des Buches finden sich die physikalischen und methodischen Grundlagen für Experimente mit Synchrotronstrahlung. Hierzu gehören eine Beschreibung der Wechselwirkung elektromagnetischer Strahlung mit Materie, eine Beschreibung der Eigenschaften von Synchrotronstrahlung, ihrer Erzeugung und der notwendigen Instrumentierung sowie ein Abschnitt, in dem wichtige experimentelle Techniken vorgestellt werden. In der zweiten Hälfte des Buches finden sich Anwendungsbeispiele für die Forschung mit Synchrotronstrahlung in den Bereichen der Atom- und Molekülphysik, der Festkörperphysik und Materialwissenschaften sowie in Biologie und Medizin. Die Beispiele entstammen Forschungsarbeiten und sind so aufbereitet, dass sie den Lesern einen Eindruck vermitteln können, welchen Beitrag Synchrotronstrahlung in einem spezifischen Forschungsfeld leisten kann und wie dies geschieht. Eine derartige Darstellung in einem sich schnell entwickelnden Forschungsgebiet kann niemals vollständig sein, vielmehr möchten wir einen authentischen Einblick in die Forschung mit Synchrotronstrahlung geben.

Alle Abschnitte wurden von Autoren geschrieben, die in dem jeweiligen Forschungsfeld tätig sind, zum größten Teil werden eigene Forschungsergebnisse vorgestellt. Da sich die Anwendungen von Synchrotronstrahlung über die gesamten Natur- und Ingenieurwissenschaften erstrecken, haben sich in den unterschiedlichen Forschungsfeldern jeweils eigene Beschreibungsweisen und Notationen etabliert. So weit möglich, haben sich die Editoren bemüht, eine einheitliche Beschreibung zu erzielen bzw. auf unterschiedliche Notationen hinzuweisen. Vollständig ist dies jedoch nicht möglich, wenn gleichzeitig der nächste Schritt, nämlich die Nutzung der ausführlich angegebenen Originalliteratur, mitbedacht wird. Daher haben wir uns dazu entschlossen, in den Anwendungsbeispielen jeweils die Originalnotationen der Forschungsfelder zu verwenden.

Insgesamt sind an diesem Buch 37 Autoren beteiligt. Wir danken allen für ihre Mitarbeit und die Bereitschaft, unsere Änderungsvorschläge in die Beiträge einzuarbeiten. Wir wünschen uns, dass dieses Buch möglichst vielen Forschern und Studierenden den Einstieg in das spannende Feld der Synchrotronstrahlung ermöglicht und freuen uns über Kommentare und Anregungen.

Besonderer Dank gebührt unserem Kollegen Bernd Sonntag für eine gründliche Durchsicht und kritische Anmerkungen zur ersten Version unseres Manuskripts, Jan Ingo Flege, Björn Menkens und Simon Kuhr für hervorragende Text- und Abbildungsbearbeitung sowie Tina Hohl für ein intensives Lektorat unseres Manuskripts. Für die Unterstützung dieses Buchprojekts, insbesondere bei der Gewinnung von Autoren für das Anwendungskapitel, danken wir ganz herzlich Jochen R. Schneider.

Jens Falta und Thomas Möller im Januar 2010

Inhalt

Symbolverzeichnis

A	Absorption
A_{kin}	Kinematische Streuamplitude
A_{nm}	Fluoreszenzrate des Übergangs $m \to n$
B	Brillanz der Strahlung
B_{nm}	Einsteinkoeffizienten des Übergangs $m \to n$
$\vec{B}$	Magnetische Flussdichte
c	Lichtgeschwindigkeit
$D(E)$	Elektronische Zustandsdichte
$\vec{D}$	Dielektrische Verschiebungsdichte / Dielektrische Verschiebung
$\mathbf{D}$	Dipoloperator
e	Elementarladung
$\vec{e}$	Polarisationsvektor
E	Energie / Gesamtenergie
E_B	Bindungsenergie
E_c	Kritische Photonenenergie des Emissionsspektrums eines Ablenkmagneten
E_f	Energie des angeregten Endzustands
E_F	Fermi-Energie
E_i	Grundzustandsenergie
E_I	Ionisationsenergie
E_{kin}	Kinetische Energie
E_{pass}	Passenergie
E_{pot}	Potentielle Energie
E_{prim}	Primärenergie
E_{vac}	Energie des Vakuumniveaus
E_{vbm}	Valenzbandmaximum
$\vec{E}$	Elektrische Feldstärke
f	Brennweite / Fokallänge
$f(\vec{Q})$	Winkelabhängige atomare Streuamplitude bei fester Energie

$f(\Delta \vec{k}, \omega)$ Komplexe winkel- und frequenzabhängige atomare Streuamplitude
$f^0(\omega)$ Frequenzabhängige atomare Streuamplitude für Vorwärtsstreuung ($Q = 0$)
f_1^0 Realteil atomare Streuamplitude
f_2^0 Imaginärteil atomare Streuamplitude
F Fano-Faktor
F_f Kramers-Heisenberg-Streuamplitude
$\mathcal{F}_{coh}$ Kohärenter Fluss
$d\mathcal{F}/d\Omega$ Flussdichte / Photonenfluss $\mathcal{F}$ pro Raumwinkelelement $d\Omega$

$\vec{G}$ Reziproker Gittervektor

$\vec{H}$ magnetische Feldstärke
$\hbar$ Planck'sches Wirkungsquantum dividiert durch 2π
$\hbar\omega$ Photonenenergie

i_{ph} Photostrom
I_j Ionisationsenergie
$I(\vec{Q})$ Intensität an den Bragg-Reflexen

j Gesamtdrehimpuls eines Elektrons
$\vec{J}$ Stromdichte
$J_n(\xi)$ Besselfunktion n-ter Ordnung

$\vec{k}$ Wellenvektor
k_B Boltzmannkonstante
$\vec{k}_f$ Endwert des Wellenvektors / Wellenvektor der auslaufenden Welle
$k_{f\parallel}$ Wellenvektor parallel zur Oberfläche
$\vec{k}_i$ Anfangswert des Wellenvektors / Wellenvektor der einlaufenden Welle
$\vec{k}_{ph}$ Wellenvektor der Photonen
$k_\perp$ Wert des Wellenvektors senkrecht zur Oberfläche
$K_n(\xi)$ Modifizierte Besselfunktion n-ter Ordnung

l Bahndrehimpuls eines Elektrons
$\bar{l}$ Mittlere freie Weglänge
l_{abs} Absorptionslänge

m_e Ruhemasse des Elektrons
M_{fi} Übergangsmatrixelement $i \rightarrow f$

n Brechungsindex
$\tilde{n}(\omega)$ Komplexer Brechungsindex
$n_r(\omega)$ Realteil des Brechungsindex

n_T	Teilchendichte
$N(E)$	Energieverteilung photoemittierter Elektronen
$N(\vartheta, \varphi)$	Winkelverteilung von Photoelektronen
$\hat{\mathbf{p}}$	Dipoloperator
P	Polarisationsfaktor / Strahlungsleistung / Totale abgestrahlte Leistung
$\vec{P}$	Polarisation
P_{tot}	Gesamtleistung, die von einem Elektron abgestrahlt wird
q	Ladung
$\vec{q}$	Wellenvektor
$\vec{Q}$	Streuvektor
$\vec{Q}_f$	Wellenvektor gestreuter Photonen
$\vec{Q}_i$	Wellenvektor einfallender Photonen
r_e	Klassischer Elektronenradius
r_0	Sollbahnradius
$r(\omega)$	Komplexer Reflexionskoeffizient
R_a	Relative Auflösung
R_{nm}	Übergangsmatrixelement $m \to n$
s	Spin
$\vec{S}$	Poynting-Vektor
T	Temperatur / Transmission
v	Ausbreitungsgeschwindigkeit
Z	Kernladungszahl
α	Einfallswinkel / Feinstrukturkonstante
α_c	Grenzwinkel der Totalreflexion (kritischer Winkel)
β	Absorptionsindex / Amplitudenfunktion (Betafunktion) / Anisotropie-parameter / relativistische Geschwindigkeit in Einheiten von c
γ	Dämpfung / Lorentz-Faktor
Γ_m	Lebensdauerverbreiterung
δ	Dispersionsdekrement
ϵ	Emittanz des Elektronenstrahls

ϵ_0 Normierte Emittanz
ϵ_R Emittanz des Photonenstrahls
ϵ_x Horizontale Emittanz
ε Dielektrische Permittivität / Dielektrizitätskonstante
ε_0 Elektrische Feldkonstante / Permittivität des Vakuums

θ Beugungswinkel
2θ Streuwinkel
ϑ Polarwinkel des emittierten Photoelektrons
Θ Winkel zwischen Beschleunigungsrichtung und Beobachtungsrichtung /
          Winkel zwischen der Emissionsrichtung der Photoelektronen und dem
          elektrischen Feldstärkevektor

$\kappa(\omega)$ Imaginärteil des Brechungsindex

λ Wellenlänge
λ_C Compton-Wellenlänge
λ_U Undulatorperiode
$\lambda/\Delta\lambda$ Spektrales Auflösungsvermögen

μ Absorptionsindex / Permeabilitätszahl / Röntgenabsorptionskoeffizient
μ_ρ Massenabsorptionskoeffizient
μ_0 magnetische Feldkonstante

ξ Kohärenzlänge

ϱ Massendichte
ϱ_e Elektronendichte
ϱ_n Ladungsdichte

σ Streuquerschnitt der Emission
σ_{abs} Atomarer Absorptionswirkungsquerschnitt
σ_A Wirkungsquerschnitt für Photoabsorption
σ_e Thomson-Streuquerschnitt
σ_q Partieller Photoionisationsquerschnitt
σ_r Oberflächen-Rauigkeit
$\sigma_{r'}$ Vertikaler Öffnungswinkel der Dipolstrahlung (Divergenz)
σ_R Natürliche Quellgröße der Abstrahlung eines einzelnen Elektrons im Undulator
σ'_R Natürliche Divergenz der Emission eines Elektrons
Σ Strahlgröße der Emission (Elektronenpaket)
Σ' Divergenz des Lichtstrahls (Elektronenpaket)

φ_b	Brewster-Winkel
$\phi(\omega)$	Phase des Reflexionskoeffizienten
Φ	Austrittsarbeit
χ	Modulation
ω	Frequenz
ω, χ, ϕ	Drei Winkel (Freiheitsgrade) der Orientierung der Probe
ω_c	Kritische Frequenz
$\vec{\nabla}$	Nabla-Operator

1   Einführung

Unser modernes Weltbild basiert ganz wesentlich auf den Ergebnissen jahrhundertelanger Forschung mit Licht oder im weiteren Sinne mit elektromagnetischer Strahlung (siehe Abb. 1.1). Einen Beginn markiert die astronomische Beobachtung von Sternen und Planeten, die das geozentrische Weltbild widerlegte. Mit spektroskopischen Methoden lässt sich nachweisen, dass die Materie im Weltall aus den bekannten irdischen Elementen besteht und dass das Weltall seit dem Urknall expandiert. Auch die neuere naturwissenschaftliche Forschung knüpft an diese Tradition an. Die auf der experimentellen Beobachtung der Atomspektren basierende Entwicklung der Quantenmechanik und die Bestimmung von Energiebändern in Festkörpern als Basis der Halbleitertechnologie und damit der modernen Informationsgesellschaft, wurden erst durch die optische Spektroskopie möglich. Parallel zu dieser Entwicklung hat sich das Spektrum der experimentell verfügbaren elektromagnetischen Strahlung erweitert. Gerade für die Strukturuntersuchungen ist hochenergetische Strahlung wie UV- und Röntgenstrahlung unverzichtbar. Röntgenstrahlung erlaubt dank der kurzen Wellenlänge die atomare Struktur von Materie zu entschlüsseln. Zudem ermöglicht hochenergetische Strahlung auf Grund der charakteristischen Energien innerer Elektronen einzelne Elemente mit chemischem Kontrast selektiv abzubilden.

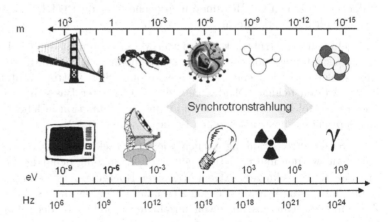

Abb. 1.1 Spektrum der elektromagnetischen Strahlung. Synchrotronstrahlung überstreicht einen weiten Bereich vom IR über die Vakuum-Ultraviolett-Strahlung (VUV) hin zur harten Röntgenstrahlung. Als intensivste Lichtquelle im VUV- und Röntgenbereich wird sie vorzugsweise in diesem Bereich genutzt.

Der Spektralbereich der Synchrotronstrahlung erstreckt sich vom Infraroten bis in das Gebiet harter Röntgenstrahlung. Zur Kennzeichnung haben sich verschiedene Begriffe und Abkürzungen eingebürgert, die parallel verwendet werden und in der Literatur mit z. T. unterschiedlichen Energie- und Wellenlängenbereichen assoziiert werden. Direkt an die ultraviolette Strahlung schließt der Vakuum-Ultraviolett-Bereich (VUV) an. Er umfasst den Bereich 1 nm bis 190 nm, in dem elektromagnetische Strahlung in der Luft stark absorbiert wird. Ein Teilbereich von 1–50 nm wird häufig auch als extremes UV (XUV) bezeichnet, zu dem auch der ebenfalls mit extremes UV bezeichnete und mit EUV abgekürzte Bereich von 5–40 nm ([Att 00]) gehört. Letztere Bezeichnung ist insbesondere im Zusammenhang mit zukünftigen lithografischen Verfahren gebräuchlich. Zu hohen Energien schließt an den VUV-Bereich das Gebiet der Röntgenstrahlung an. Die langwellige Grenze der weichen Röntgenstrahlung ist nicht sehr scharf definiert. Die vielfach verwendete Grenze bei 5 nm, gegeben durch die K-Schalenabsorption von Kohlenstoff, führt zu einem Überlapp mit dem VUV-Bereich. Harte Röntgenstrahlung (Wellenlänge < 0,3 nm) zeichnet sich dadurch aus, dass sie Materie extrem leicht durchdringen kann und Strukturuntersuchungen durch Beugung mit atomarer Auflösung erlaubt. Der Übergang von Röntgenstrahlung zur noch hochenergetischeren Gammastrahlung wird häufig mit 0,01 nm bzw. 100 keV angegeben. Auch hier ist der Übergang fließend; der Begriff Gammastrahlung wird vorzugsweise im Zusammenhang mit Prozessen in Atomkernen und Teilchenreaktionen verwendet.

Synchrotronstrahlung ist heute die leistungsfähigste Quelle im Röntgenbereich und spielt damit die Rolle, die der Laser im optischen Spektralbereich innehat. Sie ist extrem universell einsetzbar, und die Forschungsaktivitäten, die sich heute auf Synchrotronstrahlung stützen, sind nahezu unbegrenzt. Sie erstrecken sich über alle Felder der Natur- und Ingenieurwissenschaften. Einige Forschungsthemen sind in Abb. 1.2 dargestellt. Erst die Entdeckung der Synchrotronstrahlung ermöglichte wichtige Erkenntnisse der modernen Forschung, beispielsweise ein grundlegendes Verständnis der korrelierten Bewegung von Elektronen in einfachen Systemen wie Heliumatomen (siehe Abschnitt 6.1.1) bis hin zu großen Molekülen und komplexen Festkörpern.

Die elektronische Struktur kondensierter Materie kann systematisch nur mit Hilfe von Synchrotronstrahlung erforscht werden. Der heute erreichte Kenntnisstand zur Strukturaufklärung molekularbiologischer Systeme wäre ohne Synchrotronstrahlung nicht denkbar. Erst in den letzten beiden Dekaden gelang es, auf breiter Basis die Struktur vieler biologisch relevanter Moleküle aufzuklären und damit ihre Funktion in lebenden Organismen auf mikroskopischer Ebene zu verstehen (siehe Abschnitt 6.3.2).

Neue Synchrotronstrahlungsquellen wie Freie-Elektronen-Laser, die gegenwärtig weltweit aufgebaut werden und in Betrieb gehen, eröffnen völlig neuartige Forschungsmöglichkeiten. Mit nur wenige fs kurzen, extrem intensiven Röntgenpulsen gelingt es, ultraschnelle Prozesse mit hoher räumlicher Auflösung zu studieren; letztendlich ist hier atomare Auflösung das Ziel, um z. B. Schnappschüsse von einzelnen Nanoteilchen oder Filme von chemischen Reaktionen aufzunehmen. Die ersten Pionierexperimente in dieser Richtung wurden bereits am Freie-Elektronen-Laser für den Vakuum-Ultraviolett-Bereich (FLASH in Hamburg) durchgeführt (siehe Kapitel 7).

Die Forschung mit Synchrotronstrahlung hat ihre Anfänge in der Entdeckung hochenergetischer Strahlung im 19. Jahrhundert. Die von Conrad W. Röntgen entdeckte und von ihm

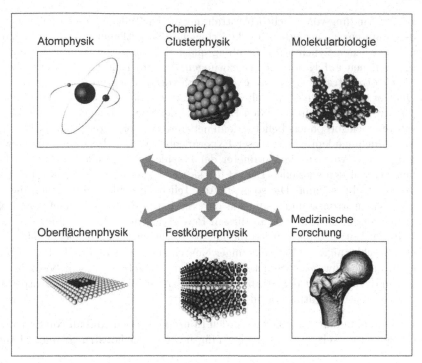

Abb. 1.2 Forschungsgebiete

X-Strahlung genannte bis dahin unbekannte Strahlung erlaubte die Durchstrahlung von Objekten und die Abbildung ihrer inneren Strukturen. Schnell entwickelten sich Experimente mit der nach Röntgen benannten Strahlung zu einem Standardwerkzeug der Medizin und der naturwissenschaftlichen Forschung. Auch im langwelligeren Teil des Spektrums, im ultravioletten und angrenzenden Vakuum-ultravioletten Spektralbereich, wurden frühzeitig wichtige Fundamente für die aktuelle Forschung gelegt. Die Entwicklung von Gasentladungslampen und die Interpretation des Photoeffekts durch Einstein Anfang des 20. Jahrhunderts markieren den Beginn der Elektronenspektroskopie. Heute ermöglicht sie uns einen tiefen Einblick in die elektronische Struktur komplexer Materialien wie Hochtemperatur-Supraleiter oder magnetischer Dünnschichtsysteme. Als Strahlungsquellen dienten bis etwa 1950 nahezu ausschließlich Röntgenröhren (Kathodenstrahlanlagen) und für den Bereich des Ultravioletten Gasentladungslampen. Zwar wurden diese hinsichtlich ihrer Leuchtstärke stetig weiterentwickelt, jedoch konnte insbesondere die Einschränkung auf die Verfügbarkeit diskreter Wellenlängen für die Experimente auf Grund der quantenmechanischen Natur der Strahlungsquellen nicht überwunden werden.

Kontinuierliche Strahlung in einem weiten Wellenlängenbereich wurde erst ab 1947 mit Synchrotronstrahlung verfügbar. Sie wurde 1944 von Lienard vorhergesagt, aber eher zufällig von Floyd Haber in den Forschungslabors von General Electric entdeckt. Es dauerte jedoch noch bis in die 60er Jahre des 20. Jahrhunderts, bis erste Experimente in sogenannter parasitärer Nutzung von Synchrotronstrahlung an den Teilchenbeschleunigern durchgeführt werden konnten, die eigentlich für die Erforschung der Elementarteilchen gebaut worden waren und bei denen Synchrotronstrahlung quasi als Abfallprodukt anfiel, wenn die beschleunigten Teilchen auf Kreisbahnen gezwungen wurden. Eine ganz wesentliche Eigenschaft von Synchrotronstrahlung ist ihre extrem nach vorne gerichtete Abstrahlung, die bei modernen Quellen laserähnlich gebündelt ist. In den Anfangsjahren war die Strahlung trotz vieler sehr positiver Eigenschaften bei den Betreibern der Speicherringe und auch bei den Experimentatoren nicht besonders beliebt, denn neben Kosten brachte sie vielfältige Probleme mit sich. Mit zunehmendem Erfolg dieser Experimente wuchs jedoch auch ihr Gewicht, und in den Folgejahren wurden die Parameter der beschleunigten Teilchen dann in bestimmten Zeitfenstern auf den speziellen Bedarf der sich stetig entwickelnden Synchrotronstrahlungsnutzerschaft abgestimmt. Die so genutzten Teilchenbeschleuniger stellen die erste Generation von Synchrotronstrahlungsquellen dar. Sie boten den Experimentatoren eine um Größenordnungen intensivere und in diesem Bereich erstmals durchstimmbare Lichtquelle. In der weiteren Entwicklung wurden die für die Hochenergiephysik nicht mehr interessanten Teilchenbeschleuniger im Bereich einiger GeV entsprechend den Bedürfnissen für die Erzeugung qualitativ hochwertiger Synchrotronstrahlung umgebaut, was insbesondere zu Verbesserungen in der Stabilität der Strahlungseigenschaften führte. Die Synchrotronstrahlungsquellen der zweiten Generation waren entstanden.

Beginnend in den 80er Jahren wurden Konzepte für den Aufbau von Synchrotronstrahlungsquellen entwickelt, die ausschließlich für diesen Zweck konstruiert und gebaut wurden. In den

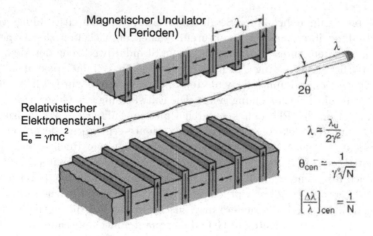

Abb. 1.3 Schematische Darstellung der Erzeugung von Synchrotronstrahlung in einem Undulator

gleichen Zeitraum fällt die Entwicklung von Wigglern und Undulatoren (siehe Abb. 1.3), die, auf geraden Teilstücken der Elektronenbahn installiert, eine um Größenordnungen intensivere Strahlung zur Verfügung stellten. Man spricht von den Synchrotronstrahlungsquellen der dritten Generation. Abermals erhöhte sich die verfügbare Leuchtstärke (Brillanz) um etwa drei Größenordnungen. Heute gibt es weltweit mehr als 50 Synchrotronstrahlungsquellen, deren Zahl sich durch Neubauten weiter vergrößern wird. Die modernen Synchrotronstrahlungsquellen der dritten Generation, besonders die großen Röntgenquellen wie die European Synchrotron Radiation Facility (ESRF) in Grenoble, Frankreich (Abb. 1.4), die Advance Photon Source (APS) in Argonne, USA, SPRING-8 in Japan und seit kurzem PETRA III in Hamburg sind große internationale Forschungszentren. Allein in Deutschland gibt es mit Hamburg (DESY), Berlin (HZB/BESSY), Karlsruhe (ANKA), Dortmund (DELTA) und Bonn (ELSA) fünf Standorte, an denen mit Synchrotronstrahlung experimentiert wird. Mit der Entwicklung der Freie-Elektronen-Laser für den Bereich hochenergetischer Strahlung begann der Aufbau von Synchrotronstrahlungsquellen der vierten Generation. Nach dem Aufbau des bereits oben erwähnten ersten Freie-Elektronen-Lasers für kürzere Wellenlängen steht in Hamburg nunmehr mit FLASH der erste FEL mit einer Wellenlänge im Bereich 6–50 nm für Experimente zur Verfügung. Weltweit befinden sich eine Vielzahl weiterer FEL und anderer neuer Synchrotronstrahlungsquellen in Planung oder im Bau und bereits im Betrieb. Mit der LCLS ist im Herbst 2009 in Stanford (USA) der erste FEL für harte Röntgenstrahlung in Betrieb gegangen (vgl. auch Abschnitt 7).

Die Strahlerzeugung beginnt mit der Beschleunigung von Elektronen (oder Positronen) auf relativistische Energien und ihre Ablenkung auf Kreisbahnsegmente. Die physikalischen Effekte und die Konzepte für den Aufbau von Synchrotronstrahlungsquellen finden sich im Kapitel 3 dieses Buches. Diesem Kapitel vorangestellt ist das Grundlagenkapitel über

Abb. 1.4 Luftaufnahme der Europäischen Synchrotronstrahlungsquelle ESRF in Grenoble, Frankreich (www.esrf.fr)

die Wechselwirkung elektromagnetischer Strahlung mit Materie (Kapitel 2). Die Vielzahl verschiedener experimenteller Methoden, die sich aus der Wechselwirkung von Strahlung im Bereich des ultravioletten Lichts bis hin zur Röntgenstrahlung ergeben, können in einem Buch nicht abschließend dargestellt werden. Die Kapitel 4 und 5 bieten stattdessen eine Einführung in einige wichtige experimentelle Methoden, die Synchrotronstrahlung in verschiedener Weise nutzen. Zur Vertiefung sei hier auch auf weiterführende Literatur verwiesen [Koc 83, KPW 83, Mar 87, BM 91, EKR 91, JSR]. Im Kapitel 6 werden konkrete Anwendungsbeispiele aus den Bereichen der Atom- und Molekülphysik, der kondensierten Materie sowie aus Biologie und Medizin vorgestellt. Die Beispiele können nur exemplarisch die enorme Vielfalt der Forschung mit Synchrotronstrahlung zeigen, die sich aus dem breiten Spektralbereich, der wählbaren Polarisation und der attraktiven Zeitstruktur mit Pulsen von etwas 100 ps Länge ergibt. Die Beiträge stammen von meist jungen Wissenschaftlern, die selbst in diesen Forschungsfeldern aktiv sind, zum Teil werden eigene Forschungsergebnisse präsentiert. Die in dem Buch vorgestellten Experimente sind nur ein kleiner Ausschnitt aus dem breiten Spektrum der Anwendungen. Eine abschließende Darstellung ist wegen der Dynamik eines sich entwickelnden Forschungsfelds nicht möglich, und die detaillierte Darstellung weiterer, auch besonders interessanter Entwicklungen wie an der ESRF durchgeführte zeitaufgelöste Experimente [NWT+ 01], die an BESSY erzielte Abbildung magnetischer Domänen [ELS+ 04], das sogenannte fs-slicing [SCC+ 00, CRC+ 05] oder die fs-zeitaufgelösten Holographie [CHRB+ 07] seien hier nur exemplarisch erwähnt, um den Leser anzuregen, nach diesen und weiteren spannenden Entwicklungen, die wir im Rahmen dieses einführenden Buchs nicht vorstellen können, selbst in der Literatur zu suchen. Die Bedeutung der Forschung mit Synchrotronstrahlung wird ganz aktuell durch die Verleihung des Chemie-Nobelpreises 2009 für die Strukturaufklärung von Ribosomen durch Ramakrishnan, Steitz und Yonath unterstrichen, die ganz wesentlich durch Synchrotronstrahlung ermöglicht wurde. In der Auswahl der vorgestellten Beispiele haben wir vorrangig didaktische Aspekte berücksichtigt, um die Möglichkeiten in den Vordergrund zu setzen, die die Forschung mit Synchrotronstrahlung eröffnet. Das Buch schließt mit einem Kapitel 7 zu aktuellen Entwicklungen bei der Realisierung von Synchrotronstrahlungsquellen der vierten Generation und ersten aufregenden Forschungsergebnissen aus diesem Feld.

Literaturverzeichnis

[Att 00]   Attwood, D.: Soft X-Rays and Extreme Ultraviolet Radiation. Cambridge: Cambridge University Press 2000

[BM 91]   Brown, G. S.; Moncton, D. E.: Handbook of Synchrotron Radiation Vol. 3. Amsterdam: North-Holland 1991

[CHRB+ 07]   Chapman, H. N.; Hau-Riege, S. D.; Bogan, M. J.; et al.: Femtosecond Time-Delay X-Ray Holography. Nature **448** (2007) 676

[CRC+ 05]   Cavalleri, A.; Rini, M.; Chong, H. H. W.; Fourmaux, S.; Glover, T. E.; Heimann, P. A.; Kieffer, J. C.; Schoenlein, R. W.: Band-Selective Measurements of Electron Dynamics in VO_2 Using Femtosecond Near-Edge X-Ray Absorption. Phys. Rev. Lett. **95** (2005) 67405

[EKR 91]   Ebashi, S.; Kock, M.; Rubenstein, E.: Handbook of Synchrotron Radiation Vol. 4. Amsterdam: North-Holland 1991

[ELS+ 04]   Eisebitt, S.; Lüning, J.; Schlotter, W. F.; Lörgen, M.; Hellwig, O.; Eberhardt,
            W.; Stöhr, J.: Lensless Imaging of Magnetic Nanostructures by X-Ray Spectro-
            holography. Nature **432** (2004) 885
[JSR]   Journal of Synchrotron Radiation, Willey-Blackwell
[Koc 83]   Koch, E. E.: Handbook of Synchrotron Radiation. Amsterdam: North-Holland
            1983
[KPW 83]   Krinsky, S.; Perlman, M. L.; Watson, R. E.: Handbook of Synchrotron Radia-
            tion, Vol. 2 (Hrsg.: Koch, E. E.). Amsterdam: North-Holland 1983
[Mar 87]   Marr, G. V.: Handbook of Synchrotron Radiation Vol. 2. Amsterdam: North-
            Holland 1987
[NWT+ 01]   Neutze, R.; Wouts, R.; Techert, S.; Davidsson, J.; Kocsis, M.; Kirrander,
            A.; Schotte, F.; Wulff, M.: Visualizing Photochemical Dynamics in Solution
            Through Picosecond X-Ray Scattering. Phys. Rev. Lett. **87** (2001) 195508
[SCC+ 00]   Schoenlein, R. W.; Chattopadhyay, S.; Chong, H. H. W.; Glover, T. E.; Hei-
            mann, P. A.; Shank, C. V.; Zholents, A. A.; Zolotorev, M. S.: Generation of
            Femtosecond Pulses of Synchrotron Radiation. Science **287** (2000) 5461

2 Wechselwirkung elektromagnetischer Strahlung mit Materie

2.1 Streuung, Absorption und Reflexion
Thomas Möller und Christian Kumpf

Die Untersuchung der Eigenschaften von Materie mit Hilfe von Licht oder im weiteren Sinne durch elektromagnetische Strahlung nimmt eine zentrale Stellung in der Physik und verwandten naturwissenschaftlichen Disziplinen ein. Das Verständnis der Wechselwirkung von elektromagnetischer Strahlung mit Materie ist daher von großem praktischen Nutzen. In den folgenden Abschnitten werden die wesentlichen Grundphänomene, nämlich die Absorption, Reflexion, Streuung und Brechung vorgestellt.

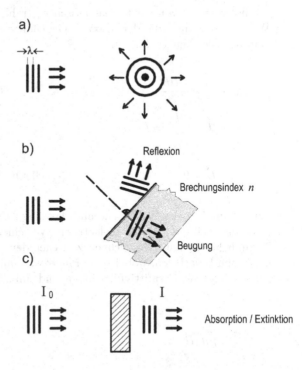

Abb. 2.1 Schematische Darstellung von Streuung (a), Reflexion und Beugung/Brechung (b) und von Absorption (c)

Zwischen der Streuung, Reflexion, Beugung, Absorption und Brechung besteht ein enger Zusammenhang, der aus den Maxwell-Gleichungen sowie dem Aufbau und der Form der jeweiligen Probe folgt. Ein Überblick gibt Abb. 2.1. Mit Streuung wird hier ein Prozess bezeichnet, bei dem die einfallende Strahlung über einen großen Winkelbereich verteilt wird. Streuung findet im Allgemeinen an ungeordneten Proben oder an Proben statt, deren Abmessung klein gegen die Wellenlänge der Strahlung ist. Beugung, Reflexion und Brechung bewirken eine stark gerichtete Verteilung der Strahlung und werden an geordneten Proben und Oberflächen beobachtet. Zwischen der Streuung und der Reflexion gibt es einen kontinuierlichen Übergang, wenn die Abmessungen der Probe vergleichbar der Wellenlänge werden. Dieser Bereich wird durch die Mie-Streuung beschrieben [BW 59]. Streuung, Beugung und Reflexion bewirken eine Abschwächung (Extinktion) der einfallenden Strahlung, die meist mit einer zusätzlichen Absorption der einfallenden Strahlung verbunden ist. Die wesentlichen Grundphänomene lassen sich durch die Wellenausbreitung von elektromagnetischer Strahlung in Materie im Rahmen der Maxwell'schen Theorie beschreiben und sollen in den folgenden Abschnitten vorgestellt werden.

2.1.1   Grundlagen

Die Wechselwirkung von elektromagnetischer Strahlung mit Materie und die Ausbreitung von Wellen kann mit Hilfe der Maxwell-Gleichungen beschrieben werden [BS 93, Att 00]. Die Maxwell-Gleichungen lauten:

$$\vec{\nabla} \times \vec{E} = -\frac{\partial \vec{B}}{\partial t} \qquad \text{(Faraday'sches Gesetz)},$$

$$\vec{\nabla} \times \vec{H} = \frac{\partial \vec{D}}{\partial t} + \vec{J} \qquad \text{(Ampere'sches Gesetz)}, \qquad (2.1)$$

$$\vec{\nabla} \cdot \vec{D} = \varrho \qquad \text{(Coulomb-Gesetz)},$$

$$\vec{\nabla} \cdot \vec{B} = 0 \qquad \text{(Quellenfreiheit des Magnetfeldes)}.$$

Hier sind $\vec{E}$ und $\vec{H}$ das elektrische und das magnetische Feld, $\vec{D}$ und $\vec{B}$ die dielektrische Verschiebungsdichte oder auch dielektrische Verschiebung und die magnetische Induktion. Die Stromdichte ist mit $\vec{J}$ bezeichnet. Zwischen dem $\vec{E}$- und $\vec{D}$-Feld sowie $\vec{B}$ und $\vec{H}$ gelten die bekannten Relationen, wobei ε_0 und μ_0 bzw. ε und μ die elektrischen und magnetischen Feldkonstanten bzw. Permittivitätszahlen sind (im allgemeinen Fall ist ε ein Tensor):

$$\vec{D} = \varepsilon \varepsilon_0 \vec{E}$$

$$\vec{B} = \mu \mu_0 \vec{H}. \qquad (2.2)$$

Die Wellengleichung, die die Ausbreitung von Wellen beschreibt, ergibt sich, indem man den Laplace-Operator auf die erste Maxwell-Gleichung anwendet und eine Relation für

Differentialoperatoren $(\vec{\nabla} \times \vec{\nabla} \times \vec{A} = \vec{\nabla}(\vec{\nabla} \cdot \vec{A}) - \vec{\nabla}^2 \vec{A})$ verwendet:

$$\vec{\nabla} \times (\vec{\nabla} \times \vec{E}) = \vec{\nabla} \times \left(-\frac{\partial \vec{B}}{\partial t} \right) \text{ und damit}$$

$$\vec{\nabla} \left(\vec{\nabla} \cdot \vec{E} \right) - \vec{\nabla}^2 \vec{E} = -\mu\mu_0 \frac{\partial}{\partial t} \left(\vec{\nabla} \times \vec{H} \right). \tag{2.3}$$

Durch Einsetzen des Coulombgesetzes (2.1), des Ampere'schen Gesetzes sowie Gleichung (2.2) ergibt sich:

$$\left(\frac{\partial^2}{\partial t^2} - \frac{1}{\varepsilon\varepsilon_0\mu\mu_0} \vec{\nabla}^2 \right) \vec{E}(\vec{r}, t) = -\frac{1}{\varepsilon\varepsilon_0} \left(\frac{\partial \vec{J}(\vec{r}, t)}{\partial t} + \frac{1}{\varepsilon\varepsilon_0\mu\mu_0} \vec{\nabla} \varrho(\vec{r}, t) \right). \tag{2.4}$$

Diese Gleichung hat bereits die Form einer Wellengleichung, dies wird allerdings noch deutlicher, wenn man einen Isolator betrachtet, in dem die Stromdichte $\vec{J}$ und Dichte ϱ freier Ladungsträger und damit die rechte Seite der Gleichung gleich null ist:

$$\left(\frac{\partial^2}{\partial t^2} - v^2 \vec{\nabla}^2 \right) \vec{E}(\vec{r}, t) = 0 \text{ bzw.}$$

$$\vec{\nabla}^2 \vec{E}(\vec{r}, t) = \frac{1}{v^2} \frac{\partial^2}{\partial t^2} \vec{E}(\vec{r}, t) = \frac{n^2}{c^2} \frac{\partial^2}{\partial t^2} \vec{E}(\vec{r}, t) \tag{2.5}$$

mit

$$v = \frac{1}{\sqrt{\varepsilon\varepsilon_0 \cdot \mu\mu_0}} = \frac{c}{n} \text{ und } c = \frac{1}{\sqrt{\mu_0\varepsilon_0}} \Rightarrow n = \sqrt{\mu\varepsilon}. \tag{2.6}$$

v ist die Ausbreitungsgeschwindigkeit der Welle in Materie und c die Lichtgeschwindigkeit im Vakuum. Der Brechungsindex n ist das Verhältnis der Ausbreitungsgeschwindigkeiten von Licht in Materie und im Vakuum. Die Wellengleichung für das elektrische Feld ist der Ausgangspunkt für die Beschreibung von Streuung, Beugung und Absorption. Hier sollen im Folgenden freie und gebundene Ladungen, einzelne Atome und Ansammlungen von Atomen betrachtet werden. In der allgemeineren Form der Wellengleichung ist die Stromdichte $\vec{J}$ ungleich null und kann auch in der folgenden Weise geschrieben werden:

$$\vec{J}(r, t) = \varrho_n(\vec{r}, t)\vec{v}(\vec{r}, t), \tag{2.7}$$

wobei ϱ_n die Ladungsdichte und v die Geschwindigkeit ist. Da ϱ_n und v beide von der Zeit t abhängen, besteht die Möglichkeit, dass nicht-lineare Terme in der Wellengleichung auftreten. Solche Prozesse können in Festkörpern und Plasmen, insbesondere bei hohen Intensitäten, auftreten, sodass sich Wellen mit Summen- und Differenzfrequenzen ausbreiten. Diese Effekte spielen bei den Intensitäten von konventionellen Synchrotronstrahlungsquellen keine Rolle, bei neuartigen, extrem intensiven Quellen wie Freie-Elektronen-Lasern werden sie allerdings wichtig.

Das elektrische Feld $\vec{E}$ der von einer beschleunigten Ladung emittierten Welle kann aus Gleichung (2.4) mit Hilfe der Methoden der Green-Funktionen und der Fourier-Laplace-Transformationen berechnet werden [Jac 75, Att 00] und ergibt sich im Vakuum zu

$$\vec{E}(\vec{r}, t) = \frac{e\vec{a}(t - \frac{r}{c})}{4\pi\varepsilon_0 c^2 r}, \tag{2.8}$$

wobei $a(t - r/c)$ die Beschleunigung transversal zur Bewegungsrichtung der Ladung e zum retardierten Zeitpunkt $(t - r/c)$ ist. Die abgestrahlte Leistung ergibt sich aus dem Poynting-Vektor $\vec{S}$:

$$\vec{S} = \vec{E}(\vec{r}, t) \times \vec{H}(\vec{r}, t). \tag{2.9}$$

Für eine periodische Schwingung folgt:

$$\vec{S}(\vec{r}, t) = \sqrt{\frac{\varepsilon_0}{\mu_0}} \, |E|^2 \, \vec{k}_0, \tag{2.10}$$

wobei k_0 der Einheitsvektor in Ausbreitungsrichtung der Welle ist. Die Größe $\sqrt{\mu_0/\varepsilon_0}$ wird häufig als Widerstand des Vakuums Z_0 bezeichnet [Att 00]. Die totale abgestrahlte Leistung P ergibt sich dann zu

$$P_{\text{tot}} = \frac{8\pi}{3} \left(\frac{e^2 \, |a|^2}{16\pi^2 \varepsilon_0 c^3} \right). \tag{2.11}$$

Die vorangegangen Betrachtungen ermöglichen es, die Abstrahlung eines Elektrons im Vakuum und im Inneren von Materie zu berechnen, was wiederum eine quantitative Beschreibung der Streuung erlaubt.

2.1.2 Streuung an freien und gebundenen Elektronen

Die Streuung beschreibt die Änderung der Winkelverteilung einer einfallenden elektromagnetische Welle durch freie und gebundene Elektronen. Sie kann über die Abstrahlung eines in einem äußeren Feld beschleunigten Elektrons berechnet werden. Auf diese Weise ändert sich die Richtungsverteilung der Strahlung. Ein Maß für die Streuung ist der Streuquerschnitt σ, der als das Verhältnis von der gemittelten in alle Raumrichtungen emittierten Leistung P_{tot} und der in das Flächenelement eingestrahlten Leistung S (die eingestrahlte Leistung ist durch den Betrag des Poynting-Vektors gegeben) definiert ist:

$$\sigma = \frac{P_{\text{tot}}}{S}. \tag{2.12}$$

Der Streuwirkungsquerschnitt für ein einzelnes freies Elektron lässt sich mit Hilfe der Gleichungen (2.10) und (2.11) berechnen zu:

$$\sigma_e = \frac{8\pi}{3} r_e^2, \tag{2.13}$$

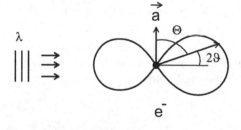

Abb. 2.2
Streuung an freien Elektronen und gebundenen Elektronen. Θ ist der Winkel zwischen dem Beschleunigungsvektor (senkrecht zur Ausbreitungsrichtung) und der Beobachtungsrichtung

wobei r_e der klassische Elektronenradius mit

$$r_e = \frac{e^2}{4\pi\varepsilon_0 m_e c^2} \tag{2.14}$$

ist, mit m_e als Ruhemasse des Elektrons. Da dies Ergebnis zuerst von J. J. Thomson erhalten wurde, bezeichnet man diese Art der Streuung als Thomson-Streuung und σ_e als Thomson'schen Streuquerschnitt. Hier soll besonders hervorgehoben werden, dass der Wirkungsquerschnitt unabhängig von der Wellenlänge der Strahlung ist. Für die Streuung eines einzelnen freien Elektrons ergibt sich mit $r_e = 2{,}82 \cdot 10^{-13}$ cm ein Wirkungsquerschnitt σ_e = $6{,}65 \cdot 10^{-25}$ cm^2 ($6{,}65 \cdot 10^{-7}$ Mbarn; ein Mbarn entspricht $1 \cdot 10^{-18}$ cm^2). Für den differentiellen winkelabhängigen Wirkungsquerschnitt erhält man:

$$\frac{d\sigma_e(\Theta)}{d\Omega} = r_e^2 \sin^2\Theta, \tag{2.15}$$

wobei Θ der Winkel zwischen der Beschleunigungsrichtung und der Beobachtungsrichtung ist (siehe Abb. 2.2). Gleichung (2.15) zeigt, dass die Streuung vorzugsweise senkrecht zur Beschleunigung erfolgt, sodass die Vorwärts- und Rückwärtsstreuung dominiert. Die Thomson-Streuung wird u. a. zur Bestimmung der Elektronendichte in Plasmen verwendet.

Die Streuung an gebunden Elektronen in Atomen, Molekülen und Festkörpern hat weitreichende Konsequenzen für die Ausbreitung von Strahlung in Materie und erlaubt eine quantitative Beschreibung von Absorption und Reflexion. Im Folgenden werden hier zuerst Atome mit einem und anschließend mit mehreren Elektronen betrachtet, die durch charakteristische Frequenzen ω_j angeregt werden können. Sie führen in einem mit der Frequenz ω oszillierenden Feld erzwungene Schwingungen aus. Der Streuwirkungsquerschnitt eines einzelnen gebundenen Elektrons hängt daher von der Frequenz ω ab:

$$\sigma(\omega) = \frac{8\pi}{3} r_e^2 \frac{\omega^4}{\left(\omega^2 - \omega_j^2\right)^2 + (\gamma\omega)^2}. \tag{2.16}$$

Hier ist γ die Dämpfung der Welle, die den Energieverlust durch Absorption beschreibt.

Bei der Resonanzfrequenz ω_j zeigt der Wirkungsquerschnitt ein ausgeprägtes Maximum (siehe Abb. 2.3). Die Halbwertsbreite ist durch $\gamma/2$ gegeben. Für große Frequenzen ($\omega >> \omega_j$) geht der Wirkungsquerschnitt für die Streuung an gebundenen Elektronen in den der Streuung an freien Elektronen über, da der frequenzabhängige Faktor gegen 1 geht. Bei sehr kleinen Frequenzen ($\omega << \omega_j$) geht der Faktor in $(\omega/\omega_j)^4$ über. Da die Wellenlänge λ proportional zu $1/\omega$ ist, ergibt sich eine Abhängigkeit mit λ^{-4}. Dies ist die bekannte Rayleigh-Streuung (λ_j ist die zu ω_j gehörige Wellenlänge):

$$\sigma_R = \frac{8\pi}{3} r_e^2 \left(\frac{\lambda_j}{\lambda}\right)^4. \tag{2.17}$$

Ein klassisches Beispiel für die Rayleigh-Streuung ist die blaue Färbung des Himmels; der blaue Anteil des Sonnenlichts wird wegen der λ^{-4}-Abhängigkeit sehr effektiv in der Erdatmosphäre gestreut, während rotes Licht vorzugsweise auf direktem Weg den Erdboden erreicht.

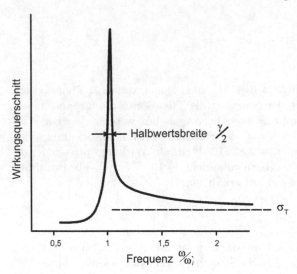

Abb. 2.3 Wirkungsquerschnitt für die Streuung an gebunden Elektronen. ω_0 ist eine Resonanzfrequenz, für die Dämpfung wurde $\gamma/\omega_0 = 0{,}2$ angenommen. Für hohe Frequenzen nähert er sich dem Wirkungsquerschnitt für Thomson-Streuung an ($\sigma_T = \sigma_e$).

Bei der Streuung an Mehrelektronensystemen mit Z Elektronen ist zu berücksichtigen, dass die Elektronen an unterschiedlichen Positionen im Atom sitzen. Gerade bei kurzwelliger Strahlung ist dies wichtig, da in diesem Fall der Durchmesser eines Atoms nicht zwangsläufig klein gegen die Wellenlänge ist. In diesem Fall ergibt sich die gesamte Feldstärke der Streustrahlung aus Gleichung (2.8) als vektorielle Summe, wobei explizit berücksichtigt wird, dass sich die Elektronen an verschiedenen Positionen befinden. Der Abstand des j-ten Elektrons vom Kern wird hier mit $\Delta \mathrm{r}_j$ bezeichnet, der Ablenkwinkel mit 2ϑ (siehe Abb. 2.4).[1]

Für den totalen und differentiellen Wirkungsquerschnitt ergibt sich dann [Att 00]:

$$\sigma(\omega) = \frac{8\pi}{3} \, |f|^2 \, r_e^2 \tag{2.18}$$

bzw.

$$\frac{d\sigma(\omega)}{d\Omega} = r_e^2 \, |f|^2 \sin^2 \Theta \tag{2.19}$$

---

[1]Hinweis: Die Bezeichnung der relevanten Winkel bei der Streuung (siehe Abb. 2.2 und 2.4) kann Anlass zu Verwechslungen geben: Der Winkel zwischen der Beschleunigung $\vec{a}$ und der Richtung der abgestrahlten Welle wird meist als Θ bezeichnet. Der entsprechende Winkel zur Ausbreitungsrichtung wird häufig mit Ψ oder auch 2θ bezeichnet. Hier wird statt θ der Winkel ϑ verwendet, um eine Verwechslung mit Θ (bei der Röntgenbeugung wird der Ablenkwinkel meist mit 2Θ bezeichnet) zu vermeiden. Die Definition $2\vartheta = \Psi$ (Einfallswinkel = Ausfallswinkel) hat sich eingebürgert, da sich damit $\left|\Delta\vec{k}\right| = 2 \cdot \left|\vec{k}_e\right| \cdot \sin\vartheta$ ergibt.

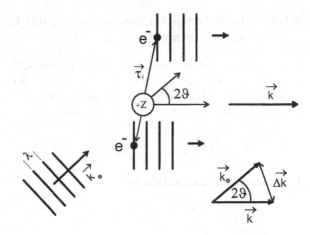

Abb. 2.4 Streuung an einem Atom mit mehreren Elektronen

mit

$$f(\Delta \vec{k}, \omega) = \sum_{j=1}^{z} \frac{\omega^2 e^{-i\Delta \vec{k}\Delta \cdot \vec{r}_j}}{\left(\omega^2 - \omega_j^2 + i\gamma\omega\right)}, \tag{2.20}$$

wobei $\Delta \vec{k} = \vec{k} - \vec{k}_e$ und $|\Delta \vec{k}| = 2|\vec{k}_e|\sin\vartheta$ ist. $\Delta \vec{k}$ charakterisiert die Ablenkung der Welle relativ zur einfallenden Welle $\vec{k}_e$ (siehe Abb. 2.4, $\Delta \vec{k}$ wird i. A. als Streuvektor bezeichnet, s. Abschnitt 2.2). Die Größe $f(\Delta \vec{k}, \omega)$ wird als komplexe atomare Streuamplitude bezeichnet. Die verschiedenen Elektronen im Atom streuen die einfallende Welle mit unterschiedlicher Phase. Dies kommt im Produkt $\Delta \vec{k} \cdot \Delta \vec{r}$ in Gleichung (2.20) zum Ausdruck, das die Phasenverschiebung zwischen den an verschiedenen Elektronen des gleichen Atoms gestreuten Wellen darstellt (siehe Abb. 2.4). Für langwellige Strahlung oder die Streuung in Vorwärtsrichtung ($\Theta=0$) geht der Exponentialterm in Gleichung (2.20) in 1 über, da das Produkt $\Delta k \Delta r = 2k_e \sin\vartheta$ sehr klein wird, $f(0, \omega) = f^0(\omega)$. In diesem Fall ist die totale atomare Streuamplitude $f^0(\omega)$ die Summe der einzelnen Amplituden bzw. f die Summe der frequenzabhängigen Terme in (2.20):

$$f^0(\omega) = \sum_{j=1}^{z} \frac{\omega^2}{\omega^2 - \omega_j^2 + i\gamma\omega} = f_1^0(\omega) - i \cdot f_2^0(\omega) \tag{2.21}$$

mit Realteil f_1^0 und Imaginärteil f_2^0.

Mit $f^0(\omega)$ wird im Folgenden die atomare Streuamplitude[2] für die Streuung in Vorwärtsrichtung bezeichnet, die oft vereinfacht Streuamplitude genannt wird.[3]

---

[2]In der Literatur gibt es eine ganze Reihe zum Teil verwirrender Bezeichnungen. Die Streuamplitude wird häufig auch als Streulänge bezeichnet. Im englischen Sprachraum wird die Streuamplitude mit *scattering factor* bezeichnet, im deutschen Sprachraum wird der Begriff des Streufaktors dagegen für das Quadrat der Streuamplitude verwendet.

[3]Hier muss darauf hingewiesen werden, dass es verschiedene Konventionen für die Vorzeichen gibt, neben $f^0 = f_1 - i \cdot f_2$ wird auch $f^0 = f_1 + i \cdot f_2$ verwendet. In der letzteren Schreibweise gilt $f(\Delta k, \omega) =$

2.1.3 Oszillatorstärke, Zusammenhang mit Einsteinkoeffizienten und Summenregeln

In dem einfachen semiklassischen Model (Lorentz-Modell) wird jedes Elektron mit einer einzigen Resonanzfrequenz identifiziert. Berücksichtigt man, dass im Rahmen einer quantenmechanischen Beschreibung jedes Elektron eine Vielzahl von Übergängen mit unterschiedlichen Übergangsraten besitzt, ergibt sich mit der Oszillatorstärke g_j für die Streuamplitude

$$f^0(\omega) = \sum_{j=1}^{z} \frac{g_j \omega^2}{\omega^2 - \omega_j^2 + i\gamma\omega}.$$

(2.22)

In dem semiklassischen Bild gilt

$$\sum_{j=1}^{z} g_j = Z$$

(2.23)

Gleichung (2.23) besagt, dass die Summe der Oszillatorstärken aller Elektronen gleich Z ist. In der Literatur wird dies als die Summenregel für die Photoabsorption oder auch Thomas-Reiche-Kuhn-Summenregel bezeichnet (hier wird für die Oszillatorstärke der Buchstabe g_j bzw. g_{nm} statt des sonst in der Literatur üblichen f verwendet, um eine Verwechslung mit der Streuamplitude $f(\omega)$ auszuschließen). Die Oszillatorstärke g_{nm} für einen Übergang von n→m ist durch den Einsteinkoeffizienten B_{nm} bzw. das Übergangsmatrixelement R_{nm} gegeben [HW 06]:

$$g_{nm} = \frac{4\pi m_e \omega_{nm}}{3he^2} R_{nm}^2 = \frac{m_e h \omega_{nm}}{2e^2 \pi^2} B_{nm}$$

(2.24)

mit

$$R_{nm} = \int \Psi_m^* e\vec{r} \Psi_m dr,$$

(2.25)

wobei $e\vec{r}$ der Dipoloperator und Ψ_n und Ψ_m die Wellenfunktion des Anfangs- und des Endzustands sind. Für ein einzelnes Elektron gilt hier zu (2.23) analog $\sum_m g_{nm} = 1$. Die Oszillatorstärke der stärksten Übergänge – meist im ultravioletten Spektralbereich – kann bis zu 1 betragen, im höherenergetischen Bereich ist $g_{nm} \ll 1$. Mit (2.22) und (2.24) wird eine Verbindung zwischen der makroskopisch beobachtbaren Streuung und den quantenmechanischen Eigenschaften von Atomen und Festkörpern hergestellt. Bei langen Wellenlängen streuen die Elektronen eines Atoms kohärent, sodass f proportional zu Z ist. Der Streuquerschnitt in den Gleichungen (2.18) bzw. (2.19) steigt daher mit Z^2 an.

Für sehr kurzwellige Strahlung, insbesondere Röntgenstrahlung, können die Phasenterme nicht vernachlässigt werden, und diese einfachen Skalierungsregeln verlieren ihre Gültigkeit. Es bleibt aber der Trend erhalten, dass die Streuung von schweren Atomen mit vielen Elektronen sehr viel größer ist als die von leichten Atomen.

$f(\Delta k) + f'(\omega) + i \cdot f''(\omega)$. f' und f'' sind hier die Dispersionskorrekturen (siehe Abschnitt 2.2), $f(\Delta k)$ hängt nur von Δk bzw. äquivalent dem Streuvektor Q ab. Die Dispersionskorrekturen f' und f'' sind streng genommen auch von Δk abhängig, dies wird meist vernachlässigt, weil sie wegen der extremen Lokalisierung der inneren Elektronen nur sehr gering ist. Hier wird explizit darauf hingewiesen, dass f_1 und f_2 die Frequenzabhängigkeit der Streuamplitude beschreiben, während f' und f'' frequenzabhängige Korrekturterme der von Δk abhängigen Streuamplitude $f(\Delta k)$ darstellen.

2.1.4 Wellenausbreitung und Brechungsindex

Jede Änderung der elektromagnetischen Welle in Materie resultiert aus der Streuung an den Elektronen. Neben der elastischen Streuung treten auch inelastische Prozesse auf, die die Wellen dämpfen. Ganz wesentliche Informationen sind in dem Brechungsindex n enthalten, der – wie im Folgenden dargestellt – eng mit der atomaren Streuamplitude f_0 verknüpft ist. Beide, der Brechungsindex und die Streuamplitude, besitzen neben dem Realteil einen Imaginärteil, der mit der Dämpfung und der Absorption identifiziert werden kann. Ein einzelnes gebundenes Elektron schwingt im elektrischen Feld der Frequenz ω mit der zeitabhängigen Amplitude x [Att 00]:

$$x(\vec{r}, t) = \frac{e}{m_e} \frac{\vec{E}(\vec{r}, t)}{\left(\omega^2 - \omega_j^2 + i\gamma\omega\right)}. \tag{2.26}$$

Für ein Ensemble von Z gebundenen Elektronen ergibt sich daraus eine Stromdichte $\vec{J}$ der einfallenden Welle:

$$\vec{J}(\vec{r}, t) = -en_a \sum_{j=1}^{Z} g_j \vec{v}(\vec{r}, t) = -\frac{e^2 n_a}{m_e} \sum_{j=1}^{Z} g_j \frac{\partial}{\partial t} \frac{\vec{E}(\vec{r}, t)}{\left(\omega^2 - \omega_j^2 + i\gamma\omega\right)} \tag{2.27}$$

Hier ist n_a die mittlere Dichte von Atomen. Durch Einsetzen von (2.27) in die zu (2.4) analoge Wellengleichung für das Vakuum

$$\left(\frac{\partial^2}{\partial t^2} - c^2 \vec{\nabla}^2\right) \vec{E}(\vec{r}, t) = \frac{1}{\varepsilon_0} \frac{\partial \vec{J}(\vec{r}, t)}{\partial t} \tag{2.28}$$

ergibt sich für den komplexen Brechungsindex $n(\omega) = \sqrt{\varepsilon \mu}$:

$$\left[\left(1 - \frac{e^2 n_a}{\varepsilon_0 m_e} \sum_j \frac{g_j}{(\omega^2 - \omega_j^2) + i\gamma\omega}\right) \frac{\partial^2}{\partial t^2} - c^2 \vec{\nabla}^2\right] \vec{E}(\vec{r}, t). \tag{2.29}$$

Dies lässt sich in der Form einer Wellengleichung schreiben:

$$\left[\frac{\partial^2}{\partial t^2} - \frac{c^2}{n^2(\omega)} \vec{\nabla}^2\right] \vec{E}(\vec{r}, t) = 0 \tag{2.30}$$

mit

$$n(\omega) = \left[1 - \frac{e^2 n_a}{\varepsilon_0 m_e} \sum_j \frac{g_j}{(\omega^2 - \omega_j^2) + i\gamma\omega}\right]^{\frac{1}{2}}. \tag{2.31}$$

Für VUV- und Röntgenbereich ist $\omega^2 \gg (e^2 n_a)/(\varepsilon_0 m_e)$, daher ist die Abweichung des Brechungsindexes n sehr klein gegen 1, sodass der Wurzelterm entwickelt werden kann mit dem Ergebnis:

$$n(\omega) = 1 - \frac{e^2 n_a}{2\varepsilon_0 m_e} \sum_j \frac{g_j}{\left(\omega^2 - \omega_j^2 + i\gamma\omega\right)}. \tag{2.32}$$

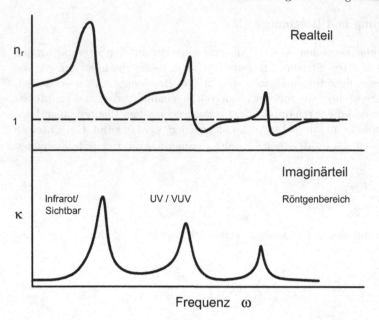

Abb. 2.5 Frequenzabhängigkeit des komplexen Brechungsindexes

Der Brechungsindex hängt in der für erzwungene Schwingungen charakteristischen Art (Lorentz-Modell) von der Frequenz ab (siehe Abb. 2.5). Der Realteil des Brechungsindexes nimmt von niedrigen Frequenzen hin zu hohen Frequenzen zu, nimmt jedoch oberhalb einer Resonanz wieder ab. Dies wird als anomale Dispersion bezeichnet. Der Brechungsindex ist, wie der Vergleich mit (2.21), (2.22) und $\lambda = 2\pi \cdot c/\omega$ zeigt, direkt mit der atomaren Streuamplitude verknüpft und lässt sich schreiben als

$$
\begin{aligned}
n(\omega) &= 1 - \frac{2\pi n_a r_e c^2}{\omega^2} f^0(\omega) = 1 - \frac{2\pi n_a r_e c^2}{\omega^2} \left(f_1^0(\omega) - i \cdot f_2^0(\omega) \right) \\
&= 1 - \frac{n_a r_e \lambda^2}{2\pi} \left(f_1^0(\omega) - i \cdot f_2^0(\omega) \right),
\end{aligned}
\tag{2.33}
$$

wobei f_1^0 und f_2^0 der Real- und Imaginärteil der atomaren Streuamplitude[4] sind (r_e ist hier der klassische Elektronenradius). Die Streuamplituden sind für alle Elemente tabelliert (Henke, http://henke.lbl.gov/optical_constants/asf.html).

n wird häufig auch in der Form

$$
n(\omega) = n_r(\omega) + i\kappa(\omega)
\tag{2.34}
$$

geschrieben, der Realteil des Brechungsindex wird hier mit n_r bezeichnet.

Durch den in (2.6) gegebenen Zusammenhang zwischen dem Brechungsindex n und der Dielektrizitätskonstante ε ist eine äquivalente Beschreibung über die Dielektrizitätskonstante

---

[4]Statt f_1^0 und f_2^0 wird in der Literatur häufig nur f_1 und f_2 verwendet (der obere Index ^{0} deutet an, dass sich f_1 und f_2 nur auf die Vorwärtsstreuung beziehen).

möglich. Sie besitzt analog zum Brechungsindex einen Real- und einen Imaginärteil, und es gilt:

$$\varepsilon(\omega) = \varepsilon_1(\omega) + i\varepsilon_2(\omega) \tag{2.35}$$

Zwischen dem Real- und dem Imaginärteil von Brechungsindex und Dielektrizitätskonstante (elektrischer Feldkonstante) ergeben sich dann aus Gleichung (2.6) folgende Beziehungen:

$$\varepsilon_1(\omega) = n_r^2(\omega) - \kappa^2(\omega) \text{ und } \varepsilon_2(\omega) = 2n_r(\omega)\kappa(\omega). \tag{2.36}$$

Die magnetische Permeabilitätszahl μ wurde hier 1 gesetzt. Dies ist meist eine recht gute Näherung.

Für kurzwellige Strahlung sind die durch die Streuung gegebenen Beiträge nur klein, und es hat sich eingebürgert, den Brechungsindex als:

$$n(\omega) = 1 - \delta + i\beta \tag{2.37}$$

zu schreiben mit

$$\delta = \frac{2\pi n_a r_e c^2}{\omega^2} f_1^0(\omega) = \frac{n_a r_e \lambda^2}{2\pi} f_1^0(\omega). \tag{2.38}$$

n_a ist die Atomdichte (Atome pro Volumen) und

$$\beta = \frac{2\pi n_a r_e c^2}{\omega^2} f_2^0(\omega) = \frac{n_a r_e \lambda^2}{2\pi} f_2^0(\omega). \tag{2.39}$$

δ und β werden als Dispersionsdekrement und Absorptionsindex bezeichnet und sind dimensionslose materialabhängige Konstanten, die aus den atomaren Streuamplituden berechnet werden können.[5] Im Bereich der VUV- und harten Röntgenstrahlung variieren δ und β zwischen 10^{-2} und 10^{-8}. Wie man auch in Abb. 2.5 sieht, ist $n < 1$.

2.1.5 Brechung und Reflexion an Grenzflächen

Trifft eine elektromagnetische Welle auf ein Medium, teilt sie sich in der Regel in eine reflektierte und eine in das Medium eindringende Welle auf. Die Brechung ist in Abb. 2.6 illustriert. Die Welle ändert dabei im Medium ihre Ausbreitungsrichtung; dies wird durch das Brechungsgesetz von Snellius beschrieben (Herleitung z. B. in [BW 59, Jac 75]):

$$\frac{\sin \varphi_1}{\sin \varphi_2} = \frac{n_2}{n_1}. \tag{2.40}$$

Hier sind φ_1 und φ_2 die Winkel zum Lot und n_1 und n_2 die Brechungsindizes. Der einfallende Strahl wird daher beim Eintritt in das optisch dichtere Medium ($n_2 > n_1$) zum Lot hin gebrochen. Das Brechungsgesetz gilt auch für absorbierende Medien, in diesem Fall muss in (2.40) der komplexe Brechungsindex eingesetzt werden. Für die Reflexion gilt:

$$\varphi_1 = \varphi_2. \tag{2.41}$$

---

[5]Das Vorzeichen von f_2^0 bzw. β ist hier positiv, wegen der Konvention $f^0 = f_1^0 - if_2^0$.

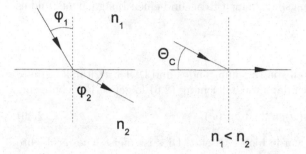

Abb. 2.6 Reflexion und Brechung an einer ebenen Grenzfläche

Ein spezieller Fall liegt vor, wenn die Welle von einem optisch dichteren in ein optisch dünneres Medium eintritt und der Winkel der gebrochenen Welle zum Lot 90° erreicht. Die Welle tritt dann lediglich in die Oberflächenschicht ein und läuft anschließend parallel zur Oberfläche. Bei größeren Winkeln wird sie total reflektiert. Im Röntgenbereich findet dies bei der Reflexion bei streifenden Einfall statt, da der Realteil des Brechungsindexes von Materialien bei hohen Frequenzen kleiner als 1 ist. Dieser Spezialfall wird weiter unten ausführlich diskutiert.

Der Reflexionskoeffizient R ist ein Maß für die Reflektivität und als Verhältnis von der einfallenden I_e zur reflektierten Intensität I_r definiert:

$$R = \frac{I_r}{I_e}. \tag{2.42}$$

Er steigt für Einfallswinkel (bezogen auf die Fläche) kleiner als Θ_c (siehe Abb. 2.6) nahezu sprunghaft auf 100 %, sofern der Imaginärteil β des Brechungsindexes gleich null ist. Bei großen Werten für β wird diese Kante ausgewaschen, sodass sich die Reflektivität bei kleineren Winkeln zum Teil drastisch erniedrigt und sich bei größeren Werten gegenüber dem theoretischen Wert von null erhöht (siehe Abb. 2.8 und 2.9) [Att 00]. Für Röntgenstrahlung (~ 1 Å Wellenlänge) liegt der kritische Winkel Θ_c meist unterhalb von 1°. Die Reflektivität einer Oberfläche kann mit Hilfe der Fresnel'schen Formeln berechnet werden. Hier spielt die Polarisation der Wellen bezüglich der Einfallsebene eine wichtige Rolle. Deshalb wird zwischen dem Reflexionskoeffizienten R_s für s-polarisierte und R_p- für p-polarisierte Strahlung unterschieden. Bei den s-polarisierten Wellen steht das E-Feld senkrecht zur Einfallsebene (Ebene senkrecht zur Oberfläche, in der der einfallende und der reflektierte Strahl liegen), bei p-polarisierter Strahlung parallel dazu. Der Reflexionskoeffizient R_s hängt vom Einfallswinkel φ_1 und dem Verhältnis der Brechungsindizes $n_{rel} = n_2/n_1$ ab und ist durch

$$R_s = \frac{I_r}{I_e} = \left| \frac{E_r}{E_i} \right|^2 = \left| \frac{\cos\varphi_1 - \sqrt{n_{rel}^2 - \sin^2\varphi_1}}{\cos\varphi_1 + \sqrt{n_{rel}^2 - \sin^2\varphi_1}} \right|^2 \tag{2.43}$$

gegeben. Hier ist I_e die Intensität der einfallenden und I_r die der reflektierten Welle; E_i und E_r sind die entsprechenden elektrischen Feldstärken. Dieses Ergebnis wurde zuerst von

Fresnel mit Hilfe einer elastischen Lichttheorie gewonnen. Die Fresnel'sche Formel (2.43) kann ebenso aus den Maxwell-Gleichungen hergeleitet werden [Jac 75]. Zur Herleitung werden die Energieerhaltung, das Brechungsgesetz und Stetigkeitsbedingungen des $\vec{E}$-Feldes an der Grenzfläche benötigt. Im Fall von s-polarisierten Wellen muss die Summe der elektrischen Feldstärke oberhalb und unterhalb (E_t ist die Feldstärke der transmittierten Welle) der Grenzfläche gleich sein:

$$E_i + E_r = E_t. \tag{2.44}$$

Für p-polarisierte Wellen muss eine analoge Stetigkeitsbedingung erfüllt sein, hier liegen die elektrischen Feldvektoren allerdings nicht in der Grenzfläche, sodass hier die Bedingung für die Komponenten von E_i, E_r und E_t in der Ebene der Grenzfläche gelten muss [BS 93]. Daraus erhält man die folgende Bedingung:

$$E_i + E_r = \frac{n_2}{n_1} E_t = n_{rel} E_t. \tag{2.45}$$

Wegen der unterschiedlichen Stetigkeitsbedingungen ergibt sich für den Reflexionskoeffizienten R_p:

$$R_p = \frac{I_r}{I_e} = \left| \frac{E_r}{E_i} \right|^2 = \left| \frac{n_{rel}^2 \cos \varphi_1 - \sqrt{n_{rel}^2 - \sin^2 \varphi_1}}{n_{rel}^2 \cos \varphi_1 + \sqrt{n_{rel}^2 - \sin^2 \varphi_1}} \right|^2. \tag{2.46}$$

Für senkrechten Einfall ergibt sich aus (2.43) und analog aus (2.46) für die Reflexion im Vakuum ($n_1 = 1$):

$$R_s = R_p = \frac{|1 - n_2|^2}{|1 + n_2|^2} \approx \frac{\delta^2 + \beta^2}{4}, \tag{2.47}$$

das heißt, für senkrechten Einfall macht die Unterscheidung zwischen s- und p-Polarisation keinen Sinn, und die Reflexionskoeffizienten für s- und p-polarisierte Strahlung sind erwartungsgemäß gleich.

Aus (2.47) ist sofort ersichtlich, dass die Reflektivität von kurzwelliger Strahlung bei senkrechtem Einfall sehr klein ist (δ und β sind viel kleiner als 1 und nehmen zur kurzen Wellenlänge hin stark ab, s. o.).

Bei senkrechtem Einfall und sehr streifenden Einfall unterhalb des Grenzwinkels für Totalreflexion ist die Reflektivität für s- und p-polarisierte Strahlung gleich oder sehr ähnlich. Dies gilt nicht in einem Zwischenbereich. Für p-polarisierte Strahlung existiert, wie man aus (2.46) sieht, bei einem Winkel φ_b ein Minimum in der Reflektivität (Brewster-Winkel). Bei φ_b bilden die reflektierte und die transmittierte Welle einen rechten Winkel. Die im dichteren Medium schwingenden elektrischen Dipole strahlen senkrecht zur Ausbreitungsrichtung nicht ab, sodass die Intensität der reflektierten Welle auf ein Minimum absinkt. Dieses Argument gilt für s-polarisierte Strahlung nicht, da in diesem Fall die Dipole senkrecht zur Einfallsebene schwingen. Die Bedingung für den Brewster-Winkel φ_b ergibt sich aus dem Minimum im Zähler von (2.46) zu:

$$\tan \varphi_b = n_{rel}. \tag{2.48}$$

Bei der Konstruktion von hochreflektierenden Spiegeloptiken ist man daher immer bemüht, die Flächen so auszurichten, dass die Strahlung senkrecht zur Einfallsrichtung polarisiert ist.

Die Reflektivität realer Spiegel hängt neben den hier skizzierten Faktoren auch von der Qualität der Oberfläche ab. Langwellige Abweichungen einer Spiegeloberfläche von der Sollkurve (Winkelfehler) bewirken eine Richtungsänderung der Strahlen und damit eine Aufweitung des Lichtstrahls mit der Folge von Bildfehlern. Abweichungen in der Größenordnung der Wellenlänge werden als Mikro-Rauigkeit bezeichnet und reduzieren den Reflexionskoeffizienten (siehe auch Abschnitt 3.4.1). Der Reflexionskoeffizient einer Fläche mit der Oberflächen-Rauigkeit σ_r kann mit der Beckmann-Formel näherungsweise aus dem theoretischen Wert R_0 einer perfekt glatten Fläche berechnet werden:

$$R = R_0 e^{-(4\pi\sigma_r \cos\varphi/\lambda)^2}. \tag{2.49}$$

Hier ist φ der Einfallswinkel zur Flächennormalen und λ die Wellenlänge. Die Reflektivität hängt demnach von dem dimensionslosen Quotienten $\sigma_r \cos\varphi/\lambda$ ab. Dies wird plausibel, wenn man sich eine raue Oberfläche als ein Stufengitter vorstellt, bei dem die Stufen die Höhe σ_r besitzen. Die Skalierung mit $\sigma_r \cos\varphi/\lambda$ besagt, dass die Phase von Lichtwellen von benachbarten Stufen um einen konstanten Betrag variiert. Solange der Term klein ist, werden die Wellen mit definierten Phasenbeziehungen gestreut. Ist diese Bedingung nicht erfüllt, löschen sich einzelne Teilwellen aus und die Reflektivität kann im Extremfall sehr kurzer Wellenlängen gegen null gehen. Die Intensität des reflektierten Strahls (spekularer Reflex) nimmt dann zu Gunsten des nur schwach gerichteten Streulichts (diffuse Streuung) ab. Die Beckmann-Formel (2.49) besagt ferner, dass der Einfluss der Rauigkeit bei streifendem Einfall durch den $\cos\varphi$-Term drastisch reduziert ist. Da Spiegel für kurzwellige Strahlung grundsätzlich bei streifendem Einfall betrieben werden, wirkt sich die Rauigkeit daher nicht so stark aus.

2.1.6   Streifender Einfall und Totalreflexion

Die Phänomene beim Übergang einer elektromagnetischen Welle von einem Medium in ein anderes können im Rahmen der Fresnel-Theorie [Fre 32, Jam 67, Lek 87, Dos 92, ANM 01] beschrieben werden und sollen im Folgenden etwas genauer betrachtet werden. Ein wichtiger Spezialfall ist die Reflexion bei streifendem Einfall, insbesondere an einer glatten Oberfläche im Vakuum.[6] Trifft eine elektromagnetische Welle mit Wellenvektor $\vec{k}_i$ auf diese Grenzfläche, so wird sie teilweise reflektiert $(\vec{k}_f)$ und dringt teilweise in den Kristall ein $(\vec{k}_t$, vgl. Abb. 2.7 (a)). Die beteiligten Winkel[7] sind durch das Brechungsgesetz

$$\cos\alpha_i = n\cos\alpha_t \tag{2.50}$$

---

[6]Systeme mit endlich vielen Grenzflächen lassen sich durch Einführung eines rekursiven Formalismus [Par 54] analog behandeln.

[7]Wie in der Röntgenoptik üblich, werden im Folgenden die Winkel α zwischen einfallendem Röntgenstrahl und Oberfläche anstelle der Winkel φ zwischen Röntgenstrahl und Lot verwendet. Dies vereinfacht das Rechnen bei streifenden Einfallswinkeln, z. B. wenn die Näherung $\sin\alpha = \alpha$ verwendet wird.

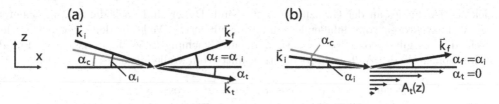

Abb. 2.7 Brechung der Amplitude bzw. der Intensität $I_t(z)$ von Röntgenstrahlung an einer Vakuum-Kristall-Grenzfläche für einen Glanzwinkel α_i, der (a) größer bzw. (b) kleiner als der kritische Winkel α_c ist

verknüpft, wobei für den Brechungsindex (s. auch (2.38) und (2.39))

$$n = 1 - \delta + i\beta = 1 - \frac{\lambda^2}{2\pi} r_e \varrho_e + i\frac{\lambda}{4\pi}\mu \qquad (2.51)$$

gilt.[8] δ und β sind das Dispersionsdekrement bzw. der Absorptionsindex, ϱ_e die mittlere Elektronendichte des Kristalls, $r_e = 2{,}818 \cdot 10^{-13}$ cm der klassische Elektronenradius und μ der Absorptionskoeffizient (siehe auch Abschnitt 2.1.8) für Röntgenstrahlung. Gleichung (2.51) zeigt, dass δ und β kleine *positive* Zahlen sind (im Röntgenbereich $\delta \approx 10^{-5} - 10^{-7}$, $\beta \approx 10^{-6} - 10^{-8}$), der Realteil des Brechungsindexes von Materie für Röntgenstrahlung, wie wir bereits gesehen haben, also *kleiner* als 1 ist. Daher wird die transmittierte Welle – im Gegensatz zu sichtbarem Licht – vom Lot weg gebrochen, α_i ist also größer als α_t (vgl. Abb. 2.7 (a)). Daraus folgt das wichtige Phänomen der Totalreflexion von Röntgenstrahlung an Oberflächen: Vernachlässigt man die Absorption, so existiert wegen $n < 1$ ein Einfallswinkel α_i, für den $\alpha_t = 0$ wird. Dieser wird auch „kritischer Winkel der Totalreflexion" α_c genannt (entspricht Θ_c in Abschnitt 2.1.5). Für kleinere Einfallswinkel ($\alpha_i < \alpha_c$) wird die Welle vollständig reflektiert und kann, wie wir sehen werden, nur in einen sehr flachen, oberflächennahen Bereich des Kristalls eindringen, in dem sie sich *parallel* zur Oberfläche ausbreitet. Die Eindringtiefe dieser sogenannten quergedämpften Oberflächenwelle (engl. *evanescent wave*) wird genutzt, um die Oberflächenempfindlichkeit der SXRD-Methode zu steuern (siehe Abschnitt 5.1). Im Folgenden wird die Abhängigkeit der Eindringtiefe vom Einfallswinkel hergeleitet und die Intensität der transmittierten und reflektierten Welle diskutiert.

Mit $\alpha_t = 0$ folgt aus den Gleichungen (2.50) und (2.51) durch Taylor-Entwicklung des cos-Terms:

$$\alpha_c = \sqrt{2\delta} = \lambda\sqrt{\frac{r_e\varrho_e}{\pi}} > 0, \qquad (2.52)$$

der kritische Winkel hängt also nur von der Elektronendichte des Kristalls und der Wellenlänge ab. Aus den Maxwell-Gleichungen folgt unmittelbar, dass alle Komponenten des

---

[8]Diese Gleichung gilt unter der Voraussetzung, dass die Energie der einfallenden Photonen wesentlich größer ist als die Bindungsenergie der Elektronen in den äußeren Schalen der Atome. Für Röntgenstrahlung ist dies stets der Fall. Das Produkt $r_e\varrho_e$ bezeichnet man häufig als Streulängendichte, ein Begriff, der seinen Ursprung in der Neutronenstreuung hat. Für Neutronenstrahlung gilt Gleichung (2.51), wenn $r_e\varrho_e$ durch $b\varrho_n$ ersetzt wird, also durch das Produkt aus der (kohärenten) Neutronenstreulänge der Atomkerne und deren Anzahldichte.

elektrischen Feldes an der Grenzfläche stetig sind. Daher sind auch die x-Komponenten[9] der Wellenvektoren von einfallender und transmittierter Welle an der Grenzfläche identisch, d. h. es gilt $k_i \cos \alpha_i = k_t \cos \alpha_t$, und mit Gleichung (2.50) folgt $nk_i = k_t$. Für die z-Komponente[10] des Wellenvektors der transmittierten Welle gilt daher:[11]

$$k_{t,z} = k_t \sin \alpha_t = nk_i \sqrt{1 - \cos^2 \alpha_t} = k_i \sqrt{n^2 - \cos^2 \alpha_i}$$

$$\approx k_i \sqrt{1 - 2\delta + 2i\beta - 1 + \alpha_i^2} = k_i \sqrt{\alpha_i^2 - \alpha_c^2 + 2i\beta} = k_i(p + iq). \tag{2.53}$$

Für $k_i p$ bzw. $k_i q$, den Real- bzw. Imaginärteil von $k_{t,z}$, gilt

$$p^2 = \frac{1}{2} \left[\sqrt{(\alpha_i^2 - \alpha_c^2)^2 + 4\beta^2} + (\alpha_i^2 - \alpha_c^2) \right] \quad \text{und}$$

$$q^2 = \frac{1}{2} \left[\sqrt{(\alpha_i^2 - \alpha_c^2)^2 + 4\beta^2} - (\alpha_i^2 - \alpha_c^2) \right].$$

Die weitreichenden Folgen von Gleichung (2.53) erkennt man, wenn man den z-abhängigen Anteil der Wellengleichung für das elektrische Feld der transmittierten Welle in Wellen- und Dämpfungsteil zerlegt:

$$E_t(\vec{r}) = A \, \exp(i(\vec{k}_t \cdot \vec{r} - \omega t)) = A \, \exp(i(k_{t,x}x + k_{t,z}z - \omega t))$$

$$= A \, \exp(i(k_{i,x}x + k_i p z - \omega t)) \, \exp(-k_i q z). \tag{2.54}$$

Da der letzte Exponentialterm einen reellen Exponenten aufweist, repräsentiert er die Dämpfung der transmittierten Welle in z-Richtung. Er enthält $k_i q$, den Imaginärteil von $k_{t,z}$, der im Fall $\alpha_i > \alpha_c$ von dem Absorptionsindex β bestimmt wird, das heißt, die Welle breitet sich – nur durch Absorption gedämpft – im Kristall aus. Betrachtet man jedoch den Fall $\alpha_i < \alpha_c$, so ist der Imaginärteil von $k_{t,z}$ deutlich größer als der Realteil, bei Vernachlässigung der Absorption ist $k_{t,z}$ sogar rein imaginär, der Wellencharakter des elektrischen Feldes verschwindet also in z-Richtung. Die transmittierte Welle wird zur Oberflächenwelle, da ihr Wellenvektor parallel zur Probenoberfläche verläuft. Ihre Amplitude wird – selbst bei vernachlässigter Absorption – mit zunehmender Tiefe (also quer zur Ausbreitungsrichtung) exponentiell gedämpft, wie in Abb. 2.7 (b) angedeutet. Für die Eindringtiefe dieser quergedämpften Welle, also den Kehrwert der exponentiellen Abklingkonstante, ergibt sich

$$l_i = \frac{1}{k_i q} = \frac{\lambda}{\sqrt{2}\,\pi} \left(\sqrt{\left(\alpha_i^2 - 2\delta\right)^2 + 4\beta^2} - \alpha_i^2 + 2\delta \right)^{-\frac{1}{2}}. \tag{2.55}$$

Die Eindringtiefe hängt also nur vom streifenden Einfallswinkel α_i, dem Brechungsindex (bzw. δ und β) und der Wellenlänge der Röntgenstrahlung λ ab. In Abb. 2.8 (a) ist die Eindringtiefe l_i für $\lambda = 1{,}24\,\text{Å}$ ($h\nu = 10\,\text{keV}$) in Silizium aufgetragen. Bei vernachlässigter Absorption divergiert l_i beim kritischen Winkel $\alpha_c = 0{,}18°$, die Welle breitet sich also ungedämpft im Kristall aus. Für $\beta > 0$ verhält sich l_i bei großen Einfallswinkeln $\alpha_i \gg \alpha_c$

---

[9]Das Koordinatensystem sei so gelegt, dass die x-z-Ebene der Einfallsebene entspricht, vgl. Abb. 2.7.

[10]Das Koordinatensystem sei so gelegt, dass die x-y-Ebene der Einfallsebene entspricht.

[11]Quadratische Terme in δ und β werden vernachlässigt und die Näherung $\sin \alpha_i \approx \alpha_i$ verwendet.

wie $\sin\alpha_i/\mu$ und beschreibt die Dämpfung durch Photoabsorption. Gleichung (2.55) und Abb. 2.8 (a) verdeutlichen die Möglichkeit, die Eindringtiefe durch den Einfallswinkel gezielt einzustellen. Bei sehr kleinen Einfallswinkeln ($\alpha_i \to 0$) gilt:

$$l_i = \frac{\lambda}{2\pi} \left(\sqrt{\delta^2 + \beta^2} + \delta \right)^{-\frac{1}{2}} \overset{\beta=0}{\approx} \frac{\lambda}{2\pi\sqrt{2\delta}} = \frac{\lambda}{2\pi\alpha_c} > 0. \tag{2.56}$$

Bemerkenswert ist, dass l_i auch im Grenzfall $\alpha_i \to 0$ und $\beta = 0$ nicht null wird, sondern dass es eine minimale Eindringtiefe $l_{i,min} > 0$ gibt. Die Welle dringt also stets ein Stück in den Kristall ein. Für die Reflektivität und die Transmission, das heißt für die Intensitäten der reflektierten und transmittierten Welle an der Grenzfläche (d. h. bei $z = 0$) und für kleine Winkel α_i ergeben sich folgende Gleichungen (vgl. auch (2.43) und (2.46)):

$$R = \frac{(\alpha_i - p)^2 + q^2}{(\alpha_i + p)^2 + q^2} \quad \text{und} \qquad T = \frac{4\alpha_i^2}{(\alpha_i + p)^2 + q^2}. \tag{2.57}$$

Die Abbildungen 2.8 (b) und (c) zeigen den Verlauf von R und T für das Beispiel eines Siliziumkristalls. Die bis zum Vierfachen überhöhte Transmission bei $\alpha_i = \alpha_c$, das sogenannte Vineyard-Maximum [Vin 82, Dos 92, ANM 01], entsteht durch konstruktive Interferenz des einfallenden und reflektierten Wellenfeldes. Zusammen mit der geringen Eindringtiefe der Strahlung und der damit verbundenen Reduzierung der Streuintensitäten aus dem Inneren des Kristalls trägt dieser Effekt dazu bei, dass die an sich sehr schwachen Beugungssignale von der Kristalloberfläche überhaupt gemessen werden können. Die Reflexion bei streifendem Einfall hat auch wichtige praktische Konsequenzen, da bei der Wahl geeigneter Parameter selbst im Röntgenbereich nahezu 100 Prozent Reflektivität erzielt werden können. Wegen des Zusammenhangs zwischen λ und ω lässt sich Gleichung (2.52) schreiben:

$$\alpha_c = \sqrt{2\delta} = \sqrt{\frac{n_a r_e \lambda^2 f_1^0(\lambda)}{\pi}} \propto \lambda\sqrt{Z}. \tag{2.58}$$

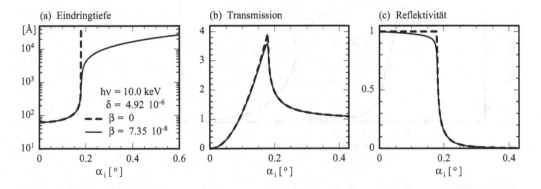

Abb. 2.8 Eindringtiefe der transmittierten Welle (a) und Intensität der transmittierten (b) bzw. reflektierten (c) Welle für einen Siliziumkristall, relativ zur Intensität der einfallenden Welle. Für die gestrichelten Kurven wurde die Absorption vernachlässigt

Der Grenzwinkel der Totalreflexion α_c ist also proportional zu λ und $\sqrt{Z}$. Deshalb wählt man für Röntgenspiegel, die auch bei kleinen Wellenlängen möglichst hohe Reflektivitäten liefern sollen, vorzugsweise Edelmetalle wie Gold, Platin oder Osmium (siehe Abb. 2.9). Technische Details werden in Abschnitt 3.3 beschrieben.

2.1.7   Inelastische Streuung

Neben den im vorangegangenen Abschnitt dargestellten elastischen Prozessen gibt es auch eine Reihe von inelastischen Streuprozessen, wie die Ramanstreuung und die Compton-Streuung, bei denen die Energie der Streustrahlung von der Energie des einfallenden Strahlungsfeldes abweicht [BS 93]. Die Phasenbeziehung zu der einfallenden Welle kann definiert oder statistisch sein, man unterscheidet daher zwischen kohärenter Streuung (definierte Phasenbeziehung) und inkohärenter Streuung (statistische Phasenbeziehung). Bei der Ramanstreuung wird ein innerer Freiheitsgrad einer Probe (Vibration, elektronischer Zustand) während des Streuprozesses instantan angeregt. Historisch gesehen wird die Ramanstreuung mit der Streuung sichtbaren Lichts an Molekülen in Verbindung gebracht, bei der die Energie eines Vibrationsquantes dem gestreuten Photon hinzugefügt oder entnommen wird. Der Streuwirkungsquerschnitt ist meist viele Zehnerpotenzen kleiner als der für die elastische Rayleigh-Streuung, da die Probe in einen virtuellen Zwischenzustand angeregt wird. Bei hohen Photonenenergien kann es jedoch zu einer drastischen Überhöhung des Wirkungsquerschnitts kommen, wenn durch resonante Einstrahlung ein reeller Zwischenzustand angeregt wird. Dies wird als resonante inelastische Streuung bezeichnet (RIXS, *resonant inelastic x-ray scattering*). Da beim Streuprozess die Gesamtenergie und der Impuls Erhaltungsgrößen sind, gelang es auf der Basis von RIXS eine Reihe von neuen Methoden zur Bestimmung der elektronischen Struktur von kondensierter Materie zu entwickeln [KS 01] (siehe auch Abschnitt 4.3). Die Compton-Streuung kann als Streuung eines Photons an einem

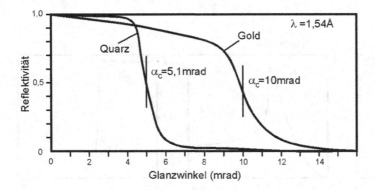

Abb. 2.9 Reflexion von Gold und Quarz als Funktion des Glanzwinkels (Einfallswinkel bezogen auf die Oberfläche) für Röntgenstrahlung mit 1,54 Å Wellenlänge. Der Glanzwinkel ist in mrad angegeben (1° entspricht 17,5 mrad). Der Grenzwinkel für Totalreflexion (hier mit α_c bezeichnet) ist zusätzlich eingezeichnet.

freien Elektron verstanden werden [BS 93]. Eine quantitative Beschreibung ist mit Hilfe der Quantenelektrodynamik möglich. In einem vereinfachten Bild kollidiert das Photon mit dem Elektron und überträgt dabei Energie und Impuls. Die Energieänderung bzw. die Änderung der Wellenlänge $\Delta\lambda$ des Photons ergibt sich aus der Kinematik der Stoßes unter der Berücksichtigung von Energie und Impulserhaltung zu:

$$\Delta\lambda = \frac{h}{mc}\left(1 - \cos\vartheta\right) = \lambda_C\left(1 - \cos\vartheta\right). \tag{2.59}$$

λ_C wird als Compton-Wellenlänge des Elektrons bezeichnet, sie beträgt 2,42 pm. Die Änderung der Wellenlänge hängt nur vom Streuwinkel ϑ ab und ist unabhängig von der Wellenlänge des einfallenden Photons. Bei langen Wellenlängen, speziell im optischen Bereich, wird die relative Wellenänderung auf Grund der Compton-Streuung sehr gering. Die Wellenlängenänderung wird nochmals kleiner, da das Photon nicht nur an quasi-freien Elektronen, sondern dem gesamten Atom streut. Im optischen Spektralbereich ist nämlich die Energie der Photonen klein gegen die Bindungsenergien der Elektronen, sodass der Stoß eines Photons wegen der vergleichsweise starken Bindung mit dem gesamten Atom erfolgt. Compton-Streuung wird daher ausschließlich im Röntgenbereich beobachtet. Der totale Wirkungsquerschnitt für Compton-Streuung σ_c wurde von Klein und Nishina zu

$$\sigma_c = \frac{\sigma_e}{1 + 2\lambda_c/\lambda} \tag{2.60}$$

berechnet. Für kleine Energien geht er in den Wirkungsquerschnitt σ_e für Thomson-Streuung über. Für sehr hohe Energien geht er gegen null. Bei den leichten Elementen (H, He, B) ist die Compton-Streuung der dominante Beitrag zum totalen Streuwirkungsquerschnitt im

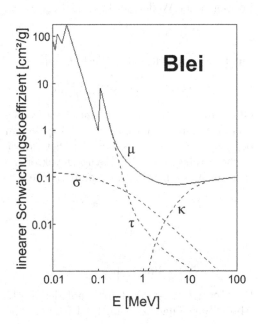

Abb. 2.10
Gesamter Absorptionswirkungsquerschnitt von Blei (μ) sowie dessen Anteile: Compton-Streuung (σ), Wirkungsquerschnitt für Paarerzeugung (κ) und Photoionisationswirkungsquerschnitt (τ)

Röntgenbereich, da die Bindungsenergie der Elektronen klein gegen die Energie von Röntgenquanten ist. Wird die Energie der streuenden Photonen größer als $2mc^2$ ($1{,}02$ MeV), setzt also die Paarbildung ein, d. h. es wird bei der Streuung an einem Atom ein Elektron-Positron-Paar erzeugt. Der Wirkungsquerschnitt für Paarbildung steigt von der Schwelle kontinuierlich an und übertrifft ab einigen MeV den der Compton-Streuung (siehe Abb. 2.10). Bei der Herleitung der Compton-Streuung wird meist von ruhenden, freien Elektronen ausgegangen. In einem realen Experiment sind die Elektronen jedoch in kondensierter Materie an die Ionenrümpfe gebunden und besitzen daher eine – wenn auch geringe – kinetische Energie. Im Fall von kristallinen Festkörpern bilden die Elektronen Bänder mit wohl definierten Impulsen. Bei sehr schmalbandiger Anregung spiegelt die Breite der Compton-Linie bei festem Streuwinkel die Impulsverteilung der streuenden Elektronen wieder. Dies erlaubt es, die Impulsdichten von Festkörpern mit Hilfe von Compton-Streuung zu bestimmen. Für eine dreidimensionale Bestimmung muss allerdings die Energie des gestreuten Elektrons in Koinzidenz mit dem gestreuten Photon bestimmt werden [MTS$^+$ 99].

2.1.8   Absorption elektromagnetischer Wellen

Die Absorption einer Welle in einem Medium lässt sich mit Hilfe des komplexen Brechungsindexes n berechnen. Hierfür wird die Dispersionsrelation benötigt, die den Zusammenhang zwischen der Wellenlänge λ bzw. der Frequenz ω und der Ausbreitungsgeschwindigkeit v beschreibt:

$$v(\omega) = \frac{\omega}{k} = \frac{c}{n} = \frac{c}{n_r - i\kappa}. \tag{2.61}$$

Die elektrische Feldstärke einer sich in z-Richtung ausbreitenden ebenen Welle ist durch Lösungen der Wellengleichung (2.5) gegeben:

$$E(z,t) = E_0 e^{-i(\omega t - kz)}. \tag{2.62}$$

Mit Hilfe von (2.61) ergibt sich daraus

$$E(z,t) = E_0 e^{-i(\omega t - n_r \omega z/c)} e^{-\omega \kappa z/c}. \tag{2.63}$$

Gleichung (2.63) beschreibt eine ebene Welle, die sich mit der Geschwindigkeit $v = c/n_r$ ausbreitet und mit dem Exponenten $\omega \kappa z/c$ gedämpft wird. Der Exponentialterm $\exp(-in_r\omega z/c)$ beschreibt eine mit zunehmender Dicke anwachsende Phasenverschiebung. Da die Intensität I einer Welle durch den Poynting-Vektor in Gleichung (2.9) proportional zu E^2 ist, ergibt sich mit $\lambda = c/(n_r - i\kappa)\omega$ das Lambert'sche Absorptionsgesetz:

$$I(z) = I_0 e^{-4\pi\kappa z/\lambda} = I_0 e^{-z/l_{abs}} \tag{2.64}$$

mit

$$l_{abs} = \frac{\lambda}{4\pi\kappa} = \frac{\lambda}{4\pi\beta}. \tag{2.65}$$

Der Term l_{abs} ist die Länge, auf der die Intensität auf $1/e$ abfällt. Dies wird häufig als Absorptionslänge bezeichnet. Gleichung (2.65) besagt, dass die Absorption vom Imaginärteil

κ des Brechungsindexes und damit auch vom Imaginärteil der atomaren Streuamplitude (Gleichung (2.33)) abhängt:

$$l_{abs} = \frac{1}{2 n_a r_e \lambda f_2^0(\omega)}.$$ (2.66)

Zwischen der Transmission eines Films und seiner Dicke z besteht experimentell der folgende Zusammenhang:

$$I(z) = I_0 e^{-\rho \mu_\rho z} = I_0 e^{-n_a \sigma_{abs} z},$$ (2.67)

wobei ρ die Massendichte, n_a die Atomdichte und μ_ρ der Massenabsorptionskoeffizient, bzw. σ_{abs} der atomare Absorptionswirkungsquerschnitt ist. Aus dem Vergleich von (2.64) und (2.67) und mit Hilfe von (2.66) ergibt sich für den Massenabsorptionskoeffizienten μ_ρ, wobei m_a die Masse eines Atoms ist:

$$\mu_\rho(\omega) = \frac{2 \, n_a \, r_e \lambda}{\rho} f_2^0(\omega).$$ (2.68)

Die Größe $\mu = \rho \, \mu_\rho$, die der Kehrwert on l_{abs} ist, wird als Absorptionskoeffizient bezeichnet. Für den atomaren Absorptionswirkungsquerschnitt σ_{abs} erhält man analog:

$$\sigma_{abs}(\omega) = 2 r_e \lambda f_2^0(\omega).$$ (2.69)

Durch Absorptionsmessungen können daher die atomaren Wirkungsquerschnitte σ_{abs} und die Übergangsmatrixelemente bestimmt werden (siehe Abschnitt 4.1.1). Informationen über den Realteil kann man über den Phasenterm in Gleichung (2.63) erhalten. Der Phasenterm kann mit interferometrischen Methoden bestimmt werden und wird neuerdings erfolgreich als bildgebender Kontrast bei diversen Abbildungsmethoden mit Röntgenstrahlung verwendet [CLB$^+$ 99].

Für die Absorption bzw. das Integral des Absorptionswirkungsquerschnitts bis in den nahen Röntgenbereich ergeben sich daher Summenregeln analog zu Gleichung (2.23) und (2.1.3)(siehe auch Abschnitt 2.1.2). Der Absorptionswirkungsquerschnitt enthält die direkte Information über den Imaginärteil der Streuamplitude und damit auch über die Übergangsmatrixelemente (siehe Gleichung (2.24)). Absorption, Reflexion und Streuung sind wie oben gezeigt direkt über den komplexen Brechungsindex miteinander gekoppelt. Die Frequenzabhängigkeit der Brechungsindizes kann wie dargestellt im Lorentz-Modell semi-klassisch beschrieben werden. Der Realteil des Brechungsindexes ist mit einer Änderung der Ausbreitungsgeschwindigkeit der Welle verknüpft, der Imaginärteil mit der Dämpfung (Extinktion) und der Absorption. Beide sind jedoch nicht unabhängig voneinander, sondern werden durch die Oszillatoren (klassisches Bild) bzw. elektronischen Übergänge (quantenmechanisches Bild) in der Materie bestimmt. Ganz generell besteht für erzwungene Schwingungen ein fester Zusammenhang zwischen der Phasenänderung und der Dämpfung, egal, ob es sich um mechanische, elektrische oder elektromagnetische Phänomene handelt. Der Imaginär- und der Realteil des Brechungsindexes sind wie Ursache und Wirkung miteinander verknüpft, indem eine elektromagnetische Welle an den gebunden Elektronen gestreut wird und sich anschließend eine neue Welle aus den einzelnen Streuwellen ergibt. Der Zusammenhang zwischen dem Real- und dem Imaginärteil des Brechungsindexes bzw. der atomaren Streuamplitude ist durch die Kramers-Kronig-Relationen gegeben [Att 00]:

$$f_1^0(\omega) = Z - \frac{2}{\pi} P \int\limits_0^\infty \frac{u f_2^0(\omega)}{u^2 - \omega^2} du \qquad (2.70)$$

$$f_2^0(\omega) = \frac{2\omega}{\pi} P \int\limits_0^\infty \frac{f_1^0(\omega) - Z}{u^2 - \omega^2} du \qquad (2.71)$$

Mit P ist hier gemeint, dass der Hauptwert, d. h. der nicht divergierende Teil des Integrals, genommen werden soll. Ganz analoge Beziehungen gelten für den Brechungsindex δ und β bzw. n_r und κ. Da δ und β sich nach (2.38) und (2.39) von f_1^0 bzw. f_2^0 nur durch einen konstanten Faktor unterscheiden, erhält man die entsprechenden Kramers-Kronig-Relationen, indem in (2.70) und (2.71) f_1^0 und f_2^0 durch δ bzw. β ersetzt. Anschließend folgen mit (2.34) und (2.37) die analogen Relationen für n_r und κ. Die Herleitung der Kramers-Kronig-Relationen findet sich in [Jac 75, Att 00]. Abschließend soll betont werden, dass die hier dargestellten Zusammenhänge nur unter bestimmten Rahmenbedingungen gelten. Bei sehr starken Übergängen ist die Polarisation des Mediums keine kleine Störung mehr und die Dispersionsrelation der absorbierenden Zentren muss berücksichtigt werden.

Experimentell ist es meist einfacher, den Imaginärteil als den Realteil des Brechungsindex zu ermitteln. Durch Transmissionsmessungen sind in den letzten Jahrzehnten die Absorptionsindizes von nahezu allen gängigen Materialien mit Synchrotronstrahlung in einem großen Energiebereich bestimmt worden. Mit den Kramers-Kronig-Relationen kann anschließend der Realteil berechnet werden. Im Prinzip ist dafür die Kenntnis der Imaginärteils bis hin zu unendlich hohen Frequenzen nötig. In der Praxis gelingt es aber häufig, durch geeignete Extrapolationen verlässliche Werte für den Realteil zu bekommen. Die oben genannten Werte für die atomaren Streuamplituden f (www.cxro.lbl.gov) wurden aus Transmissionsmessungen im Bereich von 30 eV–30 keV gewonnen. Alternative Methoden zur Bestimmung des Brechungsindexes sind Reflexionsmessungen bei verschiedenen Energien und Winkeln und die Ellipsometrie [BS 93]. Hier werden bei einer festen Energie aus dem Reflexionskoeffizienten und der Drehung der Polarisationsrichtung direkt Real- und Imaginärteil des Brechungsindexes bestimmt. Auf die praktischen Aspekte wird im Detail in Abschnitt 4.1.1 eingegangen.

2.1.9   Sekundärprozesse

Die Absorption oder Streuung eines Photons ist im Allgemeinen mit verschiedenen Sekundärprozessen verbunden (siehe Abb. 2.11). Hier soll nur ein kurzer Überblick gegeben werden, eine detaillierte Beschreibung findet sich in der Literatur [Att 00]. In Abb. 2.12 ist das Termschema eines Atoms mit Kernladungszahl Z = 29 (Kupfer) schematisch dargestellt. Die Niveaus werden üblicherweise mit K, L und M bezeichnet, die den Hauptquantenzahlen

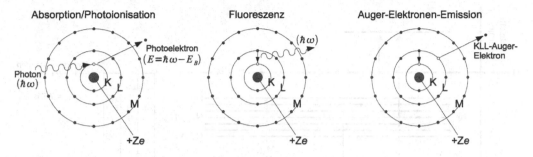

Abb. 2.11 Schematische Darstellung von Absorption/Photoionisation sowie von wichtigen Sekundärprozessen wie Fluoreszenz und Auger-Zerfall

n = 1, 2, 3 entsprechen. Nach Absorption eines hochenergetischen Photons[12] wird ein Photoelektron emittiert (siehe Abb. 2.11). Danach bleibt je nach Anregungsenergie ein Loch in einer inneren Schale dieses Atoms zurück. Die kinetische Energie des Photoelektrons wird durch die Bindungsenergie des Elektrons bestimmt (siehe auch Abschnitt 4.2). Das zurückbleibende Innerschalenloch kann auf verschiedene Weise aufgefüllt werden. Bei Röntgenanregung ist der dominante Prozess die Emission eines Fluoreszenzphotons mit der Differenzenergie der beteiligten Niveaus. Grundsätzlich kann in einem Vielelektronenatom das Loch auf verschiedene Weise durch strahlende und nicht-strahlende (z. B. Auger-Prozesse, siehe weiter unten) Prozesse aufgefüllt werden. Die Raten und damit die Intensitäten der Linien werden analog zur Absorption (siehe Abschnitt 4.1.1) durch Übergangsmatrixelemente bestimmt. Generell sind die Raten nur dann nennenswert von null verschieden, wenn Auswahlregeln – hier meist die Dipolauswahlregeln – erfüllt sind. Im einfachsten Fall eines Wasserstoff ähnlichen Atoms mit einem aktiven Elektron lauten sie für elektrische Dipolstrahlung:

$$\Delta l = \pm 1 \text{ und } \Delta j = 0, \pm 1.$$

l und j sind hier der Bahn- bzw. der Gesamtdrehimpuls. Auswahlregeln gelten in dieser Form streng genommen nur für Atome; da die inneren Elektronen stark atomaren Charakter besitzen, sind die Auswahlregeln auch für kondensierte Materie eine gute Näherung. Im realen Atom sind die Niveaus der inneren Elektronen durch die Spin-Bahn-Wechselwirkung in Unterzustände aufgespalten (siehe Abb. 2.12)). Die charakteristischen Fluoreszenz-Linien werden mit $K_{\alpha 1}$, $K_{\alpha 2}$, $K_{\beta 1}$... bezeichnet. Der große Buchstabe gibt das Endniveau an, die Ausgangszustände werden mit griechischen Buchstaben gekennzeichnet, die durch Indizes bezüglich der Spin-Bahn-Komponenten unterschieden werden. Innerschalenlöcher können auch durch Auger-Prozesse aufgefüllt werden. In diesem Fall rekombiniert das Loch mit einem äußeren Elektron, und die frei werdende Energie wird auf ein weiteres Elektron übertragen, das anschließend ins Kontinuum emittiert wird. Die Auger-Linien sind durch Bindungsenergien der beteiligten Niveaus sowie Relaxationsterme gegeben. Sie sind damit ebenso wie die Fluoreszenzlinien unabhängig von der Energie der anregenden Photonen.

---

[12]Die Energie der Synchrotronstrahlung ist von Ausnahmen abgesehen deutlich höher als die Ionisationsenergie von Atomen.

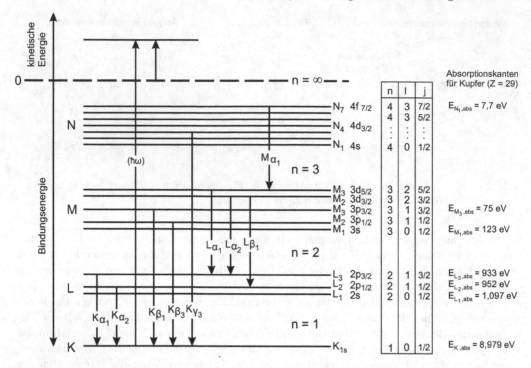

Abb. 2.12 Schematische Darstellung der Energieniveaus eines Atoms (Kernladungszahl Z = 29, Kupfer) sowie der charakteristischen Fluoreszenzübergänge. Die Indizierung der Feinstrukturlinien ist historisch bedingt und in der Literatur nicht einheitlich. (nach [Att 00])

Auger- und Röntgenfluoreszenzspektren werden für die Analyse der chemischen Zusammensetzung von Substanzen verwendet, da die elementspezifischen Niveaus innerer Elektronen eine Art Fingerabdruck der Elemente darstellen. Die Übergangsenergie und Intensitäten sind in Standardwerken tabelliert (siehe www.cxro.lbl.go). Auger-Zerfall und Fluoreszenz sind beide für die Entvölkerung eines angeregten Zustands verantwortlich. Die Lebensdauer eines angeregten Zustands wird somit durch die Summe der Auger- und der strahlenden Raten bestimmt. Die Auger-Zerfallsrate ist durch das 2-Elektronen-Auger-Matrix [Cra 85] gegeben. Die Wahrscheinlichkeit eines Auger-Übergangs wird im Gegensatz zu Fluoreszenzübergängen (radiale Dipolmatrixelemente) durch Coulombmatrixelemente bestimmt. Die Fluoreszenzrate A_{nm} hängt neben dem Übergangsmatrixelement R_{nm} von der Frequenz ω der emittierten Strahlung ab:

$$A_{nm} - \frac{2}{3} \frac{e^2 \, \omega^3}{\varepsilon_0 \, c^3 \, h} \, |(R_{nm})|^2 \tag{2.72}$$

Gleichung 2.72 besagt, dass die Fluoreszenzrate mit zunehmender Energie der abgestrahlten Photonen drastisch zunimmt. Da die Rate der Emission der Auger-Elektronen nicht explizit von der Energie abhängt, wird die gesamte Zerfallsrate mit zunehmender Photonenenergie durch die strahlende Rate bestimmt. Elektronisch angeregte Niveaus zerfallen daher bei sehr niedrigen Energien (einige eV), bei denen der Auger-Zerfall energetisch noch nicht möglich ist, und bei hohen Energien (keV) vorwiegend durch Fluoreszenz. Lediglich im VUV dominieren Auger-Prozesse. Die Fluoreszenzausbeute hängt wegen der Abhängigkeit von der Photonenenergie empfindlich von der Kernladungszahl Z eines Elementes und den beteiligten Niveaus ab (siehe Abb. 2.13). Die Löcher in der K-Schale schwerer Elemente werden fast vollständig durch strahlende Prozesse aufgefüllt. Die hohe Fluoreszenzrate wirkt sich auch auf die Gesamtlebensdauer eines Innerschalenlochs aus. Gemäß Gleichung (2.72) steigt die Rate stark an und verkürzt damit die Lebensdauer drastisch. Die Innerschalenniveaus sind daher erheblich verbreitert. Bei schweren Elementen steigt die Linienbreite wegen der zunehmenden Bindungsenergie der inneren Elektronen stark an. In leichten Elementen wie C und N beträgt die Lebensdauerbreite der K-Schalen etwa 100 meV. Sie nimmt bei den K-Schalen der Schwermetalle Werte von 10 eV und mehr an. Die starke Verbreiterung der K- und L-Schalen der schweren Elemente erschwert spektroskopische Untersuchungen an diesen Kanten erheblich. Spektroskopische Untersuchungen beschränken sich daher vorwiegend auf Energieniveaus im Bereich bis zu 10 keV. In den letzten beiden Dekaden wurden allerdings neuartige spektroskopische Verfahren entwickelt, mit denen die Lebensdauerverbreiterung von Innerschalenniveaus zu einem gewissen Grad umgangen werden kann. Sie beruhen darauf, dass die Gesamtenergie des Systems vor und nach der Absorption eines Photons exakt bestimmt ist. Wenn nun die Energie der Sekundärprodukte (Photoelektron, Fluoreszenzphoton, Auger-Elektron) durch die Messung mit hoher Genauigkeit festgelegt wird, muss naturgemäß auch die Energie des elektronisch angeregten Zwischenzustandes mit entsprechender Genauigkeit bestimmt sein, die auch unterhalb der natürlichen Linienbreite des Innerschalenlochs liegen kann [AKAS 95].

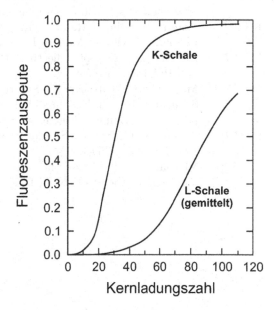

Abb. 2.13
Fluoreszenzausbeute als Funktion der Kernladungszahl und der Atomschale, aus der ein Elektron durch Photoemission entfernt wird (nach www.cxro.lbl.gov)

Literaturverzeichnis

[AKAS 95] Aksela, S.; Kukk, E.; Aksela, H.; Svensson, S.: Experimental Verification of the Line-Shape Distortion in Resonance Auger Spectra. Phys. Rev. Lett. **74** (1995) 2917

[ANM 01]   Als-Nielsen, J.; McMorrow, D.: Elements of Modern X-Ray Physics. New York: Wiley 2001

[Att 00]   Attwood, D.: Soft X-Rays and Extreme Ultraviolet Radiation. New York, NY, USA: Cambridge University Press 2000

[BS 93]   Bergmann; Schaefer: Lehrbuch der Experimentalphysik: Optik. Berlin, Germany: Walter de Gryter 1993

[BW 59]   Born, M.; Wolf, E.: Principles of Optics. Oxford, UK: Pergamon Press 1959

[CLB$^+$ 99] Cloetens, P.; Ludwig, W.; Baruchel, J.; Dyck, D. V.; Landuyt, J. V.; Guigay, J. P.; Schlenker, M.: Holotomography: Quantitative Phase Tomography with Micrometer Resolution Using Hard Synchrotron Radiation X-Rays. Appl. Phys. Letters. **75** (1999) 2912–2914

[Cra 85]   Crasemann, B.: Atomic Inner-Shell Physics. New York: Plenum Press 1985

[Dos 92]   Dosch, H.: Critical phenomena at surfaces and interfaces. In: Springer tracts in modern physics, Vol 126. Berlin: Springer 1992

[Fre 32]   Fresnel, A.: Mémoire sur la loi des modifications que la réflexion imprime a la lumière polarisée. Mémoires de l'Académie **11** (1832) 393–433

[HW 06]   Haken, H.; Wolf, H. C.: Molekülphysik und Quantenmechanik. Berlin, Germany: Springer 2006

[Jac 75]   Jackson, J. D.: Classical Electrondynamics. New York: Wiley 1975

[Jam 67]   James, R. W.: The optical principles of the diffraction of X-Rays. In: The crystalline state, Vol. II. London: G. Bell & sons LTD 1967

[KS 01]   Kotani, A.; Shin, S.: Resonant Inelasatic X-Ray Scattering Spectra for Electrons in Solids. Review of Modern Physics **73** (2001) 203

[Lek 87]   Lekner, J.: Theory of Reflection. Dordrecht-Boston-Lanchester: Martinus Nijhoff Publishers 1987

[MTS$^+$ 99] Metz, C.; Tschentscher, T.; Suortti, P.; Kheifets, A. S.; Lun, D.; Sattler, T.; Schneider, J.; Bell, F.: Three-dimensional Electron Momentum Density of Aluminium by (Gamma, E-gamma) Spectroscopy. Phys. Rev. B **59** (1999) 10512

[Par 54]   Parratt, L. G.: Surface Studies of Solids by Total Reflection of X-Rays. Phys. Rev. **95** (1954) 359–369

[Vin 82]   Vineyard, G. H.: Grazing-incidence Diffraction and the Distorted-wave Approximation for the Study of Surfaces. Phys. Rev. B **26** (1982) 4146–4159

2.2 Beugung
Jens Falta und Thomas Schmidt

2.2.1 Grundlagen

Im Jahre 1895 entdeckte der spätere erste Nobelpreisträger für Physik, Wilhelm Conrad Röntgen, eine bis dahin unbekannte Form von Strahlung, die er X-Strahlen nannte. Max von Laue, Charles G. Darwin, Paul Peter Ewald und andere entwickelten die Röntgenbeugung zum wichtigsten Werkzeug für die Aufklärung der atomistischen Struktur der Materie, und sie hat diesen Platz bis heute behauptet. Die Grundlagen der Röntgenbeugung sind in vielen Lehrbüchern detailliert beschrieben worden und sollen daher an dieser Stelle nur kurz wiederholt werden, soweit es für das Verständnis der im Folgenden beschriebenen experimentellen Methoden notwendig ist. Für eine ausführlichere Einführung in die Beugungstheorie sei auf einschlägige Lehrbücher verwiesen, beispielsweise auf die Referenzen [AM 85, IL 02], ausführliche Darstellungen finden sich in verschiedenen Monographien [vL 60, Pin 78, Att 00, ANM 01].

Im Bereich der Röntgenstrahlung ist die Wechselwirkung des Lichts mit Materie gering. Dies führt zu einer im Allgemeinen hohen Eindringtiefe von Röntgenstrahlung in den untersuchten Proben. Je nach Probenmaterial und Photonenenergien werden Eindringtiefen im Bereich von μm bis cm nachgewiesen. Diese Eigenschaft der Röntgenstrahlung hat im Besonderen auch Auswirkungen auf die theoretische Beschreibung entsprechender Experimente. Auf Grund des geringen Wirkungsquerschnitts müssen zumeist nur Einfachstreuprozesse bei der Beschreibung betrachtet werden, d. h. die Röntgenstrahlung wird nur einmal an der Materie gestreut, Mehrfachstreuprozesse müssen in den allermeisten Fällen nicht berücksichtigt werden. Eine Ausnahme, auf die wir später noch eingehen werden, bildet hier die Berechnung der Röntgenbeugung in der Nähe intensiver Beugungsreflexe, wie sie beispielsweise in Bragg-Reflexion auftreten. Für diesen Fall ist eine Beschreibung der beobachteten Intensitäten durch die ausschließliche Berücksichtigung von Einfachstreuprozessen nicht möglich, vielmehr müssen Mehrfachstreuprozesse explizit berücksichtigt werden, was im Rahmen der dynamischen Theorie der Röntgenbeugung (Abschnitt 2.2.7) erfolgt.

Abseits intensiver Beugungsreflexe ist es jedoch zumeist ausreichend, sich auf die wesentlich einfachere Beschreibung durch Einfachstreuprozesse zu beschränken. Diese Vereinfachung wird als kinematische Näherung bezeichnet und wird in Abschnitt 2.2.2 beschrieben werden. Zunächst sollen jedoch die wichtigsten Ergebnisse der Überlegungen zur Streuung an einzelnen Atomen zusammengefasst werden, wie sie an ungeordneten Atomen (z. B. in der Gasphase oder ungeordneten, sogenannten amorphen Festkörpern) auftritt und in Abschnitt 2.1 ausführlich hergeleitet wurde. Diese Gleichungen sind zugleich Ausgangspunkt für die Beschreibung der Streuung von Röntgenstrahlung an größeren Atomanordnungen und Kristallen.

Die grundlegende Größe bei der Charakterisierung von Streuprozessen ist der sogenannte Streuquerschnitt σ. Für ein freies Elektron wird dieser Prozess Thomson-Streuung genannt, der zugehörige differentielle Streuquerschnitt (vgl. Abschnitt 2.1, Gleichung (2.14) und (2.15)) berechnet sich klassisch zu:

$$\frac{d\sigma_e}{d\Omega} = r_e^2 \sin^2 \Theta.$$

(2.73)

Dabei ist $r_e = \frac{e^2}{4\pi\varepsilon_0 mc^2}$ der klassische Elektronenradius (auch Thomson'sche Streulänge genannt). Häufig findet man diese Gleichung auch in der Form

$$\left(\frac{d\sigma_e}{d\Omega}\right) = r_e^2 \cdot P$$

(2.74)

mit dem sogenannten Polarisationsfaktor P, der die Abhängigkeit der Streuung von der Polarisation bei einer anderen Wahl der Winkelvariablen beschreibt (vgl. Abschnitt 2.1, Abb. 2.2), nämlich $P = \cos^2 \Psi$ bei Streuung in die Polarisationsebene und $P = 1$ bei Streuung senkrecht dazu.[13]

Für die Beschreibung der Streuung von Röntgenstrahlung an Atomen ist die räumliche Verteilung der Ladungen im Atom zu berücksichtigen, da die Wellenlänge der Strahlung vergleichbar mit den Atomradien ist. Der Thomson'sche Wirkungsquerschnitt für die Streuung an freien geladenen Teilchen ist umgekehrt proportional zum Quadrat der Teilchenmasse m (Gleichung (2.74)). In sehr guter Näherung kann daher die Streuung der Röntgenstrahlung an den Protonen vernachlässigt werden. Allein die Verteilung der Elektronen im Atom ist maßgeblich. Daraus ergibt sich eine Abhängigkeit vom Streuwinkel, die aber gut erfasst werden kann.

In der Röntgenstreuung ist es üblich, zur Beschreibung der Streuung an einzelnen Atomen die sogenannte atomare Streuamplitude f (in der englischsprachigen Literatur meist als *atomic form factor* bezeichnet) zu benutzen, deren Betragsquadrat das Verhältnis des Streuvermögens eines Atoms zum Thomson-Streuquerschnitt, dem Streuquerschnitt eines freien Elektrons, angibt. Diese erhält man durch Integration über die Streubeiträge der einzelnen Elektronen des Atoms. Damit lässt sich der differentielle Wirkungsquerschnitt schreiben als

$$\frac{d\sigma_e}{d\Omega} = r_e^2 \cdot |f|^2 \cdot \sin^2 \Psi.$$

(2.75)

Im Allgemeinen sind im Experiment die Abstände zwischen Röntgenquelle, Probe und Detektor groß gegen das untersuchte Volumen und groß gegen die Kohärenzlänge der Röntgenstrahlung, worunter man die Länge versteht, über die hinweg die Strahlung interferenzfähig ist. Für Synchrotronstrahlung liegt sie typischerweise bei einigen μm bis mm. Sowohl die einfallende als auch die gestreute (ausfallende) Strahlung lässt sich dann als ebene Welle beschreiben mit Wellenlänge λ und Wellenvektoren $\vec{k}_i$ und $\vec{k}_f$ für die ein- und die ausfallende Welle. $\vec{Q} = \vec{k}_f - \vec{k}_i$ ist der Streuvektor, er beschreibt den durch den Streuprozess übertragenen Impuls $\hbar\vec{Q}$. Die Vereinfachung, die sich aus der Annahme großer Abstände zwischen Quelle, Streuer und Detektor ergibt, ist aus der Optik als Fraunhofer'sche Näherung bekannt. Mit ihr ergibt sich für die atomare Streuamplitude (ohne die Berücksichtigung elektronischer Resonanzen):

$$f(\vec{Q}) = \int d^3r' \, \varrho(\vec{r}') e^{i\vec{Q}\cdot\vec{r}'}.$$

(2.76)

---

[13]Für den Fall unpolarisierter Strahlung erhält man dann $P = 1/2(1 + \cos^2 \Psi)$, s. auch Abschnitt 2.1.

Dabei ist $\varrho(\vec{r})$ die ortsabhängige Elektronendichte. Diese Gleichung gibt das Verhalten freier Elektronen richtig wieder. Im Atom liegen jedoch gebundene Elektronen vor, was dazu führt, dass ihre Antwort auf ein äußeres anregendes elektromagnetisches Feld eine Abhängigkeit von der Energie und damit von der Frequenz ω der Röntgenstrahlung zeigt. Dieser Abhängigkeit wird durch die Einführung sogenannter Dispersionskorrekturen Rechnung getragen (vgl. auch Abschnitt 2.1.2 und Fußnote auf Seite 35):

$$f(\vec{Q}) \to f(\vec{Q}, \omega) = f(\vec{Q}) + f'(\omega) + if''(\omega). \tag{2.77}$$

Durch Interferenz wird die Richtungsabhängigkeit der Streuung in geordneten Strukturen, also beispielsweise in Kristallen, wesentlich modifiziert. Interferenz in Kombination mit kristalliner Ordnung führt zum Auftreten von Beugungsreflexen in ausgewählten Raumrichtungen. Während die Streuung von Röntgenlicht an ungeordneten Atomen auf Grund der beschrieben schwachen Wechselwirkung zwischen Röntgenstrahlung und Materie nur von der Größenordnung 10^{-4} bis 10^{-5} ist, kann die Beugung monochromatischer Röntgenstrahlung an Kristallen in bestimmte Richtungen einen Wert bis nahe $100\,\%$ der eingestrahlten Intensität erreichen. Die Position dieser Beugungsreflexe ist dabei abhängig von der Kristallstruktur und der Wellenlänge der Röntgenstrahlung (Photonenenergie).

Die Erklärung hierfür liegt im atomaren Aufbau des Festkörpers. Nimmt man eine periodische Anordnung der Atome an, so wird dadurch eine Vielzahl von sogenannten Netzebenen definiert, die man unter den verschiedensten Winkeln durch das dreidimensionale Gitter der Atome legen kann, dergestalt, dass auf jeder Netzebene Atome zu liegen kommen. Durch eine einfache geometrische Überlegung kamen William Henry Bragg und sein Sohn William Laurence Bragg (Nobelpreis für Physik 1915) zu dem Schluss, dass sich unter bestimmten Winkeln Strahlung, reflektiert an parallelen Netzebenen unterschiedlicher Tiefe, phasengleich, also konstruktiv überlagert (Abb. 2.14). Dies führt zur bekannten Bragg'schen Gleichung:

$$2d \sin \theta = n\lambda \tag{2.78}$$

mit dem Netzebenenabstand d, dem Beugungswinkel θ (relativ zur Netzebene gemessen), auch Bragg'scher Winkel genannt (der Streuwinkel ist dann 2θ), der Wellenlänge λ der Strahlung und n für eine natürliche Zahl, welche die Ordnung der Interferenz angibt.

Mit Hilfe der Bragg'schen Gleichung kann das Auftreten von Beugungsreflexen zwar qualitativ erklärt werden, jedoch macht sie keinerlei Aussage über die zu erwartende Intensität der Beugungsreflexe.

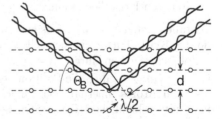

Abb. 2.14
Konstruktion zum Bragg'schen Gesetz: Gangunterschied von Teilwellen, reflektiert an einer Netzebenenschar

2.2.2   Die kinematische Näherung und Röntgenstrukturanalyse

Die einfachste Möglichkeit zur Berechnung von Beugungsintensitäten (auch abseits von Bragg-Reflexen) ist die sogenannte kinematische Näherung. Dabei nimmt man an, dass die Amplitude einer in eine bestimmte Raumrichtung gestreuten Welle durch eine phasenrichtige Summation über die Beiträge der einzelnen Atome bestimmt ist (Mehrfachstreuprozesse werden vernachlässigt):

$$A_{kin}(\vec{Q},\omega) = \sum_j f_j(\vec{Q},\omega)e^{i(\vec{Q}\cdot\vec{r}_j)}. \tag{2.79}$$

Die Faktoren $f_j(\vec{Q},\omega)$ sind die in Abschnitt 2.1 definierten atomaren Streuamplituden (in der englischen Literatur auch *form factor* genannt). Sie enthalten die in Abschnitt 2.2.1 bereits eingeführten Dispersionskorrekturen f' und f''.

Gleichung (2.79) setzt keine Ordnung oder Symmetrie der Atome in den Proben zueinander voraus. Sie kann also als Ausgangsgleichung sowohl für ungeordnete Proben wie auch für geordnete, also kristalline Proben dienen. Eine etablierte Methode, die sich der Strukturanalyse schlecht geordneter Systeme zuwendet, ist das Debye-Scherrer-Verfahren (s. z. B. [AM 85]). Hiervon abgeleitete hochauflösende Verfahren der Diffraktometrie an polykristallinen Materialien werden in Abschnitt 5.2 vorgestellt. Wir werden uns im Folgenden zunächst der Strukturanalyse wohlgeordneter kristalliner Materialien zuwenden. Diese erlaubt die Bestimmung der vorliegenden Kristallstruktur und ihrer Konstituenten über Auswertung der gemessenen Intensitäten einer möglichst großen Zahl von Beugungsreflexen.

Die experimentell zugängliche Messgröße ist für Beugungsexperimente jedoch nicht die Amplitude der gestreuten Strahlung, sondern ihre Intensität, also das Betragsquadrat der Amplitude:

$$I(\vec{Q}) = \left| A(\vec{Q}) \right|^2. \tag{2.80}$$

Daraus ergibt sich ein Problem für die Strukturanalyse mit Beugungsexperimenten, das als das Phasenproblem bekannt ist. Bei der Bildung des Betragsquadrats in Gleichung (2.80) geht offensichtlich die Information über die Phasendifferenz zwischen verschiedenen Teilwellen verloren. Ohne diese Information ist eine Bestimmung der Struktur durch einfache Rücktransformation nicht möglich, und man ist daher in den meisten Fällen auf Vergleiche zwischen den gemessenen Daten und auf Grund von Modellvorstellungen berechneten Simulationen angewiesen. Für die weiteren Betrachtungen macht man sich Symmetrieeigenschaften von Kristallen zunutze.

Kristalle besitzen Translationsinvarianz, d. h. es existieren Gittertranslationsvektoren $\vec{t}_i$, die das Kristallgitter auf sich selbst abbilden. Die Positionen der Atome im Kristallgitter ist folglich gegeben durch $\vec{r}_{ij} = \vec{r}_0 + \vec{t}_i + \vec{\delta}_j$. Dabei ist $\vec{r}_0$ ein beliebiger Aufpunkt, $\vec{t}_i = \vec{a}_1 m_{i1} + \vec{a}_2 m_{i2} + \vec{a}_3 m_{i3}$ die Position der i-ten Einheitszelle des Kristalls und $\vec{\delta}_j$ die Position des j-ten Atoms innerhalb der Einheitszelle. Im Falle von Verbindungskristallen besitzen diese unterschiedliche atomare Streufaktoren f_j.

Man setzt nun die kinematische Näherung voraus, und zudem vernachlässigt man die Absorption (Extinktion) des Primärstrahls durch die Streuung an vorher durchstrahlten Schichten des Kristalls.

Beide Effekte sind für die Beschreibung der Beugungsreflexe nahezu perfekter Kristalle wesentlich (s. Abschnitt 2.2.7).

Die kinematische Näherung erlaubt dennoch in vielen Fällen eine sehr einfache und doch zuverlässige Berechnung der gestreuten Intensitäten.

Für Beugung an Kristallen lässt sich Gleichung (2.79) als ein Produkt zweier Faktoren schreiben: Die sogenannte Gitteramplitude (engl. *lattice factor*) $G(\vec{Q}, \omega)$ beschreibt die Gitterperiodizität, und die Strukturamplitude $F(\vec{Q}, \omega)$ (engl. *structure factor*) enthält nur noch die Informationen zum Aufbau der Einheitszelle des Kristalls, sie ist aber nicht mehr abhängig von der Anordnung der Einheitszellen zueinander:

$$A(\vec{Q}, \hbar\omega) \sim F(\vec{Q}, \omega) \cdot G(\vec{Q}), \tag{2.81}$$

wobei gilt:

$$F(\vec{Q}, \hbar\omega) = \sum_{j}^{\text{Zelle}} f_j(\vec{Q}, \omega)) e^{i\vec{Q}\cdot\vec{\delta}_j}, \tag{2.82}$$

hierbei sind die f_j wiederum die atomaren Streuamplituden einschließlich Dispersionskorrekturen. Der Gitterfaktor G aus Gleichung (2.81) zerfällt in ein Produkt aus drei gleichartigen Faktoren für die drei Raumrichtungen:

$$G(\vec{Q}) = \sum_{m} e^{i\vec{Q}\cdot(m_1\vec{a}_1 + m_2\vec{a}_2 + m_3\vec{a}_3)} = \sum_{m_1} e^{i\vec{Q}\cdot\vec{a}_1 m_1} \sum_{m_2} e^{i\vec{Q}\cdot\vec{a}_2 m_2} \sum_{m_3} e^{i\vec{Q}\cdot\vec{a}_3 m_3}. \tag{2.83}$$

Die Intensitätsverteilung der Streustrahlung hängt also letztendlich von der atomaren Streuamplitude, der Strukturamplitude und der Gitteramplitude ab. In vielen Lehrbüchern wird auf die Gitteramplitude überhaupt nicht eingegangen, da von unendlich ausgedehnten Kristallen ausgegangen wird.

Der Vergleich mit Intensitätsvorhersagen zu den konkreten Strukturmodellen aus Simulationsrechnungen ermöglicht zuverlässige Kristallstrukturbestimmungen. Hierfür stehen verschiedene Methoden zur Verfügung (s. Abschnitt 5.1 oder 5.2). Anwendungsbeispiele finden sich in den Abschnitten 6.2.11 und 6.2.12. Die Röntgenstrukturanalyse stellt eines der wichtigsten Werkzeuge für die Ermittlung von Kristallstrukturen dar. Für Details sei auf die weiterführende Literatur verwiesen [SSBT 05, War 90]. Allen diesen Methoden ist gemein, das in jedem Falle die Annahme einer Startkonfiguration der Kristallstruktur notwendig ist, damit die Anpassungsalgorithmen greifen. Echte Ab-initio-Strukturbestimmungen sind wegen des oben erwähnten Phasenproblems nicht möglich. Sind jedoch die Streuphasen einzelner Streuer in einem komplexeren System bekannt bzw. können sie zuverlässig berechnet werden, so liefert dies einen Schlüssel für eine echte Rücktransformation der Beugungsintensitäten in die Elektronendichteverteilung des Systems. Einen Ansatz hierfür liefern sogenannte direkte Methoden wie die Schweratommethode (auch isomorpher Ersatz genannt), bei der die Streuphase isomorpher Kristalle verwendet wird, dies sind Kristalle, bei denen an bestimmten Kristallplätzen die ursprünglichen Atome durch andere, meist wesentlich schwerere ersetzt wurden, die aber dennoch in gleicher Struktur kristallisieren. Für diese Schweratome kann die Streuphase berechnet werden und davon ausgehend die Streuphasen der anderen Atome im Kristallverband. Weitere Informationen hierzu finden sich in Abschnitt 6.3.1.

2.2.3   Der reziproke Raum

Ein wesentliches Hilfsmittel für Betrachtungen und Berechnungen zur Streuung und Beugung ist das Konzept des reziproken Raums, das im Folgenden vorgestellt werden soll.

Der ideale, unendliche Kristall mit Gitterbasisvektoren ($\vec{a}_1$, $\vec{a}_2$, $\vec{a}_3$) ist in allen drei Richtungen ein unendlicher Streuer, seine Gitteramplitude ist nur an den Punkten des reziproken Gitters $\vec{Q} = \vec{G}_{hkl}$ von null verschieden, für die gilt:

$$\vec{G}_{hkl} \cdot \vec{a} = 2\pi m. \tag{2.84}$$

Damit ergibt sich:

$$G_{\text{ideal}}(\vec{Q}) \propto \sum_{hkl} \delta(\vec{Q} - \vec{G}_{hkl}). \tag{2.85}$$

Dies ist eine alternative Formulierung der aus Lehrbüchern bekannten Laue-Gleichung:

$$\vec{Q}_f = \vec{Q}_i + \vec{G}_{hkl}, \tag{2.86}$$

wobei $\vec{Q}_i$ der Wellenvektor der einfallenden und $\vec{Q}_f$ der der gestreuten Strahlung ist und die Gittervektoren $\vec{G}_{hkl}$ das sogenannte reziproke Gitter darstellen.

Zerlegt man die reziproken Gittervektoren nach noch zu bestimmenden Einheitsvektoren $\vec{g}_i$ in ihre Komponenten: $\vec{G}_{hkl} = h\vec{g}_1 + k\vec{g}_2 + l\vec{g}_3$, wobei h, k, l ganzzahlig sein sollen, so folgt mit Gleichung (2.84):

$$\vec{g}_i \cdot \vec{a}_j = 2\pi \delta_{ij}. \tag{2.87}$$

Damit stellen die Basisvektoren $\vec{g}_i$ ein in Bezug auf die $\vec{a}_i$ orthonormiertes System dar, mit dessen Hilfe das sogenannte reziproke Gitter aufgespannt wird. Das reziproke Gitter ist jedem Kristallgitter eindeutig zugeordnet. Die Basisvektoren $\vec{g}_i$ berechnen sich (vgl. z. B. [IL 02]) nach

$$\vec{g}_1 = 2\pi \frac{\vec{a}_2 \times \vec{a}_3}{\vec{a}_1 \cdot (\vec{a}_2 \times \vec{a}_3)} \quad \text{(und zyklisch vertauscht)}. \tag{2.88}$$

Bei Kenntnis der Struktur des reziproken Raums ist es leicht möglich, die erlaubten Beugungsreflexe graphisch zu bestimmen. Röntgenstrahlung einer gegebenen Ausbreitungsrichtung mit einer Wellenlänge λ entspricht im reziproken Raum ein Vektor $\vec{Q}$ mit der Länge $Q = 2\pi/\lambda$. Bezeichnet man die Einstrahlrichtung mit dem Einheitsvektor $\vec{e}_i$, so gilt $\vec{Q} = \vec{e}_i \cdot Q$, und man findet alle erlaubten Beugungsrichtungen, indem man die Ewaldkugel mit dem Radius Q so im reziproken Raum anordnet, dass die Verbindungslinie vom Mittelpunkt der Kugel zum Ursprung des reziproken Raums gerade $\vec{Q}_i$ entspricht (Abb. 2.15). Für den Fall elastischer Streuung gilt $|\vec{Q}_i| = |\vec{Q}_f| = Q$. Daher muss der Endpunkt des Wellenvektors eines jeden gebeugten Strahls $\vec{Q}_f$ dann auch auf der Kugelfläche liegen. Alle reziproken Gitterpunkte G_{hkl}, die die Ewaldkugel berühren, führen zu erlaubten Reflexen. Dies ist die graphische Interpretation von Gleichung (2.86).

Stellt man umgekehrt die Frage, zu welchem $\vec{Q}_i$-Vektor sich bei gegebenem reziproken Gitter ein bestimmter Bragg-Reflex $\vec{H} = \vec{G}_{hkl}$ erzeugen lässt, so bildet die Gesamtheit der Anfangspunkte aller zulässigen $\vec{Q}_i$-Vektoren die Mittelsenkrechte (Ebene) auf dem jeweiligen reziproken Gittervektor. Dies ist nach der Laue-Bedingung nur eine (unendlich dünne) Ebene (s. Abb. 2.15), wie wir allerdings weiter unten (Abschnitt 2.2.7) sehen werden, hat diese eine endliche Breite. Es gibt zwei Möglichkeiten, den Anfangspunkt zu variieren, zum einen durch die Variation der Wellenlänge (der Radius der Ewaldkugel ändert sich), zum anderen durch die Änderung der Einfallsrichtung dergestalt, dass $\vec{Q}_i$ außerhalb der Zwischenebene in Abb. 2.15 liegt.

Mit dem Hilfsmittel des reziproken Raums lässt sich die Streuung leicht verstehen: Phänomene im Realraum und im dazugehörigen reziproken Raum sind mathematisch durch eine Fourier-Transformation miteinander verknüpft.

Das reziproke Gitter ist, mathematisch gesprochen, die Fourier-Transformierte des realen Gitters. Ein streng periodisches Punktgitter im realen Raum wird dabei wieder in ein Punktgitter im reziproken Raum überführt. Jeder Punkt des reziproken Gitters $\vec{G}_{hkl}$ ist dabei eindeutig einer Netzebenenschar im realen Raum zugeordnet mit $|\vec{G}_{hkl}| = 2\pi/d_{hkl}$, wobei $\vec{G}_{hkl}$ senkrecht auf der betreffenden Netzebenenschar steht.

In diesem Zusammenhang ist es sehr hilfreich, mit den Fourier-Transformierten von gängigen Funktionen und einigen hierfür relevanten mathematischen Sätzen, wie z.B. dem Faltungstheorem, vertraut zu sein (siehe angegebene Literatur). Allgemein gilt, dass im reziproken Raum eine Funktion umso schmaler ist, je ausgedehnter sie im Realraum ist. So ist beispielsweise ein Punkt im Q-Raum im Realraum eine unendlich ausgedehnte ebene Welle, deren Periode durch den Betrag des zugehörigen Q-Vektors gegeben ist und deren

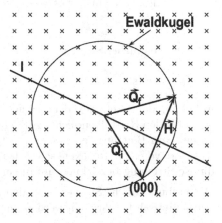

Abb. 2.15
Ewald-Konstruktion. Der Ursprung des reziproken Gitters liegt bei 000. Die eingezeichnete Ebene I beschreibt alle möglichen Anfangspunkte für $\vec{Q}_i$.

Ausbreitungsrichtung parallel zum Q-Vektor verläuft. Im Folgenden werden exemplarisch die Fourier-Transformierten niederdimensionaler Strukturen vorgestellt.

2.2.4   Niederdimensionale Strukturen

Zumeist wird im Rahmen der kinematischen Näherung ein unendlich ausgedehnter Kristall angenommen, was zur Ausbildung beliebig scharfer Bragg-Reflexe führt, mathematisch beschrieben durch δ-Funktionen. Für die Untersuchung niederdimensionaler Strukturen ist diese Vereinfachung eigentlich nicht mehr zulässig. Dennoch lässt sich im Rahmen der kinematischen Theorie die zu erwartende Intensität berechnen.

Aus dem in 2.2.3 beschriebenen Zusammenhang ergeben sich unterschiedliche Möglichkeiten für die Analyse niederdimensionaler Strukturen. Ist die geometrische Anordnung der Einheitszellen zueinander bekannt, beispielsweise für einen dünnen perfekten periodischen Film, so kann auch hier eine Röntgenstrukturanalyse durchgeführt werden. Hierfür erfolgt die Messung von Reflexintensitäten, um die Strukturamplitude zu bestimmen. Über Simulationsrechnungen wird analog zum Fall idealer, unendlich ausgedehnter Kristalle eine Bestimmung der atomaren Positionen in der Einheitszelle möglich. Dieses Prinzip wird beispielsweise in der Oberflächenröntgenbeugung (s. Abschnitt 5.1 bzw. 6.2.3) eingesetzt.

Kann umgekehrt die Anordnung der Atome innerhalb der Einheitszelle als bekannt vorausgesetzt werden, so wird über die Messung der Intensitätsverteilung im reziproken Raum eine Bestimmung der Gitteramplitude und damit der geometrischen Verteilung der Einheitszellen möglich, beispielsweise zur Vermessung von Morphologien, wie Oberflächen- und Grenzflächenrauigkeiten (vgl. Abschnitt 6.2.7).

Die drei Faktoren in Gleichung (2.83) sind von gleicher mathematischer Struktur, es handelt sich um geometrische Reihen. Drei wichtige Fälle lassen sich unterscheiden:

$$\text{unendlicher Streuer:} \quad \sum_{m_i=-\infty}^{+\infty} e^{i\vec{Q}\cdot\vec{a}_i\cdot m_i} \;=\; 2\pi \sum_{m=-\infty}^{+\infty} \delta(\vec{Q}\cdot\vec{a}_i - 2\pi m), \quad (a)$$

$$\text{halbunendlicher Streuer:} \quad \sum_{m_i=-\infty}^{0} e^{i\vec{Q}\cdot\vec{a}_i\cdot m_i} \;=\; \frac{1}{1 - e^{-i\vec{Q}\cdot\vec{a}_i}}, \qquad (b)$$

$$\text{endlicher Streuer:} \quad \sum_{m_i=0}^{N-1} e^{i\vec{Q}\cdot\vec{a}_i\cdot m_i} \;=\; \frac{1 - e^{iN\vec{Q}\cdot\vec{a}_i}}{1 - e^{i\vec{Q}\cdot\vec{a}_i}}, \qquad (c)$$

$$(2.89)$$

wobei m_i der Laufindex der Streuer in der Raumrichtung i ist. Dies bedeutet, dass für einen idealen Kristall endlicher Ausdehnung auf Grund der Gitterabbruchbedingungen auch abseits von Beugungsreflexen gestreute Intensität zu erwarten ist, die mit zunehmendem Abstand von den Reflexen schwächer wird. Diese Beobachtung wird neben anderen als diffuse Streuung bezeichnet, auf die in Abschnitt 2.2.6 eingegangen wird.

Der halbunendliche Streuer stellt den Idealfall eines Kristalls mit Oberfläche dar. Er kann mathematisch beschrieben werden durch eine Multiplikation des idealen unendlichen Kristallgitters mit einer Stufenfunktion. Bei einer Betrachtung im reziproken Raum geht die Multiplikation in eine Faltung über. Die Fourier-Transformierte des idealen Kristalls ist eine Reihe von δ-Funktionen (Gleichung (2.89)), die Fourier-Transformierte der Stufenfunktion ist proportional zu $|1/q|$. Die Faltung dieser beiden Funktionen liefert die Summe in Zeile 2 von Gleichung (2.89). Analog lässt sich auch die Gitteramplitude des endlichen Streuers erklären, die in Zeile 3 von Gleichung (2.89) zu finden ist. Im Extremfall einer zweidimensionalen Punktschicht, z. B. einer einfachen Oberfläche, erhält man im reziproken Raum eine Linienschar (Bragg-Stäbe) senkrecht zur Schicht im realen Raum. Für den unendlichen Streuer (a) beschreibt die Gitteramplitude die Bragg-Bedingung bzw. die Laue-Gleichung (Gleichung (2.86)).

2.2.5 Experimentelle Optionen für Beugungsexperimente

Für eine optimale Anpassung der durchgeführten Beugungs- und Streuexperimente an die jeweiligen untersuchten physikalischen Systeme können die Beugungsgeometrie sowie die Photonenenergie und die Polarisation der Synchrotronstrahlung individuell gewählt werden. So erlaubt die Wahl moderater Photonenenergien im Bereich von 5–20 keV die Untersuchung dünner Schichten, wie sie heute etwa in magneto-optischen Speichermedien oder modernen Halbleiterbauelementen Verwendung finden (s. Abschnitt 6.2.7). Hier wird ausgenutzt, dass Röntgenstrahlung in diesem Energiefenster eine große, aber endliche Eindringtiefe im Bereich einiger μm aufweist.

Liegt die Dicke eines zu untersuchenden dünnen Films jedoch nur im Bereich einiger nm, so kann die Eindringtiefe der Röntgenstrahlung nicht mehr durch die Wahl der Photonenenergie auf die Dimension der Schichtdicke verringert werden. Stattdessen ist es jedoch möglich, den Effekt der Totalreflexion bei streifendem Einfall für eine drastische Reduzierung der Eindringtiefe der Röntgenstrahlung einzusetzen. Die Totalreflexion stellt damit ein wichtiges Hilfsmittel für die Untersuchung von Oberflächen und oberflächennahen dünnen Schichten dar. In Kombination mit Beugungsexperimenten an geeigneten Netzebenen erlaubt sie beispielsweise die Aufklärung der geometrischen Struktur von Oberflächen. Die Grundlagen der Totalreflexion sind in Abschnitt 2.1.5 dargestellt. Anwendungen hierzu finden sich in Abschnitt 6.2.3.

Umgekehrt kann die Eindringtiefe der Röntgenstrahlung aber auch durch die Wahl einer deutlich höheren Photonenenergie von etwa 50–200 keV in den Bereich von cm vergrößert werden, sodass Beugungs- und Streuexperimente möglich werden, die tief ins Volumen der untersuchten Proben blicken und damit z. B. einen direkten Vergleich mit Neutronenbeugungs- und -streuexperimenten erlauben (s. Abschnitt 6.2.8). Ein weiterer Vorteil der sogenannten hochenergetischen Röntgenbeugung ist die weitgehende Gültigkeit der oben gemachten Annahmen der kinematischen Näherung, die eine vereinfachte Analyse der Messergebnisse erlaubt.

Die hohe Intensität moderner Synchrotronstrahlungsquellen in Kombination mit einer geeigneten Wahl der experimentellen Beugungsgeometrie und den Polarisationseigenschaften der Synchrotronstrahlung ermöglicht darüber hinaus die Untersuchung der magnetischen Eigenschaften von Materie. Auf die Grundlagen und Anwendungen hierzu wird in den Abschnitten 5.3 und 6.2.9 eingegangen.

2.2.6 Diffuse Streuung
Thomas Schmidt und Walter Graeff

Im vorangegangenen Abschnitt haben wir gezeigt, dass für einen idealen Kristall endlicher Ausdehnung auf Grund der Gitterabbruchbedingungen auch abseits von Beugungsreflexen gestreute Intensität zu erwarten ist, sogenannte diffuse Streuung. Genau genommen führen alle Abweichungen von der perfekten Periodizität eines idealen unendlichen Kristalls zu diffuser Streuung. Dabei kann man grob zwischen statischen und zeitabhängigen Abweichungen unterscheiden.

Bei einem ansonsten idealen Gitter tritt mit zunehmender Temperatur im thermodynamischen Gleichgewicht eine gewisse Zahl von Punktdefekten, z. B. Leerstellen oder Zwischengitteratome auf. Besteht der Kristall aus mehr als einer Atomsorte, so gibt es daneben auch die Möglichkeit, dass Atome auf „falschen" Gitterplätzen sitzen (anti-site defects). Außerdem können bei Legierungen die Gitterplätze statistisch von verschiedenen Atomsorten belegt werden. All dies führt zu statischer Unordnung, d. h. zur Störung der Translationssymmetrie des idealen (starren) Kristallgitters und damit zu diffuser Streuung.

Aber selbst ein ideales Kristallgitter wird immer auch dynamische Unordnung zeigen, nämlich durch Gitterschwingungen. Solche Schwingungen (Phononen) werden thermisch angeregt, deshalb wird die thermisch diffuse Streuung mit wachsender Temperatur immer stärker. Aber auch am absoluten Nullpunkt der Temperatur schwingen die Atome aus quantenmechanischen Gründen (Nullpunktsenergie) um ihre Ruhelagen. Die Streuung an solchen zeitlich veränderlichen Strukturen führt zu einer Frequenzverschiebung der Röntgenstrahlung. Auf Grund der geringen Phononenenergien (ca. 10 meV) im Vergleich zu den hohen Photonenenergien (ca. 10 keV) ist die relative Energie- bzw. Wellenlängenänderung der Röntgenstrahlung aber sehr klein und kann nur mit hohem experimentellen Aufwand nachgewiesen werden. Üblicherweise kann diese quasi-elastische Streuung nicht von der echt elastischen getrennt werden. Phänomenologisch werden diese beiden Arten von Streuprozessen unter dem Begriff Rayleigh-Streuung zusammengefasst.

Statische Unordnung Zur Untersuchung der diffusen Streuung auf Grund statischer Unordnung nehmen wir ein unendliches, perfekt periodisches Gitter an, dessen Einheitszellen an den Punkten $\vec{R}_j$ liegen. Die Strukturamplitude der j-ten Einheitszelle sei durch $F_j(\vec{Q})$ gegeben. Durch den Index j wird ausgedrückt, dass jede Einheitszelle ihr individuelles Streuverhalten haben kann, etwa durch Zwischengitteratome oder durch Besetzung der gewöhnlichen Gitterplätze mit unterschiedlichen Atomsorten. Letzteres schließt auch Leerstellen oder Fremdatome mit ein. Die gestreute Amplitude ist dann gegeben durch:

$$A(\vec{Q}) = \sum_j F_j e^{i\vec{Q}\cdot\vec{R}_j}, \tag{2.90}$$

die Intensität durch das entsprechende Betragsquadrat:

$$I(\vec{Q}) = \sum_{jk} F_j F_k^* e^{i\vec{Q}\cdot(\vec{R}_j - \vec{R}_k)}. \tag{2.91}$$

Bei nicht allzu großer Unordnung wird F_j in den meisten Fällen in etwa der mittleren Strukturamplitude $\langle F \rangle$ entsprechen, mit einer Abweichung Δ_j:

$$\langle F \rangle = \frac{1}{N} \sum_j F_j, \quad \text{und} \quad \Delta_j = F_j - \langle F \rangle. \tag{2.92}$$

Die Mittelung ist hierbei im Ortsraum über alle Einheitszellen durchzuführen. Mit diesen Definitionen sieht man sofort, dass der *Mittelwert* der Δ_j verschwindet:

$$\sum_j \Delta_j = 0. \tag{2.93}$$

Damit wird Gleichung (2.91) zu:

$$I(\vec{Q}) = \sum_{jk} (\langle F \rangle - \Delta_j)(\langle F \rangle^* - \Delta_k^*) e^{i\vec{Q} \cdot (\vec{R}_j - \vec{R}_k)}. \tag{2.94}$$

Die gemischten Terme beim Ausmultiplizieren der Klammern in Gleichung (2.94) verschwinden. Dies liegt zum einen an Gleichung (2.93), zum anderen daran, dass $\sum_k e^{i\vec{Q} \cdot (\vec{R}_j - \vec{R}_k)}$ auf Grund der sich ins Unendliche erstreckenden Gitterperiodizität nicht von j abhängen kann, sondern nur noch eine Funktion von $\vec{Q}$ ist. Deshalb ergibt sich:

$$I(\vec{Q}) = |\langle F \rangle|^2 \sum_{jk} e^{i\vec{Q} \cdot (\vec{R}_j - \vec{R}_k)} + \sum_{jk} \Delta_j \Delta_k^* e^{i\vec{Q} \cdot (\vec{R}_j - \vec{R}_k)}. \tag{2.95}$$

Der erste Term auf der rechten Seite in Gleichung (2.95) liefert nur Intensität an den Bragg-Reflexen und entspricht daher der normalen, nicht-diffusen Bragg-Streuung eines Gitters aus identischen Einheitszellen mit Strukturamplitude $\langle F \rangle$. Der diffuse Anteil der Intensität steckt im zweiten Term. Die Verteilung dieser diffusen Intensität hängt offenbar von den Δ_j und deren Korrelation ab und spiegelt damit die Art und Verteilung der konkreten Defekte wieder. Abb. 2.16 gibt einen schematischen Überblick über einige verschiedene Arten der Korrelation von Defekten und deren Einfluss auf die diffuse Streuung.

Thermisch diffuse Streuung   Ausgehend von einem perfekten Kristallgitter wollen wir nun thermisch angeregte Schwingungen der Atome um ihre Ruhelage betrachten. Dazu lassen wir eine Verschiebung $\vec{u}_j$ des einzelnen Atoms von seiner mittleren Position $\vec{R}_j$ zu. Ähnlich wie im vorangegangenen Abschnitt ist damit definitionsgemäß der Mittelwert

$$\langle \vec{u}_j \rangle = 0, \tag{2.96}$$

wobei diesmal die Mittelung über die Zeit durchzuführen ist. Zu jedem Zeitpunkt ist die gestreute Amplitude also gegeben durch:

$$A(\vec{Q}) = \sum_j f_j e^{i\vec{Q} \cdot (\vec{R}_j + \vec{u}_j)}. \tag{2.97}$$

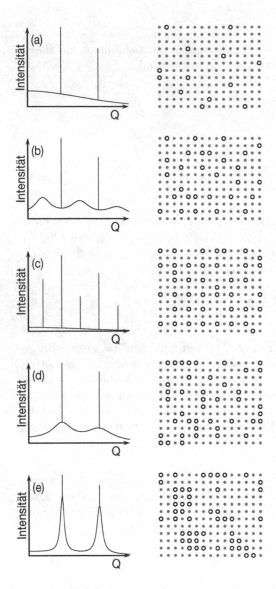

Abb. 2.16
Einige Beispiele für diffuse Streuung auf
Grund statischer Unordnung. Schematische
Darstellung der gestreuten Intensität und
des dazugehörigen Gitters, hier bestehend
aus zwei Atomsorten: Kristallatome (•) und
Fremdatome (○). (a) Zufallsverteilung der
Fremdatome. Ohne jede Korrelation tritt zusätzlich zu den Bragg-Reflexen des Kristalls
nur der (Q-abhängige) Formfaktor der Fremdatome zutage (monotone Laue-Streuung).
(b) Tendenz zur Nahordnung, bevorzugte Besetzung benachbarter Plätze durch Atome anderen Typs. Intensität häuft sich im Gebiet
zwischen den Reflexen. (c) Wiederum bevorzugte Besetzung benachbarter Plätze mit
Atomen anderen Typs, diesmal mit (nicht
perfekter) Fernordnung. Die Periodizitätslän-
ge im Ortsraum verdoppelt sich im hier skizzierten Fall, deshalb treten zusätzliche Bragg-
Reflexe auf. (d) Tendenz zur Entmischung,
bevorzugte Besetzung benachbarter Plätze
durch Atome gleichen Typs. Diffuse Intensität
konzentriert sich um die Bragg-Reflexe. (e)
Ausgeprägte Clusterbildung, Intensität häuft
sich stark an den Bragg-Reflexen. Die Breite dieser diffusen Schultern spiegelt mittlere
Größe und Abstände der Cluster wieder.

Hierbei bezeichnet $f_j = f_j(\vec{Q})$ die atomare Streuamplitude des j-ten Atoms. Im Experiment wird die gestreute Intensität über Zeiträume gemessen, die lang gegenüber der Periodendauer von Gitterschwingungen (typisch etwa 10^{-12} s) sind, sodass hierüber zeitlich gemittelt werden muss:

$$
I(\vec{Q}) = \left\langle \sum_j f_j e^{i\vec{Q}\cdot(\vec{R}_j+\vec{u}_j)} \sum_k f_k^* e^{-i\vec{Q}\cdot(\vec{R}_k+\vec{u}_k)} \right\rangle
$$

$$
= \sum_{jk} f_j f_k^* e^{i\vec{Q}\cdot(\vec{R}_j-\vec{R}_k)} \left\langle e^{i\vec{Q}\cdot(\vec{u}_j-\vec{u}_k)} \right\rangle. \tag{2.98}
$$

Im Allgemeinen können die Auslenkungen $\vec{u}_j$ als klein betrachtet werden[14]. Bezeichnet man mit u_{Qj} die Projektion von $\vec{u}_j$ auf $\vec{Q}$, so können wir also annehmen, dass $u_{Qj} \ll Q^{-1}$ gilt. Unter dieser Annahme genügt es, den letzten Faktor in Gleichung (2.98) bis hin zur quadratischen Ordnung zu entwickeln:

$$
\left\langle e^{i\vec{Q}\cdot(\vec{u}_j-\vec{u}_k)} \right\rangle = \left\langle 1 + iQ(u_{Qj} - u_{Qk}) - \frac{1}{2}\left(Q(u_{Qj} - u_{Qk})\right)^2 \pm \ldots \right\rangle
$$

$$
\approx 1 - \frac{1}{2}Q^2 \left\langle (u_{Qj} - u_{Qk})^2 \right\rangle
$$

$$
\approx e^{-\frac{1}{2}Q^2\langle(u_{Qj}-u_{Qk})^2\rangle}
$$

$$
= e^{-\frac{1}{2}Q^2\langle u_{Qj}^2\rangle} e^{-\frac{1}{2}Q^2\langle u_{Qk}^2\rangle} \left\{ 1 + \left(e^{Q^2\langle u_{Qj}u_{Qk}\rangle} - 1 \right) \right\}. \tag{2.99}
$$

Der Mittelwert des linearen Terms in dieser Reihenentwicklung verschwindet wegen Gleichung (2.96). Die ungewöhnliche Schreibweise am Ende von Gleichung (2.99) wird sofort einsichtig, wenn man diesen Ausdruck in Gleichung (2.98) einsetzt. Dann nämlich lässt sich die Intensität folgendermaßen aufspalten:

$$
I(\vec{Q}) = \sum_{jk} f_j\, e^{-\frac{1}{2}Q^2\langle u_{Qj}^2\rangle}\, f_k^*\, e^{-\frac{1}{2}Q^2\langle u_{Qk}^2\rangle}\, e^{-i\vec{Q}\cdot(\vec{R}_j-\vec{R}_k)}
$$

$$
+ \sum_{jk} f_j\, e^{-\frac{1}{2}Q^2\langle u_{Qj}^2\rangle}\, f_k^*\, e^{-\frac{1}{2}Q^2\langle u_{Qk}^2\rangle}\, e^{i\vec{Q}\cdot(\vec{R}_j-\vec{R}_k)}\, \left(e^{Q^2\langle u_{Qj}u_{Qk}\rangle} - 1 \right). \tag{2.100}
$$

Der erste Term entspricht dem Reflex gemäß der Bragg-Bedingung, der zweite beschreibt die diffuse Streuung. Wie im Falle der statischen Unordnung gibt es auch hier einen Term, der der Bragg'schen Streuung eines perfekten Kristallgitters entspricht. Gemäß Gleichung 2.100) sind jedoch die Atomformamplituden um den sogenannten[15] Debye-Waller-Faktor e^{-M} abgeschwächt:

$$
f^{\text{th}}(\vec{Q}) = f(\vec{Q})\, e^{-\frac{1}{2}Q^2\langle u_Q^2\rangle} = f(\vec{Q})\, e^{-M}. \tag{2.101}
$$

---

[14]Dies ist eine durchaus realistische Annahme, da nach dem sogenannten Lindemann-Kriterium ein Kristall in der Regel schmilzt, wenn die mittlere thermische Auslenkung $\sqrt{\langle u^2\rangle}$ ein Zehntel des Abstands zum nächsten Nachbarn erreicht.

[15]In der Literatur wird der Begriff Debye-Waller-Faktor sehr uneinheitlich verwendet. Meist wird (wie in Gleichung (2.101)) der gesamte Vorfaktor der Atomformamplitude, e^{-M}, so bezeichnet. Häufig wird aber auch das im Exponent auftretende M Debye-Waller-Faktor genannt. Ferner gibt es auch die Schreibweise $e^{-B\langle u^2\rangle \sin^2\Theta/\lambda^2}$, in der mitunter das B als Debye-Waller-Faktor bezeichnet wird.

Die Schwingungen der Atome bewirken in diesem Term also keine Verbreiterung oder Verschmierung der Bragg-Reflexe, sondern wiederum eine Reduzierung der Intensität. Die thermisch bedingte Auslenkung eines jeden Atoms hängt von seiner Masse ab, da ein schweres Atom anders auf auslenkende bzw. rückstellende Kräfte reagiert als ein leichtes. Zudem hängt die mittlere quadratische Auslenkung eines Atoms aber auch von eben diesen Kräften ab, also von seiner chemischen Umgebung und Bindungskonfiguration. Daher muss man im Allgemeinen für jedes Atom der Einheitszelle einen eigenen Debye-Waller-Faktor ansetzen, der zudem noch von der Richtung des Streuvektors $\vec{Q}$ abhängt, da nur die Komponente u_Q der Auslenkung entlang $\vec{Q}$ von Bedeutung ist.

Zusätzlich zur Schwächung der Bragg-Streuung rufen Gitterschwingungen auch diffus gestreute Intensität hervor, die entsprechend dem zweitem Term in Gleichung (2.100) von der Korrelation der Auslenkungen der Atome aus ihren Ruhelagen abhängt. Im Gegensatz zur statischen Unordnung, bei der ja auch die diffuse Streuung von den Korrelationen zwischen den einzelnen Defekten abhing (vgl. Gleichung (2.95)), lassen sich die Abweichungen vom perfekten Kristallgitter im Falle der Gitterschwingungen allgemein beschreiben:

$$\vec{u}_j(t) = \sum_{m\alpha} \vec{U}_{m\alpha} \, e^{i\vec{q}_m \cdot \vec{R}_j} \, e^{-i\omega_\alpha(\vec{q}_m)t}. \tag{2.102}$$

Hierbei ist die Summation über alle Schwingungsmoden zu nehmen, wobei zur Mode mit den Indices $m\alpha$ der Wellenvektor $\vec{q}_m$ der Gitterschwingung und deren Amplitude $\vec{U}_{m\alpha}$ gehört. Für einen Kristall mit n Atomen in der Einheitszelle gibt es zu jedem $\vec{q}_m$ verschiedene Schwingungsfrequenzen $\omega_{m\alpha} = \omega_\alpha(\vec{q}_m)$ mit $\alpha = 1 \ldots n$. Die Anzahl der Moden eines Gitters aus $N \cdot n$ Atomen beträgt $3Nn$, wobei die $\vec{q}_m$ äquidistant über die erste Brillouin-Zone verteilt sind (im eindimensionalen Fall mit Gitterkonstante a: $-\pi/a \leq q_m \leq \pi/a$). Für den unendlichen Kristall ergibt sich also ein kontinuierliches Modenspektrum.

Da zu jeder Schwingungsmode eine eigene Frequenz $\omega_{m\alpha}$ gehört, fallen bei der Bildung des zeitlichen Mittelwerts

$$\langle u_{Qj} u_{Qk} \rangle = \frac{1}{N^2 n^2} \sum_{mn\alpha\beta} U_{Qm\alpha} U_{Qn\beta} \, e^{i\vec{q}_m \cdot (\vec{R}_j - \vec{R}_k)} \frac{1}{T} \int_0^T dt \, e^{-i(\omega_{m\alpha} - \omega_{n\beta})t}$$

$$= \frac{1}{Nn} \sum_{m\alpha} U_{Qm\alpha}^2 \, e^{i\vec{q}_{m\alpha} \cdot (\vec{R}_j - \vec{R}_k)} \tag{2.103}$$

die Terme mit $n \neq m$ oder $\alpha \neq \beta$ fort. Der Einfachheit halber wollen wir im Folgenden von einem primitiven Gitter ausgehen, das heißt, dass es nur ein Atom pro Einheitszelle gibt ($n = 1$). Dann können wir den Index α weglassen, und es tritt außerdem nur eine einzige atomare Streuamplitude f auf. Nutzen wir nun wieder aus, dass die Auslenkungen u_{Qj} klein sind, so wird der diffuse Anteil der Streuung entsprechend dem zweiten Term in Gleichung (2.100)

$$I_{\text{diffus}}(\vec{Q}) \approx \sum_{jk} f_j^{\text{th}} f_k^{\text{th}*} \, e^{i\vec{Q} \cdot (\vec{R}_j - \vec{R}_k)} \, Q^2 \, \langle u_{Qj} u_{Qk} \rangle$$

$$= \frac{1}{N} \sum_m Q^2 \cdot U_{Qm}^2 |f^{\text{th}}|^2 \sum_{jk} e^{i(\vec{Q} + \vec{q}_m) \cdot (\vec{R}_j - \vec{R}_k)}. \tag{2.104}$$

Die letzte Summe in Gleichung (2.104) entspricht einer Bragg-Streuung, bei der die Reflexe nicht an den reziproken Gittervektoren $\vec{Q} = \vec{G}_{hkl}$ auftreten, sondern bei $\vec{Q} = \vec{G}_{hkl} - \vec{q}_m$, also um den Wellenvektor der jeweiligen Schwingungsmode verschoben sind. Genau genommen sind die einzelnen Streubeiträge auch um die Frequenzen $\omega(\vec{q}_m)$ spektral verschoben. Während jedoch die maximale Frequenz der Gitterschwingungen um etwa sechs Größenordnungen geringer als die der Röntgenstrahlung und daher die spektrale Verschiebung mit gewöhnlichen experimentellen Mitteln nicht nachweisbar ist, sind die Wellenvektoren $\vec{q}_m$ über die gesamte Brillouin-Zone verteilt und damit vergleichbar mit dem Wellenvektor der Röntgenstrahlung. Da über alle Schwingungsmoden zu integrieren ist, kann deshalb die thermisch diffuse Streuung ein breites Kontinuum im reziproken Raum liefern, welches sich jedoch im Allgemeinen um die Bragg-Reflexe herum konzentriert, wie die folgende Überlegung zeigt.

Betrachten wir wiederum ein primitives Gitter mit einem Atom (Masse m_A) in jeder der N Einheitszellen. Oszillieren die Atome harmonisch und isotrop mit einer Amplitude U, so beträgt die Gesamtenergie:

$$E = \langle E_{\text{pot}} \rangle + \langle E_{\text{kin}} \rangle = 2 \langle E_{\text{kin}} \rangle = N m_A \dot{\omega}^2 \cdot 3 \langle u_Q^2 \rangle = \frac{3N}{2} m_A \omega^2 U_Q^2 \,. \tag{2.105}$$

Der Faktor 3 tritt hier auf wegen $\langle u^2 \rangle = 3 \langle u_Q^2 \rangle$. Andererseits ist bei nicht zu tiefen Temperaturen die Energie im thermodynamischen Gleichgewicht durch den Dulong-Petit'schen Wert

$$E = 3 N k_B T \tag{2.106}$$

gegeben, entsprechend der $3N$ Schwingungsfreiheitsgrade, auf die jeweils die Energie $k_B T$ entfällt. Damit erhält man sofort die Amplitude der Auslenkung

$$U_Q^2 = \frac{2 k_B T}{m_A \omega^2} \,. \tag{2.107}$$

Bei nicht allzu hohen Temperaturen sind im Wesentlichen nur die langwelligen akustischen Gitterschwingungen angeregt, für die in guter Näherung $\omega_m = v q_m$ gilt, wobei v die Schallgeschwindigkeit des Materials ist. Setzt man dies in Gleichung (2.107) ein und berücksichtigt Gleichung (2.104), so sieht man, dass die thermisch diffuse Streuung wie $1/q^2$ zu den Bragg-Reflexen hin ansteigt. Dabei wird die integrale diffus gestreute Intensität mit steigender Reflexordnung, proportional zu Q^2 (siehe Gleichung (2.104)), immer stärker.

Bei der Aufstellung von Gleichung (2.105) und für die nachfolgenden Betrachtungen wurde eine isotrope Bewegung der Atome um ihre Ruhelage angenommen. Tatsächlich weist in der Umgebung der Bragg-Reflexe die Intensitätsverteilung auf Grund der Anisotropie von Kristallen im Allgemeinen eine Richtungsabhängigkeit auf. Mehr noch stellt man in der Regel fest, dass sich die diffuse Intensität auf den Verbindungslinien zwischen Bragg-Reflexen häuft.

2.2.7 Dynamische Röntgenbeugung

In den vorangehenden Abschnitten wurde an verschiedenen Stellen von der kinematischen Näherung Gebrauch gemacht, bisweilen auch kinematische Theorie genannt. Diese Näherung ist in vielen Fällen sehr erfolgreich. Jedoch gibt es auch eine Reihe von Phänomenen, die sie nicht oder nicht korrekt wiedergeben kann. Hierzu gehören beispielsweise der Borrmann-Effekt, auch als anomale Transmission (Transmission eines Strahls durch einen Kristall mit Strahlversatz) bekannt [vL 60, Pin 78], oder die Form und Breite von Beugungsreflexen. Beugungsreflexe idealer Kristalle weisen nämlich nicht, wie von der kinematischen Beugungstheorie vorhergesagt, einen δ-förmigen Verlauf auf, sondern besitzen eine endliche Breite, die als Darwinbreite bekannt ist. Sie kann anschaulich verstanden werden durch die Abschwächung der einfallenden Welle auf Grund von Extinktion, also die Verringerung der Eindringtiefe des einfallenden Strahls durch abgebeugte Teilwellen. Die Beugung findet nicht mehr an unendlich vielen Atomlagen, sondern an einem endlichen Teil des Kristalls statt. Alle diese Beobachtungen gehen auf Interferenzeffekte zurück. Kommt es durch Beugung oder Streuung zu Interferenzen zwischen Teilstrahlen vergleichbarer Intensität, so ist es nicht mehr möglich, Mehrfachstreuung oder eine Abschwächung des Primärstrahls zu vernachlässigen. Daher muss eine verbesserte Theorie verwendet werden. Dies erkannten bereits in den 20er Jahren des vergangenen Jahrhunderts Charles G. Darwin, Peter P. Ewald und Max von Laue. Sie entwickelten die dynamische Theorie der Röntgenbeugung, wobei die heute benutzte Notation auf die Formulierung von Max von Laue zurückgeht. Die dynamische Röntgentheorie kann wegen ihres Umfangs an dieser Stelle nur grob umrissen werden. Ausführliche Darstellungen finden sich z. B. in den Referenzen [vL 60, Pin 78]. Die hier gewählte modernere Notation ist eng angelehnt an einen Übersichtsartikel von L. Batterman [BC 64]. Wir werden im Rahmen dieser Darstellung lediglich auf den Zweistrahlfall eingehen, also auf die Beschränkung, dass nur zwei Wellen mit nennenswerter Intensität auftreten: die einfallende (primäre) Welle und genau *eine* gebeugte ausfallende Welle. Außerdem soll hier nur auf den Bragg-Fall eingegangen werden, bei dem (im Gegensatz zum Laue-Fall) der gebeugte Strahl durch die gleiche Oberfläche austritt, durch die auch der einfallende Strahl in den Kristall eintritt.

Röntgenstrahlung ist wie Licht eine elektromagnetische Welle. Somit besteht das zentrale Problem in der Lösung der Maxwell'schen Gleichungen im Kristall und deren Anpassung an die Randbedingungen (z. B. an die Lage der Oberfläche). Ziel der nachfolgenden Berechnungen ist die Bestimmung der Amplitude und der relativen Phase von einfallender und gebeugter Welle. Aus diesen kann alles Weitere abgeleitet werden. Beide können in kinematischer Näherung nicht berechnet werden. Für Frequenzen im Röntgenbereich ist es gerechtfertigt, die elektrische Leitfähigkeit zu vernachlässigen. Benutzt man weiterhin für die magnetische Permeabilität die gleichen Werte wie im Vakuum ($\mu = \mu_0$), so gilt[16]

$$\nabla \times \vec{E} = -\frac{\partial}{\partial t}\vec{B} \quad \text{und} \quad \nabla \times \vec{B} = \mu\mu_0 \frac{\partial}{\partial t}\vec{D}. \tag{2.108}$$

Die dielektrische Verschiebung $\vec{D}$ kann durch die dielektrische Konstante ε und die Polarisation $\vec{P}$ ausgedrückt werden:

$$\vec{D} = \varepsilon_0\vec{E} + \vec{P} = \varepsilon\varepsilon_0\vec{E}.$$

---

[16]Um Verwechslungen zwischen dem magnetischen Feld (meist mit $\vec{H}$ bezeichnet) und dem reziproken Gittervektor $\vec{H}$ zu vermeiden, notieren wir das Amper'sche Gesetz unter Verwendung des magnetischen Flusses $\vec{B}$.

Die Polarisation $\vec{P} = -e\varrho\vec{x}$ beschreibt die durch das elektrische Feld $\vec{E} = \vec{E}(\vec{r})e^{i\omega t}$ verursachte Auslenkung $\vec{x}$ der Elektronendichte $\varrho(\vec{r})$ aus ihrer Gleichgewichtslage. Betrachtet man die Elektronen im Atomverband als harmonische Oszillatoren der Eigenfrequenz ω_0 und bestimmt aus der Lösung der Bewegungsgleichung für $x(t)$ die Amplitude der durch das elektrische Feld erzwungenen Schwingung mit der Frequenz ω, so folgt daraus für die Polarisation bei $\omega \gg \omega_0$:

$$\vec{P} = -e\varrho\,\frac{+e/m_e}{\omega^2}\,\vec{E}, \qquad \text{und somit} \qquad \varepsilon = 1 - \frac{e^2}{m_e\varepsilon_0\omega^2}\varrho(\vec{r}).$$

Die Elektronendichte im idealen Kristall lässt sich auf Grund seiner Periodizität in eine Fourier-Reihe entwickeln:

$$\varrho(\vec{r}) = \frac{1}{V_{\text{Zelle}}}\sum_H F_H e^{-2\pi i \vec{H}\cdot\vec{r}},$$

mit dem Volumen der Einheitszelle des betrachteten Kristalls V_{Zelle}. Damit ergibt sich für die Dielektrizitätskonstante

$$\varepsilon = 1 - \Gamma\sum_H F_H e^{-2\pi i \vec{H}\cdot\vec{r}}. \tag{2.109}$$

Die Fourier-Koeffizienten F_H sind die Strukturamplituden $F(\vec{Q} = 2\pi\vec{H})$ aus Gleichung (2.81) und

$$\Gamma = \frac{e^2}{m_e\varepsilon_0\omega^2 V_{\text{Zelle}}} \tag{2.110}$$

ein dimensionsloser Parameter, dessen Wert typischerweise in einer Größenordnung von etwa 10^{-7} liegt und ein Maß dafür ist, wie stark der Brechungsindex bzw. ε von 1 abweicht.

Nach Gleichung (2.109) ist die dielektrische Konstante ε eine schnell mit dem Ort variierende Funktion (insbesondere nicht konstant, daher (besser) auch als dielektrische Permittivität bezeichnet). Ihr Mittelwert $\bar{\varepsilon}$ ergibt sich aus dem konstanten Term der Entwicklung. Der mittlere Brechungsindex $\bar{n}$ ist dann

$$\bar{n} = \sqrt{\bar{\varepsilon}} = \sqrt{1 - \Gamma F_0} \approx 1 - \frac{1}{2}\Gamma F_0. \tag{2.111}$$

Auch die ortsabhängigen Anteile der Felder $\vec{E}$, $\vec{D}$ und $\vec{B}$ können im Kristall nach ebenen Wellen entwickelt werden, für das elektrische Feld z.B.

$$\vec{E}(\vec{r},t) = \sum_H \vec{E}_H e^{-2\pi i \vec{K}_H\cdot\vec{r}}\,e^{i\omega t},$$

wobei $\vec{K}_H$ den Wellenvektor der ebenen Welle im Kristall darstellt. Aus Impulserhaltungsgründen gilt dabei die Laue-Gleichung

$$\vec{K}_H = \vec{K}_0 + \vec{H}.$$

Setzt man die Reihenentwicklungen für die Felder und die dielektrische Konstante in die Maxwell'schen Gleichungen (2.108) ein, so führt eine längere Rechnung schließlich auf ein System unendlich vieler linearer homogener Gleichungen in den Fourier-Komponenten $\vec{E}_H$, durch die jede Komponente mit jeder anderen verknüpft wird. Die Lösbarkeitsbedingung für dieses Gleichungssystem ist die Forderung nach dem Verschwinden der (unendlichen) Determinante.

Im Folgenden werden wir uns auf den sogenannten Zweistrahlfall in Bragg-Reflexion beschränken, wie er beispielsweise für die Messung mit stehenden Röntgenwellenfeldern (Abschnitte 5.4 und 6.2.7) sehr häufig erfüllt ist.

Dieser Fall vereinfacht die Beschreibung dadurch, dass außer dem einfallenden Strahl (E_0) nur *ein* weiterer, nämlich der gebeugte Strahl (E_H) berücksichtigt werden muss. Alle anderen Komponenten des Feldes können vernachlässigt werden. Damit vereinfacht sich das zu lösende Gleichungssystem zu

$$
\begin{aligned}
\left[k^2(1 - \Gamma F_0) - (\vec{K}_0 \cdot \vec{K}_0)\right] E_0 - & \quad k^2 P \Gamma F_{\bar{H}} & E_H = 0, \\
-k^2 P \Gamma F_H \quad E_0 + & \left[k^2(1 - \Gamma F_0) - (\vec{K}_H \cdot \vec{K}_H)\right] E_H = 0.
\end{aligned}
\tag{2.112}
$$

Hierbei ist $2\pi k = \omega/c$ der Betrag des Wellenvektors im Vakuum und $P = 1$ für σ-Polarisation bzw. $P = \cos(2\theta)$ für π-Polarisation. Die Forderung nach Verschwinden der Determinante ist äquivalent zu

$$
\xi_0 \xi_H = \frac{1}{4} k^2 P^2 \Gamma^2 F_H F_{\bar{H}}
\tag{2.113}
$$

mit

$$
\begin{aligned}
\xi_0 &= \frac{1}{2k} \left[\vec{K}_0 \cdot \vec{K}_0 - k^2(1 - \Gamma F_0) \right] \approx |\vec{K}_0| - k(1 - \tfrac{1}{2}\Gamma F_0), \\
\xi_H &= \frac{1}{2k} \left[\vec{K}_H \cdot \vec{K}_H - k^2(1 - \Gamma F_0) \right] \approx |\vec{K}_H| - k(1 - \tfrac{1}{2}\Gamma F_0).
\end{aligned}
\tag{2.114}
$$

Die letzten Näherungen sind berechtigt für Röntgenstrahlen, da $|\vec{K}_0|, |\vec{K}_H| \approx k$ gilt. Ein Vergleich mit Gleichung (2.111) zeigt, dass ξ_0 und ξ_H die Abweichung der Beträge der Wellenvektoren $|\vec{K}_0|$ und $|\vec{K}_H|$ im Kristall vom Wert $k\bar{n}$ sind, also vom Wellenvektorbetrag im Vakuum, multipliziert mit dem mittleren Brechungsindex. Alle reellen Lösungen für das Auftreten eines abgebeugten Strahls liegen auf der durch Gleichung (2.113) beschriebenen Hyperbelfläche im reziproken Raum, der Dispersionsfläche, die aus zwei Zweigen besteht, dem α-Zweig und dem β-Zweig (siehe Abb. 2.17).

Bezeichnet $\Delta\theta = \theta - \theta_B$ die Abweichung des Einfallswinkels vom Bragg-Winkel und ψ_i bzw. ψ_f den Winkel des einfallenden bzw. des gebeugten Strahls mit der Oberfläche, so kann man nach Einführung des Asymmetriefaktors b und einer verallgemeinerten Winkelvariablen η gemäß

$$
b = -\frac{\sin(\psi_i)}{\sin(\psi_f)} \quad \text{und} \quad \eta = \frac{b\Delta\theta \sin(2\theta_B) + \frac{1}{2}\Gamma F_0(1 - b)}{\Gamma |P| \sqrt{|b|} \sqrt{F_H F_{\bar{H}}}}
\tag{2.115}
$$

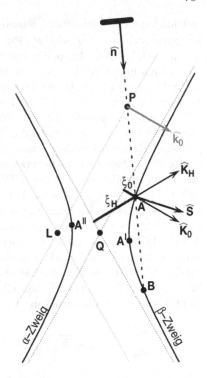

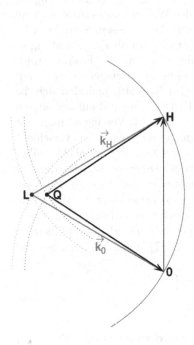

Abb. 2.17 Zur Dispersionsfläche

nach längerer Rechnung zeigen:

$$\xi_0 = \frac{1}{2} k\Gamma|P| \frac{1}{\sqrt{|b|}} \sqrt{F_H F_{\bar{H}}} \left(\eta \pm \sqrt{\eta^2 - 1} \right), \tag{2.116}$$

$$\xi_H = \frac{1}{2} k\Gamma|P| \sqrt{|b|} \sqrt{F_H F_{\bar{H}}} \left(\eta \pm \sqrt{\eta^2 - 1} \right)^{-1}; \tag{2.117}$$

hierbei gilt das Pluszeichen auf dem β-Zweig, das Minuszeichen auf dem α-Zweig (siehe Abb. 2.17). Betrachten wir Abb. 2.17 genauer. Der Laue-Punkt L definiert die Interferenzbedingung im kinematischen Fall. Er ist der Schnittpunkt zweier Kreise (eigentlich Kugeln) mit Radius k um die Punkte O und H (siehe linker Teil der Abbildung). Den Bragg-Punkt Q erhält man für Kugeln mit entsprechend dem mittleren Brechungsindex vermindertem Radius $k\bar{n}$. Der Abstand zwischen L und Q ist hier stark übertrieben. Im rechten, stark vergrößerten Ausschnitt erscheinen die Kreise als Geradenstücke. Die hyperbelförmige Dispersionsfläche, die in zwei Zweige zerfällt, schmiegt sich asymptotisch an die Kugeln durch Q an. Jeder Punkt auf dieser Dispersionsfläche ist ein möglicher Anfangspunkt zweier Wellenvektoren $\vec{K}_0$ und $\vec{K}_H$ im Kristall, die an den Punkten 0 und H enden (die auf diesem Maßstab ca. 1 km entfernt lägen; hier sind deshalb die Einheitsvektoren $\hat{K}_0$ und $\hat{K}_H$ dargestellt). Die Größen ξ_0 und ξ_H sind die senkrechten Abstände der Dispersionsfläche von den Asymptoten. Durch die äußeren Randbedingungen, d. h. durch die

Orientierung der (einwärts gerichteten) Oberflächennormalen $\hat{n}$ und die Wahl des Vakuumwellenvektors $\vec{k}_0 = \vec{PO}$, wird ein Punkt auf der Dispersionsfläche angeregt. Beim Durchgang durch die Oberfläche kann sich die Tangentialkomponente des Wellenvektors nicht ändern: $\vec{k}_0$ und $\vec{K}_0$ unterscheiden sich nur um einen Vektor entlang $\hat{n}$. Der Anregungspunkt A ist deshalb der Schnittpunkt der Dispersionsfläche mit einer Geraden durch P in Richtung $\hat{n}$. Wie man zeigen kann, steht der Poynting-Vektor $\vec{S}$, der die Richtung des Energiestroms angibt, immer senkrecht auf der Dispersionsfläche. Da $\vec{S}$ keine auswärtsgerichtete Vertikalkomponente besitzen kann (dies entspräche einer Quelle im Kristall), befinden sich die physikalisch möglichen Anregungspunkte auf der unteren Hälfte des α- und auf der oberen Hälfte des β-Zweiges der Dispersionsfläche: A wird angeregt, B nicht. Verringert man nun den Einfallswinkel $\Theta = \Theta_B + |\vec{LP}|/k$ auf die zu H gehörigen Netzebenen, so verschiebt sich P in Richtung auf L und A in Richtung auf A'. Verringert man den Winkel darüber hinaus, so ergeben sich keine Schnittpunkte mit dem Realteil der Dispersionsfläche, der hier gezeigt ist: Über einen gewissen Winkelbereich, die sogenannte Darwinbreite, hinweg werden die Lösungen imaginär, was bei Vernachlässigung von Absorption einer Totalreflexion entspricht (in A' ist $\vec{S}$ exakt parallel zur Oberfläche), bis wieder reelle Lösungen ab dem Punkt A'' auftreten. Das Verhältnis der Amplituden der gebeugten und der einfallenden Welle E_H/E_0 lässt sich mit den Gleichungen (2.116) und (2.117) unter Verwendung von (2.112) und (2.114) ausdrücken als:

$$\frac{E_H}{E_0} = -\frac{|P|}{P}\sqrt{|b|}\sqrt{\frac{F_H}{F_{\bar{H}}}}\left(\eta \pm \sqrt{\eta^2 - 1}\right). \tag{2.118}$$

Eine weitere Vereinfachung dieses Ausdrucks ergibt sich bei zentrosymmetrischen Kristallen $(F_H = F_{\bar{H}})$, bei Verwendung von σ-Polarisation $(P = 1)$ und für $|b| = 1$. Dann ist

$$\frac{E_H}{E_0} = -\eta \pm \sqrt{\eta^2 - 1}, \tag{2.119}$$

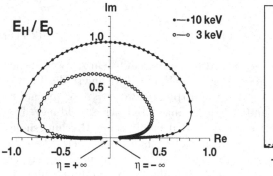
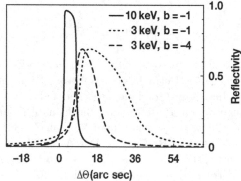

Abb. 2.18 E_H/E_0 und Reflektivität am Si(111)-Reflex bei 3 keV und 10 keV Photonen-Energie (σ-Polarisation), berechnet nach Gleichung (2.119). Links: Verlauf des Amplitudenverhältnisses in der komplexen Zahlenebene. Rechts: Reflektivität $R = |E_H/E_0|^2$ als Funktion von $\Delta\theta = \theta - \theta_B$

was die zunächst etwas willkürlich wirkende Definition von η nachträglich erklärt. Als Messsignal wird häufig die Reflektivität $R = I_H/I_0 = |E_H/E_0|^2$ verwendet, also die auf den Primärstrahl normierte Intensität des gebeugten Strahls.

Den Verlauf der Amplitudenverhältnisse von reflektierter und einlaufender Welle E_H/E_0 in der komplexen Zahlenebene (also einschließlich Phasenbeziehung) zeigt Abb. 2.18 am Beispiel von Silizium. Zwischen den Punkten auf den Kurven liegen jeweils gleiche $\Delta\eta$, d. h. auch gleiche Winkelinkremente. Für $\theta \ll \theta_B$ ist wegen $b < 0$ nach Gleichung (2.118) $\eta \gg +1$, und die Kurven werden für wachsendes θ vom Ursprung ausgehend im Uhrzeigersinn durchlaufen. Ohne Absorption fielen die Kurven mit Abschnitten auf der reellen Achse und dem Einheitskreis der Zahlenebene zusammen. Die Kurve für 10 keV kommt dem Einheitskreis auf Grund der geringeren Absorption näher als die für 3 keV. Die dazugehörige Reflektivität $R = |E_H/E_0|^2$ ist im rechten Teilbild zu sehen als Funktion von $\Delta\theta = \theta - \theta_B$. Der Breite des Bereichs starker Reflexion ($|\eta| < 1$) hängt für einen gegebenen Reflex über Γ (siehe Gleichung (2.115)) von λ, sowie vom Asymmetriefaktor b ab. Die Verschiebung von der kinematischen Bragg-Bedingung (bei $\Delta\theta = 0$) ist bedingt durch Brechung; der Brechungsindex für Röntgenstrahlung in Materie ist leicht kleiner als 1 und hängt von b und λ ab. Die Asymmetrie der Reflektivitätskurven ist an das Absorptionsverhalten gekoppelt und daher schwächer bei einer Photonenenergie von 10 keV, weit oberhalb aller Absorptionskanten von Silizium.

Da die abgebeugte und die einfallende Welle eine feste Phasenbeziehung aufweisen, ergibt ihre Überlagerung ein stehendes Wellenfeld. Die Änderung der Phase $\arg(E_H/E_0)$ beim Überstreichen des Beugungsreflexes bewirkt eine Ortsraum-Verschiebung dieses stehenden Wellenfeldes. Dies wird bei der Methode der stehenden Röntgenwellenfelder (x-ray standing waves, XSW, siehe Abschnitt 5.4 und 6.2.7) ausgenutzt, um Information über die Position von Fremdatomen im Kristall zu gewinnen. Notwendige Voraussetzung ist hierbei die jeweilige Vorhersage des Amplitudenverlaufs, wie sie mit der hier skizzierten dynamischen Beugungstheorie sehr gut getroffen werden kann.

Auch für die Beschreibung der Effekte in Röntgeninterferometern ist die dynamische Theorie unabdingbar. Ebenso ist sie in der Lage, Eigenschaften wie Austrittsdivergenz oder Winkel- und Energieauflösung bei Kristallmonochromatoren zu beschreiben und daher ein wichtiges Hilfsmittel beim Aufbau und bei der Optimierung von Experimenten, die solche Monochromatoren benötigen.

Literaturverzeichnis

[AM 85]   Ashcroft, N.; Mermin, N.: Solid State Physics. Orlando, Florida, USA: Harcourt Brace College Publishers 1985

[ANM 01] Als-Nielsen, J.; McMorrow, D.: Elements of Modern X-Ray Physics. Chichester, UK: John Wiley & Sons Ltd. 2001

[Att 00] Attwood, D.: Soft X-Rays and Extreme Ultraviolet Radiation. Cambridge, UK: Cambridge University Press 2000

[BC 64]   Batterman, B.; Cole, H.: Dynamical Diffraction of X-Rays by Perfect Crystals. RMP **36(3)** (1964) 681–717

[IL 02]   Ibach, H.; Lüth, H.: Festkörperphysik. Berlin, Germany: Springer Verlag 2002

[Pin 78]   Pinsker, Z.: Dynamical Scattering of X-Rays in Crystals. Berlin, Germany:
              Springer Verlag 1978
[SSBT 05] Spieß, L.; Schwarzer, R.; Behnken, H.; Teichert, G.: Moderne Röntgenbeugung.
              Wiesbaden: Teubner 2005
[vL 60]   von Laue, M.: Röntgenstrahl-Interferenzen. Frankfurt a. M., Germany: Akade-
              mische Verlags-Gesellschaft 1960
[War 90]   Warren, B. E.: X-Ray Diffraction. Dover Publications Inc. 1990

3 Synchrotronstrahlung: Erzeugung, Eigenschaften und Instrumentierung

3.1 Synchrotronstrahlungsquellen

Ortwin Kaul

3.1.1 Einleitung

Synchrotronstrahlung entsteht, wenn Elektronen oder Positronen mit relativistischer Geschwindigkeit eine transversale Beschleunigung erfahren. Im Jahre 1947 wurde am General Electric Synchrotron in New York erstmals sichtbare Synchrotronstrahlung beobachtet (Elder et al., [E$^+$ 47]), nachdem sie bereits drei Jahre zuvor von den sowjetischen Physikern D. Ivanenko und I. Pomeranchuk vorhergesagt wurde. Ihre erste theoretische Vorhersage stammt von Liéard (1898), die erste vollständige theoretische Beschreibung erfolgte ab 1949 durch Julian S. Schwinger. Im Anschluss an diese Entdeckung wurden intensive Untersuchungen am 300 MeV-Synchrotron in Cornell (Tomboulian und Hartmann 1956, [TH 56]) und am 600 MeV-Synchrotron am Lebedev-Institut in Moskau (Ado und Cherenkov 1956) durchgeführt. In den folgenden Jahren wurden an fast allen Synchrotrons die Eigenschaften dieser Strahlung eingehend studiert, und die ersten Experimentierplätze für spektroskopische Untersuchungen wurden eingerichtet. Anfang der 70er Jahre wurden die ersten Speicherringe gebaut, die Ströme mit mehreren 100 mA speichern konnten und deren Betrieb eine größere Stabilität aufwies. Zunächst mussten sich die Synchrotronstrahlungsnutzer die Messzeit mit den Hoch-Energie-Physikern teilen, und die Eigenschaften der Speicherringe waren wesentlich auf die Anforderungen dieser Klientel zugeschnitten. Ende der 80er Jahre wurden die ersten dedizierten Quellen gebaut, die ganz auf die Bedürfnisse der Synchrotronstrahlungsnutzer ausgerichtet waren. Hierbei handelt es sich um sehr komplexe Großanlagen, die häufig einen Durchmesser von mehr als 100 m besitzen. Neben Speicherringen, in denen die geladenen Teilchen für viele Milliarden Umläufe gespeichert werden, entwickeln sich gegenwärtig besonders leistungsfähige Quellen, die Freie-Elektronen-Laser, die auf langen Linearbeschleunigern basieren, die die Teilchen nur einmal durchlaufen. Eine detaillierte Darstellung von Synchrotronstrahlungsquellen findet sich in dem Buch von K. Wille [Wil 96].

3.1.2   Erzeugung von Synchrotronstrahlung

Vorbemerkung

Elektromagnetische Strahlung wird emittiert, wenn auf geladene und bewegte Teilchen eine elektrische oder magnetische Kraft einwirkt [Jac 75]. Dabei ändert sich entweder die Teilchenenergie oder die Bewegungsrichtung. Unter Berücksichtigung der technischen Realisierung von elektrischen und magnetischen Feldern ist es sehr viel einfacher, die Teilchen ein Magnetfeld durchlaufen zu lassen, wodurch sie auf eine gekrümmte Bahn gezwungen werden. Dabei gibt es zwei grundsätzlich verschiedene Vorgehensweisen. Entweder man produziert ständig Teilchen, lässt sie einmal ein Magnetfeld durchlaufen und vernichtet sie wieder. Oder man erzeugt nur für kurze Zeit Teilchen, leitet sie auf eine geschlossene Bahn, damit sie bei jedem Umlauf dasselbe Magnetfeld passieren und somit ständig neue Synchrotronstrahlung erzeugen können. Der zweite Weg erscheint zunächst attraktiver und wird auch tatsächlich fast ausschließlich beschritten, indem die Teilchen in sogenannten Speicherringen viele Stunden lang ihre Bahnen ziehen. In letzter Zeit ergeben sich jedoch auch für den ersten Weg sehr interessante Perspektiven. Es gibt eine Reihe von Projekten, bei denen versucht wird, mit Hilfe von Linearbeschleunigern Synchrotronstrahlung mit Laser-Eigenschaften zu erzeugen. Im Folgenden werden zuerst die Speicherringquellen vorgestellt, in denen die geladenen Teilchen auf kreisähnlichen, geschlossenen Bahnen umlaufen. Anschließend folgen einige Anmerkungen zu Linearbeschleunigern für Freie-Elektronen-Laser.

Grundprinzipien der Erzeugung von Synchrotronstrahlung

Speicherringe stellen gegenwärtig die am meisten genutzte Quelle für Synchrotronstrahlung dar. Dies sind hoch komplexe Großanlagen, die aus einer Quelle für geladene Teilchen (Elektronen oder Positronen), diversen Vorbeschleunigern und als Herzstück dem Speicherring bestehen (siehe auch Abb.3.1). Die Beschleunigung der Teilchen von wenigen MeV bis in den GeV-Bereich geschieht in mehreren Schritten, beginnend mit elektrostatischen und Linearbeschleunigern sowie häufig einem Synchrotron, bevor die Teilchen mit der gewünschten Energie in den Speicherring injiziert werden. Während die geladenen Teilchen viele Millionen Mal im Speicherring umlaufen, wird die Synchrotronstrahlung emittiert. Die daraus resultierenden Verluste müssen durch eine Nachbeschleunigung mit Hilfe von Hochfrequenzstrahlung ersetzt werden.

Für die Erzeugung von Synchrotronstrahlung kommen nur Elektronen oder Positronen in Frage; Protonen emittieren wegen der großen Masse bei gleicher Energie eine zu geringe Anzahl von Photonen. Mit der folgenden Formel kann die Strahlungsleistung P_s errechnet werden, die von geladenen Teilchen in einem Magnetfeld abgestrahlt wird. Sie beträgt für ein Teilchen der Energie E, der Ladung q und Masse m im Magnetfeld auf einer gekrümmten Bahn mit dem Radius r:

$$P_s = \frac{cq^2 E^4}{6\pi\varepsilon_0 r^2 (mc^2)^4}. \tag{3.1}$$

Dabei ist c die Lichtgeschwindigkeit und ε_0 die Dielektrizitätskonstante. Die Teilchenmasse geht reziprok mit der 4. Potenz in die Leistungsbilanz ein. Die 1836-mal schwereren Protonen und Antiprotonen strahlen also etwa 10^{13}-mal weniger und sind daher als Strahlungsquellen nicht geeignet. Für die Produktion von Synchrotronstrahlung sind die verbleibenden Elektronen und Positronen gleichwertig. Trotzdem ist es nicht gleichgültig, für welche Teilchensorte man sich entscheidet. Freie Elektronen lassen sich einfacher erzeugen, z. B. mit Hilfe der Glühemission aus einer Wolfram-Kathode. Sie sind damit auch weiterhin die bevorzugte Teilchensorte für Linearbeschleuniger. Im Falle der Speicherringe gibt es ein im nächsten Abschnitt erläutertes starkes Argument für die Verwendung von Positronen. Allerdings ist hier die Erzeugung deutlich aufwendiger, da die Positronen als Antiteilchen nicht Teil der normalen Materie sind. Positronen für Speicherringe werden über den Prozess der Paarproduktion hergestellt. Dabei schießt man Elektronen auf Atomkerne, um unter Impuls- und Energieerhaltung Elektron-Positron-Paare zu erzeugen. Die kinetische Energie E_k des ursprünglichen Elektrons muss jedoch größer sein als die Ruheenergie E des Elektron-Positron-Paares mit der Ruhemasse $2m_0$:

$$E_k > E = m_0c^2 = 1{,}022\,\text{MeV}. \tag{3.2}$$

Die Energie eines Teilchens wird üblicherweise in Elektronenvolt (eV) angegeben. Das ist die Energie, die es beim Durchlaufen einer Potentialdifferenz von 1 V gewinnt.

Vorbeschleuniger

Für die Produktion von Synchrotronstrahlung werden in der Regel Teilchenenergien zwischen 500 MeV und 20 GeV verwendet. Diese Energien werden technisch in mehreren Stufen erreicht. Am Anfang steht meist eine elektrostatische Beschleunigung auf einige hundert keV. Danach schließt sich ein Linearbeschleuniger an, dessen wesentliche Elemente aus Hohlraumresonatoren – sogenannten *cavities* – bestehen (eine detaillierte Darstellung findet sich in dem Buch von K. Wille, 1996). In diese Hohlraumresonatoren wird ein elektromagnetisches Feld eingespeist, das dort ein veränderliches elektrisches Feld ausbildet. Da die Richtung des elektrischen Feldes in den Hohlraumresonatoren oszilliert und nur zu bestimmten Zeitpunkten optimal zur Beschleunigung geeignet ist, müssen die Teilchen in zeitlich gestaffelten Teilchenpaketen, sogenannte Bunche, gebündelt werden, bevor sie die Hohlraumresonatoren durchlaufen. Häufig wird ein Feld mit einer Frequenz von 3 GHz gewählt, was einen räumlichen Abstand der Teilchenpakete von 10 cm erforderlich macht. Ausführliche Betrachtungen finden sich z. B. in [ZV 66].

Sollen die Teilchen in einem Speicherring Synchrotronstrahlung produzieren, wird in der Regel ein Synchrotron als weiterer Vorbeschleuniger verwendet. Dadurch wird eine große Zahl teurer Hohlraumresonatoren eingespart, die ansonsten die Teilchen auf die für den Speicherring benötigte Energie beschleunigen müssten. Stattdessen werden die Teilchen nach dem Ende des Linearbeschleunigers, wenn sie eine Energie von einigen hundert MeV haben, über Injektionsmagnete in ein Synchrotron gelenkt. Dieses besteht zu einem wesentlichen Teil aus einer Reihe von Ablenkmagneten, welche den Teilchenstrahl auf einer geschlossenen Bahn halten, auf der er viele tausend Mal umläuft. Bei jedem Umlauf durchläuft er wiederum Hohlraumresonatoren, die auch Bestandteil eines Synchrotrons sind. Im Gegensatz zum Linearbeschleuniger können diese Hohlraumresonatoren die Teilchen jedoch bei jedem Umlauf beschleunigen, sodass sie viel effektiver eingesetzt werden können. Der Preis für diesen Vorteil ist jedoch ein System von Magneten, deren Feld synchron mit der Energiezunahme der

Teilchen anwachsen muss. Deshalb nennt man diesen Beschleunigertyp auch Synchrotron. Der Dynamikbereich eines Synchrotrons, das Verhältnis zwischen Anfangs- und Endenergie, ist aus mehreren Gründen begrenzt und liegt zwischen 1:10 und 1:100, sodass auf einen kleinen Linearbeschleuniger als Vorbeschleuniger nicht verzichtet werden kann. Er muss die für den Einschuss in das Synchrotron benötigte Teilchenenergie bereitstellen.

Speicherringe als Strahlungsquellen

Sobald die Teilchen im Synchrotron ihre Endenergie erreicht haben, werden sie über Ejektionsmagnete in einen Transferkanal gelenkt, wo sie mit Hilfe von Magneten zum Speicherring transportiert werden. Die Injektion in den Speicherring erfolgt in gleicher Weise wie zuvor die in das Synchrotron. Wieder sorgen konstante und gepulste Injektionsmagnete (Kicker) dafür, die Teilchen auf die geschlossene Bahn des Speicherringes zu bringen. Der Speicherring ist entwicklungsgeschichtlich aus dem Synchrotron hervorgegangen [San 70, BJ 93]. Daher sind die meisten der wesentlichen Grundelemente gleich. Es werden im Speicherring ebenfalls Hohlraumresonatoren benötigt, obwohl dieser normalerweise mit einer festen Strahlenergie betrieben wird. Der Grund liegt im Energieverlust, den die Teilchen pro Umlauf durch Synchrotronstrahlung erleiden und der in den Hohlraumresonatoren wieder kompensiert werden muss.

Zentrale Komponenten eines Speicherrings sind die Ablenkmagnete oder Krümmungsmagnete sowie Quadrupolmagnete, die den Strahl fokussieren. Sie befinden sich zwischen den Ablenkmagneten (siehe Abb. 3.1). Für das Magnetfeld B, den Krümmungsradius R und der Energie E der relativistischen Teilchen besteht die Beziehung:

$$\frac{1}{R}\,[\mathrm{m}^{-1}] = \frac{0{,}2998\,B\,[\mathrm{T}]}{E\,[\mathrm{GeV}]}. \tag{3.3}$$

Nur bei der Energie E werden die Teilchen im Krümmungsmagneten um den korrekten Winkel abgelenkt. Während ein Synchrotron mit Ablenkmagneten betrieben wird, die eine integrierte Strahlfokussierung aufweisen, muss im Speicherring die Fokussierung im Wesentlichen von separaten Quadrupolen übernommmen werden. Nur dann kann ein durch Synchrotronstrahlung verursachtes exponentielles Anwachsen der radialen Strahlbreite verhindert werden. Im Synchrotron ist die Aufenthaltsdauer so kurz, dass dieser Effekt kein besonderes Problem darstellt. Darüber hinaus führt die Teilchenbeschleunigung über die sogenannte adiabatische Dämpfung zu einer Strahlverkleinerung in beiden transversalen Ebenen. In Abb. 3.2 ist ein Quadrupol im Schnitt dargestellt. An dem Verlauf der Magnetfeldlinien zwischen den Polen erkennt man, dass ein Quadrupol den Teilchenstrahl nur in einer Ebene fokussieren kann, in der anderen Ebene wird der Strahl dann zwangsläufig defokussiert. Dieses Problem in der Elektronenoptik erschwert die Möglichkeit, einen in beiden Ebenen fokussierten Strahl zu erhalten, im Vergleich zur einfacheren Situation in der Lichtoptik. Die Lösung besteht in einer Verwendung von abwechselnd fokussierenden und defokussierenden Quadrupolen. Bei geeigneter Aufstellung kann eine Gesamtfokussierung in beiden Ebenen erreicht werden, da ein System aus einem fokussierenden Element

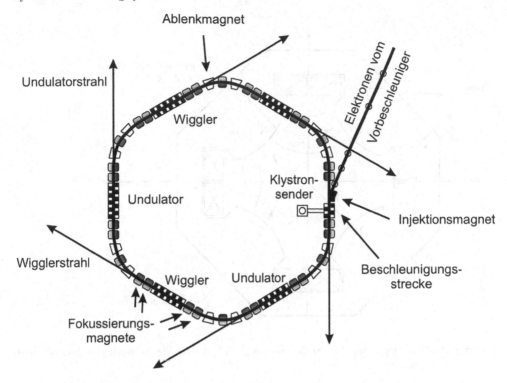

Abb. 3.1 Schematischer Aufbau eines Speicherrings für Synchrotronstrahlung in der Draufsicht (nach [Wil 96])

der Brennweite f und einem defokussierenden Element der Brennweite $-f$ eine positive Gesamtbrennweite

$$f_g = \frac{f^2}{d} \qquad (3.4)$$

besitzt, wobei d den Abstand der Elemente bezeichnet. Wie in der Lichtoptik ist die Brennweite der Quadrupole in der Elektronenoptik von der Energie der Strahlteilchen abhängig. Ein nur aus Quadrupolen aufgebauter Speicherring besitzt daher eine Chromatizität, d. h. die Teilchenbahnen hängen von ihrer Energie ab. Die Chromatizität muss kompensiert werden, um Instabilitäten des gespeicherten Strahls zu vermeiden, da diese zu Strahlverlusten führen können. In der Lichtoptik verwendet man zu ihrer Kompensation Linsen mit verschiedenen Brechungsindizes. Diese Möglichkeit bieten die Quadrupole nicht. Jedoch sind Sextupole (Abb. 3.3) geeignet, die Chromatizität zu kompensieren.

Ein wichtiger technischer Unterschied zum Synchrotron resultiert aus der langen Verweildauer des Strahls im Speicherring (viele Stunden). Dazu muss einerseits der Druck im Vakuumsystem ausreichend gut (kleiner als 10^{-8} mbar) sein und andererseits die Vakuumkammer transversal genügend Platz für das gaußförmigen Teilchenpaket bieten.

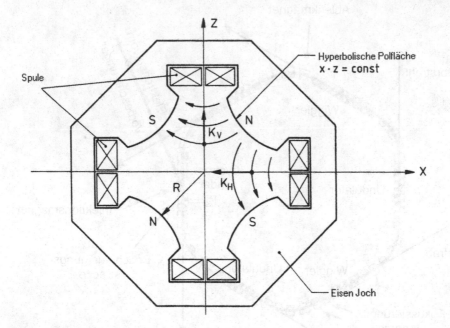

Abb. 3.2 Quadrupol im Querschnitt K_V und K_H sind die Kräfte in vertikaler und horizontaler Richtung

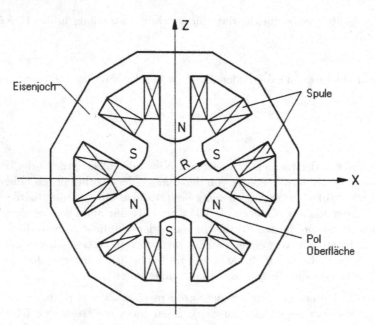

Abb. 3.3 Sextupol im Querschnitt

Abschließend seien neben Diagnostikelementen, z. B. zur Messung von Strahlströmen, Strahllagen, Strahlprofilen, Strahlschwingungen und Vakuumdrücken, die Korrekturmagnete aufgeführt. Sie dienen dazu, die Strahllagen in gewünschter Weise zu korrigieren.

3.1.3 Wichtige Eigenschaften von Synchrotronstrahlungsquellen

Energie des Elektronenstrahls, Strahlstrom und Strahllebensdauer

Für den Synchrotronstrahlungs-Nutzer sind zunächst Energie, Strom und Lebensdauer des Teilchenstrahls im Beschleuniger die grundlegenden und damit wichtigsten Parameter. Die Energie definiert zusammen mit den Eigenschaften der Synchrotronstrahlung erzeugenden Magneten das nutzbare Spektrum der Strahlung. Ein Teilchenstrahl von 1 GeV erzeugt beispielsweise in einem Magneten von 1 Tesla Photonen im Bereich von etwa 1 keV.

Der Strahlstrom ist direkt proportional zum Photonenfluss und bestimmt damit die Zeit, die für die Experimente benötigt wird, und oft sogar ihre Durchführbarkeit. Je nach Teilchenenergie und Umfang eines Speicherrings werden den Experimentatoren Anfangsstrahlströme zwischen 50 mA und 500 mA angeboten.

In Linearbeschleunigern hängt der Strahlstrom von der Eigenschaft der Quelle ab, da die Teilchenpakete nicht rezirkuliert werden und deshalb nur einmal zum Strahlstrom beitragen. Gibt als Beispiel die Quelle 100 000 Teilchenpakete mit je 1 nC Ladung pro Sekunde ab, beträgt der Strahlstrom etwa 50 μA.

Die dritte elementare Größe, die Strahllebensdauer, ist nur für den Speicherring definiert und gibt die Zeit an, in der sich der Strahlstrom auf $1/e$ verringert. Daraus ergibt sich zusammen mit der Injektionszeit die optimale Dauer für eine Synchrotronstrahlungs-Füllung. Meist beträgt sie zwischen 50 % und 100 % der Strahllebensdauer. Optimal bedeutet, dass der mittlere Strahlstrom maximal wird.

Viele Experimente sind zusätzlich auf unterbrechungsfreie Messungen angewiesen. Es hat sich gezeigt, dass diese zusätzlichen Wünsche meistens erfüllt werden können, wenn die Laufzeiten zwischen zwei Injektionen (Run-Dauern) mindestens acht Stunden betragen. Speicherringe für Synchrotronstrahlung erreichen je nach Energie, Strahlstrom, Teilchenpaket-Zahl und Eigenschaften des Vakuumsystems Lebensdauern zwischen zwei und 50 Stunden. Eine weitere Verbesserung ergibt sich, wenn der Strahlstrom quasi konstant gehalten werden kann, indem kontinuierlich Elektronen injiziert werden (*top-up mode*).

In diesem Zusammenhang spielt auch die Teilchensorte eine wichtige Rolle. Sowohl Elektronen wie Positronen erzeugen beim Zusammenstoß mit Restgas- und Staubpartikeln im Speicherring positiv geladene Teilchen. Die negativ geladenen Elektronen ziehen diese Teilchen an und können sie unter bestimmten Bedingungen im Bereich des Orbits festhalten. Die Folgen sind häufig auftretende starke Lebensdauereinbrüche, die dann meist bestehen bleiben.

Strahlemittanz, Strahlgröße und Strahldivergenz

Wichtige Eigenschaften des Lichtstrahls wie seine Quellgröße und die Divergenz werden durch die Strahlemittanz bestimmt. Sie ist das Produkt aus Strahlquerschnitt am Ort der Quelle mal der Strahldivergenz (vgl. Abschnitt 3.2). Man kann sowohl eine Emittanz für den Teilchenstrahl als auch für den Lichtstrahl definieren. Letztere hängt allerdings von der Wellenlänge der Strahlung ab. Die Emittanz des Teilchenstrahls, die häufig als Strahlemittanz bezeichnet wird, ergibt sich, indem an einer bestimmten Stelle im Speicherring oder Linearbeschleuniger die Positionen und Winkel der vorbeifliegenden Teilchen in ein Diagramm eingetragen werden, und zwar getrennt für die horizontale und die vertikale Ebene. Die in den beiden Phasendiagrammen enstandenen elliptischen Flächen stellen dann die Strahlemittanzen dar (Abb. 3.4). Das Produkt aus Strahlgröße und Strahldivergenz ist an jeder Stelle eines Speicherrings im Sinne des Liouville'schen Satzes konstant und ist gleich der Strahlemittanz und damit ein Maß für das Phasenraumvolumen. Die Größe des Teilchenstrahls ist proportional zu $\sqrt{\beta}$, mit β als Amplitudenfunktion, die von der gewählten Magnetstruktur abhängt. Die so entstandenen Ellipsen ändern zwar ihre Form und Lage bei der Bewegung entlang des Orbits, da die Amplitudenfunktion β (beta-Funktion) sich verändert, nicht aber ihre Fläche (Details finden sich z. B. bei H. Wiedemann [Wie 02] oder K. Wille [Wil 96]). Die Emittanz der emittierten Synchrotronstrahlung kann nie kleiner als die des erzeugenden Teilchenstrahls werden (im niederenergetischen UV und VUV wird die Divergenz meist durch die natürliche Abstrahlcharakteristik bestimmt, siehe Abschnitt 3.2). Eine kleine Emittanz bedeutet eine kleine Strahl- oder Quellgröße und/oder eine geringe Divergenz zumindest im Röntgenbereich. Dies ist für viele Anwendungen und bei der Entwicklung leistungsfähiger Spektralapparate wichtig.

Im Speicherring hängt die Emittanz des Teilchenstrahls von der Energie und der Speicherringoptik ab und ist an jeder Stelle des Umfangs gleich. Sie ist damit für jeden Speicherring

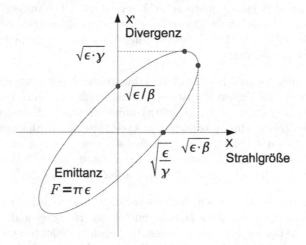

Abb. 3.4 Schematische Darstellung der Strahlemittanz ϵ und des Zusammenhangs mit der Strahlgröße und Strahldivergenz

eine charakteristische Größe und stellt sich als Gleichgewichtszustand zwischen der emittanzvergrößernden Synchrotronstrahlung und der emittanzvermindernden Nachbeschleunigung ein. Eine kleinere Emittanz am Ende der Vorbeschleuniger führt also nicht zu einer kleineren Speicherringemittanz. Die Speicherringoptik wird bestimmt durch die Anzahl, die Länge, die Stärke und die Anordnung der Ablenkmagnete und Quadrupole im Speicherring. Verschiedene Optiken können zu deutlich verschiedenen Emittanzen führen. In den letzten zehn Jahren sind speziell entwickelte Low-Emittance-Optiken zum Einsatz gekommen [CG 80]. Bei einer gegebenen Optik wächst die Emittanz quadratisch mit der Energie.

Ganz anders liegen die Verhältnisse bei den Linearbeschleunigern. Hier dominiert der Effekt der Strahlbeschleunigung, der eine adiabatische Abnahme der Emittanz nach der Beziehung

$$\epsilon \propto \frac{\epsilon_0}{E} \tag{3.5}$$

bewirkt. ϵ_0 bezeichnet man als normierte Emittanz. Sie ergibt sich aus den Eigenschaften der Elektronenquelle vor dem Linearbeschleuniger. Moderne Laser-induzierte Quellen erreichen normierte Emittanzen in der Größenordnung von $1\pi \cdot$ mm $\cdot$ mrad und ermöglichen damit den Bau von Freie-Elektronen-Lasern (FEL) unter Ausnutzung selbstverstärkter spontaner Emission (SASE: *self amplified spontaneous emission*), die als SASE-FEL bezeichnet werden.

Strahllagestabilität

Die Entwicklung der Synchrotron-Strahlungsquellen ist geprägt von dem Bemühen, immer kleinere Strahlemittanzen zu erreichen, um auch bei Probenabmessungen im Mikrometerbereich noch hinreichend viele Photonen in kurzer Zeit zu konzentrieren. Um diese kleineren Strahlungsquerschnitte nutzen zu können, ist eine ebenso verbesserte Strahllagestabilität erforderlich. Sie sollte bei etwa 10 % der transversalen Strahlabmessungen liegen.

Es gibt eine Vielzahl von Größen, die auf die Strahllage einwirken. Das können sowohl thermische als auch mechanische und auch elektrische Einflüsse sein. Die Vakuumkammern des Speicherrings werden durch Synchrotronstrahlung aufgeheizt, was zu Verbiegungen führen kann. Dies wiederum hat zur Folge, dass Strahllagemonitore verschoben werden und somit der gemessene Orbit verfälscht wird. Oder es können Magnete ausgelenkt werden, was wegen der Veränderung der Magnetfelder zu einer realen Orbitverschiebung führt. Mechanische Vibrationen, angeregt unter anderem vom nahen Straßenverkehr oder von rotierenden Maschinen wie Pumpen und Kompressoren, werden auf Speicherringkomponenten übertragen und bewirken ebenso Orbitverschiebungen. Elektrische Störsignale können in Korrekturnetzgeräten Stromänderungen hervorrufen und damit Strahllageänderungen herbeiführen. Derartige Störspannungen sind häufig der Netzversorgung aufgeprägt. Thermische sowie auch mechanische Ursachen für Strahllageveränderungen können weitgehend durch bauliche Maßnahmen bekämpft werden. Dazu gehören temperaturstabilisierte Tunnelführungen, angepasste Vakuumkammerkonstruktionen, bei der die Synchrotronstrahlung die Kammer nicht verbiegt, sowie steife Trägerkonstruktionen, die die Elemente des Speicherrings aufnehmen.

Bei extrem großer Strahllebensdauer, d. h. bei konstantem gespeicherten Strom, tritt ein Großteil der thermischen Probleme nicht auf. Die Verbiegung von Vakuumkammern, aber auch unerwünschte mechanische Veränderungen von optischen Elementen in den Strahlrohren sind von der Höhe des Strahlstroms abhängig. Auch die Gitterkonstanten von Monochromatoren ändern sich mit dem Strom, wodurch Energiekalibrationen problematisch werden. Mit der Top-up-Injektion können diese Effekte weitgehend vermieden werden, da bereits nachinjiziert wird, wenn der Strahlstrom beispielsweise um 1 % abgenommen hat. Voraussetzung für diesen Modus ist, dass die Strahlverschlüsse (*beamshutter*) in den Strahlrohren während der Injektion geöffnet bleiben. Im Allgemeinen werden die Strahlverschlüsse aus Strahlenschutzgründen für den Zeitraum der Injektion geschlossen, was zur unerwünschten Abkühlung der optischen Elemente in den Strahlrohren führt. Geöffnete Strahlverschlüsse sind nur zulässig, wenn geeignete Schutzmaßnahmen getroffen werden, damit keine hochenergetischen Teilchen in den Messaufbau der Strahlrohre gelangen. Man unterscheidet zwischen aktiven und passiven Maßnahmen. Zu den aktiven Methoden gehört die Überwachung des gespeicherten Stroms im Speicherring. Bei gespeichertem Strom können hochenergetische Teilchen aus der Injektion nicht in die Strahlrohre gelangen. Eine passive Maßnahme ist der Einbau von Permanentmagneten in den Zuführungen der Strahlrohre. Diese Magnete umfassen die Vakuumkammern und lenken geladene Teilchen aus der Injektion so stark ab, dass sie nicht zum Messaufbau gelangen [PET 04, E$^+$ 99].

Strahllageregelung

Die verbleibenden Orbitstörungen müssen mit aktiven Maßnahmen weiter reduziert werden. Zur Grundausstattung eines jeden Beschleunigers gehört daher ein Orbitmesssystem sowie eine ausreichend große Zahl von Korrekturmagneten sowohl für die vertikale als auch für die horizontale Ebene. Damit sind die Voraussetzungen für eine aktive Strahllageregelung gegeben. Das eigentliche Ziel ist, die genutzten Photonenstrahlen bezüglich ihres Quellpunktes in der Maschine nach Position und Winkel festzuhalten. Ist der Elektronenorbit stabil, sind es auch die Photonenstrahlen. Es sind eine Reihe von Methoden entwickelt worden, um aus Orbitabweichungen die erforderlichen Korrekturströme zu ermitteln. Es haben sich Verfahren für lokale wie auch globale Korrekturen etabliert. Bei den lokalen Verfahren wird mit vier Korrekturspulen ein Synchrotronstrahlungsquellpunkt nach Lage und Winkel exakt auf den Sollwert gezogen. Zwei Korrekturspulen befinden sich, bezogen auf die Laufrichtung der Teilchenpakete, vor dem Quellpunkt, die anderen dahinter. Bei ausreichendem Abstand zwischen benachbarten Quellpunkten und einer ausreichenden Zahl von Korrekturspulen kann jeder Quellpunkt mit einer lokalen Korrektur bedacht werden. Allerdings kommt es auf Grund von nicht vermeidbaren Einstellfehlern der Korrekturnetzgeräte und auch wegen der nicht exakten Kenntnis der Magnetoptik zu einer unerwünschten Verkopplung der verschiedenen lokalen Regelkreise, was die erreichbare Einstellpräzision beeinträchtigt. Das wird im Grundsatz bei den globalen Korrekturalgorithmen vermieden, bei denen nach dem Least-Square-Fit-Verfahren der aktuelle Orbit dem gewünschten angenähert wird. Numerisch robust ist das Singular-Value-Decomposition-Verfahren [P$^+$ 98].

Die Anforderungen an das Orbitmesssystem sind hoch, Genauigkeiten von 1 μm und darunter sind bei den heutigen Synchrotronstrahlungsquellen der dritten Generation üblich. Daher kommen zusätzlich Photonenmonitore zum Einsatz, die in den Strahlrohren eingebaut sind. Wegen der großen Abstände zum Quellpunkt kann sowohl die vertikale als auch die horizontale Position des Photonenstrahls sehr genau gemessen werden. Mit zwei Messstationen je Strahlrohr können Lage und Winkel des Orbits am zugehörigen Quellpunkt errechnet werden. Diese Daten dienen sowohl den lokalen als auch den globalen Korrekturalgorithmen als Eingabe.

Bei den Strahlrohren, deren Quellpunkt in einem Ablenkmagneten liegt, ist wegen der Fächercharakteristik der horizontalen Strahlverteilung nur die vertikale Komponente messbar. Bei Undulatoren verfälscht der immer vorhandene Dipolstrahlungsanteil des benachbarten Ablenkmagneten die Messung, sodass dort in der Regel auf eine solche Messung verzichtet wird. Bei Wigglerstrahlrohren können bis auf Ausnahmen beide Komponenten ermittelt werden. Mit lokalen wie auch mit den globalen Strahllageregelungen werden die Quellpunkte bis auf ca. $10\,\mu$m bzw. $1\,\mu$rad stabilisiert. Die Referenzen [B$^+$ 02b, S$^+$ 00, B$^+$ 02a] vermitteln einen weiteren Einblick.

Anzahl und Länge der Elektronenpakete sowie fehlerhafte Füllungen (Nebenbunche)

In einem Speicherring laufen viele kurze Teilchenpakete um, die durch die Einkopplung von Hochfrequenzleistung in die Hohlraumresonatoren immer wieder auf die Sollenergie nachbeschleunigt werden. Die maximale Anzahl der Teilchenpakete ergibt sich aus dem Verhältnis des Ringumfangs U und der Wellenlänge λ der in die Hohlraumresonatoren eingespeisten Hochfrequenzstrahlung:

$$H = \frac{U}{\lambda}. \tag{3.6}$$

Die Potentialmulden der Hochfrequenzstrahlung, sogenannte *buckets*, laufen mit der Geschwindigkeit der Teilchenpakete um die Maschine. Die Stabilität wird durch die Hochfrequenzwelle garantiert. Teilchen, die sich nicht im Minimum der Mulde befinden, führen sogenannte Synchrotronschwingungen aus. Diese werden durch Synchrotronstrahlung angeregt, die die Energie der abstrahlenden Teilchen reduziert. Die Feldstärke in den Hohlraumresonatoren und damit die Tiefe der Potentialmulde wird so gewählt, dass Teilchen auf Grund der Schwingungen die Mulde normalerweise nicht verlassen können und die sogenannte Quantenlebensdauer des Strahls groß genug bleibt. Die Länge der Teilchenpakete wird wesentlich von der Tiefe der Potentialmulde mitbestimmt und erreicht Werte zwischen 1 und 2 cm. Die Anzahl der umlaufenden Pakete kann den Bedürfnissen der Nutzer weitgehend angepasst werden. Für zeitaufgelöste Messungen wird beispielsweise nur ein Teilchenpaket gespeichert. Dann muss allerdings ein deutlich geringerer Gesamtstrom akzeptiert werden, da sogenannte *higher order modes*, die zu einem Aufheizen diverser Stellen der Vakuumkammer führen, mit dem Quadrat des Stroms im Teilchenpaket anwachsen. Zeitaufgelöste Messungen verlangen zudem, die Anzahl von geladenen Teilchen in anderen als den gewünschten Teilchenpaketen so gering wie möglich zu halten. Die relative Intensität dieser parasitär gefüllten Pakete (Nebenbunche) sollte kleiner als 10^{-7} sein. Im Allgemeinen werden die parasitären Füllungen im Bereich der Vorbeschleuniger generiert. Das zu verhindern ist in der Regel einfacher, als sie später wieder aus dem Speicherring zu entfernen.

Einfluss von Wigglern und Undulatoren auf den Teilchenstrahl

Synchrotronstrahlung wird von Ablenkmagneten sowie von speziellen Magnetstrukturen wie den Wigglern und Undulatoren emittiert. Die Eigenschaften von Wigglern und Undulatoren werden im Abschnitt 3.2 beschrieben. An dieser Stelle sollen einige maschinenphysikalische Aspekte angesprochen werden. Wiggler und Undulatoren bestehen aus einer Reihe von hintereinander angeordneten horizontal ablenkenden Dipolmagneten mit rechteckigem Querschnitt. Einen Überblick vermitteln die zusammenfassenden Beiträge von H. Winick et al. [W$^+$ 77, WBHH 81] und G. Brown et al. [BHHW 83]. Längs der Teilchensollbahn ändern sich die Magnetfelder periodisch, sodass die umlaufenden Teilchen ebenfalls periodisch nach beiden Seiten abgelenkt werden. Nach den bekannten Gesetzen der Magnetoptik verändern diese Dipole die vertikale Fokussierung und damit die vertikale Strahlgröße überall im Speicherring, also auch an den Positionen aller weiterer Synchrotronstrahlungsquellen. In der Regel wird daher versucht, diesen Einfluss durch eine geeignete Variation der Quadrupolstärken zu minimieren. Die horizontalen Strahldimensionen sind in erster Näherung nicht betroffen. Allerdings wird durch die gewünschte Abstrahlung von Photonen die Emittanz verändert und damit die horizontale Strahldimension. Befindet sich der Wiggler oder Undulator in einem dispersionsfreien Gebiet, d. h. Energieänderungen bewirken keine Orbitverschiebung, so wird die Emittanz verkleinert, also auch die Strahlgröße. Umgekehrt wird die Emittanz bei einer nennenswerten Dispersion vergrößert. Daher wird beim Entwurf der Magnetoptik auf Dispersionsfreiheit an den Einbaustellen der Wiggler bzw. Undulatoren geachtet.

3.1.4 Beispiele für moderne Synchrotronstrahlungsquellen

Speicherringe

Aus historischen Gründen wird zwischen VUV- und Röntgen-Maschinen unterschieden. Die Grenze verläuft etwa bei einer Maschinenenergie von 2 GeV. Die kritische Photonenenergie E_c des Emissionsspektrums eines Ablenkmagneten mit dem Magnetfeld B lässt sich folgendermaßen berechnen:

$$E_c\,[\text{eV}] = 665\,E^2\,[\text{GeV}]\,B\,[\text{T}].\tag{3.7}$$

Bei einer Energie von 2 GeV und einem Magnetfeld von 1,2 T ergibt sich eine kritische Photonenenergie von 3 keV. Untersuchungen im Röntgenbereich mit Photonenenergien größer 3 keV lassen sich daher an einer solchen Maschine nicht effizient durchführen, es sei denn, man verwendet Hochfeldwiggler mit deutlich stärkeren Magnetfeldern. Ein supraleitender Wiggler mit einem Magnetfeld von 6 T verschiebt die kritische Photonenenergie nach 10 keV. Andererseits können mit Undulatoren, eingebaut in Röntgen-Maschinen, exzellente VUV- und XUV-Quellen geschaffen werden. Zunächst wurde die Forschung mit Synchrotronstrahlung an Speicherringen durchgeführt, die für die Hochenergiephysik gebaut worden waren, z. B. SPEAR am Stanford Synchrotron Radiation Laboratory und DORIS beim Deutschen Elektronen-Synchrotron in Hamburg. Dieser parasitäre Betrieb war aus der Sicht der Nutzer alles andere als optimal, da zum einen nur zeitlich begrenzte Messmöglichkeiten bestanden, zum anderen die Strahlquerschnitte häufig zu groß waren und damit die Ortsauflösung beeinträchtigten. Daher entstand in der Mitte der 70er Jahre eine Reihe von Synchrotronstrahlungsquellen der zweiten Generation mit deutlich verringerten Strahlquerschnitten. Zu ihnen gehören unter anderen Super-ACO in Orsay (Frankreich), BESSY in Berlin, NSLS in Brookhaven (USA) und die Photon Factory in Tsukuba (Japan). Für die Experimente an diesen Quellen wird die Synchrotronstrahlung genutzt, die beim Teilchendurchgang durch die Ablenkmagnete entsteht. Wegen der Fächercharakteristik dieser Strahlung und wegen der horizontal angeordneten Blenden in den Strahlrohren gelangt nur ein kleiner Anteil des Photonenflusses zu den Experimenten. Um den Fluss durch die zu untersuchende Probe zu vergrößern, muss deshalb die Auffächerung der Synchrotronstrahlung verringert werden. Genau dies leisten Wiggler oder Undulatoren mit ihrer periodischen Anordnung von Dipolmagneten mit alternierender Polarität. Damit wird eine zusätzliche horizontale Strahlablenkung vermieden. In bestehende Maschinen ist der nachträgliche Einbau solcher Magnetstrukturen (*insertion devices*) in der Regel nicht möglich, da freie gerade Strecken von 2–5 m je Einheit bei der Planung der Speicherringe nicht vorgesehen worden waren. Dies änderte sich mit speziell entwickelten Speicherringen der zweiten und dritten Generation, die als reine Synchrotronstrahlungsquellen konzipiert wurden. Nicht nur Wiggler oder Undulatoren wurden als wesentliche Strahlungsquellen berücksichtigt, ebenso wurde der Strahlquerschnitt der gespeicherten Teilchenpakete weiter deutlich verringert. Im Energiebereich von 1,5 bis 2,5 GeV arbeiten Maschinen wie die ALS (Advanced Light Source) in Berkeley (USA), ELETTRA in Triest, DELTA in Dortmund, SLS in Villigen (Schweiz), BESSY II in Berlin und MAX II in Lund (Schweden). Zu den Maschinen bis zu 8 GeV gehören die ESRF in Grenoble, PETRA III in Hamburg, die APS (Advanced Photon Source) in Argonne (USA) und SPring-8 in Japan. Sie sind deutlich größer und damit auch kostspieliger. Dafür sind sie hervorragend geeignet, Synchrotronstrahlungsexperimente mit harter Röntgenstrahlung zu versorgen.

In der Tabelle 3.1 sind wichtige Daten diverser speicherringbasierter Synchrotronstrahlungsquellen aufgelistet. Die Reihenfolge richtet sich nach den Sollenergien der aufgeführten Maschinen. Da die Emittanz bei Speicherringen mit dem Quadrat der Energie skaliert, erlauben die Werte in der Spalte ϵ_x/E^2 einen relativen Vergleich der Speicherringe. Je kleiner diese derart normierte Emittanz ist, umso erfolgreicher konnte die Forderung nach einer kleinen Emittanz bei der jeweiligen Maschine umgesetzt werden.

Linearbeschleuniger für FEL-Strahlung

Wie schon erwähnt, spielen die Linearbeschleuniger als Vorbeschleuniger eine fast unverzichtbare Rolle. In den letzten Jahren ist zusätzlich die Bedeutung der Linearbeschleuniger zur Erzeugung von Synchrotronstrahlung stark gewachsen. Sie sind eine der Hauptkomponenten eines *free electron lasers* (FEL). Gegenwärtig konzentrieren sich die Anstrengungen auf den Bau von SASE-FELs und *seeded* FELs, bei denen eine externe Strahlungsquelle in einem Undulator verstärkt wird [Y$^+$ 03]. Der im Linac (*linear accelerator*) beschleunigte Elektronenstrahl läuft dabei durch einen Undulator (s. Abschnitt 3.2), bestehend aus einer Reihe von hintereinander angeordneten, horizontal ablenkenden Dipolmagneten, produziert zunächst spontane Synchrotronstrahlung, die dann jedoch auf den Elektronenstrahl zurückwirkt und ihn zur Erzeugung von zusätzlicher stimulierter Strahlung veranlasst. Dieser Prozess wächst lawinenartig an und führt zu Strahlungsleistungen, die mehrere Größen-

Maschine	Energie [GeV]	Emitt. ϵ_x [nm·rad]	ϵ_x/E^2 [nm/GeV^2]	Umfang [m]	Link Web-Adresse
SPring-8	8	5,6	0,088	1436	spring8.or.jp/e/
APS (Argonne)	7	8,2	0,16	1104	aps.anl.gov
PETRA III	6	1	0,028	2304	desy.de
ESRF	6	4	0,11	844	esrf.fr
DORIS III	4,5	450	22	289,2	desy.de
Diamond	3	2,5	0,28	489,2	diamond.ac.uk
SPEAR-3	3	18	2	234	ssrl.slac.stanford.edu/ spear3/
SOLEIL	2,75	3,74	0,49	354	synchrotron-soleil.fr
Photon Factory 2	2,5	36	5,8	187	kek.jp
ANKA	2,5	40–70	6,4 – 11	110,4	anka-online.de
SLS (SwissLS)	2,4	4,8	0,83	288	sls.web.psi.ch
ELETTRA	2	7	1,75	259,2	elettra.trieste.it
BESSY II	1,7	6	2,1	240	bessy.de
ALS (Berkeley)	1,5	4	1,8	196,8	als.lbl.gov/als

Tab. 3.1:   Vergleich einiger Synchroton-Strahlungsquellen. Informationen über weitere Quellen vor allem außerhalb Europas finden sich unter http://www.als.lbl.gov/als/synchrotron_sources.html

ordnungen oberhalb der von spontaner Synchrotronstrahlung liegen. Außerdem ist diese Laserstrahlung erheblich monochromatischer und kohärenter (siehe auch Abschnitt 7).

Voraussetzung zur Erzielung dieses Effektes sind Teilchenpakete mit sehr kleinen Abmessungen. Will man z. B. FEL-Photonen einer Energie von 200 eV erzeugen, benötigt man eine Elektronenenergie von etwa 1 GeV und eine Teilchenpaket-Breite und -Länge von etwa 50 μm. Dabei ist eine Eigenschaft des Linearbeschleunigers sehr hilfreich. Während sich im Speicherring die Strahlemittanz (siehe Abschnitt 3.2) und damit im einfachsten Fall auch die mittlere Strahlbreite als Gleichgewicht zwischen den Prozessen der Synchrotronabstrahlung und Nachbeschleunigung ergibt und mit höherer Speicherringenergie quadratisch bzw. linear zunimmt, wird sie im Linearbeschleuniger durch die Eigenschaften der Elektronenquelle definiert und nimmt während der Beschleunigung mit $1/E$ bzw. $1/\sqrt{E}$ ab. Der entscheidende Fortschritt auf dem Weg zu Linac-gestützten FELs liegt jedoch in der Entwicklung von Elektronenquellen mit von Lasern angestrahlten Photokathoden, die Elektronenpakete mit sehr kleinen Emittanzen erzeugen können.

Erstmals konnte im Jahr 2000 der SASE-Effekt bei einer Wellenlänge von 109 nm nachgewiesen werden [A$^+$ 00, A$^+$ 02a, A$^+$ 02b]. Ein Jahr später wurde die maximale Intensität erreicht und erste Experimente wurden von HASYLAB (Hamburg) durchgeführt. In einem nächsten Schritt wurde die Energie des Linearbeschleunigers auf 1 GeV erhöht und die Undulatorlänge auf 30 m verlängert, um eine FEL-Wellenlänge von 6 nm zu realisieren. Gegenwärtig (2010) wird die Energie weiter erhöht. Damit steht mit dem FLASH-FEL bei DESY (siehe auch Abschnitt 7.3) eine dedizierte Strahlungsquelle für die Nutzer zur Verfügung, die höchste Brillanz mit Pulslängen im Femtosekundenbereich verbindet [A$^+$ 06, A$^+$ 07]. Gegenwärtig befinden sich Röntgenquellen in Japan und in Hamburg im Bau. Der XFEL in Hamburg ist ein europäisches Projekt mit einer minimalen Wellenlänge von 0,1 nm. In Stanford (USA) ist in 2009 der LCLS der erste FEL für harte Röntgenstrahlung in Betrieb gegangen.

Literaturverzeichnis

[A$^+$ 00]   Andruszkow, J.; et al.: First Observation of Self-Amplified Spontaneous Emission in a Free-Electron-Laser at 109 nm Wavelength. Phys. Rev. Lett. **85** (2000) 3825

[A$^+$ 02a]   Ayvazyan, V.; et al.: Generation of GW Radiation Pulses from a VUV Free-Electron Laser Operating in the Femtosecond Regime. Phys. Rev. Lett. **88** (2002) 104802

[A$^+$ 02b]   Ayvazyan, V.; et al.: A New Powerful Source for Coherent VUV Radiation: Demonstration of Exponential Growth and Saturation at the TTF Free-Electron Laser. Eur. Phys. J. **D 20** (2002) 149

[A$^+$ 06]   Ayvazyan, V.; et al.: First Operation of a Free-Electron Laser Generating GW Power Radiation at 32 nm Wavelength. Eur. Phys. J. D **37** (2006) 297–303

[A$^+$ 07]   Ackermann, W.; et al.: Operation of a Free Electron Laser in the Wavelength Range from the Extreme Ultraviolet to the Water Window. Nature Photonics **1** (2007) 336–342

[B$^+$ 02a]   Böge, M.; et al.: Orbit Control at the SLS Storage Ring. Paris, France: EPAC 2002

[B$^+$ 02b]   Bulfone, D.; et al.: The Elettra Digital Multi-Bunch Feedback Systems. Paris, France: EPAC 2002

[BHHW 83]   Brown, G.; Halbach, K.; Harris, J.; Winick, H.: Wiggler and Undulator Magnets - a Review. Nucl. Instr. & Meth. **208** (1983) 65–77

[BJ 93]   Bryant, P. J.; Johnsen, K.: The Principles of Circular Accelerators and Storage Rings. Cambridge University Press 1993

[CG 80]   Chasman, R.; Green, K.: BNL Report. BNL 50505 (1980)

[E$^+$ 47]   Elder, F. R.; et al.: Radiation from Electrons in a Synchrotron. Phys. Rev. Lett. **71** (1947) 829

[E$^+$ 99]   Emery, L.; et al.: Top-Up Injection Experience at the Advanced Photon Source, APS (1999). http://pac2001.aps.anl.gov/News/Conferences/1999/ FLSworkshop/proceedings/papers/wg3-20.pdf

[Jac 75]   Jackson, J. D.: Classical Electrodynamics. New York: Wiley 1975

[P$^+$ 98]   Press, W. H.; et al.: Numerical Recipes. Cambride Press 1998

[PET 04]   PETRA III: A Low Emittance Synchotron Radiation Source, Bd. 175. Desy 2004

[S$^+$ 00]   Singh, O.; et al.: X-Ray BPM Based Feedback at the APS Storage Ring. AIP Conf. Proc. **546** (2000) 594

[San 70]   Sands, M.: The Physics of Electron Storage Rings. Technical report, Stanford
            Linear Accelerator Center, Calif. 1970

[TH 56]   Tombulian, D. H.; Hartmann, P. L.: Spectral and Angular Distribution of Ul-
            traviolet Radiation from the 300-Mev Cornell Synchrotron. Phys. Rev. **102**
            (1956) 1423

[W$^+$ 77] Winick, H.; et al.: Wiggler Magnets, Wiggler Workshop. SLAC, SSRP Report
            77/05 (1977)

[WBHH 81]   Winick, H.; Brown, G.; Halbach, K.; Harris, J.: Wiggler and Undulator Ma-
            gnets. Physics Today **34** (1981) 50–63

[Wie 02]   Wiedemann, H.: Particle Accelerator Physics. Springer Verlag 2002

[Wil 96]   Wille, K.: Physik der Teilchenbeschleuniger und Synchrotonstrahlungsquellen.
            Stuttgart: Teubner 1996

[Y$^+$ 03] Yu, L.; et al.: First Ultraviolet High-Gain Harmonic-Generation Free-Electron
            Laser. Phys. Rev. Lett. **91** (2003) 074801

[ZV 66]   Zinke, O.; Vlcek, A.: Lehrbuch der Hochfrequenztechnik, Bd. 1. Springer Verlag
            1966

3.2   Wiggler und Undulatoren
Markus Tischer

3.2.1   Einleitung

Die Synchrotronstrahlung (*synchrotron radiation*, SR) verdankt ihren Namen ihrer erst-
maligen Beobachtung in Elektronen-Synchrotrons. In den 70er Jahren begann man, Speicherringe für die dedizierte Nutzung der Synchrotronstrahlung zu bauen und zu optimieren
(sogenannte Synchrotronstrahlungsquellen der zweiten Generation). Die Synchrotronstrahlung aus den Dipolmagneten dieser Maschinen hat ein breitbandiges, charakteristisches
Spektrum, das abhängig von der Elektronenenergie vom IR- bis in den Röntgenbereich
reicht und um viele Größenordnungen intensiver ist als die Strahlung aus Röntgenröhren.
Obwohl bereits zu Beginn der 50er Jahre des vorigen Jahrhunderts der erste Undulator
als gewissermaßen monochromatische Lichtquelle von H. Motz vorgeschlagen und auch realisiert wurde [Mot 51, MTW 53], dauerte es bis in die 90er Jahre, bis diese Geräte die
Synchrotronstrahlungsquellen revolutionierten.

In den Speicherringen der dritten Generation werden Magnetstrukturen mit periodisch alternierenden Feldern in die geraden Stücke zwischen zwei Dipolmagneten eingesetzt (sogenannte *insertion devices*, ID). Der Elektronenstrahl vollführt daher eine oszillierende Bewegung, wie bei einer Aneinanderreihung vieler Dipolmagnete mit alternierender Orientierung.
Wegen der stärkeren Kollimation übertreffen diese die Ablenkmagnete in ihrer abgestrahlten Flussdichte um mehrere Größenordnungen. Man unterscheidet dabei zweierlei Typen,
die verschiedene Abstrahlcharakteristiken haben: Wiggler besitzen ein quasikontinuierliches
Spektrum wie Dipolmagnete, das in der Regel aber zu höheren Energien verschoben und
entsprechend der Zahl der Pole des Wigglers um ein Vielfaches intensiver ist. Bei den bereits erwähnten Undulatoren (lat. undula = kleine Welle) oszilliert der Elektronenstrahl mit

deutlich geringerer Amplitude als im Wiggler, sodass die an allen Polen emittierten Wellen-fronten bei ihrer Überlagerung Interferenzeffekte zeigen, d. h. es kommt für gewisse Wellen-längen am Ort des Beobachters zu Verstärkung, für andere zur Auslöschung (Abb. 3.5 (a)).

Ein typisches Undulatorspektrum besteht aus einer sehr intensiven schmalbandigen Linie und ihren höheren Harmonischen. Durch Variation des Magnetfeldes lässt sich das Lini-enspektrum eines Undulators innerhalb eines gewissen Spektralbereichs durchstimmen. De facto unterliegt die Strahlungserzeugung in Wigglern und Undulatoren aber demselben Me-chanismus. Man benutzt die beiden Bezeichnungen entsprechend ihrer verschiedenen spek-tralen und räumlichen Abstrahlcharakteristik, für deren Beschreibung ebenfalls unterschied-liche Größen kennzeichnend sind. Der Übergang zwischen beiden ID-Typen ist fließend.

Die spektrale Charakteristik verschiedener Synchrotronstrahlungsquellen wird gewöhnlich über deren Brillanz B verglichen, das ist der Gesamtfluss an Photonen (Zahl der Photonen pro Zeiteinheit) einer bestimmten Energie innerhalb eines Bandpasses von 0,1 %, normiert auf die Größe und Divergenz des Strahls, also $[B]$ = photons/sec/mm^2/mrad^2/0,1 %BW. Abb. 3.5 (b) zeigt, wie sich die Brillanz bzw. Leuchtdichte der Strahlungsquellen im VUV- und Röntgenbereich seit der Entdeckung der Synchrotronstrahlung eindrucksvoll über viele Dekaden gesteigert hat. Die Brillanz wird häufig zur Beschreibung der Leistungsfähigkeit

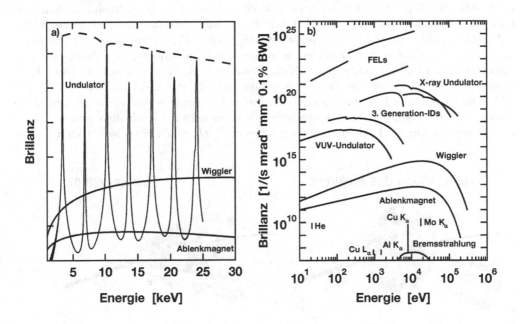

Abb. 3.5 a) Spektrale Charakteristik verschiedener erzeugender Magnetstrukturen: Ablenkmagneten, Wiggler und Undulatoren. b) Entwicklung der Brillanz von Röntgenstrahlungsquellen. Man beachte, dass sich die vertikale Skala über mehr als 15 Größenordnungen erstreckt; die Peak-Brillanz eines FEL, d. h. in einem einzelnen Puls, ist nochmals um etwa
8 Größenordnungen höher.

einer Synchrotronstrahlungsquelle benutzt, da sie ein Maß dafür ist, wie viel Licht in einem kleinen Leuchtfleck konzentriert werden kann.

3.2.2   Erzeugung von Synchrotronstrahlung

Die Intensität und die Abstrahlcharakteristik der Synchrotronstrahlung lässt sich mit Hilfe der Maxwell'schen Theorie berechnen. Analog zum Hertz'schen Dipol strahlen die Elektronen bzw. Positronen Energie in Form elektromagnetischer Wellen ab (siehe z. B. [Wil 96] für eine einführende Darstellung oder [Jac 75] zur Herleitung). Auch die Abstrahlung eines im Speicherring transversal beschleunigten Elektrons entspricht der eines Hertz'schen Dipols, ist jedoch wegen seiner relativistischen Geschwindigkeit $\beta = v/c$ stark Doppler-verschoben. Der Lorentz-Faktor $\gamma = E_e/m_0c^2 = 1/\sqrt{1 - \beta^2}$ gibt die Energie E_e des Teilchens in Einheiten seiner Ruheenergie an (typisch: $\gamma \sim 2000$–15000 für heutige Synchrotronstrahlungsquellen).

Abb. 3.6 (a) zeigt die Abstrahlcharakteristik im Schwerpunktsystem des Elektrons, die der eines Hertz'schen Dipols entspricht (proportional zu $\sin^2 \theta$). Die Lorentz-Transformation bewirkt, dass ein Photon, das im mitbewegten System genau senkrecht zur Bewegungsebene des Elektrons emittiert wird, im ruhenden Laborsystem unter dem Winkel $1/\gamma$ beobachtet wird (Abb. 3.6 (b)). Wegen dieser extremen Vorwärtsbündelung der Strahlung kann der tangential auf die Elektronenbahn blickende Beobachter nur einen äußerst kurzen Lichtpuls sehen, während das Elektron auf seiner mit Radius R gekrümmten Bahn die Beobachtungsrichtung mit seinem schmalen Strahlungskegel überstreicht. Aus diesen einfachen geometrischen Überlegungen ergibt sich die Dauer des Lichtblitzes eines *einzelnen* Elektrons zu $\Delta t = R/c\gamma^3$. Dies ist viel kürzer als die Zeit, die das Elektron benötigt, um den Ablenkmagneten oder Undulator zu durchlaufen. Seine spektrale Verteilung ist gemäß der Unschärferelation sehr breit und besitzt höhere Harmonische der Umlauffrequenz bis hinauf zur Größenordnung der kritischen Frequenz $\omega_c = 3c\gamma^3/2R$, d. h. bei typischen Werten einer

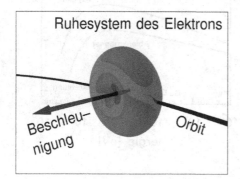
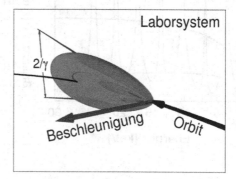

Abb. 3.6 a) Die Abstrahlcharakteristik des Elektrons in seinem Schwerpunktsystem entspricht der
         eines Hertz'schen Dipols. b) Im Laborsystem beobachtet man die Lorentz-transformierte
         Abstrahlcharakteristik als stark vorwärts gerichtete Synchrotronstrahlungskeule mit einem charakteristischen Öffnungswinkel $\pm 1/\gamma$. (Zeichnung: Thomas Schmidt)

Synchrotronstrahlungsquelle etwa 10^{19} Hz entsprechend 1 Å Wellenlänge. Tatsächlich kreisen die Elektronen im Speicherring in vielen Paketen mit einer Länge von einigen cm, die ca. 10^{10} Teilchen enthalten (vgl. Abschnitt 3.1). Die Dauer eines Photonenpulses ist daher also bestimmt durch die Länge der Elektronenbunche und ist demnach in der Größenordnung von etwa 10–100 ps. Der zeitliche Abstand der Pulse beträgt je nach Füllmodus und Größe des Speicherrings etwa 2–500 ns.

3.2.3 Dipolmagnet

In allen Speicherringen werden die Teilchen durch Dipolmagnete auf ihre Kreisbahn gezwungen, sodass diese Ablenkmagnete anfangs zu den einzigen und bis in die 90er Jahre zu den meistverbreiteten Synchrotronstrahlungsquellen gehörten. Dipolmagnete haben üblicherweise einen Ablenkwinkel von 5–20 Grad. Der für ein einzelnes Experiment nutzbare horizontale Strahlungsfächer ist begrenzt durch die Größe der eingesetzten fokussierenden Elemente in der Beamline (oder durch die Probengröße) und beträgt nur einige mrad, sodass stark ablenkende Dipole mehrere unabhängig zu betreibende Strahlrohre versorgen können.

Die spektrale und räumliche Verteilung der Synchrotronstrahlung wurde erstmals von J. Schwinger ermittelt [Sch 49]. Unter der spektralen Flussdichte $d\mathcal{F}/d\Omega\,(E,\Psi)$ der Dipolstrahlung versteht man die Anzahl von Photonen mit der Energie E und einer Bandbreite $\Delta\omega/\omega = 0{,}1\,\%$, die pro Sekunde unter einem vertikalen Winkel Ψ in einen Raumwinkel $d\Omega$ emittiert werden. Sie trägt die Einheiten phot./sec/mrad^2/0,1%BW und ist gegeben durch

$$\frac{d\mathcal{F}}{d\Omega}(E,\Psi) = \frac{3\alpha}{4\pi^2}\gamma^2 \frac{I_e}{e}\frac{\Delta\omega}{\omega}\left(\frac{E}{E_c}\right)^2 (1+\gamma^2\Psi^2) \times \left[K_{2/3}^2(\xi) + \frac{\gamma^2\Psi^2}{1+\gamma^2\Psi^2}K_{1/3}^2(\xi)\right]$$

$$\text{mit } \xi = \frac{E}{2E_c}(1+\gamma^2\Psi^2)^{\frac{3}{2}}.$$

$$(3.8)$$

Hierbei sind $\alpha = 1/137$ die Feinstrukturkonstante, I_e der gespeicherte Strahlstrom und $K(\xi)$ die modifizierten Besselfunktionen. E_c ist die kritische Energie des Photonenspektrums des Dipolmagneten (Krümmungsradius R, Magnetfeld B_0) und gegeben durch

$$E_c = \frac{3\gamma^3\hbar c}{2R} \qquad \text{mit } R = \frac{E_e}{ecB_0}$$

$$(3.9)$$

bzw. in zweckmäßigen Einheiten: $E_c\,[\text{keV}] = 0{,}665 \cdot E_e^2\,[\text{GeV}] \cdot B_0\,[\text{T}]$.

E_c zeichnet sich dadurch aus, dass genau die Hälfte der gesamten Leistung oberhalb bzw. unterhalb dieser Energie emittiert wird. Die vertikale Verteilung der Dipolstrahlung besitzt eine ausgeprägte Energieabhängigkeit, und zwar werden energiereiche Photonen hauptsächlich nahe der Strahlachse $\Psi = 0$ emittiert, niederenergetische Photonen über einen größeren Winkelbereich. In der Praxis sind insbesondere zwei Spezialfälle von Gleichung (3.8) von Bedeutung. Das ist zunächst die Flussdichte, emittiert in die Bahnebene $\Psi = 0$

$$\left.\frac{d\mathcal{F}}{d\Omega}(E)\right|_{\Psi=0} = 1{,}327 \cdot 10^{13} \cdot E_e^2\,[\text{GeV}] \cdot I_e\,[\text{A}] \cdot h(E/E_c),$$

$$(3.10)$$

wobei die Funktion h gegeben ist durch $h(E/E_c) = (E/E_c)^2 \cdot K_{2/3}^2(E/2E_c)$, vgl. Abb. 3.7 (wobei h(1)=1,45).

Kann man die gesamte in vertikaler Richtung emittierte Strahlung für das Experiment nutzen, dann ergibt sich der über alle vertikalen Winkel Ψ integrierte Fluss pro horizontalem Winkelelement $\Delta\theta$ in praktischen Einheiten phot./sec/mrad/0,1 %BW zu

$$\frac{d\mathcal{F}}{d\theta}(E) = 2{,}457 \cdot 10^{13} \cdot E_e\,[\text{GeV}] \cdot I_e\,[\text{A}] \cdot g(E/E_c) \tag{3.11}$$

mit $g(E/E_c) = \int_{E/E_c}^{\infty} K_{5/3}(\eta)\,d\eta$. Die Funktion g beschreibt die charakteristische Energieabhängigkeit der Dipolstrahlung (vgl. Abb. 3.7).

Ein weiteres wichtiges Wesensmerkmal der Synchrotronstrahlung ist neben der spektralen Charakteristik und der oben diskutierten Zeitstruktur ihre Polarisation. Der erste und zweite Term in Gleichung (3.8) entsprechen der horizontalen und vertikalen Polarisationskomponente der abgestrahlten Leistung. Dementsprechend ist die Strahlung eines Ablenkmagneten in der Bahnebene horizontal polarisiert, und zwar unabhängig von der beobachteten Photonenenergie. Außerhalb der Bahnebene ($\Psi \neq 0$) erhält man elliptische Polarisation, die sich in eine horizontale und vertikale Komponente zerlegen lässt. Im Gegensatz zur Abstrahlung in der Bahnebene variiert der elliptische Polarisationsgrad für einen konstanten Beobachtungswinkel Ψ_0 mit der Photonenenergie, d. h. er nimmt mit zunehmender Energie ab.

Für die Größe der vertikalen räumlichen Leistungsverteilung hatten wir eingangs schon einen Öffnungswinkel der Größenordnung $\sim \pm 1/\gamma$ qualitativ ermittelt. Andererseits ergibt sich aber aus Gleichung (3.8) auch, dass der vertikale Öffnungswinkel stark von der

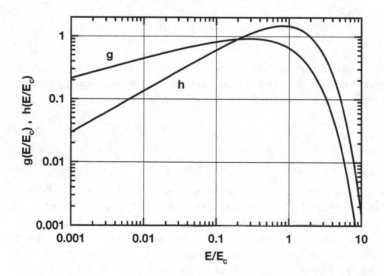

Abb. 3.7 Charakteristische Energieabhängigkeit der Strahlung eines Ablenkmagneten, Definition von g und h im Text

Energie der emittierten Photonen abhängt. Als grobe Näherung kann die vertikale Verteilung als Gaußverteilung mit der charakteristischen Breite $\sigma_{r'}$ (auch vertikale Divergenz genannt) beschrieben werden. Mit dem Ansatz einer gaußförmigen Verteilung $d\mathcal{F}/d\Omega(E) = d\mathcal{F}/d\Omega(E)|_{\Psi=0} \cdot \exp(-\Psi^2/(2\sigma_{r'}^2))$ erhält man aus Gleichung (3.8) und (3.10) den Zusammenhang

$$\sigma_{r'}(E/E_c) = \frac{\sqrt{\frac{2\pi}{3}}}{\gamma} \cdot \frac{g(E/E_c)}{h(E/E_c)} \quad \text{und für } E = E_c: \quad \sigma_{r'} = \frac{0{,}65}{\gamma}. \tag{3.12}$$

Die Annäherung durch eine Gaußverteilung ist allerdings nur für $E \gtrsim E_c$ zufriedenstellend erfüllt. Für eine genaue Beschreibung der vertikalen Strahlungsverteilung bei einer bestimmten Energie E sollte man daher die räumliche Flussdichte $d\mathcal{F}/d\Omega(E)$ nach Gleichung (3.8) explizit berechnen.

3.2.4 Wiggler

Wie bereits festgestellt, lässt sich das von einem Wiggler emittierte Spektrum durch Addition der Dipolspektren aller Wigglerpole beschreiben. In allen *insertion devices* durchläuft das Elektron ein sich periodisch änderndes Magnetfeld $B(z)$, das in der Regel sinusförmig und vertikal orientiert ist, mit einer Amplitude B_0 und der Undulatorperiode λ_U (vgl. Abb. 3.8):

$$B(z) = B_0 \sin\left(\frac{2\pi}{\lambda_U} z\right). \tag{3.13}$$

Ein Elektron, das dieses Feld durchläuft, vollführt durch die wirkende Lorentzkraft eine oszillierende Bewegung in der horizontalen Ebene und emittiert dabei Synchrotronstrahlung. Eine wichtige Kenngröße eines ID (*insertion device*) ist der *deflection parameter* K, K-Parameter, auch Undulator- oder Wigglerparameter genannt, der definiert ist als

$$K = \frac{e}{2\pi\, m_e\, c} \lambda_U B_0,$$

in praktischen Einheiten: $\quad K = 0{,}934 \cdot \lambda_U\,[\text{cm}] \cdot B_0\,[\text{T}].$
$$\tag{3.14}$$

Der K-Parameter ist ein Maß für die Stärke des Wigglers und beschreibt die maximale Ablenkung, die das Elektron im Wiggler erfährt; der maximale Ablenkwinkel ist $\delta \approx \pm K/\gamma$

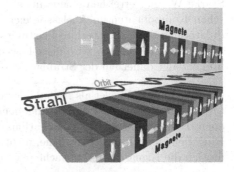

Abb. 3.8
Die Magnetstruktur eines Wigglers oder Undulators erzeugt ein periodisches, vertikal orientiertes Magnetfeld, in dem das Elektron eine horizontal oszillierende Ablenkung erfährt. (Zeichnung: Thomas Schmidt)

und wird als ungefähres Maß für den horizontalen Öffnungswinkel der von einem Wiggler emittierten Synchrotronstrahlung verwendet. Dieser vergleichsweise enge Konus ist einer der Vorteile von Wigglerstrahlung gegenüber der aus einem Dipolmagneten.

Die Periodenlänge eines Wigglers liegt gewöhnlich im Bereich 10–30 cm, das maximale Feld hat Werte von $B_0 \gtrsim 1,5$ T. Für Werte $K \geq 1$ wird der Öffnungswinkel der Emission durch die Bahnauslenkung der Elektronen und nicht mehr durch die natürliche Divergenz des Strahls bestimmt. Als Wiggler bezeichnet man im Allgemeinen ID mit einem K-Parameter $\gtrsim 10$. Für starke Wiggler mit großem λ_U ist der longitudinale Verlauf des Magnetfeldes (und somit die Trajektorie des Elektrons) eher kastenförmig und wird durch die Berücksichtigung höherer harmonischer Feldbeiträge beschrieben. Die kritische Energie eines Wigglers ist wie für den Ablenkmagneten durch Gleichung (3.9) gegeben, wobei anzumerken ist, dass E_c bei gleicher Elektronenenergie für einen Wiggler mehr als doppelt so hoch sein kann wie für einen Ablenkmagneten. Mit einem Wiggler kann man also sehr hochenergetische Synchrotronstrahlung erzeugen. Der von einem Wiggler mit N Perioden emittierte Fluss oder die Flussdichte ist um den Faktor $2N$ größer als die entsprechende Größe für einen Dipolmagneten gleicher kritischer Energie E_c (s. a. Gleichungen (3.8), (3.10), (3.11)), also:

$$[d\mathcal{F}/d\Omega(E, \Psi)]_{\text{Wiggler}} = 2N[d\mathcal{F}/d\Omega(E, \Psi)]_{\text{Dipol}}, \tag{3.8a}$$

$$[d\mathcal{F}/d\Omega(E)|_{\Psi=0}]_{\text{Wiggler}} = 2N[d\mathcal{F}/d\Omega(E)|_{\Psi=0}]_{\text{Dipol}}, \tag{3.10a}$$

$$[d\mathcal{F}/d\theta(E)]_{\text{Wiggler}} = 2N[d\mathcal{F}/d\theta(E)]_{\text{Dipol}}. \tag{3.11a}$$

Darin liegt der Hauptvorteil eines Wigglers gegenüber einem Dipolmagneten; typische Wiggler haben etwa $N = 5$–100 Perioden. Während die Dipolmagnete großteils an die Erfordernisse des Speicherrings angepasst sein müssen, können *insertion devices* für die spektralen Erfordernisse der jeweiligen Beamlines mit ihren Experimenten individuell konzipiert werden. Die Gesamtleistung, die von einem Wiggler oder Undulator der Länge $L = N\lambda_U$ abgestrahlt wird, beträgt

$$P_{\text{tot}} = 0,633 \cdot B_0^2\,[\text{T}] \cdot L\,[\text{m}] \cdot E_e^2\,[\text{GeV}] \cdot I_e\,[\text{A}]. \tag{3.15}$$

Starke Wiggler erreichen eine emittierte Gesamtleistung von über 30 kW, für die die optischen Komponenten im Auslassbereich und der Beamline ausgelegt sein müssen. Bei Undulatoren ist die abgestrahlte Leistung um ein Vielfaches kleiner. Wegen des im Vergleich viel kleineren K-Wertes wird diese Leistung aber viel stärker in Vorwärtsrichtung gebündelt und erzeugt daher auf der Strahlachse sehr hohe Leistungsdichten ($\sim 0,5$ W/μrad^2).

Wenn man den Wiggler als Aneinanderreihung entgegengesetzt orientierter Dipole betrachtet, ist sofort klar, dass die in Ringebene $\Psi = 0$ emittierte Strahlung linear polarisiert ist, ebenso nimmt der lineare Polarisationsgrad außerhalb der Ebene stark ab. Außerhalb der Ringebene jedoch ist der restliche, nicht linear polarisierte Teil der Strahlung unpolarisiert, da sich die Eigenschaften benachbarter Pole gerade aufheben.

3.2.5 Undulatoren

Elektronenbewegung und Interferenzeffekt

Aus den Bewegungsgleichungen des Elektrons in einem periodischen Magnetfeld $B(z)$ mit der Periodenlänge λ_U (vgl. Gleichung (3.13) und Abb. 3.8) ergibt sich der lokale Ablenkwinkel $x'(z)$ zu:

$$x'(z) = \frac{dx}{dz}(z) = \frac{K}{\gamma}\cos\left(\frac{2\pi z}{\lambda_U}\right). \tag{3.16}$$

Von Undulatoren spricht man, wenn die maximale Auslenkung des Elektrons in der Größenordnung der natürlichen Öffnungsbreite der Synchrotronstrahlung $1/\gamma$ bleibt (vgl. Abb. 3.6), also für einen K-Parameter $K \sim 1$. In diesem Fall überlappen partiell die Synchrotronstrahlungskegel, die entlang der Bahnkurve der Elektronen entstehen, sodass Interferenzeffekte auftreten. Dies ist in Abb. 3.9 illustriert. Der Interferenzeffekt kann verstanden werden als die Überlagerung von Wellenfronten, die an verschiedenen Quellpunkten entlang des Undulators von ein und demselben Elektron emittiert werden.

Während das Elektron eine Undulatorperiode in der Zeit $\lambda_U/c\bar{\beta}_z$ (mittlere longitudinale Driftgeschwindigkeit $c \cdot \bar{\beta}_z$) durchläuft, breitet sich die am Ort P emittierte Wellenfront um die Strecke $\lambda_U/\bar{\beta}_z$ aus. Für eine konstruktive Interferenz dieser vorauseilenden Welle mit der am Ort Q emittierten Wellenfront muss der Gangunterschied $d = \lambda_U/\bar{\beta}_z - \lambda_U\cos\theta$ zwischen beiden einem Vielfachen der Photonenwellenlänge λ entsprechen. Die Wellenlänge, für die diese Bedingung erfüllt ist, hängt daher einerseits ab von der mittleren Driftgeschwindigkeit $c \cdot \bar{\beta}_z$ des Elektrons, die ihrerseits abhängig ist von der Stärke des K-Parameters. Andererseits variiert λ mit dem Beobachtungswinkel θ der Synchrotronstrahlung. Diese Überlegungen gelten analog für einen vertikalen Beobachtungswinkel und führen unmittelbar zur wichtigen Undulator-Gleichung, die die Wellenlänge λ der Fundamentalen und höheren Harmonischen ($n = 1, 3, 5...$) der in einem Undulator erzeugten Synchrotronstrahlung beschreibt:

$$\lambda_n = \frac{\lambda_U}{2n\gamma^2}\left(1 + \frac{K^2}{2} + \gamma^2\theta_x^2 + \gamma^2\theta_y^2\right), \tag{3.17}$$

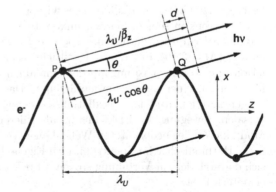

Abb. 3.9
Abstrahlung eines Elektrons in einem Undulator: Die Interferenz der Wellenfronten, die von allen Quellpunkten ausgehen, ist abhängig von den Undulatorparametern, der Elektronenenergie und dem Beobachtungswinkel.

und speziell für die Fundamentale entlang der Strahlachse ($\theta_x = \theta_y = 0$):

$$\lambda_1 \, [\text{Å}] = \frac{13{,}056 \cdot \lambda_U \, [\text{cm}]}{E^2 \, [\text{GeV}]} \left(1 + \frac{K^2}{2}\right) \quad \text{oder} \quad E_1 \, [\text{keV}] = \frac{0{,}950 \cdot E_e^2 \, [\text{GeV}]}{\lambda_U \, [\text{cm}] \, (1 + \frac{K^2}{2})}. \quad (3.18)$$

Umgerechnet in praktische Einheiten zeigt Gleichung (3.18), dass Magnetstrukturen mit einer Periodenlänge im Bereich einiger cm in den heutigen Speicherringen geeignet sind, Synchrotronstrahlung vom weichen bis in den harten Röntgenbereich zu erzeugen. Phänomenologisch lässt sich dieser Sachverhalt durch folgendes Bild anschaulich machen: Das Elektron, betrachtet in seinem Ruhesystem, erfährt das Magnetfeld des Undulators wegen der relativistischen Längenkontraktion mit einer Periodizität von λ_U/γ und emittiert Licht im μm-Bereich (für $\gamma \sim 10000$). Im Laborsystem des Beobachters wird dieses Licht wegen der relativistischen Dopplerverschiebung jedoch mit einer um $1/\gamma$ reduzierten Wellenlänge beobachtet. Dies erklärt die Herkunft des Faktors $1/\gamma^2$ in Gleichung (3.17). Gleichung (3.17) gilt in obiger Form nur für sinusförmige Magnetfelder; anderenfalls sind Korrekturen notwendig.

Zur Abschätzung der Linienbreite einer Undulatorharmonischen kann die folgende Betrachtung dienen: Die Bedingung für konstruktive Interferenz über die gesamte Länge $L = N\lambda_U$ eines Undulators mit N Perioden lautet $L/\beta_z - L\cos\theta = nN\lambda$ mit $n \in \mathbb{N}$. Verschieben sich die Terme $L/\beta_z - L\cos\theta$ leicht gegeneinander, so reduziert sich die abgestrahlte Intensität. Eine erste Bedingung für destruktive Interferenz erhält man für einen Gangunterschied von einer Wellenlänge λ': $L/\beta_z - L\cos\theta = nN\lambda' + \lambda'$. Aus der Differenz der beiden Gleichungen erhält man für festes θ mit $\Delta\lambda = \lambda - \lambda'$ für die relative Bandbreite einer Harmonischen den Zusammenhang

$$\frac{\Delta\lambda}{\lambda} = \frac{1}{nN}. \quad (3.19)$$

Das Elektron bewegt sich entlang seines Weges mit einer konstanten Ausbreitungsgeschwindigkeit $\beta_s = v(s)/c = \sqrt{1 - 1/\gamma^2}$ und besitzt in dem vertikalen Magnetfeld (Gleichung (3.13)) eine sinusförmige Trajektorie entlang der mittleren Ausbreitungsrichtung z. Die momentane Driftgeschwindigkeit $c \cdot \beta_z$ ist jedoch wegen $\beta_s^2 = \beta_x^2 + \beta_z^2$ und $\beta_x = K/\gamma \cdot \cos(2\pi z/\lambda_U)$ (vgl. Gleichung (3.16)) nicht konstant, sodass das Elektron als Funktion der Zeit im Laborsystem keine rein sinusförmige Bewegung vollführt. Je größer der maximale Ablenkwinkel des Elektrons, d. h. der K-Parameter ist, umso stärker wird die longitudinale Driftgeschwindigkeit moduliert. Dies wird anschaulich, wenn man die Oszillationsbewegung des Elektrons in seinem Schwerpunktsystem betrachtet, das sich mit der mittleren longitudinalen Driftgeschwindigkeit $c \cdot \bar\beta_z = c\,[1 - (1 + K^2/2)/2\gamma^2]$ gegenüber dem Beobachter bewegt (Abb. 3.10). Für $K \ll 1$ vollzieht das Elektron eine nahezu rein transversale Oszillation und strahlt quasi nur auf der Fundamentalen ab. Für größere K wird die Bewegung hingegen zu einer immer ausgeprägten 8. Das Elektron macht also zusätzlich auch eine ausgeprägte longitudinale Oszillationsbewegung, die eine natürliche Konsequenz der transversalen Bewegung des Elektrons im alternierenden Magnetfeld ist. Sie führt neben einer Modifikation der beobachteten Wellenlänge (vgl. Gleichung (3.17)) auch zur Erzeugung höherer Harmonischer im Spektrum, eine Eigenschaft, die oft ausdrücklich gewünscht ist, da sich dadurch der zur Verfügung stehende Spektralbereich einer Beamline deutlich nach oben erweitern lässt.

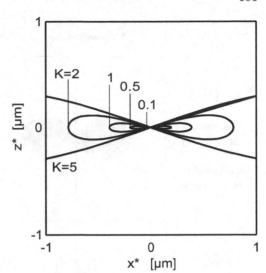

Abb. 3.10
Bewegung des Elektrons in seinem Schwerpunktsystem. Für größer werdenden K-
Parameter gleicht die Bewegung einer liegenden Acht.

Aus der getrennten Betrachtung dieser beiden senkrecht aufeinanderstehenden Bewegungs-
komponenten lässt sich die Erzeugung und Abstrahlcharakteristik der höheren Harmonischen verstehen (z. B. Referenz [Att 99]). Die transversale Schwingung entlang x^* führt zu
einer Abstrahlung in Richtung z^* mit der Energie $\hbar\omega_1^*$ (Abb. 3.11 (a)), die im Laborsystem
als stark vorwärts gebündelte Keule mit einem charakteristischen Öffnungswinkel $\theta \sim 1/\gamma$
beobachtet wird. Die longitudinale Oszillation (entlang z^*) bewirkt andererseits eine in x^*
gerichtete Abstrahlung, und zwar mit der doppelten Energie $\hbar\omega_2^* = 2\hbar\omega_1^*$, da das Elektron
für jede transversale Schwingungsperiode zwei longitudinale vollführt (Abb. 3.11 (b)). Diese Abstrahlung auf der 2. (und höheren geraden) Harmonischen geschieht also senkrecht
zur Ausbreitungsrichtung des Elektrons, sodass über die Lorentz-Transformation im Laborsystem eine Intensitätsverteilung zu beobachten ist, die Maxima außerhalb der Achse
bei $\theta \sim \pm 1/\gamma$ besitzt und auf der Achse null ist. Aus diesem Grunde spielen die geraden
Harmonischen bei der Nutzung der Synchrotronstrahlung fast keine Rolle. Je größer der K-
Parameter wird, umso stärker wird die gegenseitige Modulation dieser beiden orthogonalen
Schwingungen, woraus weitere Harmonische im Spektrum entstehen. Im Falle sehr großer
K entstehen sehr viele Harmonische, deren Fundamentale sich wegen Gleichung (3.17) zu
sehr kleinen Energien verschiebt, sodass alle Frequenzbeiträge überlappen und daraus ein
quasi-kontinuierliches, das sogenannte Wiggler-Spektrum entsteht.

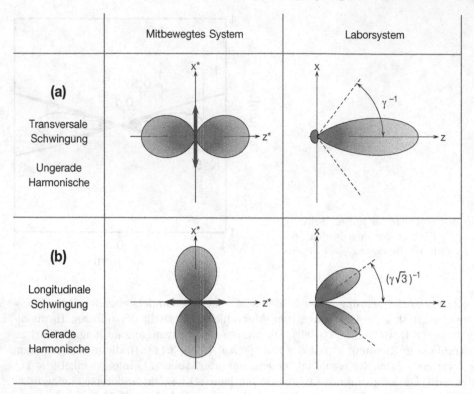

Abb. 3.11 Die Bewegung des Elektrons in seinem Schwerpunktsystem hat eine transversale (a)
und eine longitudinale (b) Komponente, deren skizzierte Abstrahlcharakteristiken senkrecht zueinander orientiert sind. Die in Ausbreitungsrichtung abgestrahlte Intensität (a)
enthält ungerade harmonische Frequenzanteile, das senkrecht dazu emittierte Spektrum
(b) wird im Laborsystem als Strahlung außerhalb der Achse beobachtet und enthält die
geraden Frequenzanteile. (Zeichnung: Thomas Schmidt)

Spektrale und räumliche Eigenschaften

Im Folgenden werden kurz die spektralen und räumlichen Eigenschaften der Undulatorstrahlung diskutiert. Eine detaillierte und instruktive Herleitung dieser Größen findet sich
beispielsweise bei [OE 03, Cla 04], hier soll nur auf die qualitativen Zusammenhänge eingegangen werden. Abb. 3.12 zeigt ein typisches Spektrum der Flussdichte $d\mathcal{F}/d\Omega$ für die
Emission entlang der Achse eines Undulators ($\theta_{x,y} = 0$) für den Röntgenbereich bei konstantem $K = 2{,}2$. Für die Beschreibung der spektralen Flussdichte und ihrer räumlichen

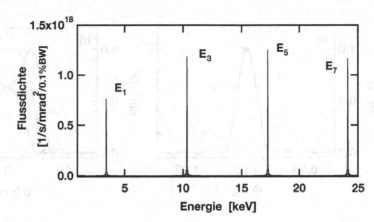

Abb. 3.12 Spektrale Verteilung der On-axis-Flussdichte $d\mathcal{F}/d\Omega(\theta_{x,y}=0)$ für einen Undulator mit $K = 2{,}2$ ($\lambda_U = 29$ mm, $N = 68$, $E_e = 6$ GeV). Die Ausdehnung des Elektronenstrahls ist nicht berücksichtigt.

Verteilung gilt qualitativ der Zusammenhang

$$\frac{d^2\mathcal{F}}{d\omega\,d\Omega}\bigg|_{\theta_{x,y}=0} \propto N^2 \sum_{n=1,3,5\ldots}^{\infty} H_n(\omega,\theta) \cdot F_n(K)$$

$$\text{mit } H_n(\omega,\theta) = \frac{\sin^2 x}{x^2} \text{ , wobei } x = N\pi \frac{\Delta\omega}{\omega_1(\theta)} = N\pi \left(\frac{\omega - n\omega_1(0)}{\omega_1(0)} - \frac{\omega}{\omega_1(0)} \gamma^2\theta^2 \right)$$

$$\text{und } F_n(K) = \frac{n^2 K^2}{(1+K^2/2)^2} \left[J_{\frac{n-1}{2}}\left(\frac{nK^2}{4+2K^2}\right) - J_{\frac{n+1}{2}}\left(\frac{nK^2}{4+2K^2}\right) \right]^2 .$$

$$(3.20)$$

$H_n(\omega,\theta)$ ist eine rasch oszillierende Funktion, die die spektrale und räumliche Verteilung der Harmonischen bestimmt, wobei $\Delta\omega = \omega - n\omega_1$ die Verschiebung der Frequenz ω zur Lage der Harmonischen $n\omega_1$ und N die Zahl der Undulatorperioden bezeichnet. $J_{n\pm1/2}$ sind Besselfunktionen der Ordnung $n\pm1/2$. $H_n(\omega,\theta)$, auch Linienform- oder Line-shape-Funktion genannt, beschreibt die Interferenz aufeinanderfolgender Undulatorperioden und kann für kleine θ und kleine $\Delta\omega$ separiert werden in einen winkel- und einen frequenzunabhängigen Term [BL 91]. Abb. 3.13 (a) und (b) illustrieren diese beiden Anteile. Für $N\Delta\omega/\omega_1 \sim 0{,}5$ fällt die Funktion in Abb. 3.13 (a) auf etwa die Hälfte, sodass man für die relative Bandbreite (FWHM) einer Harmonischen n näherungsweise die bereits bekannte Abhängigkeit erhält:

$$\frac{\Delta\lambda}{\lambda} = \frac{\Delta\omega}{\omega} = \frac{1}{nN}. \tag{3.19a}$$

Das bedeutet, dass die Undulatorlinien mit zunehmender Ordnung der Harmonischen und gleichermaßen mit der Zahl der Undulatorperioden schmalbandiger werden.

Die Funktion $F_n(K)$ in Gleichung (3.20) beschreibt die Spitzen-Intensität der Undulatorharmonischen. $F_n(K)$ ist in Abb. 3.14 für verschiedene n dargestellt. Man kann daraus

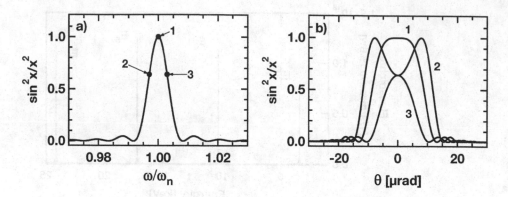

Abb. 3.13 a) Spektraler Verlauf $H(\omega, \theta = 0)$ einer Undulatorharmonischen entlang der Strahlachse. b) Transversale Intensitätsverteilung $H(\omega = \omega_1, \theta)$ innerhalb des zentralen Anteils (*central cone*) einer Harmonischen. Für $\omega > \omega_n$ wird der zentrale Konus schmaler, $\omega < \omega_n$ führt zu einer Aufspaltung, d. h. zur ringförmigen Abstrahlung der Intensität

ersehen, dass für Undulatoren mit größer werdendem K zunehmend mehr Intensität von der Fundamentalen in die höheren Harmonischen verschoben wird. Maximale Abstrahlung auf der ersten (bzw. dritten) Harmonischen erhält man für ein Gerät mit $K = 1,1$ (bzw. 1,8). Die Eigenschaft, dass höhere Harmonische im Spektrum erst bei größer werdendem K merkliche Intensität erhalten, deckt sich mit den obigen Überlegungen zum Ursprung der höheren Harmonischen. In praktischen Einheiten lautet die obige Gleichung für die Flussdichte [phot./sec/mrad^2/0,1 %BW] entlang der Strahlachse:

$$\left. \frac{d\mathcal{F}_n}{d\Omega} \right|_{\theta_{x,y}=0} = 1{,}744 \cdot 10^{14} \cdot N^2 \cdot E^2 \,[\text{GeV}] \cdot I_e\,[\text{A}] \cdot F_n(K)\,, \quad (n = 1, 3, 5, \ldots). \quad (3.21)$$

Gewöhnlich nutzt man die gesamte Intensität, die innerhalb eines Kegels mit charakteristischer Öffnungsbreite σ'_R emittiert wird (z. B. durch Fokussierung). Integriert über diesen zentralen Konus einer Harmonischen n erhält man für den Photonenfluss in Einheiten [phot./sec/0,1 %BW]:

$$\mathcal{F}_n = 1{,}431 \cdot 10^{14} \cdot N \cdot I_e\,[\text{A}] \cdot Q_n, \quad (3.22)$$

wobei $Q_n(K) = (1 + K^2/2) \cdot F_n(K)/n$ zwischen 0 und 1 variiert und eine Summe über Besselfunktionen darstellt, die der räumlichen Charakteristik des zentralen Konuses Rechnung trägt (vgl. Abb. 3.14 (b)).

Die verschiedenen Undulatorharmonischen besitzen eine charakteristische räumliche Verteilung, die durch die Funktion $H_n(\omega = n\omega_1, \theta)$ bestimmt ist. Die Fundamentale besteht im Wesentlichen aus nur einem zentralen Maximum, während die höheren ungeraden Harmonischen in der räumlichen Verteilung neben dem zentralen Konus noch weiter außen liegende ringförmige Anteile besitzen, insbesondere entlang der horizontalen Richtung θ, jedoch mit viel geringerer Intensität. Wie weiter oben bereits diskutiert, strahlen die geraden

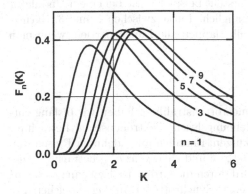
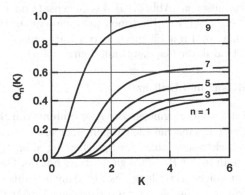

Abb. 3.14 Verlauf der Funktionen $F_n(K)$ und $Q_n(K)$ zur Beschreibung der Flussdichte für verschiedene Harmonische n

Harmonischen nur abseits der Achse, also ringförmig ab. Die zunehmende Verlagerung von Intensität in Bereiche $|\theta| > 0$ für die Harmonischen führt in der Summe schließlich zu einer horizontalen Leistungsdichteverteilung mit der charakteristischen Breite $\pm K/\gamma$.

Zur vereinfachten Beschreibung der räumlichen Divergenz der Strahlung nähert man die $\sin^2 x/x^2$-Funktion in Abb. 3.13 (b) oft durch eine Gaußkurve. Da dies jedoch eine recht grobe Näherung ist, sind auch andere Näherungen gebräuchlich, und die davon abgeleiteten Größen hängen vom jeweiligen Ansatz der Näherung ab. Die überwiegend verwendete Definition der natürlichen Öffnungsbreite σ_R und Divergenz σ'_R des zentralen Konus einer Undulatorharmonischen lautet:

$$\sigma_R = \frac{\sqrt{2\lambda L}}{4\pi}, \quad \sigma'_R = \sqrt{\frac{\lambda}{2L}}, \tag{3.23}$$

wobei λ die Photonenwellenlänge und L die Länge des Undulators ist. Diese Definition ist so gewählt, dass sich für die Emittanz des Photonenstrahls $\epsilon_R = \sigma_R \cdot \sigma'_R = \lambda/4\pi$ ergibt. Für Photonen mit $10\,\mathrm{keV}$ Energie hat σ_R (σ'_R) also eine Größe von etwa 1–$10\,\mu\mathrm{m}$ (1–$10\,\mu\mathrm{rad}$).

Aus Gleichung 3.17 sieht man weiterhin, dass man die Wellenlänge der emittierten Strahlung auf zweierlei Weise verschieben kann, entweder über Änderung der Elektronenenergie oder aber (wie in Synchrotronstrahlungs-Speicherringen fast ausschließlich praktiziert) über Variation des K-Parameters, indem man das sogenannte Undulator-Gap ändert, den Abstand zwischen oberer und unterer Hälfte der Magnetstruktur, mit dem man seinerseits das Peakfeld B_0 sehr empfindlich einstellt. Größeres Gap bedeutet kleineres B_0, also schwächere Ablenkung K (vgl. Gleichung (3.14)), und führt zu einer kürzeren Photonenwellenlänge. Die Spezifikation eines Undulators richtet sich nach den Anforderungen des dazugehörigen Experiments; manche Geräte verfügen nur über einen kleinen K-Parameter, also einen sehr eingeschränkten Energiebereich, in dem sie jedoch einzigartige Strahleigenschaften aufweisen. Viele Beamlines erfordern die Möglichkeit, die Photonenenergie in einem weiten Spektralbereich (z. B. 5–30 keV für Experimente im Röntgenbereich) lückenlos nutzen zu können; dafür muss der maximale K-Parameter ≥ 2 sein, dann überlappen alle höheren

Harmonischen (Abb. 3.15). Im Gegensatz dazu entsteht beispielsweise bei einem Undulator mit K_{max}=1,3 im Photonenspektrum eine unzugängliche Lücke zwischen 1. und 3. Harmonischer, und nur für die höheren Harmonischen überlappen alle Linien partiell, wenn man das Undulator-Gap kontinuierlich auffährt.

Emittanz und Brillanz

Bei allen Überlegungen zur Abstrahlung von Synchrotronstrahlung haben wir bislang entweder nur einzelne Elektronen oder einen ausdehnungslosen Elektronenstrahl betrachtet. Die Elektronen laufen im Speicherring aber in kurzen, räumlich ausgedehnten Pulsen um, die man in der Regel als gaußförmig mit der Größe $\sigma_{x,y}$ und Divergenz $\sigma'_{x,y}$ betrachtet. Diese räumliche Verteilung des Elektronenstrahls wird durch die Größe der Emittanz $\epsilon = \sigma \cdot \sigma'$ betrachtet, die ein charakteristisches Merkmal eines Synchrotronstrahlungs-Speicherrings ist (vgl. Abschnitt 3.1). Moderne Synchrotronstrahlungsquellen besitzen eine horizontale Emittanz ϵ_x von wenigen nmrad mit einer Strahlgröße σ und Divergenz σ', die abhängig von der gewählten Speicherring-Optik in etwa folgende Werte annehmen können: $\sigma_x = 30$ bis $300\,\mu$m, $\sigma'_x = 100$ bis $7\,\mu$rad sowie $\sigma_y = 5$ bis $10\,\mu$m, $\sigma'_y = 3$ bis $1{,}4\,\mu$rad. Die Größe der Emittanz hat erhebliche Konsequenzen für die tatsächlich beobachtete Intensitätsverteilung der Synchrotronstrahlung, und zwar nimmt allgemein die Intensität ab, da scharfe spektrale und räumliche Strukturen mit zunehmender Emittanz ausgewaschen werden. Nähert man, wie in Gleichung (3.23), auch die Verteilung der Photonen im zentralen Konus als gaußförmig (σ_R), dann ergibt sich für Gesamtgrößen von Strahlgröße Σ und Divergenz Σ':

$$\sum_{x,y} = \sqrt{\sigma_{x,y}^2 + \sigma_R^2}, \quad \sum'_{x,y} = \sqrt{\sigma'_{x,y}{}^2 + \sigma'_R{}^2}. \tag{3.24}$$

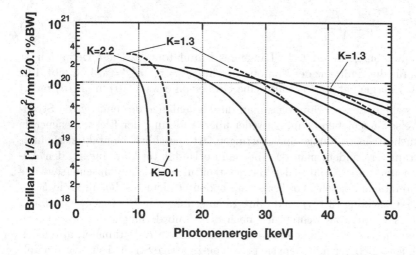

Abb. 3.15 Vergleich der Brillanz zweier Undulatoren mit unterschiedlichem maximalen K-Parameter. Im Falle von $K_{max} = 1{,}3$ ist das Spektrum erst oberhalb der 3. Harmonischen kontinuierlich durchstimmbar.

Im Bereich kleiner Photonenenergien, also großer Wellenlängen λ, sind die natürliche Öffnungsbreite und Divergenz eines Undulators σ_R und σ'_R groß im Vergleich zu den Elektronenstrahlparametern heutiger Synchrotronstrahlungsquellen, sodass die räumliche Verteilung der Photonen nur durch die intrinsischen Eigenschaften limitiert ist; dieser Fall wird in der Literatur häufig als beugungsbegrenzte Strahlung bezeichnet. Für höhere Photonenenergien wird die Strahlung mehr und mehr emittanzlimitiert. Bedingt durch die geschlossene Umlaufbahn der Elektronen in der Maschine ist in allen Synchrotronstrahlungs-Speicherringen die horizontale Emittanz ϵ_x um etwa zwei Größenordnungen größer als die vertikale, sodass man zumindest in vertikaler Richtung beugungsbegrenzte Strahlungseigenschaften über einen großen Energiebereich erhalten kann.

Viele Experimente benötigen einen hohen Photonenfluss mit kleiner Divergenz aus einer möglichst punktförmigen Quelle. Eine häufig benutzte Größe zur Beschreibung der spektralen Charakteristik eines Undulators ist daher die sogenannte Brillanz B. Das ist der integrierte Fluss aus Gleichung (3.22), normiert auf das vierdimensionale Phasenraumvolumen, aufgespannt durch Größe und Divergenz des Strahls in vertikaler und horizontaler Richtung. Die Brillanz wird in den Einheiten [B]=photons/sec/mm^2/mrad^2/0,1 %BW angegeben, also:

$$ B = \frac{\mathcal{F}_n}{4\pi^2 \Sigma_x \Sigma_y \Sigma'_x \Sigma'_y}. \tag{3.25} $$

Die Brillanz skaliert wie der Fluss $\mathcal{F}_n$ linear mit der Anzahl N der Undulatorperioden, und zwar sowohl für den Fall einer komplett emittanzlimitierten als auch für eine vollständig beugungsbegrenzte Quelle. Die meisten Undulatoren befinden sich allerdings in einem Zwischenbereich, in dem für niedrige Photonenenergien zumindest die vertikale Divergenz beugungsbegrenzt ist. Dann skaliert die Brillanz wegen $\sigma'_R \sim 1/\sqrt{N}$ überproportional mit N, also etwa $\sim N^{3/2}$.

Neben der räumlichen Verteilung der Synchrotronstrahlung wird auch ihre spektrale Form durch eine zunehmende Emittanz ungünstig verändert. Dabei sind zwei verschiedene Effekte zu unterscheiden: Elektronen, die den Undulator unter einem kleinen Winkel innerhalb ihrer Divergenz σ'_x durchlaufen, sind einer leicht vergrößerten Periodenlänge ausgesetzt und erzeugen daher Photonen mit einer etwas größeren Wellenlänge. Dies führt zu einer Rotverschiebung der Undulatorlinie mit einer langen niederenergetischen Verbreiterung (Abb. 3.16 (a)). Außerdem strahlt ein Teil der Off-axis-Elektronen seine geraden Harmonischen genau auf der Achse ab, sodass im Undulatorspektrum nun auch für eine Beobachtungsrichtung entlang der Achse geringe Beiträge der geraden höheren Harmonischen enthalten sind. In einem Synchrotronstrahlungsexperiment wird die spektrale Verteilung ebenfalls durch die geometrische Größe der Apertur bestimmt, durch die die Synchrotronstrahlung beobachtet wird. Dies wird durch Abb. 3.16 (b) verdeutlicht. Während man durch eine kleine Blende (*pin hole*) nur die On-axis-Anteile der spektralen Verteilung wie in Abb. 3.12 erhält, enthält das Spektrum, das man über einen großen Raumwinkel detektiert, einen stärkeren Beitrag der *off-axis* emittierten geraden Harmonischen und einen höheren Kontinuum-Anteil zwischen den Undulatorlinien.

Die zweite Ursache für die spektrale Verbreiterung der Linie beruht auf der Energieunschärfe der Elektronen in einem Puls, dem sogenannten *energy spread*, der bei Speicherringen als

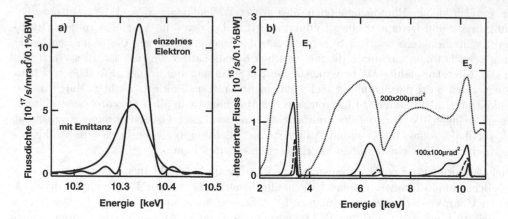

Abb. 3.16 a) Vergleich der spektralen Breite einer Undulatorharmonischen im Falle eines ausdehnungslosen Elektronenstrahls und unter Berücksichtigung seiner Emittanz. b) Verlauf des Undulatorspektrums (bei festem Abstand der Magnetstrukturen (Gap)!), inte-
griert über verschiedene Raumwinkel: $25 \times 25\,\mu\mathrm{rad}^2$, $50 \times 50\,\mu\mathrm{rad}^2$, $100 \times 100\,\mu\mathrm{rad}^2$ und
$200 \times 200\,\mu\mathrm{rad}^2$

relative Größe $\Delta\gamma/\gamma$ angegeben wird und gewöhnlich einen Wert von etwa 0,1 % hat. Dies
führt zu einer symmetrischen Verbreiterung der Undulatorlinie und macht sich insbesondere
für die höheren Harmonischen langer Undulatoren nachteilig bemerkbar, deren natürliche
Halbwertsbreite mit $1/nN$ skaliert (Gleichung 3.19)).

Kohärenz der Strahlung

Jede inkohärente Quelle, wie ein Undulator, enthält einen gewissen Anteil kohärenter Photonen. Der transversal kohärente Fluss bzw. der relative Anteil kohärenter Photonen ist
gegeben durch:

$$\mathcal{F}_{coh} = B\left(\frac{\lambda}{2}\right)^2 = \frac{\mathcal{F}_n\lambda^2}{16\pi^2\Sigma_x\Sigma_y\Sigma'_x\Sigma'_y}, \qquad \frac{\mathcal{F}_{coh}}{\mathcal{F}_n} = \frac{\lambda^2/16\pi^2}{\Sigma_x\Sigma_y\Sigma'_x\Sigma'_y}. \tag{3.26}$$

Der Anteil des kohärenten Flusses aus den Undulatoren heutiger Speicherringe der dritten
Generation kann immerhin eine Größe von etwa 0,3 % bei einer Energie von $\sim 10\,\mathrm{keV}$ oder
5 % bei $\sim 0{,}5\,\mathrm{keV}$ haben. Die transversale Kohärenzlänge $\xi_{x,y}$ von Photonen der Wellenlänge
λ aus einer inkohärenten Quelle mit der transversalen Größe $\Sigma_{x,y}$ beträgt im Abstand L
von der Quelle:

$$\xi_{x,y} = \frac{\lambda L}{2\sqrt{2\ln 2}\Sigma_{x,y}}. \tag{3.27}$$

Die longitudinale Kohärenzlänge ξ_l ist bestimmt durch die Monochromatizität des Strahls:

$$\xi_l = \frac{\lambda^2}{\Delta\lambda} = nN\lambda. \tag{3.28}$$

Die Eigenschaften der Synchrotronstrahlung wurden in der Literatur vielfach ausführlich dargestellt; vertiefte Betrachtungen insbesondere der Strahlungseigenschaften von Wigglern und Undulatoren finden sich beispielsweise bei den Referenzen [ABB 74, Wal 93, Kim 95, KPW 83, OE 03, Cla 04].

3.2.6 Neuere Konzepte für Undulatoren

In diesem Abschnitt soll nur eine knappe Übersicht über die Vielfalt an technologischen Ausführungen von Wigglern und Undulatoren gegeben werden, die in den letzten 15 Jahren zur Erzeugung von Synchrotronstrahlung mit verschiedensten Eigenschaften entwickelt wurden. Detaillierte Beschreibungen finden sich in der Literatur [OE 03, Cla 04].

Ausgangspunkt aller Designüberlegungen ist, das minimale magnetische Gap des IDs möglichst klein zu machen und den K-Parameter über die Periodenlänge λ_U an den erforderlichen Spektralbereich anzupassen. Auf diese Weise lässt sich bei vorgegebener Baulänge die Anzahl der Undulatorperioden N und so die erzeugte Flussdichte maximieren. Der übliche Arbeitsbereich des Gaps liegt je nach Bauart des Undulators und Beschaffenheit des Speicherrings im Bereich von etwa 5–50 mm. Die anziehenden Magnetkräfte zwischen den beiden Trägern eines Undulators entsprechen bei kleinstem Gap durchaus einer Gewichtskraft von mehr als 10 Tonnen. Dies erfordert eine aufwendige Undulatormechanik, um das Gap mit einer Genauigkeit von wenigen μm einstellen zu können.

Auf Grund ihrer hohen erforderlichen Feldstärke werden insbesondere die kurzperiodischen Undulatoren ($\lambda_U \sim 3$ cm) aus NdFeB- oder SmCo-Permanentmagneten aufgebaut (vgl. Abb. 3.8). Dabei sind reine Permanentmagnetstrukturen gleichermaßen etabliert wie so genannte *hybrid devices*, bei denen die senkrecht magnetisierten Magnete durch Eisenpole mit sehr hoher Permeabilität ersetzt sind. Hybrid-Undulatoren liefern etwas höhere magnetische Peakfelder, erfordern aber mehr Aufwand beim magnetischen Design und beim Abgleich magnetischer Fehler. Das Magnetdesign inklusive der magnetischen Terminierung der Undulatorenden und insbesondere die magnetische Vermessung nach dem Zusammenbau der Struktur müssen zweierlei Dinge gewährleisten: Einerseits darf der Undulator nicht den geschlossenen Orbit in der Maschine stören, andererseits muss die Trajektorie innerhalb des Undulators für alle Gaps entlang derselben Achse verlaufen, damit der Synchrotronstrahlungskegel bei einer Variation des Undulatorgaps nicht über die Probe wandert. Weiterhin muss der Phasenvorschub von Pol zu Pol entlang der Magnetstruktur konstant bleiben, ansonsten wird die Interferenzbedingung (Gleichung (3.17)) empfindlich gestört, was (neben der Emittanz des Elektronenstrahls) zu einer zusätzlichen Abschwächung und Verbreiterung der Undulatorlinien führt, insbesondere der höheren Harmonischen. Dies wird durch den Phasenfehler eines Undulators beschrieben, den man durch präzise Einstellung der Magnetstruktur auf wenige Grad drücken kann. Selbst dann können in praxi die Harmonischen jedoch nur bis etwa zur elften genutzt werden, da das Spektrum bei höheren Energien zunehmend zu einem Quasi-Kontinuum zerläuft.

Neben den konventionellen, planaren Undulatoren, deren Magnetstruktur die flache Vakuumkammer des Speicherringes von oben und unten umschließt, haben inzwischen zunehmend sogenannte In-vacuum-Undulatoren Verbreitung gefunden, bei denen sich die Magnetstruktur innerhalb eines langgestreckten Vakuumtanks befindet. Sie bieten den Vorteil, dass man das magnetische Gap um zweimal die Wandstärke der Vakuumkammer verringern kann. Dieser Feldvorteil kann in eine kürzere Periodenlänge umgemünzt werden und macht sich insbesondere bei der Erzeugung hochenergetischer Synchrotronstrahlung deutlich bemerkbar. In-vacuum-ID sind jedoch technologisch aufwendiger, denn neben der erforderlichen Vakuumkompatibilität aller Komponenten muss die Gap-Verstellung im Vakuum geschehen. Als Variante dieser Undulatoren könnten sich künftig kryogenische In-vacuum-ID [HTK$^+$ 04] etablieren, bei denen die Magnetstruktur im Betrieb auf eine Temperatur von $\sim 150\,$K abgekühlt wird. Das Konzept dieser Geräte basiert darauf, dass Seltenerdmagnete in diesem Temperaturbereich ein Maximum in der remanenten Magnetisierung zeigen, die gegenüber der Raumtemperatur um ca. $10\,\%$ erhöht ist. Eine Kühlung erlaubt daher eine optimale Ausnutzung des Magnetmaterials und führt zu einer weiteren Reduzierung der Periodenlänge. Zudem ist das Koerzitivfeld der Permanentmagneten bei diesen Temperaturen um einen Faktor ~ 2 erhöht, was deren Strahlenfestigkeit in der Speicherringumgebung deutlich verbessert. Ein erster kryogenischer Permanentmagnet-Undulator wird bereits erfolgreich getestet [CHK$^+$ 08].

Eine weitere wichtige Kategorie von ID sind Undulatoren und Wiggler, die Synchrotronstrahlung mit elliptischer Polarisation erzeugen. Da auch die Nutzung elliptisch oder zirkular polarisierter Photonen seit jeher eine große Rolle spielt, gibt es hierfür eine Vielzahl verschiedener Konzepte. Am meisten verbreitet ist mittlerweile der sogenannte APPLE-Undulator [Sas 94, SKT$^+$ 93]; dies ist eine planare Magnetstruktur, bei der die beiden Magnetträger der Länge nach geteilt sind und gegeneinander verschoben werden können (Abb. 3.17). Dabei wird sehr effizient ein horizontales Feld auf der Strahlachse erzeugt, dessen Größe und Phasenvorschub gegenüber dem vertikalen Feld variabel eingestellt werden kann. In der Undulatorgleichung (Gleichung (3.17)) geht der Term $K^2/2$ dann über in $(K_{vert}^2 + K_{hor}^2)/2$. Neben elliptisch und zirkular polarisierter Strahlung kann man mit diesem Undulator ebenfalls linear polarisiertes Licht erzeugen, dessen Schwingungsebene sich kontinuierlich in die vertikale Richtung drehen lässt. Für den zirkularen Polarisationsmodus ergibt sich eine Besonderheit in der räumlichen Intensitätsverteilung: In diesem Falle ist $B_{0,hor} = B_{0,vert}$, und beide Felder sind um $\pi/2$ gegeneinander phasenverschoben, d. h. die Elektronen durchlaufen den Undulator auf einer gleichförmigen Spiralbahn, weshalb dieses ID auch helischer Undulator genannt wird. Damit verbunden ist eine konstante longitudinale Driftgeschwindigkeit der Elektronen, sodass entlang der Achse nur Strahlung der 1. Harmonischen emittiert wird. Die Intensität aller höheren Harmonischen liegt off-axis. Dieser Umstand führt zu einer Senke der Leistungsdichteverteilung entlang der Achse, die sich sehr vorteilhaft auf die Eigenschaften der optischen Beamline-Komponenten auswirkt.

Insbesondere für die Erzeugung elliptisch polarisierter Strahlung sind neben ID in Permanentmagnet-Technologie auch vielfach elektromagnetische Geräte im Einsatz. Elektromagnete besitzen an sich einen kleineren Energieinhalt als Permanentmagnete und finden daher in der Regel nur Anwendung bei ID mit größerer Periodenlänge ($\gtrsim 10\,$cm), da sich nur dann eine Magnetstruktur mit ausreichend großen K-Parametern realisieren lässt. Für elliptische ID eröffnet sich damit allerdings die Möglichkeit, durch den Polaritätswechsel einer Feldkomponente die Helizität der elliptischen oder zirkularen Polarisation sehr schnell (einige ms) umzukehren, was für einige Experimente von entscheidender Relevanz ist.

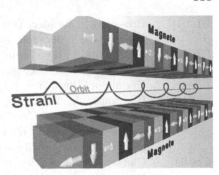

Abb. 3.17
Magnetstruktur eines APPLE2-Undulators (APPLE2: *advanced planar polarized light emitter*): Durch die paarweise Verschiebung der längs geteilten Magnetreihen kann auch in einer planaren Magnetanordnung eine horizontale Feldkomponente erzeugt werden, sodass die emittierte Strahlung elliptisch polarisiert ist. (Zeichnung: Thomas Schmidt)

Schließlich sind noch supraleitende Magnetstrukturen zu erwähnen. Sie basieren auf NbTi-Technologie, Strukturen aus Nb_3Sn, die noch höhere Magnetfelder ermöglichen, befinden sich in der Entwicklungsphase. An verschiedenen Speicherringen befinden sich bereits supraleitende Multipol-Wiggler erfolgreich im Einsatz. Mit einem maximalen Feld von 3–7 T kann man damit auch an Maschinen mit kleinerer Elektronenenergie die kritische Energie E_c (vgl. Gleichung (3.9)) in den Bereich einiger 10 keV bringen und auf diese Weise hochenergetische Röntgenstrahlung erzeugen. Eine alternative Möglichkeit hierzu bieten sogenannte *wavelength shifter*, bei denen es sich um einen einpoligen Wiggler mit schwachen, dafür ausgedehnten Randpolen handelt. *Wavelength shifter* haben zwar einen geringeren Fluss als supraleitende Multipol-Wiggler, besitzen dafür aber einen wohl definierten Quellpunkt der Strahlung. Beide Arten dieser supraleitenden Geräte haben einen großen K-Parameter und erzeugen daher eine sehr hohe Wärmeleistung. Zudem kann nur ein geringer Teil des Gesamtflusses von der nachfolgenden Optik fokussiert werden. *Super bends* sind kurze, supraleitende Dipolmagnete mit hohem Feld, die gebaut werden, um in Speicherringen mit kleinerer Teilchen-Energie einige der konventionellen Dipolmagnete zu ersetzen; die zugrunde liegende Idee ist die gleiche wie beim *wavelength shifter*. Entsprechend den Erfordernissen werden die genannten Magnetstrukturen natürlich auch in Permanentmagnet- bzw. Elektromagnet-Technologie gebaut.

Supraleitende Undulatoren mit Periodenlängen von ~ 2 cm befinden sich seit längerem an verschiedenen Orten in der Entwicklung [CHK$^+$ 06]. Technologische Hürden in dieser Entwicklung sind beispielsweise die hohe mechanische Präzision der Wicklung zur Vermeidung von Feldfehlern (insbesondere Phasenfehlern), das Fehlen einer effizienten Möglichkeit zur lokalen Korrektur dennoch verbleibender Feldfehler oder die Genauigkeit der magnetischen Messtechnik bei einer Temperatur von ~ 4 K. Die diskutierten Konzepte und die Eigenschaften der bislang erprobten Prototypen lassen hoffen, dass supraleitende Undulatoren in einigen Jahren die Brillanz von Synchrotronstrahlungsquellen noch einmal erheblich steigern werden.

Literaturverzeichnis

[ABB 74] Alferov, D. F.; Bashmakov, Y.; Bessonov, E. G.: Undulator Radiation. Sov. Phys. Tech. Phys. **18** (1974) 1336–1339

[Att 99] Attwood, D.: Soft X-Rays and Extreme Ultraviolet Radiation. Cambridge: Cambridge University Press 1999

[BL 91]   Brown, G.; Lavender, W.: Handbook on Synchrotron Radiation, Vol. 3 (Hrsg.:
            Brown, G. S.; Moncton, D. E.). Amsterdam: North-Holland 1991
[CHK⁺ 06]   Casalbuoni, S.; Hagelstein, M.; Kostka, B.; Rossmanith, R.; et al.: Generation of
            X-Ray Radiation in a Storage Ring by a Superconductive Cold-Bore In-Vacuum
            Undulator. Phys. Rev. ST Accel. Beams **9** (2006) 010702
[CHK⁺ 08]   Chavanne, J.; Hahn, M.; Kersevan, R.; Kitegi, C.; Penel, C.; Revol, F.:
            Construction of a Cryogenic Permanent Magnet Undulator.   Proc. EPAC
            Conference, Genoa, Italy, 2008 S. 2243.   ESRF Highlights (2008) 135:
            http://www.esrf.eu/files/Highlights/HL2008.pdf
[Cla 04]   Clarke, J. A.: The Science and Technology of Undulators and Wigglers. Oxford:
            Oxford University Press 2004
[HTK⁺ 04]   Hara, T.; Tanaka, T.; Kitamura, H.; et al.: Cryogenic Permanent Magnet Un-
            dulators. Phys. Rev. ST Accel. Beams **7** (2004) 050702
[Jac 75]   Jackson, J. D.: Classical Electrodynamics. New York: Willey 1975
[Kim 95]   Kim, K.-J.: Optical and Power Characteristics of Synchrotron Radiation
            Sources. Optical Engineering **34** (1995) 342–352
[KPW 83]   Krinsky, S.; Perlman, M. L.; Watson, R. E.: Handbook on Synchrotron Radia-
            tion, Vol. 2 (Hrsg.: Koch, E. E.). Amsterdam: North-Holland 1983
[Mot 51]   Motz, H.: Applications of the Radiation from Fast Electron Beams. J. Appl.
            Phys **22** (1951) 527–535
[MTW 53]   Motz, H.; Thon, W.; Whitehurst, R. N.: Experiments on Radiation by Fast
            Electron Beams. J. Appl. Phys. **24** (1953) 826–833
[OE 03]   Onuki, H.; Elleaume, P. (Hrsg.): Undulators, Wigglers and their Applications.
            London: Taylor & Francis 2003
[Sas 94]   Sasaki, S.: Analyses for a Planar Variably-Polarizing Undulator. Nucl. Instr.
            and Meth. in Phys. Res. A **347** (1994) 83–86
[Sch 49]   Schwinger, J.: On the Classical Radiation of Accelerated Electrons. Phys. Rev.
            75 (1949) 1912–1925
[SKT⁺ 93]   Sasaki, S.; Kakuno, K.; Takada, T.; Shimada, T.; Yanagida, K.; Miyahara, Y.:
            Design of a New Type of Planar Undulator for Generating Variably Polarized
            Radiation. Nucl. Instr. and Meth. in Phys. Res. A **331** (1993) 763–767
[Wal 93]   Walker, R. P.: Interference Effects in Undulator and Wiggler Radiation Sources.
            Nucl. Instr. and Meth. in Phys. Res. A **335** (1993) 328–337
[Wil 96]   Wille, K.: Physik der Teilchenbeschleuniger und Synchrotronstrahlungsquellen.
            Teubner 1996

3.3   Strahlführungen für Synchrotronstrahlung
Ulrich Hahn und Horst Schulte-Schrepping

Strahlführungen schaffen die Verbindung zwischen dem Speicherring (bzw. FEL), insbe-
sondere den Strahlungsquellen wie Ablenkmagneten, Wigglern und Undulatoren, und dem
Experiment. Dabei müssen verschiedene Randbedingungen erfüllt werden, um eine optimale
Nutzung der Quelleigenschaften am Experiment zu ermöglichen.

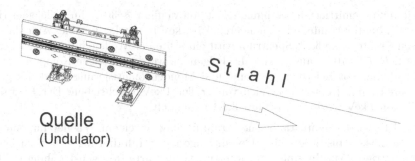

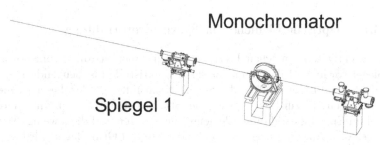

Abb. 3.18 Schematische Darstellung einer Strahlführung. Die von einem Undulator erzeugte Synchrotronstrahlung wird durch Spiegel kollimiert und fokussiert, mit einem Monochromator auf einem schmalen Wellenlängenbereich beschränkt und dem Experiment zur Verfügung gestellt.

Strahlführungssysteme sind als Ultrahochvakuumsysteme (UHV), d. h. für Drücke unterhalb 10^{-7} Pa, ausgelegt. Dies ermöglicht einen fensterlosen Anschluss an das Vakuumsystem des Speicherrings. Ein Vorteil eines Vakuumsystems ist der absorptionsfreie Transport der Synchrotronstrahlung im gesamten Spektralbereich. Eine Gefahr für die optischen Komponenten besteht durch eine Kontamination der optischen Komponenten mit Kohlenstoff, der aus durch Strahlung aufgespaltenen Kohlenwasserstoffen des Restgases im Strahlrohrvakuum stammt. Der Betrieb der Strahlführung als UHV-System minimiert dieses Problem. Weitere Aufgaben des Systems sind das Ein- und Ausblenden des Strahls, die Bestimmung der Strahllage, der Schutz vor personengefährdender Strahlung und der Schutz des Beschleunigers vor Vakuumeinbrüchen. Bei der Auslegung einer Strahlführung sind die spezifischen Eigenschaften der jeweiligen Quelle, wie die Strahlgröße und der Öffnungswinkel, die Leistungsdichte und die Gesamtleistung, zu berücksichtigen. Das am Ende der Strahlführung aufgebaute Experiment stellt zusätzliche Ansprüche an die Eigenschaften der Photonen, wie die Kontrolle und Auswahl der Wellenlänge und der Bandbreite. Die Breite der Wellenlängenverteilung der emittierten Strahlung reicht von wenigen $\sim 30\,\text{eV}$ im Falle einer Harmonischen der Undulatorstrahlung bis zu mehreren $100\,\text{keV}$ im Spektrum eines Ablenkmagneten. Aus diesem breiten „weißen" Spektrum wird ein schmaler Wellenlängenbereich, typischerweise mit $\Delta E/E = 10^{-4}$, ausgewählt. Im Folgenden werden optische Komponenten für die Strahlablenkung, Fokussierung, Filterung und Monochromatisierung für den sogenannten Röntgenbereich mit Photonenenergien von größer $1\,\text{keV}$ beschrieben. Der Energiebereich unterhalb von $1\,\text{keV}$ wird im Abschnitt 3.4.1 behandelt.

Die Abb. 3.19 zeigt exemplarisch eine Strahlführung an einem Wiggler für den Energiebereich von $2,5\,\text{keV}$ bis $30\,\text{keV}$. Die Gesamtlänge der Strahlführung vom Speicherring bis zur Probe beträgt $35\,\text{m}$. In großen Speicherringen für harte Röntgenstrahlung (SPRING 8, APS, ESRF, PETRA III) kann der Abstand der Quelle vom Experiment bis zu $100\,\text{m}$ betragen. In der Strahlführung sind die in den folgenden Abschnitten vorgestellten Komponenten wiederzufinden.

3.3.1   Optische Elemente für Synchrotronstrahlung

Die wichtigsten optischen Elemente, die in einer Strahlführung Verwendung finden, sind Spiegel sowie Multilayer und perfekte Einkristalle als beugende Elemente. Sie haben die Aufgabe, die Eigenschaften des Strahls einzustellen. Jedes dieser Elemente hat spezielle Eigenschaften, die zur Beeinflussung des Strahls genutzt werden. In den folgenden Abschnitten wird im Einzelnen auf diese Elemente eingegangen und die jeweilige Wirkung auf den Strahl dargestellt. Auf die physikalischen und optischen Grundlagen wird nur exemplarisch eingegangen, eine Vertiefung ist in der Literatur [ANM 01] zu finden. Die für die Auslegung der Komponenten benötigten von der Wellenlänge abhängigen Materialeigenschaften sind in Sammelbänden oder komfortabler und mit grafischer Darstellung versehen auf Web-Seiten wie X-Ray Optics[1] zu finden. Gleiches gilt für Programmpakete, mit denen die Eigenschaften von Quellen und optischen Komponenten berechnet werden können. Beispiele finden sich auf den Webseiten der Programme XOP[2] und SPECTRA[3][TK 01]. Ein nicht zu vernachlässigender Aspekt bei der Auslegung von Strahlführungskomponenten ist die auf die optischen Elemente treffende Wärmelast, die bei Ablenkmagneten bis zu $100\,\text{Watt}$, bei Wigglern mehrere $1000\text{--}10000\,\text{Watt}$ betragen kann. An Undulatorstrahlführungen müssen große Leistungsdichten mit bis zu mehreren $100\,\text{Watt/mm}^2$ auf den Komponenten akzeptiert werden. Ohne geeignete konstruktive Maßnahmen führt der in den Komponenten absorbierte Anteil der einfallenden Leistung zu Verbiegungen der optischen Oberflächen oder zu einer Verzerrung der Struktur von Monochromatorkristallen. Die Folge ist eine Beeinträchtigung der Abbildungseigenschaften, eine spektrale Verbreiterung und Intensitätsverluste.

Fenster und Filter

Fenster werden zur Trennung von Vakuumabschnitten eingesetzt oder um den Strahl am Ende der Strahlführung außerhalb des Vakuums zur Verfügung zu stellen. Fenster wirken

---

[1]X-Ray Optics – http://www-cxro.lbl.gov
[2]XOP – http://www.esrf.eu/UsersAndScience/Experiments/TBS/SciSoft
[3]SPECTRA – http://radiant.harima.riken.go.jp/spectra/index.html

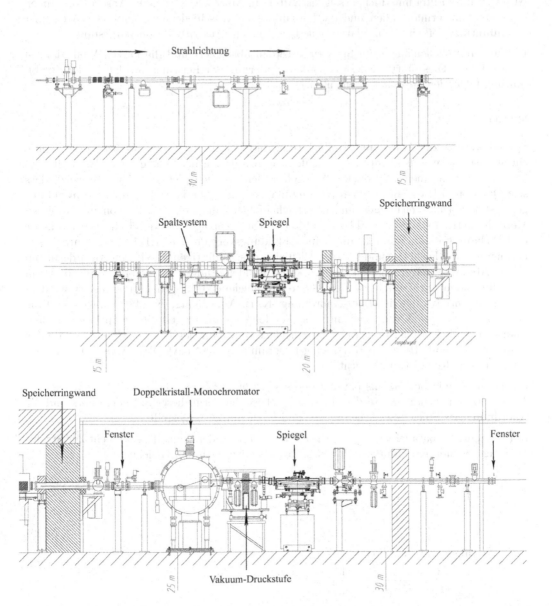

Abb. 3.19 Beispiel für eine Strahlführung (BW2, HASYLAB am DESY)

dabei gleichzeitig durch ihren von der Wellenlänge abhängigen Schwächungskoeffizienten als Absorber oder Filter mit Hochpasseigenschaften. In Abb. 3.20 werden die Absorptionslängen typischer Fenstermaterialien und die Leistung nach verschiedenen Komponenten in einer Strahlführung von einer Undulatorquelle bis zu einem Austrittsfenster dargestellt.

Die längeren Wellenlängen im Spektrum werden absorbiert und die kurzen Wellenlängen transmittiert. Dies führt auch zu einer Verminderung der Leistung auf den in der Strahlführung folgenden optischen Elementen.

Spiegel

Spiegel werden zur Ablenkung, Kollimierung und Fokussierung des „weißen" oder monochromatischen Strahls genutzt. Eine fehlerfreie Abbildung der Quelle unter Totalreflexion kann nur durch einen ellipsoidalen Spiegel erreicht werden, der so aufgestellt wird, dass sich Quelle und Probe in je einem Brennpunkt befinden. Die Fertigung solcher Spiegel mit geringsten Formabweichungen und Oberflächenfehlern über eine Länge von bis zu einem Meter ist extrem schwierig und kostspielig. Ein Toroid-Spiegel, der durch die zwei Radien r und R charakterisiert ist, stellt für kleine Abbildungsverhältnisse (1:1–1:3) eine gute Annäherung an diese Form dar und ist wesentlich einfacher zu fertigen. Bei hohen Anforderungen an die Abbildungseigenschaften (bei stärkeren Verkleinerungen der Quelle) kann die Form des Ellipsoiden auch durch zwei getrennte Spiegelelemente angenähert realisiert werden. Die sogenannte Kirkpatrick-Baez-Anordnung (K.-B.-Anordnung, [KB 48]) approximiert die Form durch zwei senkrecht zueinander stehende, getrennt aufgestellte, elliptisch geformte Planspiegel. Welches der beschriebenen Spiegelkonzepte für den beabsichtigten Einsatz das beste ist, wird mit Hilfe von Raytracing-Programmen wie SHADOW [WAK$^+$ 92], das im Internet[4] erhältlich ist, untersucht.

Die Fokussierung des Strahls parallel und senkrecht zur Strahlebene soll für den Fall des Toroid-Spiegels diskutiert werden. In Abb. 3.21 ist die Form dieses Spiegelkörpers und die Anordnung des Spiegels zwischen Quell- und Fokuspunkt dargestellt.

Der tangentiale, parallel zur Strahlrichtung liegende und der sagittale, senkrecht zur Strahlrichtung liegende Krümmungsradius des Spiegels wird nach den Gleichungen

sagittal :
$$\frac{1}{r_1} + \frac{1}{r_2} = \frac{2\cos\alpha}{r} = \frac{1}{f_{sag}},$$

$$(3.29)$$

tangential/meridional :
$$\frac{1}{r_1} + \frac{1}{r_2} = \frac{2}{R\cos\alpha} = \frac{1}{f_{tan}}$$

bestimmt. r_1 und r_2 sind hier Bild- und Gegenstandsweite. Es gibt nur einen Winkel α, für den beide Fokallängen gleich sind, also $f_{sag} = f_{tan}$ gilt. Dieser Winkel ist durch $\cos\alpha = \sqrt{r/R}$ gegeben. Er wird von der Spiegelnormalen aus gemessen. Im Gegensatz dazu wird der kritische Winkel der Totalreflexion α_c relativ zur Spiegeloberfläche angegeben.

---

[4]SHADOW – http://www.nanotech.wisc.edu/shadow

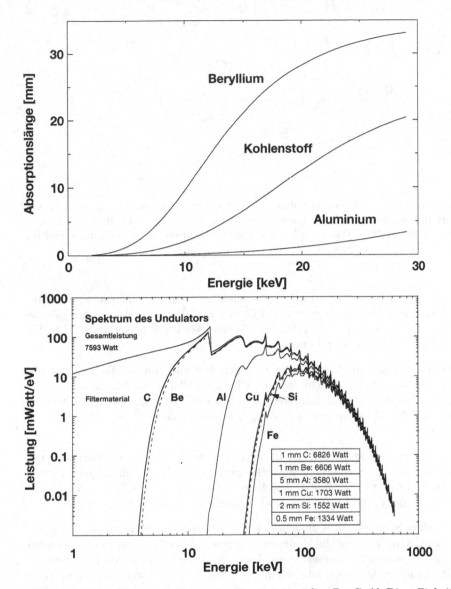

Abb. 3.20 Oben: Absorptionslängen der Fenstermaterialien Be, C, Al. Diese Einheit beschreibt die Dicke eines Materials, die für eine Schwächung der einfallenden Intensität auf 1/e benötigt wird. Unten: Leistungsentwicklung in der PETRA II-Strahlführung am HASYLAB. Ausgehend von der Gesamtleistung der Undulatorquelle ist die verbleibende Leistung im Strahl nach dem Passieren von Filtern bestehend aus verschiedenen Materialien aufgetragen. Nach dem letzten Filter sind noch 1334 Watt hochenergetischer Photonen im Strahl vorhanden.

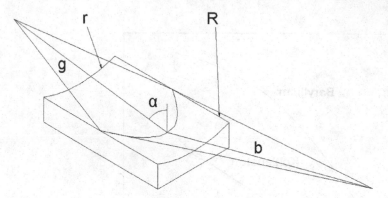

Abb. 3.21 Fokussierung mit einem Toroid-Spiegel, $\alpha = 89{,}6°$, $r = 150\,\mathrm{mm}$, $R = 3\,\mathrm{km}$. Für alle Spiegeloptiken, die unter Totalreflexion betrieben werden, sind die Radien r und R extrem unterschiedlich. Dies stellt besondere Anforderungen an die Fertigung dieser bis zu einem Meter langen Spiegel.

Die Oberfläche des Spiegelkörpers wird mit einer reflektierenden Schicht, i. a. eine mehrere $100\,\text{Å}$ dicke Lage eines Metalls, beschichtet. Für den Einfallswinkel des Strahls gilt die Bedingung für die Totalreflexion $\alpha_c = \sqrt{2\delta}$. Der Brechungsindex n (siehe auch 2.1.5) für Röntgenstrahlung ist kleiner als 1 und durch $n = 1 - \delta$ gegeben.

Der kritische Winkel α_c ist vom Material der Beschichtung und von der Wellenlänge abhängig und ist für typische Spiegelbeschichtungen wie Gold, Platin und Rhodium etwa 0,1 bis 1 Grad groß. Für kurzwellige Strahlung werden üblicherweise die genannten Edelmetalle als Beschichtung gewählt, da sie wegen der großen Elektronendichte (großes Z) eine hohe Reflektivität besitzen.

Die Kollimierung des Strahls ist ein Spezialfall der Fokussierung, hier ist ein parabolischer Spiegel im Abstand der Brennweite f zur Quelle angeordnet. Hinter dem Spiegel steht dann quasi-paralleles Licht zur Verfügung. Auf diese Weise lässt sich eine Verbesserung des Auflösungsvermögens der nachfolgenden dispersiven optischen Anordnungen erzielen.

Die Reflektivität eines Spiegels hängt entscheidend von seiner Herstellungsgenauigkeit ab. Hier sind die Formgenauigkeit und die Rauigkeit der Spiegeloberfläche die entscheidenden Kriterien. Abweichungen von der vorgegebenen Form verschlechtern die Abbildungseigenschaften. Die Rauigkeit σ der Spiegeloberfläche beeinflusst die Reflektivität des Spiegels (siehe Abschnitt 2.1.5, Gleichung (2.49)). Der Stand der Technik sind Spiegel aus Silizium mit Mikrorauigkeiten von kleiner 0,1 nm (1 Å) und Tangentenfehler von kleiner 1 μrad. Das Reflexionsverhalten eines Spiegels unter Totalreflexion wird auch zur Reduzierung der Wärmelast auf den in einer Strahlführung folgenden Komponenten genutzt. Eine geeignete Wahl des Materials der Spiegelbeschichtung bestimmt, wie in Abb. 3.22 gezeigt, die Tiefpasseigenschaften des Spiegels. Die Kombination eines Filters und eines Spiegels in einer Strahlführung bildet einen Bandpass, der zur Leistungsreduzierung auf den folgenden Strahlführungskomponenten eingesetzt wird.

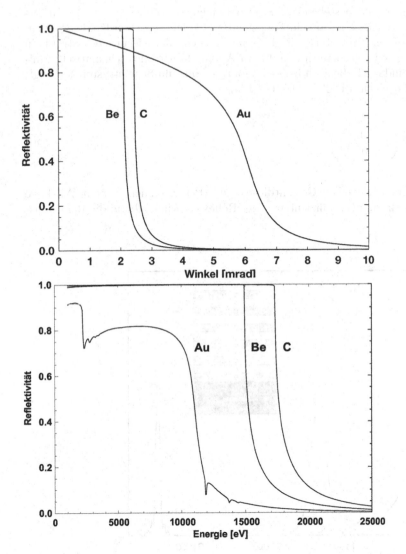

Abb. 3.22 Reflektivität von verschiedenen Spiegelbeschichtungen bei einer Wellenlänge von 12,4 keV in Abhängigkeit vom Anstellwinkel zum Strahl (oben) und Darstellung des jeweiligen reflektierten Bandpasses bei einem festen Anstellwinkel nahe dem Totalreflexionswinkels (unten).

Vielschichtspiegel (Multilayer)

Multilayer sind Schichtsysteme, bestehend aus alternierenden Lagen hoch und niedrig absorbierender Materialien, die sukzessive auf ein Trägermaterial aufgebracht werden. Die Schichten bilden einen künstlichen Schichtkristall, der eine Monochromatisierung des Strahls in
eine relative Energiebreite im %-Bereich erlaubt. In Abb. 3.23 wird der schematische Aufbau eines Multilayers und die Reflektivität eines Wolfram/Silizium-Schichtsystems gezeigt.
Das Reflexionsgesetz für einen Multilayer lässt sich als

$$m\lambda = 2d\sin\theta \left(1 - \frac{4\bar{\delta}d^2}{m^2\lambda^2}\right)^{\frac{1}{2}} \tag{3.30}$$

schreiben. In die Berechnung gehen die Gesamtdicke einer AB-Lage d, der über eine AB-Lage
gemittelte Realteil des Brechungskoeffizienten $\bar{\delta}$, der Reflexionswinkel θ und die Reflexions-
ordnung m ein.

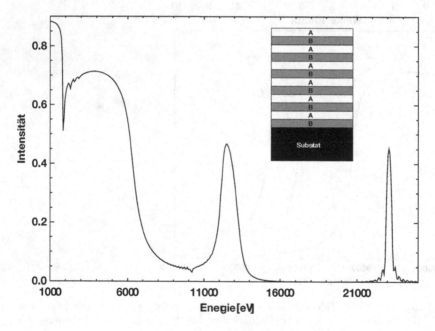

Abb. 3.23 Darstellung des Aufbaus eines Multilayers und die berechnete Reflektivität eines W/Si-
Multilayers. Lange Wellenlängen werden totalreflektiert, die durch konstruktive Interferenz am Schichtsystem bedingten Maxima sind deutlich sichtbar. Die Rechnung wurde
für einen Wolfram/Silizium-Multilayer mit den Parametern $\Theta = 0{,}4\,°$, $d = 53{,}4\,\text{Å}$ und
$\Gamma = 0{,}34$ durchgeführt. Γ beschreibt das Dickenverhältnis der hoch absorbierenden Lage
zur Gesamtdicke des ML.

Einkristalle

Als ideale Materialien für Monochromatorkristalle eignen sich perfekte, versetzungsfreie Silizium- und Germanium-Einkristalle. Zunehmend werden auch perfekte natürliche und synthetische Diamanten eingesetzt. Die Wellenlänge der reflektierten Strahlung wird durch die Wahl des Netzebenenabstands d des Kristalls und des Einfallswinkels θ_B der Photonen auf den Kristall über das Bragg'sche Gesetz ausgewählt. Nach Differentiation der Bragg-Gleichung erhält man das reflektierte Wellenlängenband $\delta\lambda/\lambda$ bei gegebener Winkelbreite $\delta\theta$:

Bragg-Gleichung :

$$2d\sin\theta_B = n\lambda$$

(3.31)

Differenzierte Bragg-Gleichung:

$$\frac{\delta\lambda}{\lambda} = \frac{\delta E}{E} = \delta\theta\cot\theta_B$$

Die Breite des durch einen Kristall reflektierten Bandpasses wird durch die effektive Dicke des an der Reflexion beteiligten Kristallvolumens bestimmt. Die Zahl der beteiligten Netzebenen ergibt sich durch die Eindringtiefe der Strahlung in den Kristall. Näherungsweise ist das maximale Auflösungsvermögen gleich der Anzahl der beteiligten Netzebenen. Die in Abb. 3.24 gezeigten Eigenschaften sind mittels der dynamischen Beugungstheorie [vL 60] berechenbar (vergleiche auch Abschnitt 2.2.7). Weitere Randbedingungen wie der Öffnungswinkel und die Quellgröße der Synchrotronstrahlungsquelle gehen zusätzlich in den realen Bandpass ein.

Zur Monochromatisierung der Synchrotronstrahlung wird häufig eine Anordnung von zwei Kristallen in der sogenannten (+/-) Anordnung, wie in Abb. 3.25 gezeigt, genutzt. Bei Variation der Energie durch Änderung des Einfallswinkels der Strahlung auf die Kristalle wird

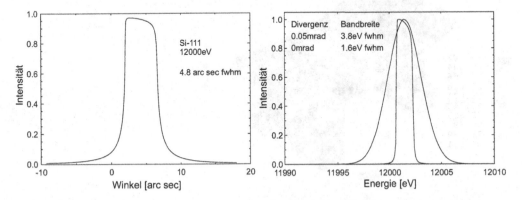

Abb. 3.24 Reflexionskurve der [111] Netzebenen eines Siliziumkristalls bei einer Energie der Photonen von 12 000 eV. Der entsprechende transmittierte Si(111) Energiebandpass ist für eine Winkelverteilung von 0,05 mrad und 0 mrad dargestellt. Selbst unter der Annahme einer ideal parallelen Quelle wird ein endlich breiter Energiebereich transmittiert.

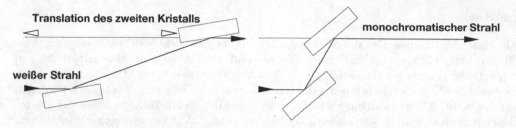

Abb. 3.25 Schematische Anordnung von Monochromatorkristallen in einem Röntgen-Monochromator. Diese sogenannte (+/-) Anordnung wird wegen des räumlich konstanten Strahlaustritts bei Variation der Energie favorisiert. Bei kleinen Reflexionswinkeln (links) ist der horizontale Abstand zwischen den Kristallen größer als bei steileren Winkeln (rechts).

hier die Strahlposition des monochromatischen Strahls durch eine gleichzeitige Verschiebung des zweiten Kristalls konstant gehalten. Der definierte Strahlaustritt ist wichtig für die Anordnung von Experimenten in der Strahlführung. Diese Kristallanordnung ist nicht dispersiv, jede vom ersten Kristall reflektierte Wellenlänge wird auch vom zweiten Kristall reflektiert.

Der nutzbare Bragg-Winkelbereich wird bei kleinen Einfallswinkeln durch den Totalreflexionswinkel und bei großen Winkeln durch das Erreichen des senkrechten Einfalls auf den Kristall bestimmt.

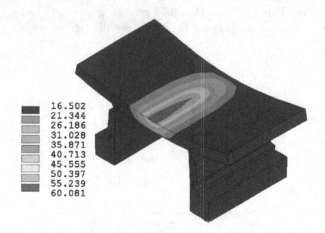

Abb. 3.26 Modellrechnung der Temperaturverteilung (Graustufen kodiert in Grad Celsius) in einem mit 1000 W thermisch belasteten, von der Unterseite her wassergekühlten Silizium-Monochromator-Kristall. Der Kristall wird von hier nicht dargestellten Stellgliedern so gebogen, dass die thermisch bedingte Verbiegung kompensiert wird.

Das Design der Spiegel und der Monochromatorkristalle wird maßgeblich von der thermischen Last auf diese Komponenten beeinflusst, gefolgt von den mechanischen Eigenschaften der verwendeten Materialien. Modellrechnungen der thermischen Belastung, wie die in Abb. 3.26 durchgeführte Rechnung für einen Siliziumkristall in einer Wiggler-Strahlführung, geben in der Konstruktions- und Entwicklungsphase dieser Komponenten eine wichtige Hilfestellung. Ziel des Entwicklungsprozesses ist eine optimierte Geometrie der optischen Elemente und der Kühlmittelführung.

Röntgenlinsen

Lange Zeit wurde der Einsatz von Linsen im Röntgenbereich als nicht praktikabel angesehen, da die Beugungskraft aller Materialien bei kurzen Wellenlängen sehr klein ist. Eine genauere Untersuchung der zugrunde liegenden Gesetzmäßigkeiten der Fokussierung zeigt einen Weg, auch bei Röntgenwellenlängen refraktive Effekte zu nutzen [SKSL 96]. Die Formel

$$1/f = 2 \cdot (n - 1)/R \tag{3.32}$$

beschreibt die Abhängigkeit der Fokallänge f vom Brechungsindex n und dem Krümmungsradius R der Linse. Der Brechungsindex wird durch $n = 1 - \delta - i\beta$ beschrieben. Der Realteil von n ist für Röntgenstrahlung kleiner als eins, deshalb hat eine fokussierende Linse für Röntgenstrahlung eine konkave Form. Die Abweichung des Realteils von eins ist mit $\delta \approx 10^{-6}$ sehr klein. Für Fokallängen im Bereich von Metern ist ein kleiner Radius R und eine Anordnung von vielen Linsen hintereinander erforderlich. In diesem Fall ist dann selbst ein $\beta \approx 10^{-9}$, also eine sehr kleine Absorption im Linsenmaterial, nicht mehr vernachlässigbar und der Einsatz schwach absorbierender Materialien mit kleiner Ordnungszahl wie Beryllium, Kohlenstoff oder Aluminium erforderlich. Auch im Röntgenwellenlängenbereich erzeugt eine parabolische Form der Linse die kleinsten Abbildungsfehler. Abb. 3.27 zeigt das parabolische Profil einer einzelnen Röntgenlinse.

Die Fokallänge einer Aneinanderreihung mehrerer Linsen wird durch

$$f \approx (R/2N\delta) \tag{3.33}$$

mit dem Radius R am Scheitelpunkt der Parabel und der Anzahl der Linsen N gegeben. Anordnungen dieser parabolischen Linsen mit bis zu 100 gestapelten Linsen in einem System werden an Synchrotronstrahlungsquellen zur Fokussierung oder Kollimierung von weißer und monochromatischer Strahlung eingesetzt.

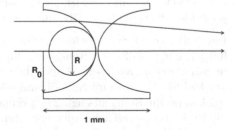

Abb. 3.27
Schematische Zeichnung einer parabolischen Röntgenlinse. Der nutzbare effektive Linsendurchmesser $2R_0$ wird durch die Absorption der Randstrahlen im Linsenmaterial begrenzt. R ist der Radius am Scheitelpunkt der Parabel.

Literaturverzeichnis

[ANM 01]   Als-Nielsen, J.; McMorrow, D.: Elements of Modern X-Ray Physics. New York: Wiley 2001

[KB 48]   Kirkpatrick, P.; Baez, A. V.: Formation of Optical Images by X-Rays. J. Opt. Soc. Am. **38** (1948) 766–774

[SKSL 96]   Snigirev, A.; Kohn, V.; Snigireva, I.; Lengeler, B.: A Compound Refractive Lens for Focusing High Energy X-Rays. Nature **63** (1996) 49

[TK 01]   Tanaka, T.; Kitamura, H.: SPECTRA - a Synchrotron Radiation Calculation Code. J. Synchrotron Rad. **8** (2001) 1221–1228

[vL 60]   von Laue, M.: Röntgenstrahl-Interferenzen. Frankfurt a. M., Germany: Akademische Verlags-Gesellschaft 1960

[WAK$^+$ 92]   Welnak, C.; Andersen, P.; Khan, M.; Singh, S.; Cerrina, F.: Recent Developments in SHADOW. Rev. Sci. Instrum. **63** (1992) 865–868

3.4   Instrumentierung von Synchrotronstrahlungsexperimenten

Alexander Föhlisch, Thomas Tschentscher und Jens Falta

Die an modernen Synchrotronstrahlungsquellen verfügbaren Photonen überstreichen einen weiten Energiebereich von etwa 10 eV bis 100 keV. Es ist daher nicht verwunderlich, dass Experimente mit Synchrotronstrahlung nicht auf Standardapparate zurückgreifen können, sondern, je nach experimenteller Aufgabenstellung und konkretem Spektralbereich, eine speziell angepasste Instrumentierung benötigen. Eine grobe Einteilung liefert die Unterscheidung in VUV- und Röntgenbereich, nach der im Folgenden vorgegangen wird. Tatsächlich sind die Grenzen zwischen beiden jedoch fließend.

Die beiden Bereiche unterscheiden sich beispielsweise hinsichtlich der verwendeten Monochromatoren. Während für das VUV Gittermonochromatoren zum Einsatz kommen, finden im Röntgenbereich Einkristallmonochromatoren Anwendung. Da diese als Teil der Strahlführung eines Synchrotronstrahlungsexperiments betrachtet und installiert werden, sind die Einkristallmonochromatoren bereits im vorangegangenen Abschnitt beschrieben worden. Eine Beschreibung der Gittermonochromatoren und Spektralapparate folgt in diesen Abschnitten (3.4.1). Anders als die Monochromatoren werden die Röntgendiffraktometer der Instrumentierung des Messplatzes zugeordnet. Eine Beschreibung ihres Funktionsprinzips folgt in Abschnitt 3.4.2.

Die Detektoren für den Nachweis der Photonen werden in beiden Spektralbereichen verwendet, eine Darstellung der wichtigsten Detektoren findet sich in Abschnitt 3.4.2. Als Beispiele seien hier Photodioden, CCD- und Pixeldetektoren erwähnt.

Der Aufbau eines Synchrotronstrahlungsexperiments lässt sich allgemein in die Bereiche Definition der einfallenden Röntgenstrahlung, Probenbewegung und Probenumgebung sowie in den Bereich Detektion, Datennahme und Experimentesteuerung unterscheiden. Häufig werden die Aufgaben im Aufbau eines Messplatzes auch räumlich getrennt. So werden beispielsweise für Röntgenbeugungsexperimente die Röntgenoptik und das Diffraktometer für die Probe (einschließlich Probenumgebung) in getrennten, geschlossenen Räumen untergebracht. Bei Untersuchungen mit VUV- und weicher Röntgenstrahlung werden die Experimente in einer speziellen Experimentierkammer durchgeführt, u. a. um eine Absorption der verwendeten Strahlung zu vermeiden. Im Fall (harter) Röntgenstrahlung kann auf eine solche Kammer verzichtet werden, wenn die Präparation der Proben dies zulässt.

Wegen der ionisierenden Eigenschaft von Synchrotronstrahlung ist es erforderlich, diejenigen Bereiche einer Strahlführung und des experimentellen Aufbaus einzugrenzen, in denen Strahlung auftritt. Der Einsatz bleiverstärkter Wände und Türen ermöglicht dabei eine effektive Abschirmung der Strahlung. Zusätzlich werden diese Bereiche der Experimente durch Interlock-Systeme so abgesichert, dass sie nicht betreten werden können, während Synchrotronstrahlung in den jeweiligen Bereich gelangen kann. Entsprechend erfolgt die Kontrolle von Experimenten mit Röntgenstrahlung ferngesteuert von außerhalb. Bei Experimenten mit weicher Strahlung, die von Luft effektiv absorbiert wird, kann auf aufwändige Abschirmung unter Umständen verzichtet und auch die Steuerung der Experimente nah an den Apparaturen untergebracht werden.

3.4.1 Experimente im Vakuum-Ultraviolett

Die Nutzung von Röntgenstrahlung im weichen Spektralbereich ($50\,\text{eV}$–$1500\,\text{eV}$), der auch X-Ray-Vakuum-Ultraviolett (XUV) oder Vakuum-Ultraviolett (VUV) genannt wird, ist die Basis eines breiten Forschungsgebiets sowohl in der Grundlagenforschung als auch den angewandten Materialwissenschaften. Die untere Grenze des VUV-Bereichs wird durch die Absorption von Luft bei $\sim 6\,\text{eV}$ definiert, beim XUV ist diese Grenze nicht so scharf definiert. Spektroskopie mit VUV Strahlung erlaubt eine elementspezifische, chemisch-selektive und symmetrieaufgelöste Untersuchung elektronischer Zustandsdichten. Zur Durchführung von Experimenten im VUV ist eine spezielle Instrumentierung notwendig, deren grundlegende Eigenschaften und Funktionsprinzipien im Folgenden behandelt werden.

Optik im Vakuum-Ultraviolett

Für Energien oberhalb von $15\,\text{eV}$ liegt der Brechungsindex $\tilde{n}$ aller Materialien sehr nahe bei eins (mit einer Abweichung zwischen 10^{-3} und 10^{-6}), und gleichzeitig ist die Absorptionskonstante $\mu = 4\pi/\lambda \cdot k$ größer als im sichtbaren Spektralbereich (Extinktionskoeffizienten k, dem Imaginärteil des komplexen Brechungsindex $n = n_r + ik$). Dies macht den Einsatz von Linsen im VUV unmöglich. Am Beispiel der dünnen, sphärischen Linse mit Krümmungsradien R_1 und R_2 wird klar [HZ 79], dass nur sehr große Brennweiten f möglich wären.

$$\frac{1}{f} = (n_r - 1)(\frac{1}{R_1} - \frac{1}{R_2}) \tag{3.34}$$

Weiterhin ist die Transmission gering, da die eingehende Intensität I_0 auf dem optischen Weg l um

$$I(l) = I_0 \cdot e^{-\mu \cdot l} \tag{3.35}$$

abgeschwächt wird [HGD 93]. Zur Fokussierung von $120\,\text{eV}$ Strahlung ergäbe eine Röntgenlinse aus Gold ($n = 0{,}929$ und $k = 1{,}78 \times 10^{-2}$, Krümmungsradius $R = 5{,}4\,\text{m}$) eine Extinktionslänge von nur $46\,\text{nm}$ bei einer Fokallänge von $f = 38{,}3\,\text{m}$.

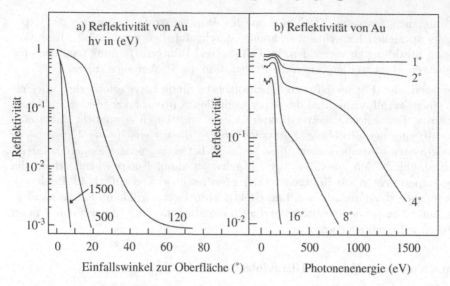

Abb. 3.28 a) Winkelabhängigkeit der Reflektivität von Gold für verschiedene Photonenenergien b) Photonenenergieabhängigkeit der Reflektivität von Gold bei verschiedenen Einfallswinkeln (nach [HGD 93])

Reflexionsoptik

Das Brechungsgesetz an der Grenzfläche zweier Medien mit reellen Brechungsindizes $\tilde{n}_1$ und $\tilde{n}_2$[5]

$$\frac{\tilde{n}_1}{\tilde{n}_2} = \frac{\cos\beta}{\cos\alpha} \tag{3.36}$$

erlaubt bei Einfall der Strahlung vom optisch dünneren zum optisch dichteren Medium ($\tilde{n}_1 < \tilde{n}_2$), d. h. an der Vakuum-Spiegel-Grenzfläche, immer einen streifenden Eintrittswinkel α kleiner als den Grenzwinkel der Totalreflexion α_c (siehe 2.1.5):

$$\cos\alpha \leq \frac{\tilde{n}_2}{\tilde{n}_1} = \cos\alpha_c. \tag{3.37}$$

Auch aus diesem Grund besitzen Optiken für streifenden Einfall im VUV eine sehr hohe Reflektivität (siehe Abb. 3.28 und Gleichung (2.43)). Insbesondere sind diese Optiken über einen sehr weiten Photonenenergiebereich nutzbar. Für die Strahlführung sind jedoch räumlich große optische Elemente nötig, weil durch die Projektion des Strahls bei streifendem Einfall eine entlang des Strahls ausgedehnte Fläche beleuchtet wird.

---

[5]Kann Reflexion nicht vernachlässigt werden, so muss auch in $\tilde{n} = n_r + ik$ der komplexe Anteil berücksichtigt werden. Für unsere einfache Betrachtung nehmen wir den Grenzfall schwacher Dämpfung $k \ll n$ an. Eine vollständige Betrachtung des komplexen Falles findet sich z. B. in [Bor 65].

Beugungs- und Interferenzoptik

Ein grundsätzlich anderer Ansatz für Optiken im VUV basiert auf der Nutzung von Beugungs- und Interferenzeffekten. Insbesondere findet eine Punkt-zu-Punkt-Abbildung statt, wenn unter allen möglichen Lichtwegen zwischen den Punkten diejenigen ausgewählt werden, auf denen die elektromagnetische Strahlung konstruktiv miteinander interferiert. Das bedeutet auch, dass Flächen konstanter Phase (Isophasen) zweier Kugelwellen, ausgehend von Quellpunkt Q und Bildpunkt P (Abstand $2c$ auf der z-Achse), Rotationsellipsoide mit großen Halbachsen a_n bilden [Erk 90]. Der Lichtweg $\overline{PQ}$ der Länge l_n beträgt dann

$$l_n = 2a_n \tag{3.38}$$

mit $n = 1, 2, \ldots$ und die Lichtwege zweier benachbarter Isophasen betragen

$$l_n = 2c + \frac{n_r \lambda}{2}. \tag{3.39}$$

Daraus ergibt sich in Zylinderkoordinaten der Radius der Isophasenfläche $r_n(z)$

$$r_n(z) = \frac{\sqrt{n\lambda/2[c + n\lambda/8]}}{c + n\lambda/4} \sqrt{(c + n\lambda/4)^2 - z^2}. \tag{3.40}$$

Für den Quellpunkt (Bildpunkt) im Unendlichen gehen die Isophasenflächen in Rotationsparaboloide mit dem Bildpunkt (Quellpunkt) im Brennpunkt über. Die Konstruktion geeigneter Beugungsoptiken basiert nun auf der geschickten Nutzung dieser Isophasen. Da im VUV die Wellenlänge der Strahlung deutlich größer ist als die Gitterkonstanten natürlich vorkommender Kristalle ($2d \leq 25\,\text{Å}$), kommen diese als Bragg-Reflektoren nicht in Frage. Aus diesem Grund muss auf künstlich hergestellte Vielschicht-Strukturen zurückgegriffen werden. Anhand von Abb. 3.29 werden exemplarische Beispiele plausibilisiert.

– Vielstrahlinterferenz einer planen Bragg-Optik, Abb. 3.29 (a): Reflexion an den Schichtgrenzen zwischen Materialien mit abwechselnd hohem und niedrigem Brechungsindex führt bei geeignet gewählten Schichtdicken zu konstruktiver Interferenz zwischen den reflektierten Strahlen. Dies ist das Grundprinzip der Vielschichtoptik. Durch Auswahl geeigneter Schichtmaterialien und Schichtdicken kann sogar senkrechter Einfall mit hohem Reflexionsvermögen ($\approx 70\,\%$) innerhalb eines engen Spektralbereiches erreicht werden. Die Reflektivität wird in Vielschichtsystemen durch Absorption im Material und der damit verbundenen geringen Eindringtiefe der VUV-Strahlung begrenzt, wodurch die Zahl der interferierenden Schichten limitiert wird.

– Fresnel'sche Zonenplatte in Transmission, Abb. 3.29 (b): Ein zur optischen Achse senkrechter Schnitt durch die Isophasen ergibt konzentrische Kreise, deren Abstand sich mit zunehmendem Abstand von der optischen Achse verringert. Ausblendung (Absorption der einfallenden Strahlung) entweder der geraden oder ungeraden Zonen führt zu einer Fresnel'schen Amplituden-Zonenplatte. Werden Materialien gewählt, die für die transmittierte Strahlung an geraden und ungeraden Zonen eine Phasenverschiebung von π bewirken, handelt es sich um eine Fresnel'sche Phasen-Zonenplatte [SR 84].

– Fresnel-Zonenplatte in Reflexion, Abb. 3.29 (c): Es handelt sich auch hier um einen Schnitt durch die Isophasen, wobei Reflexion an entweder nur geraden oder nur ungeraden Zonen stattfindet.

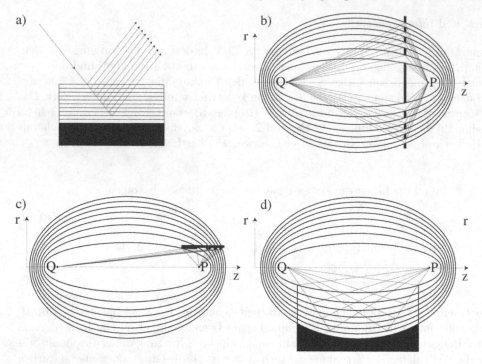

Abb. 3.29 Prinzip der Vielstrahlinterferenz in einer Vielschicht-Struktur und Isophasenbetrachtung von Beugungsoptiken

– Fokussierende Bragg-Optik, Abb. 3.29 (d): Es handelt sich hierbei um eine Bragg-Optik, bei der die Vielfachschichten auf gekrümmte Oberflächen aufgebracht sind und gegebenenfalls Schichtdicken-Gradienten aufweisen.

Weiterhin sind auch Kombinationen möglich, was zu sogenannte Bragg-Fresnel-Optiken führt. Der Vorteil von Beugungsoptiken (Bragg, Fresnel, Bragg-Fresnel) liegt darin, dass sie auf Grund steiler Einfallswinkel große Raumwinkel erfassen können und nur geringe Abbildungsfehler aufweisen. Der Nachteil liegt darin, dass sie stark chromatisch sind, d. h. ihre Abbildungseigenschaften sind direkt verknüpft mit der Wellenlänge der Strahlung. Sie sind daher immer nur für einen optimierten, sehr engen Spektralbereich geeignet.

Reale Optiken und Spiegelfehler

Reale optische Elemente weisen fertigungsbedingt immer eine gewisse Abweichung von ihrer theoretischen Idealform auf. Sie führen zu einer Verschlechterung sowohl ihrer Abbildungseigenschaften, als auch der Transmission. Man unterscheidet drei Arten von Spiegelfehlern, die jedoch graduell ineinander übergehen. Diese lassen sich unterscheiden durch die Fourier-Komponenten (k_ζ und k_ξ) und die Abweichung $\Upsilon(\zeta, \xi)$ der realen Oberfläche von der idealen Oberfläche im Vergleich zur Größe des optischen Elements L und der Wellenlänge der Strahlung λ. Dabei beschreiben ζ und ξ die Koordinaten der Oberfläche.

- Konturfehler: Formabweichungen auf der Längenskala des optischen Elements. $2\pi/k_{\zeta,\xi} \geq L$. Diese ergeben eine Veränderung der Abbildungseigenschaften, können jedoch in speziellen Fällen durch Justierung kompensiert werden.

- Gradientenfehler: lokale, statistische Verkippung der optischen Fläche durch Welligkeit der Oberfläche mit einer charakteristischen Längenskala W ($L \gg W \gg \lambda \Rightarrow$ Variation von grad $\Upsilon(\zeta,\xi)$). Gradientenfehler, die auch als Tangentenfehler bezeichnet werden, führen zu einer geometrischen Strahlaufweitung.

- Rauigkeit: Die Abweichung der Oberfläche auf der Längenskala der Wellenlänge λ wird als Rauigkeit bezeichnet und führt zu reduzierter Reflektivität R der Oberfläche im Vergleich zur Reflektivität R_0 der perfekten Oberfläche, was in der theoretischen Beschreibung der skalaren Kirchhoff'schen Methode bei Einfallswinkel α zu folgendem Ausdruck führt:[6]

$$R = R_0 \cdot e^{-(4\pi\sigma\cos\alpha/\lambda)^2}. \tag{3.41}$$

Die Rauigkeit wird mittels der Standardabweichung der als normalverteilt angenommenen Amplitudenverteilung der rauen Oberfläche σ parametrisiert und als rms-Rauigkeit (*root-mean-square*) bezeichnet. Hohe Reflektivität wird daher nur mit sehr glatten Oberflächen erreicht. Allerdings ist die im VUV nicht so kritisch wie bei harter Röntgenstrahlung (λ^{-1} im Exponenten).

Dispersive Elemente: Gitter

Basierend auf den vorgestellten optischen Komponenten lassen sich dispersive Elemente im VUV herstellen, d. h. Elemente, die eine Wellenlängenselektion ermöglichen. Für jedes dispersive Element besteht eine Abhängigkeit zwischen Einfallswinkel α, Ausfallswinkel β und Wellenlänge λ. Diese Abhängigkeit ist bei Beugungsgittern lokal durch die Gittergleichung gegeben (m: Gitterordnung, d: Gitterkonstante).

$$\sin\alpha + \sin\beta = m \cdot \frac{\lambda}{d} \tag{3.42}$$

Als reziproke Winkeldispersion wird die Veränderung von λ in Abhängigkeit zum Eintritts- oder Austrittswinkel definiert. Die reziproke Austrittswinkeldispersion $D_a = d\lambda/d\beta$ ergibt sich bei festem α und variablem β. Die reziproke Eintrittswinkeldispersion ergibt sich für festes β zu $D_e = d\lambda/d\alpha$. Aus der reziproken Winkeldispersion folgt die reziproke lineare Dispersion $d\lambda/dl$ in der Spektralebene, welche in der dispersiven Richtung von der Ortsvariablen l parametrisiert wird.

$$\frac{d\lambda}{dl_a} = \frac{1}{f_a}\frac{d\lambda}{d\beta} \tag{3.43}$$

---

[6]Wird statt des Einfallswinkels der Glanzwinkel verwendet, muss in Gleichung (3.41) die Sinusfunktion anstelle des Cosinus verwendet werden.

$$\frac{d\lambda}{dl_e} = \frac{1}{f_e} \frac{d\lambda}{d\alpha} \tag{3.44}$$

Allgemein sind f_e und f_a die Brennweiten der optischen Elemente zwischen dispersivem Element und Eintritts- bzw. Austrittsblende des Spektrometers (Kondensor, Kollimator), wobei sie für ein abbildendes dispersives Element die Abstände vom dispersiven Element zur Quelle und zum Bild der Wellenlänge λ sind.

Beugungsbegrenzung: Bei Beleuchtung des dispersiven Elements durch eine ideale punktförmige kohärente Lichtquelle der Wellenlänge λ ist das spektrale Bild dieser Punktquelle nicht ebenso punktförmig, sondern weist eine räumliche Intensitätsverteilung auf Grund der Beugung am dispersiven Element auf, das den Strahlengang begrenzt. Diese Intensitätsverteilung wird durch den Ansatz der Fraunhofer-Beugung beschrieben (Beugungsfigur im Fernfeld). Die spektralen Bilder zweier Wellenlängen λ und $\Delta\lambda$ sind nach dem Rayleigh-Kriterium aufgelöst, wenn das zentrale Hauptmaximum der Beugungsfigur einer Wellenlänge auf das erste Minimum der Beugungsfigur der anderen Wellenlänge fällt. Für ein rechteckiges dispersives Element der Breite W ist dies erfüllt bei einem Winkelabstand $\Delta\beta$ der Beugungsfiguren:

$$\Delta\beta = \frac{\lambda}{W \cdot \cos\beta}. \tag{3.45}$$

Der äquivalente räumliche Abstand Δl_a in der spektralen Bildebene ergibt sich mit der Brennweite f_a zu

$$\Delta l_a = f_a \cdot \frac{\lambda}{W \cdot \cos\beta}. \tag{3.46}$$

Hieraus folgt das von der Beugungsfigur abgedeckte Wellenlängenintervall $\Delta\lambda$.

$$\Delta\lambda = \Delta l_a \cdot \frac{d\lambda}{dl_a} = f_a \cdot \frac{\lambda}{W \cdot \cos\beta} \cdot \frac{d\lambda}{dl_a} \tag{3.47}$$

Umformung ergibt das spektrale Auflösungsvermögen,

$$\frac{\lambda}{\Delta\lambda} = \frac{W \cdot \cos\beta}{f_a \cdot \frac{d\lambda}{dl_a}}, \tag{3.48}$$

was für ein Beugungsgitter (mit den Gleichungen (3.42) und (3.43)) zu folgendem Ausdruck führt,

$$\frac{\lambda}{\Delta\lambda} = \frac{W \cdot m}{d} = N \cdot m, \tag{3.49}$$

wobei die Beugung von N Gitterstrichen ($W = N \cdot d$) hervorgerufen wird. Das theoretische Auflösungsvermögen hängt daher nur von dem Produkt aus der Zahl der N Gitterstriche und der Beugungsordnung m ab.

Ausgedehnte Lichtquelle und Detektor: Eine räumliche Ausdehnung der Lichtquelle (Eintrittsspalt der Breite R) bedingt, dass ihr spektrales Bild ebenso ausgedehnt ist und einen Wellenlängenbereich $\Delta\lambda_{Blende}$ in der spektralen Bildebene bedeckt, der sich als Produkt von R mit der linearen Eintrittsdispersion darstellen lässt. Damit ergibt sich das durch die Eintrittsblende gegebene Auflösungsvermögen des Spektrometers für eine Wellenlänge λ zu:

$$\frac{\lambda}{\Delta\lambda_{Blende}} = \frac{\lambda}{R \cdot \frac{d\lambda}{dl_e}}. \tag{3.50}$$

Ebenso hat die Breite des Austrittsspalts bzw. die Ortsauflösung (B) eines ortsauflösenden Detektors zur Folge, dass die maximale Auflösung, die mit diesem Detektor erreicht werden kann, wie folgt ist:

$$\frac{\lambda}{\Delta\lambda_{Det}} = \frac{\lambda}{B \cdot \frac{d\lambda}{dl_a}}. \tag{3.51}$$

Um das spektrale Auflösungsvermögen $\lambda/\Delta\lambda$ eines Spektralapparats zu optimieren, müssen also dispersives Element, Eintrittsspalt bzw. Quellvolumen und die Ortsauflösung des Detektionssystems aufeinander abgestimmt und optimiert werden.

Lichtstärke und Gittereffizienz eines Spektralapparats: Wie viel Licht ein Spektralapparat in einem Bandpass passieren lässt, hängt von der Transmission der optischen Komponenten, u. a. von der Effizienz eines Gitters oder der Gitterausbeute, ab. Zusätzlich wird spektrale Reinheit angestrebt. Die Gitterausbeute hängt direkt von der Profilform der Gitterstriche und der Rauigkeit der Oberflächen ab. Durch geeignete Wahl der Profilform lässt sich die Effizienz für bestimmte Spektralbereiche und Gitterordnungen verbessern. Die Profilform hängt auch stark von der Herstellungsweise ab, z. B. mechanisches Ritzen [Row 83] oder holographische Verfahren [NNS 73]. Die Gittereffizienz lässt sich anhand einer vollständigen Beschreibung des elektromagnetischen Randwertproblems am Gitter beschreiben [Pet 80]. Auf Grund der Komplexität des Problems werden häufig andere Methoden benutzt [Bor 65, Pet 80], z. B. die skalare Beugungstheorie. Oberflächenrauigkeit führt durch diffuse Streuung zu einem erhöhten Untergrund, wodurch die spektrale Reinheit reduziert wird. Häufig verwendete Gitterprofile sind sinusförmig, laminar (rechteckig) und Sägezahnprofile (dreieckig). Im VUV spielen Reflexionsgitter mit Sägezahnprofil, sogenannte Blaze-Gitter, eine wichtige Rolle. In Abb. 3.30 ist deren Funktionsweise schematisch dargestellt.

Die Blaze-Wellenlänge ist diejenige, bei der bezüglich der einzelnen Rillenfacetten der Einfalls- und Ausfallswinkel gleich ist, also das Reflexionsgesetz erfüllt ist. Für Facettennormale, die gegenüber der Gitternormalen um den Winkel ϕ gekippt sind, gilt daher:

$$\alpha - \phi = \beta + \phi. \tag{3.52}$$

Daraus folgt für die Gittergleichung:

$$\lambda_{Blaze} = \frac{d}{m}(\sin\alpha + \sin(\alpha - 2\phi)). \tag{3.53}$$

Da für die Blaze-Wellenlänge λ_{Blaze} an den einzelnen Facettenflächen das Reflexionsgesetz erfüllt wird, ist die Effizienz des Gitters für diese Wellenlänge besonders hoch. Dies bedeutet

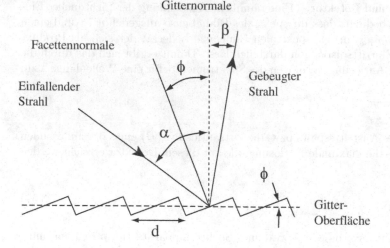

Abb. 3.30 Sägezahnprofil eines Reflexionsgitters mit Blaze

auch, dass Blaze-Gitter einen begrenzten optimalen spektralen Bereich aufweisen. Bei sehr kurzen Wellenlängen und dementsprechendem streifenden Einfall kann es zur Abschattung des auslaufenden Strahlbündels an der geblazten Furche kommen, sodass die Gitterausbeute reduziert wird.

Simulationsverfahren

Um Spektralapparate zu konstruieren, werden Simulationsrechnungen durchgeführt. Bei der numerischen Strahlverlaufsberechnung (*raytracing*) wird der Weg einer endlichen Anzahl von Lichtstrahlen durch eine optische Anordnung nach folgenden Regeln verfolgt: Die Grundlage aller Berechnungen ist die geometrische Strahlenoptik, Beugung wird hierbei meist nicht berücksichtigt. Gekrümmte Flächen werden am Auftreffpunkt eines Strahls lokal durch ebene Flächen approximiert. Gekrümmte Gitteroberflächen werden lokal in der dispersiven Richtung durch ebene Strichgitter angenähert, und die Richtungsänderung eines Lichtstrahls durch ein ebenes Strichgitter wird beschrieben durch:

$$\vec{S}' \times \vec{r} = \vec{S} \times \vec{r} + \frac{m\lambda}{d}\vec{q}, \tag{3.54}$$

mit $\vec{S}'$ und $\vec{S}$ als Einheitsvektoren des ein- und ausfallendes Strahls zur Gitternormalen $\vec{r}$, m: Gitterordnung, λ: Wellenlänge, d: Gitterkonstante und Einheitsvektor $\vec{q}$ parallel zu den Gitterstrichen. Ein häufig verwendetes Programm ist z. B. Shadow [LC 86, LCC 88].

Um Beugungs- und Polarisationseffekte vollständig zu beschreiben, ist die Lösung des elektromagnetischen Randwertproblems notwendig [Pet 80].

Spektralapparate und Monochromatoren für den VUV-Bereich

Spektralapparate im VUV dienen zum Nachweis und zur Spektroskopie von Fluoreszenz im VUV. Als Monochromatoren bezeichnet man Spektralapparate zur Selektion von VUV-Strahlung für die schmalbandige Anregung von Proben. Hierzu werden heutzutage vorwiegend Planspiegelgitter in Kombination mit fokussierenden Spiegeln eingesetzt. Spektralapparate zur VUV-Spektroskopie müssen auf Grund der geringen Fluoreszenzausbeute im VUV [Kra 79] für hohe Transmission und Einzelphotonennachweis ausgelegt sein. Drei Größen spezifizieren die Güte eines Spektralapparats unabhängig von seinem Funktionsprinzip:

Das spektrale Auflösungsvermögen $(\lambda/\Delta\lambda)$ gibt an, inwieweit einfallendes Licht zweier Wellenlängen durch das Spektrometer als getrennt aufgelöst wahrgenommen werden kann. Eine gängige Definition hierfür ist das Rayleigh-Kriterium (siehe oben). Das spektrale Auflösungsvermögen eines Spektrometers wird von seinem dispersiven Element, der räumlichen Ausdehnung der Lichtquelle (Breite der Spektrometereintrittsblende) und den Abmessungen des Detektors (Breite der Austrittsblende bzw. Ortsauflösung) bestimmt. Das theoretisch maximal erreichbare spektrale Auflösungsvermögen eines Spektrometers ist durch das spektrale Auflösungsvermögen seines dispersiven Elements gegeben (für ein Gitter Gleichung (3.49)).

Die Lichtstärke (engl. *light gathering power*) Ψ eines Spektrometers ergibt sich zu

$$\Psi = SL\Omega\tau(\lambda). \tag{3.55}$$

Hierbei ist S die Fläche der Lichtquelle (Spektrometereintrittsblende), L die Leuchtdichte der Lichtquelle (Fluss/[Fläche · Raumwinkel]), $\tau(\lambda)$ die wellenlängenabhängige Transmission der optischen Komponenten und Ω der Akzeptanzwinkel (Raumwinkel) des Spektrometers.

Die Etendue ist ein Maß für die Lichtstärke eines Spektrometers auf Grund der Geometrie seiner Optik. Sie ist eine rein geometrische Größe, unabhängig von den Eigenschaften der Lichtquelle, und wird für ideale optische Komponenten definiert:

$$E = \frac{\Psi}{L\tau(\lambda)} = S\Omega. \tag{3.56}$$

Es gilt $\Omega = A/f^2$, wobei A die Fläche des dispersiven Elements ist (projiziert senkrecht zum einfallenden Lichtstrahl) und f die Brennweite des Kollimators zwischen Eintrittsblende und dispersivem Element (für ein abbildendes dispersives Element der Abstand zwischen Eintrittsblende und dispersivem Element).

Zusätzlich muss die spektrale Effizienz und das Signal-zu-Rausch-Verhältnis der zur Messung benutzten Detektoren berücksichtigt werden, ebenso die energieabhängige Transmission des Spektrometers, welche den Verlust an Intensität durch das Spektrometer auf Grund der Absorption und der Streueffekte an den optischen Komponenten (z. B. Gitterfehler und die verschiedenen Ordnungen eines Gitters) enthält. Der nutzbare Wellenlängenbereich eines Spektrometers wird als Spektralbereich bezeichnet.

Gitterspektrometer

Für einen Spektralapparat im VUV ist auf Grund der geringen Spiegelreflektivität in diesem Spektralbereich ein Design vorteilhaft, bei dem nur wenige optische Elemente durchlaufen werden.

Aus diesem Grund spielen Spektrometer, die nur aus einem Eintrittsspalt, einem abbildenden Reflexionsgitter und einem ortsauflösenden Detektor bestehen, eine wichtige Rolle. Ein abbildendes Reflexionsgitter müsste idealerweise die Form eines Rotationsellipsoids oder Rotationsparaboloids (Ausschnitt) haben. Diese Konturen sind nur schwer mit hoher Genauigkeit herzustellen (Konturfehler, Gradientenfehler, Rauigkeit). Darüber hinaus sind diese theoretisch optimalen Abbildungseigenschaften nur bei *einem* Winkel bzw. *einer* Wellenlänge gegeben. Tatsächlich erzeugt das Polieren zweier Flächen von selbst immer konvexe und konkave Sphären, die sogenannten selbsterzeugenden Flächen. Es sind deshalb sphärische Reflexionsoptiken sehr hoher Qualität erhältlich. Dieser Entwurf liegt dem in Abb. 3.31 dargestellten Spektrometer zugrunde, das mit drei sphärischen Reflexionsgittern in Rowland-Geometrie, optimiert für unterschiedliche Spektralbereiche, ausgestattet ist [NBC+ 89].

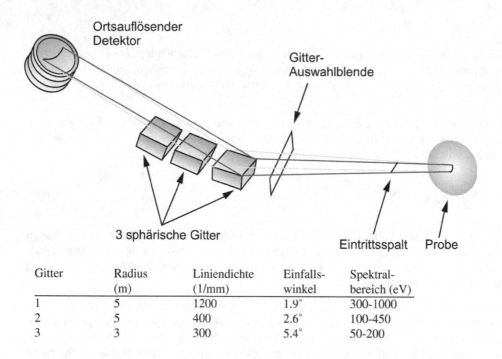

Gitter	Radius (m)	Liniendichte (1/mm)	Einfalls-winkel	Spektral-bereich (eV)
1	5	1200	1.9°	300-1000
2	5	400	2.6°	100-450
3	3	300	5.4°	50-200

Abb. 3.31 Schematischer Aufbau eines Spektrometers für das VUV (nach [NBC+ 89])

Sphärisches Reflexionsgitter in Rowland-Geometrie

Die Theorie des sphärisch konkaven Gitters wurde von Rowland begründet [Row 82, Row 83] und später erweitert [Beu 45, Nam 59]. Hier betrachtet man ein konkaves sphärisches Reflexionsgitter, dessen Gitterlinien die Projektion äquidistanter Linien von einer Fläche senkrecht zur Gitternormalen sind. Die Grundzüge des sphärisch konkaven Gitters in Rowland-Geometrie sind in Abb. 3.32 dargestellt.

Der sogenannte Rowland-Kreis mit Radius $R/2$ wird von den Beziehungen $r = R \cos \alpha$ und $r' = R \cos \beta$ parametrisiert. Dabei sind R: Krümmungsradius des Gitters, α: Einfallswinkel zur Gitternormalen, β: Ausfallswinkel zur Gitternormalen, r: Abstand Quelle – Gitter, r': Abstand Gitter – meridionaler Fokus. Unter streifendem Einfall betrachtete sphärische Spiegel und Gitter besitzen grundsätzlich zwei Fokallinien, die zu einem meridionalen und einem sagittalen Fokus bzw. Fokallinien führen (Astigmatismus). Der meridionale Fokus einer Quelle auf dem Rowland-Kreis liegt auf dem Rowland-Kreis. Dabei ist die meridionale Ebene diejenige Ebene, die von Quellpunkt, Bildpunkt und der Gitternormalen aufgespannt wird. Eine Tangente an den Rowland-Kreis im Schnittpunkt der Gitternormalen und des Rowland-Kreises wird von $\rho = R/\cos \alpha$ und $\rho' = R/\cos \beta$ parametrisiert. Eine Quelle auf dieser Tangente hat auf derselben einen sagittalen Fokus (Fokus in der zur meridionalen Ebene normalen Ebene, der sagittalen Ebene).

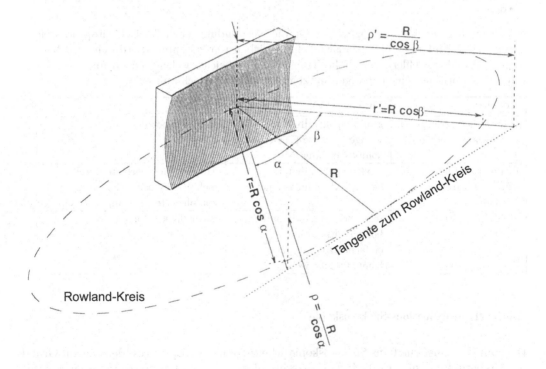

Abb. 3.32 Das konkave, sphärische Reflexionsgitter in Rowland-Geometrie

Für das konkave, sphärische Reflexionsgitter in Rowland-Geometrie, dessen Eintrittsblende sich auf dem Rowland-Kreis befindet, liegen folglich der meridionale und der sagittale Fokus nur für sehr kleine α und β nahe beisammen. Je größer α und β, desto stärker ist der Astigmatismus der Anordnung, wobei für das spektrale Auflösungsvermögen der meridionale Fokus auf dem Rowland-Kreis entscheidend ist. Dies bedeutet, dass bei streifendem Einfall, wie er zur Reflexion im VUV notwendig ist, ein sehr starker Astigmatismus auftritt, wodurch auf einem tangential zum Rowland-Kreis positionierten Detektor das spektrale Bild einer Wellenlänge als parabelförmige Linie in der sagittalen Ebene auftritt. Dieser Abbildungsfehler muss dann durch eine geeignete rechnergestützte Auswertung des spektralen Bildes berücksichtigt werden.

Gitterspektrometer im Vergleich

Zur Verringerung der Abbildungsfehler können zum einen getrennte dispergierende und fokussierende optische Elemente eingeführt werden, worunter jedoch die Transmission leidet. Alternativ kommen auch zunehmend VLS-Gitter (*variable line spacing*) zum Einsatz. Diese beruhen darauf, dass das Strichmuster eines Beugungsgitters dem Hologramm (also nicht äquidistantem Linienabstand) zwischen Lichtquelle und dem spektralen Bild entspricht. Für einen vorgegebenen Spektralbereich können somit sehr gute Abbildungseigenschaften erzielt werden.

Eine grundlegend andere Möglichkeit ist die Verwendung einer Vielschichtoptik, welche unter steilen Einfalls- und Ausfallswinkeln betrieben werden kann. Hierdurch wird bei geringen Abbildungsfehlern eine hohe Transmission erreicht, welche jedoch auf Grund der Interferenzoptik nur einen geringen nutzbaren Spektralbereich aufweist.

Prinzip	Vorteile	Nachteile
sphärisches Strichgitter in Rowland-Geometrie	großer Spektralbereich, wenige optische Elemente, kompakte Bauweise	Abbildungsfehler
dispersives Element mit fokussierenden Elementen	großer Spektralbereich, geringe Abbildungsfehler	Transmissionsverluste durch mehrere optische Elemente, komplizierte Mechanik und Optik
Vielschichtgitter	sehr geringer Astigmatismus, hohe Transmission, einfache Optik, kompakte Bauweise	enger Spektralbereich

Fourier-Transformations-Spektroskopie

Die Fourier-Transformations-Spektroskopie arbeitet ohne ein dispersives Element. Ihr Grundprinzip beruht darauf, dass die Intensitätsschwankung $I(x)$ des Interferogramms eines Zweistrahlinterferometers als Funktion des Weglängenunterschieds beider Strahlengänge x über eine Fourier-Transformation direkt mit der spektralen Intensitätsverteilung $S(k)$ $(k = 2\pi/\lambda)$ der eingestrahlten Strahlung verknüpft ist:

$$S(k) \sim \int_{-\infty}^{\infty} I(x)e^{i(2\pi kx)}dx. \tag{3.57}$$

Dieses Verfahren hat im Gegensatz zu einem konventionellen Gitterspektrometer den Vorteil, dass große Raumwinkel erfasst werden können und simultan die unterschiedlichen Energien der gesamten spektralen Intensitätsverteilung erfasst werden (Energie- und Multiplexvorteil). Die Fourier-Sektroskopie wurde bisher hauptsächlich in der Infrarotspektroskopie eingesetzt. Ihre Eigenschaften, hohe Etendue und simultane Erfassung unterschiedlicher Energien bei hoher Energieauflösung, sind jedoch auch gerade im VUV vorteilhaft. Die Schwierigkeit besteht darin, ein Zweistrahlinterferometer für das VUV zu bauen, da halbtransparente Spiegel als Strahlteiler, wie im sichtbaren und infraroten Spektralbereich vorhanden, für das VUV nicht existieren. Ein sich in Entwicklung befindlicher Ansatz ist die Verwendung von Transmissions-/Reflexionsgittern, wodurch effektiv eine Strahlteilung auch im VUV möglich wird [MHDH 96, YWSN 00].

Ultrahochvakuumtechnik

Instrumentierung im VUV findet immer unter der experimentellen Randbedingung statt, dass die Strahlführung selbst und alle in der Strahlführung und Detektion benutzten Komponenten sich in einem evakuierten Ultrahochvakuum-System (UHV) befinden müssen (Druck $< 10^{-8}$ mbar). Dies ist zum einen notwendig, um die Absorption der VUV-Photonen [HGD 93] an den Atomen und Molekülen innerhalb der Strahlführung zu minimieren. Zum anderen führt die Bedeckung von optischen Elementen insbesondere mit Kohlenwasserstoffen zu einer signifikanten Verringerung der optischen Transmission. Hierbei ist zu bedenken, dass bei einem Druck von ca. 10^{-6} mbar bereits nach einer Sekunde eine Oberfläche mit einer Monolage bedeckt ist. Ein wichtiges Grundprinzip, abgesehen von den technologischen Einzelheiten der Vakuumtechnik, liegt hierbei darin, nur Materialien sehr niedrigen Dampfdrucks zu benutzen. Da jedoch alle Materialien an Atmosphäre mit einem dünnen Wasser- und Kohlenwasserstoff-Film bedeckt werden, muss diese Oberflächenschicht in einem Vakuumsystem entfernt werden, da sonst ihr hoher Dampfdruck nur einen Vakuumdruck bis zu 10^{-8} mbar zulässt. Dieser Vorgang wird als Ausheizen bezeichnet. Er beruht darauf, dass die thermisch induzierte Desorptionswahrscheinlichkeit ν eines Atoms oder Moleküls mit der Bindungsenergie E von der Oberfläche der Vakuumapparatur exponentiell temperaturabhängig ist:

$$\nu = \nu_0 \cdot e^{-E/k_B T}. \tag{3.58}$$

Hierzu wird die komplette Vakuumapparatur auf 150–200 °C über viele Stunden oder Tage erhitzt. Das Ausheizen bewirkt, dass oberflächengebundene Moleküle und Atome desorbieren, aus dem Vakuumsystem gepumpt werden können und dadurch die Oberflächenschicht, welche die Kammeroberfläche benetzt, verarmt wird. Im Ergebnis kann damit nach Abkühlen des Vakuumsystems ein Enddruck zwischen 10^{-10} mbar und 10^{-12} mbar erreicht werden.

3.4.2   Experimente im Röntgenbereich

In diesem Abschnitt wird die Instrumentierung beschrieben, die spezifisch für den Spektralbereich der sogenannten harten Röntgenstrahlung ist, das heißt für den Wellenlängenbereich von 0,5–0,01 nm (dies entspricht etwa 2–100 keV). Dieser Bereich zeichnet sich insbesondere aus durch das Auftreten von Bragg-Beugung an natürlichen Kristallen (vgl. Abschnitt 2.2.1). Neben den weiter unten beschriebenen Beugungs- und Streuexperimenten werden auch im Röntgenbereich spektroskopische Methoden verwendet, die ebenfalls die in Abschnitt 3.4.1 dargestellten Techniken nutzen. Umgekehrt werden auch im VUV- und XUV-Bereich Streuexperimente durchgeführt, die auf im Röntgenbereich übliche Techniken zurückgreifen.

Diffraktometer

Mit Diffraktometern untersucht man die atomare Struktur einer Probe unter Ausnutzung der Bragg'schen Gleichung $2d \sin \Theta = n\lambda$ (vgl. Gleichung (2.78)). Um die experimentellen Parameter festzulegen, ist es bei der Streuung oder Beugung von Röntgenlicht im Allgemeinen erforderlich, den Streuvektor $\vec{Q}$ zu bestimmen. Dies erfordert die Messung der Winkel- sowie der Energieverteilung der gestreuten Photonen. Im Fall elastischer Streuung, wie z. B. der Röntgenbeugung, kann auf die Messung der Photonenenergie verzichtet werden. Das Problem reduziert sich dann auf die Bestimmung des Winkels, unter dem die Photonen relativ zum einfallenden Strahl gebeugt werden. Die Diffraktometrie ist die wichtigste Methode der Röntgenstrukturanalyse, bei der die Symmetrie der Einheitszelle sowie die Anordnung der Atome in der Einheitszelle bestimmt werden. Je nach Fragestellung und Beschaffenheit der Probe wendet man dabei Einkristalldiffraktometrie, Pulverdiffraktometrie, Oberflächendiffraktometrie oder weitere Messmethoden an.

In kristallinen Proben sind die Atome auf einem periodischen Gitter angeordnet. Bragg-Reflexion lässt sich beobachten, wenn für eine definierte Wellenlänge der Röntgenstrahlung die reflektierenden Netzebenen des Kristallgitters so orientiert sind, dass sich Interferenz einfallender und reflektierter Strahlung ergibt. Im Folgenden benötigen wir eine Betrachtung im reziproken Raum. Bei der elastischen Beugung einfallender Photonen mit dem Wellenvektor $\vec{Q}_i$ erhalten die gestreuten Photonen einen Wellenvektor $\vec{Q}_f$ mit $|\vec{Q}_i| = |\vec{Q}_f|$ und dem Streuvektor $\vec{Q} = \vec{Q}_f - \vec{Q}_i$ (vgl. Abschnitt 2.2.1). Die Bragg'sche Gleichung (2.78) setzt die Wellenlänge λ, den Gitterebenenabstand d und den Streuwinkel Θ zueinander in Beziehung. Bragg-Reflexionen werden durch ihre Miller'schen Indizes (hkl) gekennzeichnet. Im reziproken Raum ordnet man diesen Indizes einen Gittervektor zu, der die Orientierung der Netzebenenschar angibt. Für den Abstand zweier Ebenen gilt: $d = 2\pi \cdot |h^2 + k^2 + l^2|^{-1}$. Abb. 3.33 zeigt die Orientierung der Gitterebenen des Probenkristalls sowie die Streugeometrie relativ zur Röntgenstrahlung. Man erkennt, dass der Winkel zwischen einfallendem und ausfallendem Photonenstrahl 2Θ beträgt. Eine detaillierte Beschreibung der Röntgenbeugung findet sich in den Abschnitten 2.2 und Kapitel 5. Um die Einheitszelle sowie die Anordnung der Atome in der Einheitszelle zu bestimmen und daraus etwas über Details der Elektronenverteilung, d. h. der Art der chemischen Bindung, zu lernen, bestimmt man die Intensitätsverteilung im reziproken Raum, d. h. als Funktion der Einfalls- und Ausfallswinkel.

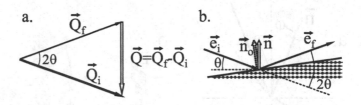

Abb. 3.33 Darstellung des Impulserhaltungssatzes der Bragg'schen Beugung im reziproken Raum (a). Im Ortsraum erkennt man die Richtungen $\vec{e}_i$ und $\vec{e}_f$ einfallender und gebeugter Strahlung relativ zu den Netzebenen des Kristallgitters (b). In (b) liegt die Netzebenennormale $\vec{n}$ nicht parallel zu $\vec{n}_o$, der Oberflächennormale.

Das 4-Kreis-Diffraktometer ist das grundlegende Instrument zur vollständigen Rasterung des reziproken Raums eines Einkristalls. Es verdankt seinen Namen den vier frei wählbaren Winkeln ω, χ, ϕ und 2Θ. Während die ersteren Winkel die drei Freiheitsgrade in der Probenorientierung bedienen, legt der vierte Winkel 2Θ die Bedingung für Bragg-Reflexion fest. In einem Experiment wird zunächst die Streugeometrie eingestellt. Dazu wird die Wellenlänge λ mit dem Monochromator eingestellt, die Richtung $\vec{e}_i$ durch Blenden festgelegt und somit der Wellenvektor $\vec{Q}_i$ definiert. Der im Winkel 2Θ positionierte Detektor bestimmt die Richtung von $\vec{e}_f$. Somit liegt $\vec{Q}_f$ der gestreuten Photonen fest und Richtung und Länge von $\vec{Q}$ sind eindeutig definiert. Bei einem 4-Kreis-Diffraktometer wird die durch $\vec{e}_i$ und $\vec{e}_f$ aufgespannte Streuebene während der Messung nicht geändert. Durch Änderung von 2Θ lassen sich die Gitterebenenabstände d abrastern. Die drei Winkel ω, χ und ϕ legen die Orientierung der Probe relativ zum Streuvektor $\vec{Q}$ fest. Dabei entspricht ω der Variation der Netzebenennormale $\vec{n}$ innerhalb der Streuebene, χ der Verkippung der Netzebenennormale aus der Streuebene heraus und ϕ der Drehung um die Netzebenennormale. Die drei orthogonalen Drehachsen ω, χ, ϕ des Diffraktometers erlauben das vollständige Abrastern aller möglichen Gitterebenenorientierungen und damit des reziproken Raums für eine feste Bragg-Bedingung. Für andere Bragg-Reflexionen muss das Abrastern entsprechend wiederholt werden.

Die Probe ist meist auf einem kleinen Träger, dem Goniometer, befestigt, das wiederum mehrere Rotations- und Translationsfreiheitsgrade besitzen kann und es ermöglicht, die Probe auf das Drehzentrum des Diffraktometers auszurichten. Durch dieses Drehzentrum soll auch der Röntgenstrahl verlaufen, und zusätzliche Translationsbewegungen ermöglichen es, das gesamte Diffraktometer relativ zum Röntgenstrahl zu justieren. Abb. 3.34 zeigt die Anordnung der Winkel sowie die Strahlführung eines 4-Kreis-Diffraktometers.

Für eine vollständige Röntgenstrukturanalyse mit einem 4-Kreis-Diffraktometer ist die integrale Intensität vieler verschiedener Reflexionen mit unterschiedlichem (hkl) aufzunehmen. Die Anzahl der benötigten Reflexionen hängt dabei von der Komplexität der Kristallstruktur ab. Für komplexe Systeme mit sehr vielen Atomen pro Einheitszelle, wie dies etwa bei Proteinkristallen der Fall ist, muss die Intensität sehr vieler Bragg-Reflexionen bekannt sein. Man wendet deshalb ein anderes Verfahren der Röntgenstrukturanalyse an, bei dem zweidimensionale Detektoren eingesetzt werden. Im oben beschriebenen Verfahren wurde implizit ein punktförmiger, null-dimensionaler Detektor angenommen, der die gestreute In-

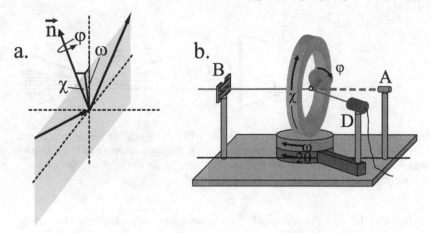

Abb. 3.34 (a) zeigt, wie die Winkel ω, χ, ϕ die Orientierung des Kristallgitters, angedeutet durch die Netzebenennormale $\vec{n}$, relativ zur Streuebene (in grau) festlegen. Wie bereits in Abb. 3.33 gezeigt, entspricht die Netzebenennormale $\vec{n}$ im Allgemeinen nicht der Oberflächennormale $\vec{n}_o$. (b) zeigt ein 4-Kreis-Diffraktometer mit Eintrittsblende (B), Strahlabsorber (A) und Detektor (D). Die an der Probe transmittierten und gebeugten Röntgenstrahlen schließen einen Winkel von 2Θ ein.

tensität für genau einen Winkel 2Θ bestimmt. Die Ausnutzung des positionsabhängigen Nachweises in ein- oder zweidimensionalen Detektoren ermöglicht es, das oben beschriebene Verfahren der Abrasterung des reziproken Raumes erheblich zu beschleunigen. In der Proteinkristallographie wird heute fast ausschließlich mit solchen Dreh-Kristall-Verfahren gearbeitet.

Neben dem beschriebenen 4-Kreis-Diffraktometer wird eine Vielzahl von anderen Diffraktometern für die Röntgenstrukturanalyse mit Synchrotronstrahlung eingesetzt. Einige der gebräuchlichsten Typen werden im Folgenden kurz vorgestellt.

– In Experimenten an Oberflächen ist insbesondere die zweidimensionale Ladungsdichteverteilung an der Oberfläche von Interesse. Um diese untersuchen zu können, ist es notwendig, die Probe um die Oberflächennormale zu drehen und den Detektor aus der Streuebene, hier definiert durch $\vec{Q}_i$ und $\vec{n}_o$, herauszubewegen (siehe Abschnitt 5.1). Ein 4-Kreis-Diffraktometer erlaubt diese Freiheitsgrade der Bewegung nicht, und für Oberflächenexperimente werden daher Diffraktometer mit zwei zusätzlichen Drehachsen eingesetzt (6-Kreis-Diffraktometer).

– Bei Experimenten an Flüssigkeitsoberflächen werden dieselben Freiheitsgrade der Bewegung benötigt wie bei Oberflächenexperimenten. Zusätzlich bedingt die Viskosität der Probe deren horizontale Anordnung. Infolgedessen kann e_i nicht horizontal liegen und muss variiert werden können, um den Einfallswinkel des Photonenstrahls relativ zur Flüssigkeitsoberfläche zu ändern. Die Streuebene, definiert durch $\vec{Q}_i$ und $\vec{n}_o$, steht bei diesen Diffraktometern senkrecht. Der Detektor muss die Variation von 2Θ erlauben und aus der Streuebene herausbewegt werden.

- In Untersuchungen magnetischer Systeme ist die Polarisation sowohl des einfallenden als auch des reflektierten Strahls wichtige Parameter. Die Polarisation des einfallenden Strahls wird durch die Synchrotronstrahlungsquelle oder eine vorangehende Röntgenoptik festgelegt, und das Diffraktometer benötigt eine zusätzliche Drehachse, um die Beugungsebene relativ zur Polarisationsrichtung der einfallenden Röntgenstrahlung orientieren zu können. Die Polarisationsanalyse des reflektierten Strahls erfordert einen Kristallanalysator, der eine Drehung um die Richtung des gebeugten Strahls zulässt (siehe Abschnitt 5.3). Der Kristallanalysator selbst nutzt die Bragg'sche Beugung aus und benötigt für die Einstellung von Θ und 2Θ zwei weitere Freiheitsgrade. Diffraktometer für die Untersuchung magnetischer Proben zeichnen sich daher durch acht Freiheitsgrade der Rotation aus (8-Kreis-Diffraktometer).
- Pulverproben besitzen keine Vorzugsorientierung der beugenden Netzebenen, und man erhält nicht einzelne Bragg-Reflexe, sondern Beugungsringe. Wegen der Symmetrie reicht es, bei Pulverdiffraktometern die Intensität lediglich als Funktion von 2Θ aufzunehmen (siehe Abschnitt 5.2).

Zusammen mit der Breite des untersuchten Beugungsreflexes bestimmt die Auflösung eines Diffraktometers die Genauigkeit, mit der der reziproke Raum abgerastert werden kann. Die Auflösung des Diffraktometers ergibt sich aus der Präzision seines mechanischen Aufbaus. Die Auflösung des Gesamtexperiments folgt aus der Diffraktometerauflösung und der Physik des untersuchten Beugungsvorgangs. Essentiell ist hier beispielsweise die Größe des untersuchten Beugungsvolumens. Um die Gitterkonstante d mit hoher Genauigkeit bestimmen zu können, müssen der Winkel Θ und die Wellenlänge λ sehr genau gemessen werden. Die Bestimmung des Winkels erfolgt im Allgemeinen aus der mechanischen Messung des Winkels zwischen einfallendem und gebeugtem Strahl. Die Größe des Strahls am Ort der Probe sowie die Öffnung der Eintritts- und/oder Detektorblenden bestimmen die Genauigkeit dieser Messung. Eine gegenüber Blenden deutlich verbesserte Auflösung bei der Winkelmessung erreicht man durch den Einsatz von Kristallanalysatoren. Dabei nutzt man die Eigenschaft der Bragg-Beugung an Kristallen aus, dass für eine definierte Photonenenergie nur Strahlung in einem sehr schmalen Winkelbereich gebeugt wird.

3.4.3 Detektoren zum Nachweis von Photonen

Ein wichtiger Bestandteil der Instrumentierung sind Detektoren zum Nachweis der Strahlung. Die Messgröße ist die Intensität der Röntgenstrahlung, die je nach Art des Detektors und des Experiments als Funktion des Orts auf dem Detektor, der Photonenenergie, der Zeit oder einer Kombinationen dieser drei Parameter bestimmt wird. Man unterscheidet zwischen Punkt-, Zeilen- und Flächendetektoren.

Punktdetektoren haben eine einzelne, aktive Detektorfläche, und Orts- oder Winkelauflösung folgen aus der Kollimation des Strahlwegs bzw. aus der Größe der aktiven Fläche. Bei Zeilendetektoren liegen mehrere aktive Detektorelemente in einer Reihe, und der Detektor ist ortsauflösend in dieser Richtung. Flächendetektoren ermöglichen Ortsauflösung in zwei, meist orthogonalen Richtungen. Weiterhin lassen sich die Detektoren unterteilen in solche, die einzelne Lichtquanten nachweisen (Einzelteilchennachweis), und in integrierende Detektoren, die das Signal vieler Lichtquanten aufsummieren, bevor sie ausgelesen werden, und die nicht zwischen einzelnen Quanten unterscheiden können.

VUV- und Röntgenstrahlung ist unsichtbar, und der Nachweis kann nicht mit denselben Methoden erfolgen, die für Licht im sichtbaren Spektralbereich angewandt werden. Detektoren für VUV- und Röntgenstrahlung nutzen daher Sekundärprozesse aus, die auf die primäre Absorption der Strahlung oder Energieverluste folgen. Eine detailliertere Beschreibung dieser Prozesse ist bei [LR 04] zu finden. Die wichtigsten Sekundärprozesse für den Nachweis von VUV- und Röntgenstrahlung sind:

− Die Trennung elektrischer Ladungen führt zur direkten Erzeugung von Elektron-Ion-Paaren in Gasabsorbern und von Elektron-Loch-Paaren in Halbleitern (innerer Photoeffekt). Durch Anlegen einer Spannung an das aktive Detektionsvolumen können die freien Ladungen abgesaugt werden und erzeugen in einer elektronischen Verstärkerkette einen Spannungs- oder Stromimpuls. Detektoren dieser Art wandeln also die Strahlung direkt in elektronische Signale um und werden daher häufig eingesetzt. (Ionisationskammer und Halbleiterdetektor).

− Die Emission von Licht (Phosphoreszenz) im sichtbaren Spektralbereich bei der Relaxation angeregter Molekülzustände durch strahlende Übergänge ist die Eigenschaft von sogenannten Szintillatoren. In einem zweiten Schritt wandelt man bei dieser Art von Detektoren das Licht in Ladungsträger um, die elektronisch weiterverarbeitet werden.

− Die Initiierung chemischer Reaktionen, bzw. die Bildung metastabiler Farbzentren führt zu einer quasi-konstanten Veränderung des Detektors. Chemische Reaktionen nutzt man in Filmen aus, die das klassische Nachweismedium für ionisierende Strahlung waren. Wegen des hohen Aufwands für Entwicklung und Digitalisierung werden Filme heute fast ausschließlich in Anwendungen benutzt, die extrem hohe räumliche Auflösung im Sub-Mikrometerbereich erfordern. Bildplatten nutzen die Erzeugung metastabiler Farbzentren in zumeist 100–200 Mikrometer dicken Schichten Eu-dotierter Ba-Verbindungen aus. Die Farbzentren sind metastabil und können ausgelesen werden, indem man sie mit Licht im sichtbaren Spektralbereich aktiviert und das emittierte, wiederum sichtbare Licht nachweist.

− Die Erzeugung von Wärme wird in sogenannten Bolometern nachgewiesen. Dieses Verfahren wird angewandt, um die sehr intensive und polychromatische Strahlung im Undulator- oder Wigglerstrahl zu charakterisieren. In supraleitenden Bauteilen, sogenannten Josephson-Übergängen, die empfindlich für kleinste Energiequanten sind, kann mit dieser Methode eine äußerst hohe Energieauflösung der Strahlung erreicht werden [DLM$^+$ 03].

Statistische Fluktuation des Detektorsignals

Die im Experiment gemessene Intensität der Sekundärprozesse zeigt statistische Fluktuationen abhängig von der im jeweiligen Detektionsvolumen deponierten Energie. Für das Beispiel der Elektron-Loch-Erzeugung zeigt der Vergleich der energetischen Bandlücke mit der mittleren Energie, die zur Erzeugung eines Elektronen-Loch-Paares benötigt wird, dass nur ein Teil der gesamten deponierten Energie zu dem nachweisbaren Effekt führt (Tab. 3.2). Die Absorption eines Photons führt zur Erzeugung von $N = \hbar\omega_i/E_{e-l}$-Ladungsträgern und ist somit proportional zur deponierten Energie. N unterliegt jedoch statistischen Fluktuationen mit einer charakteristischen Breite der Verteilungsfunktion. Im Grenzfall unkorrelierter Erzeugung von Ladungsträgern wird diese Verteilungsfunktion durch die Poisson-Verteilung beschrieben, und es gilt $\sigma = \sqrt{N}$. Im anderen Grenzfall der vollständigen Umwandlung deponierter Energie in Ladungsträger träten keine Fluktuationen auf, und die Breite der Verteilungsfunktion wäre null. Experimentell stellt man fest, dass keiner von beiden Grenzfällen Gültigkeit hat. Man führt daher den empirischen Fano-Faktor F ein, der das Verhältnis der Breite der Verteilungsfunktion zur Anzahl der erzeugten Ladungsträger für verschiedene Materialen angibt (vgl. Tab. 3.2). Es gilt

$$\sigma^2 = FN; \qquad 0 < F < 1. \tag{3.59}$$

Die Fluktuationen bei der Ladungsträgererzeugung durch Photonen einer Energie führen zu einer Verschmierung der Energieauflösung. Eine Abschätzung der bestmöglichen Energieauflösung ergibt sich aus der relativen Halbwertsbreite der Energieverteilung $\Delta E/(\hbar\omega_i)$

$$\frac{\Delta E}{\hbar\omega_i} = 2{,}36\frac{\sigma}{N} = 2{,}36\sqrt{\frac{F}{N}} = 2{,}36\sqrt{\frac{F \cdot E_{e-l}}{\hbar\omega_i}} \tag{3.60}$$

und damit

$$\Delta E = 2{,}36\sqrt{F \cdot E_{e-l} \cdot \hbar\omega_i}. \tag{3.61}$$

Die relative Energieauflösung nimmt also mit zunehmender Photonenenergie zu, während die absolute Auflösung abnimmt. Man erkennt weiterhin, dass Detektormaterialien mit kleinem E_{e-l} die Möglichkeit zu besserer Energieauflösung bieten. Im Experiment muss zusätzlich die Verbreiterung der Spektren durch andere Prozesse berücksichtigt werden, wie z. B. eine unvollständige Ladungssammlung oder das Rauschen von Detektor und elektronischer Signalverarbeitung.

Charakteristische Eigenschaften eines Detektors

Die Entscheidung für einen bestimmten Detektor in einer speziellen Anwendung eines Synchrotronstrahlungsexperiments folgt aus einer Abwägung der Eigenschaften dieses Detektors. Die wichtigsten Eigenschaften sind die Nachweiswahrscheinlichkeit oder Effizienz, der

Material	E_g [eV]	E_{e-l} [eV]	F
Si	1,12	3,6	0,12
Ge	1,57	4,6	0,12
CdTe	1,44	4,4	
GaAs	1,43	4,2	

Tab. 3.2: Bandlücke E_g sowie die zur Erzeugung eines Elektronen-Loch-Paares notwendige Energie E_{e-l} für verschiedene Halbleitermaterialien. F gibt den Fano-Faktor für das jeweilige Material an. Daten aus [Owe 06] entnommen

dynamische Bereich sowie das Signal-zu-Untergrund-Verhältnis, die Orts- sowie die Energieauflösung des Detektors.

Als die Nachweiswahrscheinlichkeit bezeichnet man das Verhältnis der im Detektionsvolumen nachgewiesenen Photonen zur Anzahl der einfallenden Photonen. Um eine möglichst hohe Zählrate und damit eine hohe statistische Genauigkeit erreichen zu können, sollte die Nachweiswahrscheinlichkeit möglichst groß sein. Die wichtigste Komponente hierbei ist eine Maximierung des Wirkungsquerschnitts für den primären Absorptionsprozess (vgl. auch Abschnitt 2.1). Die Abb. 3.35 (a) zeigt die Abhängigkeit des Wirkungsquerschnitts der inelastischen Streuprozesse Photoeffekt, Compton-Streuung sowie Paarerzeugung von der Photonenenergie. Aus Abb. 3.35 (a) erkennt man, dass im klassischen Röntgenbereich um 12 keV dem Photoeffekt der größte Anteil am Gesamtwirkungsquerschnitt zukommt, während Paarbildung in Synchrotronstrahlungsexperimenten im Allgemeinen nicht berücksichtigt werden muss. Die Maximierung der Nachweiswahrscheinlichkeit kann durch Wahl des Elements oder durch Änderung der Dicke des absorbierenden Materials erreicht werden (vgl. Abb. 3.35 (b)).

Als den Dynamischen Bereich bezeichnet man das Verhältnis des maximal messbaren Signals zum rms-Wert des Eigenrauschens des Detektors inklusive elektronischer Signalverarbeitung. Als Rauschen bezeichnet man das Messsignal, das nicht der Absorption der Strahlung zuzuordnen ist. Im Allgemeinen überlagern sich das Detektorrauschen sowie die von der Strahlung induzierten Messsignale (einschließlich des Rauschens des Messsignals). Das Eigenrauschen integrierender Detektoren kann in Äquivalenten des Signals einzelner Photonen ausgedrückt werden. Ist dabei das Eigenrauschen deutlich kleiner als 1, so können einzelne Photonen nachgewiesen werden, und man spricht von Einzelphotonen-Empfindlichkeit. Das maximale Signal wird im Allgemeinen durch Sättigungseffekte bestimmt. Nichtlinearität ist die Folge, das heißt die nicht lineare Zunahme nachgewiesener Photonen als Funktion zusätzlich einfallender Photonen. Elektronisch ausgelesene Detektoren erfordern eine bestimmte Zeit zur Verarbeitung der Signale. Während dieser Totzeit T können keine Signale weiterer Photonen verarbeitet werden, was zu einer nichtlinearen Antwortfunktion des Detektors führt. Der Effekt nimmt mit der Anzahl einfallender Lichtquanten zu und kann als eine zunehmende Sättigung verstanden werden.

Als Ortsauflösung bezeichnet man die laterale Auflösung ein- oder zweidimensionaler Detektoren bei der Bestimmung des Einfallsorts eines Photons oder eines sehr feinen Strahls. Streuung der Photonen im Detektormaterial sowie die Ausbreitung der Sekundärprozesse erzeugen dabei eine räumliche Verteilung [XI- b]. Die zweidimensionale Punktauflösungsfunktion $PSF(x, y)$ (engl. *point spread function*) beschreibt die räumliche Verteilung, die sich für einen punktförmigen Strahl ergibt. Eine gemessene Intensitätsverteilung $N_o(x, y)$ entspricht somit der Faltung der einfallenden Intensitätsverteilung $N_i(x, y)$ mit $PSF(x, y)$:

$$N_o(x, y) = PSF(x, y) \otimes N_i(x, y). \tag{3.62}$$

Die Punktauflösungsfunktion ist normiert und es gilt

$$1 = \int_{x=-\infty}^{x=+\infty} \int_{y=-\infty}^{y=+\infty} PSF(x, y) dx dy. \tag{3.63}$$

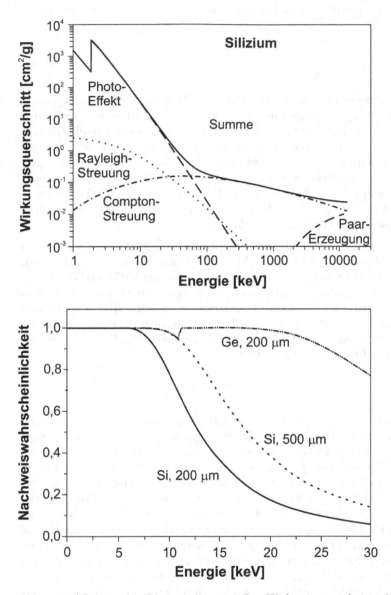

Abb. 3.35 (a) zeigt für Silizium die partiellen Wirkungsquerschnitte für Photoeffekt, kohärente (Rayleigh-) sowie inkohärente (Compton-) Streuung und Paarerzeugung als Funktion der Photonenenergie (nach [BHS$^+$ 69]). Zusätzlich ist der Gesamtwirkungsquerschnitt eingetragen. (b) zeigt die Nachweiswahrscheinlichkeit für typische Kombinationen von Detektormaterial und Dicke des Nachweisvolumens [XI- a].

Für eindimensionale Detektoren definiert man eine entsprechende Linienauflösungsfunktion $LSF(x)$ (engl. *line spread function*), die sich durch Integration aus der Punktauflösungsfunktion ergibt

$$LSF(x) = \int_{y=-\infty}^{y=+\infty} PSF(x, y) dy. \tag{3.64}$$

Unter Energieauflösung versteht man die Eigenschaft eines Detektors, die Energie einzelner Röntgenquanten bzw. die spektrale Zusammensetzung der auf den Detektor treffenden Strahlung zu bestimmen. Energieauflösung wird nur für Einzelphotonennachweis erreicht, da das elektronische Signal jedes einzelnen nachgewiesenen Quants analysiert werden muss. Detektoren dieser Art können für die direkte spektroskopische Analyse der Energieverteilung des einfallenden Strahls eingesetzt werden, z.B. beim hochauflösenden Elementnachweis mittels Fluoreszenzanalyse (vgl. Abschnitt 6.3.4). Bei elastischen Röntgenbeugungsexperimenten können auf diese Weise inelastische Ereignisse spektral gefiltert werden, z.B. Fluoreszenz oder inelastisch gestreute Röntgenstrahlung.

In der Praxis wird eine Vielzahl von verschiedenen Detektoren eingesetzt, die hier nicht alle im Detail beschrieben werden können (siehe z.B. [XI- 06] für eine vollständigere Übersicht). Im Folgenden werden einige wichtige Klassen von Detektoren für den VUV- und den Röntgenbereich vorgestellt. Hierzu gehören Ionisationskammern, Ein- und Mehrkanal-Flächendetektoren sowie energiedispersive Detektoren. Eine solche Liste kann nicht abschließend sein, und die Entwicklung neuer Detektoren wird nicht zuletzt angetrieben durch die Erschließung neuartiger höchstintensiver Synchrotronstrahlungsquellen wie Freie-Elektronen-Laser und Energy-Recovery-Linacs (s. Abschnitt 7).

Ionisationskammern

Zur Bestimmung der Intensität der einfallenden und ausfallenden Strahlung, zur Kalibrierung von Detektoren und zur Bestimmung der Quantenausbeute unterschiedlicher Detektoren sind Messungen des absoluten Photonenflusses notwendig. Hierzu dienen Ionisationskammern, die unterschiedlich konstruiert sein können. In allen Fällen wird jedoch der Photostrom gemessen, der auf Grund der Photoionisation eines Gases, meist eines Edelgases (Ne, Ar), entsteht. Dies geschieht oft in einer Niederdruckgaszelle, um störende Effekte, beispielsweise eine zu starke Absorption oder Nichtlinearitäten, zu vermeiden. Der Photonenfluss wird aus den gemessenen Photoströmen anhand des Photoionisations-Wirkungsquerschnitts (vergleiche auch Abschnitt 4.1) [YL 85], der Temperatur und der Länge der durchstrahlten Gassäule bestimmt. In manchen Experimenten erfolgt die Photonenflussbestimmung aus praktischen Gründen auch aus der Messung des Photostroms an der metallischen Beschichtung eines Röntgenspiegels oder an einem feinmaschigen Drahtnetz im Strahlengang.

Photodiode

Abb. 3.36 zeigt schematisch den Aufbau und die Funktionsweise einer pn-Siliziumphotodiode. Diese besteht aus einer p-dotierten und einer n-dotierten Siliziumschicht, die einen pn-Kontakt bilden. Der Überschuss an beweglichen Ladungsträgern, Elektronen im n-dotierten

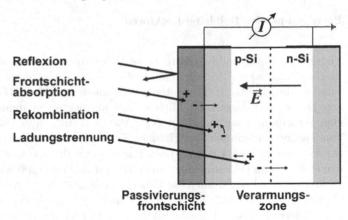

Abb. 3.36 Aufbau und Funktionsweise einer pn-Siliziumphotodiode

und Elektronenlöchern im p-dotierten Gebiet, führt jeweils zu einer Ladungsträgerdiffusion aus dem Majoritätsgebiet in das Minoritätsgebiet. Dadurch entsteht eine Ladungsträger-Verarmungszone im Bereich des pn-Kontakts sowie eine negative Raumladung im p-dotierten und eine positive Raumladung im n-dotierten Gebiet. In der Verarmungszone bildet sich auf diese Weise ein internes elektrisches Feld $\vec{E}$ aus.

Die Absorption von Strahlung in der Verarmungszone erzeugt durch den sogenannten inneren Photoeffekt, d. h. durch die Anregung von Elektronen aus dem Valenz- in das Leitungsband, Elektron-Loch-Paare, die durch das interne elektrische Feld räumlich getrennt werden. Sekundäre Anregungsprozesse führen dabei über mehrere Stufen zu einer vollständigen Absorption der Energie eines Photons und zur Erzeugung weiterer Elektron-Loch-Paare, die man insgesamt über den Kurzschluss-Photostrom als Detektorsignal nachweisen kann. Oberhalb einer Photonenenergie von etwa 30 eV ist daher die Anzahl der pro Photon generierten Ladungsträger statistisch bestimmt und proportional zur Photonenenergie, d. h. die mittlere Energie für die Erzeugung eines Elektron-Loch-Paares ist konstant und beträgt z. B. für Silizium 3,66 eV [S+ 00]. Bei einer Photonenenergie von 1000 eV werden in Silizium somit etwa 270 Elektron-Loch-Paare gebildet.

Tatsächlich ist die Quantenausbeute einer Halbleiterphotodiode insgesamt jedoch kleiner, da ein Teil der Strahlung bereits an der Oberfläche reflektiert oder außerhalb der Verarmungszone absorbiert wird, z. B. in der Passivierungsfrontschicht der Photodiode. Die Absorption von Strahlung im Halbleitermaterial außerhalb der Verarmungszone führt wegen des Fehlens eines internen elektrischen Feldes zu einer unvollständigen Ladungstrennung und zu Rekombinationsprozessen.

Mit Photodioden wird eine hohe Nachweiswahrscheinlichkeit erreicht bei Zählraten bis zu 10^6 Pulsen/s. Durch eine räumlich strukturierte Diodenanordnung wird eine entsprechende Ortsauflösung erreicht. Für den Einzelphotonennachweis mit hoher Zählrate (10^8 Pulse/s) und Zeitauflösung eignen sich besonders vorgespannte Photodioden (Avalanche-Dioden). Hierbei wird durch eine interne Kaskade eine Vervielfachung von Elektron-Loch-Paaren herbeigeführt.

Energiedispersive Halbleiterdetektoren

Energiedispersive Halbleiterdetektoren bilden die wichtigste Klasse von Detektoren für den weichen und harten Röntgenbereich, die mittels Einzelphotonennachweis die Messung der Energie absorbierter Lichtquanten ermöglichen. In Abb. 3.37 (a) ist der Aufbau dieser Art von Detektoren dargestellt. Mittels einer angelegten Spannung von bis über 1000 V wird eine Verarmungszone aufgebaut (vgl. Abb. 3.37 (b)), in der kaum freie Ladungsträger vorhanden sind und ein sehr rauscharmes Signal gemessen werden kann. Erzeugt ein Photon in der Verarmungszone Elektron-Loch-Paare, so werden die freien Ladungsträger im anliegenden elektrischen Feld abgesaugt und erzeugen im Vorverstärker einen Ladungspuls. In einem zweiten Verstärker werden diese Pulse geformt und weiter verstärkt, bevor die Pulshöhe bestimmt wird. Die Pulshöhe ist proportional zur Energie des absorbierten Lichtquants. Das digitalisierte Pulshöhensignal wird dann im Datennahmesystem des Experiments weiterverarbeitet. Eine detaillierte Beschreibung dieses Detektortyps findet man z. B. in [Leo 94].

Die wichtigsten Materialien für diese Art von Detektoren sind hochreines Germanium, hochreines Silizium sowie mit Lithium dotiertes Silizium. Bei Raumtemperatur ist die Beweglichkeit der Ladungsträger in diesen Materialien so groß, dass das Anlegen der Sperrspannung zu einer Zerstörung der ladungsträgerfreien Zone führen würde. Man betreibt diese Detektoren daher bei der Temperatur von flüssigem Stickstoff (73 K). Silizium und Germanium unterscheiden sich insbesondere in ihrer Röntgenabsorption im Spektralbereich von 10–50 keV (vgl. Abb. 3.35 (b)). Um die Nachweiswahrscheinlichkeit bei höheren Photonenenergien zu verbessern, werden zur Zeit neue, stärker absorbierende Detektormaterialien entwickelt (CdZnTe, GaAs).

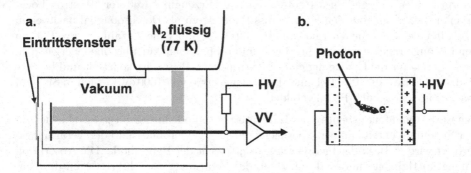

Abb. 3.37 (a) zeigt schematisch den Aufbau eines Halbleiterdetektors zum energieaufgelösten Nachweis von VUV- und Röntgenstrahlung. Am beidseitig metallisch kontaktierten, hochreinen Halbleiterkristall liegt eine Spannung (HV) an, und die Ladungssignale werden vorverstärkt (VV), bevor sie zur Signalverarbeitung weitergeleitet werden. Der Kristall ist in einem Vakuumgefäß montiert und an ein Flüssigstickstoffbad angekoppelt. In (b) ist die Ladungsträgerverteilung bei Anlegen der Sperrspannung (HV) sowie die Erzeugung eines primären Elektrons und sekundärer Elektron-Loch-Paare nach Einfall eines Photons angedeutet.

CCD- und Pixel-Flächendetektoren

Flächendetektoren erfahren eine zunehmende Verbreitung in abbildenden Experimenten, Beugungs- und Streuexperimenten sowie in der Kristallographie mit Synchrotronstrahlung. Zudem ermöglichen leistungsfähige elektronische Bauteile, Flächendetektoren mit mehr als 10^6 Elementen und einer Informationstiefe von bis zu 16 bit sehr schnell auszulesen. CCD-Detektoren (CCD = *charge coupled device*) benutzen Siliziumchips mit sehr kleinen Pixeln. In den Pixeln werden die von der Strahlung erzeugten Ladungsträger gespeichert, bis in einem Auslesezyklus alle Pixel einzeln nacheinander ausgelesen werden. Die im Pixel gespeicherte Ladung entspricht damit einer Integration der Signale einzelner Quanten. CCD-Detektoren haben eine große Verbreitung erreicht, da sie auf recht einfache Weise das Auslesen vieler Pixel ermöglichen. Typische Pixelgrößen liegen bei 10–40 μm.

CCD-Detektoren bestehen aus einem flächigen mikrostrukturierten Feld (*array*) aus schaltbaren Metall-SiO_2-Si-Kondensatoren mit Kantenlängen im Bereich einiger weniger μm (Zellen). Durch eine angelegte Spannung an der Metallelektrode bildet sich an der Si/SiO_2-Grenzschicht eine Verarmungszone für Majoritätsladungsträger. In der Verarmungszone werden durch einfallende Strahlung erzeugte Minoritätsladungsträger innerhalb einer jeden Zelle akkumuliert. Diese Zellen werden pixel *picture element* genannt. Die akkumulierten Ladungsträger können durch drei oder vier Elektroden von Zelle zu Zelle verschoben werden. Dies bildet die Grundlage zum Auslesen des CCD-Detektors. Hierbei wird das Ladungsmuster der ersten Zeile von Zellen erfasst. Danach wird der Inhalt sämtlicher Zellen eine Zeile verschoben und wieder ausgelesen. Das Auslesen wird sukzessive für alle Zeilen in einem Auslesezyklus durchgeführt, mit einer Zeitskala von ms. Bei Zimmertemperatur werden die Zellen im Sekundenbereich durch thermisch erzeugte Elektronen gesättigt, was jedoch durch gekühlten Betrieb, z. B. Peltierkühler oder flüssiger Stickstoff, vermindert werden kann. Zusätzliches Rauschen tritt beim Transport der Ladungsträger von Zelle zu Zelle im Ausleseprozess auf. Das Signal-zu-Untergrund-Verhältnis lässt sich durch den Einsatz von vorgeschalteten MCPs und Lumineszenzwandlern erhöhen.

Ein CCD-Detektor zeichnet sich durch eine feine räumliche Auflösung aus (bis hinunter zu 20 μm, Stand 2008), jedoch entsteht durch den Ausleseprozess, d. h. beim sukzessiven Ladungstransfer entlang einer Zeile in das Ausleseregister hinein, ein Hintergrundrauschen. Ferner ist die maximale Ladung pro Zelle begrenzt, da ansonsten Ladungsträger in benachbarte Zellen überschwappen und das Ausleseergebnis verfälschen können.

Bedingt durch den Auslesemechanismus sind CCD im Allgemeinen relativ langsame Detektoren. Neuere Typen können jedoch auch spaltenweise ausgelesen werden und sind damit erheblich schneller. Sie finden z. B. in Experimenten mit Freie-Elektronen-Lasern Anwendung.

Der zweite Typ sind Pixel-Detektoren, bei denen für jedes Pixel eine elektronische Signalverarbeitung existiert. Auf diese Art können Lichtquanten im Einzelphotonennachweis gemessen werden. Diese Detektoren stehen zur Zeit im Mittelpunkt der Entwicklung zweidimensionaler Detektoren wie des PILATUS-1M-Detektors [B+ 06], sind aber wegen des erforderlichen Aufwands noch nicht sehr verbreitet. Nachteilig ist, dass die Pixel auf Grund des Platzbedarfs für die zu integrierenden elektronischen Bauteile mit 100–200 μm zur Zeit noch relativ groß sind. Eine umfassende Behandlung der elektronischen Aspekte dieser Detektoren ist in [Spi 05] zu finden. In einem Pixeldetektor wird das detektierte Signal jeder Zelle über eine Read-out-Elektronik einzeln ausgelesen und verstärkt. Im Vergleich zu einem CCD wird so eine wesentlich größere Dynamik erreicht. Die erreichbare Auflösung wird jedoch auch durch die Größe der Elektronik limitiert, da hinter jedem Pixel eine komplette Zählkette liegen muss. Zusätzliche Komplikationen ergeben sich, wenn härtere Röntgenstrahlung verwendet wird, die auch auf die Zählelektronik trifft.

Daher ist es für diese Anwendung vorteilhaft, wenn die Zählkette hinter den Zellen aufgebaut wird. Ein möglicher Ansatz ist die Verwendung einer geeigneten Klebetechnik, z. B. ist es mit Indiumtröpfchen möglich, Pixel und Readout-Elektronik auf getrennten Substraten herzustellen und diese anschließend geeignet miteinander zu verbinden. So kann jeder Herstellungsprozess unabhängig optimiert werden. Auf diese Weise gelang es, Pixeldetektoren mit einer Auflösung von besser als $100\,\mu$m herzustellen [B+ 06], weitere Verbesserungen sind insbesondere bei Detektoren mit kurzer Auslesezeit (www.hll.mpg.de, [SER+ 10], www.xfel.eu) für FEL-Experimente zu erwarten.

Für beide Arten von Detektoren wird bevorzugt Silizium verwandt, da bislang nur für dieses Material die Technologie zur Produktion nahezu perfekter und rauscharmer Elektroniken zur Verfügung steht. Silizium ist jedoch sehr leicht, und die Silizium-Chips sind sehr dünn, sodass sie nur eine ungenügende Nachweiswahrscheinlichkeit für harte Röntgenstrahlung aufweisen. Man konvertiert deshalb häufig die Röntgenstrahlung mittels einer sehr dünnen, fluoreszierenden Schicht zunächst in sichtbares Licht. Da zudem die Größe von CCD-Chips meist deutlich kleiner ist als der Raumwinkel, den der Detektor abdecken soll, koppelt man die konvertierende Schicht mittels einer verkleinernden Lichtfaseroptik an den Chip an. Im Silizium erzeugen die Lichtquanten dann freie Ladungsträger. Abb. 3.38 zeigt einen Schnitt durch einen Flächendetektor, der auf dem Prinzip eines Faser-gekoppelten CCD beruht.

Sekundärelektronenvervielfachung

Sind die Strahlungsleistungen bei Reflexions- oder Transmissionsmessungen für den Nachweis mit Halbleiterphotodioden zu gering, bieten sich verstärkende Detektoren nach dem Prinzip des äußeren Photoeffekts mit anschließender Sekundärelektronenvervielfachung (SEV) an. Voraussetzung zur Nutzung dieser Klasse von Detektoren ist zumeist eine gemeinsame Vakuumumgebung von Probe und Detektor, da die SEV nur in Vakuum funktionieren und jede Art von Fenstern zu einer zu starken Absorption der ohnehin schwachen Strahlung führen würde.

Zu dieser Klasse von Detektoren gehören sowohl Photomultiplier und Einkanalvervielfacher (*channeltrons*) als auch Detektoren aus Mikrokanalplatten (*micro-channel plates*, MCPs). Gemeinsam ist diesen Detektoren das Prinzip der Konversion von Photonen in Photoelektronen, die in einer photoempfindlichen Schicht aus einem Material mit möglichst hoher Photoelektronenausbeute, wie zum Beispiel CsI, CuI, MgF_2 oder KBr erfolgt. Unterschiedlich ist bei diesen Detektoren die Anordnung zur Sekundärelektronenvervielfachung. Bei MCP-Detektoren geschieht diese innerhalb der Kanäle einer Mikrokanalplatte, wie in Abb. 3.39 dargestellt. Typische Kanaldurchmesser liegen im Bereich zwischen $5\,\mu$m und $50\,\mu$m bei einer etwa 50-mal größeren Kanallänge, d. h. Plattenstärke. Oft sind die Kanäle, deren Wandung aus einem hochohmigen Material mit hoher Elektronenausbeute besteht, mit einem

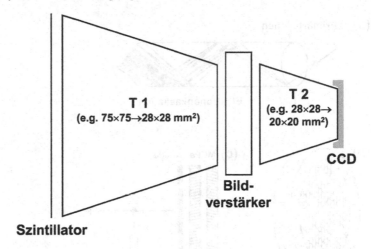

Abb. 3.38 Schnitt durch einen Flächendetektor (schematisch). In dem gezeigten Beispiel [ZZ 98] werden die Röntgenquanten in einer Szintillatorschicht in sichtbares Licht umgewandelt. Das Szintillationsmaterial ist fiberoptisch an ein Lichtfaserbündel (T1) angekoppelt. Durch Reduktion des Faserquerschnitts (Tapern) verkleinert man dabei das Bild. In einem fiberoptisch angekoppelten Bildverstärker wird dieses Bild verstärkt, bevor es in einem zweiten Lichtfaserbündel (T2) nochmals verkleinert und so an die Größe des CCD-Chips angepasst wird.

Winkel von einigen Grad zur Oberflächennormalen der Mikrokanalplatte orientiert, um die ungehinderte Transmission von senkrecht auftreffender Strahlung zu vermeiden [ST 91].

Legt man nun zwischen Vorder- und Rückseite der Mikrokanalplatte eine Hochspannung von typischerweise 1 kV an, bildet sich ein elektrisches Feld entlang der Kanäle aus, in dessen Richtung die Photoelektronen, die an der Vorderseite durch auftreffende Photonen entstehen, beschleunigt werden. Aus den Wänden der Kanäle werden dabei Sekundärelektronen ausgelöst, sodass über einen mehrstufigen Kaskadeneffekt eine Elektronenlawine mit einer typischen Elektronenvervielfachung von 10^3 bis 10^4 an der Rückseite der Mikrokanalplatte entsteht. Zwei MCPs hintereinander geschaltet ergeben damit eine für SEV-Detektoren typische Verstärkung von 10^6 bis 10^8, die bei MCP-Detektoren ausreicht, um über eine bloße Photostromverstärkung hinausgehend sogar den Einzelnachweis von Photonen zu erreichen. Denn wegen der kleinen Abmessungen der Mikrokanäle und der damit verbundenen kurzen Elektronenlaufzeiten führt jedes nachgewiesene Primärteilchen zu einem Ladungspuls von ungefähr 10^{-12} C innerhalb einer Dauer von nur etwa 1 ns und daher zu einem über ein RC-Glied ausgekoppelten Spannungspuls im mV-Bereich, der mit üblicher Zählelektronik leicht verarbeitet werden kann (Abb. 3.39). MCP-Detektoren ohne photoempfindliche Frontschicht eignen sich auch sehr gut zum Einzelnachweis von Elektronen und Ionen.

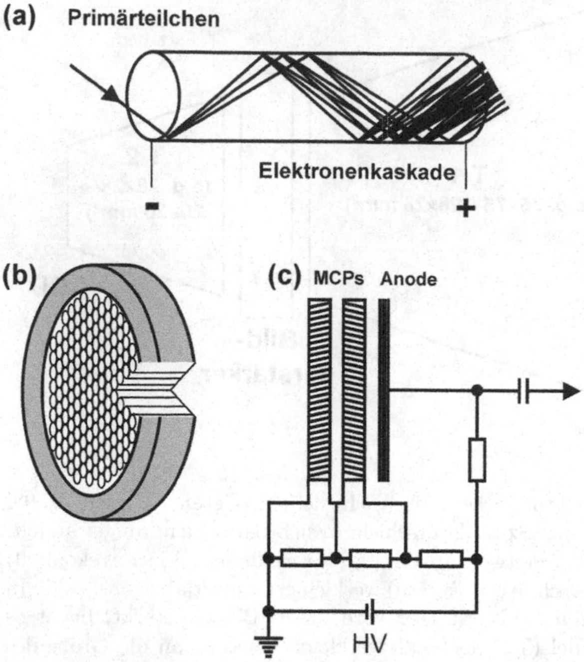

(a) Primärteilchen

Elektronenkaskade

(b)   **(c)** MCPs Anode

HV

Abb. 3.39 Aufbau und Funktionsweise eines MCP-Detektors: (a) Sekundärelektronenvervielfa-chung innerhalb eines Mikrokanals, (b) Mikrokanalplatte (*micro-channel plate*, MCP), (c) Beschaltung eines zweistufigen MCP-Detektors für den Einzelteilchennachweis

Ortsauflösender MCP-Detektor

Ein *multi-channel plate* (MCP) besteht aus einer Scheibe aus feinen Glaskapillaren, die in hexagonaler Anordnung miteinander verschmolzen wurden. Je nach Design sind die Kapillaren zur Oberfläche um 8–20° verkippt. Die Kapillarinnenwände sind mit einem hochohmigen Material geringer Austrittsarbeit belegt.

Die maximale Verstärkung liegt bei 10^4 und wird durch ionische Rückkopplung begrenzt[7]. Da jede einzelne Kapillare als selbständiger Elektronenvervielfacher wirkt, bleibt bei der Vervielfachung die räumliche Information des Auftreffpunkts des Primärteilchens auf dem MCP erhalten. Die räumliche Aufweitung beträgt etwa $20\,\mu$m.

Das Prinzip eines ortsauflösenden MCP-Detektors ist in Abb. 3.40 gezeigt. Die aus dem letzten MCP austretende Elektronenwolke wird durch ein elektrisches Feld auf eine Wider-standsanode gezogen. Sie besteht aus einer dünnen Widerstandsschicht auf einem Keramik-träger, ist quadratisch und hat an jeder Ecke einen Ladungsabfluss auf gleichem Potential. Eine in p auftreffende Ladungswolke fließt durch diese vier Ausgänge (A, B, C, D) ab.

---

[7]Diese entsteht durch Ionen, die zum Kanaleingang hin beschleunigt werden und dort bei ausreichender kinetischer Energie eine neue Ladungslawine auslösen.

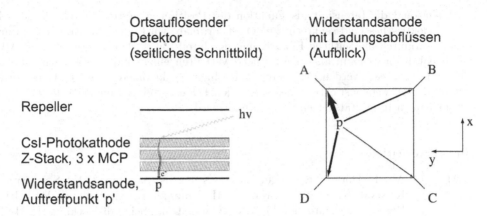

Abb. 3.40 Funktionsprinzip eines ortsauflösenden MCP-Detektors mit Widerstandsanode

Hierbei bestimmt der Ort des Auftreffens auf die Anode die Größe der durch jeden einzelnen Abfluss gehenden Ladung[8]. Aus den verstärkten und digitalisierten Werten eines jeden Ausgangs wird die Auftreffposition (x, y) der Ladungswolke auf der Widerstandsanode mit folgenden linearen Beziehungen bestimmt:

$$x = \alpha \cdot \frac{(A+B)-(C+D)}{(A+B+C+D)} \qquad y = \alpha \cdot \frac{(A+D)-(B+C)}{(A+B+C+D)}. \qquad (3.65)$$

α ist ein Skalierungsfaktor der so gewählt wird, dass das durch die Elektronik berechnete Bild eine Abbildung der Ereignisse auf der Photokathode ist. Die gesamte in einem Puls von der Anode abfließende Ladung wird ebenfalls erfasst. Eine untere Schwelle für thermische Elektronen in den MCPs diskriminiert die einfallenden Pulse. Liegt ein Puls oberhalb der Schwelle, so werden seine Positionskoordinaten x, y aufgezeichnet, andernfalls wird das Ereignis verworfen. Es wird eine Ortsauflösung von $20\,\mu$m erreicht. Ein alternatives Konzept, das auch schnelle zeitaufgelöste Messungen ($\sim$ ns) erlaubt, ist eine Laufzeitanode, die aus gekreuzten Drähten besteht [ADJ$^+$ 99]. Es wird besonders für Koinzidenzexperimente im Bereich der Atom- und Molekülphysik eingesetzt.

Auch die Konversion in einen Lichtpuls ist über die Kombination eines MCP mit einem Fluoreszenzschirm und entsprechender Beschleunigungsstrecke möglich. Für intensive Signale bietet sich die weitere Datenerfassung über eine nachgeschaltete CCD-Kamera an.

Streak-Kamera

Der Nachweis dynamischer Prozesse auf einer Pico- oder Femtosekundenskala ist durch den Einsatz einer Streak-Kamera möglich. Sie erlaubt bei einer Zählrate von bis zu 10^9 Pulsen/s eine Zeitauflösung von $\sim$1 ps. In einer Streak-Kamera werden einfallende Photonen in Elektronen umgewandelt und mit einem MCP verstärkt. Entlang einer Ortskoordinate (x) wird

---

[8]Das Prinzip der Ortsbestimmung durch Ladungsdiffusion in einer Widerstandsanode wurde von C. W. Gear eingeführt [Gea 69].

eindimensional die Intensität als Funktion der Position gemessen. Durch ein schnell gepulstes elektrisches Feld senkrecht zur Ortskoordinate wird eine zeitliche Auslenkung (y) erzeugt, wodurch die zeitliche Entwicklung der Intensität entlang x erfasst wird. Mithilfe der Streak-Kamera kann also das zeitliche Verhalten einer eindimensionalen Intensitätsverteilung gemessen werden. Als Detektor in einem Spektrometer liegt die Ortskoordinate entlang der Dispersionsrichtung des spektralen Bildes, wodurch die zeitliche Entwicklung der spektralen Intensitätsverteilung bestimmt wird.

Literaturverzeichnis

[ADJ+ 99]   Ali, I.; Dörner, R.; Jagutzki, O.; Nüttgens, S.; Mergel, V.; Spielberger, L.; Khayyat, K.; Vogt, T.; Bräuning, H.; Ullmann, K.; Moshammer, R.; Ullrich, J.; Hagmann, S.; Groeneveld, K.-O.; Cocke, C. L.; Schmidt-Böcking, H.: Multi-Hit Detector System for Complete Momentum Balance in Spectrocopy in Molecular Fragmentation Processes. Nucl. Instrum. Methods Phys. Res. B **149** (1999) 490

[B+ 06]   Brönnimann, C.; et al.: The Pilatus 1M Detector. J. Synchrotron Rad. **13** (2006) 120–130

[Beu 45]   Beutler, H. G.: The Theory of the Concave Grating. J. Opt. Soc. Am. **35** (1945) 311

[BHS+ 69]   Berger, M. J.; Hubbell, J. H.; Seltzer, S. M.; Chang, J.; Coursey, J. S.; Sukumar, R.; (2005), D. S. Z.; XCOM: Photon Cross Sections Database (version 3.1). [Web-Datenbank] verfügbar: http://physics.nist.gov/xcom [2006, August 23]. National Institute of Standards and Technology, Gaithersburg, MD. Originally published as Hubbel, J. H.: Photon Cross Sections, Attenuation Coefficients and Energy Absorption Coefficients from 10 keV to 100 GeV. Natl. Stand. Ref. Data Ser. **29** (1969)

[Bor 65]   Born, M.: Optik. Heidelberg: Springer 1965

[DLM+ 03]   Day, P. K.; LeDuc, H. G.; Mazin, B. A.; Vayonakis, A.; Zmuidzinas, J.: A Broadband Superconducting Detector Suitable for Use in Large Arrays. Nature **425** (2003) 817–821

[Erk 90]   Erko, A. I.: Synthesized Bragg Fresnel Multilayer Optics. Journal of X-Ray Science and Technology **2** (1990) 297

[Gea 69]   Gear, C. W.: In Proc. for the Skytop Conf. on Computer Systems in Experimental Nuclear Physics 1969

[HGD 93]   Henke, B. L.; Gullikson, E. M.; Davis, J. C.: X-Ray Interactions: Photoabsorption, Scattering, Transmission, and Reflection at E=50-30000 EV, Z= 1-92. At. Data Nucl. Data Tables **54** (1993) 181

[HZ 79]   Hecht, E.; Zajac, A.: Optics. Reading: Addison-Wesley 1979

[Kra 79]   Krause, M. O.: Atomic Radiative and Radiationless Yields for K and L Shells. J. Phys. Chem. Ref. Data **8** (1979) 307

[LC 86]   Lai, B.; Cerrina, F.: Shadow: A Synchrotron Radiation Ray Tracing Program. Nucl. Instrum. Methods Phys. Res. A **246** (1986) 337

[LCC 88]   Lai, B.; Chapman, K.; Cerrina, F.: Shadow: New Developments. Nucl. Instrum. and Methods **A 266** (1988) 544

[Leo 94]   Leo, W. R.: Techniques for Nuclear and Particle Physics Experiments. Berlin: Springer-Verlag 1994

[LR 04]   Leroy, C.; Rancoita, P. G.: Radiation Interaction in Matter and Detection. Singapore: World Scientific 2004

[MHDH 96]   Moler, E. J.; Hussain, Z.; Duarte, R. M.; Howells, M. R.: Design and Performance of a Soft X-Ray Interferometer for Ultra-High Resolution Fourier Transform Spectroscopy. J. El. Spec. Relat. Phenom. **80** (1996) 309

[Nam 59]   Namioka, T.: Theory of the Concave Grating. J. Opt. Soc. Am. **49** (1959) 446

[NBC+ 89]   Nordgren, J.; Bray, G.; Cramm, S.; Nyholm, R.; Rubensson, J. E.; Wassdahl, N.: Soft X-Ray Emission Spectroscopy Using Monochromatized Synchrotron Radiation (Invited). Rev. Sci. Instrum. **60** (1989) 1690

[NNS 73]   Namioka, T.; Noda, H.; Seya, M.: Possibility of Using the Holographic Concave Grating in Vacuum Monochromators. Sci. Light **22** (1973) 77

[Owe 06]   Owens, A.: Semiconductor Materials and Radiation Detection. J. Synchrotron Rad. **13** (2006) 143–150

[Pet 80]   Petit, R. (Hrsg.): Electromagnetic Theory of Gratings, Bd. 22 von Topics in Current Physics. Berlin: Springer 1980

[Row 82]   Rowland, H. A.: Preliminary Notice of the Results Accomplished in the Manufacture and Theory of Gratings for Optical Purposes. Phil. Mag. **13** (1882) 469

[Row 83]   Rowland, H. A.: On Concave Gratings for Optical Purposes. Phil. Mag. **16** (1883) 197

[S+ 00]   Scholze, F.; et al.: Determination of the Electron–Hole Pair Creation Energy for Semiconductors from the Spectral Responsivity of Photodiodes. Nucl. Instrum. Methods Phys. Res. A **439** (2000) 208

[SER+ 10]   Strüder, L.; Epp, S.; Rolles, D.; Hartmann, R.; Holl, P.; Lutz, G.; Soltau, H.; Eckart, R.; Reich, C.; Heinzinger, K.; Thamm, C.; Rudenko, A.; Krasniqi, F.; Kühnel, K.-U.; Bauer, C.; Schröter, C.-D.; Moshammer, R.; Techert, S.; Miessner, D.; Porro, M.; Hälker, O.; Meidinger, N.; Kimmel, N.; Andritschke, R.; Schopper, F.; Weidenspointner, G.; Ziegler, A.; Pietschner, D.; Herrmann, S.; Pietsch, U.; Walenta, A.; Leitenberger, W.; Bostedt, C.; Möller, T.; Rupp, D.; Adolph, M.; Graafsma, H.; Hirsemann, H.; Gärtner, K.; Richter, R.; Foucar, L.; Shoeman, R. L.; Schlichting, I.; Ullrich, J.: Large-Format, High-Speed, X-Ray PnCCDs Combined with Electron and Ion Imaging Spectrometers in a Multipurpose Chamber for Experiments at 4th Generation Light Sources. Nuclear Instruments and Methods in Physics Research Section A: Accelerators, Spectrometers, Detectors and Associated Equipment (2010)

[Spi 05]   Spieler, H.: Semiconductor Detection Systems. Oxford: Oxford University Press 2005

[SR 84]   Schmahl, G.; Rudolph, D.: Proceedings of the International Symposium 'X-Ray Microscopy', Bd. 43 von Springer Series in Optical Sciences. Berlin: Springer 1984

[ST 91]   Saleh, B. E. A.; Teich, M. C.: Fundamentals of Photonics. New York: Wiley 1991

[XI- a]   Die Nachweiswahrscheinlichkeit basiert auf dem Wirkungsquerschnitt für Pho-
           toabsorption und wurde mittels der Center of X-Ray Optics Web-Datenbank
           erstellt. Verfügbar: http://www.cxro.lbl.gow/optical_constants/
[XI- b]   Siehe hierzu z. B. die Diskussion der räumlichen Auflösung in [GTE 02]
[XI- 06]   Special Issue on Detectors. J. Synchrotron Rad. **13** (2006) 97–203
[YL 85]   Yeh, J. J.; Lindau, I.: Atomic Subshell Photoionization Cross Sections and
           Asymmetry Parameters: 1<Z<103. At. Data Nucl. Data Tables **32** (1985) 1
[YWSN 00] Yin, H.; Wang, M.; Ström, M.; Nordgren, J.: Study of a Wave-Front Dividing
           Interferometer for Fourier Transform Spectroscopy. Nucl. Instrum. Methods
           Phys. Res. A **451** (2000) 529
[ZZ 98]   Zanella, G.; Zanoni, R.: Design of CCD-based X-Ray Area Detectors in Terms
           of DQE. Nucl. Instr. Meth. Phys. Res. **A406** (1998) 93–102

4 Spektroskopische Methoden

Im Folgenden werden die Grundlagen einiger der wichtigsten experimentellen Methoden für die Forschung mit Synchrotronstrahlung vorgestellt. Hierzu gehören die Absorptionsspektroskopie (Abschnitt 4.1), die Photoelektronenspektroskopie (Abschnitt 4.2), die elastische und die inelastische Röntgenstreuung (Abschnitte 4.3 und 5.5) sowie die Röntgenbeugung (Abschnitt 5). Jede dieser Methoden verlangt ihre eigenen speziellen Apparate einschließlich spezifischer Detektoren. Da diese sehr vielfältig und zudem stark abhängig von der Art der zu detektierenden Strahlung ist, wird in diesem Buch auf ein eigenes Kapitel zu Detektoren verzichtet. Beschreibungen der verwendeten Detektoren finden sich in den methodischen Abschnitten und in den Abschnitten zur Instrumentierung von Experimenten im VUV- und Röntgenbereich (Abschnitte 3.4.1 und 3.4). Beispiele aktueller Forschung und Anwendungen der hier vorgestellten experimentellen Methoden finden sich im Kapitel 5 dieses Buchs.

4.1 Absorptionsspektroskopie

4.1.1 Grundlagen der Absorptionsspektroskopie
Mathias Richter und Edmund Welter

Absorption und Reflexion von Vakuum-Ultraviolett-Strahlung

Photonen als die Quantenteilchen elektromagnetischer Strahlung sind masselos und können bei der Wechselwirkung mit Materie vollständig absorbiert werden. Im Spektralbereich von Vakuum-Ultraviolett-Strahlung (VUV-Strahlung) ist die Photoabsorption dabei im Allgemeinen sogar der dominierende Prozess. Er bestimmt daher sowohl alle mit ihm verbundenen Sekundärprozesse, wie z. B. die Emission von Fluoreszenzphotonen oder Elektronen, als auch indirekt die Reflexion von Strahlung bereits an der Oberfläche von Materie [IFF 92, Meh , Sam 67, SE 00, BS 96].

Grundsätzlich lässt sich ein gerichteter Strahl elektromagnetischer Strahlung, der auf Materie trifft, in drei Anteile zerlegen: einen, der an der Oberfläche reflektiert wird, einen, der in die Materie eindringt und dort geschwächt, d. h. absorbiert oder gestreut wird, und schließlich einen ungehinderter Transmission durch die Materie. In Abb. 4.1 ist dieses schematisch dargestellt. Da im Spektralbereich von VUV-Strahlung der Prozess der Photonenstreuung eine eher untergeordnete Rolle spielt, werden die drei Anteile hier durch die Reflexion R, die Absorption A und die Transmission T beschrieben, für die somit gilt:

$$R + A + T = 1. \tag{4.1}$$

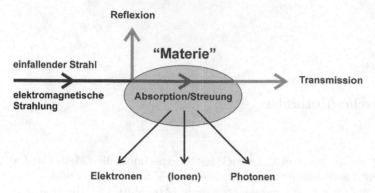

Reflexion

"Materie"

einfallender Strahl

Transmission

elektromagnetische   Absorption/Streuung
Strahlung

Elektronen   (Ionen)   Photonen

Abb. 4.1 Schematische Darstellung von Prozessen beim Auftreffen elektromagnetischer Strahlung
auf Materie

Aus der Maxwell'schen Theorie der klassischen Elektrodynamik ergibt sich das Lambert-
Beer'sche Gesetz für die Schwächung der Strahlung bei einer Eindringtiefe x beim Durchgang
durch Materie [IFF 92, Jac 81, ST 91]:

$$\frac{I(x)}{I_0} \frac{|\vec{E}(x)|^2}{|\vec{E}_0|^2} = e^{-\mu x}, \tag{4.2}$$

wobei $\vec{E}$ die elektrische Feldstärke der Strahlung bezeichnet. Der Absorptionskoeffizient μ
ist dabei im Allgemeinen eine Funktion der Kreisfrequenz ω der Strahlung und hängt mit
dem Imaginärteil $\kappa(\omega)$ des komplexen Brechungsindexes über die Beziehung

$$\mu(\omega) = \frac{2\omega}{c} \kappa(\omega) \tag{4.3}$$

zusammen. Bezieht man den Absorptionskoeffizienten auf die Massendichte ϱ oder die atomare Teilchendichte n_T der Materie, so erhält man den Massenabsorptionskoeffizienten μ_ρ
bzw. den Wirkungsquerschnitt für Photoabsorption σ_A, sodass sich das Lambert-Beer'sche
Gesetz unter Berücksichtigung von Gleichung (4.1) auch ausdrücken lässt durch:

$$\frac{T}{1-R} = \frac{T}{T+A} = e^{-\mu x} = e^{-\mu_\varrho \varrho x} = e^{-\sigma_A n_T x}. \tag{4.4}$$

Dabei ist berücksichtigt, dass der Anteil R der einfallenden Strahlung,

$$R = \frac{I_{ref}}{I_{ein}} = \frac{|\vec{E}_{ref}|^2}{|\vec{E}_{ein}|^2}, \tag{4.5}$$

gar nicht erst in die Materie eindringt, sondern bereits an deren Oberfläche reflektiert wird.
Gleichung (4.4) könnte man als die Grundgleichung für Absorptionsexperimente ansehen,
da sie die Messgrößen des Reflexions-, Absorptions- und Transmissionsgrades mit dem atomaren Wirkungsquerschnitt für Photoabsorption verknüpft und damit die Verbindung zu

einer quantenmechanischen Beschreibung dieses Prozesses als eine Anregung elektronischer Zustände in Materie herstellt [IFF 92, Meh , BS 96]:

$$\sigma_A \sim |\langle f \,|\, \mathbf{D} \,|\, i \rangle|^2. \tag{4.6}$$

In der für VUV-Strahlung im Allgemeinen gültigen Dipolnäherung beschreibt $\mathbf{D}$ dabei den Dipoloperator und $|i\rangle$ bzw. $|f\rangle$ den Anfangszustand (*initial*) bzw. den Endzustand (*final*) bei der Photoabsorption.

Der reelle Reflexionsgrad R in Gleichung (4.5) lässt sich als das Amplitudenquadrat des im Allgemeinen komplexen Reflexionskoeffizienten $r(\omega)$ interpretieren [IFF 92, Kit 80]:

$$r(\omega) = \frac{E_{ref}}{E_{ein}} = \sqrt{R(\omega)}\,e^{i\theta(\omega)}, \tag{4.7}$$

der wiederum mit dem komplexen Brechungsindex $\tilde{n}(\omega)$ über die Fresnel-Beziehungen, z. B. für senkrechten Einfall der Strahlung,

$$r(\omega) = \frac{\tilde{n}(\omega) - 1}{\tilde{n}(\omega) + 1} = \frac{n(\omega) + i\kappa(\omega) - 1}{n(\omega) + i\kappa(\omega) + 1}, \tag{4.8}$$

verknüpft ist. Gleichung (4.7) weist den Reflexionskoeffizienten $r(\omega)$ als eine lineare Antwortfunktion aus, hier für die elektrische Feldstärke der einfallenden und der reflektierten Strahlung, bei der Real- und Imaginärteil bzw. Amplitude und Phase über die sogenannten Kramers- Kronig-Relationen miteinander zusammenhängen. Für Phase $\phi(\omega)$ und Amplitude $\sqrt{R(\omega)}$ des Reflexionskoeffizienten lautet der entsprechende Zusammenhang explizit:

$$\phi(\omega) = \frac{1}{2\pi} \int_0^\infty \ln \left| \frac{\omega' - \omega}{\omega' + \omega} \right| \frac{d\ln R(\omega')}{d\omega'} d\omega'. \tag{4.9}$$

Gleichung (4.9) bedeutet, dass bei vollständiger Kenntnis des Reflexionsgrades $R(\omega)$ für alle Frequenzen ω sowohl die Amplitude als auch die Phase des komplexen Reflexionskoeffizienten $r(\omega)$ in Gleichung (4.7) bestimmt sind. Dies legt wiederum über Gleichung (4.8) den komplexen Brechungsindex $\tilde{n}(\omega)$ sowie dessen Real- und Imaginärteil fest, d. h. die optischen Konstanten $n(\omega)$ und $\kappa(\omega)$, und damit über Gleichung (4.3) den Absorptionskoeffizienten $\mu(\omega)$. In diesem Sinne sind Reflexion und Absorption die zwei Seiten ein und derselben Medaille, Abb. 4.2 veranschaulicht dies an Hand des Beispiels von Silizium.

Die Messung optischer Konstanten und damit auch des Absorptionskoeffizienten allein über Reflektometrie statt über ein Transmissionsexperiment entsprechend Gleichung (4.4) kann insbesondere immer dann von Bedeutung sein, wenn das Produkt aus Absorptionsquerschnitt, atomarer Teilchendichte und Dicke einer Probe $\sigma_A(\omega) \times n_T \times x$ groß gegen 1 und damit transmittierte Strahlung praktisch nicht mehr nachweisbar ist. Im Spektralbereich von VUV-Strahlung ist dieses wegen der im Allgemeinen großen Absorptionsquerschnitte von typischerweise $10^{-18}\,\mathrm{cm}^2$ bis $10^{-16}\,\mathrm{cm}^2$ bei der Untersuchung von Festkörperproben mit atomaren Teilchendichten im Bereich zwischen $10^{22}\,\mathrm{cm}^{-3}$ und $10^{23}\,\mathrm{cm}^{-3}$ sogar der Regelfall, was ebenfalls aus Abb. 4.2 ersichtlich wird.

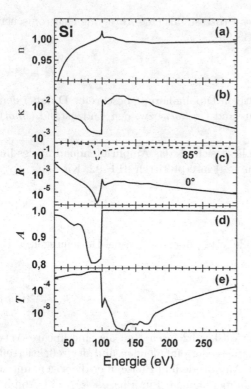

Abb. 4.2
Optische Konstanten n und κ von Silizium im Photonenenergiebereich der $2p$-Anregung bei 100 eV sowie Reflexionsgrad R (bei 0° und 85° Strahlungseinfall zur Oberflächennormalen), Absorptionsgrad A und Transmissionsgrad T für eine Silizium-Probe mit einer Dicke von 1 μm (nach [H$^+$ 93])

Reflexions-, Transmissions- und Absorptionsmessungen mit Synchrotronstrahlung

Reflexion und Transmission von Festkörperproben im Spektralbereich von VUV-Strahlung werden üblicherweise mit Hilfe von Reflektometern gemessen. Dabei handelt es sich um experimentelle Anordnungen, bei denen die Probe in einer Ultrahochvakuum-Kammer auf einem Halter in den Strahlengang gebracht und der Winkel θ zwischen der Oberflächennormalen der Probe und der Strahlrichtung variiert werden kann. Zum Nachweis der Strahlung wird ein Detektor verwendet, der, auf einem Detektorarm montiert, einen Kreis mit der Probe im Mittelpunkt beschreibt, wie in Abb. 4.3 dargestellt. Durch einen sogenannten $\theta - 2\theta$-Scan, bei dem der Winkel des Detektorarms stets den doppelten Wert zur Einfallsrichtung der Strahlung beträgt als der der Probennormalen, lässt sich die Intensität der spekular reflektierten Strahlung I_{ref} als Funktion von θ messen. Die Intensität transmittierter Strahlung I_{trans} durch eine Probe ergibt sich dagegen aus einer Messung, bei der der Detektor in die Position $2\theta = 180°$ gebracht wird. Indem man die Probe aus dem Strahlengang bringt, misst man in derselben Detektorposition, sowohl im Falle von Reflexions- als auch Transmissionsmessungen, zur Normierung auch die Intensität der einfallenden Synchrotronstrahlung I_{ein}, sodass man über Gleichung (4.5) den Reflexionsgrad berechnen kann. Für die Transmission ergibt sich analog:

$$T = \frac{I_{trans}}{I_{ein}} = \frac{|\vec{E}_{trans}|^2}{|\vec{E}_{ein}|^2}. \tag{4.10}$$

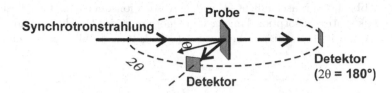

Abb. 4.3 Prinzip von Reflexions- und Transmissionsmessungen mit einem Reflektometer

Abb. 4.4 zeigt als Beispiel den Reflexionsgrad eines Multilayer-Spiegels, dessen Oberfläche aus einem Vielschichtsystem von Molybdän (Mo) und Silizium (Si) besteht, bei einem festen Einfallswinkel θ von annähernd 0° und als Funktion der Photonenenergie im Bereich um 92 eV, was einer Wellenlänge von 13,5 nm entspricht. Der ungewöhnlich hohe Wert von annähernd 70 % für den Reflexionsgrad eines Spiegels in diesem Photonenenergiebereich bei senkrechtem Einfall der Strahlung auf die Spiegeloberfläche (vgl. Abb. 4.2) rührt von Interferenzeffekten an dem Mo/Si-Vielschichtsystem her, was auch die schmalbandige Beschränkung dieses hohen Reflexionsgrades auf den Energiebereich nahe der 2p-Anregung von Silizium erklärt. Bei senkrechtem Einfall von Strahlung lassen sich, im Gegensatz zu streifendem Einfall, annähernd sphärische Reflexionsoptiken mit sehr kleinen Abbildungsfehlern konstruieren. Für die sogenannte EUV-Lithographie (EUV = *extreme ultraviolet*), ein hochpräzises optisches Belichtungsverfahren, mit dem in Zukunft die Nanostrukturierung von Halbleiterbauelementen bei 13 nm realisiert werden soll, sind Mo/Si-Multilayer-Spiegel daher die Grundbausteine für die optischen Systeme.

Misst man dagegen an einer dünnen Festkörperprobe sowohl den Reflexionsgrad R als auch den Transmissionsgrad T, so kann man im Rahmen von grundlegenden Untersuchungen über Gleichung (4.1) den Absorptionsgrad A der Probe berechnen sowie mit Gleichung (4.4) den Absorptionskoeffizienten μ, den Massenabsorptionskoeffizienten μ_ϱ und den Absorptionsquerschnitt σ_A.

Bei Messungen an Gasen muss man dagegen die Reflexion an einer Oberfläche nicht berücksichtigen. Vielmehr ist es erforderlich, das Gas in einer Gaszelle einzuschließen, wie in

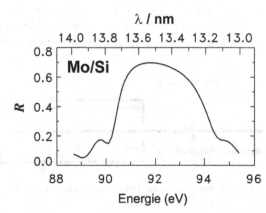

Abb. 4.4
Reflexionsgrad eines Multilayer-Spiegels aus einem Vielschichtsystem von Molybdän (Mo) und Silizium (Si) bei einem festen Einfallswinkel von annähernd 0° zur Flächennormalen (d. h. senkrechter Einfall) [S$^+$ 01]

Abb. 4.5 veranschaulicht. Um den Absorptionsquerschnitt zu bestimmen, misst man bei bekannter Absorptionslänge x den Quotienten des Detektorsignals I_1 und I_2 für die Intensitäten in Transmission bei zwei unterschiedlichen Teilchendichten des Gases $n_{T1} \gg n_{T2}$:

$$\frac{I_2}{I_1} = \frac{T_{Ein}}{T_{Ein}} \frac{e^{-\sigma_A\, n_{T2}\, x}}{e^{-\sigma_A\, n_{T1}\, x}} \frac{T_{Aus}}{T_{Aus}} = e^{\sigma_A\, (n_{T1}-n_{T2})\, x}, \tag{4.11}$$

wobei T_{Ein} und T_{Aus} die Transmission von Ein- und Austrittsfenster der Gaszelle für die Strahlung bedeuten. Die Teilchendichten lassen sich zum Beispiel über die Messung des Gasdrucks p und der Temperatur T bestimmen:

$$n_T = \frac{p}{k_B T}. \tag{4.12}$$

Die beschriebenen Reflexions- und Transmissionsexperimente erfordern den Nachweis von Synchrotronstrahlung bzw. Undulatorstrahlung im VUV-Spektralbereich bei Strahlungsleistungen, die typischerweise im Bereich zwischen $1\,\text{nW}$ und $100\,\mu\text{W}$ liegen. Als dafür geeignete Detektoren haben sich Halbleiterphotodioden erwiesen, die verhältnismäßig strahlungsempfindlich sind, aber einen großen Dynamikbereich umfassen sowie klein und einfach zu bedienen sind [IFF 92, Kit 80, ST 91].

Ionisationskammern und atomare Photoionisation

Ionisationskammern kann man als Klassiker unter den Detektionssystemen für den Nachweis ionisierender Strahlung bezeichnen, auch für die Photodetektion von VUV- und Röntgenstrahlung [IFF 92, Sam 67, SE 00]. Diese basiert dabei auf der Photoionisation eines meist atomaren Gases und dem Nachweis der dadurch generierten Elektronen oder Photoionen. Abb. 4.6 veranschaulicht das Prinzip einer Ionisationskammer, die als Plattenkondensator aufgebaut ist. Das elektrische Feld zwischen den Elektroden führt zu einer Ladungstrennung von Elektronen und Ionen. Der Ladungsnachweis erfolgt meist über die Photoionen, da diese bei der Entstehung wegen ihrer gegenüber Elektronen großen Masse eine von der Photonenenergie unabhängige und vernachlässigbare kinetische Energie haben, die bei einem atomaren Gas lediglich thermisch und über $k_B T$ durch die Temperatur des Arbeitsgases bestimmt ist. Dieses vereinfacht die Extraktion der Ionen aus der Wechselwirkungszone und damit auch deren Nachweis. Die kinetische Energie von Photoelektronen bei ihrer Entste-

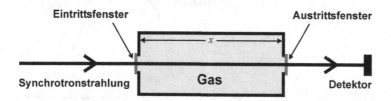

Abb. 4.5 Schematische Darstellung einer Gaszelle für Transmissionsmessungen an atomaren oder molekularen Gasen

hung steigt dagegen entsprechend der Einstein'schen Beziehung mit der Photonenenergie an:

$$E_{\text{kin}} = \hbar\omega - I_j, \tag{4.13}$$

wobei I_j die Ionisationsenergie für den Photoionisationsprozess bedeutet (vgl. Tabelle 4.1). Für die Nachweisempfindlichkeit einer Ionisationskammer ist neben der Teilchendichte des Arbeitsgases der totale Wirkungsquerschnitt für Photoionisation entscheidend, der im Spektralbereich von VUV-Strahlung oberhalb von Ionisationsschwellen dem Absorptionsquerschnitt entspricht. Denn auch bei einer ladungserhaltenden diskreten Photoanregung ein oder mehrerer Elektronen in gebundene Zustände innerhalb der Gasmoleküle erfolgt der anschließende Zerfall überwiegend strahlungslos durch einen sogenannten Auger-Prozess. Beim Auger-Zerfall geht Anregungsenergie auf ein weiteres gebundenes Elektron über, das als Auger-Elektron emittiert wird. Dadurch kommt es ebenfalls zu einer, wenn auch indirekten, Photoionisation. Auger-Zerfälle in Folge einer primären direkten oder indirekten Photoionisation führen auch zu höher geladenen ionischen Endzuständen. Oberhalb der ersten Ionisationsschwelle eines atomaren Gases (vgl. Tabelle 4.1) lässt sich der Absorptionsquerschnitt daher allgemein als die Summe der partiellen Photoionisationsquerschnitte für unterschiedliche Ladungsendzustände q ausdrücken:

$$\sigma_A(\hbar\omega) = \sum_q \sigma_q(\hbar\omega). \tag{4.14}$$

Zum Photostrom i_{ph} der Ionisationskammer trägt jede Ionensorte jedoch entsprechend ihrer Ladung bei:

$$i_{ph} = \sum_q q\,e\,\frac{dN_q}{dt}, \tag{4.15}$$

wobei dN_q/dt den partiellen Teilchenfluss der Ionensorte bezeichnet und e die Elementarladung. Erweitert man diesen Ausdruck mit dem Photonenfluss $\Phi(0) - \Phi(x)$, der entlang der Elektrodenlänge x innerhalb der Ionisationskammer absorbiert wird, erhält man mit

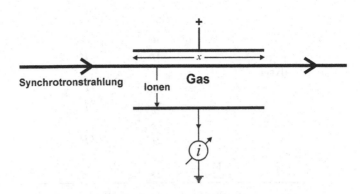

Abb. 4.6 Ionisationskammer, die als Plattenkondensator ausgeformt ist (nach [Sam 67])

Edel-gas	Grundzustands-konfiguration	ionischer Lochzustand		Ionisations-energie / eV		
He	$1s^2$	$1s^{-1}$		24,59		
		$1s^{-2}$		78,01		
		$2p^{-1}$	$^2P_{3/2}$:	21,57	$^2P_{1/2}$	21,66
		$2s^{-1}$		48,48		
Ne	$[\text{He}]2s^22p^6$	$2p^{-2}$		62,53		
		$2p^{-3}$		125,99		
		$2p^{-4}$		223,1		
		$1s^{-1}$		870,2		
		$3p^{-1}$	$^2P_{3/2}$:	15,76	$^2P_{1/2}$:	15,94
		$3s^{-1}$		29,24		
		$3p^{-2}$		43,39		
Ar	$[\text{Ne}]3s^23p^6$	$3p^{-3}$		84,3		
		$2p^{-1}$	$^2P_{3/2}$	248,4	$^2P_{1/2}$:	250,6
		$2s^{-1}$		326,3		
		$1s^{-1}$		3205,9		
		$4p^{-1}$	$^2P_{3/2}$:	14	$^2P_{1/2}$	14,67
		$4s^{-1}$		27,52		
		$4p^{-2}$		38,36		
		$4p^{-3}$		75,31		
Kr	$[\text{Ar}]3d^{10}4s^24p^6$	$3d^{-1}$	$^2D_{5/2}$:	93,8	$^2D_{3/2}$	95
		$3p^{-1}$	$^2P_{3/2}$:	214,4	$^2P_{1/2}$	222,2
		$3s^{-1}$		292,8		
		$2p^{-1}$	$^2P_{3/2}$:	1678,4	$^2P_{1/2}$	1730,9
		$2s^{-1}$		1925		
		$1s^{-1}$		14326		
		$5p^{-1}$	$^2P_{3/2}$:	12,13	$^2P_{1/2}$	13,44
		$5s^{-1}$		23,3		
		$5p^{-2}$		33,3		
		$5p^{-3}$		65,4		
		$4d^{-1}$	$^2D_{5/2}$:	67,5	$^2D_{3/2}$	69,5
		$4p^{-1}$	$^2P_{3/2}$:	145,5	$^2P_{1/2}$	146,7
Xe	$[\text{Kr}]4d^{10}5s^25p^6$	$4s^{-1}$		213,2		
		$3d^{-1}$	$^2D_{5/2}$:	676,4	$^2D_{3/2}$	689
		$3p^{-1}$	$^2P_{3/2}$:	940,6	$^2P_{1/2}$	1002,1
		$3s^{-1}$		1148,7		
		$2p^{-1}$	$^2P_{3/2}$:	4787	$^2P_{1/2}$	5107
		$2s^{-1}$		5453		
		$1s^{-1}$		34561		

Tab. 4.1: Ionisationsenergien für Photoionisationsprozesse in Edelgasen [SS 92, Moo 71, SK 82, BB 67, CL 78]

Gleichung (4.4) unter der Annahme, dass der Reflexionsgrad R eines Gases gleich 0 ist, schließlich:

$$i_{ph} = e\left(\Phi(0) - \Phi(x)\right) \sum_q \frac{q\,\frac{dN_q}{dt}}{\Phi(0) - \Phi(x)} = e\,\Phi(0)\left(1 - e^{-\sigma_A\,n_T\,x}\right)\gamma. \tag{4.16}$$

Mit der Photoionisationsausbeute γ berücksichtigt man einerseits bei der Erzeugung auch höher geladener Ionen den Faktor:

$$\gamma = \sum_q \frac{q\,\frac{dN_q}{dt}}{\Phi(0) - \Phi(x)} = \sum_q \frac{q\,\sigma_q}{\sigma_A}, \tag{4.17}$$

andererseits aber auch noch Beiträge durch Sekundärprozesse, bei denen die photogenerierten Ionen oder Elektronen auf ihrem Weg zur Elektrode durch Stöße weitere Ionisationen und Ladungsträger erzeugen. Dieses ist insbesondere bei hohen Teilchendichten n_T der Fall, wenn die mittlere freie Weglänge

$$\bar{l} = \frac{1}{n_T\,\sigma_{Sto_n}} \tag{4.18}$$

kleiner als der Weg der Teilchen zwischen Entstehungsort und Elektrode ist. σ_{Sto_n} bezeichnet dabei den jeweiligen Stoßionisationsquerschnitt.

Bei hohen Teilchendichten im Gas kann auch eine vollständige Absorption des Photonenstrahls innerhalb der Absorptionslänge x erreicht werden, sodass gilt:

$$e^{-\sigma_A\,n_T\,x} \approx 0. \tag{4.19}$$

Dann reduziert sich Gleichung (4.16) zu:

$$i_{ph} = e\,\gamma\,\Phi(0). \tag{4.20}$$

Bei Kenntnis von γ lässt sich über Gleichung (4.20) der einfallende Photonenfluss $\Phi(0)$ durch die Messung des Ionenstroms i_{ph} messen, und die Ionisationskammer stellt ein sogenanntes primäres Detektornormal dar.

Bei sehr kleinen Teilchendichten dagegen, d. h. wenn gilt:

$$e^{-\sigma_A\,n_T\,x} \approx 1 - \sigma_A\,n_T\,x \tag{4.21}$$

und Sekundärionisationen vernachlässigt werden können, geht Gleichung (4.16) unter Berücksichtigung von Gleichung (4.17) über in:

$$i_{ph} = e\,\Phi(0)\,n_T\,x \sum_q q\,\sigma_q. \tag{4.22}$$

Abb. 4.7 zeigt schematisch eine sogenannte Doppelionisationskammer, hier als zylindersymmetrische Anordnung, bei der zwei identische Ionisationskammern der Elektrodenlänge x hintereinander angeordnet sind. Vergleicht man die beiden Ionenströme entsprechend Gleichung (4.16):

$$i_{ph1} = e\,\Phi(0)\left(1 - e^{-\sigma_A\,n_T\,x}\right)\gamma \tag{4.23}$$

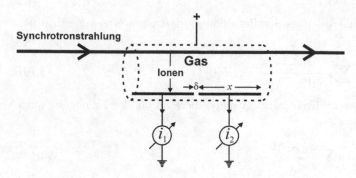

Abb. 4.7 Zylindersymmetrische Doppelionisationskammer

$$i_{ph2} = e\,\Phi(0)\,e^{-\sigma_A\,n_T\,(x+\delta)}\left(1 - e^{-\sigma_A\,n_T\,x}\right)\gamma \tag{4.24}$$

und bestimmt deren Verhältnis unter Vernachlässigung des Elektrodenspalts $\delta(<< x)$:

$$\frac{i_{ph2}}{i_{ph1}} = e^{-\sigma_A\,n_T\,x}, \tag{4.25}$$

so lässt sich bei Kenntnis der Elektrodenlänge x der Absorptionsquerschnitt σ_A direkt bestimmen, sofern zusätzlich die Teilchendichte ermittelt wird, zum Beispiel über die Messung des Gasdruckes und der Temperatur entsprechend Gleichung (4.12). Die Doppelionisationskammer mutiert auf diese Weise vom Photodetektor zum Photoionisations- bzw. Photoabsorptionsexperiment. Abb. 4.8 zeigt die mit Hilfe von Doppelionisationskammern bestimmten Absorptionsquerschnitte von Edelgasen zusammen mit entsprechenden Daten aus Datensammlungen, die mit unterschiedlichen Messmethoden gewonnen wurden.

Setzt man Gleichung (4.25) in Gleichung (4.24) ein, so ergibt sich andererseits:

$$e\,\gamma\,\Phi(0) = \frac{i_{ph1}^2}{i_{ph1} - i_{ph2}}. \tag{4.26}$$

Mit Hilfe von Doppelionisationskammern lässt sich daher, im Gegensatz zu Einfachionisationskammern, auch ohne vollständige Absorption des Photonenstrahls der Photonenfluss messen, d. h. auch bei verhältnismäßig niedrigen Teilchendichten und vernachlässigbarer Sekundärionisation, sodass γ weitgehend durch die Ausdrücke in Gleichung (4.17) gegeben und damit im Allgemeinen genauer bestimmt ist.

Ionen- und Elektronenausbeutespektroskopie

Die Absorption von elektromagnetischer Strahlung im Spektralbereich des VUV ist im Allgemeinen mit einer Reihe von Sekundärprozessen wie der Emission von Fluoreszenzphotonen oder Elektronen verbunden (Abb. 4.1). Das Verhalten wird dabei häufig durch Mehrteilcheneffekte beeinflusst, die sich einer geschlossenen theoretischen Beschreibung entziehen

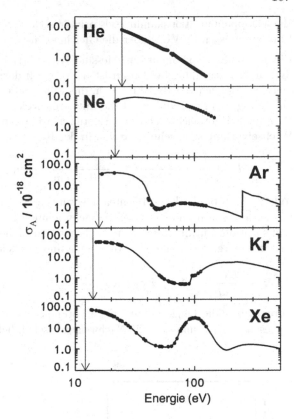

Abb. 4.8 Photoabsorptionsquerschnitte von Edelgasen, gemessen mit Hilfe von Doppelionisationskammern (Datenpunkte) und aus Datensammlungen (- - -). Die Ionisationsschwellen sind jeweils durch die senkrechten Pfeile markiert (vgl. Tabelle 4.1) [S$^+$ 94,
S$^+$ 91, BW 95, R$^+$ 03b, H$^+$ 93]. (nach [R$^+$ 03b])

(3-Körper-Problem). Um in diesem Zusammenhang theoretische Näherungsansätze überprüfen zu können und ein tieferes Verständnis des Photoabsorptionsprozesses zu erhalten,
ist es daher oft hilfreich, auch die Eigenschaften der emittierten Sekundärteilchen zu messen. So ergeben sich zusätzliche Informationen, indem Fluoreszenzphotonen hinsichtlich
ihrer Wellenlänge oder Polarisation spektroskopisch untersucht werden, Elektronen hinsichtlich ihrer Energie oder Winkelverteilung und Photoionen, bei Gasphasenexperimenten, hinsichtlich ihrer Masse oder Ladung. Der Nachweis von Sekundärteilchen anstelle von
oder in Ergänzung zu klassischen Photoabsorptions- bzw. Transmissionsexperimenten kann
aber auch ganz praktische Gründe haben, zum Beispiel wenn Festkörperproben zu dick
für die Transmission von Strahlung sind oder reine Oberflächenphänomene untersucht werden sollen. Der praktische Nutzen der Messung partieller Photoionisationsquerschnitte für
verschiedene Ladungsendzustände bei atomaren oder molekularen Gasen wurde bereits im
vorangegangenen Abschnitt diskutiert, und zwar im Zusammenhang mit der Verwendung

einer Doppelionisationskammer als primäres Detektornormal für die absolute Messung von Photonenflüssen im VUV über die Gleichungen (4.26) und (4.17).

Ein typisches Experiment zur Messung von partiellen Photoionisationsquerschnitten mit Synchrotronstrahlung bei Gasen ist in Abb. 4.9 dargestellt. Die Gasdrücke p liegen dabei meist im Bereich von 10^{-5} hPa, d. h. die Teilchendichten n_T sind geringer als 10^{12} cm^{-3} (s. Gleichung (4.12)). Damit sind die mittleren freien Weglängen $\bar{l}$ (s. Gleichung (4.18)) für Photonen, Photoelektronen und Photoionen bei typischen Werten für die entsprechenden Wechselwirkungsquerschnitte σ von in der Regel weniger als 10^{-14} cm^2 groß genug:

$$\bar{l} = \frac{1}{n_T\,\sigma} > \frac{1}{10^{12}\,\text{cm}^{-3} \times 10^{-14}\,\text{cm}^2} = 1\,\text{m}, \tag{4.27}$$

sodass für typische Experimenteabmessungen weder Sekundärionisationen berücksichtigt werden müssen noch eine merkliche Schwächung der Synchrotronstrahlung durch die Photoabsorption. Für die Rate nachgewiesener Photoionen mit der Masse m und dem Ladungszustand q ergibt sich dann in Anlehnung an die Gleichungen (4.21) und (4.22):

$$\frac{dN_{m,q}}{dt} = \Phi\,n_T\,x\,\sigma_{m,q}\,\varsigma_{m,q}, \tag{4.28}$$

wobei x hier die Länge entlang des Photonenstrahls bedeutet, die vom Ionenspektrometer eingesehen wird, und $\varsigma_{m,q}$ die Nachweiswahrscheinlichkeit bei der Ionendetektion.

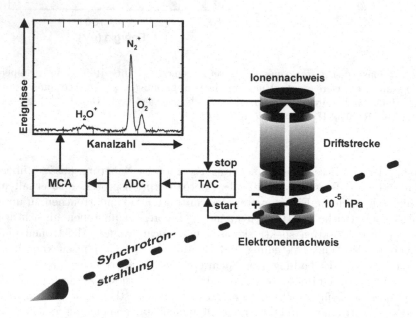

Abb. 4.9 Photoionisationsexperiment (Flugzeitspektrometer) zur Messung partieller Photoionisationsquerschnitte bei atomaren oder molekularen Gasen und Ionenmassenspektrum von Luft nach Anregung mit Synchrotronstrahlung bei einer Photonenenergie von 25 eV

Die Separation hinsichtlich verschiedener m/q-Verhältnisse erfolgt bei dem Experiment in Abb. 4.9 über die Messung der Ionenflugzeit zwischen Entstehungsort und Ionendetektor:

$$\tau \sim \frac{1}{\sqrt{\text{Geschwindigkeit}}} \sim \sqrt{\frac{\text{Masse}}{\text{Energie}}} \sim \sqrt{\frac{m}{qeU}}. \tag{4.29}$$

Dazu wird entweder mit dem Detektorsignal der Photoelektronen, die schon wegen ihrer geringeren Masse viel schneller sind als die Photoionen, oder, im Falle einer gepulsten Extraktions- bzw. Beschleunigungsspannung U, mit diesem Spannungspuls eine elektronische Stoppuhr gestartet (*time analog converter*, TAC), die durch das Detektorsignal eines nachgewiesenen Ions gestoppt wird, nachdem es eine Driftstrecke durchlaufen hat. Das in seiner Höhe der Zeitdifferenz zwischen Start- und Stoppsignal proportionale Ausgangssignal des TAC wird über einen Analog-Digital-Konverter (*analog digital converter*, ADC) in einen Vielkanalanalysator (*multi channel analyzer*, MCA) einsortiert, sodass dort mit der Zeit ein Verteilungsspektrum entsteht, bei dem die einzelnen MCA-Kanäle als Abszisse verschiedenen Ionenflugzeiten und damit über Gleichung (4.29) verschiedenen m/q-Verhältnissen der Photoionen entsprechen (Abb. 4.9).

Über die so gemessenen Anzahlen oder Raten für ionische Fragmente mit verschiedenen m/q-Verhältnissen lassen sich über Gleichung (4.28) die entsprechenden partiellen Photoionisationsquerschnitte $\sigma_{m,q}$ für verschiedene Photonenenergien bestimmen. Im Falle atomarer Gase, bei denen jeder Photoabsorptionsprozess zu genau einem und in jedem Fall geladenen Fragment führt, ist der Photoabsorptionsquerschnitt dann entsprechend Gleichung (4.14) gleich der Summe der partiellen Photoionisationsquerschnitte, was in Abb. 4.10 am Beispiel von Xenon deutlich wird. Bei molekularen Gasen gilt dieses jedoch im Allgemeinen nicht, da pro Photoabsorptionsprozess mehrere Fragmente entstehen können, die alle eine Ladung tragen können, aber nicht müssen.

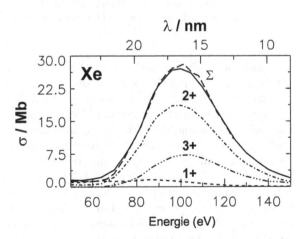

Abb. 4.10 Partielle Photoionisationsquerschnitte von Xenon im Bereich der sogenannten $4d \rightarrow \varepsilon f$-Riesenresonanz für verschiedene Ladungsendzustände (1+, 2+, 3+), deren Summe ($\sum$) sowie – zum Vergleich – der Photoabsorptionsquerschnitt (—) (nach [SS 92, S$^+$ 91])

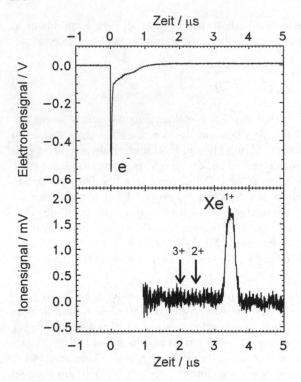

Abb. 4.11 Als Spannungspuls gewandeltes Photoelektronen- (oben) und Photoionensignal (unten) eines Freie-Elektronen-Laser-Pulses von VUV-Strahlung bei einer Photonenenergie von 12,8 eV, gemessen an Xenon mit einer Photoionisationsapparatur entsprechend Abb. 4.9 mit einfachen Faradaybechern als Elektronen- bzw. Ionendetektor (nach [R$^+$ 03a])

Verwendet man für den Nachweis der Photoionen MCP-Detektoren (Abb. 3.39), lassen sich die Teilchen einzeln nachweisen und die Ereignisse zählen. Die Nachweiswahrscheinlichkeit $\varsigma_{m,q}$ hängt dann im Allgemeinen von der Auftreffenergie ab, die die Photoionen im angelegten elektrischen Extraktions- bzw. Beschleunigungsfeld aufnehmen, und damit von ihrer Ladung. Dieses ist die klassische Konfiguration eines Gasphasenexperiments zur Photoionenspektroskopie mit normaler VUV-Synchrotronstrahlung [HZ 96]. Verwendet man dagegen die hochgradig intensive und extrem gepulste VUV-Strahlung eines Freie-Elektronen-Lasers, können bis zu 10^9 Photoionen und Photoelektronen pro Strahlungspuls erzeugt werden, d. h. innerhalb von nur etwa 100 fs, was MCP-Detektoren für deren Nachweis sofort in die Sättigung treiben würde. Eine Lösung dieses Problems besteht darin, den Nachweis ohne Sekundärelektronenvervielfachung mit Hilfe einfacher Faradaybecher zu realisieren, d. h. die Ladung der generierten Photoionen bzw. Photoelektronen unverstärkt aufzusammeln, ähnlich wie bei einer Ionisationskammer (Abb. 4.6), und beispielsweise elektronisch über ein RC-Glied (vgl. Abb. 3.39) in einen Spannungspuls umzuwandeln. Die Fläche unter der Pulsverteilung ist dann ein Maß für die Signalstärke, wie in Abb. 4.11 dargestellt. Für die

Nachweiswahrscheinlichkeiten von Ionen mit unterschiedlicher Ladung gilt hier:

$$\varsigma_{m,q} = q\,\varsigma_{m,1}.$$ (4.30)

Bei der Untersuchung fester Körper wird die Erzeugung freier ionischer Fragmente allgemein als Ionendesorption bezeichnet. Sie ist allerdings im Vergleich zur Photoionenspektroskopie bei Gasphasenexperimenten weniger weit verbreitet. Da sich im Anregungsenergiebereich von VUV-Strahlung darüber hinaus der Zerfall angeregter elektronischer Zustände überwiegend strahlungslos über Auger-Prozesse vollzieht, konzentriert sich die Untersuchung von Sekundärprozessen hier vor allem auf den Nachweis photogenerierter Elektronen. Diese verlassen einen Festkörper jedoch im Allgemeinen nicht ungehindert. Vielmehr wird ein Großteil von ihnen auf dem Weg an die Oberfläche gestreut. Dabei verlieren sie Energie, was zur Erzeugung weiterer niederenergetischer Sekundärelektronen führt. Der Nachweis von Elektronen bei Bestrahlung von Festkörpern erfolgt somit nur aus oberflächennahen Schichten. Da außerdem die Eindringtiefe von VUV-Strahlung in einen Festkörper eher gering ist, sind entsprechende Experimente äußerst oberflächenempfindlich. Die integrale Elektronenausbeute η, d. h. die insgesamt pro Photon erzeugte Anzahl freier Elektronen, ist sowohl proportional zum Photoabsorptionskoeffizienten der Oberflächenschicht μ als auch annähernd zur Energie der einfallenden Photonen $\hbar\omega$, ähnlich wie bei der Ladungserzeugung und dem Strahlungsnachweis innerhalb einer Halbleiterphotodiode (Abb. 3.36):

$$\eta(\hbar\omega) \approx M\,\hbar\omega\,\mu\,(\hbar\omega).$$ (4.31)

Die Proportionalitätskonstante M hängt dabei vom Einfallswinkel der Strahlung ab, aber auch von spezifischen Materialeigenschaften der Oberfläche, wie zum Beispiel der Massendichte. M ist auch nur im Grenzfall idealisierender Modelle eine Konstante, d. h. unabhängig von der Photonenenergie. Abb. 4.12 zeigt einen Vergleich zwischen der Elektronenausbeute und dem Absorptionskoeffizienten von Gold im Spektralbereich von VUV-Strahlung.

Die direkte Messung der integralen Elektronenausbeute η (*total electron yield*, TEY) hat sich neben den verschiedenen Formen der Elektronenspektroskopie, bei denen Elektronen hinsichtlich ihrer Energie, Winkelverteilung oder auch Spinpolarisation analysiert werden, als eine wichtige Methode zur Untersuchung von Festkörperoberflächen etabliert, insbesondere die verschiedenen Methoden der Röntgenabsorptionsfeinstrukturanalyse, die in den folgenden Abschnitten genauer vorgestellt werden.

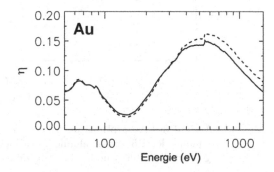

Abb. 4.12
Direkt gemessene Elektronenausbeute von Gold (—) im Vergleich mit der über Gleichung (4.31) aus dem Absorptionskoeffizienten berechneten (- - -) (nach [H+ 00])

4.1.2   Röntgenabsorption zur Strukturanalyse (EXAFS)

Die Röntgenabsorptionsspektroskopie (*x-ray absorption spectroscopy* – XAS) und hier speziell die Röntgenabsorptions-Feinstruktur-Spektroskopie (*x-ray absorption fine structure spectroscopy* – XAFS) zählt zu den Methoden, die durch den Einsatz von Synchrotronquellen einen großen Aufschwung und weite Verbreitung gefunden haben. Messgröße der XAS ist der Röntgenabsorptionskoeffizient (μ), der gemäß Gleichung (4.32) die Intensität des durch eine Probe transmittierten Strahls bestimmt:

$$I = I_0 e^{-\mu d}, \tag{4.32}$$

mit I_0 als Intensität des einfallenden monochromatischen Lichts, I als Intensität des Strahls hinter der Probe und d als Dicke der Probe.

Durch Messung von I und I_0 ist das Produkt μd experimentell einfach zu ermitteln. Bei der Messung des Röntgenabsorptionskoeffizienten (μ) einer Probe in Abhängigkeit von der Energie erhält man zunächst ein Spektrum, das an einigen Stellen abrupte stufenförmige

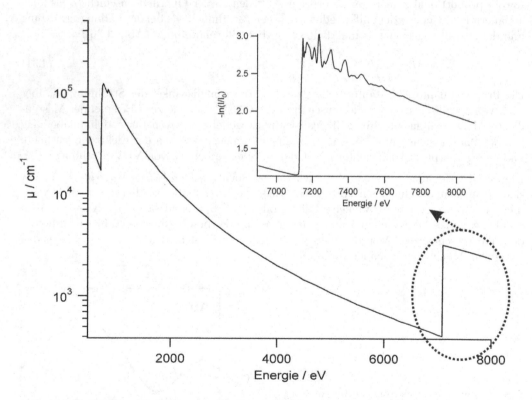

Abb. 4.13 Verlauf des Absorptionskoeffizienten μ für Eisen in Abhängigkeit von der Energie der einfallenden Röntgenstrahlung im Bereich der K- und L-Kante. Der Einschub zeigt vergrößert die gemessene Fe-K-Absorptionskante einer $7\,\mu$m dicken Eisenfolie.

Erhöhungen des Absorptionskoeffizienten zeigt. Die Lage der Absorptionskanten ist spezifisch für die in der Probe enthaltenen Elemente, während die Höhe proportional zur Menge des Elements ist (siehe Abb. 4.13). Somit stellt die XAS zunächst einmal eine Methode zur qualitativen und quantitativen Charakterisierung einer Probe dar. Diese Anwendung wurde und wird allerdings wenig genutzt, da andere Methoden der quantitativen chemischen Analyse bei einfacherer Durchführbarkeit wesentlich geringere Nachweisgrenzen aufweisen. Eine genaue Betrachtung des XAS-Spektrums im Bereich oberhalb der Kante zeigt, dass in diesem Bereich eine Feinstruktur beobachtbar ist, siehe Abb. 4.13, Insert. Der Absorptionskoeffizient zeigt eine mehr oder minder ausgeprägte Schwingung, die unter optimalen Umständen bis zu Energien von 2000 oder 3000 eV oberhalb der Kante beobachtbar ist. Die Auswertung dieser Feinstruktur eröffnet eine Möglichkeit zur Bestimmung struktureller Parameter wie Abstand, Anzahl und Anordnung der nächsten Nachbaratome des Absorberatoms.

EXAFS-Strukturen entstehen bei der Photoabsorption in Festkörpern knapp oberhalb von Ionisationsschwellen dadurch, dass die dabei erzeugten niederenergetischen Photoelektronen an Nachbaratomen gestreut werden und dadurch Interferenzen hervorrufen. Mit zunehmender Photonenenergie, d. h. mit größer werdendem Abstand zur Ionisationsschwelle, verschwindet dieser Effekt allmählich auf Grund der höher werdenden Elektronenenergien, wie in Abb. 4.14 verdeutlicht. In unmittelbarer Nähe der Ionisationsschwelle gehen die Strukturen dagegen fließend in den Bereich der *near edge x-ray absorption fine structure* (NEXAFS) oder *x-ray absorption near edge structure* (XANES) über, d. h. in den Bereich kantennaher diskreter Anregungsresonanzen in unbesetzte gebundene Zustände. Die detaillierte Auswertung all dieser Strukturen erlaubt Rückschlüsse auf die Abstände zwischen den Festkörperatomen, lokale Symmetrien und die chemische Bindung. Die Informationen beziehen sich dabei auf die Struktur um das jeweilige Absorberatom, sodass die Festkörperprobe keine langreichweitige Kristallordnung haben muss, wie das bei Röntgenbeugungsexperimenten der Fall ist. Mit Hilfe der EXAFS-Spektroskopie können somit auch mehr oder weniger amorphe Festkörper mit lediglich lokaler Ordnung untersucht werden. Aus der

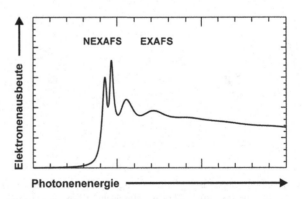

Abb. 4.14 Schematisches Elektronenausbeutespektrum einer Festkörperprobe in der Nähe einer Absorptionskante im Spektralbereich weicher Röntgenstrahlung

Abhängigkeit der EXAFS und XANES-Strukturen von der Polarisation der einfallenden Strahlung lassen sich sogar magnetische Eigenschaften der Probe ableiten (magnetischer Dichroismus). Weitere Details zu diesen beiden experimentellen Methoden finden sich im Abschnitt 4.1.2 und [Stö 92]. Durch Verwendung niederenergetischer Photoelektronen als Sekundärsignal ist es möglich oberflächenempfindlich zu messen, entsprechend wird diese Variante als *surface extended x-ray absorption fine structure* (SEXAFS) bezeichnet. Sie ist eine der wenigen Methoden, die es erlaubt nicht geordnete Oberflächenstrukturen zu bestimmen [Woo 86].

Als *extented x-ray absorption fine structure* (EXAFS) bezeichnet man jenen Bereich des Röntgenabsorptionsspektrums, der etwa 40–60 eV oberhalb der Kante beginnt und die bis zu 2000–3000 eV (meist nur bis etwa 1000 eV) oberhalb der Kante beobachtbaren Oszillationen enthält. Der Bereich der Kante und bis zu 40–60 eV oberhalb der Kante wird als *x-ray absorption near edge structure* (XANES) bezeichnet und soll im Folgenden nur kurz diskutiert werden. Eine ausführliche Diskussion der EXAFS-Theorie findet sich in verschiedenen Monographien [Teo 86, DCK 88]. Zwei Beobachtungen geben wichtige Hinweise auf den Ursprung der Absorptionsfeinstruktur. Die erste wichtige Beobachtung ist, dass einatomige Gase keine Feinstruktur oberhalb der Absorptionskante zeigen, sieht man hier von Mehrelektronenanregungen ab [SKR+ 93]. Die zweite Beobachtung ist, dass die Feinstruktur sich bei unterschiedlicher chemischer Umgebung des Absorberatoms unterscheidet. Beide Beobachtungen zeigen, dass die Feinstruktur offenbar durch die Nachbaratome des Absorberatoms bestimmt wird. Abb. 4.15 zeigt, wie in einem sehr einfachen Modell die chemische Umgebung des Absorberatoms die Form der XAFS bestimmt. Der Wirkungsquerschnitt (σ) für die Photoionisation lässt sich durch Fermis goldene Regel beschreiben:

$$\sigma \sim \langle \phi_{final} | H | \phi_{initial} \rangle, \tag{4.33}$$

mit dem Endzustand ϕ_{final}, dem Anfangszustand $\phi_{initial}$ und dem Hamilton-Operator H.

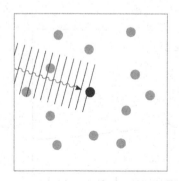 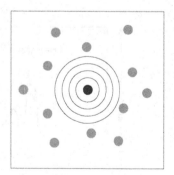 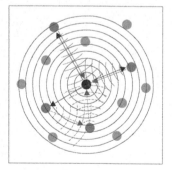

Abb. 4.15 Schematische Darstellung des XAFS-Prozesses. Links: Absorption des Röntgenphotons, Mitte: auslaufende sphärische Photoelektronenwelle, rechts: Streuung und Interferenz der ein- und auslaufenden Photoelektronenwelle; die angedeuteten Mehrfachstreuprozesse verursachen die Strukturen im XANES-Bereich, die Einfachstreuprozesse verursachen die EXAFS-Strukturen (aus [Kap 02])

Der Anfangszustand ist für alle XAFS-Spektren eines Elementes in guter Näherung identisch. Die Modulationen des Wirkungsquerschnitts werden also durch Veränderungen des Endzustands bewirkt. In der XAFS-Spektroskopie werden vornehmlich die K-Kante und die L-Kanten, vor allem die L_3-Kante eines Elements untersucht. (K-Kante 1s Anfangszustand, L-Kanten 2s (L_1), $2p_{1/2}$ (L_2) sowie $2p_{3/2}$ (L_3) Anfangszustände) Die sogenannte EXAFS-Gleichung (Gleichung (4.34)) fasst alle Beiträge zur Feinstruktur mathematisch zur Modulation χ zusammen. Das zugrundeliegende Modell wird als *short range single electron single scattering theory* bezeichnet:

$$\chi(k) = \sum\nolimits_j^n N_j \; S_i(k) \; F_j(k) \; e^{-2\sigma_j^2 \; k^2} \; e^{-(2r_j/\lambda_j(k))} \; \frac{\sin(2kr_j + \phi_{ij}(k))}{kr_j^2} \tag{4.34}$$

mit $\quad$ n $\qquad$: $\quad$ Anzahl der Absorber-Rückstreupaare,
$\quad\quad\;\; N_j \qquad$: $\quad$ Koordinationszahl,
$\quad\quad\;\; S_i(k) \quad$: $\quad$ amplitudenreduzierender Faktor,
$\quad\quad\;\; F_j(k) \quad$: $\quad$ Amplitudenfunktion des Rückstreuers,
$\quad\quad\;\; \sigma_j \qquad$: $\quad$ Debye-Waller-Faktor,
$\quad\quad\;\; r_j \qquad$: $\quad$ Abstand Absorber – Rückstreuer,
$\quad\quad\;\; \lambda_j(k) \quad$: $\quad$ mittlere freie Weglänge des Photoelektrons,
$\quad\quad\;\; \phi_{ij}(k) \quad$: $\quad$ gesamte Phasenverschiebung des Photoelektrons.

Es ist zweckmäßig, die EXAFS-Oszillationen als Funktion des Photoelektronen-Wellenvektors k und nicht als Funktion der Energie darzustellen und weiterzuverarbeiten. Die Umrechnung der Energieskala in die Wellenzahl des Photoelektrons erfolgt nach Gleichung (4.35):

$$k = \sqrt{\frac{2m_e}{\hbar^2}(E - E_0)}, \tag{4.35}$$

mit der Ruhemasse m_e des Elektrons.

Für die spätere Auswertung ist es wichtig festzustellen, dass E_0 nicht eindeutig bestimmbar ist. Ersatzweise wird meist der Wendepunkt der Absorptionskante verwendet.

Abb. 4.16 zeigt das XAS-Spektrum einer Eisenfolie. Um aus diesem gemessenen Spektrum die EXAFS-Oszillationen ($\chi(E)$), die durch die Wechselwirkung der auslaufenden Elektronenwelle mit den Nachbaratomen verursacht werden, zu extrahieren, muss der glatte Untergrund, der durch die Absorption eines isolierten Atoms erzeugt würde, abgezogen werden:

$$\chi(E) = \frac{\mu(E) - \mu_0(E)}{\mu_0(E_0)}. \tag{4.36}$$

Dabei sind $\mu(E)$ das gemessene XAS-Spektrum, $\mu_0(E)$ der Absorptionskoeffizient eines isolierten Atoms und $\mu_0(E_0)$ die Höhe des Kantensprungs (siehe auch Abb. 4.16). Dieser Schritt ist, ebenso wie die Bestimmung von E_0, nicht ganz unproblematisch, da der pure atomare Untergrund eines isolierten Atoms praktisch nicht messbar ist (Ausnahmen sind die Edelgase und monoatomare Metalldämpfe).

Gleichzeitig wird die Konversion von $\chi(E)$ in den k-Raum vorgenommen (Gleichung (4.35)). Das Ergebnis zeigt Abb. 4.17, die die mit k^2 gewichtete EXAFS-Oszillation im Spektrum

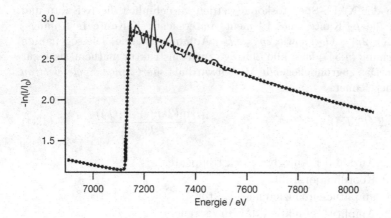

Abb. 4.16 Extraktion der EXAFS-Oszillationen aus dem experimentellen XAS-Spektrum: die glatte Funktion $\mu_0(E)$, die dem Absorptionskoeffizienten eines isolierten Atoms entspricht,
wird nach Normierung des Spektrums auf einen Kantenhub ($\Delta\mu_0$) von 1 subtrahiert

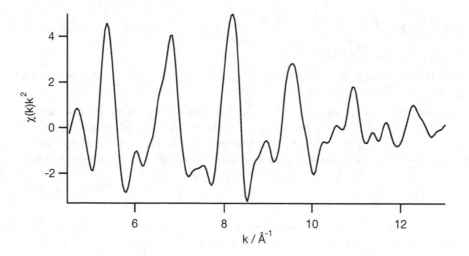

Abb. 4.17 Mit k^2 gewichtete EXAFS-Schwingung des Fe-Spektrums nach Normierung, Konversion
in den k-Raum und Abzug des atomaren Untergrunds

der Eisenfolie als Funktion von k zeigt. Mittels einer Fourier-Transformation kann diese Funktion, die durch die Überlagerung der durch die Streuung an verschiedenen Nachbarn erzeugten Sinusfunktionen entsteht, in die verschiedenen Frequenzanteile zerlegt werden. Die in Abb. 4.18 gezeigte radiale Verteilungsfunktion erhält man durch Fourier-Transformation des EXAFS-Spektrums ($\chi(k)$) der Eisenfolie.

Prinzipiell entsprechen die Maxima der Fourier-transformierten Funktion den Abständen der rückstreuenden Atome. Allerdings sind die Maxima um einen nicht unerheblichen Betrag ($\sim$0,2-0,5 Å) gegenüber den wahren Werten zu niedrigeren Abständen verschoben. Der Grund dafür ist vor allem in der Phasenverschiebung zu suchen, die bei der Reflexion an den Nachbaratomen eintritt. Der zweite Grund sind Fehler bei der Bestimmung von E_0. In vielen Fällen, insbesondere wenn es um die Verfolgung der dynamischen Veränderungen von Strukturen geht, genügt es aber trotzdem, einfach die Fourier-Transformierte zu betrachten. Wenn genauere Informationen erforderlich sind, muss die Phasenverschiebung berücksichtigt werden. Dies kann experimentell anhand bekannter Strukturen ähnlicher Verbindungen ermittelter Phasenverschiebungen oder mittels theoretisch errechneter Rückstreupfade geschehen [ARRC 98]. Heute wird meist die zweite Methode angewandt. Die erzielbare Genauigkeit für den Abstand der nächsten Nachbarn liegt bei $\sim$ 0,02 Å. Grundlage dieser Auswertung ist ein Fit der Parameter der EXAFS-Gleichung (Gleichung (4.34)) an das experimentelle Spektrum. Abb. 4.18 und 4.19 zeigen als einfaches Beispiel den auf der Grundlage von theoretischen Streupfaden errechneten Fit für die ersten beiden Koordinationsschalen von normalem α-Eisen (bcc-Struktur) [Kle 01]. Ein weiteres Beispiel findet sich in 6.1.5.

Apparativ ist XAFS-Spektroskopie, wenn man von der Notwendigkeit, eine intensive kontinuierliche Röntgenquelle wie Synchrotronstrahlung zu verwenden, absieht, nicht besonders

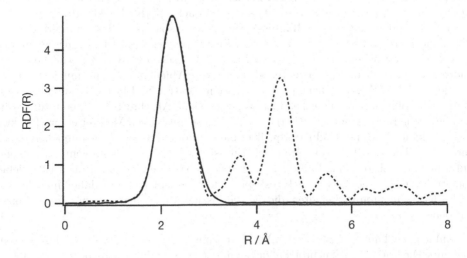

Abb. 4.18 Fourier-Transformierte von $k^2\chi(k)$ (Radiale Verteilungsfunktion) des Eisenspektrums (gepunktete Linie) und Fit der ersten beiden Koordinationsschalen (durchgezogene Linie)

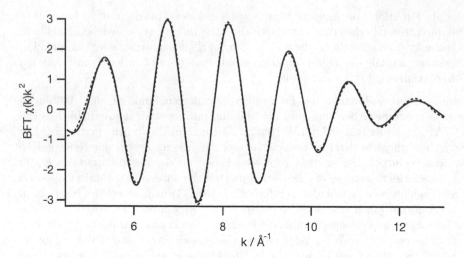

Abb. 4.19 Die Rücktransformation der Fourier-Transformierten des Eisenspektrums aus Abb. 4.18 (im Bereich von R = 1,4 Å bis R = 3,2 Å) zeigt die gute Übereinstimmung zwischen dem experimentellem Spektrum und dem Fit (gepunktete Linie).

aufwändig. Die wesentlichen Komponenten sind eine Röntgenquelle mit Monochromator, die Probenumgebung und die Detektoren. Sie werden im Folgenden eingehender besprochen werden.

Praktisch alle XAFS-Untersuchungen werden heutzutage an Synchrotronstrahlungsquellen durchgeführt. Der Grund dafür ist, dass der schwache XAFS-Effekt (10^{-2} bis 10^{-3}) nur bei ausreichend gutem Signal/Rausch-Verhältnis messbar ist. Dies erfordert eine Quelle mit einem höheren Fluss über einen weiten Energiebereich ($> 1000\,\text{eV}$) als jenem, der mit Laborquellen erreichbar ist. Um ein statistisches Rauschen $< 10^{-3}$ zu erreichen, sind 10^6 Photonen erforderlich. Das bedeutet, dass die von Ablenkmagneten emittierte Intensität in Standard-XAFS-Experimenten (Transmission, bestrahlte Fläche $> 1\,\text{mm}^2$, Messzeit / Punkt 1 s) vollkommen ausreichend ist. Wiggler (siehe Abschnitt 3.2) bieten für verdünnte Proben (siehe Fluoreszenzdetektion) oder bei angestrebt kurzen Messzeiten pro Punkt unter 1 s signifikante Vorteile. Undulatorquellen, die an modernen Synchrotronquellen eingesetzt werden, sind wegen ihrer sehr schmalen Emissionspeaks nur mit großem experimentellen Aufwand für spektroskopische Experimente einsetzbar, die einen so großen Energiebereich überstreichen wie die XAFS-Spektroskopie. Diese Messplätze sind daher im Allgemeinen XAFS-Experimenten vorbehalten, die die spezifischen Eigenschaften eines Undulators wirklich benötigen.

Im einfachsten Fall besteht das EXAFS-Experiment aus der in Abb. 4.20 gezeigten Anordnung. Die von einer Synchrotronquelle emittierte Strahlung wird mittels einer Doppel-Kristallanordnung monochromatisiert (siehe Abschnitt 3.3.1). Da die Frequenz der EXAFS-Oszillationen relativ klein ist, steht beim Design der Monochromatoren weniger eine hohe spektrale Auflösung (1–2 eV sind vollkommen ausreichend) als vielmehr eine große Stabi-

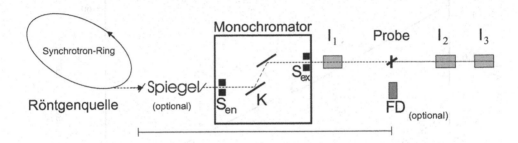

Abb. 4.20 Prinzipskizze des experimentellen Aufbaus für XAFS-Spektroskopie: S_{en} und S_{ex} sind
der Eintritts- und Austrittsspalt, I_1, I_2, I_3 drei Ionisationskammern und FD der Fluores-
zenzdetektor, der bei der Messung von Fl-XAFS verwendet wird. Spiegel werden nicht
an allen Messplätzen verwendet.

lität und Reproduzierbarkeit im Vordergrund. Die Intensität des einfallenden monochromatischen Strahls wird dann mittels eines für Röntgenstrahlung transparenten Detektors
(Ionisationskammern, PIN-Dioden) vor der Probe gemessen. Nachdem der Strahl die Probe
passiert hat, wird die Intensität des Strahls erneut gemessen. Der Logarithmus des Verhältnisses der beiden Messwerte ergibt das gesuchte Produkt μd. (Korrekter $\mu d + x$, dabei ist
x ein Offset, der dadurch verursacht wird, dass die Detektoren nicht identisch sind.) Dieses
einfache Verfahren ist bei reinen oder hoch konzentrierten Proben anwendbar und für diese
Proben allen anderen Detektionsmethoden vorzuziehen, da es im Allgemeinen die besten
Ergebnisse liefert.

Die Proben für Transmissionsmessungen müssen zwei ganz wesentliche Forderungen erfüllen. Zum einen dürfen sie nicht zu dick sein, das maximale μd sollte einen Wert von $\sim 2{,}5$
nicht wesentlich überschreiten. Zum anderen müssen sie im durchstrahlten Volumen homogen sein. Größere inhomogene Proben werden zunächst meist zu möglichst feinem Pulver
gemahlen. Trotzdem sind beide Forderungen gerade bei Messungen mit Energien $<\sim 6\,\mathrm{keV}$
häufig nur schwer gleichzeitig zu erfüllen, da sich durch Mahlen nur schwer Partikel mit
Durchmessern $< 1\,\mu m$ erzeugen lassen.

Ein wichtiger Vorteil für die praktische Anwendbarkeit der XAFS-Spektroskopie in einer
großen Anzahl wissenschaftlicher Fragestellungen ist, dass die notwendige Probenumgebung dem Experiment nur sehr wenige Einschränkungen auferlegt. Praktisch jede Probenumgebung, die es der Röntgenstrahlung erlaubt, in die Probe einzudringen, ist geeignet
für XAFS-Spektroskopie. Beispiele sind Messungen in Reaktivgaszellen, Kryostaten, Öfen,
UHV-Kammern, Magneten oder elektrochemischen Zellen. Diese große Flexibilität bei der
Auswahl verschiedener Probenumgebungen ermöglicht es, die XAFS-Spektroskopie mit einer Reihe anderer analytischer Techniken zu koppeln. Zu nennen sind hier die Kopplung mit
Röntgenbeugung [Top 00, GMTC 00], differentieller Thermoanalyse [ETH 97], Gaschroma-
tographie [CSF+ 91], IR-Spektroskopie [WY 99] und anderen spektroskopischen Verfahren.
Insbesondere bei In-situ-Untersuchungen sind diese Kopplungen geeignet, wesentliche komplementäre Informationen zusätzlich zu den XAFS-Resultaten zu gewinnen.

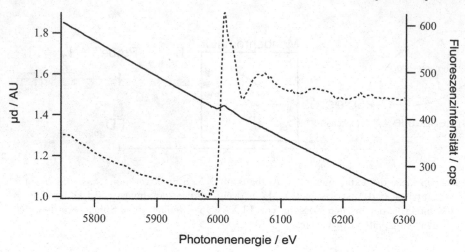

Abb. 4.21 Vergleich der parallel im Transmissions-(durchgezogene Linie)-Fluoreszenz-Modus (gepunktete Linie) in einer verdünnten Probe gemessenen Cr-K-Spektren

Grundsätzlich ist neben der direkten Messung der Transmission jedes Signal, das infolge der Absorption eines Röntgenphotons entsteht, zur Detektion der XAFS-Schwingungen geeignet, sofern es zur Absorption proportional ist. Sehr häufig wird die beim Zerfall des durch Absorption erzeugten angeregten Zustands entstehende Fluoreszenz zur Detektion der XAFS-Spektren angewandt. Der Grund für diese häufige Anwendung ist nicht nur, dass die Probenvorbereitung einfacher ist, da bei Fluoreszenzdetektion die Proben praktisch beliebig dick sein dürfen, sondern vielmehr die Möglichkeit, in verdünnten Proben ein häufig um viele Größenordnungen besseres Signal/Untergrund-Verhältnis zu erreichen. Tatsächlich wurde es erst durch den Einsatz dieser Technik möglich, auch in verdünnten Proben XAFS-Spektren zu messen. Abb. 4.21 zeigt den Vergleich der in Transmission und in Fluoreszenz gemessenen Cr-K-XAFS-Rohspektren einer Bodenprobe mit geringem Cr-Gehalt. Deutlich erkennbar ist das erheblich bessere Signal/Untergrund-Verhältnis des mit Fluoreszenzdetektion gemessenen Spektrums.

Eine Reihe unterschiedlicher Detektortypen wurde für die Fluoreszenzdetektion bei Messungen von XAFS eingesetzt. Die wesentlichen Forderungen an diese Detektoren sind eine hohe maximale Zählrate ≥ 100 kcps, eine möglichst gute Energieauflösung (< 500 eV) und eine möglichst gute Abdeckung des gesamten Raumwinkels. Einen brauchbaren Kompromiss bei der Erfüllung dieser teilweise gegenläufigen Anforderungen stellen energiedispersive Halbleiterdetektoren dar. Das Hauptproblem der Fluoreszenzdetektion ist die erheblich kleinere Zählrate im Vergleich zu Transmissionsmessungen. Der Grund dafür ist, dass die Fluoreszenzstrahlung ungerichtet emittiert wird, der Detektor gewöhnlich aber nur einen kleinen Teil des gesamten Raumwinkels von 4π abdeckt. Neben der einfachen Messung der Transmission und der Messung der Fluoreszenz wurden verschiedentlich auch andere durch die Absorption eines Röntgenphotons ausgelöste Prozesse zur Detektion von EXAFS-Spektren eingesetzt. Relativ häufig wird außer Transmission und Fluoreszenzdetektion noch die Messung des Probenstroms, d. h. die Messung des durch den Photoeffekt verursachten Stroms verwendet.

XAFS-Spektroskopie wird in einer Reihe unterschiedlicher Forschungsgebiete eingesetzt. Ein Anwendungsbeispiel, die Anwendung von EXAFS-Spektroskopie auf die Aufklärung der atomaren Struktur von Clustern, wird im Rahmen dieses Buches an anderer Stelle ausführlich diskutiert (Abschnitte 6.1.5 und 6.2.13). Unter der großen Anzahl an Anwendungen der XAFS-Spektroskopie sind die In-situ-Anwendungen besonders geeignet, das Potential der Methode und die große Flexibilität bezüglich geeigneter Probenumgebungen zu demonstrieren. Diese Untersuchungen werden häufig eingesetzt, um im Detail den Verlauf chemischer Reaktionen aufzuklären. Die gewonnenen Ergebnisse werden dann beispielsweise für die Optimierung von Katalysatoren oder Prozessen verwandt. In den Materialwissenschaften ist die EXAFS-Spektroskopie eine wichtige Methode, um Proben strukturell zu charakterisieren. Besonders wenn Proben nicht kristallin vorliegen, ist XAFS-Spektroskopie häufig die Methode der Wahl. Beispiele sind Struktur/Funktions-Untersuchungen an Hochtemperatur-Supraleitern [DDS+ 89, LGP 88] oder Untersuchungen an Gläsern [DBAF 97] und modernen Hochleistungskeramiken [Gau 98]. Seit einigen Jahren wird XAFS-Spektroskopie auch zur Lösung umweltanalytischer Fragestellungen eingesetzt. Es sind dabei im Wesentlichen zwei Fragestellungen, die mittels XAFS-Spektroskopie bearbeitet werden: erstens die detaillierte Untersuchung der Bindung von Metallen an festen Bestandteilen von Böden und Sedimenten (Tonminerale [SSLS 98], Huminsäuren [DRP+ 97] etc.). Zweitens die Aufklärung der tatsächlichen Bindungsform von Metallen in realen Umweltproben. Wegen der meist komplexen Zusammensetzung der Proben kommt hierbei meist nicht die skizzierte EXAFS-Auswerteprozedur zur Anwendung, die Spektren von Einzelverbindungen voraussetzt, sondern eine Art Fingerabdruckidentifikation anhand der Spektren von Referenzsubstanzen sowie derer Linearkombinationen [MBS+ 96, WCMT 99].

Insgesamt lässt sich Folgendes festhalten: Röntgenabsorptionsspektren zeigen oberhalb der Absorptionskanten Oszillationen des Absorptionskoeffizienten, die sogenannten XANES und EXAFS. Die Untersuchung dieser Feinstruktur ist ein häufig unverzichtbares Hilfsmittel für die Untersuchung der physikalischen Nahordnung des Absorberatoms. Die Feinstruktur wird durch Wechselwirkung der auslaufenden Welle des bei der Absorption erzeugten Photoelektrons mit den Nachbaratomen des Absorbers verursacht. Mit Hilfe geeigneter Auswerteverfahren können daher Informationen über Art, Anzahl und Abstand der nächsten Nachbarn aus den EXAFS-Spektren gewonnen werden. Die wesentlichen Vorteile der Methode sind, dass die EXAFS-Spektroskopie elementspezifisch ist und dass sie auch in nicht kristallinen Proben durchgeführt werden kann. Für die meisten Systeme lässt sich die Feinstruktur gut durch die *short range single electron single scattering theory* beschrieben. Die Auswertung erfolgt meistens durch Anpassen der Parameter der sich aus diesem Modell ergebenden XAFS-Gleichung an das experimentell gemessene Spektrum. Wegen der relativ großen Zahl teilweise stark korrelierter Parameter ist es wichtig, die Zahl der anzupassenden Parameter durch geeignete, physikalisch sinnvolle Restriktionen zu begrenzen. Die experimentelle Durchführung der XAFS-Spektroskopie ist nicht sehr aufwändig. Für die Messungen wird zum einen eine geeignete Synchrotronstrahlungsquelle benötigt; die Intensität der Strahlung von Ablenkmagneten ist hierfür meist ausreichend. Zum anderen ist ein Monochromator erforderlich, der eine spektrale Auflösung von etwa 10^{-4} besitzen sollte. Im einfachsten Fall ist es dann lediglich notwendig, die Intensität des monochromatischen Strahls vor und hinter der Probe zu messen. Bei verdünnteren Proben kann die Fluoreszenzdetektion eingesetzt werden, bei der die Intensität der elementspezifischen Fluoreszenzlinien in Abhängigkeit von der Wellenlänge der einfallenden monochromatischen Strahlung gemessen wird. Geeignete Messplätze sind an allen Synchrotronstrahlungsquellen zu finden.

Literaturverzeichnis

[ARRC 98]   Ankudinov, A. L.; Ravel, B.; Rehr, J. J.; Conradson, S. D.: Real-Space Multiple-Scattering Calculation and Interpretation of X-Ray-Absorption Near-Edge Structure. Phys. Rev. B **58** (1998) 7565

[BB 67]   Bearden, J. A.; Burr, A. F.: Reevaluation of X-Ray Atomic Energy Levels. Rev. Mod. Phys. **39** (1967) 125

[BS 96]   Becker, U.; Shirley, D. A. (Hrsg.): VUV and X-Ray Photoionization. New York: Plenum Press 1996

[BW 95]   Bizau, J. M.; Wuilleumier, F. J.: Redetermination of Absolute Partial Photoionization Cross Sections of He and Ne Atoms between 20 and 300 eV Photon Energy. J. Electr. Spectrosc. Relat. Phenom. **71** (1995) 205

[CL 78]   Cardona, M.; Ley, L. (Hrsg.): Photoemission in Solids I: General Principles. Berlin: Springer-Verlag 1978

[CSF$^+$ 91]   Clausen, B. S.; Steffensen, G.; Fabius, B.; Villadsen, J.; Feidenhans'l, R.; Topsoe, H.: In Situ Cell for Combined XRD and On-line Catalysis Tests: Studies of Cu-based Water Gas Shift and Methanol Catalysts. J. Catal. **132** (1991) 524

[DBAF 97]   Dubiel, M.; Brunsch, S.; Arcon, I.; Frahm, R.: EXAFS Study of Silver and Rubidium Environments in Silicate Glasses. J. de Physique IV **7** (1997) 1169

[DCK 88]   D. C. Koningsberger, R. P. E.: X-Ray Absorption: Principles, Applications, Techniques of EXAFS, SEXAFS and XANES. New York, USA: John Wiley and Sons 1988

[DDS$^+$ 89]   Dellalonga, S.; Dicicco, A.; Stizza, S.; Desantis, M.; Garg, K.; Bianconi, A.: XANES and EXAFS of $YBa_2Cu_3O_{\sim 7}$: Multiple Scattering Data Analysis and Evidence for a Structural Distortion at Tc. Physica B **158** (1989) 469

[DRP$^+$ 97]   Denecke, M. A.; Reich, T.; Pompe, S.; Bubner, M.; Heise, K. H.; Nitsche, H.; Allen, P. G.; Bucher, J. J.; Edelstein, N. M.; Shuh, K. K.: Differentiating between Monodentate and Bidentate Carboxylate Ligands Coordinated to Uranyl Ions Using EXAFS. J. Phys. IV France **7(C2)** (1997) 637

[ETH 97]   Epple, M.; Tröger, L.; Hilbrandt, N.: Thorough Insight Into Reacting Systems by Combined In-Situ XAFS and Differential Scanning Calorimetry. Synchrotron Rad. News **10** (1997) 11

[Gau 98]   GautierSoyer, M.: X-Ray Absorption Spectroscopy: A Tool to Study the Local Atomic and Electronic Structure of Ceramics. Journal of the European Ceramic Society **18(15)** (1998) 2253

[GMTC 00]   Grunwaldt, J.-D.; Molenbroek, A. M.; Topsoe, N. Y.; Clausen, B. S.: In Situ Investigations of Structural Changes in Cu/ZnO Catalysts. J. Catal. **194** (2000) 452

[H$^+$ 93]   Henke, B. L.; et al.: Atomic Data and Nuclear Data Tables **54** (1993) 181.
              http://www-cxro.lbl.gov/optical_constants/

[H$^+$ 00]   Henneken; et al.: Lack of Proportionality of Total Electron Yield and Soft
              X-Ray Absorption Coefficient. J. Appl. Phys. **87** (2000) 257

[HZ 96]   Hayaishi, T.; Zimmermann, P.: VUV and X-Ray Photoionization. New York:
              Herausgeber Becker, U.; Shirley, D. A., Plenum Press 1996

[IFF 92]   Synchrotronstrahlung zur Erforschung kondensierter Materie.   23. IFF-
              Ferienkurs, Forschungszentrum Jülich GmbH (1992)

[Jac 81]   Jackson, J. D.: Klassische Elektrodynamik. Berlin: W. de Gruyter 1981

[Kap 02]   Kappen, P.: Multi-Element-Silizium-Drift-Detektoren zur Untersuchung von
              Katalysatoren sowie Photonen-Interferenzspektroskopie als neue Methode.
              Universität Hamburg, Germany: Dissertation 2002

[Kit 80]   Kittel, C.: Einführung in die Festkörperphysik. München: R. Oldenbourg-
              Verlag 1980

[Kle 01]   Klementev, K. V.: Extraction of the Fine Structure from X-Ray Absorption
              Spectra. J.Phys. D: Appl. Phys. **34** (2001) 209 – 217

[LGP 88]   Lytle, F. W.; Greegor, R. B.; Panson, A. J.: Discussion of X-Ray-Absorption
              Near-Edge Structure: Application to Cu in the High-T_c Superconductors
              $La_{1.8}Sr_{0.2}CuO_4$ and $YBa_2Cu_3O_7$. Phys. Rev. B **37(4)** (1988) 1550

[MBS$^+$ 96] Manceau, A.; Boisset, M. C.; Sarret, G.; Hazemann, J. L.; Mench, M.; Cambier,
              P.; Prost, R.: Direct Determination of Lead Speciation in Contaminated Soils
              by EXAFS Spectroscopy. Environ. Sci. Technol. **30** (1996) 1540

[Meh]   Mehlhorn, W. (Hrsg.): Handbuch der Physik, Bd. 35

[Moo 71]   Moore, C. E.: Atomic Energy Levels I-III. Nat. Stand. Ref. Data Ser., Nat.
              Bur. Stand. Washington: United States Government Printing Office 1971

[R$^+$ 03a]   Richter, M.; et al.: Measurement of Gigawatt Radiation Pulses from a Vacuum
              and Extreme Ultraviolet Free-Electron Laser. Appl. Phys. Lett. **83** (2003) 2970

[R$^+$ 03b]   Richter, M.; et al.: Photoionization Cross Sections of Kr and Xe from Threshold
              up to 1000 eV. AIP Conference Proceedings **652** (2003) 165

[S$^+$ 91]   Samson, J. A. R.; et al.: Recent Progress on the Measurement of Absolute
              Atomic Photoionization Cross Sections. J. Phys. IV France **01** (1991) C1–99

[S$^+$ 94]   Samson, J. A. R.; et al.: Precision Measurements of the Absolute Photoio-
              nization Cross Sections of He. J. Phys. B: At. Mol. Opt. Phys. **21** (1994)
              887

[S$^+$ 01]   Scholze, F.; et al.: High-Accuracy EUV Metrology of PTB Using Synchrotron
              Radiation. Proc. SPIE **4344** (2001) 402

[Sam 67]   Samson, J. A. R.: Techniques of Vacuum Ultraviolet Spectroscopy. New York:
              John Wiley Sons 1967

[SE 00]   Samson, J. A. R.; Ederer, D. L.: Vacuum Ultraviolet Spectroscopy. New York:
              Academic Press 2000

[SK 82]   Siegbahn, K.; Karlsson, L.: Handbuch der Physik, Bd. 35 (Hrsg.: Mehlhorn,
              W.). Heidelberg: Springer Verlag 1982

[SKR⁺ 93]   Schaphorst, S. J.; Kodre, A. F.; Ruscheinski, J.; Crasemann, B.; Åberg, T.;
            Tulkki, J.; Chen, M. H.; Azuma, Y.; Brown, G. S.: Multielectron Inner-Shell
            Photoexcitation in Absorption Spectra of Kr: Theory and Experiment. Phys.
            Rev. **47** (1993) 1953

[SS 92]   Saito, N.; Suzuki, I. H.: Multiple Photoionization in Ne, Ar, Kr and Xe from
            44 to 1300 eV. Int. J. Mass Spectrom. and Ion Processes **115** (1992) 157

[SSLS 98]   Scheidegger, A. M.; Strawn, D. G.; Lamble, G. M.; Sparks, D. L.: The Kinetics
            of Mixed Ni-Al Hydroxide Formation on Clay and Aluminum Oxide Minerals:
            a Time-Resolved XAFS Study. Geochim. Cosmochim. Acta **62** (1998) 2233

[ST 91]   Saleh, B. E. A.; Teich, M. C.: Fundamentals of Photonics. New York: John
            Wiley Sons 1991

[Stö 92]   Stöhr, J.: NEXAFS Spectroscopy. Heidelberg: Springer-Verlag 1992

[Teo 86]   Teo, B. K.: ESAFS: Basic Principles and Data Analysis. Berlin, Germany:
            Springer Verlag 1986

[Top 00]   Topsoe, H.: In Situ Characterization of Catalysts. Studies Surf. Sci. Cat. **130**
            (2000) 1 – 21

[WCMT 99]   Welter, E.; Calmano, W.; Mangold, S.; Tröger, L.: Chemical Speciation of
            Heavy Metals in Soils by use of XAFS Spectroscopy and Electron Microscopical
            Techniques. Fresenius J Anal Chem **364** (1999) 238

[Woo 86]   Woodruff, D. P.: Fine Structure in Ionisation Cross Sections and Applications
            to Surface Science. Rep. Prog. Phys. **49** (1986) 683 – 723

[WY 99]   Wilkin, O. M.; Young, N. A.: The Development of a Combined Simultaneous
            XAFS/FTIR Facility for the Study of Matrix Species. J. Synchro. Rad. **6**
            (1999) 204

4.2   Photoelektronenspektroskopie
Lutz Kipp

4.2.1   Grundlagen der Photoemission

Trifft hochenergetische Strahlung auf Atome, Moleküle oder Festkörper, können Elektronen freigesetzt werden. Dieser äußere photoelektrische Effekt, der bereits 1887 von Heinrich Hertz entdeckt [Her 87] und 1905 von Albert Einstein [Ein 05] quantentheoretisch gedeutet wurde, ist seitdem sowohl experimentell als auch theoretisch sehr detailliert untersucht worden. Als Photoelektronenspektroskopie bezeichnet man das Studium dieser
Photoelektronen bezüglich ihrer Energie-, Winkel- und Spinverteilung. Die Photoelektronenspektroskopie hat sich als eine der wichtigsten experimentellen Methoden zur Untersuchung der elektronischen Struktur von Atomen, Molekülen, Clustern oder Festkörpern
etabliert [Ela 74, CL 78, Kra 80, EK 85, BS 90, Kev 92, Hüf 95]. Je nach Anwendung werden verschiedene Varianten der Photoelektronenspektroskopie eingesetzt. Man unterscheidet dabei neben den verwendeten Spektralbereichen der anregenden Strahlung (Vakuum-
Ultraviolett und extremes Ultraviolett) zwischen winkelintegrierenden (ultraviolette Pho-

toelektronenspektroskopie (UPS) und Röntgen-Photoelektronenspektroskopie (XPS)) und winkelauflösenden Techniken (*angle resolved* UPS (ARUPS) und XPS (ARXPS)).

In allen experimentellen Techniken der Photoelektronenspektroskopie wird die Intensität der Photoelektronen I als Funktion der experimentellen Parameter kinetische Energie der Elektronen E_{kin} und Photonenenergie $h\nu$ gemessen. Bei winkelauflösenden Messungen kommen als Parameter noch die Emissionswinkel der Photoelektronen ϑ, φ hinzu – andere Parameter wie Polarisation des Lichts oder Spin der Elektronen sollen hier nicht betrachtet werden:

$$I = I(E_{kin}, h\nu, \vartheta, \varphi). \tag{4.37}$$

Das Prinzip der Photoelektronenspektroskopie am Beispiel von Festkörpern ist in Abb. 4.22 gezeigt. Theoretisch kann die Photoemissionsintensität durch die Antwort des Elektronensystems auf das einfallende Photonenfeld als differentieller Wirkungsquerschnitt [1] beschrieben werden. Im einfachsten Fall eines nicht wechselwirkenden Elektronensystems lässt sich der Photostrom (die Zahl der emittierten Elektronen pro Zeiteinheit) durch Fermis goldene Regel

$$I(E_i, h\nu) \sim \sum_{f,i} |M_{fi}|^2 \, \delta(E_f - h\nu - E_i) \tag{4.39}$$

darstellen. Die Deltafunktion sichert die Energieerhaltung $E_f = E_i + h\nu$, und $M_{fi} = \langle \Psi_f | (e/2mc) \, \vec{A}\vec{p} | \Psi_i \rangle$ stellt das Übergangsmatrixelement dar, in dem bei Festkörpern im-

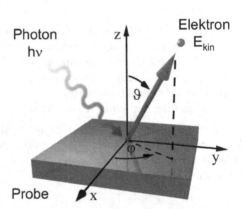

Abb. 4.22
Schematische Darstellung eines winkelauflösenden Photoemissionsexperiments; z bezeichnet die Oberflächennormale, ϑ, φ den Polar- und Azimutalwinkel der photoemittierten Elektronen

---

[1]Der differentielle Wirkungsquerschnitt enthält im allgemeinen Fall Vielteilchenwellenfunktionen von Anfangs- und Endzuständen und Übergangsmatrixelemente. Innerhalb der sogenannten *sudden approximation* für den Endzustand, wo die Wechselwirkung zwischen dem Photoelektron und dem verbleibenden N-1-Elektronensystem vernachlässigt wird [HL 69], lässt sich der Photostrom durch die spektrale Darstellung $A_{\vec{k}}(\omega) = 1/\pi \, |Im \, G_{\vec{k}}(\omega)|$ (Spektralfunktion) der Ein-Teilchen-Green-Funktion $G_{\vec{k}}(\omega)$ [BT 87] ausdrücken:

$$I_{\vec{k}}(\omega) \sim \sum_{f,i} |\langle \Psi_f | M | \Psi_i \rangle|^2 \, A_{\vec{k}}(\omega), \tag{4.38}$$

wobei die Summation über alle möglichen Anfangs- und Endzustände läuft und $\hbar\omega$ die Energie des einfallenden Photons bezeichnet. Die Spektralfunktion $A_{\vec{k}}(\omega)$ gibt an, mit welcher Wahrscheinlichkeit ein Elektron mit Quasiimpuls $\hbar\vec{k}$ und Energie $\hbar\omega$ aus dem Festkörper entfernt werden kann.

plizit die Impulserhaltung enthalten ist. E_i, E_f und Ψ_i, Ψ_f beschreiben die Einteilchen-energien und Wellenfunktionen des zugehörigen Anfangs- und Endzustands. $\vec{A}$ ist das Vektorpotential, $\vec{p}$ der Impuls. Für Details zu dieser quantenmechanischen Beschreibung siehe Standardbücher der Quantenmechanik, z. B. [Sch 04].

In der Einteilchennäherung wird eine Reihe von Effekten vernachlässigt, die die austretenden Elektronen bei den verbleibenden Elektronen auslösen. Dazu gehört beispielsweise die Relaxation des N-1-Elektronensystems auf Grund der durch das emittierte Elektron bedingten zusätzlichen positiven Ladung. Die Bindungsenergien der verbleibenden Elektronenorbitale werden erhöht, und die Energie des auslaufenden Elektrons kann sich um diesen Energiegewinn vergrößern. Daneben können Zweielektronenprozesse auftreten, bei denen durch den Emissionsprozess eines Elektrons ein zweites Elektron in einen höheren, unbesetzten Zustand angeregt werden kann. Diese Anregungsenergie fehlt dem emittierten Elektron und führt zu Satellitenstrukturen mit niedrigerer kinetischer Energie in der Größenordnung einiger eV neben der Primärstruktur im Spektrum. Während bei den sogenannten Shake-up-Prozessen das zweite angeregte Elektron gebunden bleibt, wird es bei Shake-off-Prozessen ebenfalls emittiert.

4.2.2   Photoelektronenspektroskopie an Atomen, Molekülen und Festkörpern

Photoelektronenspektren von Atomen sind gekennzeichnet durch ausgeprägte diskrete Emissionslinien, deren energetische Lage auf Grund der Energieerhaltung durch

$$E_{kin} = h\nu - I_j \tag{4.40}$$

bestimmt ist. Dabei bezeichnet I_j die Ionisationsenergie, die notwendig ist, um ein Elektron aus einem Orbital mit der Hauptquantenzahl j ins Unendliche zu befördern. Neben diesen relativ einfachen Einelektronenprozessen können auch Emissionen von Elektronen unter gleichzeitiger Anregung eines zweiten Elektrons in ein unbesetztes Orbital erfolgen. Diese sogenannten Zweielektronenprozesse sind ein eindrucksvoller Beleg der Elektron-Elektron-Korrelation und werden in Abschnitt 6.1.1 ausführlich behandelt.

Bei der Photoelektronenspektroskopie an Molekülen gibt es zusätzliche Möglichkeiten der Anregung von Eigenschwingungen (Vibrationen) oder Rotationen bei der Emission von Photoelektronen. Die kinetische Energie der Elektronenemissionslinien von Molekülen ist demzufolge durch

$$E_{kin} = h\nu - I_j - E_{vib.,rot.} \tag{4.41}$$

gegeben. Die Photoelektronenspektren bestehen dann aus einer Reihe von Linien für jedes Elektron, das von einem bestimmten Orbital j emittiert wird.

Die von Atomen oder Molekülen emittierten Photoelektronen werden nicht in alle Richtungen mit gleichmäßiger Intensität emittiert. Vielmehr hängt die Intensität von dem Emissionswinkel der Elektronen ab und wird auf Grund von Dipol-Auswahlregeln von dem s-, p-, d- oder f-Charakter der ausgehenden Kugelwellen bestimmt. Für linear polarisiertes Licht ergeben sich Winkelverteilungen von Photoelektronen der Form

$$I(\theta) = \frac{\sigma}{4\pi}\left[1 + \frac{\beta}{2}\left(3cos^2\Theta - 1\right)\right], \tag{4.42}$$

wobei Θ den Winkel zwischen der Emissionsrichtung der Photoelektronen und dem elektrischen Feldstärkevektor des anregenden Lichts, σ den winkelintegrierten Wirkungsquerschnitt und β den sogenannten Anisotropieparameter bezeichnet. Interessanterweise gilt die obige Form der Winkelverteilung für alle Atome und Moleküle. β ist damit der einzige Parameter, der die Winkelverteilung der aus Atomen und Molekülen photoemittierten Elektronen beschreibt. Für eine reine p-Welle nimmt β beispielsweise den Wert $+2$ an, für eine s-Welle ist $\beta = 0$ [Ela 74].

Bei Festkörpern spalten die bei Atomen und Molekülen noch diskreten Energieniveaus der Valenzelektronen durch den Überlapp von Wellenfunktionen benachbarter Atome weiter auf und formen Energiebänder, die in kristallinen Materialien mit dem Wellenvektor k der Elektronen variieren. Die energetisch tieferliegenden Niveaus der Rumpfelektronen bleiben dagegen diskret, können aber ihre energetische Lage im Vergleich zu atomaren Niveaus durch die veränderte chemische Umgebung im Festkörper verändern (Rumpfniveauverschiebung, *chemical shift*). Ein umfangreiches Verständnis der mikroskopischen elektronischen Struk-

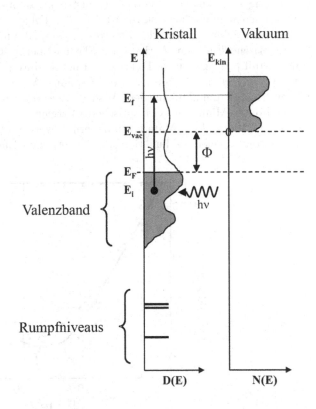

Abb. 4.23 Schema der energetischen Übergänge bei der Photoelektronenspektroskopie. E_i, E_f: Anfangs- bzw. Endzustandsenergie, E_F: Fermienergie, E_{vac}: Energie des Vakuumniveaus, Φ: Austrittsarbeit. $D(E)$: Zustandsdichte im Festkörper, $N(E)$: messbare Energieverteilung photoemittierter Elektronen

tur von Festkörpern und ihren Oberflächen ist essentiell für die Beschreibung vieler makroskopischer Eigenschaften wie z. B. elektrische Leitfähigkeit, optische Reflektivität oder Absorption und chemische Reaktivität. Die kinetische Energie der aus einem Festkörper emittierten Photoelektronen ist durch

$$E_{kin} = h\nu - E_I - E_B \tag{4.43}$$

gegeben. Dabei bezeichnen E_I die Ionisationsenergie oder die Photoemissionsgrenze, d. h. die minimale Energie, die notwendig ist, um ein Elektron aus dem Festkörper zu lösen bzw. auf die Energie des Vakuumniveaus E_{vac} anzuregen, und E_B die Bindungsenergie der Elektronen, die bezüglich des höchsten besetzten elektronischen Zustandes angegeben wird. Bei Metallen ist das die Fermi-Energie E_F, bei Halbleitern und Isolatoren das Valenzbandmaximum E_{vbm}. Die Ionisationsenergie ist bei Metallen gleich der Austrittsarbeit Φ. Das der Photoelektronenspektroskopie zugrunde liegende Energieniveauschema ist in Abb. 4.23 dargestellt.

Ein wichtiges Merkmal der Photoelektronenspektroskopie an Festkörpern ist ihre ausgeprägte Oberflächenempfindlichkeit. Sie ist u. a. eine Folge der Energieverluste durch Plasmonen (kollektiven Schwingungen des Elektronensystems) und andere Mehrteilchenanregungen. Für kinetische Energien oberhalb der Plasma-Energie (typ. 10–20 eV) verlieren die durch den Kristall propagierenden Elektronen Energie durch die Erzeugung von Plasmonen. Dadurch verringert sich die mittlere freie Weglänge Λ der Elektronen merklich im Bereich der Plasma-Energien, und die mittlere Ausdringtiefe von Photoelektronen zeigt ein charakteristisches breites Minimum bei kinetischen Energien von einigen 10–100 eV. In Abb. 4.24 ist die für eine Vielzahl von Materialien näherungsweise gültige Abhängigkeit der Ausdringtiefe von Photoelektronen als Funktion ihrer kinetischen Energie gezeigt [SD 79]. Für niedrige

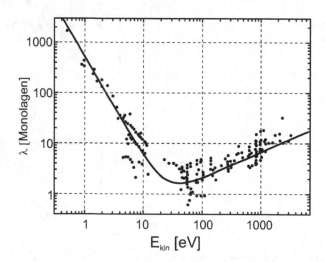

Abb. 4.24 Mittlere freie Weglänge λ von Elektronen in verschiedenen Materialien als Funktion der kinetischen Energie (nach [SD 79])

Energien zeigt sich ein drastischer Anstieg und auch eine deutlichere Materialabhängigkeit, da z. B. bei Halbleitern und Isolatoren, bedingt durch die fundamentale Energielücke, der Wirkungsquerschnitt für inelastische Elektronenstreuung stark abnimmt, und für Energien kleiner als die Bandlücke Valenzelektronen nicht mehr in das Leitungsband angeregt werden können. Die in Abb. 4.24 gezeigte universelle Kurve gilt für Elektronenemissionen senkrecht zur Oberfläche. Die Oberflächenempfindlichkeit kann demzufolge mit zunehmendem Emissions-Polarwinkel ϑ der Elektronen erhöht werden. Zusammen mit der Abhängigkeit der Oberflächenempfindlichkeit von der kinetischen Energie der Elektronen bietet die Photoelektronenspektroskopie damit hervorragende Möglichkeiten zur Untersuchung von Oberflächenphänomenen.

4.2.3 Winkelintegrierte und winkelaufgelöste Photoelektronenspektroskopie

Bei der winkelintegrierten Photoelektronenspektroskopie steht die Analyse von Bindungsenergien elektronischer Niveaus oder – bei Molekülen und Clustern – deren Aufspaltung durch vibronische Effekte im Vordergrund des Interesses. Da die Richtungsinformation der emittierten Photoelektronen durch die Winkelintegration verloren geht, ist diese Spektroskopie vorzugsweise zur Untersuchung der elektronischen Struktur von Atomen, Molekülen und Clustern sowie Rumpfniveaus von Festkörpern, deren Bindungsenergie nicht mit dem Emissionswinkel bzw. dem Wellenvektor (s. u.) der emittierten Elektronen variiert, geeignet. Bei genügend großer Energie der anregenden Photonen – insbesondere im Röntgen-Bereich – wird die Photoelektronenspektroskopie (XPS, *x-ray photoelectron spectroscopy*) auch zur chemischen Analyse eingesetzt (ESCA, *electron spectroscopy for chemical analysis*). Ein Beispiel für ein Photoelektronenspektrum von einkristallinem TiSe$_2$ ist in Abb. 4.25 gezeigt.

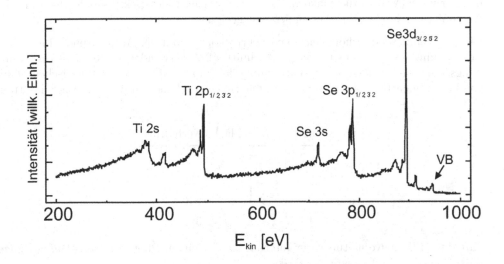

Abb. 4.25 Photoelektronenspektrum von TiSe$_2$, angeregt mit 946 eV-Photonen

Man beobachtet eine Serie von Peaks auf einem Untergrund, der zu niedrigen kinetischen Energien hin ansteigt. Die Linien lassen sich in drei grundlegende Klassen einteilen:

1. Rumpfzustände,
2. Auger-Linien,
3. Valenzzustände.

Die Rumpfniveaustruktur in Abb. 4.25 spiegelt direkt die elektronische Struktur der enthaltenen Titan- und Selen-Atome wider. Es ist zu erkennen, dass die Rumpfniveaus unterschiedliche Intensitäten und Halbwertsbreiten besitzen und dass sie abgesehen von den s-Niveaus als Dubletts auftreten. Dies ist eine direkte Folge der Spin-Bahn-Kopplung (LS- oder Russel-Saunders-Kopplung). Der Gesamtdrehimpuls j ergibt sich durch Summation von Bahndrehimpuls l und Spin s: $j = l + s$. Dadurch ergeben sich für $l > 0$ zwei mögliche Zustände, charakterisiert durch die Quantenzahl j. Die relativen Intensitäten der einem Dublett zugehörigen Peaks sind durch das Verhältnis der jeweiligen Entartungen $(2j + 1)$ bestimmt und in Tabelle 4.2 zusammengefasst.

Die zweite Klasse von Strukturen wird durch nichtstrahlende Zerfälle von Rumpflochzuständen gebildet. Nach Anregung und Emission eines Rumpfelektrons wird das entstandene Rumpfloch durch ein Elektron aus einem energetisch höher liegenden Niveau besetzt. Die dabei frei werdende Energie kann entweder in Form eines Photons emittiert werden (strahlender Zerfall) oder an ein anderes Elektron übergeben werden (nichtstrahlender Zerfall), das dann ggf. emittiert werden kann (Auger-Elektron). Neben den charakteristischen Energielagen der Röntgen-Photoelektronen liefern auch die Lagen der Auger-Linien Informationen über die chemische Zusammensetzung der untersuchten Proben.

Als Valenzzustände bezeichnet man Zustände mit niedriger Bindungsenergie (etwa im Bereich 0–20 eV). Das Spektrum ist in diesem Bereich durch Bänder charakterisiert und nicht wie bei hohen Bindungsenergien durch scharfe Energieniveaus. Zur Bestimmung der Valenzbandstruktur (VB) ist die winkelauflösende Photoelektronenspektroskopie, die im nächsten Abschnitt beschrieben wird, besonders gut geeignet.

Die winkelauflösende Photoelektronenspektroskopie kann bei Atomen und Molekülen zur Bestimmung des β-Parameters (vgl. Abschnitt 4.2.2) verwendet werden. Das Hauptanwendungsgebiet liegt jedoch in der Bestimmung der impulsaufgelösten elektronischen Struktur von kristallinen Festkörpern und deren Oberflächen. Gemessen wird die Energieverteilung

Schale	j	Flächenverhältnis
s	$\frac{1}{2}$	—
p	$\frac{1}{2}, \frac{3}{2}$	1:2
d	$\frac{3}{2}, \frac{5}{2}$	2:3
f	$\frac{5}{2}, \frac{7}{2}$	3:4

Tab. 4.2: Flächenverhältnisse der Intensitäten der einem Photoemissions-Dublett zugehörigen Spin-Bahn aufgespaltenen Peaks

der photoemittierten Elektronen als Funktion der Emissionswinkel ϑ, φ (siehe Abb. 4.22). Die Spektren enthalten eine Fülle mikroskopischer Informationen über Wellenfunktionen und die elektronische Bandstruktur von Festkörpern und ihren Oberflächen.

Im Festkörper müssen neben der optischen Anregung der Elektronen in einem oberflächennahen Bereich – begrenzt durch die Eindringtiefe des Lichts ($\sim 1\,\mu$m) – noch der Transport der Elektronen zur und ihr Durchtritt durch die Oberfläche berücksichtigt werden. Anstelle eines strikten, theoretisch anspruchsvollen Ein-Stufen-Modells [FE 74] können Photoelektronenspektren auch mit Hilfe des relativ einfachen Drei-Stufen-Modells [Spi 58, BS 64] analysiert werden. Es besteht aus den drei Stufen

– optische Anregung im Festkörper,
– Transport des angeregten Elektrons zur Oberfläche,
– Durchtritt durch die Oberfläche.

Neben der Energieerhaltung $E_f = E_i + h\nu$ gilt dabei die Erhaltung des Quasiimpulses $\hbar\vec{k}$ bis auf einen reziproken Gittervektor $\vec{G}$:

$$\vec{k}_f = \vec{k}_i + \vec{G} + \vec{k}_{ph}, \tag{4.44}$$

wobei $\vec{k}_i$ den Anfangswert und $\vec{k}_f$ den Endwert für den Wellenvektor beschreibt und $\vec{k}_{ph}$ der verwendeten Photonen im Vakuum UV-(VUV)-Bereich (5–40 eV) vernachlässigt werden kann. Ist die Energie des Endzustandes groß genug (oberhalb des Vakuumniveaus), kann das Elektron den Festkörper verlassen. Beim Durchtritt durch die Oberfläche bleibt die Komponente des Wellenvektors parallel zur Oberfläche aus Stetigkeitsgründen der Wellenfunktionen an der Oberfläche erhalten. Sie lässt sich durch die kinetische Energie E_{kin} und den Polarwinkel ϑ des emittierten Photoelektrons für eine bestimmte Azimutalrichtung φ beschreiben:

$$k_{f\parallel} = \sqrt{\frac{2m_e}{\hbar^2}E_{kin}}\sin\vartheta. \tag{4.45}$$

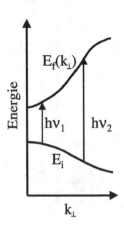

Abb. 4.26
Änderung der Senkrechtkomponente des Wellenvektors in der Photoemission bei Variation der Photonenenergie bzw. der Energie des Endzustands E_f

Der Wert des Wellenvektors senkrecht zur Oberfläche $k_\perp$ bleibt dabei auf Grund der gebrochenen Translationssymmetrie senkrecht zur Oberfläche zunächst unbestimmt, hängt aber im Allgemeinen von der Energie des Endzustands E_f ab:

$$k_\perp = f^{-1}(E_f) \tag{4.46}$$

und lässt sich durch bestimmte Annahmen über die Dispersion der Endzustände der Photoemission $E_f = f(k_\perp)$ wie z. B. freie Elektronenparabeln oder gerechnete Leitungsbandstrukturen bestimmen. Insbesondere lässt sich $k_\perp$ durch Variation der Photonenenergie gezielt verändern (siehe Abb. 4.26).

Zur Bestimmung der elektronischen Struktur von Festkörpern und deren Oberflächen mittels Photoelektronenspektroskopie erlaubt die Anwendung von Synchrotronstrahlung den Betrieb unterschiedlicher Messmodi. Allen Messmodi gemein ist die Messung der Anzahl der photoemittierten Elektronen $N(E_i, E_f)$ angeregt durch Photonen der Energie $h\nu$ von einem Anfangszustand mit der Energie E_i in einen gemessenen Endzustand der Energie E_f. Die zweidimensionale Elektronenemissionsfläche $N(E_i, E_f)$ enthält dabei die gesamte Information, die von einem Photoemissionsexperiment mit bestimmter Polarisations- und Detektionsgeometrie erhalten werden kann. Die Photoemissions-Messmodi (siehe Abb. 4.27) unterscheiden sich dadurch, wie die Elektronenemissionsfläche durch bestimmte Einstellung der Messparameter geschnitten wird. Der am weitesten verbreitete Messmodus besteht in der Aufnahme sogenannter Energieverteilungskurven (EDC, *energy distribution curves*). Hier wird bei konstanter Photonenenergie die Anzahl der photoemittierten Elektronen als Funktion ihrer kinetischen Energie E_{kin} aufgenommen. Die Energie des Endzustands E_f

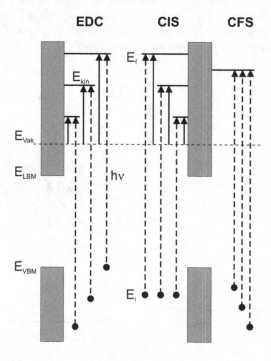

Abb. 4.27
Messmodi bei der Photoelektronenspektroskopie mit Synchrotronstrahlung: Energieverteilungskurven (EDC), Spektroskopie bei konstanter Endzustandsenergie (CFS) und Spektroskopie bei konstanter Anfangszustandsenergie (CIS)

bestimmt sich dann aus der Summe der kinetischen Energie und der Energie des Vakuum-Niveaus E_{vac}. Das Kontinuum der Synchrotronstrahlung erlaubt neben diesem Standard-Messmodus durch mögliche Variation der Photonenenergie die Aufnahme von Spektren mit konstanter Anfangszustandsenergie (CIS, *constant initial state*) oder konstanter Endzustandsenergie (CFS, *constant final state*). Im ersten Modus wird die kinetische Energie der detektierten Elektronen simultan mit der anregenden Photonenenergie variiert, sodass die Energie des Anfangszustands E_i während der Aufnahme eines Spektrums konstant gehalten wird (CIS). Im CFS-Modus wird die kinetische Energie und damit die Energie des Endzustands E_f festgehalten und die Photonenenergie variiert. Bei Konstanthaltung der kinetischen Energie und der Photonenenergie unter Variation der Emissionswinkel ϑ und φ können Photoelektronen-Winkelverteilungen (PAD, *photoelectron angular distribution*) aufgenommen werden, die detaillierte Informationen über den Orbitalcharakter elektronischer Zustände [SSZN$^+$ 97] und bei metallischen Proben, wenn als kinetische Energie die der Fermienergie zugeordnete gewählt wird, Informationen über die Topologie von Fermi-Flächen liefern [AFN$^+$ 98, KRS$^+$ 99].

4.2.4 Analysatoren und Detektoren

Mit Synchrotronstrahlungsquellen stehen der Photoelektronenspektroskopie brillante hochintensive Photonenquellen in einem weiten Energiebereich zur Verfügung, die eine Vielzahl von Anwendungen der Photoelektronenspektroskopie – von der Valenzband- (UPS) über Rumpfniveauspektroskopie (XPS) zur Photoelektronenbeugung (XPD) und Röntgenabsorptionsspektroskopie (XANES) – ermöglichen. Daneben können im Labor auch differentiell gepumpte Gasentladungslampen (im Vakuum-UV-Bereich) und bei der Rumpfniveau-Spektroskopie Röntgenröhren eingesetzt werden. Diese Quellen sind jedoch auf wenige diskrete Photonenenergien beschränkt, sodass die Anwendungsmöglichkeiten entsprechend reduziert sind. Verwendet man bei der Gasentladung Helium, so können je nach Betriebsbedingungen Photonen mit einer Energie von 21,22 eV (He I_α) oder 40,8 eV (He II) erzeugt werden. Bei den Röntgenröhren hängt die Energie der charakteristischen Strahlung von dem verwendeten Anodenmaterial ab (Al K_α: 1486,5 eV, Mg K_α: 1253,6 eV).

Zur energieselektiven Elektronendetektion werden vornehmlich zwei Prinzipien angewendet. Zum einen wurden verschiedene Typen elektrostatischer Analysatoren entwickelt, die auf der Ablenkung geladener Teilchen in einem elektrostatischen Feld beruhen. Dabei wird die unterschiedlich starke Ablenkung von Teilchen verschiedener Energie dazu ausgenutzt, mittels eines Spalts oder einer Apertur nur die Teilchen mit bestimmter Energie in einem engen Energiebereich auszuwählen und zu detektieren. Derartige Analysatoren können in einem weiten Energiebereich von Bruchteilen eines eV bis zu vielen keV verwendet werden.

Der zweite Typ von Analysatoren basiert auf der Messung der Flugzeit, die Teilchen für das Zurücklegen einer bestimmten Strecke benötigen. Die gemessene Flugzeit lässt sich dann direkt in die kinetische Energie des Teilchens umrechnen. Im Gegensatz zu elektrostatischen Analysatoren, die nur die Elektronen detektieren, deren kinetische Energie in das Energiefenster des Analysators passt, können Flugzeitanalysatoren Elektronen verschiedener Energie simultan detektieren, eignen sich aber prinzipiell nur für gepulste Quellen.

Die wichtigsten Charakteristika von Energieanalysatoren sind die Energie- und Winkelauflösungen (ΔE, $\Delta\alpha$) sowie die Transmission. Dabei ist die absolute Energieauflösung als
volle Breite bei halber Höhe (*full width half maximum*, FWHM) ΔE oder als Basisbreite
ΔE_B der Spektrometerfunktion[2] definiert. Die relative Auflösung R_a gibt das Verhältnis
von absoluter Energieauflösung zur kinetischen Energie E der Elektronen an:

$$R_a = \frac{\Delta E}{E}. \tag{4.47}$$

Als Transmission T bezeichnet man das Verhältnis von austretenden zu eintretenden Elektronen bei der Passenergie[3] E_{pass}.

In den nächsten Abschnitten werden zunächst elektrostatische Analysatoren, also Zylinder-
spiegel-, Kugelsegment- und Displayanalysatoren, und abschließend Flugzeitanalysatoren
behandelt.

Zylinderspiegelanalysatoren (*cylindrical mirror analyzer*, CMA) bestehen aus zwei koaxia-
len Zylindern mit den Radien r_i (innen) und r_a (außen), wobei Quelle und Detektionseinheit
der geladenen Teilchen ebenfalls auf der gemeinsamen Achse liegen. Der innere Zylinder
befindet sich auf Erdpotential, der äußere auf $-V$. Ein- und Austrittsaperturen werden
durch zwei ringförmige Spalte der Breite s im inneren Zylinder gebildet. Eine Querschnittszeichnung eines Zylinderspiegelanalysators ist in Abb. 4.28 gezeigt. Die Elektronen einer
bestimmten kinetischen Energie E werden durch das elektrische Feld zwischen dem inneren
und äußeren Zylinder abgelenkt, passieren die Austrittsapertur und werden auf den Punkt
F auf der Zylinderachse fokussiert. Für den Eintrittswinkel $\alpha = 42{,}3°$ erhält man dort einen
Fokus zweiter Ordnung [ZKK 66]. Die Fokussierungsbedingung lautet dann:

$$E = \frac{1.3099e}{ln(r_a/r_i)}V, \tag{4.48}$$

und der Abstand L zwischen Quelle und Fokus beträgt $L = 6{,}13r_i$ [HSK 68]. Durch einfache Variation des Potentials $-V$ auf dem äußeren Zylinder misst man die Energiever-

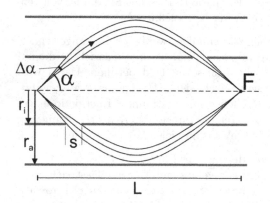

Abb. 4.28
Querschnittszeichnung eines Zylinderspiegelanalysators; für die Bezeichnungen siehe Text

---

[2]Die Spektrometerfunktion ist die Antwort des Spektrometers auf eine deltaförmige Anregung.
[3]Die Passenergie ist die mittlere kinetische Energie, mit der die Elektronen den Analysator passieren.

teilung von Elektronen. Für kleine Winkelakzeptanzen $\Delta\alpha$ beträgt die relative Energieauflösung[4] [GV 83]:

$$\frac{\Delta E_B}{E} \approx 5{,}54(\Delta\alpha)^3 + 2{,}2\frac{s}{L}. \tag{4.49}$$

Die absolute Energieauflösung ΔE ist also der Energie der Elektronen proportional, d. h.
dass die Energieauflösung innerhalb eines gemessenen Spektrums variiert und sich insbesondere bei hohen kinetischen Energien die absolute Energieauflösung stark verbreitert.

Der Strom I durch den Austrittsspalt des Analysators ist der Winkelakzeptanz $\Delta\alpha$ und der
absoluten Energieauflösung ΔE proportional:

$$I \propto \Delta\alpha\Delta E. \tag{4.50}$$

Da $\Delta E \propto E$ ist, wird mit diesen Analysatoren also nicht direkt die Energieverteilung $N(E)$
der von der Probe emittierten Elektronen gemessen, sondern das Produkt aus $N(E)$ und
der kinetischen Energie E.

Dieses Problem und auch die Tatsache, dass sich die absolute Energieauflösung mit zunehmender kinetischer Energie der Elektronen verbreitert, lässt sich beheben, wenn man den
Zylinderspiegelanalysator in einem retardierten Modus betreibt. Dabei werden die Elektronen der zu detektierenden kinetischen Energie E_{kin} vor Eintritt in den Analysator durch
retardierende sphärische Gitter, die ein Gegenfeld erzeugen, auf die (konstante) Passenergie
E_{pass} abgebremst. Die Elektronen verschiedener kinetischer Energie werden bei konstanter
Passenergie (und damit bei konstanter absoluter Energieauflösung) gemessen.

Der wesentliche Vorteil von Zylinderspiegelanalysatoren ist allerdings der große azimutale
Akzeptanzwinkel, sodass sie vorwiegend für winkelintegrierte Messungen eingesetzt wer-
den. Für die übliche Winkelakzeptanz $\Delta\alpha = 12°$ detektiert der Analysator etwa 14% des
Halbraums über der Probenoberfläche.

Winkelauflösende Messungen sind durch Verwendung einer zusätzlichen Eintrittsblende
zwar prinzipiell möglich, jedoch wird dann durch das Ausblenden des Großteils des azimutalen Akzeptanzwinkels das Messsignal dramatisch verkleinert. Es ist auch zu beachten,
dass bei Zylinderspiegelanalysatoren die gemessene Energielage und Intensität von der Probenposition bezüglich des Analysators abhängt. Sowohl die Intensität als auch die Energieskala variieren, wenn die Probe sich nicht im Fokus befindet. Eine Kombination mit
Elektronenlinsen, die dieses Problem beseitigen könnten, ist bei diesem Design nur schwer
umsetzbar.

In winkelauflösenden Photoelektronenspektrometern werden heute auf Grund ihrer guten
Abbildungseigenschaften vornehmlich doppeltfokussierende (d. h. in zwei Ebenen fokussierende) Kugelsegmentanalysatoren mit mehrelementigen Eintrittsrohrlinsen verwendet. Die
Geometrie eines hemisphärischen Analysators ist schematisch in Abb. 4.29 gezeigt. Er besteht aus zwei konzentrischen Kugelsegmenten, in deren Zwischenraum durch Anlegen entsprechender Spannungen U_i und U_a ein radialsymmetrisches elektrisches Feld erzeugt wird.
Das Radialfeld wird so eingestellt, dass ein Elektron mit dem Einfallswinkel $\alpha = 0°$ nur dann

---

[4]Gleichung (4.49) gilt für den Eintrittswinkel $\alpha = 42{,}3°$.

auf einer Kreisbahn mit dem Sollbahnradius r_0 bleibt, wenn es die Passenergie E_{pass} besitzt. Für einen idealen Analysator (siehe Abb. 4.29), bei dem vernachlässigt wird, dass die Herzog-Platte als Äquipotentialfläche das ideale Radialfeld in Spaltnähe verzerrt, bestimmt sich das Potential zu

$$\Phi(r) = 2\frac{E_{pass}}{e}(\frac{r_0}{r} - 1) + \Phi_0, \tag{4.51}$$

wobei $\Phi_0 = (E_{pass} - E_{kin})/e$ das Potential der Herzog-Platte (siehe Abb. 4.29) mit dem Eintrittsspalt bezüglich der auf Masse liegenden Probe bezeichnet. Bevor die Elektronen durch den Eintrittsspalt in den Kondensator eintreten, werden sie auf die (konstante) Passenergie retardiert. Eine Messung der Elektronenenergieverteilung wird dann durch Variation der Retardierung erreicht. Die Energieauflösung eines derartigen Analysators hängt von der Passenergie E_{pass}, der Spaltbreite s, dem Sollbahnradius r_0 und dem maximalen Eintrittswinkel der Elektronen α_m ab:

$$\Delta E = E_{pass}(\frac{s}{2r_0} + \frac{\alpha_m^2}{4}). \tag{4.52}$$

Je kleiner die Passenergie, die Spaltbreite und der maximale Eintrittswinkel sind, desto besser ist die Energieauflösung des Analysators. Es ist zu bemerken, dass sich die Energieauflösung eines Kugelsegmentanalysators mit dem Quadrat der Winkelverbreiterung verschlechtert, während sie beim Zylinderspiegelanalysator mit der dritten Potenz ansteigt.

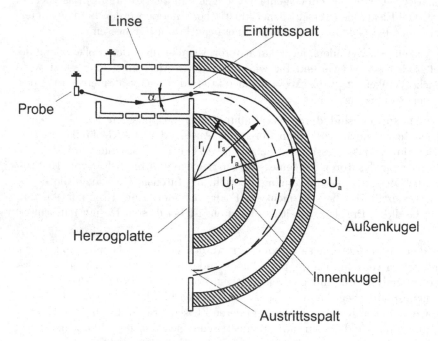

Abb. 4.29 Querschnittszeichnung des idealen hemisphärischen Analysators mit exemplarisch dargestellter Trajektorie eines Elektrons

Die Retardierungstechnik leistet einen wesentlichen Beitrag zur Verbesserung der Energie-auflösung. Retardiert man Elektronen mit einer kinetischen Energie von 100 eV zunächst auf 10 eV, so wird bei einer relativen Energieauflösung von 0,5 % eine absolute Auflösung ΔE von 50 meV erreicht. Ohne Retardierung wäre die Auflösung nur 500 meV.

Einschränkend wirkt allerdings der Satz von Helmholtz, der besagt, dass bei elektronenoptischen Abbildungen das Produkt aus dem Strahldurchmesser s, der Strahldivergenz α und der Wurzel aus der kinetischen Energie E erhalten bleibt (siehe dazu auch Abb. 4.30):

$$s_0 \alpha_0 \sqrt{E_{prim}} = s \alpha_m \sqrt{E_{pass}}. \tag{4.53}$$

Daraus folgt, dass bei gleichbleibender Passenergie E_{pass} die absolute Energiebreite ΔE mit zunehmender Primärenergie E_{prim} auf Grund des $\alpha_m^2/4$-Terms in Gleichung (4.52) größer wird:

$$\Delta E = E_{pass} \frac{s}{2r_0} + E_{prim} \frac{\alpha_0^2}{4} \frac{s_0^2}{s^2}. \tag{4.54}$$

Dieser Einfluss lässt sich kompensieren, wenn die Vergrößerung der Linse s/s_0 entsprechend groß gewählt wird. Bei typischen Spaltbreiten $s < 1$ mm erfordert das sehr kleine beleuchtete Probenflächen, die erst durch moderne Synchrotronstrahlungsquellen realisiert werden können, und unterstreicht damit die Wichtigkeit dieser Technologie für die höchstauflösende Photoelektronenspektroskopie.

Betrachten wir beispielsweise einen Analysator mit einem Sollbahnradius $r_0 = 100$ mm, einer Spaltbreite $s = 1$ mm, einer Winkelauflösung von $\Delta\alpha = 1°$ ($\alpha_0 = 0,5°$) und einer Vergrößerung der Linse $s/s_0 = 1$. Für Elektronen mit einer Primärenergie von 10 eV ergibt sich dann bei Retardierung auf eine Passenergie von 1 eV eine absolute Energieauflösung $\Delta E = 52$ meV. Ohne Retardierung erhält man dagegen $\Delta E = 502$ meV. Der Beitrag des $\alpha_0^2/4$-Terms zu ΔE beträgt lediglich 2 meV und ist somit gegenüber dem ersten Term in diesem Beispiel vernachlässigbar.

Im realen Analysator treten Randfeldeffekte insbesondere im Bereich der Spalte, aber auch an den Rändern der Kugelsegmente auf, die die mit einem idealen Analysator theoretisch er-

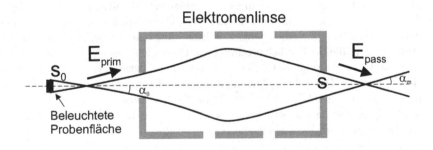

Abb. 4.30 Schematische Darstellung der elektronenoptischen Abbildung in der Eintrittslinse. s_0: Durchmesser der beleuchteten Probenfläche, α_0: Akzeptanzwinkel, s: Eintrittsspalt des Analysators, α_m: maximaler Eintrittswinkel der Elektronen in den Analysator

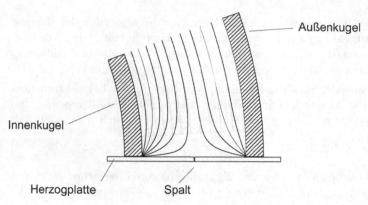

Abb. 4.31 Randfeldeffekte im spaltnahen Bereich eines Kugelsegmentanalysators

reichbare Energieauflösung verschlechtern. Die Feldverteilung innerhalb des Kugelanalysators im spaltnahen Bereich ist in Abb. 4.31 gezeigt. Die im idealen Analysator konzentrischen Feldlinien sind dort stark verzerrt. Aus diesem Grunde müssen bei höchstauflösenden Analysatoren ($\Delta E < 10$ meV) Maßnahmen zur Kompensation dieser Randfeldeffekte ergriffen werden. Als eine sehr effiziente Methode, die Randfeldeffekte in Spaltnähe zu kompensieren, hat sich die Verwendung einer geneigten Eintrittslinse erwiesen, durch die die Elektronen nicht mit dem Einfallswinkel null in den Kondensator eintreten. Dieser Aufbau korrigiert in sehr direkter Weise die durch die Herzog-Platte hervorgerufene Abschwächung des ablenkenden Radialfeldes unmittelbar hinter dem Eintrittsspalt. Eine Querschnittszeichnung eines derartigen Analysators ist in Abb. 4.32 gezeigt. Energieauflösungen von besser als 10 meV sind mit diesen Analysatoren bei hoher Winkelauflösung ($\Delta \alpha < 0{,}2°$) erreichbar.

Abschließend ist zu bemerken, dass das Konzept des Kugelsegmentanalysators sich in idealer Weise mit der Paralleldetektion von Elektronen unterschiedlicher Energie kombinieren lässt. Die Verwendung eines ortsauflösenden Detektors anstelle eines einzelnen Austrittsspalts kann dabei die Zählrate bei gleicher Auflösung um mehr als eine Größenordnung erhöhen.

Ist höchste Energieauflösung nicht unbedingt erforderlich, kann man sogenannte Display-Analysatoren verwenden, die bei guter Winkelauflösung einen großen Raumwinkel parallel detektieren können. In den letzten Jahren sind eine Vielzahl verschiedener Typen entwickelt worden, die die Winkelverteilung von Photoelektronen bei moderater Energieauflösung ($\Delta E \approx 0{,}1$ eV) parallel detektieren können. Eine detaillierte Beschreibung ginge über den Rahmen dieser Darstellung hinaus, sodass an dieser Stelle nur ein Beispiel gegeben werden kann und auf den Übersichtsartikel von Leckey verwiesen werden soll [Lec 87]. Derartige Analysatoren lassen sich im Wesentlichen in zwei Klassen einteilen: Zweidimensionale Analysatoren und Toroidanalysatoren.

Bei den zweidimensionalen Analysatoren wird bei festgehaltener Energie die Winkelverteilung von Photoelektronen $N(\vartheta, \varphi)$ parallel detektiert. Zur Aufnahme von Energieverteilungskurven $N(E)$ muss die Energie sequentiell durchgestimmt werden. In Abb. 4.33 ist exemplarisch ein hemisphärischer Displayanalysator gezeigt (nach Ref. [Dai 88]). Er besteht

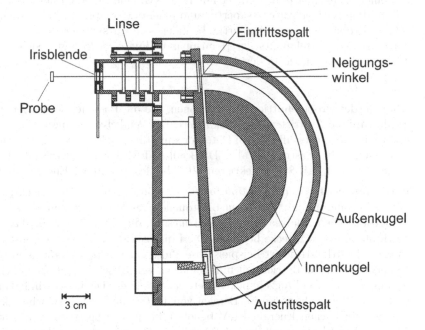

Abb. 4.32 Querschnittszeichnung eines Kugelsegmentanalysators mit geneigter Eintrittslinse zur Korrektur von Randfeldeffekten. Der Sollbahnradius r_0 beträgt 100 mm.

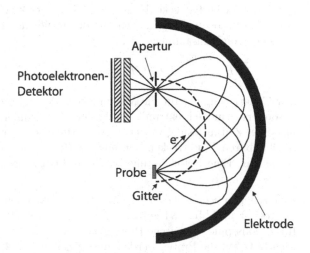

Abb. 4.33 Querschnittszeichnung eines energie- und winkelauflösenden Display-Analysators.

aus einem hemisphärischen Gitter mit Radius a, einer äußeren hemisphärischen Elektrode mit Radius r, einer Austrittsapertur und einem ortsempfindlichen zweidimensionalen Detektor. Probe und Austrittsapertur befinden sich an symmetrischen Orten bezüglich des gemeinsamen Mittelpunkts der Hemisphären. Für $r = 2a$ ergibt sich für die Passenergie E_{pass} als Funktion der an der Außenelektrode angelegten Spannung V:

$$E_{pass} = V. \tag{4.55}$$

Alle von der Probe emittierten Elektronen, die die Passenergie des Analysators besitzen, werden auf die Austrittsapertur fokussiert. Die Winkelverteilung bleibt dabei erhalten und kann mit einem ortsauflösenden Detektor simultan detektiert werden. Weitere Beispiele finden sich u. a. bei Eastman et al. [EDHH 80] und Rieger et al. [RSS 83]. Toroidanalysatoren (siehe z. B. Ref. [LR 85]) detektieren $N(\vartheta)$ bei festgehaltener Energie in einer Dimension.

Flugzeitanalysatoren (TOF, *time of flight*) können in der Photoelektronenspektroskopie nur in Verbindung mit gepulsten Lichtquellen verwendet werden, da sie im Gegensatz zu elektrostatischen Analysatoren die Zeit messen, die ein Teilchen für das Zurücklegen einer bestimmten festen Strecke benötigt. Die Pulsstruktur der Synchrotronstrahlung (der Speicherring DORIS III liefert beispielsweise Pulse der Breite 120–150 ps mit einer Separation von etwa 200 ns bei Betrieb mit fünf Bunchen, vgl. Abschnitt 3.1) lässt sich in idealer Weise für den Einsatz von Flugzeitspektrometern verwenden. Die Geschwindigkeit von Photoelektronen liegt typischerweise im Bereich von 1–10 % der Lichtgeschwindigkeit. Ein Elektron mit der kinetischen Energie 10 eV benötigt für eine Flugstrecke von 10 cm beispielsweise 53,33 ns. Ein Elektron mit 10,1 eV kinetischer Energie benötigt dagegen 53,06 ns. Um eine absolute Energieauflösung $\Delta E = 100$ meV für 10 eV Elektronen bei einer Flugstrecke von 10 cm zu erreichen, ist also eine Zeitauflösung $\Delta t = 270$ ps erforderlich. Bei 100 eV-Elektronen und gleicher Flugstrecke ist für $\Delta E = 100$ meV dagegen eine Zeitauflösung $\Delta t = 8$ ps notwendig. Allgemein gilt für die absolute Energieauflösung ΔE eines Flugzeitanalysators mit feldfreier Driftstrecke der Länge D, bei einer kinetischen Energie E der Elektronen und einer Zeitauflösung Δt, die sich aus der Dauer der Lichtblitze und der Zeitauflösung der Messelektronik zusammensetzt:

$$\Delta E = \sqrt{\frac{8e}{m_e}} E^{\frac{3}{2}} \Delta t / D. \tag{4.56}$$

Zur Generierung der für die Messung benötigten Start- und Stopp-Signale werden deshalb besonders schnelle Elektroniken erforderlich. Kommerziell verfügbar sind heutzutage Geräte mit einer Zeitauflösung von etwa 10 ps. Höchste Energieauflösung von unter 10 meV ist bei realisierbaren Flugstrecken von einigen 10 cm also nur bei niedrigen kinetischen Energien erreichbar. Eine Retardierung wie bei elektrostatischen Analysatoren kann die Auflösung ebenso steigern.

Eine schematische Darstellung eines Photoelektronenspektrometers mit einem Flugzeitanalysator ist in Abb. 4.34 gezeigt. Bei Passieren der Elektronenpakete werden mittels einer Induktionsspule elektrische Pulse generiert, die die Zeit der Lichtpulse markieren. Trifft ein Lichtblitz auf die Probe, werden zu der Zeit Photoelektronen emittiert, die dann nach Zurücklegen einer bestimmten Flugstrecke auf den Detektor treffen und nach Verstärkung ein Start-Signal für die Messung der Flugzeit generieren. Die Zeitdifferenz zum nächsten Passieren eines Elektronenpaketes (Stopp-Signal) wird in einem Zeit-zu-Amplituden-Konverter

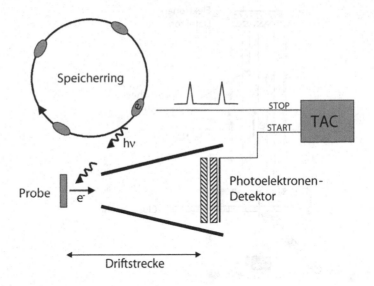

Abb. 4.34 Flugzeit-Photoelektronenspektrometer mit feldfreier Driftregion

(TAC, *time to amplitude converter*) in eine Pulshöhe umgewandelt. Das Pulshöhenspektrum wird dann analysiert und in eine Energieverteilungskurve umgerechnet. Auf diese Weise wird sichergestellt, dass nach jedem Start-Signal ein Stopp-Signal generiert wird, auch wenn über mehrere Lichtblitze hinweg keine Elektronen detektiert werden.

Während bei Flugzeitspektrometern mit feldfreien Flugstrecken winkelaufgelöste Messungen möglich sind, ist dies bei Verwendung sogenannter magnetischer Flaschen in der Flugstrecke nicht möglich. Derartige Spektrometer sind den oben beschriebenen TOF-Spektrometern ähnlich, jedoch werden in der Driftregion magnetische Felder verwendet, um mehr als 50 % der in die Hemisphäre emittierten Elektronen auf den Detektor zu lenken. Ein derartiges Flugzeitspektrometer ist schematisch in Abb. 4.35 gezeigt (nach Ref. [HGE 95]). Die über einen großen Raumwinkel von der Probe emittierten Elektronen werden in einem inhomogenen magnetischen Feld in einen Strahl von etwa 2° Divergenz parallelisiert, wenn sie von dem Bereich hoher Magnetfeldstärke (1–2 T) in den Bereich schwacher Felder (10^{-3} T) driften. Die Parallelisierung erfolgt auf den ersten mm der Flugstrecke, sodass die unterschiedlichen Längen der Driftstrecken für in verschiedene Raumwinkel emittierte Elektronen unter 1 % beträgt [HGE 95]. Für ein 10 eV Elektron bedeutet das bei 10 cm Flugstrecke eine zusätzliche Energieunschärfe von $\Delta E = 200$ meV. Weitere auflösungsbegrenzende Effekte sind, wie bei den oben beschriebenen Spektrometern mit feldfreier Driftregion, die Zeitstruktur des Lichtblitzes und die Zeitauflösung des Detektors. Bei der Spektroskopie bewegter Proben, z. B. frei fliegender Cluster, wird die Energieauflösung durch den Doppler-Effekt weiter verschlechtert. Generell eignen sich magnetische Flaschen nur für Elektronen niedriger kinetischer Energie (< 10 eV), da die Energieauflösung ΔE mit zunehmender Energie der Elektronen abnimmt und eine Retardierung auf Grund der Magnetfelder sehr schwierig ist

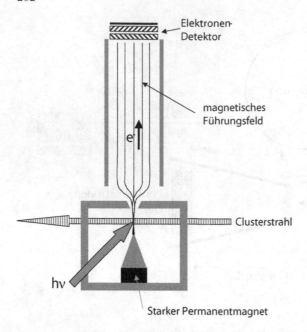

Abb. 4.35 Winkelintegrierendes Flugzeit-Photoelektronenspektrometer mit magnetischer Flasche
in der Driftregion

(siehe z. B. Ref. [BK 90]).

Mit Hilfe sogenannter Null-Volt-Photoelektronenspektrometer, bei denen die Energie der
anregenden Photonen auf nur 0,1–0,3 eV größer als der Photoemissionsthreshold des ausgewählten elektronischen Übergangs gewählt wird, ließen sich an Proben in der Gasphase
extrem hohe Auflösungen von unter 1 meV erreichen [MDS 98].

Die Spin-abhängige Photoelektronenspektroskopie wird im Allgemeinen durch Verwendung
sogenannter Mott-Polarimeter zur Elektronendetektion realisiert. Sie beruhen auf der beson-
ders bei großen Streuwinkeln Spin-abhängigen Streuung von Elektronen an Materialien wie
Gold oder Wolfram. Bei niedrigen Elektronenenergien ($<$ 100 eV) kann die Spin-abhängige
Elektronenbeugung an Einkristallen zur Spin-Analyse von Photoelektronen verwendet wer-
den. Dabei macht man sich die links/rechts-Asymmetrie von Bragg-Reflexen, die auf der
Spin-Bahn-Wechselwirkung beruht, zu Nutze. Die Asymmetrie ist proportional zur Spin-
Polarisation der Elektronen. Für eine detaillierte Darstellung dieser Techniken sei auf die
Referenzen [GD 92, Kir 85a, Kir 85b] verwiesen.

4.2.5 Synchrotronstrahlung für winkelauflösende Photoemission

Der experimentelle Aufbau eines Messplatzes für Photoelektronenspektroskopie beinhaltet
neben dem Elektronenanalysator die Strahlführung für die Synchrotronstrahlung (Beamline) zur Experimentierkammer sowie einen (hochauflösenden) Monochromator. Für win-

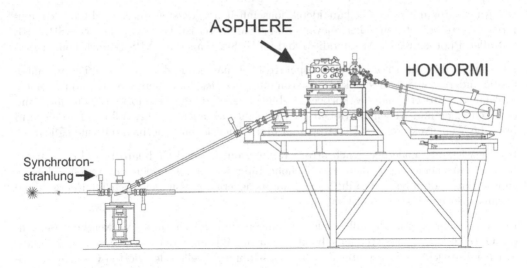

Abb. 4.36 *Angular spectrometer for photoelectrons with high energy resolution* (ASPHERE) mit dem Monochromator HONORMI an der Beamline W3.2 des DORIS III Speicherrings (HASYLAB/DESY) (nach [Gür 98])

kelauflösende Messungen verwendet man meist Display- oder Kugelsegmentanalysatoren. Da Letztere lediglich einen kleinen Winkelbereich detektieren, sind sie zweckmäßigerweise auf einem Zwei-Achsen-Goniometer montiert, um verschiedene Emissionswinkel detektieren zu können. Eine Drehung der Probe bezüglich des Analysators wäre auch möglich, jedoch ändert sich dann mit der Änderung des Emissionswinkels auch die Einfallsrichtung des polarisierten Lichts, sodass Intensitätsunterschiede symmetrieäquivalenter Strukturen in den Photoemissionsspektren herausgemittelt werden und die Analyse von Übergangswahrscheinlichkeiten stark beeinträchtigt wird (vgl. auch Abschnitt 6.2.4).

In Abb. 4.36 ist eine Seitenansicht der Beamline W3.2 mit dem hochauflösenden 3-m-Monochromator HONORMI (*Hochauflösender normal incidence monochromator*) und dem höchstauflösenden Photoelektronenspektrometer ASPHERE (*angular spectrometer for photoelectrons with high energy resolution*) [RKSH 01] im HASYLAB gezeigt. Das Spektrometer besteht aus einem Kugelsegmentanalysator mit einem Sollbahnradius $r_0 = 100\,\text{mm}$ und einer vierelementigen elektrostatischen Eintrittslinse (vgl. Abb. 4.32). Zur Kompensation von Randfeldern im spaltnahen Bereich des Kondensators wurde die Eintrittslinse geneigt. Der Analysator ist auf einem schrittmotorgesteuerten Zwei-Achsen-Goniometer montiert und erlaubt die Aufnahme winkelaufgelöster Photoelektronenspektren, ohne die Probe zu bewegen. Dabei sind sowohl winkelscannende (Display-Modus) als auch höchstauflösende Messungen (Spektral-Modus) möglich. Der Analysator ist mit einer einstellbaren Irisblende und veränderlichen Spalten ausgerüstet, um Energie- und Winkelauflösungen in einem weiten Bereich einstellen und bezüglich der Transmission des Analysators optimieren zu können. Die Winkelauflösung kann im Bereich 0,1–5° bei Energieauflösungen bis unter 10 meV eingestellt werden. Zur Erhöhung der Geschwindigkeit der Datenaufnahme kann der Analysator mit einer Vielkanaldetektionseinheit ausgerüstet werden. Mit der computergesteuerten Einstellung aller relevanten Messparameter ist das Spektrometer ASPHERE mit allen Photoemissions-Messmodi sowohl im UPS- als auch im XPS-Bereich kompatibel.

Die winkelauflösende Photoelektronenspektroskopie hat sich in den letzten drei Jahrzehnten als besonders geeignete Technik zur Bestimmung der elektronischen Struktur von Atomen, Molekülen, Clustern und Festkörpern etabliert. Es sind sowohl Informationen über Bindungsenergien und Wellenfunktionen der Elektronen als auch (bei kristallinen Festkörpern) über die Wellenvektoren der Elektronen in drei Dimensionen experimentell zugänglich.

Die Entwicklung moderner Synchrotronstrahlungsquellen und Undulatorbeamlines war dabei von entscheidender Bedeutung, da hohe Intensitäten verbunden mit guten Fokussierungseigenschaften bei Variabilität der Photonenenergie Messungen höchster Energie- und Impulsauflösung erst ermöglichen.

Im Nanometerbereich ortsauflösende Messungen sind derzeit unter Verwendung beugender Optiken bzw. fokussierender Objektive nur in winkelintegrierenden Messmodi möglich. Mit der Entwicklung kohärenter Synchrotronstrahlungsquellen der vierten Generation (sogenannte Freie-Elektronen-Laser) werden die Voraussetzungen für orts-, energie- *und* winkelauflösende Photoemissionsmessungen geschaffen, die eine detaillierte Untersuchung der (impulsaufgelösten) elektronischen Struktur kleinster kristalliner Proben, Cluster und Nanostrukturen erlauben.

Literaturverzeichnis

[AFN+ 98]   Aebi, P.; Fasel, R.; Naunovic, D.; Hayoz, J.; Pillow, T.; Bovet, M.; Agostini, R.-G.; Patthey, L.; Schlapbach, L.; Gil, F.-P.; Berger, H.; Kreutz, T.-J.; Osterwalder, J.: Angle-Scanned Photoemission: Fermi Surface Mapping and Structural Determination. Surf. Sci. **402/404** (1998) 614

[BK 90]   Bleeker, A.-J.; Kruit, P.: The Magnetic Parallelizer as an Optical Element for Auger Electrons: Further Characterization. Nucl. Instrum. Meth. A **298** (1990) 269

[BS 64]   Berglund, C.-N.; Spicer, W.-E.: Photoemission Studies of Copper and Silver: Theory. Phys. Rev. **136** (1964) A1030

[BS 90]   Briggs, D.; Seah, M. P.: Practical Surface Analysis. New York: Wiley 1990

[BT 87]   Borstel, G.; Thörner, G.: Inverse Photoemission from Solids: Theoretical Aspects and Applications. Surf. Sci. Rep. **8** (1987) 1

[CL 78]   Cardona, M.; Ley, L. (Hrsg.): Photoemission in Solids I & II, Vol. 26/27 of Topics Appl. Phys. Berlin, Heidelberg, Germany: Springer 1978

[Dai 88]   Daimon, H.: New Display-Type Analyzer for the Energy and the Angular Distribution of Charged Particles. Rev. Sci. Instrum. **459** (1988) 545

[EDHH 80]   Eastman, D.-E.; Donelon, J.-J.; Hien, N.-C.; Himpsel, F.-J.: An Ellipsoidal Mirror Display Analyzer System for Electron Energy and Angular Measurements. Nucl. Instrum. Meth. **172** (1980) 327

[Ein 05]   Einstein, A.: Über einen die Erzeugung und Verwandlung des Lichtes betreffenden heuristischen Gesichtspunkt. Ann. Phys. **17** (1905) 132

[EK 85]   Ertl, G.; Küppers, J.: Low Energy Electrons and Surface Chemistry. Weinheim: Wiley VCH 1985

[Ela 74]   Eland, J.: Photoelectron Spectroscopy. London, UK: Butterworth 1974

[FE 74]   Feibelman, P.; Eastman, D.: Photoemission Spectroscopy–Correspondence between Quantum Theory and Experimental Phenomenology. Phys. Rev. B **10** (1974) 4932

[GD 92]   Gay, T.-J.; Dunning, F.-B.: Mott Electron Polarimetry. Rev. Sci. Instrum. **63** (1992) 1635

[Gür 98]   Gürtler, P.: The Beamline W3 for VUV-Spectroscopy. HASYLAB Annual Report I **3** (1998) 26

[GV 83]   Grannemann, E. H. A.; Van der Wiel, M. J.: Dispersion and Detection of Electrons, Ions and Neutrals, Vol. 1A of Handbook on Synchrotron Radiation (Hrsg.: Koch, E. E.). Amsterdam, Netherlands: North-Holland Publishing Company 1983

[Her 87]   Hertz, H.: Über einen Einfluss des ultravioletten Lichtes auf die elektrische Entladung. Ann. Phys. **31** (1887) 983

[Hüf 95]   Hüfner, S. (Hrsg.): Photoelectron Spectroscopy. Berlin, Germany: Springer 1995

[HGE 95]   Handschuh, H.; Ganteför, G.; Eberhardt, W.: Vibrational Spectroscopy of Clusters Using a 'Magnetic Bottle' Electron Spectrometer. Rev. Sci. Instrum. **66** (1995) 3838

[HL 69]   Hedin, L.; Lundquist, S.: Effects of Electron-Electron and Electron-Photon Interactions on the One-Electron States of Solids. Solid State Phys. **23** (1969) 1

[HSK 68]   Hafner, H.; Simpson, J.-A.; Kuyatt, C.-E.: Comparison of the Spherical Deflector and the Cylindrical Mirror Analyzers. Rev. Sci. Instrum. **39** (1968) 33

[Kev 92]   Kevan, S. D. (Hrsg.): Angle Resolved Photoemission. Amsterdam, Netherlands: Elsevier 1992

[Kir 85a]   Kirschner, J.: Polarized Electrons at Surfaces: In Springer Tracts in Modern Physics Vol. 106. Berlin, Heidelberg, Germany: Springer 1985

[Kir 85b]   Kirschner, J.: Polarized Electrons: In Springer Series about Atoms and Plasmas Vol. 1. Berlin, Heidelberg, Germany: Springer 1985

[Kra 80]   Krause, M.-O.: Synchrotron Radiation Research in Electron Spectrometry of Atoms and Molecules (Hrsg.: Winick, H.; Dniach, S.). New York, USA: Plenum 1980

[KRS+ 99]   Kipp, L.; Roßnagel, K.; Solterbeck, C.; Strasser, T.; Schattke, W.; Skibowski, M.: How to Determine Fermi Vectors by Angle-Resolved Photoemission. Phys. Rev. Lett. **83** (1999) 5551

[Lec 87]   Leckey, R.: Recent Developments in Electron Energy Analysers. J. Electron Spectr. Rel. Phen. **43** (1987) 183

[LR 85]   Leckey, R.; Riley, J.-D.: A Toroidal Angle-Resolving Electron Spectrometer for Surface Studies. Appl. Surf. Sci. **22/23** (1985) 196

[MDS 98]   Müller-Dethlefs, K.; Schley, E.-W.: Anwendungen der Zero-Kinetic-Energy
            (ZEKE)-Photoelektronenspektroskopie in der Chemie. Angewandte Chemie
            110 (1998) 1414–1444

[RKSH 01]   Roßnagel, K.; Kipp, L.; Skibowski, M.; Harm, S.: A High Performance Angle-
            Resolving Electron Spectrometer. Nucl. Instrum. Meth. Phys. Res. A **467-468**
            (2001) 1485

[RSS 83]   Rieger, D.; Schnell, R.-D.; Steinmann, W.: A Display-Type Analyzer with
            an Image-Processing System for Angle-Resolved Photoelectron Spectroscopy.
            Nucl. Instrum. Meth. **208** (1983) 777

[Sch 04]   Schwabel, F.: Quantenmechanik. Berlin: Springer 2004

[SD 79]   Seah, M. P.; Dench, W. A.: Quantitative Electron Spectroscopy of Surfaces: A
            Standard Data Base for Electron Inelastic Mean Free Paths in Solids. Surf.
            Interface Anal. **1** (1979) 2

[Spi 58]   Spicer, W.-E.: Photoemissive, Photoconductive, and Optical Absorption Stu-
            dies of Alkali-Antimony Compounds. Phys. Rev. **112** (1958) 114

[SSZN+ 97] Solterbeck, C.; Schattke, W.; Zahlmann-Nowitzki, J.; Gawlik, K.; Kipp, L.;
            Skibowski, M.; Fadley, C.-S.; Hove, M. V.: Energetic and Spatial Bonding Pro-
            perties from Angular Distributions of Ultraviolet Photoelectrons: Application
            to the GaAs(110) Surface. Phys. Rev. Lett. **79** (1997) 4681

[ZKK 66]   Zashkvara, V.-V.; Korsunskii, M.-I.; Kosmachev, O.-S.: Sov. Phys. Tech. Phys.
            11 (1966) 96

4.3   Resonante inelastische Röntgenstreuung

Alexander Föhlisch und Franz Hennies

4.3.1   Inelastische Streuung von Photonen

Die physikalischen und chemischen Eigenschaften von Materie werden auf atomarer Ebene von den Elektronen in Valenzzuständen hervorgerufen. Dies beruht darauf, dass sich die
Wirkung der Valenzzustände über viele Atome erstrecken kann und dadurch chemische Bindungen und kollektive Eigenschaften von Molekülen, Festkörpern und Flüssigkeiten prägt.
In der modernen Materialwissenschaft ist es somit von großem Interesse, die Struktur dieser
Zustände experimentell und theoretisch zu bestimmen. Auf diesen Erkenntnissen baut das
atomare Verständnis von Materialeigenschaften auf.

Resonante inelastische Röntgenstreuung (RIXS[5]) mit weicher Röntgenstrahlung ist eine
experimentelle Untersuchungsmethode der Valenzelektronen, die es erlaubt, die Beiträge
einzelner Atome zur Valenzzustandsdichte gezielt und separat zu untersuchen, wobei die
Beiträge einer Vielzahl anderer Atome elegant ausgeblendet werden können. Auf Grund
dieser Eigenschaft wird RIXS eine atomspezifische oder elementspezifische Methode genannt. Zusätzlich können sogar Atome desselben chemischen Elements in unterschiedlichen
lokalen Bindungsumgebungen voneinander getrennt werden. Diese Eigenschaft ist bekannt

---

[5]*resonant inelastic x-ray scattering*

als chemische Selektivität. Zudem erlauben es die Polarisationseigenschaften der Röntgenstrahlung, Rückschlüsse auf die räumliche Orientierung einzelner Valenzorbitale und ihre Orbitalsymmetrie zu ziehen. Auf Grund dieser Eigenschaften eignet sich RIXS hervorragend, um die Bindungsverhältnisse von einzelnen, relevanten Atomen innerhalb komplexer, vielatomiger Systeme auf atomarer Basis zu untersuchen. Dies ist gerade dann unerlässlich, wenn nur wenige Atome und Moleküle, die aktiv an einem Vorgang teilnehmen, von einer sehr viel größeren Zahl von inaktiven Atomen getrennt untersucht werden müssen, wie es z. B. in der Oberflächenphysik und der heterogenen Katalyse der Fall ist (Anwendungsbeispiel 6.2.2).

RIXS wurde seit dem Ende der 80er Jahre vor allem durch die rasante Entwicklung von Synchrotronstrahlungsquellen, die hochbrillante monochromatische weiche Röntgenstrahlung verfügbar machen, möglich. Da Röntgenstrahlung in Materie tief (viele Atomlagen) eindringt, kann man mit RIXS Materie in allen Aggregatzuständen (gasförmig, fest und flüssig) sowie verborgene Schichten und Grenzflächen untersuchen. Dies ist ein großer Vorteil gegenüber der Spektroskopie mit geladenen Teilchen, wie Elektronen oder Ionen, welche nur sehr geringe Informationstiefen aufweisen. Weiterhin kann RIXS als Photon-in/Photon-out-Technik sogar an Isolatoren und an Proben in externen elektrischen und magnetischen Feldern angewendet werden.

Analog zur optischen Raman-Streuung findet im Spektralbereich der weichen Röntgenstrahlung inelastische Streuung eines Röntgenphotons an Materie statt. Dieser inelastische Streuprozess besteht darin, dass ein eingestrahltes Röntgenphoton ($\hbar\omega_i$) in Wechselwirkung mit Materie eine Energie ΔE verliert und ein Photon geringerer Energie ($\hbar\omega_f$) die Probe verlässt. Diese in der Raman-Spektroskopie als Stokes-Linien bekannten Verlustprozesse können als die Anregung des ursprünglichen Systems interpretiert werden. Die Energiedifferenz ΔE zwischen der Grundzustandsenergie E_i und der Energie des angeregten Endzustands E_f kann dann den einzelnen Anregungsfreiheitsgraden des Systems zugeordnet werden, z. B. der Kernbewegung (Schwingung) oder einer elektronischen Anregung [GÅ 99]:

$$\Delta E = E_f - E_i = \hbar(\omega_i - \omega_f). \tag{4.57}$$

In Abb. 4.37 wird ein RIXS-Spektrum von Ethylen (C_2H_4) gezeigt, anhand dessen die verschiedenen Energieverlustprozesse direkt nachvollzogen werden können. Ethylenmoleküle sind mit monochromatischer Röntgenstrahlung von $\hbar\omega_i = 285{,}2\,\text{eV}$ angeregt und die spektrale Verteilung der gestreuten Photonen ($\hbar\omega_f$) ist aufgenommen worden. Die untere Energieskala in Abb. 4.37 gibt die Energie der gestreuten Photonen an, die obere Energieskala die Energiedifferenz ΔE. In dem Beispielspektrum können grob zwei Bereiche unterschieden werden, ein Bereich geringen oder verschwindenden Energieübertrags mit einem ΔE im Bereich von ca. 0 bis $-2\,\text{eV}$ und einen Bereich höheren Energieübertrags von mehr als $-4\,\text{eV}$.

Mit einer bestimmten Wahrscheinlichkeit wird im Streuprozess überhaupt keine Energie abgegeben, was den elastischen Anteil bei $\Delta E = 0$ ergibt. Hier befindet sich das Ethylenmolekül sowohl im Anfangs- als auch im Endzustand im Grundzustand. Allerdings sehen wir direkt neben der elastischen Streulinie inelastische Streuanteile geringer Energie. In Ethylen ist der geringstmögliche Energieübertrag durch die Anregung einer Vibration gegeben. Hierbei bleibt das Ethylenmolekül im elektronischen Grundzustand, ist aber im Schlusszustand vibrationsangeregt. Diese reinen Vibrationsverlustprozesse liegen im Bereich von weniger als $-2\,\mathrm{eV}$.

Im inelastischen Streuprozess können auch elektronische Anregungen des Systems erreicht werden. Dies führt zu größeren Energieverlusten des gestreuten Photons, wie sie im Beispielspektrum bei einem ΔE von mehr als $-4\,\mathrm{eV}$ auftreten. Die dort sichtbaren Streuprozesse belassen das System in einem optisch angeregten Schlusszustand, bei dem ein Elektron aus der besetzten in die unbesetzte Zustandsdichte angeregt ist. Solche elektronischen Anregungen können jedoch nur in Verbindung mit Vibrationsanregungen auftreten. Dies wird vibronische Kopplung genannt und führt zur spektralen Verbreiterung dieser Linien.

Abb. 4.37 enthält auch simulierte Spektren, die auf einem theoretischen Ab-initio-Modell des Ethylenmoleküls basieren und die genaue Interpretation der einzelnen Spektralanteile unterstützen. Die Interpretation der im RIXS-Spektrum sichtbaren Verlustprozesse hat also direkt Bezug zu den einzelnen Vibrationsmoden und den elektronischen Orbitalen der Probe. Die verschiedenen Orbitale können direkt den im RIXS-Spektrum sichtbaren Zuständen zugeordnet werden. Der Vergleich zwischen Experiment und Theorie erlaubt es, ein Modell der elektronischen und vibronischen Eigenschaften des Systems zu entwickeln und zu überprüfen.

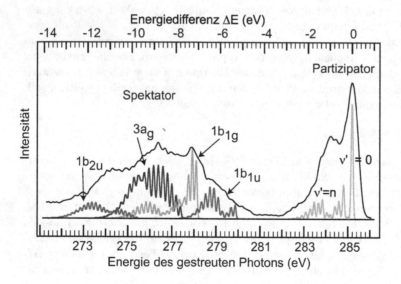

Abb. 4.37 RIXS-Spektrum von Ethylen nach Anregung mit $\hbar\omega_i = 285{,}2\,\mathrm{eV}$. Die Einhüllende zeigt die experimentellen Daten, darunter befinden sich simulierte Spektren zur Verdeutlichung der einzelnen spektralen Beiträge. Das Spektrum besteht aus Vibrationsbanden, die zu jeweils einem elektronischen Schlusszustand gehören [HPM+ 05]. Der als Partizipator bezeichnete Bereich repräsentiert Streuung in den elektronischen Grundzustand. Im Spektator-Bereich finden sich optisch angeregte Schlusszustände mit einem Loch in den jeweils angegeben Orbitalen (vgl. auch Abb. 4.39).

Grundsätzlich ist auch der als Anti-Stokes-Prozess bekannte inelastische Streuprozess möglich, bei dem das Molekül im Streuprozess von einem elektronisch oder vibrationsangeregten Zustand in den Grundzustand zurückfällt. Solche Vorgänge sind in optischer Raman-Streuung wohlbekannt, jedoch im Röntgenbereich auf Grund des sehr viel geringeren Streuwirkungsquerschnitts schwer zugänglich.

4.3.2 Streuwirkungsquerschnitt und Streumodell

Die grundlegende theoretische Beschreibung der resonanten inelastischen Röntgenstreuung geht auf Kramers und Heisenberg zurück („Über die Streuung von Strahlung durch Atome" [KH 25]). Das RIXS-Spektrum ist danach durch den doppelt differentiellen Streuwirkungsquerschnitt $d^2\sigma(\omega_f, \omega_i)/d\omega_f d\Omega$ [GÅ 99] für Streuung in einen Raumwinkel Ω gegeben:

$$\frac{d^2\sigma(\omega_f, \omega_i)}{d\omega_f d\Omega} = \sum_f |F_f|^2 \delta(\hbar(\omega_i - \omega_f) - (E_f - E_i)). \tag{4.58}$$

In der Deltafunktion findet sich die oben diskutierte Energieerhaltung wieder. Die Intensitätsverteilung des emittierten Photons wird durch die Kramers-Heisenberg-(KH)-Streuamplitude F_f gegeben [GÅ 99]:

$$F_f = \underbrace{\left[(\vec{e}_f \cdot \vec{e}_i)\langle f|i\rangle\right]}_{\text{direkt}} + \sum_i \left[\underbrace{\frac{\langle f|\hat{\mathbf{p}} \cdot \vec{e}_f|m\rangle\langle m|\hat{\mathbf{p}} \cdot \vec{e}_i|i\rangle}{\hbar\omega_i - (E_m - E_i) + i\Gamma_m/2}}_{\text{resonant}} + \underbrace{\frac{\langle f|\hat{\mathbf{p}} \cdot \vec{e}_i|m\rangle\langle m|\hat{\mathbf{p}} \cdot \vec{e}_f|i\rangle}{\hbar\omega_f + (E_m - E_i)}}_{\text{nicht resonant}}\right].$$
$$\tag{4.59}$$

$\hat{\mathbf{p}}$ ist der Dipoloperator und $\vec{e}$ der Polarisationsvektor des entsprechenden Photons. Γ_m ist die Lebensdauerverbreiterung des rumpfangeregten Zwischenzustands.

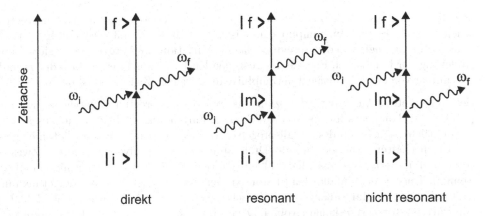

Abb. 4.38 Unterscheidung der drei Terme in der Kramers-Heisenberg-Streuamplitude

Die Streuamplitude F_f besteht aus drei Termen, dem direkten, dem resonanten und dem nicht resonanten Term. Ihre physikalische Bedeutung lässt sich anhand des Streuschemas in Abb. 4.38 verstehen.

Die direkte Streuung ist die elastische Streuung und wird auch Thomson-Streuung genannt (siehe Abschnitt 2.1). Hier geht das System instantan vom Anfangs- $|i\rangle$ in den Endzustand $|f\rangle$ über, es ist also keine Zeitdauer mit dem Streuprozess verknüpft. Für diesen Prozess ergibt sich die Streuamplitude, analog Fermis „goldener Regel", aus dem Zwei-Photon-Übergangsmatrixelement zwischen Anfangszustand $|i\rangle$ und Endzustand $|f\rangle$.

Der stärkste Anteil in RIXS ist der resonante Streuanteil. Er berücksichtigt Streuung unter Einbeziehung resonanter Zwischenzustände $|m\rangle$, wenn die einfallende Photonenenergie einer Absorptionsresonanz entspricht. Mit diesem Vorgang ist eine Zeitdauer verknüpft, die als Lebensdauer des angeregten Zwischenzustands $|m\rangle$ interpretiert werden kann. Da je nach System mehrere ununterscheidbare Streupfade vom gleichen Anfangs- zum gleichen Endzustand führen können, kann in diesem Term Interferenz auftreten. Mathematisch gesehen resultiert dieser Term aus der Einbeziehung der zweiten Ordnung der zeitunabhängigen Störungstheorie [Sak 85].

Der letzte Term in der KH-Streuamplitude berücksichtigt nicht resonante Streuung an virtuellen Zwischenzuständen. Wie in optischer Raman-Streuung ist für diesen Streukanal die zeitliche Abfolge von Absorption des einfallenden und Emission des ausgehenden Photons nicht mehr definiert.

Eine alternative Darstellung des RIXS-Prozesses kann im sogenannten Zweischrittmodell, also der Zerlegung in Röntgenabsorption und -emission erfolgen. Hier wird im ersten Schritt die Absorption des einfallenden Photons betrachtet, in einem zweiten Schritt die Emission eines zweiten, des ausgehenden Photons (Abb. 4.39). Im ersten Schritt wird ein rumpfniveauangeregter oder rumpfniveauionisierter Zwischenzustand $|m\rangle$ erzeugt. Dieser Zwischenzustand zerfällt im zweiten Schritt. Diese Beschreibung berücksichtigt keine Interferenzeffekte, wie sie im resonanten Term in Gleichung (4.59) auftreten können, und ist daher streng genommen nur gültig, wenn es in Gleichung (4.59) nur einen einzigen Zwischenzustand $|m\rangle$ gibt.

Je nach Anregungsenergie wird ein rumpfniveauionisierter oder rumpfniveauangeregter Zwischenzustand erreicht. Im rumpfniveauionisierten Fall (Abb. 4.39) ist das Emissionsspektrum (a) unabhängig von der Anregung, da eine Variation der Anregungsenergie nur zu einer Änderung der kinetischen Energie des ausgehenden Elektrons führt, jedoch der Zerfallsprozess immer von einem äquivalenten rumpfniveauionisierten Zwischenzustand aus stattfindet.

Bei resonanter Anregung, die zum rumpfniveauangeregten Zwischenzustand führt (Abb. 4.39), kommt es für unterschiedliche rumpfniveauangeregte Zwischenzustände zu einer deutlichen Variation des Zerfallsprozesses, da alle vom einfallenden Photon eingebrachten Eigenschaften (Energie, Impuls, Drehimpuls) im rumpfniveauangeregten Zwischenzustand und im Zerfallsprozess erhalten bleiben. Somit verändert sich das Emissionsspektrum, wenn die Energie des einfallenden Photons variiert wird. Generell unterscheidet man im Zerfallsspektrum rumpfniveauangeregter Zwischenzustände den Spektator- (Abb. 4.39 (b)) und den Partizipator-Zerfallskanal (Abb. 4.39 (c)). Im Partizipator-Zerfallskanal nimmt das ursprünglich angeregte Elektron selbst am Zerfall teil, und der Schlusszustand entspricht dem

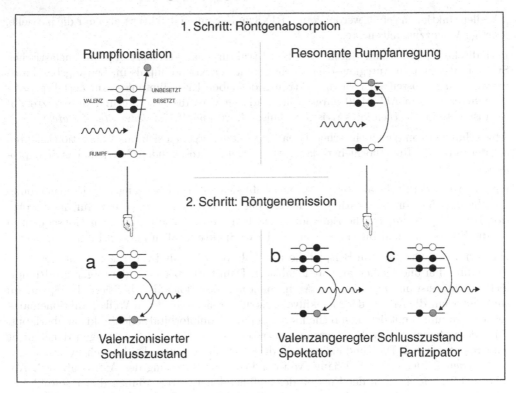

Abb. 4.39 Zweischrittmodell des RIXS-Prozesses

elektronischen Grundzustand (Abb. 4.39 (c)). Im Spektator-Zerfallskanal verbleibt das im Zwischenzustand angeregte Elektron in seinem Zustand, wobei der elektronische Zerfall des rumpfniveauangeregten Zwischenzustands durch ein Valenzelektron geschieht. Somit ist der Endzustand des Spektator-Zerfallskanals ein valenzangeregter Zustand (Abb. 4.39 (b)).

4.3.3 Partielle elektronische Zustandsdichte und atomspezifische Projektion

Im resonanten inelastischen Streuprozess gelten Erhaltungssätze für Energie, Impuls und Drehimpuls. Daher sind an den Verlustprozessen in RIXS nicht alle elektronischen Zustände gleichmäßig beteiligt, sondern nur die, die den Auswahlregeln der Kramers-Heisenberg-Streuformel genügen. Dies bedeutet, dass mit RIXS eine partielle Zustandsdichte abgebildet wird.

Auf Grund der Lokalisierung der beteiligten Kernwellenfunktion kann in erster Näherung von einer fortdauernden Gültigkeit atomarer Auswahlregeln für RIXS ausgegangen werden. Aus der Drehimpulsauswahlregel folgt dann, dass ein $1s$-artiges Rumpfloch (wie im Beispiel in Abb. 4.41) nur mit einem Elektron aus Valenzzuständen mit großem Anteil an

p-Wellenfunktionen gefüllt werden kann. RIXS an K-Kanten detektiert also nur die partielle, p-artige Valenzzustandsdichte.

Periodische Systeme sind durch ihre Bandstruktur charakterisiert. Da im inelastischen Streuprozess je nach Anregungsenergie ein definierter Kristallimpuls im Leitungsband ausgewählt wird, müssen auch Valenzelektronen desselben Kristallimpulses am Zerfallsprozess teilnehmen, wie in Abb. 4.40 dargestellt. Dadurch wird die besetzte und unbesetzte Zustandsdichte hinsichtlich ihres Kristallimpulses K verknüpft (*joint density of states*).

Abweichungen von diesen einfachen Erhaltungssätzen ergeben sich aus Relaxationseffekten auf der durch die Rumpflochlebensdauer gegebenen Femtosekunden-Zeitskala des Streuprozesses.

Die Intensität der Spektralanteile in RIXS ergibt sich aus den Übergangsmatrixelementen in Gleichung (4.59). Im Zweischrittbild müssen das Matrixelement $\langle m|\hat{\mathbf{p}} \cdot \mathbf{e_i}|i\rangle$ für die Absorption bzw. $\langle f|\hat{\mathbf{p}} \cdot \mathbf{e_f}|m\rangle$ für die Emission betrachtet werden. Die praktischen Konsequenzen für die Entstehung und Interpretation von RIXS-Spektren sollen kurz erläutert werden.

Die kernnahen Orbitale (im Beispiel die K-Schale von C, N und O) tragen nicht zur Molekülbindung bei und bleiben atomar lokalisiert. Damit ist aber auch der angeregte Rumpflochzwischenzustand $|m\rangle$ an einem Atom innerhalb des Moleküls lokalisiert. Im Spektrum sind daher nur die Anteile der Molekülvalenzstruktur sichtbar, deren Wellenfunktionen ausreichend räumlich mit der entsprechenden atomaren Rumpforbitalwellenfunktion überlappt. Für alle anderen werden die Übergangsmatrixelemente sehr klein und tragen daher nicht zum Spektrum bei. Die Bindungsenergie dieser Orbitale unterscheidet sich zwischen den verschiedenen Elementen und hängt von der Bindungsumgebung des Atoms ab (vgl. Abschnitt 4.2). Durch Wahl der Energie des einfallenden Photons können daher sowohl verschiedene atomare Zentren, d. h. unterschiedliche Elemente, als auch das gleiche Element

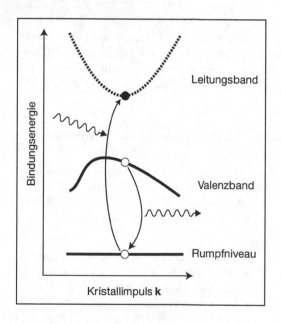

Abb. 4.40
Im Anregungs- und Zerfallsprozess von RIXS ist der Kristallimpuls erhalten. Somit werden in RIXS die besetzte und unbesetzte Zustandsdichte hinsichtlich ihres Kristallimpulses (Quasikristallimpuls) $\vec{k}$ zur *joint density of states* verknüpft.

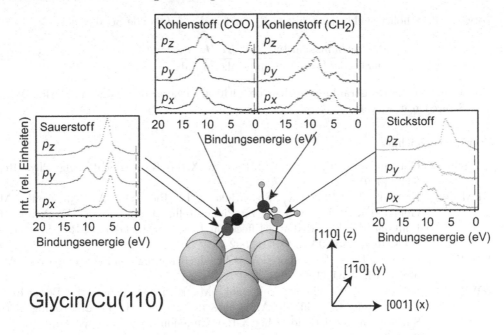

Abb. 4.41 Bestimmung der lokalen, partiellen Zustandsdichte mit Symmetrieauflösung am Beispiel von Glycin adsorbiert auf Cu(110). Mit RIXS können die Beiträge der $2p$-Orbitale
der verschiedenen Elemente Sauerstoff und Stickstoff sowie der zwei unterschiedlich gebundenen Kohlenstoffatome zur gemeinsamen Molekülvalenzstruktur unterschieden werden. Zudem kann die räumliche Orientierung dieser Orbitale bestimmt werden. (nach
[NWW$^+$ 97])

in unterschiedlichen Bindungsumgebungen mit RIXS innerhalb eines komplexen Moleküls
selektiv untersucht werden. In Abb. 4.41 ist zu sehen, wie auf diese Weise die Struktur der
Valenzelektronen der einfachsten Aminosäure Glycin adsorbiert auf einer Kupferoberfläche
(mit unterschiedlicher Verteilung an den verschiedenen Elementen Kohlenstoff, Stickstoff
und Sauerstoff) gemessen werden kann. Durch die Wahl der Anregungsenergie lassen sich
die partiellen Zustandsdichten von N, O sowie C bestimmen. Es lassen sich sogar die Valenzelektronen an den beiden chemisch inequivalenten Kohlenstoffatomen, einmal in der
COO-Gruppe und einmal in der CH$_2$-Gruppe, getrennt untersuchen. Mit RIXS können also
die lokale Valenzzustandsdichte und damit die lokalen Bindungsverhältnisse innerhalb des
Gesamtmoleküls bestimmt werden.

Das durch die Absorption des einfallenden Photons erzeugte Rumpfloch kann grundsätzlich auf zwei Wegen zerfallen, strahlend und durch einen Auger-Prozess. Mit RIXS wird
der erste Zerfallskanal betrachtet. Die Wahrscheinlichkeit für einen strahlenden Übergang,
die sogenannte Fluoreszenzausbeute, ist für Energien im Bereich weicher Röntgenstrahlung
sehr gering. An den K-Kanten der biologisch relevanten Elemente Sauerstoff, Kohlenstoff
und Stickstoff liegt sie bei unter einem Prozent (Abb. 2.13). Daraus ergibt sich direkt die

Notwendigkeit hoher spektraler Brillanz $S_{\Delta E/E}$ für die einfallende Strahlung:

$$S_{\Delta E/E} = \frac{\text{Photonenfluss im Intervall } \Delta E/E \ [1/\text{s}]}{\text{Quellgröße } [\text{mm}^2] \cdot \text{Raumwinkel } [\text{mrad}^2]}, \tag{4.60}$$

wie sie an Synchrotronstrahlungsquellen der dritten Generation, (BESSY, Berlin, MAX-Lab, Schweden u. a.) vorliegt.

Literaturverzeichnis

[GÅ 99]   Gel'mukhanov, F.; Ågren, H.: Resonant X-Ray Raman Scattering. Phys. Rep. **312** (1999) 87

[HPM⁺ 05]   Hennies, F.; Polyutov, S.; Minkov, I.; Pietzsch, A.; Nagasono, M.; Gel'mukhanov, F.; Triguero, L.; Piancastelli, M.-N.; Wurth, W.; Agren, H.; Föhlisch, A.: Nonadiabatic Effects in Resonant Inelastic X-Ray Scattering. Phys. Rev. Lett. **95** (2005) 163002

[KH 25]   Kramers, H. A.; Heisenberg, W.: Über die Streuung von Strahlung durch Atome. Z. Phys. **31** (1925) 681

[NWW⁺ 97]   Nilsson, A.; Wassdahl, N.; Weinelt, M.; Karis, O.; Wiell, T.; Bennich, P.; Hasselström, J.; Föhlisch, A.; Stöhr, J.; Samant, M.: Local Probing of the Surface Chemical Bond Using X-Ray Emission Spectroscopy. Appl. Phys. A **65** (1997) 147

[Sak 85]   Sakurai, J. J.: Modern Quantum Mechanics. New York: Addison-Wesley 1985

5 Röntgenbeugungsmethoden

5.1 Oberflächenröntgenbeugung
Christian Kumpf

Das Feld der Röntgenbeugung ist außerordentlich mannigfaltig, und eine vollständige Vorstellung aller Röntgenbeugungsmethoden würde über den Rahmen dieses Buchs deutlich hinausgehen. Im Folgenden stellen wir einige wichtige Röntgenbeugungsmethoden vor, die unter Anwendung von Synchrotronstrahlung besonders aufschlussreiche Ergebnisse ermöglichen. Ein Anspruch auf Vollständigkeit besteht hier wie im Buch insgesamt nicht, einige ausführliche Darstellungen finden sich beispielsweise in den Referenzen [War 90, ANM 01].

Erst in den letzten drei Jahrzehnten des 20. Jahrhunderts hat man gelernt, Festkörper-oberflächen und Schichtsysteme mit bestimmten gewünschten Eigenschaften reproduzierbar und in sehr hoher Qualität herzustellen. Die Fortschritte in der Ultrahochvakuumtechnik (UHV-Technik) spielten dabei eine wichtige Rolle. Nur unter UHV-Bedingungen kann die Präparation von homogenen, gut geordneten Oberflächen, von Schichtsystemen mit geringen Grenzflächenrauigkeiten oder von Multilagen mit identischen Schichtdicken gelingen. Diese Entwicklung hat nicht nur die Grundlagenforschung in vielen Bereichen der Festkörperphysik revolutioniert und die eigenständige Entwicklung der Oberflächenphysik ermöglicht, sondern auch die Basis für neuartige Anwendungen in vielen technologischen Bereichen geschaffen, wie z. B. in der Entwicklung elektronischer Bauelemente, der Beschichtungstechnologie oder der Mikro- und Nanostrukturierung. Auch für interdisziplinäre Bereiche, z. B. der Biotechnologie und der Medizinphysik, sind die Erkenntnisse der Oberflächenphysik in zunehmendem Maße relevant. Die Untersuchung der geometrischen Struktur von Oberflächen war lange Zeit die Domäne der Elektronenbeugungsmethoden sowie der Rastertunnel- und Rasterkraftmikroskopie, da diese Methoden auf Grund der dabei auftretenden Wechselwirkungsprozesse eine intrinsische Oberflächensensitivität aufweisen. Seit Röntgenstrahlung jedoch mit ausreichender Intensität an modernen Synchrotronstrahlungsquellen zur Verfügung steht, ist es möglich geworden, Oberflächen auch mit der Methode der Röntgenbeugung hinsichtlich ihrer geometrischen Struktur zu untersuchen. Sie bietet gegenüber der Elektronenbeugung den Vorteil einer in einem sehr großen Bereich einstellbaren Eindringtiefe, sodass auch Schichtsysteme und vergrabene Grenzflächen untersucht werden können. Außerdem stellt die relativ einfache kinematische Beugungstheorie eine ausreichend gute Näherung dar, da Mehrfachstreuprozesse wegen der relativ schwachen Wechselwirkung von Röntgenstrahlung mit Materie in der Regel vernachlässigt werden können. Die Grundlagen für diesen Abschnitt finden sich im 2. Kapitel dieses Buchs in dem Abschnitt 2.2. Aus der Kombination des Phänomens der Totalreflexion von Röntgenstrahlung an Oberflächen resultiert die Oberflächensensitivität der hier vorgestellten Methode der Strukturaufklärung durch Oberflächenröntgenbeugung (*surface x-ray diffraction*, SXRD).

5.1.1 LEED-Oberflächenkoordinaten

Die in der Volumenkristallographie verwendeten Koordinatensysteme sind in vielen Fällen zur Beschreibung von Oberflächen nur bedingt geeignet. Deshalb hat sich, ausgelöst durch die weite Verbreitung der LEED-Methode (LEED = *low-energy electron-diffraction*) Methode, die im Folgenden beschriebene Notation auch in der Oberflächenkristallographie durchgesetzt. LEED-Koordinaten sind definiert durch eine senkrecht zur Oberfläche stehende z-Achse (Out-of-plane-Richtung) und in der Oberflächenebene liegende x- und y-Achsen (laterale oder In-plane-Richtungen).[1] Die Abbildungen 5.1 (a) und (b) zeigen die Definition der Oberflächenkoordinaten am Beispiel einer (111)-orientierten Siliziumoberfläche.

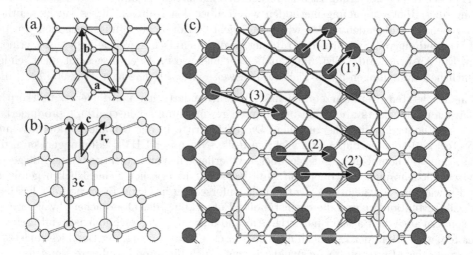

Abb. 5.1 Atomares Modell einer unrekonstruierten Si(111)-Oberfläche in (a) Auf- und (b) Seitenansicht. Tiefer (d. h. hinter der Zeichenebene) liegende Atome sind kleiner dargestellt. Eine hexagonale (1×1)-Oberflächeneinheitszelle, aufgespannt durch die Basisvektoren $\vec{a}$ und $\vec{b}$, sowie der Verschiebungsvektor $\vec{r}_v$ zwischen zwei äquivalenten Atomen der ersten und zweiten Stapellage, sind eingezeichnet. Die Projektion von $\vec{r}_v$ auf die z-Achse legt die Länge des Basisvektors $\vec{c}$ fest. Der Vektor $3\vec{c}$ entspricht der Translationsperiode in z-Richtung. (c) Aufsicht einer (4×1) bzw. $\left(\begin{smallmatrix}4 & 2\\ 0 & 1\end{smallmatrix}\right)$ rekonstruierten Si(111)-In-Oberfläche, die durch Bedampfen einer Si(111)-Oberfläche mit In entstanden ist. Indium-Atome sind dunkelgrau eingezeichnet. Es sind beide Einheitszellen sowie die in der Patterson-Funktion sichtbaren Abstandsvektoren gezeigt (vgl. Abschnitt 5.1.3)

---

[1] Die sogenannten LEED-Koordinaten wurden zunächst nur in zwei Dimensionen eingeführt, da dies für die Elektronenbeugung wegen ihrer extremen Oberflächenempfindlichkeit ausreicht. Für die Oberflächenröntgenbeugung wurden sie jedoch durch die z-Koordinate erweitert. Über die Richtung der positiven z-Achse besteht in der Literatur keine Einigkeit. Hier verwenden wir positive z-Werte für die Richtung außerhalb des Kristalls.

In z-Richtung wird die Länge des Basisvektors durch den Abstand äquivalenter Atomlagen festgelegt. Dieser entspricht nicht unbedingt der Translationsperiode in z-Richtung. So liegen z. B. im Falle der Diamantstruktur innerhalb einer Translationsperiode drei äquivalente Atomlagen (Stapelfolge ABCABC..., vgl. Abb. 5.1 (b)), sodass die Länge des Basisvektors $\vec{c}$ einem Drittel der Translationsperiode entspricht. Auf Grund der Wahl dieses Koordinatensystems treten Volumen-Bragg-Reflexe unter Umständen auch bei nicht-ganzzahligen l-Werten auf, siehe Abb. 5.2 und 5.3 (b). Die Länge der In-plane-Basisvektoren wird durch die kleinstmögliche (im Allgemeinen schiefwinklige) zweidimensionale Einheitszelle der *nicht* rekonstruierten Oberfläche festgelegt. Für die (111)-Oberfläche von Kristallen mit fcc- oder Diamantstruktur (z. B. für die Si(111)-Oberfläche aus Abb. 5.1 (a) und (b)) ergibt sich somit der folgende Zusammenhang zwischen den LEED-Basisvektoren und den Basisvektoren der kubischen Volumeneinheitszelle:

$$
\begin{pmatrix} \vec{a} \\ \vec{b} \\ \vec{c} \end{pmatrix}_{LEED} = \begin{pmatrix} \frac{1}{2} & 0 & -\frac{1}{2} \\ -\frac{1}{2} & \frac{1}{2} & 0 \\ \frac{1}{3} & \frac{1}{3} & \frac{1}{3} \end{pmatrix} \cdot \begin{pmatrix} \vec{a} \\ \vec{b} \\ \vec{c} \end{pmatrix}_{Volumen} . \tag{5.1}
$$

Unrekonstruierte Oberflächen sind wegen der gebrochenen Bindungen der Oberflächenatome in der Regel energetisch nicht stabil. Durch Relaxation und Rekonstruktion werden diese Bindungen (zumindest teilweise) gesättigt. Dabei wird meist eine Überstruktur mit vergrößerter Einheitszelle gebildet. Dies kann spontan an der saubereren Oberfläche geschehen oder auch durch Adsorption von Fremdatomen verursacht werden. Üblicherweise wird die Überstrukturmatrix $\mathbf{M} = (m_{ij})_{i,j=1,2}$ angegeben, welche die LEED-Basisvektoren in die Basisvektoren der Überstruktur überführt:[2]

$$
\begin{pmatrix} \vec{a} \\ \vec{b} \end{pmatrix} = \mathbf{M} \cdot \begin{pmatrix} \vec{a} \\ \vec{b} \end{pmatrix}_{LEED} = \begin{pmatrix} m_{11} & m_{12} \\ m_{21} & m_{22} \end{pmatrix} \cdot \begin{pmatrix} \vec{a} \\ \vec{b} \end{pmatrix}_{LEED} . \tag{5.2}
$$

Im Falle einer diagonalen Überstrukturmatrix ($m_{12} = m_{21} = 0$) hat sich die Schreibweise „$(m_{11} \times m_{22})$-Rekonstruktion" eingebürgert. In Abb. 5.1 (c) ist als Beispiel eine Indium-induzierte Rekonstruktion der Si(111)-Oberfläche gezeigt [BFZ$^+$ 99]. Die Überstruktur kann entweder durch eine schiefwinklige (4×1)- bzw. $\binom{4\ 0}{0\ 1}$-Einheitszelle (in schwarz eingezeichnet) oder eine rechtwinklige $\binom{4\ 2}{0\ 1}$-Zelle beschrieben werden (grau eingezeichnet).

5.1.2 Berechnung von Beugungsintensitäten

In Abschnitt 2.2 wurde gezeigt, dass wegen der Translationssymmetrie eines idealen, also insbesondere unendlich ausgedehnten Kristalls nur an diskreten reziproken (Gitter-)Punkten Beugungsintensität auftritt (Laue-Bedingung), d. h. die Bragg-Reflexe eines idealen Kristalls können im Rahmen der kinematischen Theorie durch Dirac'sche Delta-Funktionen beschrieben werden. Die Einführung einer Oberfläche verletzt die Translationssymmetrie in der Raumrichtung senkrecht zur Oberfläche. Daher ist es unmittelbar einsichtig, dass gerade

---

[2]Man unterscheidet kommensurable und inkommensurable Überstrukturen, je nachdem, ob die Überstruktureinheitszelle in fester Phasenbeziehung zum Substrat steht oder nicht. Im ersten Fall ist die Überstruktureinheitszelle ein ganzzahliges Vielfaches der Oberflächenzelle, die Koeffizienten der Transformationsmatrix sind dann ganze Zahlen.

in dieser Richtung die Laue-Bedingung nicht mehr erfüllt sein muss, dass also Beugungsintensitäten nicht nur an den Volumen-Bragg-Reflexen auftreten, sondern auch dazwischen. Die Streuamplitude eines idealen Kristalls wurde bereits in den Gleichungen (2.72)–(2.79) als Fourier-Transformierte der Elektronendichte, $A_\infty(\vec{q}) = \int \rho_e(\vec{r}) \exp(i\vec{q} \cdot \vec{r}) d^3r$, eingeführt. Multiplikation der Elektronendichte mit der Sprungfunktion $\theta(z)$ (definiert als $\theta(z) = 0$ für $z < 0$ und $\theta(z) = 1$ für $z \geq 0$) liefert die Streuamplitude eines halbunendlichen Kristalls:

$$A_{CTR}(\vec{q}) = \int \theta(z)\rho_e(\vec{r}) \exp(i\vec{q} \cdot \vec{r}) d^3r = A_\infty(\vec{q}) \otimes \widehat{\Theta}(q_z), \tag{5.3}$$

also eine Faltung von $A_\infty(\vec{q})$ mit der Fourier-Transformierten der Sprungfunktion $\widehat{\Theta}(q_z) = \int \theta(z) \exp(iq_z r) dz$. Letztere hängt nur von q_z, der z-Komponente des $\vec{q}$-Vektors, ab und verursacht eine stabförmige Verbreiterung der Bragg-Reflexe in z-Richtung. Wie wir sehen werden, ergibt sich zwischen den Bragg-Reflexen in der Richtung senkrecht zur Probenoberfläche ein kontinuierlicher Intensitätsverlauf proportional zu $\sin^{-2}(1/2 \cdot \vec{q} \cdot \vec{r}_v)$. Dieser wird als Grundgitterstab (engl. *crystal truncation rod*, CTR) bezeichnet. CTRs treten bei diskreten h- und k- Werten auf, sind aber in l-Richtung kontinuierlich. Ihr Verlauf ist für den Fall der (111)-orientierten Oberfläche eines fcc-Kristalls in Abb. 5.2 schematisch dargestellt. Die Breite der grauen Sägezahn-Stangen entspricht der Intensität des CTRs (logarithmische Auftragung) an der jeweiligen Position. Die Volumen-Bragg-Reflexe, d. h. die Spitzen der Sägezahn-Stangen, liegen bei einigen CTRs bei drittelzahligen l-Werten, z. B. bei $(1,0,1/3)$ und $(0,1,2/3)$. Dies liegt daran, dass der Basisvektor $\vec{c}$ kürzer als die Translationsperiode in z-Richtung gewählt wurde (vgl. Abschnitt 5.1.1). Für einen Siliziumkristall (z. B. den aus Abb. 5.1) würden lediglich einige der Bragg-Reflexe entlang der CTRs fehlen, da es auf Grund der zweiatomigen Basis der Diamantstruktur zu Auslöschungen auf Grund destruktiver Interferenz kommt.

Eine Rekonstruktion der Oberfläche mit vergrößerter Einheitszelle verursacht weitere, stabförmige Intensitäten. Die oberflächennahen Atome, deren Position von der im Volumenkristall abweicht, tragen einerseits zu der Intensität entlang der CTRs bei. Andererseits verursacht eine vergrößerte In-plane-Einheitszelle, also eine vergrößerte laterale Translationsperiode, zusätzliche Beugungsgitterstäbe zwischen den CTRs. Diese sogenannten Überstrukturgitterstäbe, die im Falle der hier diskutierten (4×1)-Rekonstruktion bei Vielfachen von $1/4$ in der h-Richtung auftreten, sind in Abb. 5.2 durch schwarze Linien gekennzeichnet. Ihre Intensität ist um einige Größenordnungen geringer als die der Bragg-Reflexe. Um sie messen zu können, benötigt man eine sehr hohe Primärstrahlintensität, die in der Regel nur an Synchrotronstrahlungsquellen zur Verfügung steht. Aus dem Intensitätsverlauf der Überstrukturgitterstäbe lässt sich direkt eine qualitative Aussage über die Dicke des rekonstruierten Bereichs an der Kristalloberfläche machen. Meist ist die Ausdehnung dieses Bereichs in z-Richtung nur klein, im Extremfall, wenn alle von ihren Volumengitterplätzen ausgelenkten Atome auf gleicher z-Position sitzen, ist die zur Überstruktur beitragende Elektronendichte in z-Richtung näherungsweise deltafunktionsförmig. Die Intensitätsverteilung entlang eines Überstrukturgitterstabes ist dann konstant,[3] da die Fourier-Transformierte einer Deltafunktion eine Konstante ist. Sind jedoch viele Atomlagen an der Rekonstruktion

---

[3]Dies gilt nur bei Vernachlässigung der $\vec{q}$-Abhängigkeit der Atomformfaktoren sowie des Debye-Waller-Faktors, ansonsten fällt die Intensität mit zunehmendem l monoton ab.

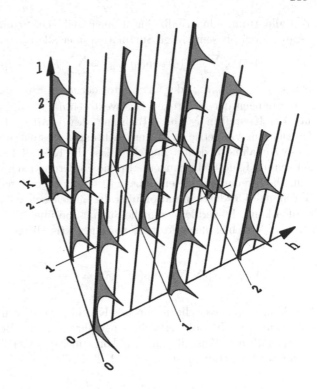

Abb. 5.2 Schematisches Beugungsbild der (4×1) rekonstruierten (111)-Oberfläche eines fcc-Kristalls. Bei ganzzahligen (hk)-Koordinaten sind die CTRs gezeigt, die graue Schattierung
zeigt qualitativ den Intensitätsverlauf $\propto \sin^{-2}(1/2 \cdot \vec{q} \cdot \vec{r}_v)$ (vgl. Gleichung (5.7)). Bei
viertelzahligen h-Koordinaten sind die von der (4×1)-Rekonstruktion verursachten Überstrukturgitterstäbe (schwarz) zu sehen.

beteiligt, so zeigen die Überstrukturgitterstäbe eine deutliche Struktur (vgl. Abschnitt 5.1.4
sowie Abb. 5.3 und 5.5).

Nach dieser eher qualitativen Betrachtung des Beugungsbildes eines halbunendlichen Kristalls mit rekonstruierter Oberfläche wenden wir uns nun einer quantitativen Berechnung
der Streuintensitäten zu. In Gleichung (2.97) wurde die Strukturamplitude[4]

$$F(\vec{q}) = \sum_j \exp(q^2 B_j) f_j(\vec{q}) \exp(i\vec{q} \cdot \vec{r}_j), \tag{5.4}$$

also die Streuamplitude einer Volumen-Einheitszelle, definiert. Sie enthält den Debye-Waller-
Faktor B_j, den Atomformfaktor $f_j(\vec{q})$ und den Phasenfaktor $\exp(i\vec{q} \cdot \vec{r}_j)$. Summiert wird

---

[4]An dieser Stelle sei nochmals darauf hingewiesen, dass die Strukturamplitude häufig auch als Strukturfaktor
bezeichnet wird. Hier verwenden wir aus didaktischen Gründen nur den Begriff der Strukturamplitude.

über alle Atome j innerhalb einer Einheitszelle. Die Streuamplitude des Kristalls ergibt sich daraus durch phasenrichtige Summation über alle Einheitszellen des Kristalls:

$$A(\vec{q}) \propto \sum_n F(\vec{q}) \exp(i\vec{q} \cdot \vec{r}_n) = \sum_n F(hkl) \exp(i(a^* h x_n + b^* k y_n + c^* l z_n)), \quad (5.5)$$

wobei $\vec{r}_n = (x_n, y_n, z_n)$ der Ortsvektor der n-ten Einheitszelle des Kristalls und a^*, b^* bzw. c^* die Längen der reziproken Basisvektoren $\vec{a}^*$, $\vec{b}^*$ und $\vec{c}^*$ sind.[5] Wir nehmen vorerst an, dass der Kristall in x- und y-Richtung ideal ist, d. h. dass innerhalb einer einzelnen Lage Translationssymmetrie in diesen Richtungen besteht und dass alle Lagen identisch sind. Diese Annahme bedeutet zugleich, dass die Kristalloberfläche unrekonstruiert ist. Daher müssen die Laue-Bedingungen, also die Forderung nach Ganzzahligkeit, für h und k erfüllt sein. Die Streuamplitude einer Lage ist dann proportional zur Strukturamplitude, sodass in Gleichung (5.5) die Summation über die Einheitszellen einer einzelnen Atomlage ausgeführt werden kann. Es verbleibt nur die Summation über alle Lagen des Kristalls. Nach Einführung des Verschiebungsvektors $\vec{r}_v$ von einer Kristalllage zur nächsten (vgl. Abb. 5.1 (b)) gilt

$$A(\vec{q}) \propto F(\vec{q}) \sum_{n=0}^{\infty} \exp(i\vec{q} \cdot n\vec{r}_v) = \frac{F(\vec{q})}{1 - \exp(i\vec{q} \cdot \vec{r}_v)}. \quad (5.6)$$

Die Summation über die Lagen des Kristalls wurde auf den Bereich $n = 0...\infty$ begrenzt und somit die Kristalloberfläche eingeführt. Für die Beugungsintensität der CTRs eines halbunendlichen Kristalls mit unrekonstruierter Oberfläche folgt somit die oben bereits erwähnte Proportionalität zu $\sin^{-2}(1/2 \cdot \vec{q} \cdot \vec{r}_v)$:

$$I_{CTR}(\vec{q}) = |A_{CTR}(\vec{q})|^2 \propto \left| \frac{F(\vec{q})}{1 - \exp(i\vec{q} \cdot \vec{r}_v)} \right|^2 = \frac{|F(\vec{q})|^2}{4 \sin^2(\frac{1}{2}\vec{q} \cdot \vec{r}_v)}. \quad (5.7)$$

Um zu vermeiden, dass diese Funktion bei ganzzahligen Werten von h, k und l divergiert, multipliziert man den Streufaktor der n-ten Lage mit dem Dämpfungsterm $e^{-n/\nu}$, der die Absorption der Strahlung durch die darüberliegenden $n - 1$ Kristalllagen beschreibt. ν ist der Absorptionskoeffizient einer einzelnen Lage. Damit folgt aus Gleichung (5.6):

$$I_{CTR}(\vec{q}) = |A_{CTR}(\vec{q})|^2 \propto \left| \frac{F(\vec{q})}{1 - \exp(-\frac{1}{\nu} + i\vec{q} \cdot \vec{r}_v)} \right|^2. \quad (5.8)$$

Eine Rekonstruktion der Oberfläche lässt sich nun einfach durch Addition der Streubeiträge einiger zusätzlicher rekonstruierter Atomlagen berücksichtigen. Da diese im Allgemeinen eine größere laterale Translationsperiode aufweisen, treten die oben erwähnten Überstrukturgitterstäbe an diskreten, aber nicht-ganzzahligen, Punkten (hk) auf. Die Strukturamplitude der Überstrukturgitterstäbe berechnet sich analog Gleichung (5.4) unter Berücksichtigung der vergrößerten Einheitszelle. Die Streuintensität entlang der CTRs erhält man durch kohärente Überlagerung der Streuamplituden von Substrat- und Oberflächenrekonstruktion:

$$I(\vec{q}) = |A_{CTR}(\vec{q}) + A_{rod}(\vec{q})|^2 \propto \left| \frac{F_{bulk}(\vec{q})}{1 - \exp(-\frac{1}{\nu} + i\vec{q} \cdot \vec{r}_v)} + a F_{surf}(\vec{q}) \right|^2, \quad (5.9)$$

---

[5] Die reziproken Basisvektoren $\vec{a}^* = 2\pi(\vec{b} \times \vec{c})/V$ mit $V = \vec{a} \cdot (\vec{b} \times \vec{c})$ ($\vec{b}^*$ und $\vec{c}^*$ durch zyklisches Vertauschen) wurden bereits in Abschnitt 5.1.1 definiert.

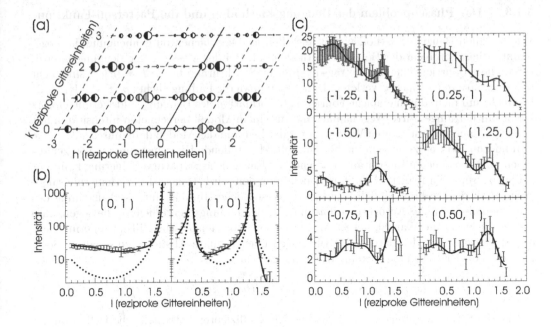

Abb. 5.3 Berechnete und gemessene Beugungsintensitäten für die in Abb. 5.1 (c) gezeigte Si(111)-(4×1)-In-Rekonstruktion: (a) In-plane-Datensatz: Die Fläche der vollen bzw. offenen Halbkreise ist proportional zu den gemessenen bzw. berechneten Intensitäten der $(hk0)$-Reflexe. Grau-weiße Kreise sind gegenüber den schwarz-weißen um einem Faktor 0,5 kleiner dargestellt. (b) *Crystal truncation rods* und (c) Überstrukturgitterstäbe: Gemessene Intensitäten einiger ausgewählter Beugungsgitterstäbe sind als Fehlerbalken über der l-Koordinate aufgetragen, die durchgezogenen Linien stellen berechnete Intensitäten dar. Die gepunkteten Kurven in (b) entsprechen den nach Gleichung(5.7) berechneten Intensitäten für eine unrekonstruierte Oberfläche.

wobei $a = A_{1×1}/A_{surf}$ ein Normierungsfaktor ist, der die größere Fläche der Überstruktureinheitszelle gegenüber der 1×1-Einheitszelle berücksichtigt. In Abb. 5.3 sind berechnete und gemessene Beugungsintensitäten für das bereits mehrfach erwähnte Beispiel der Si(111)-(4×1)-In-Rekonstruktion gezeigt. Die Messungen wurden mit dem Sechskreis-Oberflächendiffraktometer [Vli 97] am Strahlrohr BW2 des Hamburger Synchrotronstrahlungslabors (HASYLAB) durchgeführt. Das für die Simulationsrechnungen verwendete Programmpaket basiert auf dem hier dargestellten Formalismus. Weitere Details zu diesen Messungen und Rechnungen finden sich bei O. Bunk et al. [BFZ$^+$ 99], tiefergehende Abhandlungen über die SXRD-Methode z. B. bei R. Feidenhans'l [Fei 89], I. K. Robinson [Rob 91, RT 92], H. Dosch [Dos 92] und J. Als-Nielsen & D. MacMorrow [ANM 01].

5.1.3   Das Phasenproblem der Beugungsmethoden und die Patterson-Funktion

Wie bei allen Beugungsmethoden tritt auch bei der Oberflächenröntgenbeugung das sogenannte Phasenproblem der Beugungsmethoden auf. Bei der Messung der Beugungsintensi-
täten, die proportional zu dem Betragsquadrat der Strukturamplitude $F = |F|e^{i\varphi}$ sind, geht
die Information der Phase φ verloren. Daher kann man die Ladungsdichte $\rho_e(\vec{r})$ des Kristalls
im Realraum nicht durch einfache Fourier-Transformation des Beugungsbildes ermitteln. Es
bleibt nur der umgekehrte Weg, nämlich die aus einem Modell berechneten Intensitäten mit
den experimentell bestimmten Werten zu vergleichen und das Modell dann durch sukzessive
Veränderung so weit zu verfeinern, bis eine zufriedenstellende Übereinstimmung von gemessenen und berechneten Intensitäten erreicht ist.[6] Eine solche Strukturverfeinerung kann nur
gelingen, wenn ein realistisches Startmodell gefunden wird, sodass der Verfeinerungsalgo-
rithmus zu dem wahren Modell konvergiert. Wesentliche Hinweise für die Aufstellung des
Startmodells kann die Autokorrelationsfunktion der Ladungsdichte liefern, die sogenannte
Patterson-Funktion [War 90, Fei 89, MM 96]. Dieses mathematische Hilfsmittel ermöglicht
es – direkt aus den Messdaten – Informationen über atomare Abstände zu erhalten. Setzt
man die Fourier-Reihenentwicklung der Ladungsdichte

$$\rho_e(\vec{r}) = \rho_e(x, y, z) \propto \sum_{hkl} F_{hkl} \exp(-2\pi i(hx + ky + lz)),$$

welche die Strukturamplituden F_{hkl} als Fourier-Koeffizienten enthält, in die Definition der
Autokorrelationsfunktion der Ladungsdichte

$$P(\vec{r}) = \int \rho_e(\vec{r'})\rho_e(\vec{r} - \vec{r'})d^3r \tag{5.10}$$

ein, so folgt:

$$P(x, y, z) \propto \sum_{hkl} |F_{hkl}|^2 \cos(2\pi(hx + ky + lz)). \tag{5.11}$$

Da dieser Ausdruck ausschließlich von $|F_{hkl}|^2$ abhängt, kann er direkt aus den Messdaten
ermittelt werden. Voraussetzung für verwertbare Informationen ist jedoch eine möglichst
große Zahl von Fourier-Koeffizienten, d. h. von gemessenen Reflexen. Diese sind meist nur
für In-plane-Reflexe $(hk0)$ vorhanden, da das vollständige Ausmessen des Intensitätsverlaufs
von Beugungsgitterstäben zu viel Zeit in Anspruch nimmt. Aus diesem Grund beschränkt
man die Summation in der Regel auf Reflexe mit $l = 0$,

$$P(x, y, z = 0) \propto \sum_{hk0} |F_{hk0}|^2 \cos(2\pi(hx + ky)), \tag{5.12}$$

und erhält so die zweidimensionale Patterson-Funktion, die die Information über die Projektion der Abstandsvektoren in die Oberflächenebene enthält. Bei der Summation lässt

---

[6]In den letzten Jahren wurden die in der Volumenkristallographie etablierten sogenannten direkten Methoden (siehe z. B. [Gia 98]), die durch verschiedene mathematische Ansätze die Phasen der Strukturamplituden näherungsweise ermitteln, auch für die Oberflächenkristallographie weiterentwickelt, sodass sie
zur Lösung von Oberflächenstrukturen einsetzbar sind. Beispiele sind in [Mar 99, SHSM 01, TRH+ 02]
und [KSL+ 01] zu finden, eine ausführliche Beschreibung der Methode findet man z. B. in [MM 96]
und [MBCD+ 98].

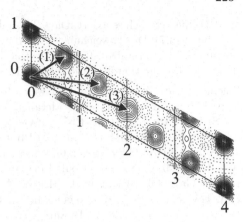

Abb. 5.4
Höhenlinienplot der zweidimensionalen Patter-son-Funktion für die Si(111)-(4×1)-In-Rekon-struktion. Positive bzw. negative Höhenlini-en sind als durchgezogene bzw. gestrichelte Linien gezeichnet. Die Achsen sind in Ein-heiten der Oberflächenkoordinaten beschriftet. (nach [BFZ$^+$ 99])

man ganzzahlig indizierte Reflexe weg,[7] da diese hauptsächlich das Streusignal aus dem Vo-lumenkristall – und damit die Information über den ohnehin bekannten Abstand der Atome im Volumenkristall – enthalten. Abb. 5.4 zeigt die mit Gleichung (5.12) berechnete zwei-dimensionale Patterson-Funktion für die Si(111)-(4×1)-In-Rekonstruktion als Höhenlinien-plot [BFZ$^+$ 99]. Genau genommen gibt die Patterson-Funktion die Häufigkeit an, mit der ein bestimmter atomarer Abstandsvektor in dem Modell auftritt, gewichtet mit der Elektro-nenzahl der beteiligten Atome. Jedes Maximum in der Patterson-Funktion entspricht daher der Projektion eines atomaren Abstandsvektors in die Oberflächenebene. In diesem Fall sind aber, wegen des großen Unterschiedes der Silizium- und Indiumatome in der Ordnungszahl ($Z_{Si} = 14$, $Z_{In} = 49$), nur die Abstände zwischen den Indiumatomen sichtbar. Nicht zuein-ander äquivalente Maxima sind mit unterschiedlich nummerierten Pfeilen gekennzeichnet, die den in Abb. 5.1 (c) eingezeichneten Abstandsvektoren entsprechen. Zu den Maxima (1) und (2) in der Patterson-Funktion findet man in dem Modell sehr ähnliche, aber nicht iden-tische atomare Abstände (1) und (1') bzw. (2) und (2') (siehe Abb. 5.1 (c). In vielen Fällen ist diese Information über Abstandsvektoren, die man mittels der zweidimensionalen Patter-son-Funktion gewinnt, ausreichend, um ein Startmodell für eine anschließende Verfeinerung mit dem gesamten Datensatz aufzustellen.

5.1.4 Modellverfeinerung

Sobald ein Startmodell gefunden wurde, kann die Modellverfeinerung begonnen werden, meist mit der Analyse des In-plane-Datensatzes ($hk0$) (Abb. 5.3 (a)), also mit den Fuß-punkten der (gebrochen- und ganzzahlig indizierten) Beugungsgitterstäbe. Diese enthalten im Wesentlichen die Information über die laterale Relaxation der Atome und sind auf deren vertikale Position nicht sensitiv. Ist dies erfolgreich, so werden auch die Überstrukturgitter-stäbe und CTRs (Abb. 5.3 (b) und (c)) mit in die Verfeinerung einbezogen. In Abb. 5.3 (c) ist zu erkennen, dass die Überstrukturgitterstäbe im Falle der Si(111)-(4×1)-In-Rekonstruk-tion einen nur relativ schwach strukturierten Intensitätsverlauf aufweisen. Dieses Verhalten deutet auf eine nur geringe Variation der z-Position der Adsorbatatome hin. Auch das Sub-

---

[7]Dadurch entstehen die in der Patterson-Funktion sichtbaren Minima, aber keine zusätzlichen Maxima.

strat ist nur schwach relaxiert. Die CTRs folgen qualitativ dem $\sin^{-2}(1/2 \cdot \vec{q} \cdot \vec{r}_v)$-Verlauf aus Gleichung (5.7). Die Abweichungen von diesem idealen Verlauf werden durch Interferenz der Streubeiträge von Substrat und Adsorbat verursacht (vgl. Gleichung 5.9)) und enthalten daher die Information über die relative Lage von Adsorbatschicht und Substrat.

Solche planare Adsorbatlagen auf weitgehend unrekonstruiertem Substrat finden sich relativ häufig bei verschiedenen Metallen auf Silizium- und Germaniumoberflächen, z. B. bei Si(111)-($\sqrt{3} \times \sqrt{3}$)$R30°$-Pb[8] und Ge(111)-($\sqrt{3} \times \sqrt{3}$)$R30°$-Sn sowie den dazugehörigen Tieftemperaturphasen Si(111)-($_{-1}^{\ 3}\ _{1}^{2}$)-Pb und Ge(111)(3 × 3)$R30°$-Sn [FPN+ 86, BZF+ 99, MAA+ 99, KBZ+ 00]. Dagegen findet man bei binären Halbleiteroberflächen, z. B. InSb(001)- oder GaAs(001)-c(8 × 2), oftmals Relaxationen auch in tiefer liegenden Substratlagen. Unter der GaAs-Oberfläche, in der dritten Atomlage, bilden sich in diesem Fall Ga-Dimere, d. h. kovalente Ga-Ga-Bindungen, die im GaAs-Volumenkristall sonst nicht vorkommen. Die Ursache sind fehlende Bindungspartner (As-Atome) in der zweiten Lage [LMS 00, KME+ 01, KSL+ 01]. Wie ein Vergleich von Abb. 5.3 (c) und 5.5 zeigt, wird dadurch eine sehr viel deutlichere Struktur in den Überstrukturgitterstäben verursacht, als dies z. B. für die Si(111)-(4×1)-In-Rekonstruktion der Fall ist. Auch die CTRs weichen deutlicher von dem $\sin^{-2}(1/2 \cdot \vec{q} \cdot \vec{r}_v)$-Verlauf ab. Einen umfassenden Überblick über die vielfältigen Rekonstruktionen von Halbleiteroberflächen findet man z. B. bei R. Feidenhans'l [Fei 89] oder S. Hasegawa [HTT+ 99, Has 00].

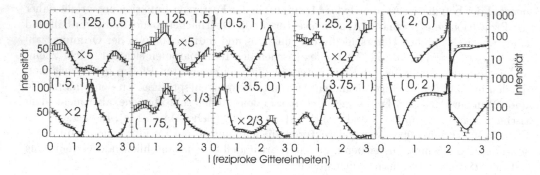

Abb. 5.5 Gemessene bzw. berechnete Intensitäten einiger ausgewählter Überstrukturgitterstäbe und CTRs für die GaAs(001)-c(8×2)-Rekonstruktion, dargestellt als Fehlerbalken bzw. durchgezogene Linien [KSL+ 01]

---

[8]Diese Schreibweise steht für eine gegenüber der Substrat-Oberflächeneinheitszelle um $\sqrt{3} \times \sqrt{3}$ vergrößerte und um 30° gedrehte Überstruktureinheitszelle. Die Matrix-Schreibweise lautet Si(111)-($_{-1}^{\ 2}\ _{1}^{1}$)-Pb.

Literaturverzeichnis

[ANM 01] Als-Nielsen, J.; McMorrow, D.: Elements of Modern X-Ray Physics. New York: Wiley (2001)

[BFZ$^+$ 99] Bunk, O.; Falkenberg, G.; Zeysing, J. H.; Lottermoser, L.; Johnson, R. L.; Nielsen, M.; Berg-Rasmussen, F.; Baker, J.; Feidenhans'l, R.: Structure Determination of the Indium-Induced Si(111)-(4×1) Reconstruction by Surface X-Ray Diffraction. Phys. Rev. B **59** (1999) 12228–12231

[BZF$^+$ 99] Bunk, O.; Zeysing, J. H.; Falkenberg, G.; Johnson, R. L.; Nielsen, M.; Nielsen, M. M.; Feidenhans'l, R.: Phase Transitions in Two Dimensions: The Case of Sn Adsorbed on Ge(111) Surfaces. Phys. Rev. Lett. **83** (1999) 2226–2229

[Dos 92] Dosch, H.: Critical Phenomena at Surfaces and Interfaces. In: Springer Tracts in Modern Physics, Vol 126. Berlin: Springer (1992)

[Fei 89] Feidenhans'l, R.: Surface Structure Determination by X-Ray Diffraction. Surf. Sci. Rep. **10** (1989) 105–188

[FPN$^+$ 86] Feidenhans'l, R.; Pedersen, J. S.; Nielsen, M.; Grey, F.; Johnson, R. L.: Ge(111) $\sqrt{3} \times \sqrt{3}$-Pb: The Atomic Geometry. Surf. Sci. **178** (1986) 927–933

[Gia 98] Giacovazzo, C.: Direct Phasing in Crystallography. Oxford, New York: Oxford University Press (1998)

[Has 00] Hasegawa, S.: Surface-State Bands on Silicon as Electron Systems in Reduced Dimensions at Atomic Scales. J. Phys.: Condens. Matter **12** (2000) R463–R495

[HTT$^+$ 99] Hasegawa, S.; Tong, X.; Takeda, S.; Sato, N.; Nagao, T.: Structures and Electronic Transport on Silicon Surfaces. Prog. Surf. Sci. **60** (1999) 89–257

[KBZ$^+$ 00] Kumpf, C.; Bunk, O.; Zeysing, J. H.; Nielsen, M. M.; Nielsen, M.; Johnson, R. L.; Feidenhans'l, R.: Structural Study of the Commensurate-Incommensurate Low-Temperature Phase Transition of Pb on Si(111). Surf. Sci. **448** (2000) L213–L219

[KME$^+$ 01] Kumpf, C.; Marks, L. D.; Ellis, D.; Smilgies, D.; Landemark, E.; Nielsen, M.; Feidenhans'l, R.; Zegenhagen, J.; Bunk, O.; Zeysing, J. H.; Su, Y.; Johnson, R. L.: Subsurface Dimerization in III-V Semiconductor (001) Surfaces. Phys. Rev. Lett. **86** (2001) 3586–3589

[KSL$^+$ 01] Kumpf, C.; Smilgies, D.; Landemark, E.; Nielsen, M.; Feidenhans'l, R.; Bunk, O.; Zeysing, J. H.; Su, Y.; Johnson, R. L.; Cao, L.; Zegenhagen, J.; Fimland, B. O.; Marks, L. D.; Ellis, D.: Structure of Metal-Rich (001) Surfaces of III-V Compound Semiconductors. Phys. Rev. B **64** (2001) 075307.1–10

[LMS 00] Lee, S.-H.; Moritz, W.; Scheffler, M.: GaAs(001) Surface under Conditions of Low As Pressure: Evidence for a Novel Surface Geometry. Phys. Rev. Lett. **85** (2000) 3890–3893

[MAA$^+$ 99] Mascaraque, A.; Avila, J.; Alvarez, J.; Asensio, M. C.; Ferrer, S.; Michel, E. G.: Nature of the Low-Temperature 3 × 3 Surface Phase of Pb/Ge(111). Phys. Rev. Lett. **82** (1999) 2524–2527

[Mar 99] Marks, L. D.: General Solution for Three-Dimensional Surface Structures Using Direct Methods. Phys. Rev. B **60** (1999) 2771–2780

[MBCD⁺ 98] Marks, L. D.; Bengu, E.; Collazo-Davila, C.; Grozea, D.; Landree, E.; Leslie,
            C.; Sinkler, S.: Direct Methods for Surfaces. Surf. Rev. Lett. **5** (1998) 1087–
            1106

[MM 96]   Moritz, W.; Meyerheim, H. L.: 3-D Surface Structure Analysis by X-Ray
            Diffraction. Surface Science. Berlin: Springer (1996)

[Rob 91]   Robinson, I. K.: Surface Crystallography. In: Handbook on Synchrotron Ra-
            diation, Vol 3. Amsterdam: Elsevier Science Publishers (1991)

[RT 92]   Robinson, I. K.; Tweet, D. J.: Surface X-Ray Diffraction. Rep. Prog. Phys.
            55 (1992) 599–651

[SHSM 01]   Saldin, D. K.; Harder, R. J.; Shneerson, V. L.; Moritz, W.: Phase Retrieval
            Methods for Surface X-Ray Diffraction. J. Phys.: Condens. Matter **13** (2001)
            10689–10707

[TRH⁺ 02]   Torrelles, X.; Rius, J.; Hirnet, A.; Moritz, W.; Pedio, M.; Felici, R.; Rudolf, P.;
            Capozi, M.; Boscherini, F.; Heun, S.; Mueller, B. H.; Ferrer, S.: Real Examples
            of Surface Reconstructions Determined by Direct Methods. J. Phys.: Condens.
            Matter **14** (2002) 4075–4086

[Vli 97]   Vlieg, E.: Integrated Intensities Using a Six-Circle Surface X-Ray Diffracto-
            meter. J. Appl. Cryst. **30** (1997) 532–543

[War 90]   Warren, B. E.: X-Ray Diffraction. New York: Dover Publications (reprint)
            (1990). Ursprünglich veröffentlicht als Teil der Addison-Wesley Serie in: Me-
            tallurgy and Materials, Addison-Wesley Pub. Comp., Reading, Mass. (1969)

5.2   Diffraktometrie an polykristallinen Materialien
Thomas Wroblewski

Die meisten Materialien liegen nicht als einzelne Kristalle, sondern als Agglomerat vieler
Kristallite vor. Dies gilt insbesondere für neuartige Verbindungen. Oft ist es extrem schwierig und zeitraubend, daraus Kristalle mit einer Qualität zu züchten, die für die Einkris-
tallbeugung ausreichend ist. Häufig erhält man sogenannte Zwillinge, die aus zwei oder gar
mehreren Kristalliten bestehen und eine Strukturanalyse schwierig bis unmöglich machen.
In solchen Fällen verwendet man das Verfahren der Pulverdiffraktometrie.

Ein ideales Pulver besteht aus einer großen Zahl regellos orientierter Kristallite, sodass
sichergestellt ist, dass die Bragg-Bedingungen $\lambda = 2d_{hkl} \sin \Theta_{hkl}$ für hinreichend viele Kristallite erfüllt sind. Für einen Netzebenenabstand d_{hkl} liegen die entsprechenden reziproken Gittervektoren auf einem Kegelmantel, und die an ihnen gestreute Strahlung bildet
einen sogenannten Debye-Scherrer-Kegel mit dem Öffnungswinkel $2\Theta_{hkl}$. Da die Information per Definition für den gesamten Kegel gleich ist, genügt es, entlang einer Linie zu
messen, die alle Kegel schneidet. Im einfachsten Verfahren der Pulverdiffraktometrie, dem
Debye-Scherrer-Verfahren, wird die Intensität als Funktion von 2Θ auf einem Kreisbogen
um die Probe (gewöhnlich konzentrisch um eine Kapillare) bestimmt. Dies kann sequentiell
mit einem Einzelzählrohr oder parallel mit einem ortsauflösenden Detektor geschehen. Die
Aufnahme eines Pulverdiffraktogramms ist also wesentlich einfacher als eine Messung mit
einem Einkristalldiffraktometer. Man erhält aber keine Information über die Richtung der

Streuvektoren. Die Vektorgleichung $\vec{k_h} - \vec{k_0} = \vec{q}$ wird zur skalaren Formel $\lambda = 2d\sin\Theta$ reduziert. Dies hat zur Folge, dass Reflexe, deren Netzebenenabstände gleich sind (z. B. 100, 010, 001 einer Substanz mit kubischer Metrik) nicht separierbar sind. Unterscheiden sich die Gitterparameter nur geringfügig (z. B. $a = b \approx c$), kommt es zur teilweisen Überlappung von Reflexen. Derartig kleine Unterschiede lassen sich mittels Pulverdiffraktometrie leichter erkennen als an Einkristallen, da die entsprechenden Reflexe dort bei verschiedenen Orientierungen auftauchen und durch Fehler in der Mechanik des Diffraktometers verdeckt werden können.

5.2.1 Hochauflösende Diffraktometrie zur Strukturanalyse

Um eine Struktur mittels Pulverdiffraktometrie zu bestimmen,[9] bedarf es also einer hohen Auflösung. Beim Debye-Scherrer-Verfahren ließe sich dies durch einen großen Radius des Detektorkreises in Verbindung mit einem kleinen Probenradius oder, bei Messung mit Einzelzählrohr, durch einen schmalen Eintrittsspalt vor dem Detektor erreichen. Diese Maßnahmen schränken zwar den gemessenen Beugungswinkel ein und erzielen so eine höhere Auflösung, reduzieren aber auch die gemessene Intensität.

Aus diesem Grund wurden eine Reihe von sogenannten parafokussierenden Geometrien entwickelt (Bragg-Brentano, Guinier etc.). Hierbei bewirken die unterschiedlich orientierten Kristallite einer flachen Probe eine Konzentration der gebeugten Intensität auf einen Fokalkreis (derartige Anordnungen sind z. B. in [Aza 68], Kapitel 17, oder anderen Lehrbüchern über Röntgenkristallographie beschrieben). Hierdurch kann an Röntgenröhren ein großer Teil der dort verfügbaren Divergenz genutzt werden. Für die stark kollimierte Synchrotronstrahlung sind derartige Verfahren allerdings nicht geeignet. Stattdessen müssen Parallelstrahlverfahren angewandt werden.

Beim Debye-Scherrer-Verfahren mit Einzelzählrohr wird der Beugungswinkel durch den Probendurchmesser und den Eintrittsspalt des Detektors definiert. Alternativ dazu kann, insbesondere bei großen Proben, die Richtung des gebeugten Strahls auch durch zwei hintereinanderliegende Spalte oder ein Paar paralleler Folien definiert werden. Durch einen Stapel paralleler Folien, einen sogenannten Soller-Kollimator, lässt sich die gemessene Intensität ohne Verlust der Auflösung erhöhen. Mit steigenden Anforderungen an die Auflösung steigen aber auch die Anforderungen an die Präzision des Soller-Kollimators. Fordert man z. B. eine Winkelauflösung von $0{,}05°$, so dürfen die Folien bei einer Länge von $0{,}5\,\text{m}$ nur $0{,}43\,\text{mm}$ voneinander entfernt sein, wobei sie auch noch möglichst dünn sein sollten, um eine hohe Transmission zu erreichen.

Will man eine noch höhere Auflösung erreichen, so nutzt man die Beugung an Kristallen. Der Bereich, in dem ein Einkristall reflektiert, beträgt nur wenige Winkelsekunden. Eine auf diesem Prinzip basierende Analysatoreinheit besteht aus einem unter dem der verwendeten Wellenlänge entsprechenden Bragg-Winkel zur Probe orientierten Kristall und dem Detektor, der unter dem gleichen Winkel zu diesem Analysatorkristall orientiert ist. Wie die parallelen Folien bei einem Scan des Detektorarms jeweils nur Intensität aus einem bestimmten 2Θ-Bereich passieren lassen, reflektiert der Analysatorkristall nur Intensität aus

---

[9]Ein Beispiel für eine solche Strukturbestimmung ist in Abschnitt 6.2.11 beschrieben.

dem kleinen, seiner Reflexionsbreite entsprechenden 2Θ-Bereich in den Detektor. Mit dieser hochauflösenden Anordnung lassen sich Halbwertsbreiten von wenigen tausendstel Grad in 2Θ erzielen. Begrenzt wird die Auflösung letztlich durch die endliche Divergenz der Quelle und die Dispersion zwischen den beugenden Elementen [Wro 91]. Oft ist aber auch die Qualität der Probe der begrenzende Faktor. Teilchengrößeneffekte (sind die Kristallite zu klein, tragen nicht genügend Gitterebenen zur Interferenz bei; vgl. optisches Gitter), Eigenspannungen (Verzerrungen des Gitters führen zu Variationen im Netzebenenabstand) und andere Defekte (Stapelfehler, Fehlstellen etc.) verbreitern die Reflexe.

Im Gegensatz zu den an Röntgenröhren verwendeten parafokussierenden Geometrien, die sehr empfindlich auf Fehler in Probenposition und Geometrie reagieren, sind die Parallelstrahlgeometrien mit Sollerkollimator bzw. Analysatorkristall aberrationsfrei, d. h. selbst Probenverschiebungen von einigen Millimetern führen weder zu Verbreiterungen noch Verschiebungen der Reflexe. Dies erleichtert vor allem Messungen unter extremen Bedingungen (Änderung der Probenposition beim Heizen) und Geometrien (Verbreiterung des gebeugten Strahls bei streifendem Einfall) und erlaubt völlig neue Anwendungen wie die Diffraktometrie an bewegten Objekten [IWKM 88].

5.2.2   Orientierungsstatistik und Textur

Neben den instrumentellen Aspekten ist auch die Probenpräparation bei der Kristallstrukturanalyse von großer Bedeutung. Hier bemüht man sich, ein möglichst ideales Pulver zu erhalten. Um möglichst scharfe Reflexe zu erhalten, sollten die Kristallite wenige Fehler enthalten und hinreichend groß sein. Andererseits müssen für jede Orientierung hinreichend viele Kristallite in Reflexionsstellung sein, weshalb sie auch nicht zu groß sein dürfen; optimal sind Korngrößen von wenigen μm. Zusätzlich versucht man durch Rotation und/oder Oszillation der Probe eine hinreichend gute Orientierungsstatistik zu erreichen. Dieser Aspekt verdient gerade wegen der hohen Kollimation der Synchrotronstrahlung (keine Mittelung über den Einfallswinkel) besondere Beachtung.

Sind die Kristallite in einer polykristallinen Probe nicht regellos orientiert (Textur) oder enthält das beugende Volumen nicht hinreichend viele Kristallite (mangelnde Orientierungsstatistik), so ist die Intensität entlang eines Debye-Scherrer-Ringes nicht mehr gleich verteilt. In einem solchen Fall ist die Erfassung des gesamten Ringes sinnvoll. Dies ist mit einem Flächendetektor möglich. Abb. 5.6 zeigt ein derartiges Beugungsbild.

Mangelnde Orientierungsstatik tritt häufig bei Strukturuntersuchungen unter hohem Druck und/oder hoher Temperatur auf. Derartige Bedingungen, wie sie im Erdinneren herrschen, kann man z. B. mittels einer Diamantstempelzelle erzeugen. Hier wird die Probe, die sich in einem ca. $100\,\mu$m großen Loch in einer Metallfolie befindet, zwischen den Spitzen zweier Diamanten komprimiert. Heizt man dieses Volumen, so kann sich die ohnehin kleine Anzahl der Kristallite durch Rekristallisation weiter reduzieren. Außerdem herrschen nur in einem Teil des ohnehin kleinen Probenvolumens homogene Bedingungen bezüglich Druck und Temperatur. Wegen der so erforderlichen Präzision der Probenpositionierung ist meist auch keine Probenbewegung möglich. In derartigen Fällen kann man durch Integration über den gesamten Debye-Scherrer-Ring eine bessere Orientierungsstatistik erreichen.

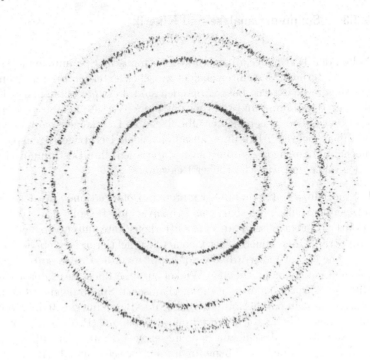

Abb. 5.6 Beugung an einem Rohr aus Titan. Die Debye-Scherrer-Ringe zerfallen in Reflexe von Einzelkristalliten. Man erkennt außerdem die durch die Textur verursachte Anisotropie. (Aufnahme: Leszek Wcislak)

Ist die Probe texturiert, so ist oft trotz Probenbewegung und/oder Integration über die Debye-Scherrer-Ringe keine ausreichende Mittelung zu erreichen. Als Beispiel seien nadelförmige Kristallite in einer Kapillare genannt. Richten sich diese Nadeln parallel zur Kapillarachse aus, so kommen die senkrecht zur den Nadelachsen liegenden Netzebenen selbst bei Probenrotation nicht in Reflexionsstellung. Die entsprechenden Reflexe sind für den gesamten Debye-Scherrer-Ring unterdrückt.

Oft ist die Textur einer Probe selbst das Ziel der Untersuchung, denn die Eigenschaften eines Materials sind nicht allein durch die Struktur der Kristallite, sondern auch durch deren Anordnung im Gefüge gegeben.

Weiterhin wurden Verfahren entwickelt, die Texturen auch zur Strukturanalyse nutzen [WBM 99]. Die Beugungseigenschaften texturierter Proben liegen nämlich zwischen denen eines idealen Pulvers und denen eines Einkristalls; ein Teil der Information über die Richtung des Streuvektors ist erhalten. Durch Bestimmung der Orientierungsverteilung ausgewählter Netzebenen und Aufnahme mehrerer Beugungsdiagramme bei unterschiedlichen Probenorientierungen lässt sich diese Information nutzen.

5.2.3   Spannungsanalyse und Kinetik

Neben der Textur beeinflussen auch mechanische Spannungen die sogenannte Realstruktur eines Materials. Man unterscheidet zwischen externen Spannungen und Eigenspannungen, die auch ohne externe Last vorhanden sind. Letztere entstehen bei den verschiedenen Phasen der Herstellung und Bearbeitung eines Werkstoffes. So erstarrt z. B. eine Metallprobe zunächst außen, was nahe der Oberfläche zu Druckeigenspannungen führt, da sich das heiße Innere bei der Abkühlung zusammenzieht. Derartige Eigenspannungen beeinflussen die mechanischen Eigenschaften vieler Materialien. Ihre Bestimmung ist daher von großer technologischer und wirtschaftlicher Relevanz.

Die mechanischen Spannungen führen zu Deformationen des Kristallgitters und sind daher röntgenographisch messbar. Das Prinzip sei am Beispiel des sogenannten $\sin^2 \psi$-Verfahrens erklärt. Hierbei misst man eine Gitterkonstante unter verschiedenen Winkeln der Probe zum Strahl. In symmetrischer Geometrie reflektieren Netzebenen, die parallel zur Probenoberfläche ($\psi = 0$) angeordnet sind. Kippt man die Probe, so bilden die reflektierenden Netzebenen einen entsprechenden Winkel zur Oberfläche. Aus der Variation der so gemessenen Gitterkonstanten kann man die mechanischen Spannungen ableiten. Im Falle von Druckeigenspannungen parallel zur Oberfläche misst man für $\psi = 0$ die größte Gitterkonstante. Man unterscheidet beim $\sin^2 \psi$-Verfahren zwischen ω- (Probenrotation in Beugungsebene) und ψ-Geometrie (senkrecht zur Beugungsebene). Erstere ist auf $|\psi| < \Theta_{hkl}$ beschränkt, während Letztere auch Netzebenen nahezu senkrecht zur Oberfläche erfassen kann, was durch die hohe Kollimation der Synchrotronstrahlung erleichtert wird. Weiterhin kann durch Variation des Einfallswinkels oder der Wellenlänge die Eindringtiefe variiert werden, was eine tiefenabhängige Messung der Eigenspannungen ermöglicht.

Vielfach ist man nicht an der Struktur selbst, sondern an deren Änderung unter externen Einflüssen interessiert. Die Pulverdiffraktometrie ist für derartige Untersuchungen besonders geeignet, da Einkristalle bei Strukturänderungen gewöhnlich zerstört werden.

Die Synchrotronstrahlung erlaubt auf Grund ihrer hohen Intensität die Beobachtung schneller Prozesse [PLFW 92]. Die Messung erfolgt mittels ortsauflösender Detektoren, um zeitraubende Scans zu vermeiden. Da die Auslesezeit von der Anzahl der Detektorelemente pro Auslesekanal abhängt, beschränkt man sich auf eindimensionale Detektion (Debye-Scherrer-Technik). Ein wichtiger experimenteller Aspekt betrifft die Totzeit des Detektors. Auf Zählung einzelner Photonen ausgerichtete Detektoren geraten sehr schnell in die Sättigung und sind daher nur bedingt für derartige Untersuchungen geeignet. Stattdessen setzt man integrierende Systeme (z. B. Diodenzeilen oder CCDs) ein.

Durch die Einführung der Bildplatte erlebte die film-lift-Technik eine Renaissance [RDW 95]. Hierbei wird ein Flächendetektor (z. B. photografischer Film) senkrecht zu einem Spalt bewegt. Die Zeitskala wird dann durch die Bewegungsrichtung repräsentiert, während die Winkelskala senkrecht dazu liegt. Durch die Trennung von Aufnahme- und Ausleseprozess lässt sich eine sehr hohe Zeitauflösung erreichen, allerdings ist keine Online-Beobachtung möglich. Eine gute Synchronisation ist daher insbesondere bei nicht reversiblen Prozessen, wie chemischen Reaktionen, erforderlich.

5.2.4 Instrumentierung und ortsaufgelöste Messungen

So vielfältig die Anwendungen der Pulverdiffraktometrie sind, ist auch die Instrumentierung. Die unterschiedlichen Detektionsschemata für die winkeldispersive Diffraktometrie wurden bereits vorgestellt. Ein weiteres Verfahren, das hier nur kurz genannt werden soll, ist die energiedispersive Diffraktometrie. Hierbei wird die Probe dem gesamten Spektrum der Synchrotronstrahlung ausgesetzt. Ein energieauflösender Detektor (λ) analysiert dann die unter einem festen Winkel (2Θ) gebeugte Strahlung und liefert so die Intensitäten als Funktion der Gitterkonstanten d. Diese Methode wird insbesondere in Hochdruckexperimenten mit Diamantstempelzellen angewendet, in denen, bedingt durch den kleinen Strahlquerschnitt, niedrige Intensitäten nachgewiesen werden müssen. Die Auflösung ist durch die Energieauflösung ($\approx 100\,\text{eV}$) des Halbleiterdetektors gegeben und auf $\Delta d/d \approx 10^{-2} - 10^{-3}$ begrenzt. Durch die heutzutage verfügbaren Flächendetektoren gewinnt aber die winkeldispersive Methode wegen ihrer höheren Auflösung auch in Hochdruckexperimenten zunehmend an Bedeutung.

Diamantstempelzellen sind ein Beispiel für Probenumgebungen. Weiterhin dienen Öfen, Kryostate, chemische Reaktionszellen, Vorrichtungen zur mechanischen Belastung etc. dazu, die unterschiedlichen Bedingungen an der Probe zu realisieren. Schließlich kann man auch die Einrichtungen, die der Probenbewegung oder der Orientierung der Probe dienen, als Teil der Probenumgebung betrachten.

Neben dem Diffraktometer und seinem Zubehör ist die vorgeschaltete Optik von Bedeutung. Diese muss den unterschiedlichen Anforderungen des Experiments angepasst werden. Bei der hoch winkelaufgelösten Diffraktometrie bestimmt die Wellenlängendispersion zwischen den optischen Elementen (Monochromator, Analysator) und der Probe die Auflösung [Wro 91]. Ein möglichst schmales Wellenlängenband erhält man durch die Verwendung perfekter Einkristalle (Silizium, Germanium) sowie durch Einschränkung der Divergenz der einfallenden Strahlung. Dies geschieht am effizientesten durch einen kollimierenden Spiegel vor dem Monochromator.

Bei zeitaufgelösten Experimenten ist man an hohen Intensitäten interessiert und oftmals bereit, auf eine hohe Winkelauflösung zu verzichten. Analysatorkristalle verbieten sich schon wegen der dann erforderlichen zeitintensiven Scans. Optimal ist eine Debye-Scherrer-Geometrie mit auf die Probe fokussierten Strahl, was durch einen Toroidspiegel erreicht wird. Noch höhere Intensitäten lassen sich durch die Verwendung von Breitbandmonochromatoren wie Mosaikkristallen und synthetischen Vielschichtspiegeln erzielen [PLFW 92]. Allerdings ist deren Auflösung von $\Delta E/E \approx 10^{-2}$ für viele Anwendungen zu gering. Optimal wären Monochromatoren mit Bandbreiten im Bereich $\Delta E/E \approx 10^{-3} - 10^{-4}$ (intrinsische Bandbreite perfekter Einkristalle $\Delta E/E \approx 10^{-5} - 10^{-6}$), diese sind jedoch noch nicht verfügbar. Hier sei erwähnt, dass die energiedispersive Methode zwar die gesamte Bandbreite der Synchrotronstrahlung nutzt, aber wegen der Begrenzung der Zählrate ($< 10^6\,\text{s}^{-1}$) durch die für die Energieanalyse erforderliche Detektion einzelner Photonen keine hohe Zeitauflösung erlaubt.

Die Eigenschaften polykristalliner Materialien können auf Grund der Bedingungen, denen sie bei ihrer Herstellung, Bearbeitung oder ihrem Gebrauch ausgesetzt sind, lokal variieren. Wird eine derartige Probe großflächig bestrahlt, so überlagern sich die Debye-Scherrer-Kegel der verschiedenen Bereiche. Die Intensitätsverteilung in einem Reflex entspricht dann einem Histogramm der Intensitäten als Funktion der Gitterkonstanten, aber eine lokale Zuordnung ist nicht möglich. Räumliche Auflösung lässt sich durch Verkleinerung des Strahlquerschnitts erreichen. Man spricht dann von sogenannten μ-beam-Techniken. Als Beispiel wurden bereits Untersuchungen in Diamantstempelzellen genannt. Auch bei Anwendung der dort verwendeten Methoden, wie dem Einsatz von Flächendetektoren oder energiedispersiven Messungen, ist die ortsaufgelöste Charakterisierung größerer Probenbereiche mittels μ-beam-Techniken wegen der erforderlichen Scans sehr zeitaufwendig. Daher beschränkt man sich bei derartigen Untersuchungen meist auf wenige repräsentative Regionen.

Ein alternatives Verfahren selektiert den beugenden Probenbereich sekundärseitig, also zwischen Probe und Detektor, mittels röhrenförmiger Kollimatoren [WGSR 95]. Derartige Anordnungen paralleler Kanäle sind als sogenannte Microchannel-Platten (MCP), die als Elektronenvervielfacher in Bildverstärkern Verwendung finden, erhältlich. Jeder Kanal dieser MCP selektiert Strahlung, die von einem kleinen Probenbereich ausgeht, und leitet sie zum entsprechenden Areal eines Flächendetektors. Eine Überlagerung durch Strahlung von anderen Bereichen der Probe wird verhindert. Mit einer derartigen Anordnung von MCP und einem CCD als Flächendetektor lassen sich simultan Quadratzentimeter große Bereiche mit einer Ortsauflösung in der Größenordnung von $10\,\mu$m erfassen. Der Beugungswinkel 2Θ ist durch die Richtung der Kanäle gegeben. Durch Variation dieses Winkels oder anderer Parameter können ganze Bildserien aufgenommen werden. Hieraus kann man dann die Spektren für die einzelnen Probenbereiche extrahieren. Ein Spektrum kann in diesem Zusammenhang ein gewöhnliches Beugungsdiagramm sein, wenn 2Θ der Scan-Parameter ist. Es kann sich aber auch um die Variation der Intensität als Funktion der Zeit oder Temperatur handeln. Ein Beispiel hierfür ist die Beobachtung von (Re)kristallisationvorgängen (siehe 6.2.15).

Literaturverzeichnis

[Aza 68]   Azaroff, L.: Elements of x-ray crystallography. 1. Aufl. New York: McGraw-Hill 1968

[IWKM 88] Ihringer, J.; Wroblewski, T.; Küster, A.; Maichle, J.: Determination of Strain in Moving Objects by X-ray Diffraction Using Synchrotron Radiation. J. Appl. Cryst. **21** (1988) 972–974

[PLFW 92] Pennartz, P.; Lochner, U.; Fuess, H.; Wroblewski, T.: Powder Diffraction in the Range of Milliseconds. J. Appl. Cryst. **25** (1992) 571–577

[RDW 95]   Rizzo, F.; Doyle, S.; Wroblewski, T.: A study of the formation of intermetallic phases in the Fe-Zn system using an image plate detection system. Nucl. Instrum. Meth. B **97** (1995) 479–482

[WBM 99]   Wessels, T.; Baerlocher, C.; McCusker, L.: Single-Crystal-Like Diffraction Data from Polycrystalline Materials. Science **284** (1999) 477–479

[WGSR 95] Wroblewski, T.; Geier, S.; Schreck, M.; Rauschenbach, B.: X-ray imaging of polycrystalline materials. Rev. Sci. Instrum. **66** (1995) 3560–3562

[Wro 91]   Wroblewski, T.: Resolution Functions of Powder Diffractometers at a Synchrotron-Radiation Source. Acta Cryst. A **47** (1991) 571–577

5.3 Die magnetische Röntgenbeugung
Thomas Brückel

Seit Max von Laue 1905 wird die Röntgenbeugung eingesetzt zur Aufklärung der Struktur von Materie auf atomarem Maßstab. Der weitaus größte Teil dessen, was uns heute über den atomaren Aufbau von Materie bekannt ist, wurde mit Hilfe der Methode der Röntgenbeugung bestimmt. Man macht sich hierbei mit der sogenannten Thomson-Streuung (s. Abschnitt 2.2) die Wechselwirkung der elektromagnetischen Strahlung mit der elektrischen Ladung der Elektronenhüllen zu Nutze. Dieser Prozess ist in Abb. 5.7 oben in einem einfachen klassischen Modell veranschaulicht. Das Elektron wird durch das elektrische Feld der einfallenden Wellen zu harmonischen Schwingungen angeregt und strahlt daraufhin Hertz'sche Dipolstrahlung ab.

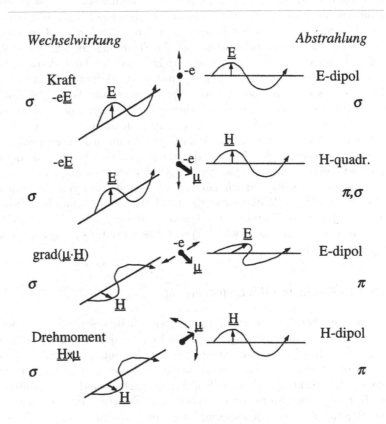

Abb. 5.7 Veranschaulichung der Wechselwirkungsprozesse elektromagnetischer Strahlung mit einem freien Elektron (nach [dBB 81])

5.3.1 Magnetische Streuprozesse

Nun besitzen viele Festkörper magnetische Eigenschaften, und neben der rein geometrischen Struktur ist dann die Anordnung von Spin- und Bahnmomenten der Elektronen von Interesse. Die Bestimmung dieser magnetischen Strukturen war über lange Jahre eine Domäne der Neutronenstreuung, und Clifford Shull erhielt 1994 den Nobelpreis für die Entwicklung der experimentellen Methodik. Auf den ersten Blick ist es verwunderlich, dass Röntgenstrahlung nicht für diese Untersuchungen herangezogen wurde. Schließlich handelt es sich dabei um elektro*magnetische* Strahlung, die mit den atomaren magnetischen Momenten wechselwirken muss. Die Prozesse, die zur Streuung von Röntgenstrahlung am reinen Spinmoment führen, sind in unserem klassischen Bild in Abb. 5.7 dargestellt [dBB 81]. Im ersten der magnetischen Streuprozesse wird das Elektron wieder durch die Coulomb-Wechselwirkung mit dem elektrischen Feld zu harmonischen Schwingungen angeregt, und die beschleunigte Bewegung des Spinmoments führt zur Abstrahlung von magnetischer Quadrupolstrahlung. In den beiden anderen Prozessen findet eine Wechselwirkung des Spinmoments direkt mit dem Magnetfeld der elektromagnetischen Strahlung statt. Es ist bemerkenswert, dass diese magnetische Streuung der Röntgenstrahlung zu einer Änderung der Polarisationsrichtung der elektromagnetischen Strahlung führen kann. Auch dies ist in Abb. 5.7 veranschaulicht. In unserem Beispiel ist bei der einfallenden Strahlung der Vektor der elektrischen Feldstärke immer senkrecht zu der Streuebene gerichtet, welche durch den Wellenvektor der einfallenden und ausfallenden Wellen aufgespannt wird. Man spricht dann von σ-Polarisation. Bei dem Prozess der Thomson-Streuung ist die gestreute Welle ebenfalls σ-polarisiert. Dagegen kann bei der magnetischen Streuung eine Drehung des elektrischen Feldstärkevektors in die Streuebene stattfinden, d. h. die auslaufende elektromagnetische Welle ist dann π-polarisiert. Diese Änderung der Polarisation kann in Röntgenbeugungsexperimenten dazu ausgenutzt werden, den Prozess der magnetischen Streuung eindeutig von dem Prozess der Ladungsstreuung zu separieren. Doch zurück zu unserer ursprünglichen Fragestellung. Warum werden keine Experimente an Laborröntgenröhren zur Bestimmung der magnetischen Struktur von Materie durchgeführt? Dies liegt daran, dass die magnetische Streuung eine relativistische Korrektur zur Ladungsstreuung darstellt und die Intensität der magnetischen Streuung typischerweise sechs Größenordnungen kleiner ist als die Intensität der Ladungsstreuung.

5.3.2 Resonante Röntgenstreuung

Neben der eben besprochenen sogenannten nicht resonanten magnetischen Streuung treten Resonanzphänomene auf, wenn die Energie der einfallenden Röntgenstrahlung in der Nähe von Absorptionskanten magnetischer Elemente liegt. Diese sogenannte resonante magnetische Streuung ist das Analogon zu der anomalen Ladungsstreuung. Behandelt man die Wechselwirkung zwischen dem Strahlungsfeld und dem atomaren Elektronensystem im Rahmen einer Störungstheorie, so kann die resonante magnetische Streuung in einer störungstheoretischen Beschreibung zweiter Ordnung wiedergegeben werden (s. Gleichung (5.13)). Abb. 5.8 veranschaulicht den zugrunde liegenden Prozess für den Fall einer Streuung an einer Seltenerd-L_{III}-Absorptionskante. Der Absorptionsprozess an der L_{III}-Kante besteht darin, dass $2p_{3/2}$-Elektronen aus der inneren Schale die Energie des Röntgenquants aufnehmen und über die Fermienergie angehoben werden. Dabei handelt es sich um elektrische Dipol- oder elektrische Quadrupolübergänge, je nachdem, ob der Endzustand ein $5d_{5/2}$- oder ein $4f_{7/2}$-Zustand ist. Neben diesem Absorptionsprozess tritt an der Absorptionskante auch das Phänomen der resonanten Streuung auf, bei dem das Elektron virtuelle Übergänge in die unbesetzten Zustände und dann wieder zurück in den Grundzustand macht (Störungstheorie zweiter Ordnung), wobei das Photon dann nicht absorbiert, sondern resonant gestreut wird. Das Resonanzverhalten wird beschrieben durch einen Nenner im Ausdruck für die Störungstheorie zweiter Ordnung (siehe weiter unten und Abschnitt 5.3), der für die Resonanzenergie gegen Null strebt.

So weit ist der dargestellte Prozess noch nicht sensitiv auf das magnetische Moment der Probe, da es sich bei den Übergängen um rein elektrische Multipolübergänge handelt. Die Wahrscheinlichkeit für magnetische Multipolübergänge ist wesentlich kleiner. Dass die resonante elektrische Multipolstreuung trotzdem auf den Magnetismus der Probe empfindlich ist, liegt an der Austauschaufspaltung des Leitungsbands im magnetisch geordneten Zustand. Dies ist in Abb. 5.8 veranschaulicht. Danach gibt es sehr viel mehr freie Zustände oberhalb der Fermienergie für die Minoritätsladungsträger als für die Majoritätsladungsträger, was zu einem Unterschied in der Streuamplitude führt. Da es sich bei dem dargestellten Prozess um keine direkte Wechselwirkung mit dem magnetischen Moment handelt, sondern die Sensitivität auf den magnetischen Zustand an der Austauschaufspaltung des Leitungsbands liegt, wird diese Form der Streuung als resonante Austauschstreuung bezeichnet. Der Resonanzeffekt führt zu einem Intensitätsgewinnfaktor für die magnetische Streuung von

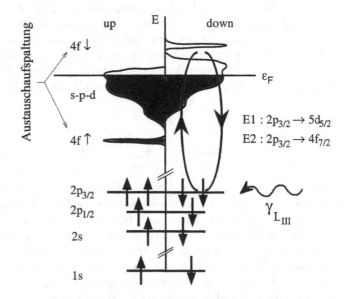

Abb. 5.8 Schematische Darstellung des Prozesses der resonanten Austauschstreuung an einer Lanthanid L_{III}-Absorptionskante (etwa Gd L_{III})

etwa zwei Größenordnungen für die L_{II}- und L_{III}-Kanten der Lanthaniden. An den M_{IV}-Kanten der Aktiniden kann der Intensitätsgewinn bis zu sieben Größenordnungen betragen. Die Intensitätsverstärkung für die wichtigen 3d-Übergangsmetall-K-Kanten ist vernachlässigbar: zum einen ist der Überlapp zwischen den 1s- und 3d- bzw. 4p-Zuständen klein, zum anderen gehen nur die Quadrupolübergänge und nicht die Dipolübergänge in die magnetischen 3d Zustände. Dagegen treten starke Effekte im weichen Röntgenbereich an den L-Kanten der 3d-Elemente auf.

Die bisherigen Ausführungen zum Wechselwirkungsprozess machen deutlich, dass die magnetische Röntgenbeugung eine urtypische Anwendung von Synchrotronstrahlung ist. Der hohe Fluss von Wiggler- und Undulatorstrahlen kompensiert den kleinen magnetischen Streuquerschnitt. Da die Bragg-Streuung im Impulsraum sehr gut lokalisiert ist, führt die hohe Kollimation der Strahlung zu einem guten Signal-zu-Untergrund-Verhältnis. Magnetische Röntgenbeugung nutzt daher die hohe Brillanz der Synchrotronstrahlung. Wie bereits erwähnt, kann man durch Analyse der Polarisation der gestreuten Strahlung bei bekannter Einfallspolarisation den magnetischen Streubeitrag eindeutig identifizieren. Hierbei kommt es uns zugute, dass Synchrotronstrahlung einen wohl definierten Polarisationszustand aufweist. Schließlich ist für die Beobachtung des Effekts der resonanten Austauschstreuung die Durchstimmbarkeit der Synchrotronstrahlung von ausschlaggebender Bedeutung, da die Energie der einfallenden Strahlung in die Nähe der Energie der Absorptionskanten magnetischer Elemente gebracht werden muss.

Nach dieser qualitativen Einführung wollen wir uns der quantitativen Beschreibung der magnetischen Röntgenbeugung zuwenden. Die Herleitung des Streuquerschnitts wurde von verschiedenen Autoren, ausgehend von unterschiedlichen Ansätzen, durchgeführt. Es würde den Rahmen dieses einführenden Lehrbuchs sprengen, wenn der Formalismus hier reproduziert würde. Es sollen nur die Ergebnisse diskutiert werden, die Blume und Gibbs [Blu 85, BG 88] im Rahmen einer quantenmechanischen Herleitung bis zur Störungstheorie zweiter Ordnung erhielten. Danach lässt sich der elastische Streuquerschnitt für die Streuung von Photonen mit einfallender Polarisation $\vec{\varepsilon}$ in einen Zustand mit ausfallender Polarisation $\vec{\varepsilon}'$ schreiben als:

$$
\left.\frac{d\sigma}{d\Omega}\right|_{\varepsilon \to \varepsilon'} = \left[\frac{e^2}{mc^2}\right]^2 \left| \langle f_L \rangle_{\varepsilon'\varepsilon} + i\frac{\lambda_C}{d} \langle f_M \rangle_{\varepsilon'\varepsilon} \right|^2 . \tag{5.13}
$$

Hierbei bezeichnet $r_e = e^2/mc^2 \approx 2{,}818\,\text{fm}$ den klassischen Elektronenradius, $\lambda_C = h/mc = 2{,}426\,\text{pm}$ die Compton-Länge eines Elektrons, und d stellt den Netzebenenabstand für einen gegebenen Bragg-Reflex dar, typisch $0{,}2\,\text{nm}$. Die Streuamplituden $\langle f_L \rangle$ und $\langle f_M \rangle$ sind in einer Matrixform gegeben, die die Polarisationsabhängigkeiten von Ladungs- bzw. magnetischer Streuung bezeichnen. Wenn wir uns nur auf den Fall von linear polarisierter Strahlung beschränken, können die Polarisationen $\vec{\varepsilon}$ und $\vec{\varepsilon}'$ beschrieben werden durch Einheitsvektoren, die senkrecht auf den Wellenvektoren der einfallenden und ausfallenden Photonen $\vec{k}$ bzw. $\vec{k}'$ stehen. $\vec{k}$ und $\vec{k}'$ spannen die Streuebene auf. $\vec{\sigma}$-Polarisation gehört zu dem Basisvektor, der senkrecht auf der Streuebene steht, $\vec{\pi}$-Polarisation gehört zu dem Vektor in der Streuebene. Als Koordinatensystem für die Komponenten des magnetischen Moments der Probe und für die Polarisationszustände wählen wir ein System mit den Basisvektoren

$\vec{u}_1, \vec{u}_2, \vec{u}_3;$ $\vec{k}$ und $\vec{k}'$ sind die Einheitsvektoren in Richtung von $\vec{k}$ bzw. $\vec{k}'$.

$$\vec{u}_1 = (\vec{k} + \vec{k}')/|\vec{k} + \vec{k}'|$$

$$\vec{u}_2 = (\vec{k}' \times \vec{k})/|\vec{k}' \times \vec{k}| \equiv \vec{\sigma} \equiv \vec{\sigma}'$$

$$\vec{u}_3 = (\vec{k}' - \vec{k})/|\vec{k}' - \vec{k}| \equiv \vec{Q}/\vec{Q}$$

$$\vec{\pi} = \vec{k} \times \vec{\sigma}, \quad \vec{\pi}' = \vec{k}' \times \vec{\sigma}'. \tag{5.14}$$

In dieser Basis können die Matrizen von Gleichung (5.13) in folgender Form geschrieben werden: $\langle f_L \rangle_{\varepsilon'\varepsilon}$ für Ladungsstreuung:

$$\langle f_L \rangle_{\varepsilon'\varepsilon} = \begin{pmatrix} \langle f_L \rangle_{\sigma'\sigma} & \langle f_L \rangle_{\sigma'\pi} \\ \langle f_L \rangle_{\pi'\sigma} & \langle f_L \rangle_{\pi'\pi} \end{pmatrix} = \begin{pmatrix} \rho(\vec{Q}) & 0 \\ 0 & \rho(\vec{Q}) \cos 2\Theta \end{pmatrix}, \tag{5.15}$$

$\langle f_M \rangle_{\varepsilon'\varepsilon}$ für den magnetischen Anteil:

$$\langle f_M \rangle_{\varepsilon'\varepsilon} = \begin{pmatrix} \langle f_M \rangle_{\sigma'\sigma} & \langle f_M \rangle_{\sigma'\pi} \\ \langle f_M \rangle_{\pi'\sigma} & \langle f_M \rangle_{\pi'\pi} \end{pmatrix} =$$

$$\begin{pmatrix} S_2 \cos \Theta & [(L_1 + S_1) \cos \Theta + S_3 \sin \Theta] \sin \Theta \\ [-(L_1 + S_1) \cos \Theta + S_3 \sin \Theta] \sin \Theta & (2L_2 \sin^2 \Theta + S_2) \cos \Theta \end{pmatrix}. \tag{5.16}$$

Hierbei bezeichnet $S_i = S_i(\vec{Q})$ und $L_i = L_i(\vec{Q})$ mit $i = 1, 2, 3$ die Komponenten der Fourier-Transformierten der Magnetisierungsdichte, welche vom Spin- bzw. Bahnmoment herrühren. $\rho(\vec{Q})$ bezeichnet die Fourier-Transformierte der Elektronenladungsdichteverteilung. Mit Gleichung (5.13) bis Gleichung (5.16) haben wir die Formeln für die nicht resonante magnetische Röntgenbeugung angegeben. Leben erhalten die Formeln erst durch eine Diskussion, bei der wir viele Elemente der bereits auf Grund von Abb. 5.7 geratenen Eigenschaften der magnetischen Streuung wiederfinden werden. Aus Gleichung (5.13) sehen wir sofort, dass magnetische Streuung eine relativistische Korrektur zur Ladungsstreuung ist. Dies drückt sich in dem Vorfaktor λ_c/d für die magnetische Streuamplitude relativ zur Amplitude für Ladungsstreuung aus. Der Vorfaktor λ_c/d ist in der Größenordnung 10^{-2}. Bedenkt man weiterhin, dass es deutlich weniger ungepaarte Elektronen gibt – die zu f_M beitragen –, als der Gesamtzahl der Elektronen entspricht – die zu f_L beitragen –, so sieht man sofort, dass die Amplitude der magnetischen Streuung etwa drei Größenordnungen kleiner ist als die Amplitude der Ladungsstreuung, d. h. das Intensitätsverhältnis liegt in der Größenordnung von 10^{-6}. Multipliziert man das Betragsquadrat in Gleichung (5.13) aus, so erhält man drei Terme: reine Thomson-Streuung, reine magnetische Streuung und einen Interferenzterm zwischen beiden. Dieser Interferenzterm ist immer dann von Bedeutung, wenn Ladungs- und magnetische Streuung an derselben Position im reziproken Raum auftreten. Dies ist der Fall für Ferromagnete, bei denen die Periode der magnetischen Ordnung mit derjenigen der chemischen Ordnung übereinstimmt. Nach obiger Ausführung liefert im Fall von Ferromagneten der rein magnetische Beitrag nur eine Änderung der Intensität der Ladungs-Bragg-Reflexe im Bereich von 10^{-6}. Dieser Effekt ist unmessbar klein. Dagegen geht im Interferenzterm die magnetische Amplitude nur linear und nicht quadratisch ein. Der Interferenzterm ist daher nur drei Größenordnungen kleiner als die reine Ladungsstreuung und ist somit messbar – allerdings nur dann, wenn magnetische Streuung und Ladungsstreuung sich phasenrichtig überlagern. Dies ist nach Gleichung (5.13) keineswegs immer gegeben, da der Faktor $i = e^{i\pi}/2$ eine Phasenverschiebung um 90° der magnetisch gestreuten Welle im Vergleich zur elektrisch gestreuten Welle beschreibt. Daher muss man zur Messung des Interferenzterms in Ferromagneten im Allgemeinen mit zirkular polarisierter Strahlung arbeiten. Dieses Problem ergibt sich bei Antiferromagneten im Allgemeinen nicht: Ladungs- und magnetische Reflexe sind im reziproken Raum getrennt und können separat gemessen werden. Untergrundverhältnisse und Intensitäten an Synchrotronstrahlungsquellen sind so, dass ein Signal in der Größenordnung 10^{-6} eines Haupt-Bragg-Reflexes gut messbar ist.

Betrachten wir nun die explizite Form in Gleichung (5.15) und Gleichung (5.16) der Matrizen für die Streuamplituden von Ladungs- und magnetischer Streuung. Dass in die Ladungs- streuung die Fourier-Transformierte der Elektronenladungsdichteverteilung eingeht, war uns bereits bekannt. Eine entsprechende Funktion übernehmen jetzt in der magnetischen Streu- ung die Fourier-Transformierten der Spin- bzw. Bahndrehimpulsdichteverteilungen $\vec{S}(\vec{Q})$ bzw. $\vec{L}(\vec{Q})$. Spin- und Bahndrehimpuls tragen mit verschiedenen Polarisations- und Win- kelabhängigkeiten zur Streuamplitude bei. Sie sind modellfrei einzeln messbar, was z. B. im Fall der Neutronenstreuung nicht möglich ist. Auch haben die verschiedenen Komponen- ten verschiedene Polarisations- und Winkelabhängigkeiten, sodass nicht nur der Betrag von Spin- oder Bahnmoment, sondern auch die Richtung relativ zum Gitter bestimmt werden kann. Schließlich erkennen wir an der Matrixschreibweise der Streuamplituden direkt, dass die Ladungsstreuung die Polarisation der Photonen nicht ändert (es gibt nur Diagonalele- mente), während die magnetische Streuung auf Grund der Nebendiagonalelemente auch zu einer Änderung der Polarisationsrichtung der Photonen beim Streuprozess führen kann (Prozesse $\sigma \to \pi'$ oder $\pi \to \sigma'$).

5.3.3 Resonante Austauschstreuung

Nach dieser Betrachtung der nicht resonanten magnetischen Streuung wollen wir noch kurz die resonante Austauschstreuung diskutieren. Die Ausdrücke für den Streuquerschnitt wer- den hierfür sehr umfangreich und sind etwa in [Blu 94] und [HTBG 88, HTBG 89] gegeben. Wir werden hier nur den einfachsten Fall diskutieren. Nahe an den Absorptionskanten, wo Resonanzen auftreten, muss eine energieabhängige Amplitude in unserem Ausdruck für den Streuquerschnitt in Gleichung (5.13) addiert werden. Im Falle reiner Dipolübergänge lässt sich diese Amplitude schreiben als:

$$f_{res}^{E1}(E) = f_0(E) + f_{circ}(E) + f_{lin}(E) \tag{5.17}$$

mit:

$$f_0(E) = (\vec{\varepsilon}' \cdot \vec{\varepsilon})[F_{+1}^1 + F_{-1}^1],$$
$$f_{circ}(E) = i(\vec{\varepsilon}' \times \vec{\varepsilon}) \cdot \vec{m}[F_{-1}^1 - F_{+1}^1],$$
$$f_{lin}(E) = (\vec{\varepsilon}' \cdot \vec{m})(\vec{\varepsilon} \cdot \vec{m})[2F_0^1 - F_{+1}^1 - F_{-1}^1]. \tag{5.18}$$

In diesen Gleichungen ist die Energieabhängigkeit der Amplituden in den sogenannten Os- zillatorstärken enthalten. Wenn wir zur Vereinfachung annehmen, dass die virtuellen Übergänge zwischen zwei scharfen Energiezuständen stattfinden, lassen sich die Oszillatorstärken schreiben als

$$F_M^1 = \frac{\alpha_M}{(\omega - \omega_{res}) - i\Gamma/2\hbar}. \tag{5.19}$$

Hier bezeichnet $\hbar\omega$ die Photonenenergie, $\hbar\omega_{res}$ die Energie der Absorptionskante und Γ die Breite der Resonanz. Der phänomenologische Parameter α_M ist ein Maß für die Amplitude der Resonanz und steht für das Produkt der Übergangsmatrixelemente.

Zurück zu einer Diskussion der Bedeutung der verschiedenen Amplituden in Gleichung (5.18). $f_0(E)$ ist unabhängig vom magnetischen Zustand der Probe, d. h. f_0 beschreibt die konventionelle anomale Ladungsstreuung. Dagegen hängen $f_{lin}(E)$ und $f_{circ}(E)$ vom magnetischen Moment $\vec{m}$ der Probe ab, und zwar f_{circ} linear, f_{lin} quadratisch. f_{circ} ist daher die eigentliche magnetisch resonante Streuung, denn z. B. für Antiferromagneten liefert f_{circ} einen Beitrag an den Positionen im reziproken Raum, die von den Hauptladungsreflexen durch den magnetischen Ausbreitungsvektor getrennt sind. Man kann zeigen, dass im Grenzfall der Vorwärtsstreuung f_{circ} und f_{lin} mit dem zirkularen und linearen Dichroismus verbunden sind. Schließlich sei noch darauf hingewiesen, dass alle drei Beiträge f_0, f_{circ}, f_{lin} unterschiedliche Polarisationsabhängigkeiten aufweisen. Dies drückt sich in den Skalar- bzw. Vektorprodukten zwischen $\vec{\varepsilon}, \vec{\varepsilon}'$ und $\vec{m}$ aus. Auch im Fall der resonanten Streuung ist daher eine Polarisationsanalyse zur Identifizierung der verschiedenen Beiträge nützlich.

Im Rahmen dieses einführenden Lehrbuchs wollen wir die formale Diskussion der magnetischen Röntgenstreuung hier nicht weiterführen. Einen guten Überblick gibt das Lehrbuch [LC 96]. In Abschnitt 6.2.9 werden wir das Potential der magnetischen Röntgenbeugung an einem Beispiel aufzeigen. Die magnetische Röntgenbeugung hat uns eine weit über das bisherige Verständnis hinausgehende Information über magnetische Ordnung und magnetische Phasenübergänge gegeben. So erlaubt die hohe Auflösung der Röntgenbeugung die genaue Bestimmung von sogenannten inkommensurablen magnetischen Strukturen wie langreichweitigen Spindichtewellen (Chrom), Helixstrukturen (Seltene Erden) oder noch komplizierteren Strukturen wie z. B. Zykloidstrukturen. Kritische Exponenten an magnetischen Phasenübergängen konnten mit erheblich besserer Präzision gemessen werden, wobei zum Teil eine zweite relevante Längenskala gefunden wurde. Die magnetische Röntgenbeugung erlaubt erstmals die Trennung von Spin- und Bahnanteil der Magnetisierungsdichte, was eine extrem wichtige experimentelle Information zur Überprüfung von Bandstrukturrechnungen darstellt. Die hohe Kollimation der Synchrotronstrahlung ermöglicht es erstmals, Beugung unter streifendem Einfall für eine dünne Oberflächenschicht zu messen und dadurch Aussagen über die magnetische Ordnung an der Oberfläche bzw. in der Nähe der Oberfläche zu gewinnen. Auf Grund der fehlenden Nachbarschaftsbeziehungen kann sich diese Oberflächenstruktur ganz wesentlich von der magnetischen Struktur des Volumenmaterials unterscheiden. Die Nützlichkeit der Elementspezifizität von resonanter Austauschstreuung für magnetische Legierungen und Mischkristalle wird in dem Beispiel 6.2.9 ausführlich diskutiert. Die Liste der bereits realisierten und prinzipiell möglichen Anwendungen von magnetischer Röntgenbeugung ließe sich noch lange fortsetzen. Zusammenfassend lässt sich sagen, dass die magnetische Neutronenstreuung sicher die Standardmethode auf dem Gebiet der Untersuchung magnetischer Materialien bleiben wird, dass aber mehr und mehr Detailuntersuchungen mit Hilfe magnetischer Röntgenbeugung komplementäre Zusatzinformationen beitragen und uns damit zu einem tieferen Verständnis der magnetischen Ordnung führen werden.

Literaturverzeichnis

[BG 88]   Blume, M.; Gibbs, D.: Polarization Dependence of Magnetic X-Ray Scattering. Phys. Rev. B **37** (1988) 1779

[Blu 85]   Blume, M.: Magnetic Scattering of X-Rays (invited). J. Appl. Phys. **57** (1985) 3615

[Blu 94]   Blume, M.: Resonant Anomalous X-Ray Scattering (Hrsg.: Materlik, G.; Sparks, C.; Fischer, K.). Amsterdam, The Netherlands: North-Holland 1994

[dBB 81]   de Bergevin, F.; Brunel, M.: Diffraction of X-Rays by Magnetic Materials. I. General Formulae and Measurements on Ferro- and Ferrimagnetic Compounds. Acta Crystallogr. A **37** (1981) 314

[HTBG 88]   Hannon, J. P.; Trammell, G. T.; Blume, M.; Gibbs, D.: X-Ray Resonance Exchange Scattering. Phys. Rev. Lett. **61** (1988) 1245

[HTBG 89]   Hannon, J. P.; Trammell, G. T.; Blume, M.; Gibbs, D.: Erratum. Phys. Rev. Lett. **62** (1989) 2644

[LC 96]   Lovesey, S. W.; Collins, S. P.: X-Ray Scattering and Absorption by Magnetic Materials. Oxford, UK: Clarendon Press 1996

5.4   Stehende Röntgenwellenfelder
Jens Falta und Thomas Schmidt

Die Methode der stehenden Röntgenwellenfelder (XSW, *x-ray standing waves*) nutzt die Interferenz zweier Röntgenwellenfelder zur Erzeugung einer stehenden Welle aus. Dies geschieht durch die Überlagerung einer einfallenden und einer gebeugten (oder reflektierten) Welle. Hierfür werden zumeist eine ebene einfallende Welle und eine Bragg-reflektierte Welle verwendet, was durch geeignete Orientierung der untersuchten Probe erreicht wird. Die Verwendung von Beugungsreflexen ist natürlich nur bei Proben möglich, die kristallin aufgebaut sind.[10] Durch die Ausnutzung der Totalreflexion von Röntgenstrahlung bei streifendem Einfall kann diese Einschränkung jedoch aufgehoben werden [Dev 96].

5.4.1   Messprinzip

Abb. 5.9 zeigt schematisch das Messprinzip der Methode stehender Röntgenwellenfelder. Grundidee ist die Erzeugung eines stehenden Wellenfeldes durch die Überlagerung einer einfallenden ebenen Welle mit Wellenvektor $\vec{k}_i$ und zugehöriger elektrischer Feldstärke E_0 sowie einer Bragg-reflektierten Welle mit Wellenvektor k_f und elektrischer Feldstärke E_H.

---

[10]Für beliebige Bragg-Winkel sind die Anforderungen der Methode an die Perfektion der untersuchten Kristalle im Allgemeinen hoch. Diese Einschränkung lässt sich jedoch umgehen, indem man zu Bragg-Winkeln nahe 90° übergeht, da dies zu im Winkelraum sehr großen Darwin-Breiten führt. Auf diese Weise werden beispielsweise auch Experimente an Metallkristallen möglich, die im Allgemeinen eine hohe Mosaizität aufweisen.

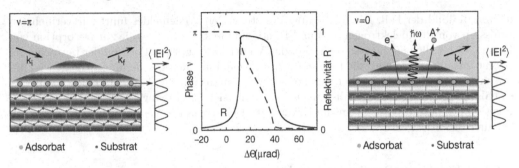

Abb. 5.9 Stehende Röntgenwellenfelder ergeben sich aus der Überlagerung einer einfallenden und einer reflektierten Röntgenwelle mit Wellenvektoren $\vec{k}_i$ und $\vec{k}_f$. Im hier skizzierten Beispiel entsteht die reflektierte Welle durch Bragg-Reflexion an einer zur Oberfläche des Kristalls parallelen Schar von Netzebenen. Links: Bei Einfallswinkeln unterhalb des Bragg-Winkels liegen die Bäuche (Maxima) des stehenden Wellenfeldes zwischen den Netzebenen des Kristalls. Im gezeichneten Beispiel befinden sich auch die Adsorbatatome an einer Position, an der die Intensität des stehenden Wellenfeldes ein Minimum aufweist, entsprechend kann keine Strahlung absorbiert und keine inelastischen Prozesse wie Fluoreszenz, Photoelektronenemission oder Ionendesorption angeregt werden. Somit werden auch keine Sekundärsignale generiert. Mitte: Führt man den Einfallswinkel durch die Bragg-Bedingung, so ändert sich zum einen die Intensität der gebeugten (reflektierten) Welle und zum anderen die Phase zwischen einfallender und gebeugter Welle (von $\nu = \pi$ auf $\nu = 0$). Rechts: Dies hat zur Folge, dass nun die Maxima des stehenden Wellenfeldes auf den Netzebenen des Kristalls liegen und auch die Adsorbatatome des gezeichneten Beispiels der maximalen Intensität des stehenden Wellenfeldes ausgesetzt sind. Die Absorption und damit die Aussendung von Sekundärsignalen wird bei Beugungswinkeln oberhalb des Bragg-Reflexes maximal.

Dabei bezeichnet $H = (hkl)$ die Miller'schen Indizes der beugenden Netzebenenschar. Die einfallende und die ausfallende Welle sind kohärent, d. h. sie besitzen dieselbe Wellenlänge und Frequenz sowie eine feste Phasenbeziehung zueinander. Daher ergibt sich die Intensität des Wellenfeldes im Bereich der Überlagerung der beiden Wellen als das Betragsquadrat der Summe der Einzelamplituden der Felder. Die Überlagerung einer einlaufenden $\vec{k}_i$ mit einer Bragg-reflektierten $\vec{k}_f$-ebenen Röntgenwelle führt zur Ausbildung eines stehenden Wellenfeldes mit der Periodizität der beugenden Netzebenenschar (oberes Teilbild). Die relative Phasenlage zwischen reflektierter und einfallender Welle ändert sich entsprechend der Theorie der dynamischen Röntgenbeugung (Abschnitt 2.2.7) beim Durchstimmen der betrachteten Bragg-Reflexion kontinuierlich von einem Wert $\nu = \pi$ für Einfallswinkel unterhalb des Bragg-Winkels zu $\nu = 0$ oberhalb des Bragg-Winkels (mittleres Teilbild). Die Ausbeute eines Sekundärsignals, gemessen in der Nähe einer Bragg-Reflexion, ist drastisch abhängig von der Position der angeregten Atome relativ zum beugenden Kristallgitter. Die betrachteten Atome werden genau dann besonders intensiv zur Aussendung von Sekundärsignalen angeregt, wenn die lokale Intensität (zeitlich gemitteltes Betragsquadrat der elektrischen Feldstärke $\langle |E|^2 \rangle$) maximal ist, wenn also die Bäuche des stehenden Wellenfeldes mit ihrer Position übereinstimmen. Dies ist beispielsweise für die Oberflächenadsorbatatome im oberen Teilbild der Fall. Die Ausbildung des stehenden Wellenfeldes führt zur vermehrten Emission von Photoelektronen (e^-) und Röntgenfluoreszenz ($\hbar\omega$) sowie zur Desorption von Ionen (A^+). Fallen die Knoten des stehenden Wellenfeldes mit der Position der betrachteten Atome zusammen, so wird die Emission von Sekundärsignalen gerade unterdrückt, wie dies im unteren Teilbild schematisch gezeigt ist. Misst man nun die Ausbeute eines Sekundärsignals als Funktion des Einfallswinkels, so ergibt sich in Abhängigkeit von der relativen Position des betrachteten Atoms im Kristallgitter ein typischer Verlauf, wie er in Abb. 5.10 genauer diskutiert wird.

5.4.2 Kohärente Position und Fraktion

Beschreibt man das Verhältnis der Amplituden von Bragg-reflektierter und einfallender Welle durch Reflektivität R und Phase ν, also

$$\frac{E_H}{E_0} = \sqrt{R}e^{i\nu}, \tag{5.20}$$

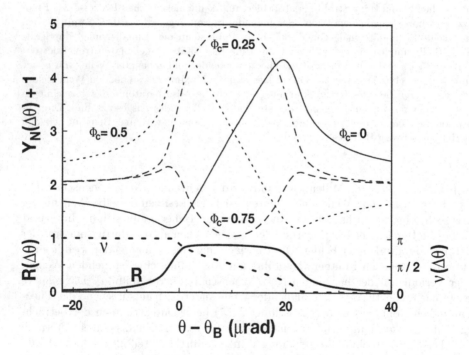

Abb. 5.10 Berechnete Reflexionskurve für Si(111)-Bragg-Reflexion bei 12 keV. Dargestellt sind auch die Phase ν des stehenden Wellenfeldes sowie normierte Sekundärsignale Y_N für einige Werte von Φ_c, jeweils mit $f_c = 1$ (hier der Übersicht halber um eins nach oben verschoben). Aus der starken Abhängigkeit der Antwortfunktion Y_N von der kohärenten Position Φ_c resultiert die hohe relative Ortsauflösung der Messmethode XSW, die in günstigen Fällen bis zu 0,01 Å betragen kann.

so ist die Intensität des Feldes am Orte $\vec{r}$ gegeben durch:

$$I(\vec{r}) = \left| E_0 e^{-2\pi i \vec{K}_0 \cdot \vec{r}} + E_H e^{-2\pi i \vec{K}_H \cdot \vec{r}} \right|^2$$
$$= I_0 \left(1 + R + 2\sqrt{R}\cos(\nu - 2\pi i \vec{H} \cdot \vec{r}) \right). \tag{5.21}$$

Die der Röntgenstrahlung ausgesetzten Atome der Probe werden mit einer gewissen Wahrscheinlichkeit Photonen absorbieren, wodurch wiederum verschiedene (inelastische) Sekundärprozesse ausgelöst werden können (vgl. Abschnitt 2.1.9). Hierzu gehören die Emission von Photo- und Auger-Elektronen, die Erzeugung von Röntgenfluoreszenz oder auch die Desorption von Ionen von der Oberfläche eines Festkörpers.

Betrachtet man nun ein Ensemble von N gleichen Atomen, von denen jedes ein inelastisches Signal Y_j proportional zur lokalen Intensität an seinem Orte $\vec{r}_j$ abgibt, so beobachtet man im Experiment die Summe dieser Einzelsignale. Für XSW-Experimente ist dabei nicht die absolute, sondern lediglich die normierte Ausbeute Y_N wichtig. Durch die Einführung der Größen f_c (kohärente Fraktion) und Φ_c (kohärente Position) lässt sich die Summe der Einzelatombeiträge parametrisieren:

$$Y = \sum_j Y_j \propto \sum_j I(\vec{r}_j) \propto 1 + R + 2\sqrt{R}f_c\cos(\nu - 2\pi\Phi_c) \stackrel{\text{def}}{=} Y_N. \tag{5.22}$$

Wie sich leicht zeigen lässt, sind die dimensionslosen Parameter f_c und Φ_c der Betrag und die Phase der H-ten Fourier-Komponente der atomaren Verteilungsfunktion:

$$A_H = \frac{1}{N}\sum_n e^{2\pi i \vec{H} \cdot \vec{r}_n} = f_c e^{2\pi i \Phi_c}. \tag{5.23}$$

In dieser Darstellung werden die Atome als punktförmig angenommen; in der Realität ist die Elektronendichte der Atome räumlich ausgedehnt. Für inelastische Signale, die auf der Photoabsorption beruhen (z. B. Fluoreszenz oder Photoelektronen) kann diese räumliche Ausdehnung jedoch im Rahmen der Dipolnäherung [Wag 66] vernachlässigt werden, erst recht für die Absorption von Photonen durch Elektronen in tiefliegenden Rumpfniveaus sowie nicht zu hohe Photonenenergien und Reflexordnungen. Bei Verwendung von Photoelektronen leichter Elemente müssen jedoch weitere Terme der Multipolentwicklung berücksichtigt werden für eine korrekte Beschreibung der Wechselwirkung von Photonen mit Materie und daraus resultierend für eine korrekte Analyse der XSW-Daten [SRV+ 01].

In der Herleitung von Gleichung (5.22) ist eine weitere Annahme benutzt worden, die nur für Oberflächen und sehr oberflächennahe Schichten gilt: Es wurde angenommen, dass die Schicht, in der Sekundäremission erzeugt wird, klein ist gegen die Absorptionslänge der Strahlung im Probenmaterial. Ist dies nicht der Fall, so darf der Einfluss der Absorption der Primärstrahlung und die Abschwächung des Sekundärsignals mit zunehmender Tiefe von $\vec{r}_n$ unter der Oberfläche nicht vernachlässigt werden, und es ergibt sich ein leicht modifizierter Zusammenhang. Details hierzu können in den Referenzen [ZMU 90] und [Zeg 93] nachgelesen werden. Diese Effekte müssen beispielsweise bei der Untersuchung tief vergrabener Schichten oder Volumenproben berücksichtigt werden, ebenso bei Adsorbatschichten, deren Dicke nicht klein gegen die Absorptionslänge der einfallenden Strahlung und gegen die

Ausdringtiefe des benutzten Sekundärsignals sind. Bei der Messung von Röntgenfluoreszenz nach Photoabsorption in dünnen, nicht oder nur flach vergrabenen epitaktischen Schichten spielen sie keine Rolle.

5.4.3   Interpretation

Die Interpretation von Gleichung (5.22) wird besonders einfach für $f_c = 1$. Dies ist genau dann der Fall, wenn alle Summanden $\exp(2\pi i \vec{H} \cdot \vec{r}_n)$ in (5.23) identisch sind, die Koordinaten aller Atome $h_n = \vec{H} \cdot \vec{r}_n / |\vec{H}|$ entlang $\vec{H}$ also gleich sind. Dann ist offensichtlich $h_n = d_H \cdot \Phi_c$ mit dem Netzebenenabstand $d_H = 1/|H|$, und Φ_c gibt direkt diese eine Koordinate an (daher der Name kohärente Position).

Allerdings ist diese Positionsbestimmung nicht ganz eindeutig: auf Grund der Periodizität der komplexen Exponentialfunktionen in Gleichung (5.23) sind alle Koordinaten h_n, die sich um ganze Vielfache von d_H voneinander unterscheiden, äquivalent; die Position kann also nur modulo d_H bestimmt werden. Diese Mehrdeutigkeit lässt sich aber in der Praxis meistens durch weitere Betrachtungen beispielsweise über physikalisch sinnvolle Bindungslängen zwischen Substrat- und Adsorbatatomen ausräumen.

Spätestens an dieser Stelle stellt sich die Frage, wie man aus Φ_c auf die tatsächliche Lage der Atome schließen kann, d. h. wohin der Ursprung für die Koordinaten h_n zu legen ist. Wie in Referenz [BM 85b] gezeigt wird, ergibt sich der Nullpunkt der durch das Wellenfeld erzeugten Messlatte aus der Phase β_H der Strukturamplitude $F_H = |F_H| \exp(i\beta_H)$: Es gilt $\Phi_c = 0$ genau in denjenigen Ebenen senkrecht zu $\vec{H}$, die $d_H \cdot \beta_H / 2\pi$ in Richtung $\vec{H}$ vom Ursprung $\vec{R}_0$ der Einheitszelle entfernt liegen. Dies sind die sogenannten Beugungsebenen.

Die Lage der Beugungsebenen ist physikalisch festgelegt und hängt nicht von der speziellen Wahl von $\vec{R}_0$ ab: Jede beliebige Verschiebung von $\vec{R}_0$ wird durch eine entsprechende Änderung der Phase β_H der (nach der Verschiebung neu zu berechnenden) Strukturamplitude kompensiert. Beispielsweise ergibt sich aus der Geometrie des Diamantgitters und des Zinkblendegitters für Bragg-Reflexe bei Photonenenergien weitab von Absorptionskanten die Lage der (111)-Beugungsebenen in der Mitte zwischen den beiden Hälften der (111)-Doppellagen, siehe Abb. 5.11.[11]

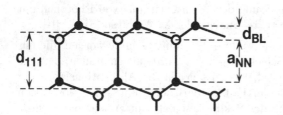

Abb. 5.11
Seitenansicht einer idealen (nicht rekonstruierten) (111)-Oberfläche des Diamantgitters, d_{111} Netzebenenabstand, a_{NN} nächster Nachbarabstand im Diamantgitter, d_{BL} vertikaler Abstand innerhalb einer (111)-Doppellage (engl. *bilayer*)

---

[11]Neben der Geometrie der Einheitszelle geht auch die Phase der Atomformamplituden in die Phase der Strukturamplituden ein. Hierdurch kann sich für Mischkristalle (z. B. mit Zinkblendestruktur) eine energieabhängige Verschiebung der Beugungsebenen ergeben, wie für GaAs in Referenz [BM 85b] demonstriert wird. Auch wenn der Kristall aus Atomen nur eines Elements besteht, können sich über den f''-Term (Absorption) kleine Verschiebungen ergeben.

Verteilen sich die Atome auf zwei oder mehr nicht äquivalente Positionen, wie dies etwa bei den Atomen im Diamantgitter bezüglich der (111)-Richtung der Fall ist, so wird $f_c < 1$, in dem gerade angeführten Spezialfall

$$f_c = \frac{1}{2} \exp\left(2\pi i |\vec{H}_{111}| \cdot \frac{1}{8} d_{111}\right) + \frac{1}{2} \exp\left(-2\pi i |\vec{H}_{111}| \cdot \frac{1}{8} d_{111}\right) = \cos\left(\frac{\pi}{4}\right) = \frac{1}{\sqrt{2}}.$$

(5.24)

Die kohärente Position in diesem Beispiel ist $\Phi_c = 0$, jedoch liegt keines der Atome auf der durch Φ_c gegebenen Position; daher ist die oft anzutreffende Formulierung, dass f_c den Anteil der Atome auf der Position Φ_c angebe, nicht korrekt. Sie stimmt nur dann, wenn N_1 Atome auf äquivalenten Positionen und N_2 Atome statistisch entlang $\vec{H}$ verteilt vorliegen. Die Beiträge der ungeordneten Fraktion $N_2/(N_1 + N_2)$ zu A_H mitteln sich zu Null, sodass Φ_c nach wie vor durch die Position der Atome der geordneten Fraktion $N_1/(N_1 + N_2)$ gegeben ist und der Wert von $f_c = N_1/(N_1 + N_2)$ gleich dem der geordneten Fraktion wird.

Ebenso wie statische Unordnung führen auch thermische Schwingungen zu einer (meist geringfügigen) Erniedrigung der kohärenten Fraktion, die sich somit in drei Faktoren zerlegen lässt:

$$f_{c,H} = a_H C D_H.$$

(5.25)

Der geometrische Beitrag ist in a_H enthalten, C bezeichnet die geordnete Fraktion, und $D_H = \exp(-2\pi^2 \overline{u_H^2}/d_H^2)$ ist der Debye-Waller-Faktor[12] (s. Abschnitt 2.2.6), hier durch das mittlere Quadrat der Schwingungsamplitude $\overline{u_H^2}$ in Richtung $\vec{H}$ ausgedrückt [BM 85a].

Abb. 5.10 zeigt eine typische Reflexionskurve R und die Phasenverschiebung ν in Abhängigkeit von der Abweichung des Einfallswinkels vom Bragg-Winkel $\theta - \theta_B$, berechnet nach der dynamischen Theorie. Für θ deutlich kleiner als θ_B ist $\nu = \pi$, und die Bäuche des stehenden Wellenfeldes liegen genau zwischen den Beugungsebenen; für Einfallswinkel weit oberhalb des Bragg-Winkels ist $\nu = 0$, und die Bäuche liegen genau auf den Beugungsebenen. Innerhalb des Bragg-Reflexionsbereichs also bewegt sich die Lage des stehenden Wellenfeldes um $d_H/2$ in den Kristall hinein. Wenn dabei die Bäuche bzw. Knoten über Atome mit einer kohärenten Position Φ_c hinwegstreichen, ergibt sich, grob gesprochen, ein Maximum bzw. Minimum im Sekundärsignal; dabei muss gemäß Gleichung (5.22) natürlich auch der Reflektivitätsverlauf berücksichtigt werden. So kommt es in Abhängigkeit von Φ_c zu den sehr unterschiedlichen Kurvenformen in Abb. 5.10, wodurch ein Eindruck für die Empfindlichkeit dieser Methode auf die Atompositionen verliehen wird: Unter günstigen Bedingungen beträgt die experimentelle Auflösung typischerweise $\Delta\Phi_c \approx 0{,}01$. Bei sehr kleinen kohärenten Fraktionen f_c nähern sich allerdings alle Kurven immer mehr $Y_N = 1 + R$ an (siehe Gleichung (5.22)), und die kohärente Position wird weniger signifikant.

Die Bestimmung von Φ_c und f_c aus einer einzigen Messung liefert nur Informationen über die Verteilung der betrachteten Atome in Richtung des reziproken Gittervektors $\vec{H}$ des verwendeten Bragg-Reflexes. Durch Messung in drei linear unabhängigen Richtungen erhält

---

[12]Diese Formulierung des Debye-Waller-Faktors erhält man durch Einsetzen von $Q = Q_H = 2\pi/d_H$ in Gleichung (2.101).

man dreidimensionale Informationen. Sind weitere Randbedingungen bekannt, beispielsweise bei der Untersuchung von Oberflächenadsorbaten, so reichen hierfür auch weniger unabhängige Messungen aus. So ergibt sich im obigen Fall die dritte Koordinate aus der Symmetrie der Oberfläche, die mit anderen Methoden (z. B. LEED) leicht zu ermitteln ist. Zeigen bei einfachen Adsorbatsystemen alle Messungen hohe kohärente Fraktionen nahe eins, so belegen die Atome der betreffenden Spezies bezüglich des Kristallgitters den gleichen Platz, der durch Triangulation der einzelnen Koordinaten direkt bestimmt werden kann. Bei komplizierteren Systemen oder geringen Fraktionen oder wenn nur in einer Richtung gemessen wird, benötigt man Strukturmodelle der Systeme, die dann auf Grund der XSW-Ergebnisse bestätigt oder verworfen werden können, sodass am Ende oft nur ein einziges physikalisch sinnvolles Modell übrig bleibt. Eine Übersicht über die Anwendungsmöglichkeiten der Methode der stehenden Röntgenwellenfelder ist in verschiedenen Übersichtsartikeln beschrieben [Zeg 93, Dev 96, Woo 05]. Aktuelle Beispiele für neuere Anwendungen umfassen magnetische Systeme [KK 01], organische Filme [SRV$^+$ 01] bis hin zu modellunabhängigen Strukturbestimmungen [CFBS 03]. Ein Beispiel für die Anwendung von stehenden Röntgenwellenfeldern auf die Untersuchung ultradünner vergrabener Schichten findet sich in Abschnitt 6.2.7.

Literaturverzeichnis

[BM 85a]   Bedzyk, M. J.; Materlik, G.: Determination of the Position and Vibrational Amplitude of an Adsorbate by Means of Multiple-Order X-Ray Standing-Wave Measurements. Phys. Rev. B **31(6)** (1985) 4110–4112

[BM 85b]   Bedzyk, M. J.; Materlik, G.: Two-Beam Dynamical Diffraction Solution of the Phase Problem: A Determination with X-Ray Standing-Wave Fields. Phys. Rev. B **32(10)** (1985) 6456–6463

[CFBS 03] Cheng, L.; Fenter, P.; Bedzyk, M. J.; Sturchio, N. C.: Fourier-Expansion Solution of Atom Distributions in a Crystal Using X-Ray Standing Waves. Phys. Rev. Lett. **90(25)** (2003) 255503

[Dev 96]   Dev, B. N.: Structural and Phase Transition Studies of Layered Materials by X-Ray Standing Waves. AIP Proceedings of the X-96, 17th International Conference on Inner-Shell Processes (1996)

[KK 01]   Kim, S.-K.; Kortright, J. B.: Modified Magnetism at a Buried Co/Pd Interface Resolved with X-Ray Standing Waves. Phys. Rev. Lett. **86(7)** (2001) 1347

[SRV$^+$ 01] Schreiber, F.; Ritley, K. A.; Vartanyants, I. A.; Dosch, H.; Zegenhagen, J.; Cowie, B. C. C.: Non-Dipolar Contributions in XPS Detection of X-Ray Standing Waves. Surf. Sci. **486** (2001) L519–L523

[Wag 66]   Wagenfeld, H.: Normal and Anomalous Photoelectric Absorption of X-Rays in Crystals. Phys. Rev. **144(1)** (1966) 216–224

[Woo 05]   Woodruff, D. P.: Surface Structure Determination Using X-Ray Standing Waves. Rep. Prog. Phys. **68** (2005) 743–798

[Zeg 93]   Zegenhagen, J.: Surface Structure Determination with X-Ray Standing Waves. Surface Science Rev. **18** (1993) 199–271

[ZMU 90] Zegenhagen, J.; Materlik, G.; Uelhoff, W.: X-Ray Standing Wave Analysis of Highly Perfect Cu Crystals and Electrodeposited Sub-Monolayers of Cd and Tl on Cu Surfaces. J. X-Ray Sci. Technol. **2** (1990) 214

5.5 Röntgen-Kleinwinkelstreuung
Günter Goerigk

Als Röntgen-Kleinwinkelstreuung (engl. *small-angle x-ray scattering* = SAXS) bezeichnet man die elastische Streuung monochromatischer Röntgenstrahlung unter kleinen Streuwinkeln (siehe auch Abschnitt 2.1.2, Thomson-Streuung). Bei der Durchdringung von Materie mit Röntgenstrahlung werden die Elektronen durch die einfallende Welle in Schwingungen versetzt und senden Sekundärwellen aus. Wird ein Probenpräparat mit kolloidalen Strukturen von Röntgenlicht durchstrahlt und sind die Abmessungen dieser kolloidalen Strukturen sehr viel größer als die Wellenlänge der Röntgenstrahlung, dann tritt Interferenz dieser Sekundärwellen bei kleinen Winkeln auf, die sogenannte Röntgen-Kleinwinkelstreuung. Da die Röntgenstrahlung von den Elektronen gestreut werden, tritt Kleinwinkelstreuung immer dann auf, wenn sich Bereiche von kolloidalen Abmessungen in ihrer Elektronendichte unterscheiden [Kra 83]. Beispiel sind Makromoleküle in Lösungen, Metall-Nanopartikel auf porösen Stützstrukturen oder Ausscheidungen in Legierungen. Abb. 5.12 zeigt die Einzelheiten eines Kleinwinkelstreuexperiments mit den zugehörigen Begriffsbildungen. Eine einlaufende, ebene, monochromatische Röntgenwelle mit der Wellenlänge λ und dem Wellenvektor $\vec{k}$ wird elastisch, $|\vec{k}| = |\vec{k}'|$, an den Elektronen der Probenatome gestreut. Die gestreute Kugelwelle wird dann, z. B. von einem zweidimensional-ortsauflösenden Detektor, unter dem Streuwinkel 2θ nachgewiesen. Der sogenannte Streuvektor $\vec{q}$ hängt von der Wellenlänge und dem Streuwinkel 2θ ab.

Der Betrag des Streuvektors $|\vec{q}| = q$ aus Abb. 5.12 gibt eine charakteristische Länge $L \approx 2\pi/q$ an. Ist q_{min} der minimale im Kleinwinkelstreuexperiment erreichbare q-Wert

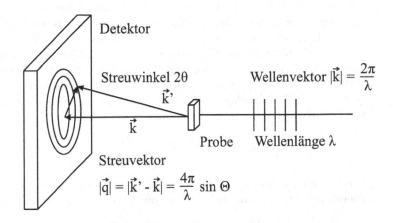

Abb. 5.12 Prinzip eines Kleinwinkelstreuexperiments

(Streuwinkel), dann können (wenn $\Delta q \leq q$) strukturelle Inhomogenitäten mit einer Ausdehnung bis maximal $L_{max} = 2\pi/q_{min}$ analysiert werden.[13] Im typischen Kleinwinkelstreubereich $0{,}01\,\text{nm}^{-1} < q < 6\,\text{nm}^{-1}$ können strukturelle Inhomogenitäten zwischen ca. 600 nm und 1 nm aufgelöst werden. Für Röntgenstrahlung im Energiebereich zwischen 5 und 35 keV (Wellenlängen zwischen 0,25 und 0,035 nm) erstreckt sich der interessierende Winkelbereich bis etwa 15°.

5.5.1 Anomale Röntgenstreuung

Wir betrachten zunächst die Streuung an einem einzelnen Elektron und wollen uns dann zur Kleinwinkelstreuung komplexer, aus Atomen und Molekülen zusammengesetzten Strukturen vorarbeiten. Die Streuung an einem einzelnen, freien Elektron wird durch den differentiellen Wirkungsquerschnitt der Thomson-Streuung [PP 95] beschrieben (Gleichung (5.26)):

$$\frac{d\sigma}{d\Omega}_{Th}(2\Theta) = \frac{r_0^2 \cdot (1 + \cos^2 2\Theta)}{2} \overset{2\Theta \to 0}{\approx} r_0^2. \tag{5.26}$$

Für kleine Winkel kann die Winkelabhängigkeit der Streuung vom Polarisationsfaktor vernachlässigt werden, und der differentielle Wirkungsquerschnitt pro Einheitsraumwinkelelement kann in guter Approximation durch das Quadrat des klassischen Elektronenradius, $r_0^2 = 7{,}94 \cdot 10^{-26}\,\text{cm}^2$, ausgedrückt werden (siehe auch Abschnitt 2.1 und 2.2. Durch Verallgemeinerung der Streuung an einem freien Elektron auf im Atom gebundene Elektronen erhält man die Atomformfaktoren $f_Z(Z, E, q)$, die von der Anzahl der Elektronen des Atoms (Ordnungszahl Z der Elemente), der Energie E und dem Betrag des Streuvektors q abhängen. Für den Fall der Streuung zu kleinen Winkeln lassen sich die atomaren Streufaktoren vereinfacht in Einheiten von r_0 ausdrücken:

$$f_Z(E) = Z + f_Z'(E) + i f_Z''(E). \tag{5.27}$$

Die Streuung ist unter kleinen Winkeln nicht empfindlich auf die räumliche Verteilung der Elektronen in den Atomen. Die Energieabhängigkeit der Streuung, die besonders starken Änderungen im Bereich der Resonanzstreuung unterworfen ist, wenn die Energie der einfallenden Strahlung in der Nähe der Bindungsenergien der streuenden Elektronen liegt [PP 95], wird durch die sogenannten anomalen Dispersionskorrekturen $f'(E)$ (Realteil) und $f''(E)$ (Imaginärteil) beschrieben. Wir werden auf diese später zurückkommen, wenn wir die erweiterten Möglichkeiten der Kleinwinkelstreuung mit Synchrotronstrahlung behandeln. Die von den Atomen an verschiedenen Orten $\vec{r}$ eines Probenvolumens V_P unter dem Streuvektor $\vec{q}$ gestreuten Wellen überlagern sich und werden durch Integration zur Streuamplitude unter Berücksichtigung ihrer Phase $\vec{q} \cdot \vec{r}$ summiert:

$$A(\vec{q}) = \int_{V_P} n(\vec{r}) \cdot e^{-i \cdot \vec{q} \cdot \vec{r}}\, d^3 r. \tag{5.28}$$

Die Integration erstreckt sich über das durchstrahlte Probenvolumen, wobei $n(\vec{r})$ die Streulängendichte, also die räumliche Verteilung der Elektronen(streulängendichte), in der Probe

---

[13]Umgekehrt gibt der maximal im Experiment erreichbare q-Wert ein notwendiges (aber nicht hinreichendes) Kriterium für die kleinste auflösbare Struktur $L_{min} \geq 2\pi/q_{max}$.

ist [GF 55]. Da $n(\vec{r})$ außerhalb der Probe null ist, kann die Integration über den gesamten Raum V ausgedehnt werden, ohne dass sich der Wert des Integrals ändert. Die Streuamplitude ist also gemäß Gleichung (5.28) die Fourier-Transformierte der Elektronendichteverteilung. Ist das Probenmaterial aus verschiedenen Elementen zusammengesetzt (Moleküle, Legierungen, Komposite etc.), wird die resultierende Elektronendichteverteilung durch Summation über das Produkt aus den Atomzahldichten $n_Z(\vec{r})$ und den atomaren Streufaktoren $f_Z(E)$ der verschiedenen Elemente berechnet: $n(\vec{r}, E) = \sum_Z n_Z(\vec{r}) \cdot f_Z(E)$. Eingesetzt in Gleichung (5.28) erhält man dann:

$$A(\vec{q}, E) = \int_V \sum_Z n_Z(\vec{r}) \cdot f_Z(E) \cdot e^{-i \cdot \vec{q} \cdot \vec{r}} d^3 r. \qquad (5.29)$$

Die vom Detektor unter dem Streuvektor $\vec{q}$ gemessene charakteristische Intensitätsverteilung der Probe wird aus der Streuamplitude durch Bildung des Betragsquadrats berechnet $|A(\vec{q})|^2 = A(\vec{q}) \cdot A^*(\vec{q})$:

$$I(\vec{q}, E) = \Phi_{Ph} \cdot t \cdot d \cdot \frac{r_0^2}{V_P} \left| \int_V \sum_Z n_Z(\vec{r}) \cdot f_Z(E) \cdot e^{-i \cdot \vec{q} \cdot \vec{r}} d^3 r \right|^2, \qquad (5.30)$$

wobei Φ_{Ph} der auf die Probe auftreffende Photonenfluss in Einheiten von [Photonen/sec] ist, t für die Transmission der Probe steht und d die Dicke der Probe in cm bedeutet. Die durch Gleichung (5.31) definierte Größe

$$\frac{d\sigma}{d\Omega}(\vec{q}, E) = \frac{r_0^2}{V_P} \left| \int_V \sum_Z n_Z(\vec{r}) \cdot f_Z(E) \cdot e^{-i \cdot \vec{q} \cdot \vec{r}} d^3 r \right|^2 \qquad (5.31)$$

$$S(\vec{q}, E) = |A(\vec{q}, E)|^2 = \left| \int_V \sum_Z n_Z(\vec{r}) \cdot f_Z(E) \cdot e^{-i \cdot \vec{q} \cdot \vec{r}} d^3 r \right|^2 \qquad (5.32)$$

wird in Einheiten eines makroskopischen Wirkungsquerschnitts [cm^2/cm^3]=[cm^{-1}] angegeben und gibt die summierten Wirkungsquerschnitte aller zur Streuung beitragenden Elektronen in cm^2 pro Volumenelement cm^3 des Probenmaterials an. Das Betragsquadrat der (Gleichung (5.32)) wird manchmal als Streufunktion $S(\vec{q}, E)$ bezeichnet und enthält eine Vielzahl von Informationen über die strukturelle, chemische und physikalische Beschaffenheit der Probe. Damit sind die Größe oder gegebenenfalls die Größenverteilung der streuenden Inhomogenitäten, ihre geometrische Form, Anzahl, räumliche Verteilung und chemische Zusammensetzung gemeint. Letztere kann aus der Energieabhängigkeit der Streufunktion (Gleichung (5.31)) über die anomalen Dispersionskorrekturen (Gleichung (5.27)) erschlossen werden, wenn die in den letzten 30 Jahren an den Synchrotronstrahlungsquellen entwickelte Messtechnik der sogenannten anomalen Röntgen-Kleinwinkelstreuung angewendet wird.

5.5.2   Kontrastmechanismen

Kleinwinkelstreuung wird zur strukturellen Charakterisierung auf einer mesoskopischen Längenskala von ca. 1 bis 100 nm eingesetzt. Haben die untersuchten Strukturen eine Größe bis 1000 nm, spricht man von Ultra-Kleinwinkelstreuung (engl. *ultra small-angle x-ray scattering*, USAXS). Die Dichteverteilung der Elektronen bzw. die Streulängendichte $n(\vec{r})$ und damit die räumliche Struktur der streuenden Inhomogenitäten kann theoretisch aus der inversen Fourier-Transformierten der Gleichung (5.28) berechnet werden:

$$n(\vec{r}) = \frac{1}{(2\pi)^3} \int_Q A(\vec{q}) \cdot e^{i \cdot \vec{q} \cdot \vec{r}} \, d^3q. \tag{5.33}$$

Das ist jedoch nicht möglich, da nicht die Streuamplitude der Gleichung (5.28), sondern die Intensitätsverteilung der Gleichung (5.30) gemessen wird. Durch das Betragsquadrat in Gleichung (5.30) geht ein wesentlicher Teil der Strukturinformation, die Phase $\vec{q} \cdot \vec{r}$, verloren. Eine mögliche Vorgehensweise bei der Analyse ist, die Abhängigkeit der gemessenen Intensitätsverteilung vom Streuvektor $\vec{q}$ durch ein geeignetes mathematisches Modell zu beschreiben. Dabei werden die Parameter des mathematischen Modells variiert, mit dem Ziel, eine möglichst genaue Anpassung an die gemessene Intensitätsverteilung bzw. den von dieser abgeleiteten Wirkungsquerschnitt (Gleichung (5.31)) zu erreichen.

Ein häufig verwendetes und besonders einfaches Modell ist das sogenannte Zweiphasenmodell (Abb. 5.13). Dieses Modell vereinfacht den (allgemeinen) Fall streuender Dichteinhomogenitäten mit beliebiger Form und Dichteverteilung zu der Vorstellung von Teilchen mit einer homogenen Elektronendichteverteilung, die in eine homogene Matrixumgebung eingebettet sind. Der Sammelbegriff Teilchen kann dabei völlig unterschiedliche Streuzentren (mit kolloidaler Abmessung) wie z. B. Prezipitate (Ausscheidungen) in einer Metalllegierung, Kristallite in einer Glasmatrix oder Makromoleküle in Lösung bezeichnen. Die Kleinwinkelstreuung entsteht durch den Kontrast zwischen den Elektronendichten im Teilchen und der Matrixumgebung:

$$\Delta n(E) = n_T f_T(E) - n_M f_M(E). \tag{5.34}$$

$n_T f_T$ und $n_M f_M$ geben die Atomzahldichten n und die atomaren Streufaktoren f im streuenden Teilchen bzw. der umgebenden Matrix an. Ein einfaches Beispiel ist eine Metalllegierung, Kupfer-Kobalt, in der sich Prezipitate aus Kobalt gebildet haben, die von einer Kupfermatrix umgeben sind (Abschnitt 6.2.10). Im allgemeinen Fall eines aus vielen Atomsorten mit unterschiedlicher Ordnungszahl Z zusammengesetzten Materials, das N Teilchen enthält, ist der Kontrast des j-ten Teilchens:

$$\Delta n_j(\vec{r}, E) = \sum_Z (n_{Z,T}^j - n_{Z,M}) \cdot f_Z(E). \tag{5.35}$$

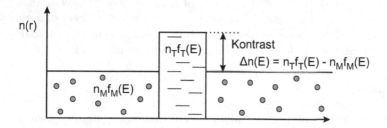

Abb. 5.13 Skizze des Zweiphasenmodells

Für den Zusammenhang zwischen Elektronen(streulängen)dichte und Kontrast ergibt sich:

$$n(\vec{r}, E) = n_M f_M + \sum_j \Delta n_j(\vec{r}, E)$$

$$\Delta n_j(\vec{r}, E) = \sum_Z (n_{z,T}^j(\vec{r}) - n_{Z,M}) \cdot f_Z(E); \quad \vec{r} - \vec{r}_j \in V_j \qquad (5.36)$$

$$\Delta n_j(\vec{r}, E) = 0; \qquad\qquad\qquad\qquad \vec{r} - \vec{r}_j \notin V_j.$$

Der Streulängenkontrast verschwindet, wenn der Ortsvektor $\vec{r} - \vec{r}_j$ außerhalb des vom j-ten Teilchens am Ort $\vec{r}_j$ aufgespannten Volumens liegt. Eingesetzt in Gleichung (5.32) ergibt sich (unter der Annahme hinreichend weit voneinander entfernter Teilchen) die Streufunktion summiert über alle N Teilchen:

$$S(\vec{q}, E) = \sum_{j=1}^N \Delta n_j^2(E) \cdot V_j^2 \left| \frac{1}{V_j} \int_{V_j} e^{-i \cdot \vec{q} \cdot \vec{r}} d^3 r \right|^2. \qquad (5.37)$$

Die Integration ist nun auf das Teilchenvolumen beschränkt, da außerhalb dieses Volumens der Kontrast null ist. Das Integral über die konstante Elektronendichte der Matrix liefert, abgesehen von extrem kleinen, für Messungen nicht zugänglichen Winkeln, keinen Beitrag. Im Fall von nicht ausgerichteten anisotropen Teilchen muss Gleichung (5.37) über alle vorkommenden Orientierungen bzw. bei polydispersen Teilchen über die Größenverteilungsfunktion $c(R)$ gemittelt werden:

$$S(\vec{q}, E) = \int_0^R \Delta n^2(R, E) \cdot c(R) \cdot V^2(R) \cdot S_1(\vec{q}, R) \, dR$$

$$\text{mit} \quad \int_0^R c(R) \, dR = N. \qquad (5.38)$$

Im Falle von isotropen Teilchen gleicher Größe (oder anisotropen Teilchen mit gleicher Orientierung, Form und Größe) und mit gleichem Kontrast vereinfacht sich Gleichung (5.37) zu:

$$S(\vec{q}, E) = N \cdot \Delta n^2(E) \cdot V^2 \left| \frac{1}{V} \int_V e^{-i \cdot \vec{q} \cdot \vec{r}} d^3 r \right|^2. \qquad (5.39)$$

5.5.3 Die Einteilchenstreufunktion und invariantes Streuvolumen

Das Integral

$$S_1(\vec{q}) = \left| \frac{1}{V} \int_V e^{-i \cdot \vec{q} \cdot \vec{r}} d^3 r \right|^2 \qquad (5.40)$$

wird auch als Einteilchenstreufunktion oder Formfaktor[14] des Teilchens bezeichnet und enthält die Informationen über Größe und geometrische Form. Für $\vec{q} = 0$ ist $S_1(0) = 1$. Gleichung (5.39) vereinfacht sich dann zu:

$$S(\vec{q} = 0, E) = S_0 = N \cdot \Delta n^2(E) \cdot V^2. \qquad (5.41)$$

---

[14]Eigentlich die Fourier-Transformierte des Formfaktors

Die Vorwärtsstreuung (zu $\vec{q} = 0$ extrapolierte Streuung) wird bestimmt durch den Kontrast (Anzahl der Überschusselektronen im Teilchenvolumen) und die Anzahl der Teilchen. Bei bekanntem Kontrast kann zum Beispiel zusammen mit der Teilchengröße, die aus dem Streukurvenverlauf ermittelt werden kann, die Anzahl der streuenden Teilchen bestimmt werden. Für den einfachen Fall von kugelförmigen Streuzentren mit dem Radius R ergibt sich aus Gleichung (5.40) die isotrope Einteilchenstreufunktion (Abb. 5.14):

$$S_1(q) = \left[3 \cdot \frac{\sin(qR) - qR \cdot \cos(qR)}{(qR)^3} \right]^2 . \tag{5.42}$$

Die Einteilchenstreufunktion hängt vom Radius R der kugelförmigen Streuer und dem Betrag des Streuvektors, aber nicht mehr von dessen Richtung ab. Im Falle eines Teilchens mit beliebiger Form, aber zufälliger Orientierung, kann der (über alle Orientierungen gemittelte) Formfaktor in sehr guter Näherung durch eine Gaußfunktion im Bereich $qR < 2$ approximiert werden (Guinier-Gesetz) [GF 55]:

$$S_1(qR < 2) = e^{-\frac{q^2 R_G^2}{3}} \quad , \text{ mit } R_G^2 = \frac{\int_V \Delta n(\vec{r}) \cdot r^2 \, d^3 r}{\int_V \Delta n(\vec{r}) \, d^3 r} . \tag{5.43}$$

R_G ist der sogenannte Streumassenradius, der aus der räumlichen Verteilung der zur Streuung beitragenden Überschusselektronen des Teilchens berechnet wird. Bei der Berechnung gemäß Gleichung (5.43) wird der Koordinatenursprung in den Schwerpunkt der Elektronendichteverteilung des Teilchens gelegt, sodass:

$$\int_V \Delta n(\vec{r}) \cdot \vec{r} \, d^3 r = 0. \tag{5.44}$$

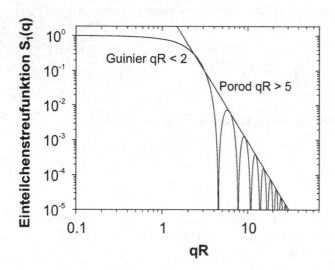

Abb. 5.14 Formfaktor eines kugelförmigen Streuers mit Radius R. Zur Bedeutung der mit Guinier und Porod bezeichneten Bereiche siehe Text

Für eine homogene Kugel mit dem Radius R_0 ergibt sich aus Gleichung (5.43): $R_G = \sqrt{3/5}R_0$. Das Guinier-Gesetz ergibt eine gute Annäherung an die Streukurven isodiametrischer Teilchen für Werte $qR < 2$. Außerhalb dieses Approximationsbereichs treten Abweichungen von der Näherung auf, die von der geometrischen Form des Streuers abhängen. In Abb. 5.14 ist der Formfaktor von kugelsymmetrischen Teilchen mit dem Radius R dargestellt. Für Werte $qR > 5$ folgt die Einhüllende des Formfaktors asymptotisch einem charakteristischen Potenzgesetz:

$$S(qR > 5, E) = 2\pi \cdot N \cdot \Delta n^2(E) \cdot \frac{4\pi R^2}{q^4} = \frac{p}{q^4}. \tag{5.45}$$

Die sogenannte Porod-Konstante p enthält die innere Oberfläche $N4\pi R^2$ aller Teilchen in der Probe. Ganz allgemein gilt für isotrope und für nicht ausgerichtete anisotrope Teilchen unter der Voraussetzung, dass eine innere Oberfläche vorhanden ist, dass die Streufunktion für Werte $qR > 5$ mit der vierten Potenz von q abfällt [Por 51, GK 82]. Dies gilt auch für nicht-partikuläre Strukturen mit scharfen Phasengrenzen, z. B. Zweiphasengemische oder poröse Strukturen mit Poren von beliebiger Form und Größe [DAB 57]. Ist allerdings die Voraussetzung glatter Grenzflächen nicht erfüllt, fällt die Streukurve mit einer anderen q-Abhängigkeit ab [Sch 91]:

$$\frac{d\sigma}{d\Omega}(q) \sim q^{-D} \qquad\qquad 1 < D < 3, \tag{5.46}$$

$$\frac{d\sigma}{d\Omega}(q) \sim q^{D-6} \qquad\qquad 2 < D < 3. \tag{5.47}$$

Die Exponentialgesetze ((5.46) und (5.47)) beschreiben den Streukurvenverlauf von sogenannten Massen- bzw. Oberflächenfraktalen. Massenfraktale füllen nicht das gesamte von ihnen durchdrungene Volumen aus, sondern zwischen einzelnen Bauelementen der Struktur treten Zwischenräume auf, z. B. wie bei einem unregelmäßigen, dreidimensionalen Netzwerk oder einem Schwamm mit einer Porenstruktur. Oberflächenfraktale haben einen homogenen Kern, aber eine raue Oberfläche mit fraktalen Eigenschaften. Charakteristisch für Fraktale ist, dass sich die Struktur bei der Betrachtung auf unterschiedlichen Längenskalen ähnlich sieht (Selbstähnlichkeit). D ist die sogenannte fraktale Dimensionalität. Zum Beispiel nähert sich der exponentielle Abfall der Streukurve eines Oberflächenfraktals mit der niedrigsten möglichen Dimensionalität (D nur wenig größer als 2) wieder der bekannten q^{-4}-Abhängigkeit an. Das bedeutet, das Objekt hat eine nahezu glatte Oberfläche, und wir erreichen wieder den Grenzfall, für den das Porod-Gesetz gilt.

Wir wollen das bisher Gesagte über das Guinier-Gesetz und den exponentiellen Abfall nach Porod anhand eines Beispiels illustrieren. Abb. 5.15 zeigt die Streukurve von Cadmiumsulfid-Selenid-Kristalliten, die, eingebettet in eine Matrix aus Silikatglas, eine Halbleiterphase mit ungewöhnlichen optischen Eigenschaften ausbilden [GHKU 94]. Bei großen q-Werten ($q > 2\,\text{nm}^{-1}$) läuft die Streukurve in eine wie ein konstanter Untergrund erscheinende isotrope Fluktuationsstreuung aus (horizontale Linie). Es handelt sich dabei um die winkelunabhängige Streuung einer durch das Röntgen-Kleinwinkelstreuexperiment nicht aufgelösten Struktur, die sich auf Dichtefluktuationen in der Glasmatrix zurückführen lässt. Vor der wei-

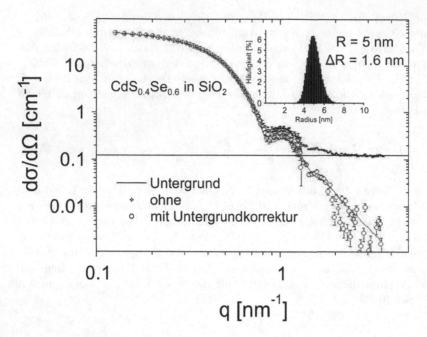

Abb. 5.15 Streukurve von CdSe-Kristalliten in einer Silikatglas-Matrix vor und nach Untergrund-
korrektur

teren Analyse der Streukurve der Halbleiterkristallite mit einer geeigneten Modellfunktion
muss dieser isotrope Untergrund[15] abgezogen werden.

In Abb. 5.16 ist der sogenannte Porod-Plot der Streukurve aus Abb. 5.15 dargestellt. Dort
wird der mit q^4 multiplizierte differentielle Wirkungsquerschnitt gegen q^4 aufgetragen. Ohne den Untergrund $U = 0$ aus der Fluktuationsstreuung würde der Porod-Plot bei großen
Werten von q^4 in eine konstante Funktion auslaufen. Aus der Steigung und dem Achsenabschnitt ergeben sich der Untergrund und die Porod-Konstante. Nach Abzug der Fluktuationsstreuung erhält man in Abb. 5.15 die mit großen Punkten dargestellte Streukurve für
die Nanokristalle, die bei großen q-Werten nach dieser Korrektur dem q^{-4}-Gesetz folgen.
Die durchgezogene Modellkurve ist die Streukurve von kugelförmigen Kristalliten mit einer
Größenverteilung (log-normal, s. u.) um den mittleren Kristallitradius von 5 nm. Die Breite
der Größenverteilung beträgt 1,6 nm [GHKU 94].

In Abb. 5.17 ist der Guinier-Plot ($\ln d\sigma/d\Omega$ vs. q^2) der Streukurve aus Abb. 5.15 dargestellt.
Aus dem Abfall der Streukurve kann über eine lineare Regression (durchgezogene Linie) der
Streumassenradius zu 4,4 nm und damit ein Kristallitradius von $R_0 = \sqrt{5/3} \cdot R_G = 5{,}7$ nm
bestimmt werden. Dieser fällt etwas größer aus als der mittlere Kristallitradius von 5 nm,
der aus der angepassten log-normalen Größenverteilung gewonnen wurde. Dies ist aber nicht
weiter verwunderlich, da wir es mit einer Größenverteilung von Kristalliten zu tun haben

---

[15]Diese von der Probe verursachte isotrope Untergrundstreuung muss von der apparativen Untergrundstreuung, z. B. Blendenstreuung, unterschieden werden.

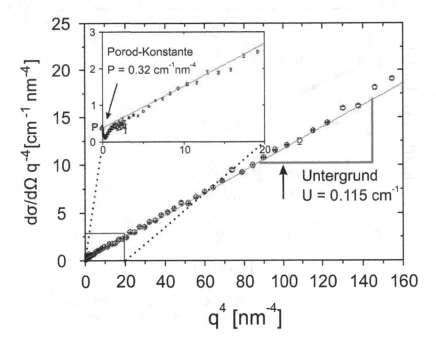

Abb. 5.16 Porod-Plot: Im Porod-Bereich gilt $d\sigma/d\Omega = P/q^4 + U$. In der Auftragung $d\sigma/d\Omega \cdot q^4 = P + Uq^4$ über q^4 können aus dem Achsenabschnitt und der Steigung die Porod-Konstante (Einsatz) und der Untergrund bestimmt werden. Mit Untergrund ist hier die winkelunabhängige Streuung einer durch die Messung nicht aufgelösten Struktur gemeint.

und der Guinier-Plot bei den kleinen q-Werten besonders auf die Streubeiträge der größeren Kristallite empfindlich ist, während das Modell der Größenverteilung die Streukurve über den gesamten gemessenen q-Bereich erfasst. Trotz dieses Unterschieds im Ergebnis gibt der Guinier-Plot ohne weitere Modellannahmen schon einen sehr guten Hinweis auf die Größe der streuenden Kristallite. Im Falle besonders breiter Größenverteilungen kann das Konzept des Guinier-Radius zur Größenbestimmung allerdings nicht mehr herangezogen werden.

Eine weitere wichtige Größe ist die sogenannte Invariante Q:

$$Q = \int_{V_Q} \frac{d\sigma}{d\Omega}(\vec{q}, E)\, d^3q = (2\pi)^3 \cdot \frac{r_0^2}{V_P} N \cdot V \cdot \Delta n^2(E). \tag{5.48}$$

Das Integral beschreibt die gesamte im reziproken Raum auftretende Streuung. Die rechte Seite von Gleichung (5.48) gibt die Formel an für den bereits oben diskutierten einfachen Fall von N kugelförmigen Streuern von gleicher Größe (Volumen V) und mit gleichem Kontrast. Die Größe $N \cdot V/V_P$ ist der Volumenbruchteil der streuenden Teilchen in der Probe. Die integrierte Streuung hängt also nur vom Volumenbruchteil und dem Kontrast relativ zur Umgebung ab und ist unabhängig (invariant) von der Gestalt der Streuer. Das gilt auch ganz allgemein, wenn man das vereinfachte Modell der Ein-Teilchen-Näherung fallen lässt.

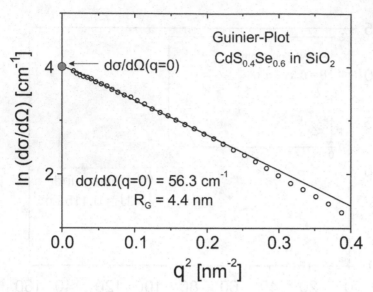

Abb. 5.17 Guinier-Plot von $CdS_{0,4}Se_{0,6}$-Kristalliten in einer SiO_2-Matrix. $\ln(d\sigma/d\Omega)$ vs. q^2. Aus der Geradensteigung ergibt sich ein Streumassenradius von: $R_G = 4,4\,\text{nm}$.

Die Tabelle 5.1 fasst die aus den Abb. 5.15–5.17 bestimmten Konstanten und die q-Bereiche, aus denen sie gewonnen wurden, noch einmal zusammen.

Die Gleichungen (5.49) geben für das Beispiel kugelförmiger Streuer an, wie aus der Invarianten Q, der Porod-Konstanten P und der extrapolierten Vorwärtsstreuung $d\sigma/d\Omega(q=0)$ der Teilchenradius bestimmt werden kann.

$$R_{I0,P} = \sqrt[4]{4,5 \cdot \frac{\frac{d\sigma}{d\Omega}(q=0)}{P}} \qquad = 5,3\,\text{nm},$$

$$R_{Q,P} = \frac{3}{(2\pi)^3}\frac{Q}{P} \qquad = 4,9\,\text{nm}, \qquad\qquad (5.49)$$

$$R_{I0,Q} = \sqrt[3]{6 \cdot \pi^2 \frac{\frac{d\sigma}{d\Omega}(q=0)}{Q}} \qquad = 5,5\,\text{nm}.$$

Diese Ergebnisse können mit dem aus der Streukurve für die Log-normal-Verteilung in Abb. 5.15 berechneten mittleren Radius von 5 nm verglichen werden. Die Abweichungen der Ergebnisse aus Gleichung (5.49) erklären sich daraus, dass diese Gleichungen nur für ein System gleich großer kugelförmiger Streuer eine korrekte mathematische Beschreibung darstellen und außerdem nur Teilbereiche der Streukurve berücksichtigen[16]. Da die Größenverteilung mit einer Halbwertsbreite von 1,6 nm aber relativ schmal definiert ist, stellen die

---

[16]Eine weitere Annahme wurde bei der Berechnung der Invarianten Q in Tabelle 5.1 dadurch eingeführt, dass abweichend von Gleichung (5.48) die Integration nur über dem durch die Messung begrenzten q-Intervall ausgeführt und damit vorausgesetzt wurde, dass die Streubeiträge außerhalb dieses Intervalls vernachlässigt werden dürfen. Dies ist im hier diskutierten Fall allerdings eine gute Approximation.

	Abb: Bezeichnung	q-Bereich	Konstante
5.15 :	Invariante	Gesamter Messbereich	$Q = 20{,}5\,\mathrm{cm}^{-1}\,\mathrm{nm}^{-3}$
5.16 :	Porod-Konstante	$qR > 5$	$P = 0{,}32\,\mathrm{cm}^{-1}\,\mathrm{nm}^{-4}$
	Untergrund		$U = 0{,}12\,\mathrm{cm}^{-1}$
5.17 :	Streumassenradius	$qR < 2$	$R_G = 4{,}4\,\mathrm{nm}$
	Vorwärtsstreuung	$q = 0$	$\frac{d\sigma}{d\Omega}(0) = 56{,}3\,\mathrm{cm}^{-1}$

Tab. 5.1: Liste der aus den Abbildungen 5.15–5.17 bestimmten Konstanten

Gleichungen (5.49) eine gute Annäherung dar. Das Beispiel zeigt, dass man sich die unterschiedlichen Bereiche der Streukurve zur Gewinnung von Strukturinformationen zu Nutze machen kann. Da die in Abb. 5.15 angepasste Modellfunktion den Verlauf der Streukurve über den gesamten zur Verfügung stehenden q-Bereich analysiert, liefert sie im Rahmen der hier betrachteten Alternativen die zuverlässigste Information über die Teilchengröße. Häufig sind jedoch Teile der Streukurve einer Analyse nicht zugänglich, z. B. wegen zu starker Untergrundstreuung bei kleinen q-Werten oder bei großen q-Werten wegen des Auftretens eines resonanten Untergrunds (z. B. Fluoreszenzstrahlung). In diesen Fällen können dann wenigstens Teile der Streukurve in der vorgeführten Weise analysiert werden. Eine ausführliche Diskussion über den Zusammenhang zwischen Strukturparametern und den Momenten einer Größenverteilung findet sich unter [WKG+ 85].

Weitere interessante Strukturparameter, die aus der angepassten Modellfunktion bzw. den in Tab. 5.1 aufgelisteten Konstanten gewonnen werden können, sind der Volumenbruchteil der Streuer oder die innere Oberfläche der Teilchen. Der Volumenbruchteil – für die Kristallite wurde ein Bruchteil von 0,7 % ermittelt [GHKU 94] – ist beispielsweise in der Grundlagenforschung bei der Analyse von Entmischungsprozessen in Legierungen von entscheidender Bedeutung (s. Abschnitt 6.2.10), während die innere Oberfläche von großer Bedeutung bei der Charakterisierung von Katalysatorsystemen ist – z. B. Metall-Nanopartikel auf porösen Stützstrukturen –, da die Oberfläche der Partikel direkt mit der katalytischen Aktivität korreliert werden kann.

5.5.4   Kleinwinkelstreuung mit Synchrotronstrahlung

Der Großteil des bisher Gesagten sind Grundbegriffe der Kleinwinkelstreuung, die ganz allgemein für die Röntgen-Kleinwinkelstreuung an einer Röntgenröhre, aber auch z. B. für die Neutronen-Kleinwinkelstreuung (engl. SANS = *small-angle neutron scattering*) an einem Forschungsreaktor angewendet werden können. Die Anwendung der Röntgen-Kleinwinkelstreuung unter Benutzung von Röntgenröhren ist bereits seit vielen Jahrzehnten eine Standardtechnik bei der Analyse von Proben aus Chemie, Biologie, Festkörperphysik und den Materialwissenschaften. Es sollen nun die Besonderheiten der Kleinwinkelstreuung mit Synchrotronstrahlung und die damit verbundene beachtliche Steigerung der analytischen Möglichkeiten dargestellt werden. Hauptsächlich sind durch die Synchrotronstrahlung drei Verbesserungen für die Experimentiertechnik der Kleinwinkelstreuung eingeführt worden:

1) Verglichen mit einer gewöhnlichen Röntgenröhre stellt die Synchrotronstrahlung einen um viele Größenordnungen höheren Photonenfluss mit einer Energiebreite von ca. 1 eV zur Verfügung. Dies galt bereits für die Krümmungsmagnete an Speicherringen der 2. Generation (DESY, Lure, Nowosibirsk, Stanford). Weitere deutliche Steigerungen wurden durch die Wiggler und Undulatoren an Speicherringen der 2. und 3. Generation (ESRF, APS, Spring-8) erzielt.

2) An geeigneten Speicherringen der 2. und 3. Generation steht Röntgenstrahlung mit ausreichendem Photonenfluss über einen weiten Energiebereich zur Verfügung. Dies erlaubt die Anwendung der oben bereits erwähnten anomalen Röntgen-Kleinwinkelstreuung (engl. ASAXS = *anomalous small-angle x-ray scattering*), die sich die starke Energieabhängigkeit der Resonanzstreuung in der unmittelbaren Umgebung der Röntgenabsorptionskanten der Elemente zu Nutze macht [PP 95] und mit der wir uns nachfolgend etwas genauer beschäftigen werden.

3) Durch die niedrigen Emittanzen der Quellen der 3. Generation lassen sich sehr geringe Strahlquerschnitte bis hinunter zu wenigen Mikrometern realisieren. Dies gestattet es, Proben mit der SAXS-Technik ortsaufgelöst auf einer sehr kleinen Längenskala abzutasten und die im Probenmaterial vorkommenden Inhomogenitäten, z. B. Mikrorisse in Werkstoffen oder lamellare Strukturen in hierarchisch aufgebauten Biomaterialien wie Holz oder Knochen, ortsabhängig zu untersuchen [Fra 02].

Wir werden uns nachfolgend auf die Punkte eins und zwei beschränken. In Abschnitt 6.2.10 wird ein Beispiel vorgestellt – die Entmischungskinetik in einer Kupfer-Kobalt-Legierung –, das diese beiden Aspekte der Synchrotronstrahlung, den hohen Fluss und die Durchstimmbarkeit der Röntgenstrahlung über einen größeren Energiebereich, für die Durchführbarkeit des Experiments voraussetzt. An dieser Stelle wird die ASAXS-Messtechnik anhand von Experimenten an wässrigen Na-Polyakrylatlösungen mit Sr-Gegenionen vorgestellt.

5.5.5   Beispiel räumliche Verteilung von Strontium-Gegenionen in wässrigen Polyakrylatlösungen

Nach einer allgemeinen Einführung wurden im ersten Beispiel die Strukturparameter von Halbleiterkristalliten in einer Glasmatrix untersucht. Die Kleinwinkelstreuung entsteht auf Grund von Unterschieden der Elektronendichten in den Kristalliten verglichen mit der Umgebungsmatrix. Aus demselben Grund streuen Makromoleküle, die in Wasser gelöst sind. Die mittlere Elektronendichte der Moleküle unterscheidet sich von der des Lösungsmittels, in diesem Fall also des Wassers. Na-Polyakrylate sind negativ geladene Polymere (Makroionen), die in einer wässrigen Salzlösung ($SrCl_2$) von Ladungswolken bestehend aus zweifach positiv geladenen Sr^{2+}-Ionen umgeben sind. In Abhängigkeit von der Salzkonzentration ändern die Makromoleküle ihre Konformation. Bei niedrigen Salzkonzentrationen bilden die Polymerketten ausgedehnte Fadenknäuel, jedoch bei Überschreitung eines bestimmten Konzentrationsverhältnisses (Phasengrenze) kollabieren Teilbereiche des Polymers zu perlenartigen Strukturen, bestehend aus Polymermaterial und Sr^{2+}-Ionen (Abb. 5.20). Dieser Kollaps wurde durch Modellrechnungen in einer Reihe von theoretischen Arbeiten vorhergesagt [CS 99, MHK 99, DRO 96]. Die in Abb. 5.20 eingezeichnete Phasengrenze wurde durch Experimente der Lichtstreuung gefunden [SGH 06]. Von besonderem Interesse sind dabei die Größe der kollabierten Perlen und deren Abstände untereinander.

Die Abb. 5.18 zeigt die Streukurven zweier Lösungen mit Salzkonzentrationen unterhalb und in der Nähe der Phasengrenze. Die Messungen wurden am JUSIFA-Messstand am DORIS-Speicherring des Hamburger Synchrotronstrahlungslabors durchgeführt [HGW+ 89]. Wir konzentrieren uns zunächst auf die Streukurven mit den quadratischen Punkten in beiden Bildern der Abb. 5.18. Die gemessenen Streukurven zeigen deutliche Unterschiede. Während für die niedrige relative Salzkonzentration (links) ein Streukurvenverlauf gemessen wurde, der typisch für Fadenknäuel in Lösung ist (durchgezogene Linie mit q^{-2}-Abhängigkeit), zeigt die Streukurve für die höhere relative Salzkonzentration (rechts) den typischen Streukurvenverlauf von Streuzentren mit sphärischer Symmetrie. Um Näheres über die Verteilung der Sr-Gegenionen erfahren zu können, wäre es von großem Nutzen, zwischen der Streuung, die von den Polymerketten ausgeht, und der Streuung, die von den Sr-Gegenionen herrührt, unterscheiden zu können. Es ist das klassische Dilemma der Röntgen-Kleinwinkelstreuung bei Messung mit konstanter Energie der Röntgenquelle, dass diese Unterscheidung nicht möglich ist.

Die Synchrotronstrahlung hat die Möglichkeit zur Unterscheidung der Streubeiträge von Strukturen, die aus unterschiedlichen Materialien zusammengesetzt sind, über die anomale oder resonante Röntgen-Kleinwinkelstreuung eingeführt. Wir haben bereits in Gleichung (5.27) gesehen, dass die atomaren Streufaktoren über die anomalen Dispersionskorrektu-

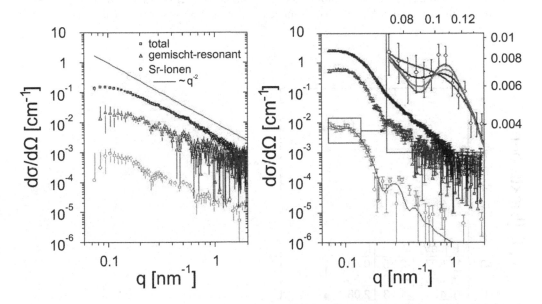

Abb. 5.18 Streukurven zweier verdünnter wässriger Na-Polyakrylatlösungen mit Salzkonzentrationen unterhalb und in der Nähe der Phasengrenze. Die quadratischen Symbole repräsentieren die totale Streuung von Polymer und Gegenionen. Die Kreissymbole repräsentieren die rein-resonante Streuung der Strontium-Gegenionen.

ren $f'(E)$ und $f''(E)$ im Allgemeinen eine Energieabhängigkeit aufweisen und besonders in der Nähe der Röntgenabsorptionskanten (K-, L_{III}-,...-Kanten) einer starken Variation unterliegen.

In Abb. 5.19 sind die anomalen Dispersionskorrekturen von Strontium im Energiebereich der Sr-K-Absorptionskante (16,105 keV) dargestellt. Die eingetragenen drei Punkte repräsentieren verschiedene Energien, bei denen die Kleinwinkelstreuung der beiden Na-Polyakrylatlösungen gemessen wurde. Während die Streuung der aus Kohlenstoff, Natrium, Sauerstoff und Wasserstoff bestehenden Polymerketten von der Röntgenenergie nahezu unabhängig ist, also konstant bleibt, weisen die Streubeiträge der Strukturen, die hohe Anteile an Sr aufweisen (die vermuteten Perlen und die Sr-Gegenladungswolken) eine starke Änderung der Kleinwinkelstreuung mit der Energie auf. Durch die Entwicklung eines geeigneten Analyseverfahrens können die Streukurven der Strukturen, die Sr-Ionen enthalten, abgetrennt und dargestellt werden [GSHB 04]. Diese Streukurven sind in der Abb. 5.18 durch Kreissymbole dargestellt und stehen dann für eine weitere Modellierung zur Verfügung. Im Falle der niedrigen Salzkonzentration (linkes Bild in Abb. 5.18) verläuft der nur den Sr-Gegenionen zugeordnete Formfaktor im Wesentlichen parallel zur totalen Streukurve (zusammengesetzt aus den Streubeiträgen des Polymers und der Gegenionen), was bedeutet, dass die Gegenionen die vom Polymer in der wässrigen Lösung gebildeten Knäuel einfach nur dekorieren. Eine völlig andere Situation finden wir bei der höheren Salzkonzentration (rechtes Bild) vor. Der separierte Formfaktor der Sr-Gegenionen (Kreise) zeigt zwar Ähnlichkeiten zur totalen Streukurve (Quadrate), darüber hinaus lässt sich aber eine Anzahl feinerer Strukturen erkennen, die in der totalen Streukurve so nicht auftreten. Von besonderem Interesse ist das

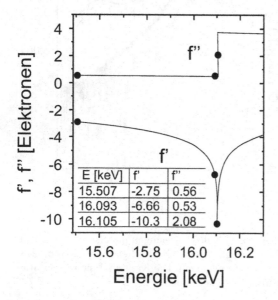

E [keV]	f'	f''
15.507	-2.75	0.56
16.093	-6.66	0.53
16.105	-10.3	2.08

Abb. 5.19
Dispersionskorrekturen von Strontium im Energiebereich der Sr-K-Absorptionskante

Auftreten eines sogenannten Korrelationsmaximums bei ca. $0{,}1\,\mathrm{nm}^{-1}$:

$$S_{\mathrm{Ion}}(q) = const \int_0^\infty c(R) \cdot \left(\frac{4\pi R^3}{3} \frac{3(\sin(qR) - qR\cos(qR))}{(qR)^3} \right)^2$$
$$\cdot \left(N + 2 \sum_{n=1}^{N-1} (N - n) \frac{\sin(nqd)}{nqd} \right) dR \tag{5.50}$$

$$c(R) = \frac{1}{\sqrt{2\pi}} \cdot \frac{1}{\sigma R} \cdot \exp\left(\frac{\ln^2 \frac{R}{R_0}}{2\sigma^2} \right).$$

Die durchgezogene Linie ist die nach Gleichung (5.50) aus einer Ausgleichsrechnung gewonnene Streukurve.

Die Gleichung (5.50) beschreibt die Streuung eines polydispersen Systems von entlang des Polymerfadens dichtgepackten homogenen Kugeln (Perlenkette). Der Formfaktor für die Perlen (zweiter Term im Integral) ist uns schon aus Gleichung (5.42) bekannt. Der dritte Term im Integral ist eine Korrelationsfunktion und beschreibt die auftretenden Interferenzeffekte zwischen den Streuwellen verschiedener Perlen im Abstand d zueinander. Damit ist gemeint, dass die Perlen im Unterschied zu den oben diskutierten Halbleiterkristalliten so nahe zusammen angeordnet sind, dass sich die von ihnen ausgehenden Streuwellen kohärent überlagern und Interferenzerscheinungen wie das Korrelationsmaximum bei $0{,}1\,\mathrm{nm}^{-1}$, auftreten können. N gibt die Anzahl der Perlen an. Die Größenverteilung der Perlen $c(R)$ ist die Log-Normalverteilung, die uns bereits bei den Halbleiterkristalliten begegnet ist.

Zusammengefasst ergibt die Modellierung des separierten Formfaktors der Sr-Gegenionen für die Lösung mit höherer, relativer Salzkonzentration ein Perlenkettenmodell mit Perlen im Abstand von $60\,\mathrm{nm}$ und einem Perlenradius von $19\,\mathrm{nm}$ (Abb. 5.20). Die Perlen sind untereinander über nicht kollabierte Teile der Polymerkette verbunden. Die Anzahl der regelmäßig im Abstand d angeordneten Perlen, die zum Korrelationsmaximum bei $0{,}1\,\mathrm{nm}^{-1}$ beitragen, ist wahrscheinlich größer als 2, wie man dem vergrößerten Ausschnitt der Kurve in Abb. 5.18 entnehmen kann. Dort sind die Ergebnisse der Modellrechnungen mit unterschiedlicher Anzahl Perlen dargestellt. Mit nur zwei Perlen (Hantel) ist das Modell nicht in der Lage, das Korrelationsmaximum zu reproduzieren. Das System dürfte also wahrscheinlich einen höheren Korrelationsgrad mit $N \geq 3$ aufweisen [GSHB 04].

Das zuletzt vorgestellte Beispiel macht zusammen mit den in Abschnitt 6.2.10 behandelten zeitaufgelösten ASAXS-Messungen an Kupfer-Kobalt-Legierungen die von der Synchrotronstrahlung beachtlich gesteigerten Analysemöglichkeiten der Kleinwinkelstreuung besonders deutlich. Um eine Agglomeration der Polyakrylatketten zu vermeiden, muss mit hochverdünnten Lösungen im mM-Bereich (millimolare Konzentrationen) gearbeitet werden, wodurch die nachgewiesene Kleinwinkelstreuung sehr schwach ist und mit einem klassischen SAXS-Experiment an einer Röntgenröhre innerhalb eines überschaubaren Zeitraumes nicht mehr oder nur mit unzureichender Genauigkeit messbar wäre. Hinzu kommt die Separation der Sr-spezifischen Streubeiträge durch energieabhängige Messung der Kleinwinkelstreuung in der Umgebung der Sr-K-Absorptionskante, was nur durch das von der Synchrotronstrahlung über einen weiten Energiebereich zur Verfügung gestellte Röntgenkontinuum ermöglicht wird.

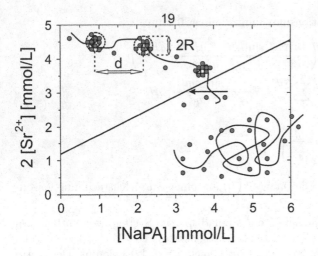

Abb. 5.20 Bei Annäherung an die Phasengrenze (Pfeil) beginnen Teilbereiche der Na-Polyakrylatketten zu kollabieren. Die Knäuelstruktur geht in eine Perlenkettenstruktur über. Auf der y-Achse ist die molare Konzentration der Sr-Ionen gegen die molare Konzentration von Natriumpolyakrylat auf der x-Achse aufgetragen. (nach [SGH 06])

5.5.6   Experimenteller Aufbau

Zum Abschluss sollen noch einige Bemerkungen zum experimentellen Aufbau eines ASAXS-Experiments gemacht werden. Der in Abb. 5.12 skizzierte prinzipielle Aufbau eines Kleinwinkelstreuexperiments mit Röntgenstrahlung muss zur Ausnutzung des Röntgenkontinuums der Synchrotronstrahlung um einen Monochromator erweitert werden, und das Experiment muss an einem Speicherring aufgebaut werden, der ein geeignetes Energiespektrum mit hinreichend großem Photonenfluss zur Verfügung stellt. In den letzten 30 Jahren sind weltweit eine Reihe von ASAXS-Experimenten an verschiedenen Speicherringen installiert worden. Besonders groß war das Interesse in Europa, wo ASAXS-Experimente an den Speicherringen von drei Forschungszentren (LURE [DDD$^+$ 86], DESY [SG 83, SGM 91, HGW$^+$ 89], ES-RF [SAB$^+$ 97]) aufgebaut wurden. Stellvertretend ist in Abb. 5.21 das JUSIFA-Experiment dargestellt. Der weiße Strahl vom DORIS-Speicherring – gemeint ist ein Strahl mit einem weiten Energiekontinuum – wird über Bragg-Reflexion an den Netzebenen eines Si(311)-Doppelkristallmonochromators mit einer Energieauflösung $\Delta E/E < 5 \times 10^{-5}$ monochromatisiert. Der monochromatische Strahl trifft, nachdem er ein System von Blenden durchlaufen hat, auf die Probe, und die dort entstehende Kleinwinkelstreuung wird dann vom einem zweidimensionalen Vieldrahtproportionalzähler [Gab 77, Hen 85] nachgewiesen. Unmittelbar vor dem Detektor befindet sich ein kleiner Absorber zur Totalabsorption des direkten Strahls. Mit dem Si(311)-Doppelmonochromator kann das Experiment Energien zwischen 4,9 und 35 keV aus dem Kontinuum der Synchrotronstrahlung herausfiltern. Damit sind die K-Absorptionskanten aller Elemente mit $Z \geq 22$, also vom Titan bis zum Iod (Z=53), erreichbar. Die Elemente mit höherer Ordnungszahl können dann über die L_{III}-Kanten erreicht werden.

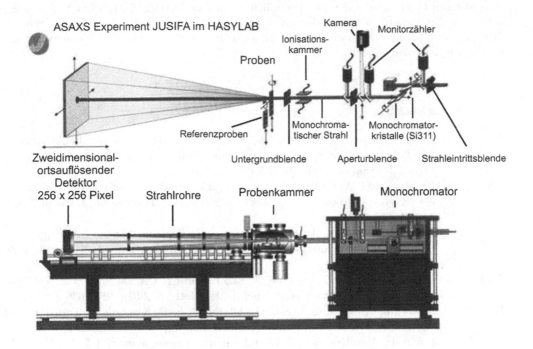

Abb. 5.21 Das ASAXS-Experiment JUSIFA am DORIS-Speicherring des Hamburger Synchrotron-strahlungslabors (nach [HGW+ 89])

Eine Vielzahl von Systemen aus Chemie, Biologie, Festkörperphysik und den Materialwissenschaften wurden in den letzten drei Jahrzehnten mit anomaler Röntgen-Kleinwinkel-streuung untersucht. Die ASAXS-Messtechnik gestattet neben der strukturellen Charakterisierung auch eine Zuordnung der analysierten Struktureigenschaften zu den chemischen Komponenten. Der strukturelle Aufbau kann nach den chemischen Teilkomponenten differenziert werden. Weitere Beispiele sind Metall-Nanopartikel, die als Katalysatoren z. B. in der Automobilindustrie, im Umweltschutz oder bei der Herstellung von Medikamenten eine wichtige Funktion übernehmen [BGD+ 02], protonenleitende Membrane für den Brennstoffzellenbau [PWS+ 03], Biomembranen [RVCF 96, VBG 07], metallische Gläser mit ungewöhnlichen mechanischen Eigenschaften, Diffusionsbarrieren für die Halbleiterindustrie [PBG+ 01] oder amorphe Halbleiterlegierungen z. B. aus Silizium-Germanium, die mit ASAXS für die Materialentwicklung in der Solarzellentechnologie untersucht werden. In diesen Legierungen konnte mit der ASAXS-Messtechnik die Dichte und die chemische Zusammensetzung innerhalb von Fluktuationen, die nur wenige Nanometer groß sind, aufgeklärt und mit den Herstellungsparametern der Legierungen und deren photovoltaischen Eigenschaften wie z. B. der Photoleitfähigkeit und dem Wirkungsgrad bei der Umsetzung von Lichtenergie in elektrische Energie korreliert werden [GW 01]. Im Abschnitt 6.2.10 wird

anhand eines Beispiels aus der physikalischen Metallkunde vorgeführt, wie aus zeitaufgelösten ASAXS-Messungen thermodynamische bzw. metallurgische Parameter wie Grenzflächenenergie, Gleichgewichtslöslichkeit, Diffusionskonstanten und kritische Keimgrößen abgeleitet werden können.

Literaturverzeichnis

[BGD⁺ 02]   Bota, A.; Goerigk, G.; Drucker, T.; Haubold, H. G.; Petro, J.: Anomalous
            Small-Angle X-Ray Scattering on a New, Nonpyrophoric Raney-Type Ni Ca-
            talyst. Journal of Catalysis **205** (2002) 354–357

[CS 99]   Chodanowski, A. P.; Stoll, S.: Monte Carlo Simulations of Hydrophobic Poly-
            electrolytes: Evidence of Complex Configurational Transitions. J. Chem. Phys.
            111 (1999) 6069

[DAB 57]   Debye, P.; Anderson, H. R.; Brumberger, H.: Scattering by an Inhomogeneous
            Solid. II. The Correlation Function and Its Application. J. Appl. Phys **28**
            (1957) 679–683

[DDD⁺ 86]   Dubuisson, J. M.; Dauvergne, J. M.; Depautex, C.; Vachette, P.; Williams,
            C. E.: ASAXS Spectrometer. Nucl. Instr. Meth. A **246** (1986) 636

[DRO 96]   Dobrynin, A. V.; Rubinstein, M.; Obukhov, S. P.: Cascade of Transitions of
            Polyelectrolytes in Poor Solvents. Macromolecules **29** (1996) 2974

[Fra 02]   Fratzl, P.: Von Knochen, Holz und Zähnen. Physik Journal 1 **5** (2002) 49–55

[Gab 77]   Gabriel, A.: Position Sensitive X-Ray Detector. Rev. Sci. Instrum. **48** (1977)
            1303–1305

[GF 55]   Guinier, A.; Fournet, G.: Small-Angle Scattering of X-Rays. New York: Wiley
            1955

[GHKU 94]   Goerik, G.; Haubold, H. G.; Klingshirn, C.; Uhrig, A.: ASAXS from CdS_{1-x}-
            Doped Silicate Glasses. J. Appl. Cryst. **27** (1994) 907–911

[GK 82]   Glatter, O.; Kratky, O.: Small Angle X-Ray Scattering. London: Academic
            Press 1982

[GSHB 04]   Goerik, G.; Schweins, R.; Huber, K.; Ballauff, M.: The Distribution of Sr^{2+}
            Counterions around Polyacrylate Chains Analyzed by Anomalous Amall-Angle
            X-Ray Scattering. Europhys. Lett. **66(3)** (2004) 331–337

[GW 01]   Goerigk, G.; Williamson, D. L.: Quantitative ASAXS of Germanium Inhomo-
            geneities in Amorphous Silicon–Germanium Alloys. J. Non-Cryst. Solids **281**
            (2001) 181–188

[Hen 85]   Hendrix, J.: Advances in Polymer Science, Vol. 67 (Hrsg.: Kausch, H. H.; Zach-
            mann, H. G.). Berlin: Springer Verlag, 1985 S. 59–98

[HGW⁺ 89]   Haubold, H. G.; Gruenhaben, K.; Wagener, M.; Jungbluth, H.; Heer, H.;
            Pfeil, A.; Rongen, H.; Brandenburg, G.; Moeller, R.; Matzerath, R.; Hiller,
            P.; Halling, H.: JUSIFA-A New User-Dedicated ASAXS Beamline for Materi-
            als Science. Rev. Sci. Instrum. **60** (1989) 1943–1946

[Kra 83]   Kratky, O.: The World of the Neglected Dimensions and Small-Angle Scatte-
            ring of X-Rays and Neutrons on Biological Macromolecules. Nova Acta Leo-
            poldina **55(256)** (1983) 72

[MHK 99]   Micka, U.; Holm, C.; Kremer, K.: Strongly Charged, Flexible Polyelectrolytes
             in Poor Solvents: Molecular Dynamics Simulations. Langmuir 15 (1999) 4033

[PBG⁺ 01]   Pinnow, C. U.; Bicker, M.; Geyer, U.; Schneider, S.; Goerigk, G.: Decompositi-
             on and Nanocrystallization in Reactively Sputtered Amorphous Ta–Si–N Thin
             Films. J. Appl. Phys. 90 (2001) 1986–1991

[Por 51]   Porod, G.: Die Röntgenkleinwinkelstreuung von dichtgepackten kolloiden Sys-
             temen. Kolloid-Z 124 (1951) 83

[PP 95]   Panofsky, W. K.; Phillips, M.: Classical Electricity and Magnetism. Addison-
             Wesley Publishing Company 1995

[PWS⁺ 03]   Prado, A.; Wittich, H.; Schulte, K.; Goerigk, G.; Garamus, V. M.; Willumeit,
             R.; Vetter, S.; Ruffmann, B.; Nunes, S. P.: Anomalous Small-Angle X-Ray
             Scattering Characterization of Composites Based on Sulfonated Poly(Ether
             Ether Ketone), Zirconium Phosphates, and Zirconium Oxide. J. Polym. Sci.
             Part B: Polymer Physics 42 (2003) 567–575

[RVCF 96]   Richardsen, H.; Vierl, U.; Cevc, G.; Fenzl, W.: Ion Distribution Profiles between
             Polar and Charged Membranes as Observed by Anomalous X-Ray Diffraction.
             Europhys. Lett. 34 (1996) 543–548

[SAB⁺ 97]   Simon, J. P.; Arnaud, S.; Bley, F.; Berar, J. F.; Caillot, B.; Comparat, V.; Geiss-
             ler, E.; de Geyer, A.; Jeantet, P.; Livet, F.; Okuda, H.: A New Small-Angle
             X-Ray Scattering Instrument on the French CRG Beamline at the ESRF Mul-
             tiwavelength Anomalous Scattering/Diffraction Beamline (D2AM). J. Appl.
             Cryst. 30 (1997) 900–904

[Sch 91]   Schmidt, P. W.: Small-Angle Scattering Studies of Disordered, Porous and
             Fractal Systems. J. Appl. Cryst. 24 (1991) 414–435

[SG 83]   Stuhrmann, H. B.; Gabriel, A.: A Small-Angle Camera for Resonant Scattering
             Experiments at the Storage Ring DORIS. J. Appl. Cryst. 16 (1983) 563–571

[SGH 06]   Schweins, R.; Goerigk, G.; Huber, K.: Shrinking of Anionic Polyacrylate Coils
             Induced by Ca^{2+}, Sr^{2+} and Ba^{2+}: A Combined Light Scattering and ASAXS
             Study. Eur. Phys. J. E 21 (2006) 99

[SGM 91]   Stuhrmann, H. B.; Goerigk, G.; Munk, B.: Anomalous X-Ray Scattering, Hand-
             book of Synchrotron Radiation. Elsevier Science Publishers B.V. 1991

[VBG 07]   Varga, Z.; Bota, A.; Goerigk, G.: Biological Systems as Nanoreactors: An-
             omalous Small-Angle Scattering Study of the CdS Nanoparticle Formation in
             Multilamellar Vesicles. J. Phys. Chem. B 111 (2007) 1911–1915

[WKG⁺ 85]   Walter, G.; Kranold, R.; Gerber, T.; Baldrian, J.; Steinhart, M.: Particle Size
             Distribution from Small-Angle X-Ray Scattering Data. J. Appl. Cryst. 18
             (1985) 205–213

6 Anwendungsbeispiele

6.1 Atome, Moleküle und Cluster

6.1.1 Zwei-Elektronen-Korrelationen in Helium-Atomen
Absorptions-, Photoelektronen-, Ionenausbeutespektroskopie
Bernd Sonntag

Atome und Ionen sind die fundamentalen Bausteine der Materie. Die Kenntnis ihrer Struktur und ihrer Eigenschaften ist entscheidend für das Verständnis von komplexeren Systemen wie Molekülen, Oberflächen und Festkörpern. Atome und Ionen sind von großer Bedeutung für Forschungsgebiete wie die Astrophysik und die Chemie der Atmosphäre sowie für Anwendungen z. B. in Umweltanalytik, Plasmaprozessen und Lasertechniken. Das genaue Studium der Atome selbst hat grundlegende Beiträge zur Entwicklung der modernen Physik geleistet. Hier sei nur an die Rolle der Atomspektroskopie bei der Entstehung der Quantenphysik erinnert. Vorteilhaft erweist sich dabei die relativ schwache Wechselwirkung der Atomelektronen mit dem elektromagnetischen Lichtfeld. Im Rahmen der – mit Ausnahme von extrem starken Laserfeldern – gültigen Störungsnäherung kann die Kopplung des Atoms mit dem Strahlungsfeld durch die Wechselwirkung eines Atomelektrons mit der elektromagnetischen Welle beschrieben werden. Dies eröffnet einen einfachen Zugang zur Berechnung der Atomspektren, wenn die Zustände der Atomelektronen im Rahmen von Einelektronennäherungen wie der Hartree-Fock-Näherung dargestellt werden. Die Hartree-Fock-Näherung hat sich als eine gute Ausgangsbasis für die Beschreibung der atomaren Zustände und der Spektren bewährt. Abweichungen von den im Rahmen der Hartree-Fock-Näherung gewonnenen Vorhersagen beruhen auf der Mittelung über die Wechselwirkung eines Elektrons mit den anderen Atomelektronen. In Wahrheit führt die Elektron-Elektron-Wechselwirkung zu einer korrelierten Bewegung der Elektronen. Diese Mehrteilcheneffekte führen in den Atomspektren, vor allem im Bereich der Anregungen fest gebundener Elektronen, d. h. innerer Elektronen, zu dramatischen Abweichungen von den Vorhersagen der Einteilchenmodelle. Das Spektrum der Synchrotronstrahlung überdeckt diesen Spektralbereich in optimaler Weise und eignet sich deshalb hervorragend zum Studium der Mehrelektronendynamik. Einen Überblick über die Anwendungen in der Atomphysik findet sich in [Sch 92, BS 96]. Die Doppelanregungen von He-Atomen sind ein eindrucksvoller Beleg für die Bedeutung der korrelierten Bewegung der Elektronen. Im Einteilchenbild würde man oberhalb der Ionisationsschwelle von He (24,59 eV) einen zu höheren Energien gleichmäßig abfallenden Photoabsorptionsquerschnittt erwarten, wohingegen die experimentellen Absorptionsspektren eine Vielzahl von Linien aufweisen. Die Elektron-Elektron-Wechselwirkung führt dazu, dass bei der Anregung eines der He-1s-Elektronen das zweite 1s-Elektron

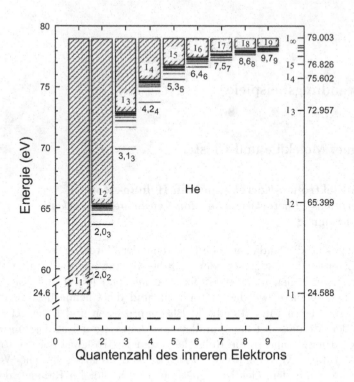

Abb. 6.1 Termschema der $^1P_0$-Doppelanregungen von He. Nur die Hauptserien $N_1(-2)_n$, die gegen die Ionisationsschwellen I_N konvergieren, sind eingezeichnet. Die Ionisationsschwellen
konvergieren gemäß $I_N = -4R/n^2 + I_\infty$. R ist die Rydberg-Konstante, I_∞ die Energie
der Doppelionisationsschwelle gegen die Doppelionisationsschwelle (nach [DSR$^+$ 96])

gleichzeitig in einen höher liegenden Zustand angehoben wird. Das Termschema der vom
He-$1s^2$-$^1S_0$-Grundzustand optisch erreichbaren Doppelanregungen He $nln'l'$ $^1P_1^0$ $(n,n' \geq 2)$
ist in Abb. 6.1 wiedergegeben [DSR$^+$ 96]. Auf den ersten Blick sind die verschiedenen He
$1s^2 \rightarrow$ He $+ nl\,\epsilon l$ Ionisationskontinua mit den zugehörigen Ionisationsschwellen I_N zu erkennen. Mit I sind hier freie, d. h. ungebundene Zustände des Elektrons bezeichnet. Gegen
diese Ionisationsschwellen konvergieren $(2N-1)$ $^1P_0$ Rydberg-Serien, die in Abb. 6.1 schematisch eingezeichnet sind. Mit N wird die Hauptquantenzahl des inneren Elektrons, mit
n die Hauptquantenzahl des äußeren Elektrons bezeichnet. Die Quantenzahlen des Einteil-
chenmodells $(l_1, l_2, ...)$ sind ungeeignet, die korrelierte Bewegung der beiden Elektronen in
den doppelt angeregten Zuständen zu beschreiben. Die Einführung von hypersphärischen
Koordinaten führt zu einer besseren Charakterisierung der Zustände durch die Quantenzahlen n, N, $(k,T)^A$ [HS 75, Lin 84]. Die Winkelkorrelation wird durch K und T, die radiale
Korrelation durch A gegeben. Wie in Abb. 6.1 wird häufig eine abgekürzte Schreibweise
N, K_n benutzt. Für $N \geq 2$ überlappen alle doppelt angeregten He-Resonanzen die zu den
Ionisationsschwellen I_{N-1} gehörenden Kontinua. Für $N > 4$ überlappen auch die Mitglieder

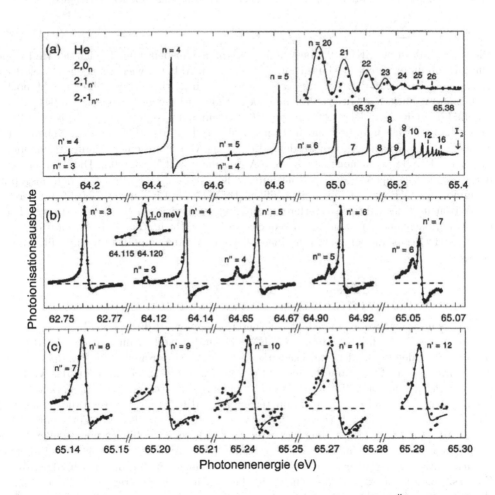

Abb. 6.2 He-Doppelanregungen unterhalb der I_2-Ionisationsschwelle. a.) Das Übersichtsspektum zeigt alle drei $2(K)n\text{-}^1P_0$-Rydberg-Serien. b.) und c.) vergrößerte Darstellung der Glieder der Nebenserien $2,1_{n'}$ und $2,1_{n''}$. Für die Darstellung wurde ein glatter Untergrund abgezogen. (nach [SKD$^+$ 96])

benachbarter Rydberg-Serien. Dies resultiert in Autoionisationszerfällen[1] aller Doppelresonanzen und in Interferenzeffekten zwischen den Mitgliedern verschiedener Serien für $N > 4$. Da die Autoionisationszerfälle in der Regel die Fluoreszenzzerfälle überwiegen, kann der Photoabsorptionsquerschnitt σ_a näherungsweise der Summe der Querschnitte für die Erzeugung q-fach geladener Ionen $\sigma_{ion}(A^q)$, d. h. der totalen Ionenausbeute, gleichgesetzt werden.

$$\sigma_a = \sum \sigma_{ion}(A^q) \tag{6.1}$$

Die von Schulz et al. [SKD$^+$ 96] bestimmte Photoionenausbeute im Bereich der He-Doppelanregungen unterhalb der I_2-Ionisationsschwelle ist in Abb. 6.2 wiedergegeben. Dank des an einem Undulatormessplatz der *advanced light source* in Berkeley mit Hilfe eines Monochromators mit sphärischen Gittern erzielten spektralen Auflösungsvermögens von 64 000 konnten die Linien der Hauptserie $2,0_n$ bis $n = 26$, die Linien der Nebenserie $2,1_{n'}$ bis $n' = 12$ und die extrem schwachen und schmalen (Halbwertsbreite $\Gamma < 10\,\mu\text{eV}$) Linien der Nebenserie $2,-1_{n''}$ bis zu $n'' = 7$ nachgewiesen werden. Mittlerweile wurde mit einem Plangittermonochromator bei BESSY sogar noch eine bessere Auflösung erzielt [FVE$^+$ 03]. Die Autoionisation der Doppelanregungen in das I_1-Kontinuum (siehe Abb. 6.1) resultiert in den ausgeprägt asymmetrischen Beutler-Fano-Linienprofilen [BS 96]. Das Linienprofil beruht auf der konstruktiven und destruktiven Interferenz der direkten Ionisation He $1s^2 \rightarrow$ He $+ 2l\epsilon l'$ und der Anregungs- und Autoionisationssequenz He$1s^2 \rightarrow$ He $nln'l' \rightarrow$ He $2l\epsilon l$ auf dem Weg über die He-Doppelanregungen. Für eine isolierte Resonanz kann das Linienprofil durch die Beziehung

$$\sigma(E) = \sigma_a \frac{(q + \epsilon)^2}{1 + \epsilon^2} + \sigma_b \tag{6.2}$$

beschrieben werden, wobei die reduzierte Energie ϵ gegeben ist durch $\epsilon = (E - E_r)/(\Gamma/2)$ (E_r Resonanzenergie, Γ Halbwertsbreite FWHM). σ_a und σ_b stehen für den mit der Resonanz wechselwirkenden bzw. nicht wechselwirkenden Kontinuumsanteil. Der Profilparameter q wird auch Asymmetrieparameter genannt, $(-\infty \leq q \leq \infty)$ ist ein Maß für das Verhältnis der indirekten Ionisation (über die Doppelresonanz) zur direkten Ionisation. Innerhalb einer Rydberg-Serie bleiben die q-Parameter annähernd konstant, während die Linienstärke und die Halbwertsbreite mit $(n - \delta)^{-3}$ abnehmen. Der Quantendefekt δ hängt nur schwach von n ab. Nur bei Störung einer Serie durch überlappende Glieder einer anderen Serie können deutliche Abweichungen auftreten. Eine genaue Analyse der Spektren erfordert die Berücksichtigung der nichtstrahlenden und der strahlenden Zerfälle. Hochaufgelöste He-Fluoreszenzspektren zeigen, dass Zustände, die in den Ionenspektren nur schwer auszumachen sind, und Zustände im Bereich der Ionisationsschwellen vornehmlich strahlend zerfallen [RSC$^+$ 99]. Seit ihrer Entdeckung haben die He-Doppelanregungen im Brennpunkt zahlreicher theoretischer Arbeiten gestanden ([Sch 92, SR 03, SKD$^+$ 96] und darin angegebene Referenzen), da sie ein einfaches und besonders übersichtliches System von Elektronenkorrelation darstellen.

Die Photoelektronenspektroskopie ermöglicht einen anderen Zugang zu den He-Doppelanregungen. Die Abbildungen 6.3 und 6.4 zeigen ein mit hoher Auflösung aufgenommenes

---

[1] Als Autoionisation bezeichnet man einen Zerfall eines angeregten Zustandes in einen geladenen Zustand unter Emission eines Elektrons.

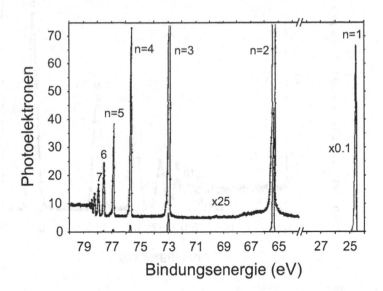

Abb. 6.3 Photoelektronenspektrum von He angeregt mit 96,5 eV-Photonen. Übersichtsspektrum mit der Hauptlinie ($n = 1$) und den Satellitenlinien ($n = 2$ bis $n > 7$) (nach [SKA$^+$ 95])

He-Photoelektronenspektrum [SKA$^+$ 95]. Hier ist hervorzuheben, dass in einem Einteilchenbild nur eine einzige Linie, Hauptlinie $n = 1$, zu erwarten wäre. Die Satellitenlinien ($n = 2 - \infty$) sind ein weiterer Ausdruck der Elektronen-Korrelation. Die Anregungsenergie ($h_\omega = 96{,}5$ eV) oberhalb der He-Doppelionisationsschwelle (79,003 eV) erlaubt es, die Hauptlinie He $1s^2 \rightarrow$ He $1s\epsilon l$ (Bindungsenergie $E_b = 24{,}95$ eV) und die Satellitenlinien He $1s^2 \rightarrow$ He nl' bis zu $n = 11$ ($E_B = 78{,}565$ eV) aufzunehmen. Die Bindungsenergien der Satellitenlinien entsprechen den Energien der Ionisationsschwellen I_N in Abb. 6.1. Die in Abb. 6.4 gezeigte Extrapolation der Satellitenlinien zeigt den erwarteten glatten Übergang in das Ionisationskontinuum. Hierbei wurde die Linienstärke proportional zu n^{-3} angenommen und die Linienbreite für die höheren Satellitenlinien gleich der instrumentell bedingten Halbwertsbreite gesetzt.

Noch detailliertere Einblicke in die Photoionisationsdynamik liefert die Untersuchung der Winkelkorrelation der beiden bei der He-Doppelionisation auslaufenden Photoelektronen. Der dreifach differentielle He-Doppelionisationsquerschnitt ist durch winkelselektierenden, koinzidenten Nachweis beider Elektronen [SKES 93, SKS$^+$ 94, SS 96, MSL$^+$ 97, BDC$^+$ 98] und die Ionen-Rückstoßspektroskopie [DFC$^+$ 97, DMJ$^+$ 00] bestimmt worden. Die Ergebnisse stellen hochgenaue Tests für die verschiedenen theoretischen Ansätze zur Behandlung der Korrelation der Bewegung der zwei auslaufenden Elektronen im Coulomb-Feld des zweifach geladenen He^{++}-Kerns [SKES 93, SKS$^+$ 94, SS 96, MSL$^+$ 97, BDC$^+$ 98, DFC$^+$ 97,

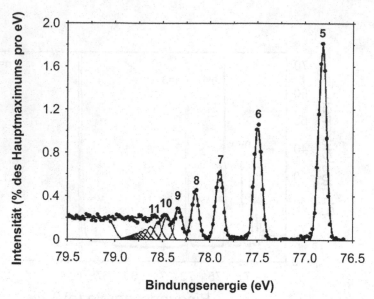

Abb. 6.4 Photoelektronenspektrum von He angeregt mit 96,5 eV-Photonen. Vergrößerter Ausschnitt des Photoelektronenspektrums im Bereich der Satellitenlinien $n > 5$ bis zur
Doppelionisationsgrenze (nach [SKA$^+$ 95])

BS 00] dar. Für linear polarisierte Strahlung kann der dreifach differentielle Photoionisationsquerschnitt (TDQ) beschrieben werden durch

$$\text{TDQ} = C(E_1, E_2, \Theta_1)|(\cos\Theta_1 + Z(E_1, E_2, \Theta_{12})\cos\Theta_2)|^2. \tag{6.3}$$

Θ_1, Θ_2 sind die Polarwinkel der Geschwindigkeitsvektoren der auslaufenden Elektronen in
Bezug auf den E-Vektor der Strahlung. Θ_{12} gibt den Winkel zwischen beiden Geschwindig-
keitsvektoren an. E_1 und E_2 sind die Energien der beiden Elektronen mit $E_1 + E_2 = E_{\text{üb}} =$
$\hbar\omega - I_\infty$. Für Gleichverteilung der Überschussenergie $E_{\text{üb}}$ ($E_1 = E_2$) wird die Funktion Z
(E_1, E_2, Θ_{12}) $= 1$. Damit verschwindet, gemäß obiger Gleichung, TDQ für $\Theta_{12} = 180°$.
Für niedrigere Überschussenergie besitzt TDQ auch für ungleiche Verteilung der Energie
($E_1 \neq E_2$) noch ein ausgeprägtes Minimum für $\Theta_{12} = 180°$. Dieses Minimum verschwin-
det für höhere Überschussenergien und deutlich verschiedene Elektronenenergien. Die in
Abb. 6.5 dargestellten TDQs [SKES 93, SKS$^+$ 94] bestätigen diese Vorhersagen der Theorie. Neuere Rechnungen [KB 98] ergaben für die obigen Bedingungen auch eine sehr gute
quantitative Übereinstimmung zwischen Theorie und Experiment. Die Elektron-Elektron-
Koinzidenzmethoden beinhalten eine Selektion der akzeptierten Winkel und Energien. Auf
Grund der kleinen Wirkungsquerschnitte und der dadurch bedingten niedrigen Zählraten ist
ein Ausmessen des gesamten Phasenraumes nicht möglich. Dies leistet für kleine Überschussenergien ($E_{\text{üb}} < 1$ eV) die Ionen-Rückstoß-Spektroskopie [DFC$^+$ 97]. Dörner et al. konnten
zeigen, dass unter diesen Bedingungen die He^{++}-Ionen bevorzugt in Richtung des E-Vektors
emittiert wurden, während die Elektronen überwiegend senkrecht zum E-Vektor auslaufen.
Als ein weiterer, sehr harter Prüfstein für Experiment und Theorie hat sich die Bestimmung

des Verhältnisses des Doppelionisationsquerschnitts σ^{++} zum Einfachionisationsquerschnitt σ^+

$$R_{ph} = \frac{\sigma^{++}}{\sigma^+} \qquad (6.4)$$

erwiesen [SSH$^+$ 98, TBW 98]. Experimentell bereitet vor allem die Abtrennung des Beitrages der Compton-Streuung große Schwierigkeiten. Hier hat die Ionen-Rückstoßspektrometrie (auch COLTRIMS genannt (*cold ion recoil momentum spectroscopy*)) entscheidende Beiträge geleistet [DMJ$^+$ 00]. In Übereinstimmung von Theorie und Experiment beträgt der Grenzwert von R_{ph} für hohe Photonenenergien 1,67 %. Das Heliumatom ist als einfachstes Mehrelektronensystem das wichtigste System zum Studium von Elektronenkorrelation. Die nichtlineare Wechselwirkung von He-Atomen mit intensiven Laserstrahlen standen im Mittelpunkt neuerer Untersuchungen. Durch den Einsatz der Strahlung des Freien-Elektronen-Lasers in Hamburg, FLASH, konnten diese Untersuchungen kürzlich in den Spektralbereich des Vakuum-Ultraviolett ausgeweitet werden [SWB$^+$ 07]. Das Verständnis der Prozesse in Helium liefert die Grundlagen für Untersuchungen an komplexen Systemen wie schweren Atomen, Molekülen und Festkörpern.

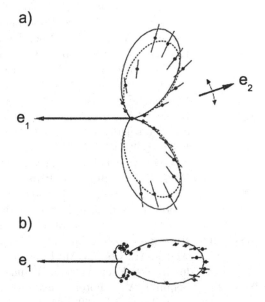

Abb. 6.5
Experimenteller (ϕ) und theoretischer ($- -$) dreifach differentieller Photoionisationsquerschnitt für die Doppelionisation von He, gemessen in der Ebene senkrecht zur Richtung des Photonenstrahls. Die Vektoren $\vec{e}_1$ und $\vec{e}_2$ geben die Richtung des ersten und des zweiten Elektrons an. Der Vektor $\vec{e}_1$ wurde parallel zur Hauptachse der Polarisationsellipse der Synchrotronstrahlung festgehalten.
a) Anregungsenergie ($\hbar\omega = 99\,\text{eV}$) 20 eV oberhalb der Doppelionisationsschwelle. Die Überschussenergie von 20 eV war gleich auf beide Elektronen verteilt ($E_1 = 10\,\text{eV}$, $E_2 = 10\,\text{eV}$).
b) Anregungsenergie ($\hbar\omega = 131{,}9\,\text{eV}$) 52,9 eV oberhalb der Doppelionisationsschwelle. Die Überschussenergie von 52,9 eV war ungleich auf die beiden Elektronen verteilt ($E_1 = 5\,\text{eV}$, $E_2 = 47{,}9\,\text{eV}$). Nach [SKES 93, SKS$^+$ 94]

Literaturverzeichnis

[BDC+ 98] Bräuning, H.; Dörner, R.; Cocke, C. L.; Prior, M. H.; Krässig, B.; Kheifets, A. S.;
Bray, I.; Bräuning-Demian, A.; Carnes, K.; Dreuil, S.; Mergel, V.; Richard, P.;
Ullrich, J.; Schmidt-Böcking, H.: Absolute Triple Differential Cross Sections for
Photo-Double Ionization of Helium - Experiment and Theory. J. Phys. B: At.
Mol. Opt. Phys. **31** (1998) 5149

[BS 96] Becker, U.; Shirley, D. A.: VUV and Soft X-Ray Photoionization. New York
and London: Plenum Press 1996

[BS 00] Briggs, J. S.; Schmidt, V.: Differential Cross Sections for Photo-Double-
Ionization of the Helium Atom. J. Phys. B: At. Mol. Opt. Phys. **33** (2000)
R1

[DFC+ 97] Dörner, R.; Feagin, I. M.; Cocke, C. L.; Brauning, H.; Jagutzki, O.; Jung, M.;
Kanter, E. P.; Khemliche, H.; Kravis, S.; Mergel, V.; Prior, M. H.; Schmidt-
Böcking, H.; Spielberger, L.; Ullrich, J.; Unversagt, M.; Vogt, T.: Fully Diffe-
rential Cross Sections for Double Photoionization of He Measured by Recoil Ion
Momentum Spectroscopy. Phys. Rev. Lett. **77** (1997) 1024

[DMJ+ 00] Dörner, R.; Mergel, V.; Jagutzki, O.; Spielberger, L.; Ullrich, J.; Moshammer,
R.; Schmidt-Böcking, H.: Cold Target Recoil Ion Momentum Spectroscopy: a
'Momentum Microscope' to View Atomic Collision Dynamics. Physics Report
330 (2000) 95

[DSR+ 96] Domke, M.; Schulz, K.; Remmers, G.; Kaindl, G.; Wintgen, D.: High-Resolution
Study of $^1P_0$ Double-Excitation States in Helium. Phys. Rev. A **53** (1996) 1424

[FVE+ 03] Fedoseenko, S. I.; Vyalikh, D. V.; E.Iossifov, I.; Follath, R.; Gorovikov, S. A.; Pu-
etner, R.; Schmidt, J. S.; Molodtsov, S. L.; Adamchuk, V. K.; Kaindl, G.: Com-
missioning Results and Performance of the High-Resolution Russian-German
Beamline at BESSY II. Nucl. Instr. and Meth. A **505** (2003) 718

[HS 75] Henrich, D. R.; Sinanoğlu, O.: Comparison of Double-Excited Helium Energy
Levels, Isoelectronic Series, Autoionization Lifetimes, and Group-Theoretical
Configuration-Mixing Predictions with Large-Configuration-Interaction Calcu-
lations and Experimental Spectra. Phys. Rev. A **11** (1975) 97

[KB 98] Kheifets, A. S.; Brays, I.: Application of the CCC Method to the Calculation
of Helium Double Photoionization Triply Differential Cross Sections. J. Phys.
B **31** (1998) L447

[Lin 84] Lin, D.: Classification and Supermultiplet Structure of Doubly Excited States.
Phys. Rev. A **29** (1984) 1019

[MSL+ 97] Malegat, L.; Selles, P.; Lablanguie, P.; Mazeau, J.; Huetz, A.: Double Photoionization II. Analysis of Experimental Triple Differential Cross Sections in Helium
and Neon. J. Phys. B **30** (1997) 263

[RSC+ 99] Rubensson, J. E.; Såthe, C.; Cramm, S.; Kessler, B.; Stranges, S.; Richter, R.;
Alagia, M.; Coreno, M.: Influence of the Radiative Decay on the Cross Section
for Double Excitations in Helium. Phys. Rev. Lett. **83** (1999) 947

[Sch 92] Schmidt, V.: Photoionization of Atoms Using Synchrotron Radiation. Rep.
Prog. Phys. **55** (1992) 1483

[SKA+ 95]   Svensson, S.; Kikas, A.; Ausmees, A.; Osborne, S. J.; Aksela, S.; de Brito, A. N.; Nömmiste, E.: High-Resolution Photoelectron Satellite Spectrum of the Exited by Synchrotron Radiation at 96,5 eV Photon Energy. J. Phys. B **28** (1995) L293

[SKD+ 96]   Schulz, K.; Kaindl, G.; Domke, M.; Buzek, J. D.; Heimann, P. A.; Schlachter, A. S.; Rost, J. M.: Observation of New Rydberg Series and Resonances in Doubly Excited Helium at Ultralight Resolution. Phys. Rev. Lett. **77** (1996) 3086

[SKES 93]   Schwarzkopf, O.; Krässig, B.; Elmiger, J.; Schmidt, V.: Energy- and Angle-resolved Double Photoionization in Helium. Phys. Rev. Lett. **70** (1993) 3008

[SKS+ 94]   Schwarzkopf, O.; Krässig, B.; Schmidt, V.; Maulbetsch, F.; Briggs, J. S.: Unequal Energy Sharing in the Angle-Resolved Double Photoionization Cross Section of Helium. J. Phys. B **27** (1994) L347

[SR 03]   Schneider, T.; Rost, J.-M.: Double Photoionization of Two-Electron Atoms Based on the Explicit Separation of Dominant Ionization Mechanisms. Phys. Rev. A **67** (2003) 062704

[SS 96]   Schwarzkopf, O.; Schmidt, V.: Experimental Determination of the Absolute Value of the Triple Differential Cross Section for Double Photoionization in Helium. J. Phys. B **28, 29** (1995, 1996) 2842, 1877

[SSH+ 98]   Samson, J. A. R.; Stolte, W. C.; He, Z.-X.; Cutler, J. N.; Lu, Y.: Double Photoionization of Helium. Phys. Rev. A **57** (1998) 1906

[SWB+ 07]   Sorokin, A. A.; Wellhöfer, M.; Bobashev, S. V.; Tiedtke, K.; Richter, M.: X-Ray-Laser Interaction with Matter and the Role of Multiphoton Ionization: Free-Electron-Laser Studies on Neon and Helium. Phys. Rev. A **75** (2007) R051402

[TBW 98]   Tang, Y. Q. Y.-Z.; Burgdörfer, J.; Wang, J.: Double Photoionization of Helium from Threshold of High Energies. Phys. Rev. A **57** (1998) R1489

6.1.2   Kohärente Elektronenemission in homonuklearen Molekülen - ein molekulares Doppelspaltexperiment

Photoionisation, Photoelektronenspektroskopie

Daniel Rolles

Quantenmechanische Kohärenz- und Interferenzphänomene spielen in der Photoionisation von Atomen und Molekülen eine bedeutende Rolle und sind ein anschauliches Beispiel für den grundlegenden Welle-Teilchen-Dualismus. Wann immer in einem Experiment zwei oder mehrere ununterscheidbare Wege zu dem gleichen Endzustand führen, führt dies zu einer Interferenz, die meist als Modulation der Signalamplitude gemessen werden kann. Typische Beispiele sind das bekannte Doppelspaltexperiment, in dem ein Teilchen analog zu einer Welle an zwei dicht beieinanderliegenden Spalten gebeugt wird und auf einem dahinterliegenden Schirm ein Beugungsmuster aus hellen und dunklen Streifen erzeugt, oder auch das Auftreten von sogenannten Autoionisations-Resonanzen in der Photoionisation (siehe Abschnitt 6.1.1). Ein spezielles Beispiel für quantenmechanische Ununterscheidbarkeit sind homonukleare Moleküle, deren Inversionssymmetrie zu einer Delokalisierung aller Elektronenzustände, insbesondere auch der stark gebundenen Innerschalenelektronen, und dadurch zu eine Energieaufspaltung in Orbitale mit gerader (g) und ungerader (u) Symmetrie führt. Abb. 6.6 zeigt dies schematisch für die 1s-Elektronen im Stickstoff-Molekül.

Wird nun eines dieser Elektronen in einem homonuklearen Molekül durch Photoemission herausgelöst und in einem Detektor nachgewiesen, so ist wegen der Inversionssymmetrie des Moleküls nicht entscheidbar, von welchem der beiden Atome das Elektron emittiert wurde, und die beiden ununterscheidbaren Wege führen zu einer Doppelspalt-Interferenz. Während dieser Effekt im totalen Wirkungsquerschnitt als energieabhängige Modulation sichtbar ist [CF 66], ist das entsprechende Interferenzmuster in der Photoelektronen-winkelverteilung direkt beobachtbar, wie schematisch in Abb. 6.7 gezeigt.

Wird das Elektron entweder lokalisiert von Atom A oder von Atom B emittiert, ergibt sich wegen der Streuung am Nachbaratom eine asymmetrische Elektronenverteilung. Bei kohärenter Emission von beiden Atomen ergeben sich hingegen zwei symmetrische, aber sehr unterschiedliche Winkelverteilungen, je nachdem ob die Emission in Phase (aus dem $1\sigma_g$-Zustand) oder außer Phase (aus dem $1\sigma_u$-Zustand) stattfindet.

Um die in Abb. 6.7 gezeigten theoretischen Winkelverteilungen experimentell zu überprüfen, sind allerdings einige technische Hürden zu überwinden, die dazu führten, dass das entsprechende Experiment erst vor kurzem möglich war [RBC$^+$ 05]. Zum einen sind die $1\sigma_g$- und $1\sigma_u$-Zustände im N$_2$-Molekül nur ca. 100 meV getrennt, was für elektronenspektroskopische Messungen bis vor wenigen Jahren eine große Herausforderung war. Und zum anderen befinden sich Moleküle in der Gasphase meist in einer völlig zufälligen Orientierung, sodass

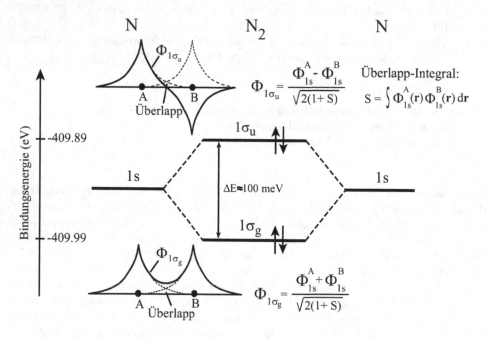

Abb. 6.6 Aufspaltung der atomaren 1s-Zustände in $1\sigma_g$- und $1\sigma_u$-Molekülzustände, deren Bindungsenergieunterschied im N$_2$-Molekül etwa 100 meV beträgt

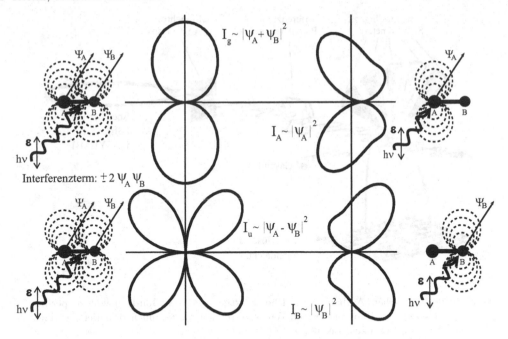

Abb. 6.7 Vorhersage der Photoelektronen-Winkelverteilung für kohärente Emission aus dem $1\sigma_g$-(links oben) und $1\sigma_u$-(links unten) Molekülorbital in N_2 im Vergleich zu lokalisierter Emission ausgehend von jeweils einem der beiden Atome (rechts)

sich die charakteristischen Interferenzmuster, die in Abb. 6.7 für eine feste Ausrichtung der Molekülachse senkrecht zum Polarisationsvektor gezeigt sind, bei der zwangsläufigen Integration über alle Winkel herausmitteln. Zwar können Moleküle in bestimmten Fällen z. B. durch Adsorption an Oberflächen oder in geeigneten Feldern räumlich ausgerichtet werden, jedoch beeinflussen diese Methoden im Allgemeinen die Photoelektronen-Winkelverteilung z. B. durch Streuung an der Oberfläche bzw. den Einfluss der Felder. Am saubersten lässt sich die Photoelektronen-Winkelverteilung von räumlich orientierten (*fixed in space*) Molekülen daher messen, wenn die Orientierung der Molekülachse nachträglich bestimmt wird und bei der Datenauswertung nur die zu einer bestimmten Achsenausrichtung gehörenden Ereignisse selektiert werden. Dies lässt sich in einem Photoelektron-Fragment-Ion-Koinzidenzexperiment realisieren, wie es schematisch in Abb. 6.8 dargestellt ist. Nach Innerschalenionisation relaxieren kleine Moleküle in der Regel durch einen Auger-Zerfall in einen antibindenden Molekülzustand, der in zwei geladene Fragmente zerfällt, welche durch die Coulomb-Abstoßung in entgegengesetzte Richtungen emittiert werden. Wegen der deutlich geringeren Masse der Elektronen können diese in wenigen hundert Nanosekunden in einem Flugzeitspektrometer detektiert werden, während sich die Fragment-Ionen nur wenig von ihrem ursprünglichen Ort entfernt haben. Durch ein gepulstes Abzugsfeld werden diese Ionen dann auf einen ortsauflösenden Multihit-Detektor beschleunigt, mit dem durch

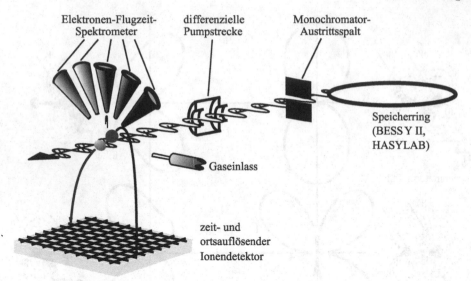

Abb. 6.8 Schematischer Aufbau eines Photoelektron-Fragment-Ion-Koinzidenzexperiments zur
Messung der Photoelektronen-Winkelverteilung an räumlich orientierten Molekülen in
der Gasphase nach [Bec 00]

Messung der Auftrefforte und Flugzeiten die Impulse der Ionen bestimmt werden können.[2]
Sofern die Fragmentation der Moleküle schneller als deren Rotation ist, spiegelt die Richtung
der Impulsvektoren die Orientierung der Molekülachse zum Zeitpunkt der Photoionisation
wieder.

Durch den winkelaufgelösten Nachweis der Photoelektronen in mehreren Flugzeitspektrometern kann auf diese Weise die Photoelektronenverteilung im Molekülsystem, d. h. für feste
Ausrichtung der Molekülachse relativ zur Polarisationsrichtung der Synchrotronstrahlung,
gemessen werden. Abb. 6.9 zeigt die so bestimmten experimentellen Winkelverteilungen für
die Innerschalen-Photoionisation von N_2-Molekülen für zwei verschiedene Orientierungen
der Molekülachse. Die Messdaten sind in guter Übereinstimmung mit den Vorhersagen des
Modells der kohärenten Emission.

Der Unterschied zwischen der kohärenten Elektronenemission in homonuklearen Molekülen
im Vergleich zu der lokalisierten Emission in heteronuklearen Molekülen lässt sich besonders deutlich auch an der unterschiedlichen Photoelektronenbeugung zeigen. Wichtig ist
hierbei wiederum, dass das Experiment an freien Molekülen, also mit Hilfe der beschriebenen Koinzidenzmethode, durchgeführt wird und nicht, wie in den meisten Beugungsexperimenten üblich, mit an Oberflächen adsorbierten Molekülen (siehe Abschnitt 6.2.1). In der
Photoelektronenbeugung (oder auch Diffraktion) wird die Streuung der ausgehenden Photoelektronenwelle am Nachbaratom im Molekül genutzt, um Strukturinformationen, wie
die Bindungslänge zu erhalten. Werden die Photoelektronen z. B. entlang der Molekülachse

---

[2]Da die Ereignisrate viel kleiner ist als die Repititionsrate der Synchrotronstrahlung, können Elektronen
und Ionen eindeutig zueinander zugeordnet werden.

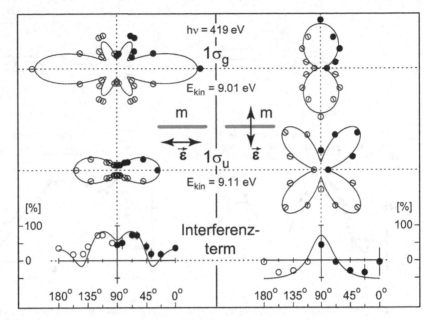

Abb. 6.9 Photoelektronen-Winkelverteilungen (für $1\sigma_g$ bzw. $1\sigma_\mu$ bei leicht unterschiedlichen Energien) für die Innerschalen-Photoionisation von N_2-Molekülen für zwei verschiedene Orientierungen der Molekülachse m, parallel und senkrecht zur Polarisationsrichtung ϵ der Synchrotronstrahlung. Die unteren beiden Kurven zeigen die Differenz der $1\sigma_g$- und $1\sigma_u$-Verteilungen, die dem Interferenzterm $\psi_A\psi_B$ aus Abb. 6.7 entspricht, nach [RBC$^+$ 05].

detektiert, so ist der Weglängenunterschied Δs zwischen Primärwelle und gestreuter Welle genau die doppelte Bindungslänge R, wie in Abb. 6.10 schematisch dargestellt.[3] Wird nun die kinetische Energie und damit die Wellenlänge der Photoelektronen durch Änderung der Photonenenergie variiert, führt die Interferenz zwischen direkter und gestreuter Welle zu einer Intensitätsoszillation, deren Fourier-Transformierte dem Kehrwert der doppelten Bindungslänge entspricht. Da der Streuquerschnitt für steigende Elektronenenergie exponentiell abnimmt, fällt auch die Oszillationsamplitude rasch ab, wie in Abb. 6.10 in der Diffraktion an CO-Molekülen zu sehen. In homonuklearen Molekülen, in Abb. 6.10 wieder am Beispiel von N_2 gezeigt, kommt zusätzlich zu der Interferenz zwischen direkter und gestreuter Welle nun noch die dominierende Interferenz zwischen den von beiden Atomen kohärent emittierten Wellen hinzu, deren Weglängendifferenz jedoch nur der einfachen Bindungslänge entspricht und die daher zu einer Oszillation mit halber Frequenz im Vergleich zu CO führt [ZRL$^+$ 08].[4]

---

[3]In der Praxis treten bei der Streuung zusätzliche, energieabhängige Phasenänderungen auf, die bei der Interpretation der Diffraktionsdaten berücksichtigt werden müssen.

[4]Bei niedrigen kinetischen Energien unter ca. 20 eV, insbesondere im Bereich der sogenannten Shape-Resonanz (Abschnitt 6.1.6), gewinnt auch Mehrfachstreuung an Bedeutung, was zu zusätzlichen Strukturen in den Diffraktionskurven führt.

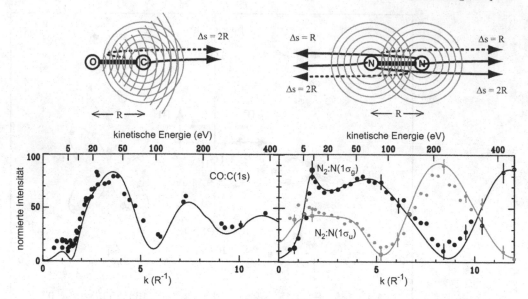

Abb. 6.10 Photoelektronenbeugung in heteronuklearen (links) und homonuklearen (rechts) Molekülen im Vergleich. In CO führt die Interferenz zwischen direkter und gestreuter Welle zu einer Oszillation, deren Periode proportional zum Kehrwert der doppelten Bindungslänge R ist. In N_2 dominiert die Interferenz zwischen den beidseitig kohärent emittierten Wellen, deren Weglängenunterschied der einfachen Bindungslänge entspricht. Wegen des unterschiedlichen Vorzeichens bei der Interferenz im $1\sigma_g$- und $1\sigma_u$-Kanal sind die entsprechenden Diffraktionskurven in N_2 genau um eine halbe Periode phasenverschoben. (nach [ZRL$^+$ 08])

Nachdem mit Hilfe der Photoelektronen-Winkelverteilungen und der Photoelektronenbeugung der Unterschied zwischen kohärenter Emission in N_2 und lokalisierter Emission in CO klar herausgearbeitet werden konnte, stellt sich die Frage, ob und inwiefern es möglich ist, durch Variation geeigneter Parameter zwischen diesen beiden Extremfällen hin- und herzuschalten oder auch einen Zwischenfall zu konstruieren. Als eine Möglichkeit bietet sich die Untersuchung von isotopengemischten Stickstoffmolekülen an, bei denen eines der üblichen ^{14}N-Atome durch ein ^{15}N-Atom ersetzt ist. In diesem Fall ist die Inversionssymmetrie des Moleküls gebrochen, und die beiden Atome sind nun unterscheidbar. Da die Masse der Atomkerne jedoch nur sehr geringen Einfluss auf die Wellenfunktion der Elektronen hat, ist deren Inversionssymmetrie nur leicht gestört. Diese Symmetriebrechung, mathematisch darstellbar als Linearkombination der $1\sigma_g$- und $1\sigma_u$-Orbitale, führt zu einer partiellen Lokalisierung der Innerschalenelektronen und daraus resultierend zu einer leichten Änderung der Photoelektronen-Winkelverteilung in Form einer kleinen Beimischung eines lokalisierten Anteils. Wegen der zu erwartenden Schwäche dieses Effekts wurde das entsprechende Experiment allerdings nicht in einer koinzidenten Anordnung durchgeführt, sondern die Auswirkung der partiellen Lokalisierung direkt auf das Photoelektronenspektrum untersucht, da so erheblich höhere Zählraten eine weit bessere Signalstatistik ermöglichen. Abb. 6.11

zeigt das hochaufgelöste Photoelektronenspektrum der Stickstoff-1s-Linie, in dem die Vibrationskomponenten der $1\sigma_g$- und $1\sigma_u$-Photolinien durch einen Fit getrennt sind. Um die kleinen Unterschiede zwischen den $^{14}N^{14}N$- und $^{14}N^{15}N$-Molekülen stärker hervorzuheben, ist direkt darunter das Verhältnis der entsprechenden Spektren aufgetragen.

Der größte Unterschied zwischen den $^{14}N^{14}N$- und $^{14}N^{15}N$-Spektren sind die leicht verschobenen Vibrationskomponenten $\nu = 1$ und $\nu = 2$, die zu einer Oszillation des spektralen Verhältnisses unterhalb von 8.8 eV führen. Die Verschiebung beruht auf einer etwas kleineren Vibrationsenergie des $^{14}N^{15}N$-Moleküls auf Grund der größeren reduzierten Masse. Darüber hinaus tritt jedoch ein weiterer, winkelabhängiger Unterschied am hochenergetischen Rand des Spektrums auf, in Abb. 6.11 schattiert unterlegt, der nur durch eine Änderung der Intensität und Winkelverteilungen der $1\sigma_g$- im $N^{14}N^{15}$ und $1\sigma_u$-Photoelektronen im $N^{14}N^{14}$ auf Grund des Symmetriebruchs zu erklären ist. Das spektrale Verhältnis zwischen $^{14}N^{14}N$ und doppelt-substituiertem $^{15}N^{15}N$ mit ungebrochener Symmetrie, das zur Kontrolle gemessen wurde, zeigt in diesem Bereich wie erwartet einen glatten Verlauf, wohingehend sich der Masseneffekt auf die Vibration noch verstärkt.

Während ein Symmetriebruch durch Isotopensubstitution also einen *partiellen* Übergang

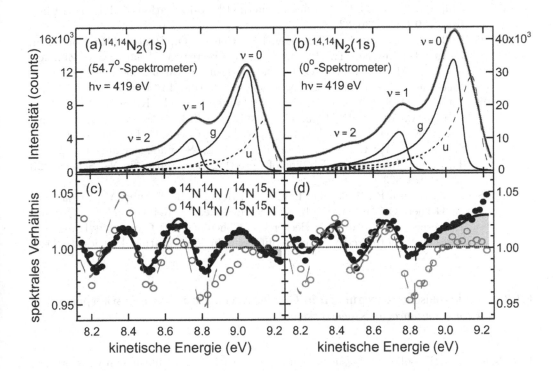

Abb. 6.11 Hochaufgelöste Photoelektronenspektren der Stickstoff-1s-Linie, gemessen unter (a) 54,7° und (b) 0° zum Polarisationsvektor. (c) und (d) zeigen das Verhältnis der $^{14}N^{14}N$- und $^{14}N^{15}N$- bzw. $^{14}N^{14}N$- und $^{15}N^{15}N$-Spektren für beide Winkel zusammen mit theoretischen Vorhersagen (durchgezogene und gestrichelte Linien). Die schattierten Bereiche markieren den Effekt des Symmetriebruchs. (nach [RBC$^+$ 05])

von kohärenter zu lokalisierter Emission hervorruft – wenn auch nur in einem sehr geringen Grad –, lassen sich andere Experimente vorstellen, in denen ein *kontinuierlicher* Übergang zwischen beiden Fällen bewirkt oder auch das eine oder andere Extrem durch entsprechende Selektion der Ereignisse ausgewählt werden kann. Zum Beispiel ist es unlängst gelungen, die Elektronenemission durch eine Mehrfachkoinzidenzmessung von Photo- und Auger-Elektron zusammen mit den Fragment-Ionen zu lokalisieren [STP$^+$ 08]. Andererseits wird es im Zuge der Entwicklung von ultrakurzen VUV-Lichtquellen, wie z.B. Freie-Elektronen-Lasern (FEL), in Kürze auch möglich sein, in Innerschalen-*pump-probe*-Experimenten die Lokalisation und Delokalisation von Molekülorbitalen zeitaufgelöst zu verfolgen und so noch tiefere Einblicke in die zugrunde liegenden Mechanismen zu erlangen und die Elektronen- und Kernbewegung in Molekülen in Echtzeit zu verfolgen.

Literaturverzeichnis

[Bec 00]   Becker, U.: Angle-Resolved Electron–Electron and Electron–Ion Coincidence Spectroscopy: New Tools for Photoionization Studies. J. Electron Spectrosc. Relat. Phenom. **112** (2000) 47–65

[CF 66]   Cohen, H. D.; Fano, U.: Interference in the Photo-Ionization of Molecules. Phys. Rev. **150** (1966) 30–33

[RBC$^+$ 05] Rolles, D.; Braune, M.; Cvejanović, S.; Geßner, O.; Hentges, R.; Korica, S.; Langer, B.; Lischke, T.; Prümper, G.; Reinköster, A.; Viefhaus, J.; Zimmermann, B.; McKoy, V.; Becker, U.: Isotope-Induced Partial Localization of Core Electrons in the Homonuclear Molecule N$_2$. Nature **437** (2005) 711–715

[STP$^+$ 08] Schöffler, M. S.; Titze, J.; Petridis, N.; Jahnke, T.; Cole, K.; Schmidt, L. P. H.; Czasch, A.; Akoury, D.; Jagutzki, O.; Williams, J. B.; Cherepkov, N. A.; Semenov, S. K.; McCurdy, C. W.; Rescigno, T. N.; Cocke, C. L.; Osipov, T.; Lee, S.; Prior, M. H.; Belkacem, A.; Landers, A. L.; Schmidt-Böcking, H.; Weber, T.; Dörner, R.: Ultrafast Probing of Core Hole Localization in N$_2$. Science **320** (2008) 920–923

[ZRL$^+$ 08] Zimmermann, B.; Rolles, D.; Langer, B.; Hentges, R.; Braune, M.; Cvejanović, S.; Geßner, O.; Heiser, F.; Korica, S.; Lischke, T.; Reinköster, A.; Viefhaus, J.; Dörner, R.; McKoy, V.; Becker, U.: Coherence and Coherence Transfer in Molecular Photoelectron Double-Slit Experiments. Nature Physics **4** (2008) 649–655

6.1.3   Elektronische Anregungen in Clustern: Vom Atom zum Festkörper
Fluoreszenzanregungsspektroskopie
Thomas Möller

In diesem Abschnitt sollen Untersuchungen der elektronischen Struktur von Clustern mit Hilfe von Synchrotronstrahlung vorgestellt werden. Unter Clustern sind hier kleine Ansammlungen von identischen Atomen oder Molekülen zu verstehen. Man kann sie als große Moleküle oder kleine Festkörper ansehen. Wie sich an den folgenden Beispielen zeigen wird, besitzen Cluster besondere Eigenschaften, die direkter Ausdruck ihrer geringen Größe sind. Sie unterscheiden sich daher z.T. wesentlich von Molekülen und Festkörpern. Die Physik der Cluster ist ein junger, faszinierender Teilbereich der Physik, der sich in einem stürmischen Aufschwung befindet. Hier kann dieses mittlerweile breite und interdisziplinäre Gebiet nur kurz angerissen werden. Detaillierte Darstellungen finden sich in Übersichtsartikeln und Büchern [Hab 93, Hab 06]. Zwei Fragestellungen in der Clusterphysik sind von besonders fundamentalem Interesse:

1. Wie entstehen die Eigenschaften der kondensierten Materie, wenn man immer mehr Atome zusammenbringt?
2. Besitzen Cluster Eigenschaften, die sich bei Molekülen und makroskopischen Festkörpern nicht finden?

Bevor die elektronischen Anregungen diskutiert werden, sind einige einführende Bemerkungen notwendig. Von grundlegender Bedeutung ist die geometrische Struktur von Clustern, die ganz wesentlich die Stabilität, die elektronische Struktur und die thermodynamischen Eigenschaften prägt. In Abb. 6.12 ist die geometrische Struktur von einigen ausgewählten Edelgasclustern dargestellt. Naturgemäß hängt die geometrische Struktur stark vom Bindungsmechanismus ab, die Struktur kovalent, metallisch oder ionisch gebundener Cluster kann daher ganz anders aussehen. Auf Methoden der Strukturbestimmung und Ergebnisse für Cluster und Nanokristalle wird in Abschnitt 6.1.5 eingegangen. Die in Abb. 6.12 dargestellten Cluster sind besonders stabile Konfigurationen, bestehend aus 13, 55, 147, ... Atomen, Cluster mit sogenannten geometrischen Schalenabschlüssen. Die Atome sind schalenweise um ein Zentralatom herum arrangiert. Der kleinste Cluster dieser Art besteht aus einem Zentralatom und 12 Atomen in der äußersten Schale. Man könnte erwarten, dass diese Anordnung bereits ein Ausschnitt aus einem fcc-Gitter ist, sehr kleine Cluster also bereits in der gleichen Art wie der makroskopische Festkörper kristallieren. Theoretische Arbeiten [XNFD 98] und experimentelle Arbeiten [vdW 96] belegen jedoch, dass diese Cluster eine Ikosaederstruktur mit fünfzähliger Symmetrie besitzen. Da fünfzählige Symmetrien mit der Translationssymmetrie von Festkörpern nicht vereinbar sind, ist dies ein erstes Beispiel für eine grundlegend neue Eigenschaft von Clustern.

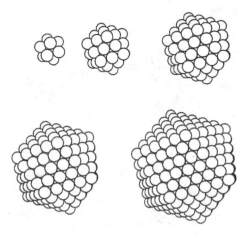

Abb. 6.12
Struktur von Edelgasclustern, hier am Beispiel von Argon. Für $N = 13$ Atome erhält man eine Ikosaederstruktur, bei der ein inneres Atom von zwei fünfzähligen Kappen mit sechs Atomen umgeben ist. Bei größeren Clustern lagern sich weitere Atome an, bis bei $N = 55$, 147, 309 und 561 die nächsten Schalen gefüllt sind. Die hier dargestellten Strukturen sind die energetisch stabilsten, perfekten Strukturen. Im Experiment werden auch diverse andere, nicht hoch-symmetrische Strukturen erzeugt. (nach [Hab 06, Jor 92])

Im Folgenden soll darauf eingegangen werden, welche elektronischen Anregungen Edelgascluster besitzen. Edelgascluster sind hier als Modellsysteme für Isolatoren anzusehen; Metallcluster zeigen selbstverständlich ein völlig anderes Verhalten. Da die elektronischen Anregungen von Edelgasatomen und festen Edelgasen im Energiebereich 8–25 eV (Xe bis He) liegen, wird zur Untersuchung hochenergetische und zugleich intensive UV-Strahlung benötigt. Hier kommt die Synchrotronstrahlung ins Spiel.

Als Einstieg ist in Abb. 6.13 ein Energiediagramm der elektronischen Anregungen von Edelgasatomen und festen Edelgasen dargestellt. Die elektronisch angeregten Zustände von Edelgasatomen lassen sich als Rydberg-Zustände charakterisieren. Da die Spin-Bahn-Wechselwirkung der schweren Edelgase wie Argon recht groß ist, ergeben sich mehrere Spin-Bahn-aufgespaltene Serien vom p-symmetrischen Grundzustand in s- bzw. d-symmetrische angeregte Zustände. Elektronische Anregungen in Isolatoren lassen sich im Bild von Exzitonen als gebundene Elektron-Loch-Paare beschreiben. Sie bilden eine wasserstoffähnliche Serie und werden daher meist mit den Quantenzahlen der Wasserstoff-Niveaus 1,2,3 ... gekennzeichnet (siehe Abb. 6.13). Sowohl die Rydberg-Zustände als auch die Exzitonen konvergieren zur Ionisationsgrenze bzw. dem Leitungsbandboden. Da die Bandlücke von festem Argon kleiner ist als das Ionisationspotential von Argonatomen, erwartet man, dass die Ionisationsenergie mit zunehmender Clustergröße abnimmt. Dies konnte in der Tat durch Photoionisationsexperimente mit Synchrotronstrahlung nachgewiesen werden [Jor 92]. Die Änderung des Ionisationspotentials ΔE ist proportional zu $1/R$, wobei R der Clusterradius ist. Die Absenkung des Ionisationspotentials lässt sich folgendermaßen verstehen: Nach der Ionisation verlässt ein Elektron den Cluster, sodass ein positiv geladener Cluster zurückbleibt. Die positive Ladung im Inneren polarisiert den Cluster, d. h. bei der Ionisation wird diese Polarisationsenergie frei. Anders ausgedrückt, die Ionisationsenergie wird gerade um diese Polarisationsenergie erniedrigt. Da die Polarisationsenergie einer einfach geladenen

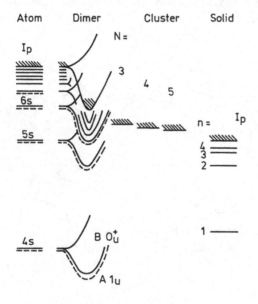

Abb. 6.13
Schematisches Energieniveau-Diagramm für Edelgase am Beispiel von Argon. Es sind nur ausgewählte Energieniveaus dargestellt, beim Atom und den Molekülen lediglich Zustände mit s-symmetrischem Charakter. Die Ionisationsenergien von Atomen, Molekülen, Clustern und dem Festkörper sind schraffiert gekennzeichnet. Außerdem sind die Energielagen der Exzitonen des Festkörpers eingezeichnet.

kleinen Kugel proportional zu $1/R$ ist, wird die experimentell beobachtete Abnahme der Ionisationsenergie in guter Näherung in diesem Modell erklärt [Jor 92].

Die elektronischen Anregungen von Edelgasclustern und deren Entwicklung mit der Clustergröße können im Prinzip über die Absorption der Cluster untersucht werden. Da die Absorption der Cluster auf Grund der geringen Teilchendichte sehr schwach ist, bietet es sich im Falle von Edelgasclustern an, die Absorption über die Fluoreszenzausbeute zu messen. Bei dieser Messmethode ist die Intensität der Fluoreszenz ein Maß für den Absorptionswirkungsquerschnitt. Abb. 6.14 zeigt als Überblick auf diese Weise aufgenommene Absorptionsspektren von Edelgasclustern, bestehend aus etwa 10 bis 150 Atomen. Es handelt sich hier um die Absorption von Valenzband-Elektronen in die ersten optisch erlaubten elektronisch angeregten Zustände. In der unmittelbaren Nähe der Absorptionskante zeigen alle Spektren starke Strukturen. Die Absorptionslinien und Banden können verschiedenen Arten von elektronisch angeregten Zuständen zugeordnet werden. Da es sich hier um Isolatoren handelt, kann man erwarten, dass sich das angeregte Elektron um die positive Ladung bewegt. In Clustern kann man die Anregungen hinsichtlich des Verhältnisses vom Clusterradius R und dem Radius des angeregten Orbitals r_e in verschiedene Kategorien einteilten: R kann kleiner, größer oder vergleichbar r_e sein.

1. $R < r_e$; hier ist das angeregte Orbital größer als der Clusterradius. Die elektronischen Anregungen ähneln denen der Rydberg-Zustände von Atomen und Molekülen. Diese Art von Anregungen findet sich in Clustern vorzugsweise bei Anregungsenergien geringfügig unterhalb der Ionisationsschwelle, da der Radius der angeregten Orbitale im Rahmen des Modells für das Wasserstoffatom proportional zu n^2 ist, wobei n die Hauptquantenzahl ist. Da die Bindungsenergie proportional zu $1/n^2$ ist, nimmt der Radius zur Ionisationsgrenze hin zu. In Clustern überlagern sich eine große Anzahl von Rydberg-Zuständen, sodass sich unterhalb der Ionisationsgrenze ein nahezu strukturloses Kontinuum zeigt (Abb. 6.14).

2. $R > r_e$; der zweite Bereich ist durch das andere Extrem gekennzeichnet, der Clusterradius ist hier größer als der Radius der angeregten Orbitale. In diesem Fall können die elektronisch angeregten Zustände im Cluster als Exzitonen interpretiert werden. Die stärksten Absorptionsbanden im Cluster (Abb. 6.14 (b) und (d)) werden sogenannten Frenkel-Exzitonen zugeordnet. Sie sind zwar bandartige Festkörperanregungen, doch da der Radius der elektronischen Anregung kleiner als der Nächste-Nachbarn-Abstand der Atome ist, können sie als quasi-atomare Anregungen im Festkörper betrachtet werden. Es gibt zwei verschiedene Absorptionsbanden und entsprechende Exzitonen, je nachdem, ob sich die Anregung direkt an der Oberfläche oder im Inneren des Clusters befindet.

3. $R \approx r_e$; in diesem Übergangsbereich sollten sich die geringen Abmessungen der Cluster besonders stark auswirken. Ein Beispiel für solche Anregungen ist in Abb. 6.14 (c) dargestellt. Die schwachen, mit einem Pfeil gekennzeichneten Absorptionsbanden werden nur in Clustern in einem engen Größenbereich beobachtet. Vom Charakter her ähneln sie den Exzitonen des Festkörpers, die Elektronen besitzen jedoch ein hohe Aufenthaltswahrscheinlichkeit sowohl innerhalb als auch außerhalb des Clusters. In dem in Abb. 6.14 (c) gezeigten Beispiel hat die radiale Aufenthaltswahrscheinlichkeit des angeregten Elektrons zwei Maxima, eins innerhalb und eins außerhalb des Clusters. Es zeigt sich, dass die Anzahl dieser schwachen, aber im Vergleich zum Festkörper sehr scharfen Absorptionsbanden von der Clustergröße abhängt. Die Anzahl der Banden spiegelt die Zahl der Schalen von Atomen im Cluster wieder [JMWM 93]. Diese Art von Anregungen können nur in Clustern beobachtet werden und sind daher ein Beispiel für spezielle Eigenschaften von Clustern.

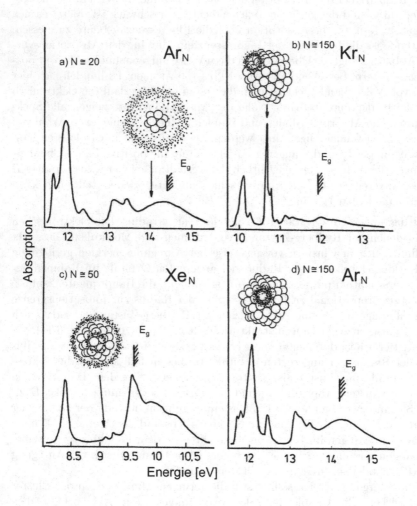

Abb. 6.14 Absorptionsspektren von kleinen Argon- (a) und (d), Krypton- (b) und Xenon- (c) Clustern. Die mittlere Clustergröße N ist in den Abbildungen angegeben. Der Charakter der Anregungen ist durch die radiale Aufenthaltsverteilung der Elektronen (gepunktet) illustriert.

Als Nächstes soll die Entwicklung der elektronischen Anregungen und der Absorptionsspektren mit der Clustergröße diskutiert werden. Abb. 6.15 zeigt einen Ausschnitt des Absorptionsspektrums in Abb. 6.14 (b) für verschiedene Clustergrößen. Mit zunehmender Clustergröße gewinnt die Absorption der Cluster Struktur, die der Absorption des Festkörpers ähnelt. Die Absorptionsbanden können als Oberflächen- und als Volumenexzitonen interpretiert werden. In kleinen Clustern sind bevorzugt Oberflächenexzitonen präsent. Mit zunehmender Clustergröße steigt die Intensität der Volumenexzitonen, die in einen transversalen und einen longitudinalen Zweig aufgespalten sind. Auf die Ursache dieser Zweige soll hier nicht näher eingegangen werden. Sowohl die Oberflächen- als auch die Volumenexzitonen sind energetisch nahe bei entsprechenden elektronischen Anregungen des Atoms. Dies ist charakteristisch für Frenkel-Exzitonen, die, wie bereits erwähnt, als quasi-atomare Anregungen im Festkörper aufgefasst werden können. Die Zunahme der Intensität der Volumenexzitonen ist nicht überraschend, da der Anteil der Atome im Inneren des Clusters mit zunehmender Clustergröße wächst. Dies soll hier noch etwas genauer analysiert werden. In einem einfachen Modell für einen sphärischen Cluster aus N Atomen ergibt sich für die Anzahl N_s der Oberflächenatome folgende Relation [Jor 92]:

$$N_s/N = 4N^{-1/3}. \tag{6.5}$$

Aus den Absorptionsspektren in Abb. 6.15 kann das Verhältnis des Wirkungsquerschnitts I_s der Absorption der Oberflächenatome zur Gesamtabsorption I_{tot} bestimmt werden. Dieses Verhältnis I_s/I_{tot} ist in Abb. 6.16 als Funktion von $N^{-1/3}$ dargestellt. Es zeigt sich, dass dieses Verhältnis recht gut dem oben genannten Anteil der Oberflächenatome folgt. Dies bedeutet, dass nur die Oberflächenatome, d.h. die erste Schale von Atomen, zur Absorption der Oberflächenexzitonen beitragen. Atome im Inneren der Kryptoncluster tragen zu den Volumenexzitonen bei [SWM 89]. Dieses Ergebnis scheint auf den ersten Blick recht plausibel; es muss allerdings erwähnt werden, dass es in Clustern aus anderen Materialien abweichende Resultate gibt. Die Oberflächenschicht, die für die Absorption der Oberflächenexzitonen verantwortlich ist, kann sowohl dünner als auch deutlich dicker als eine Monolage sein [WM 91]. Hier spielen verschiedene Parameter wie die Oszillatorstärke und der Exzitonenradius eine wesentliche Rolle. Oberflächenanregungen spielen nicht nur in Edelgasen [WJZM 91], sondern auch in Systemen wie den kürzlich entdeckten Nanodiamanten eine wichtige Rolle, wie neue Experimente zeigen [WBvB+ 05].

Die hier vorgestellten Ergebnisse sind ein Beispiel für die Untersuchung der elektronischen Anregungen von Clustern mit Hilfe von Synchrotronstrahlung. Sie belegen, dass einige Festkörpereigenschaften – hier die Bildung von Exzitonen – bereits in Clustern von einigen hundert Atomen ausgebildet sind. Dies gilt jedoch nicht generell. Die für Metalle charakteristischen Anregungen – kollektive Schwingungen der Elektronen gegen die Ionen (Plasmonen) – können bereits in Clustern mit weniger als zehn Atomen beobachtet werden [Hab 93]. Andererseits werden Exzitonen in einigen Halbleiterclustern und Wannier-Exzitonen mit großer Hauptquantenzahl $n = 3$ oder 4 erst ab einer Clustergröße von mehr als 10^5 Atomen klar erkennbar [Bru 86, WJZM 91]. Die Frage, ab welcher Clustergröße Festkörpereigenschaften auftreten, kann so gesehen nicht allgemein beantwortet werden.

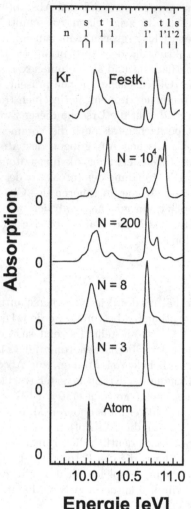

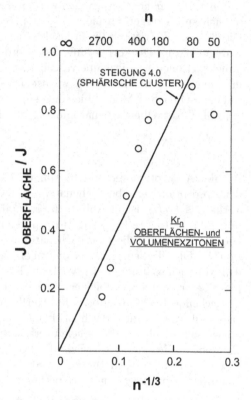

Abb. 6.15
Absorptionsspektren von Kryptonclustern im Vergleich mit der Absorption von atomarem und festem Krypton in der Nähe der Absorptionskante im VUV. Die Energielage der Exzitonen im Festkörper ist im oberen Teil der Abbildung markiert. Oberflächenexzitonen mit s bzw. s', (s steht für *surface*), Volumenexzitonen mit l, t bzw. l', t' (l steht für longitudinal, t für transversal). (siehe auch [SWM 89])

Abb. 6.16
Anteil der Absorption der Oberflächenexzitonen an der Gesamtabsorption. Die Gerade mit der Steigung 4 gibt die theoretische Vorhersage für sphärische Cluster wieder. (nach [Jor 92, SWM 89])

Literaturverzeichnis

[Bru 86]   Brus, L.: Electronic Wave Functions in Semiconductor Clusters: Experiment and Theory. J. Phys. Chem. **90** (1986) 2555

[Hab 93]   Haberland, H.: Clusters of Atoms and Molecules. Berlin, Germany: Springer 1993

[Hab 06]   Haberland, H.: cluster, in: Bergmann/Schaefer: Lehrbuch der Experimentalphysik Band 5 Gase, Nanosysteme, Flüssigkeiten. Berlin, Germany: de Gruyter 2006

[JMWM 93]   Joppien, M.; Müller, R.; Wörmer, J.; Möller, T.: Observation of Cluster-Specific Excitations in Xe Clusters. Phys. Rev. B **47** (1993) 12984

[Jor 92]   Jortner, J.: Cluster Size Effects. Z. Phys. D **24** (1992) 247

[SWM 89]   Stapelfeldt, J.; Wörmer, J.; Möller, T.: Evolution of Electronic Energy Levels in Kr Clusters from the Atom to the Solid. Phys. Rev. Lett. **62** (1989) 98

[vdW 96]   van de Waal, B. W.: New Evidence for a Size-Dependent Icosahedral → fcc Structural Transition in Rare Gas Clusters. Phys. Rev. Lett. **76** (1996) 1083

[WBvB$^+$ 05] Willey, T. M.; Bostedt, C.; van Buuren, T.; Dahl, J. E.; Liu, S. G.; Carlson, R. M. K.; Terminello, L. J.; Möller, T.: Molecular Limits to the Quantum Confinement Model in Diamond Clusters. Phys. Rev. Lett. **95** (2005) 113401

[WJZM 91]   Wörmer, J.; Joppien, M.; Zimmerer, G.; Möller, T.: Formation and Confinement of Wannier Excitons in Free Argon Clusters. Phys. Rev. Lett. **67** (1991) 2053

[WM 91]   Wörmer, J.; Möller, T.: On the Nature of Bulk and Surface Excitations in Argon Clusters. Z. Phys. D **20** (1991) 39

[XNFD 98]   Xie, J.; Northby, J. A.; Freeman, D. L.; Doll, J. D.: Theoretical Studies of the Energetics and Structures of Atomic Clusters. J. Chem. Phys. **91** (1998) 612

6.1.4   Photochemische Prozesse in Clustern: Desorption, Fragmentation und Coulomb-Explosion

Fluoreszenzspektroskopie, Photoionisation, Koinzidenztechniken
Thomas Möller

Photochemische Prozesse spielen in der Chemie, der Biologie und der Physik eine zentrale Rolle. Wichtige Beispiele sind Dissoziationsprozesse in der Atmosphäre, die Photosynthese und die Bildung von Silberkeimen beim photographischen Prozess. Die Reaktionen laufen in Molekülen, Flüssigkeiten und Festkörpern ab. Wie viele Atome oder Moleküle tatsächlich an einem photochemischen Prozess teilnehmen oder für den Ablauf notwendig sind, kann sehr unterschiedlich sein. Beim photographischen Prozess reichen bereits vier Silberbromidmoleküle aus, um einen entwickelbaren Silberkeim zu bilden. An Clustern kann die Frage untersucht werden, wie chemische Reaktionen insbesondere photochemische Prozesse von der Anzahl der Atome oder der Größe der Teilchen abhängen. Dies hat sich in den letzten Jahren zu einem sehr aktiven Forschungsgebiet entwickelt.

Üblicherweise werden Cluster mit Licht angeregt oder ionisiert. Bereits die ersten Experimente wiesen darauf hin, dass nach der Einstrahlung eines Photons diverse von der Clustergröße abhängige photochemische Prozesse ablaufen können [Hab 93]. Synchrotronstrahlung eignet sich besonders gut, diese Prozesse zu untersuchen, da die Energie der Photonen in einem sehr weiten Bereich variiert werden kann. Im Folgenden soll ein Überblick über photochemische Reaktionen in Clustern gegeben werden. Die hier vorgestellten Prozesse können z. T. auch in großen Molekülen beobachtet werden.

Eine Auswahl wichtiger photochemischer Reaktionen von Clustern ist in Abb. 6.17 dargestellt. Ein Cluster absorbiert ein Photon und wird anschließend abhängig von der Energie des Photons elektronisch angeregt oder ionisiert. Als Folge der Anregung oder Ionisation wird im Cluster ein Energiebetrag deponiert, der meist ausreicht, eine oder mehrere Bindungen im Cluster zu brechen. Wird ein neutrales Teilchen vom Cluster abgespalten, spricht man von Dissoziation oder Desorption. Zerbricht der Cluster in Fragmente, von denen eins oder mehrere geladen sind, werden diese Prozesse als Fragmentation bzw. Coulomb-Explosion bezeichnet. Die Coulomb-Explosion setzt voraus, dass der Cluster doppelt oder mehrfach ionisiert wird. Im Folgenden sollen Desorption, Fragmentation und Coulomb-Explosion anhand von Beispielen vorgestellt werden.

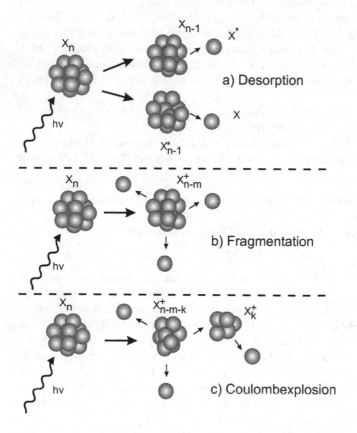

Abb. 6.17 Illustration verschiedener photochemischer Prozesse in Cluster. a) Desorption von Atomen im Grund- und angeregtem Zustand. b) Fragmentation einfach geladener Cluster. c) Doppelionisation und anschließend Coulomb-Explosion.

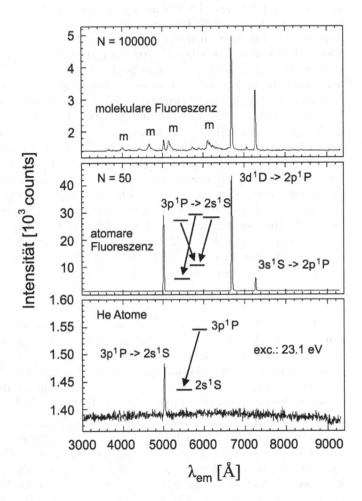

Abb. 6.18 Nach elektronischer Anregung von Heliumclustern aufgenommene Fluoreszenzspektren im sichtbaren und infraroten Spektralbereich. N ist die Clustergröße in Atomen/Cluster. Ein Spektrum eines Atomstrahls ist im unteren Teil der Abbildung zum Vergleich gezeigt. (nach [vHdCJ$^+$ 97])

Elektronische Anregung und Desorption: Nach Anregung eines Clusters energetisch unterhalb der Ionisationsgrenze können diverse strahlende und nicht strahlende Relaxationsprozesse ablaufen. Bei der Absorption eines Photons wird zunächst der Cluster als Ganzes elektronisch angeregt. Anschließend lokalisiert sich die Anregung im Cluster, auf einem, zwei oder drei Atomen, die häufig als angeregtes Zentrum im Cluster bezeichnet werden. Da bei dieser Reaktion die Bindungsenergie des Zentrums an den Cluster abgegeben wird, heizt er sich auf. Je nach Bindungsstärke der Atome im Cluster werden anschließend ein oder mehrere Atome abgedampft. Auf diese Weise kann sich der Cluster wieder abkühlen. In Anlehnung an analoge Prozesse in Festkörpern wird das Abdampfen auch als Desorption bezeichnet. Besonders einfach können Desorptionsprozesse nachgewiesen werden, wenn die desorbierenden Teilchen elektronisch angeregt sind und strahlend zerfallen. Abb. 6.18 zeigt Fluoreszenzspektren, die nach der Anregung von Heliumclustern aus bis zu 10^5 Atomen aufgenommen wurden [vHdCJ$^+$ 97]. Die scharfen Linien lassen sich eindeutig der Fluoreszenz von Heliumatomen und Molekülen zuordnen. Nach der Absorption eines Photons lokalisiert sich die elektronische Anregung auf einem einzelnen Atom oder Molekül. In einem stark vereinfachten Bild kann man sagen, dass die Atome sich bei der Anregung ausdehnen und somit die Nachbaratome wegdrängen. Geschieht dies an der Oberfläche der Cluster, so desorbiert das angeregte Atom oder Molekül vom Cluster auf Grund der repulsiven Wechselwirkung. Das hochaufgelöste Fluoreszenzspektrum in Abb. 6.19 zeigt einzelne Rotationslinien, die durch Übergänge zwischen elektronisch angeregten Zuständen des He_2 von Niveaus mit Rotationsquantenzahlen J nach J-1,J oder J+1 herrühren. Die Intensität I der Linien ist in erster Näherung proportional zu

$$I \sim J \cdot e^{(-B \cdot J(J+1)/k_B T)}, \tag{6.6}$$

wobei T die Temperatur, B die Rotationskonstante des Moleküls und k_B die Boltzmann-Konstante ist. Aus den relativen Intensitäten der Rotationslinien lässt sich die Temperatur der desorbierenden Moleküle zu etwa 400 K bestimmen. Verglichen mit der Clustertemperatur von 0,4 K sind die Moleküle also sehr stark aufgeheizt. Neben dem hier vorgestellten speziellen Desorptionsmechanismus gibt es noch eine ganze Reihe anderer Prozesse, die in weiterführender Literatur diskutiert werden [KJM 95, vHLWM 02].

Ionisation und Fragmentation: Liegt die Energie der anregenden Photonen oberhalb der Ionisationsgrenze, wird der Cluster ionisiert. Abb. 6.20 zeigt Massenspektren von kleinen Schwefelclustern, vorzugsweise S_8. Wie man erkennt, hängt die Häufigkeit der Clusterionen empfindlich von der Energie der Photonen ab. Bei niedrigen Energien werden bevorzugt S_8^+-Ionen gebildet. Dies bedeutet, dass der Cluster bei der Ionisation meist intakt bleibt. Bei Energien von mehr als 100 eV nimmt die Intensität der S_8^+-Ionen ab, und parallel dazu steigt die Intensität von kleinen Ionen, vor allem S_2^+ an. Bei der Ionisation zerbrechen demnach die Cluster in Bruchstücke. Hier spielen zwei verschiedene Prozesse eine Rolle. Bei niedrigen Energien wird aus dem Cluster nur ein Elektron herausgeschlagen. Ein großer Teil der Überschussenergie wird dem Elektron übertragen. Wie viel Energie im Cluster verbleibt, hängt von vielen Faktoren ab, insbesondere der Geometrie des neutralen Clusters und der des Clusterions. Meist reicht diese Energie aus, um eine oder mehrere Bindungen im Cluster zu brechen, sodass vom Cluster einzelne Atome oder Moleküle abgespalten werden. Dieser Fragmentationsprozess ist in Abb. 6.17 (b) illustriert. Die Intensität bei $n/z = 7$ in den Massenspektren in Abb. 6.20 lässt sich durch einen Fragmentationsprozess erklären,

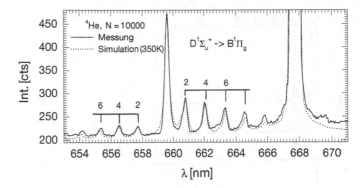

Abb. 6.19 Hochaufgelöstes Fluoreszenzspektrum von He_2-Molekülen, die von großen Heliumclustern desorbieren. Die Energielage der verschieden Rotationslinien ist markiert.

dabei bezeichnet n/z hier das Verhältnis von Schwefelatomen zur Zahl der Ladung. Eine exakte Analyse der Fragmentationsprozesse neutraler Cluster ist meist sehr schwierig, da sich Cluster mit verschiedener Größe im Strahl befinden. Eine Vorselektion der neutralen Cluster kann zwar im Prinzip mit Streumethoden erfolgen [Hab 93]. Für die eingehende Untersuchung der Cluster reicht dann aber die Intensität meist nicht mehr aus. Die hier geschilderten Experimente erlauben zumindest eine recht detaillierte Analyse, da die verschieden großen neutralen Cluster über ihre Absorption identifiziert werden können.

Mehrfachionisation und Coulomb-Explosion: Die Spektroskopie mit Synchrotronstrahlung erlaubt – wie das folgende Beispiel [TGR 98] zeigen soll – eine detaillierte Analyse der Ionisation. Die einzelnen Prozesse lassen sich z. T. durch die Aufnahme von Absorptionsspektren identifizieren. Die Absorption von Clustern kann normalerweise nicht direkt gemessen werden. Als Behelf zeichnet man daher sogenannte Ionenausbeutespektren auf. Hier wird die Intensität für ein bestimmtes Verhältnis n/z als Funktion der Photonenenergie aufgenommen. Abb. 6.21 zeigt Ionenausbeutespektren für Schwefelcluster im Bereich der 2p-Ionisationsschwellen, die bei etwa 170 eV liegen. Während bei leichten Ionen die Ausbeute der diskreten Anregungen unterhalb der Ionisationsschwelle stark ansteigt, findet man bei schweren Ionen (S_6^+, S_8^+) in dem gesamten Bereich eine starke Absorption. Diese lässt sich folgendermaßen erklären: Die schweren Ionen treten vorzugsweise nach einfacher Ionisation der Cluster auf, d. h. nach Anregung in das Ionisationskontinuum der Valenzelektronen. Der starke Untergrund in Abb. 6.21 in den Spektren der schweren Ionen entspricht so gesehen der Ionisation eines Valenzelektrons. Bei resonanter Anregung von 2p-Elektronen in unbesetzte Orbitale von S_8-Clustern findet vorwiegend eine zweifache Ionisation statt. Die Intensität der Clusterionen mit $n/z = 8$ ist daher nur sehr gering, stattdessen erwartet man für die resonante Anregung bei $n/z = 4$ ein starkes Signal. Häufig sind die doppelt oder sogar mehrfach geladenen Cluster jedoch instabil, da sich die Ladungen stark abstoßen. Es kommt zur Fragmentation in zwei geladene Bruchstücke bzw. zur Coulomb-Explosion mit dem Resultat, dass sich kleine Clusterionen bilden, in unserem Beispiel S^+, S_2^+, S_4^+. Der Übergang von Fragmentation zu Coulomb-Explosion ist zum gewissen Grad fließend. Die Coulomb-Explosion setzt voraus, dass mindestens zwei Ladungen vorhanden sind.

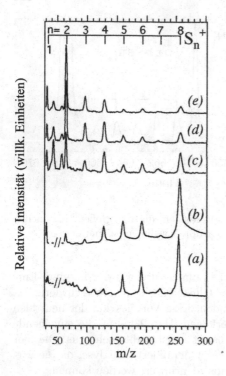

Abb. 6.20
Massenspektren von Schwefelclustern (vorwiegend S_8) aufgenommen bei verschiedenen Photonenenergien (nach [TGR 98]). a) 10,2 eV, b) 21,2 eV, c) 158,8 eV, auf einer starken Absorptionslinie von S, d) 163,3 eV, e) 173,8 eV, im Ionisationskontinuum von S 2p. m/z ist das Verhältnis von Masse zu Ladung.

Aus welchen Mutterclustern die Ionen stammen, lässt sich anhand der Ionenausbeutespektren erkennen. Die resonanten Strukturen von S_8^+, S_6^+ sowie S^+, S_2^+, S_4^+ ähneln sich stark, während S_7^+ und S_5^+ anders aussehen. Dies ist ein starkes Indiz dafür, dass S^+, S_2^+, S_4^+ Fragmente von S_8-Clustern sind. Mittels Koinzidenzspektroskopie kann ferner analysiert werden, ob die Cluster lediglich Fragmente aus einem einfachen Ionisationsprozess sind oder bei Doppelionisation und anschließender Coulomb-Explosion gebildet wurden [TGR 98]. Durch die Aufnahme von Ionen in Koinzidenz, kann nachgewiesen werden, dass sie Bruchstücke aus einem größeren Cluster sind. Im Falle kleiner Schwefelcluster zeigt sich, dass S^+ und S_2^+ zum großen Teil einer Coulomb-Explosion entstammen. Darüber hinaus erlaubt es eine genaue Analyse der kinetischen Energien der Clusterionen, Aussagen über die Anzahl der beim Zerfall involvierten Ionen zu machen. Koinzidenztechniken (COLTRIMS) gestatten es ferner, den Übergang von Fragmentation zur Coulomb-Explosion im Detail zu studieren [HBS+ 08]. An dieser Stelle soll auch erwähnt werden, dass die Mehrfachionisation von Cluster und die anschließende Coulomb-Explosion auch durch die Bestrahlung mit optischen fs-Lasern [DTS+ 97], durch Stoß mit hochgeladenen Ionen [TFR+ 02] und seit kurzem auch mit Pulsen [WBD+ 02] aus Freie-Elektronen-Lasern (FEL) für den VUV-Bereich ausgelöst werden können. Erste Experimente werden in Abschnitt 7.3.3 vorgestellt (siehe auch [BTH+ 08]).

Wegen der geringen Teilchendichte in Clusterstrahlen konnten Experimente lange Zeit nur an Clustern mit einer breiteren Größenverteilung untersucht werden. Dies führt zur Messung von Mittelwerten inhomogener Cluster-Ensemble. Durch den Einsatz von Ionenfallen

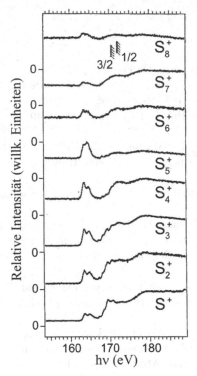

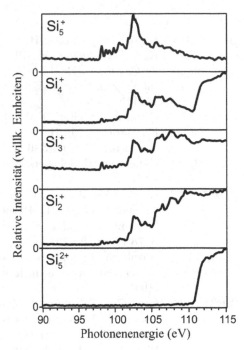

Abb. 6.21
Ionenausbeute kleiner Schwefelclusterionen im Bereich der S-2p-Anregungen. Die $2p_{3/2}$ und $2p_{1/2}$ Ionisationsgrenzen sind eingezeichnet. (nach [TGR 98])

Abb. 6.22
Partielle Ionenausbeute von Fragmenten aus der 2p-Anregung von Si_6^+ [VLM]

zur Speicherung von Clusterionen gelingt es neuerdings auch photochemische Prozesse an größenselektierten Clustern zu studieren [LRZB$^+$ 08, VLM]. Abb. 6.22 zeigt Ionenausbeutespektren von Fragmenten eines Si_6^+-Clusters. Offensichtlich hängt die Fragmentation an der 2p-Kante sehr empfindlich von der Anregungsenergie ab. In der Ionenausbeute vom doppelt geladenen Fragment Si_5^{++} fehlen die resonanten Strukturen vollständig; der Anstieg der Ionenausbeute markiert die 2p-Ionisationsgrenze und ermöglicht damit eine direkte Bestimmung der Innerschalenbindungsenergie von massenselektierten Clustern, die sonst nur aus Photoemissionsspektren gewonnen werden kann. Hiermit erschließt sich das enorme Potential der Photoelektronenspektroskopie (siehe Abschnitt 4.2, 6.1.2, 6.1.6) für massenselektierte Cluster. Darüber hinaus wird es mit noch intensiveren Lichtquellen wie den FELs möglich, photochemische Prozesse in massenselektierten Clustern einer wohldefinierten Größe auch im Strahl zu studieren [SFO$^+$ 09]. Dies ist besonders bei kleinen Clustern sehr interessant, da sich bereits durch Hinzufügen eines einziges weiteren Atoms die Prozesse drastisch ändern.

Literaturverzeichnis

[BTH⁺ 08]   Bostedt, C.; Thomas, H.; Hoener, M.; Eremina, E.; Fennel, T.; Meiwes-Broer,
               K. H.; Kuhlmann, M.; Plönjes, E.; Tiedtke, K.; Treusch, R.; Feldhaus, J.;
               de Castro, A. R. B.; Möller, T.: Multistep Ionization of Argon Clusters in
               Intense Femtosecond Extreme Ultraviolet Pulses. Phys. Rev. Lett. **100** (2008)
               133401

[DTS⁺ 97]   Ditmire, T.; Tisch, J. W. G.; Springate, E.; Mason, M. B.; Hay, N.; Smith,
               R.; Marangos, J.; Hutchinson, M.: High Energy Ions Produced in Explosions
               of Clusters. Nature **386** (1997) 54

[Hab 93]   Haberland, H.: Clusters of Atoms and Molecules. Berlin, Germany: Springer
               1993

[HBS⁺ 08]   Hoener, M.; Bostedt, C.; Schorb, S.; Thomas, H.; Foucar, L.; Jagutzki, O.;
               Schmidt-Böcking, H.; Dörner, R.; Möller, T.: From Fission to Explosion:
               Momentum-Resolved Survey over the Rayleigh Instability Barrier. Phys. Rev.
               A **78** (2008) 021201(R)

[KJM 95]   Karnbach, R.; Joppien, M.; Möller, T.: Electronic Excitation, Decay and Pho-
               tochemical Processes in Rare Gas Clusters. Journal de chimie physique **92**
               (1995) 499

[LRZB⁺ 08]   Lau, J. T.; Rittmann, J.; Zamudio-Bayer, V.; Vogel, M.; Hirsch, K.; Klar, P.;
               Lofink, F.; Möller, T.; von Issendorff, B.: Size Dependence of $L_{2,3}$ Branching
               Ratio and 2p Core-Hole Screening in X-Ray Absorption of Metal Clusters.
               Phys. Rev. Lett. **101** (2008) 153401

[SFO⁺ 09]   Senz, V.; Fischer, T.; Oelßner, P.; et al.: Core-Hole Screening as a Probe for a
               Metal-to-Nonmetal Transition in Lead Clusters. Phys. Rev. Lett **102** (2009)
               138303

[TFR⁺ 02]   Tappe, W.; Flesch, R.; Rühl, E.; Hoekstra, R.; Schlathölter, T.: Charge Lo-
               calization in Collision-Induced Multiple Ionization of van der Waals Clusters
               with Highly Charged Ions. Phys. Rev. Lett. **88** (2002) 143401

[TGR 98]   Teodorescu, C.; Gravel, D.; Rühl, E.: S 2p Excitation and Fragmentation of
               Sulfur Aggregates. J. Chem. Phys. **109** (1998) 9280

[vHdCJ⁺ 97]   von Haeften, K.; de Castro, A. R. B.; Joppien, M.; Moussavizadeh, L.; von
               Pietrowski, R.; Möller, T.: Discrete Visible Luminescence of Helium Atoms
               and Molecules Desorbing from Helium Clusters: The Role of Electronic, Vi-
               brational, and Rotational Energy Transfer. Phys. Rev. Lett. **78** (1997) 4371

[vHLWM 02]   von Haeften, K.; Laarmann, T.; Wabnitz, H.; Möller, T.: Bubble Formation
               and Decay in ^{3}He and ^{4}He Clusters. Phy. Rev. Lett **88** (2002) 233401

[VLM]   Vogel, M.; Lau, T.; Möller, T.: wird veröffentlicht

[WBD⁺ 02]   Wabnitz, H.; Bittner, L.; Döhrmann, R.; Gürtler, P. A. R. B.; de Castro, A.
               R. B.; Laarmann, T.; Laasch, W.; Schulz, J.; Swiderski, A.; von Haeften, K.;
               Möller, T.; Faatz, B.; Fateev, A.; Feldhaus, J.; Gerth, C.; Hahn, U.; Saldin, E.;
               Schneidmiller, E.; Sytdev, K.; Tiedtke, K.; Treusch, R.; Yurkov, M.: Multiple
               Ionization of Atom Clusters by Intense Soft X-Rays from a Free-Electron
               Laser. Nature **420** (2002) 482

6.1.5 Atomare Struktur von Clustern: Der große Einfluss der Teilchenoberfläche
Photoionisation, EXAFS
Larc Tröger und Thomas Möller

Bei neuartigen Substanzen, die mit dem Ziel optimierter Eigenschaften entwickelt werden, ist eine zentrale Frage die ihres atomaren Aufbaus. Mit dessen Kenntnis können die Stoffeigenschaften auf den fundamentalen Stoffaufbau zurückgeführt und gewünschte Weiterentwicklungen oder Änderungen gezielt angegangen werden. Ein Stoffdesign basierend auf atomarer Strukturinformation ist ein Ansatz, der heutzutage verstärkt gegangen wird (z. B. bei pharmazeutischen Wirkstoffen).

Eine große Klasse von Materialien lässt sich nicht nur als makroskopischer Festkörper, sondern auch als sehr kleine Ansammlungen von wenigen Atomen im Nanometerbereich herstellen. Die Motivation dahinter sind die ganz besonderen spezifischen Eigenschaften, die diese Cluster aufweisen und die sich größenabhängig einstellen lassen [Ali 96]. Zum Beispiel ändern sich die Farbe eines lumineszierenden halbleitenden Materials und sein Schmelzpunkt drastisch mit der Clustergröße, und das bei nahezu identischer chemischer Zusammensetzung des Stoffes [Wel 93]. In diesem Abschnitt wird in zwei Beispielen die atomare Struktur von Clustern untersucht. Zunächst wird an halbleitenden Nanoclustern gezeigt, dass nicht nur die Größe allein, sondern auch die Oberfläche einen ganz entscheidenden Einfluss auf Struktur und Eigenschaften nimmt. Dann wird an Edelgasclustern der Übergang zwischen ikosaedrischer und oktaedrischer Struktur demonstriert und damit der Übergang von lokaler zu kristalliner Ordnung veranschaulicht.

Die Untersuchung des atomaren Aufbaus von Clustern ist zum einen durch deren kleine Ausdehnung (typischer Durchmesser wenige Nanometer) erschwert, zum anderen aber wesentlich dadurch, dass es sich bei Clustern trotzdem um räumliche Objekte handelt. Ersteres bedingt, dass in den Experimenten meist noch über eine Vielzahl von Clustern gemittelt wird, obwohl die Spektroskopie isolierter Cluster stark zunimmt. Die räumliche Ausdehnung der Cluster und das Fehlen von langreichweitiger Ordnung (Translationssymmetrie) bedeutet, dass die Situation komplexer ist als z. B. die Analyse der Struktur wohldefinierter kristalliner, reiner oder adsorbatbedeckter Oberflächen. So finden im Wesentlichen lokale Untersuchungsmethoden Anwendung, wie die in diesem Abschnitt verwendete Röntgenabsorptionsspektroskopie (*x-ray absorption fine-structure* = XAFS, *extended* XAFS = EXAFS).

Als erstes Beispiel sollen Messungen an CdTe-Teilchen diskutiert werden. Kleinste CdTe-Teilchen, die nass-chemisch in Gegenwart von schwefelhaltigen Stabilisatoren (Merkaptoethanol) präpariert worden sind, zeichnen sich durch außergewöhnliche optische Eigenschaften aus: Sie absorbieren und emittieren optisches Licht bei wesentlich kürzeren Wellenlängen als CdTe-Festkörper und größere Cluster desselben Materials. Aus Röntgenbeugungsexperimenten (Reflexbreitenanalyse), Transmissionselektronenmikroskopie und anderen Methoden an diesen Nanoclustern ist bekannt, dass sie im Durchmesser etwa 20 Å groß und aus etwa 100 Atomen aufgebaut sind. Für Anwendungen ist die Fluoreszenzausbeute neben der Fluoreszenzwellenlänge eine entscheidende Größe, die die Effizienz der Konversion von Anregungsenergie in Licht angibt. Ein Nutzen von Nanoclustern in der Opto-Elektronik, die langfristig möglich erscheint, würde den Übergang von der heutzutage verwendeten Mikrotechnologie in die Nanotechnologie bedeuten. Es ist bekannt, dass Details der atomaren Struktur die Fluoreszenzausbeute wesentlich beeinflussen, so z. B. die Art der Oberflächen-stabilisation in halbleitenden Nanoclustern [BTG$^+$ 03]. Wie die Struktur der Oberfläche aussieht, soll im Folgenden an Hand von Röntgenabsorptionsspektren ermittelt werden.

Der Verlauf des Röntgenabsorptionskoeffizienten von CdTe-Clustern zeigt in der Umgebung der Cadmium-K-Kante sowie der Tellur-K-Kante schwache Oszillationen (ähnlich wie bei Ar, siehe Abb. 6.28). Ein großer Vorteil der Röntgenabsorption, der hier genutzt wird, ist der, dass in jeder Einzelmessung eine spezielle Atomsorte in der Probe gezielt ausgewählt werden kann, also die atomare Umgebung nur dieser Atome vermessen wird. Dies ist bei der Untersuchung von komplizierteren Systemen sehr hilfreich, in denen spezielle Atomsorten von besonderem Interesse sind. Die unterschiedliche oszillatorische Struktur oberhalb den Absorptionskanten beinhaltet die Information über die atomare Nachbarschaft der Cd- bzw. Te-Atome in den CdTe-Clustern (siehe Abschnitt XAFS-Grundlagen).

Abb. 6.23 zeigt die extrahierten Oszillationen oberhalb der Absorptionskanten, Abb. 6.24 die

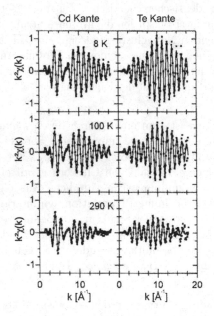

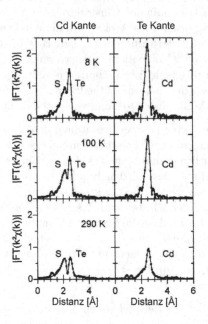

Abb. 6.23
EXAFS-Oszillationen an der Cd- und Te-1s-Schale von 20 Å großen CdTe-Nanokristallen bei verschiedenen Temperaturen als Funktion des Wellenvektors k des auslaufenden Photoelektrons. Die Cluster sind mit Thiolen passiviert. Die Spectra wurden mit k^2 gewichtet, um die Oszillationen bei großen k-Werten besser sichtbar zu machen. (nach [RTR$^+$ 98])

Abb. 6.24
Fourier-Transformierte der Cd- und Te-EXAFS-Spektren bei verschieden Temperaturen. Die durchgezogen Linien sind Anpassungen an die Messpunkte. (nach [RTR$^+$ 98])

entsprechenden Fourier-Transformierten (FT), die die mittlere Atomverteilung um die Cd-Atome (links) bzw. Te-Atome (rechts) widerspiegeln. Die Maxima in den FTs bedeuten die Anwesenheit von Nachbaratomen S und Te in verschiedenen Abständen um Cd sowie von Cd um Te. Die oben erwähnten schwefelhaltigen Stabilisatoren sind wichtiger Bestandteil der Cluster-Präparation. Indem sie sich an der Clusteroberfläche anlagern, bewirken sie, dass die Cluster nicht größer als einige Nanometer werden. Die Schwefelatome dieser Stabilisatoren (Liganden) sind in Abb. 6.24 als Maximum in der FT sichtbar, aber nur von den Cd-Atomen aus gesehen. Sie bilden also ausschließlich Bindungen zu den Cd-Atomen, nicht aber zu den Te-Atomen aus, die demzufolge den Kern der Cluster ausbilden, während sich die Cd-Atome an der Clusteroberfläche befinden. Dies ist der direkte strukturelle Beweis des zwiebelartigen Aufbaus von Nanoclustern in fester oder flüssiger Phase, der sich durch ein Inneres und eine stabilisierende Oberfläche ergibt. Die Trennung der Signale von Oberflächenatomen und inneren Atomen in Abb. 6.24 erlaubt es, die Eigenschaften der Clusteroberfläche und die des Clusterinneren getrennt zu studieren.

Die quantitative EXAFS-Analyse (siehe Abschnitt XAFS-Grundlagen) ergibt im Nanocluster unter anderem eine mittlere Cd-Te-Bindungslänge von 2,79 Å und eine Cd-S-Bindungslänge von 2,56 Å. Im Vergleich zu den Werten im Festkörper sind die Cd-Te-Bindungen des Clusterinneren damit verkürzt, die Cd-S-Bindungen der Clusteroberfläche dagegen verlängert (Abb. 6.25). Diese Bindungslängenveränderungen sind zum Teil ein Ausdruck von Wechselwirkungen an der Clusteroberfläche, denn in unterschiedlich oberflächen-stabilisierten CdS-Nanoclustern wurden deutlich unterschiedliche Bindungslängen beobachtet: Die in Nanoclustern erhebliche Zahl an Oberflächen- und Ligandenatomen führt über deren Wechselwirkungen zu Verzerrungen der im Festkörper ausgebildeten Gitterstrukturen oder sogar völlig neuen Strukturen [RTR+ 98]. Im hier untersuchten System werden die beobachteten Bindungslängenveränderungen allerdings hauptsächlich durch Verzerrungen hervorgerufen, die an der Clusteroberfläche dadurch entstehen, dass die Cd-Atome der Oberfläche sowohl an Schwefel wie auch an Te gebunden sind. Diese Asymmetrie wird durch eine Angleichung beider Bindungslängen verringert. In Abb. 6.25 ist die errechnete Bindungslänge inklusive der Verzerrung mit aufgenommen, die sich auf Grund der makroskopischen Elastizitätskonstanten ergibt und die dem experimentellen Resultat recht nahe kommt. In dem oben

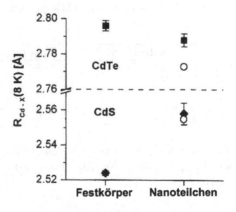

Abb. 6.25
Mittlere interatomare Bindungslängen von Cd-Te und Cd-S in den Clustern im Vergleich mit Festkörperwerten. Die offenen Symbole geben Rechnungen für sphärische Cluster wieder, auf die epitaktisch CdS aufgewachsen ist.

angesprochenen einfachen Bild eines heterogenen Zwiebelclusters bewirkt die unterschiedliche Zusammensetzung von Oberfläche (Schwefel-Liganden-Schicht) und Kern (CdTe) die
Bindungslängenänderungen.

Die atomare Struktur der Cluster unterscheidet sich im Wesentlichen auch dadurch von
der Festkörperstruktur, dass Bindungslängen eine deutlich breitere Verteilung aufweisen.
Diese erhöhte statische Unordnung stellt einen Mechanismus dar, die Gesamtenergie des
Clusters abzusenken. In Abb. 6.26 ist die aus temperaturabhängigen EXAFS-Messungen
ermittelte statische Unordnung der CdTe-Cluster dargestellt, und zwar aufgeteilt in den
Anteil im Inneren und an der Oberfläche. Die Unordnung im Innern ist ebenso groß wie die
an der Oberfläche, was demonstriert, dass die Gesamtstruktur des Clusters dem Einfluss
der Oberfläche unterliegt. Das einfache Bild, das Innere eines Clusters sei ein Ausschnitt
des Festkörpergitters und nur die Oberfläche sei verzerrt, ist daher nicht zutreffend.

Tabelle 6.1 fasst die experimentell bestimmten mittleren Koordinationszahlen der Cd- und
Te-Atome im CdTe-Cluster sowie das aus dem Intensitätssprung an den Absorptionskanten
ermittelte Verhältnis von Cd zu Te zusammen. Dazu im Vergleich sind die berechneten
Werte für drei unterschiedlich große tetraedrischer Clustermodelle aufgeführt, von denen
bekannt ist, dass die beiden kleineren beim Austausch von Te mit Schwefelatomen in einer dem CdTe ähnlichen Präparation entstehen. Die gute Übereinstimmung der Werte des
größten Clusters mit dem Experiment erlaubt es, einen Vorschlag für die Stöchiometrie der
Nanocluster von $Cd_{54}Te_{32}(SR)_{52}$ zu erarbeiten, der verträglich mit allen Messergebnissen
ist.

Noch drastischere Änderungen der geometrischen Struktur kann man bei sehr kleinen Clustern beobachten. Dies wird im zweiten Beispiel dieses Abschnitts diskutiert. Welche Strukturen sich herausbilden, hängt naturgemäß vom Bindungsmechanismus ab. Halbleiter mit
gerichteten kovalenten Bindungen zeigen hier ein ganz anderes Verhalten als Metalle und
van-der-Waals-gebundene Systeme mit ungerichteten Bindungen. Im Folgenden soll die Entwicklung der geometrischen Struktur mit der Teilchengröße anhand von Argonclustern vorgestellt werden [KBW+ 97]. Argoncluster sind hier ein Modellsystem für Cluster mit ungerichteten Bindungen. Sie sind daher sowohl experimentell als theoretisch seit vielen Jahren
sehr intensiv untersucht worden [FdFRT 86, Hoa 79, XNFD 89, vdW 96]. Bereits die ersten
experimentellen Arbeiten, die Elektronenbeugung nutzten, zeigten, dass kleine Cluster mit
weniger als 1000 Atomen nichtkristalline Strukturen aufweisen. Große Cluster ($N > 5000$)

	$[Cd_{17}Te_4(SR)_{28}]^{2-}$	$[Cd_{32}Te_{14}(SR)_{40}]^{4-}$	$[Cd_{54}Te_{32}(SR)_{52}]^{8-}$	Exp.
N_{Cd-Te}	0,94	1,63	2,15	2,08(10)
N_{Cd-S}	3,06	2,37	1,85	1,92(10)
N_{Te-Cd}	4	3,71	3,63	3,55(10)
Cd/Te	4,25	2,29	1,69	1,78(10)

Tab. 6.1: Vergleich zwischen den für theoretische Modelle erwarteten Koordinationszahlen N_{n-m} zwischen den Atomen n und m und dem Cd/Te-Verhältnis mit experimentellen
Werten

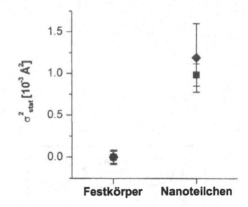

Abb. 6.26
Statische Unordnung σ^2_{stat} der Cd-Te-(Quadrate)
und Cd-S-Bindungen (Rauten) in Nanokristallen
im Vergleich mit dem Festkörperwerten

dagegen besitzen wie makroskopische Kristalle eine fcc-Struktur. Ein Vergleich der beiden
Strukturen ist in Abb. 6.27 dargestellt. Mit Hilfe von Rechnungen konnte gezeigt werden,
dass Cluster mit 5-zähliger Symmetrie (siehe auch Abschnitt 6.1.3, Abb. 6.12) bis zu einer
Größe von etwa 3000 Atomen energetisch günstiger als kubische Strukturen sind. Dies liegt
an der geringfügig höheren Packungsdichte in der Oberfläche der Cluster. Da die 5-zählige
Symmetrie nicht mit der Translationssymmetrie eines Festkörpers verträglich ist, kommt
es bei großen Clustern zu einer erhöhten Unordnung und Spannungen, die die Energiebi-
lanz zu Gunsten der kubischen Strukturen verschieben. Dies wirft die Frage auf, wie der
Übergang von den Ikosaedern zu der kubischen Struktur erfolgt. Hierzu können Röntgen-
absorptionsmessungen mit EXAFS einen Beitrag liefern, da sie auf die lokale Umgebung
von Atomen empfindlich sind. Da die Absorption von Clustern in einem Clusterstrahl sehr
gering ist, wird sie über die Ausbeute von Clusterionen gemessen, die nach der Ionisation
mit der Röntgenstrahlung entstehen. Selbst mit diesem sehr empfindlichen Nachweis sind
derartige Experimente nur an einem Undulator möglich.

Abb. 6.28 zeigt Ionenausbeutespektren, die der Absorption entsprechen, und Abb. 6.29
die daraus extrahierte radiale Verteilungsfunktion von Argonclustern mit einer mittleren
Clustergröße $< N >$ von 12 bis 2900. Der starke Peak bei 3,2 Å rührt von den nächsten

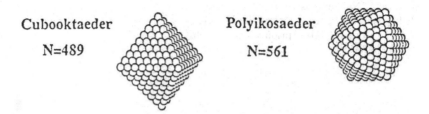

Abb. 6.27 Geometrische Struktur von einem Ikosaeder (561 Atome) und einer kubischen Struktur
(Oktaeder, 489 Atome)

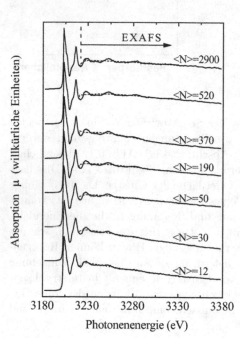

Abb. 6.28
Absorption von Argonclustern an der 1s-Schale. Die mittlere Anzahl der Atome im Cluster variiert zwischen 12 und 2900. Vor der EXAFS-Struktur liegen starke Resonanzen (Nahkantenstruktur). Die gestrichelte Linie gibt den gleichmäßigen Verlauf der atomaren Absorption wieder. (nach [KBW+ 97])

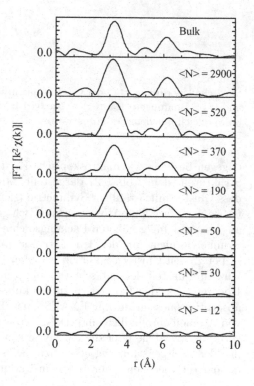

Abb. 6.29
Fourier-Transformierte der EXAFS-Oszillationen analog zu Abb. 6.24 (Details siehe Text)

Nachbaratomen her. Die Maxima bei größeren Kernabständen werden durch die Rückstreuung der Elektronen aus entfernteren Schalen verursacht. Mit Hilfe von Simulationsrechnung, wie in Abb. 6.30 dargestellt, können sie ausgewählten Streugeometrien zugeordnet werden. Die Simulationsrechnungen wurden für kubische Strukturen (fcc) und Ikosaeder mit abgeschlossenen Schalen mit 13, 55 und 309 Atomen durchgeführt.

Die kubischen Strukturen zeigen bei etwa 6,5 Å ein Maximum, dass trotz des großen Abstands der streuenden Atome sehr groß ist. Dies ist charakteristisch für fcc-Strukturen und kann dadurch erklärt werden, dass die rückstreuenden Atome in der vierten Koordinationsschale, die für dieses Maximum verantwortlich sind, mit den Atomen in der ersten Koordinationsschale auf einer Linie liegen. Dies bewirkt eine Vorwärtsfokussierung und damit eine Intensitätssteigerung. In den Ikosaedern, die keine Translationssymmetrie besitzen, fehlen daher derartig starke Maxima bei großen Kernabständen. Die experimentell bestimmten Verteilungsfunktionen zeigen ab einer Clustergröße von etwa 200 Atomen ein ausgeprägtes Maximum bei 6,5 Å. Aus dem Vergleich zwischen gemessenen und berechneten Spektren folgt daher, dass die Cluster ab dieser Clustergröße fcc-symmetrische Bereiche aufweisen. Diese Clustergröße ist wesentlich kleiner als die von der Theorie vorhergesagte Größe von – je nach Modell – 1500–10000 Atomen pro Cluster, bei der kubische Strukturen energetisch günstiger werden sollten. Diese Diskrepanz lässt sich im Rahmen eines für die Cluster vorgeschlagenen Wachstumsprozesses verstehen [vdW 96]: Danach bilden sich in der Anfangsphase der Kondensation Cluster mit Ikosaederstruktur aus, wie es auf Grund der stärkeren Bindung zu erwarten ist. Die Cluster besitzen jedoch mit recht großer Wahrscheinlichkeit Stapelfehler, die als Ausgangspunkt für das Wachstum von fcc-symmetrischen Bereichen dienen können. Derartige Cluster mit recht hoher Unordnung sind zwar energe-

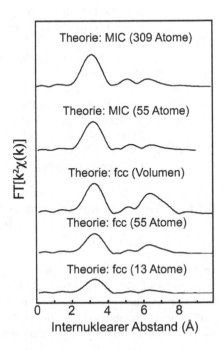

Abb. 6.30
Simulationsrechnungen für die Fourier-Transformierten der EXAFS-Oszillationen für verschiedene Strukturmodelle (MIC: *multi icosahedra cell*)

tisch geringfügig ungünstiger als perfekte Ikosaeder, sie wachsen dafür aber schneller, da sie über sehr viele Plätze zur Anlagerung weiterer Atome besitzen. Der Weg von Ikosaedern zu kubischen Strukturen führt in diesem Bild nicht über einen kompletten Reorganisationsprozess, sondern über ein Gemisch von Strukturen, von denen die kubischen schneller wachsen und damit bei großen Clustern dominieren. Ein Umordnungsprozess ist überdies nur schwer vorstellbar, da der Cluster quasi von einer Struktur in die andere über einen glasähnlichen Zustand umschmelzen müssten. Welche Strukturen letztlich gebildet werden, ist daher nicht nur eine Frage des thermodynamisch günstigsten Grundzustands, sondern auch der Reaktionskinetik, in diesem konkreten Fall der Geschwindigkeit, mit der die verschiedenen Strukturen wachsen.

Literaturverzeichnis

[Ali 96]   Alivisatos, A.: Semiconductor Clusters, Nanocrystals, and Quantum Dots. Science **271** (1996) 933

[BTG$^+$ 03] Borchert, H.; Talapin, D. V.; Gaponik, N.; McGinley, C.; Adam, S.; Lobo, A.; Möller, T.; Weller, H.: Relations between the Photoluminescence Efficiency of CdTe Nanocrystals and their Surface Properties Revealed by Synchrotron XPS. J. Phys. Chem. B **107** (2003) 9662

[FdFRT 86] Farges, J.; de Feraudy, M.; Raoult, B.; Torchet, G.: Noncrystalline Structure of Argon Clusters. J. Chem. Phys. **84** (1986) 3491

[Hoa 79]   Hoare, M.: Structure and Dynamics of Simple Microclusters. Adv. Chem. Phys. **40** (1979) 49

[KBW$^+$ 97] Kakar, S.; Björneholm, O.; Weigelt, J.; de Castro, A. R. B.; Tröger, L.; Frahm, R.; Möller, T.; Knop, G.; Rühl, E.: Size-Dependent K-Edge EXAFS Study of the Structure of Free Ar Clusters. Phys. Rev. Lett. **78** (1997) 1675

[RTR$^+$ 98] Rockenberger, J.; Tröger, L.; Rogach, A.; Grundmann, M. T. M.; Eychmüller, A.; Weller, H.: An EXAFS Study of CdTe Nanocrystals. J. Chem. Phys. **108** (1998) 7807

[vdW 96]   van de Waal, B. W.: No Evidence for Size-Dependent Icosahedral → fcc Structural Transition in Rare-Gas Clusters. Phys. Rev. Lett. **76** (1996) 1083

[Wel 93]   Weller, H.: Quantized Semiconductor Particles: A Novel State of Matter for Materials Science. Adv. Mater. **5** (1993) 88

[XNFD 89]   Xie, J.; Northby, J. A.; Freeman, D. L.; Doll, J. D.: Theoretical Studies of the Energetics and Structures of Atomic Clusters. J. Chem. Phys. **91** (1989) 612

6.1.6   Anregung innerer Elektronen kleiner Moleküle in der Gasphase
Absorptionsspektroskopie, Photoelektronenspektroskopie
Josef Feldhaus

In unserer natürlichen Umgebung haben wir es nur selten mit isolierten Atomen zu tun, denn sie schließen sich meist lieber zu Molekülen oder Clustern, Flüssigkeitstropfen oder Festkörpern zusammen. Das System der positiv geladenen Kerne und der negativ geladenen Elektronen arrangiert sich dabei als Ganzes in einem neuen Gleichgewichtszustand, der sich in einem zumindest lokalen Energieminimum befindet und der durch seine geometrische und elektronische Struktur eindeutig charakterisiert ist. An der chemischen Bindung sind nur die äußeren, am schwächsten gebundenen Elektronen direkt beteiligt. Aber auch innere Elektronen, die fest an einen bestimmten Atomkern gebunden sind, werden durch die Umverteilung der Ladungsdichte in den äußeren Schalen im Allgemeinen deutlich messbar beeinflusst.

Abb. 6.31 zeigt sehr schematisch, wie bei einem zweiatomigen Molekül die neuen Energiezustände aus denen der beiden Atome entstehen und wie die Elektronendichteverteilung der äußeren Molekülorbitale (MOs) aussehen. Die Zustände in der Nähe der Ionisationsschwelle, ob gebunden oder ungebunden im Kontinuum, sind von diesen Veränderungen besonders stark betroffen, sodass alle makroskopischen Moleküleigenschaften dadurch bestimmt werden. Das wichtigste Mittel zur Untersuchung der geometrischen und elektronischen Eigenschaften der Moleküle ist die Wechselwirkung zwischen Licht und Elektronen. Die Spektren der absorbierten und emittierten Strahlung kleiner Moleküle im Mikrowellen-, im IR-, sicht-

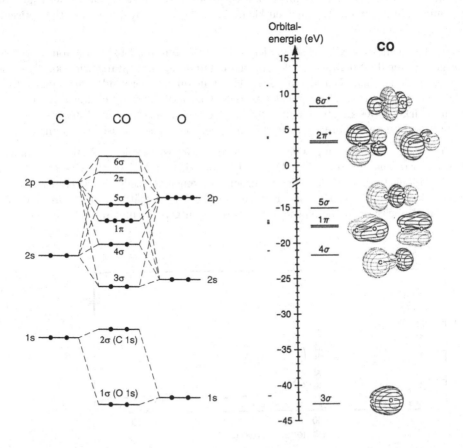

Abb. 6.31 Die Molekülorbitale (MOs) eines zweiatomigen Moleküls. Links: ihre Entstehung aus den Atomorbitalen und ihre Besetzung am Beispiel des CO. Rechts: Elektronendichteverteilung der äußeren MOs von CO (nach [Stö 92])

baren und UV-Bereich wurden in den ersten Jahrzehnten des letzten Jahrhunderts in allen Grundzügen verstanden und haben uns eine genaue Vorstellung von ihrer geometrischen und elektronischen Struktur geliefert [Eng 85, Her 50]. Mit der Synchrotronstrahlung ist auch der gesamte Bereich der fest gebundenen Rumpfelektronen zugänglich geworden, die auf Grund ihrer charakteristischen Bindungsenergien für elementspezifische Untersuchungen prädestiniert sind.

Besonders interessant ist der Bereich des VUV und der weichen Röntgenstrahlung von einigen zehn bis etwa tausend eV, weil man hier nicht nur alle chemischen Elemente unterscheiden, sondern zusätzlich auch detaillierte Informationen über die lokale elektronische Struktur und die geometrische Anordnung der Atome gewinnen kann. Die gegenwärtigen wissenschaftlichen Untersuchungen konzentrieren sich im Wesentlichen auf zwei große Themenkomplexe: Im einen geht es um das Studium des äußerst komplexen Wechselwirkungsprozesses von VUV-Strahlung mit Molekülen. Man möchte alle Einzelheiten der Photoanregung und des anschließenden Zerfalls genau verstehen (Stichwort: Dynamik der Photoionisation), und man wählt im Allgemeinen kleine Modellsysteme aus, die einer theoretischen Berechnung zugänglich sind.

Der zweite Themenkomplex beschäftigt sich mit der Bindung und Reaktion von Molekülen an Oberflächen, um die Vorgänge bei der Adsorption und die Elementarschritte katalytischer Reaktionen zu verstehen. Gerade für diese Untersuchungen verwendet man gerne tiefer liegende Zustände, weil sie eine elementspezifische Charakterisierung und eine Abtrennung der Wechselwirkung des Lichts mit dem Substrat ermöglichen. Für die Interpretation der Daten sind die Ergebnisse an freien Molekülen in der Gasphase offensichtlich sehr wichtig.

Um einen groben Überblick zu gewinnen, betrachten wir als Beispiel in Abb. 6.32 zunächst die Photoabsorptionsspektren von CO (Kohlenmonoxid) und N_2O (Distickstoffoxid) im weichen Röntgengebiet. Die Messungen wurden mit einer Gaszelle durchgeführt, die mit dünnen Siliziumnitrid-Fenstern abgeschlossen war. Die Intensität des monochromatischen Lichts vor und hinter der Zelle wurde mit Photodioden gemessen, während die Photonen-

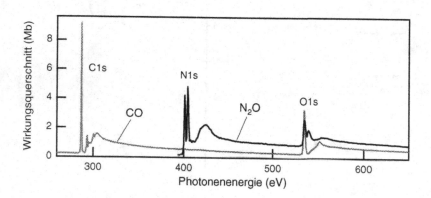

Abb. 6.32 Photoabsorptionsspektren von CO und N_2O ($1\,\mathrm{Mb} = 10^{-18}\,\mathrm{cm}^2$)

energie durchgestimmt wurde. Messungen bei verschiedenen Gasdrücken und der Vergleich mit der leeren Zelle ermöglichten die absolute Bestimmung des Absorptionswirkungsquerschnitts [IKK$^+$ 95]. Die Spektren werden dominiert durch die Anregung der C-, N- und O-1s-Elektronen ab etwa 290 eV, 400 eV und 540 eV.

Im Bereich der Ionisationsschwellen treten sehr intensive Strukturen auf, gefolgt von einem fast strukturlos abfallenden Kontinuum. Oszillationen im Kontinuum, EXAFS (siehe Kap. 4.1.2), sind hier kaum erkennbar, da die Streuamplituden zu schwach sind und nur ein bzw. zwei leichte Nachbaratome als Streuer vorhanden sind. Der schwellennahe Bereich dagegen ist stark beeinflusst von molekularen Effekten, obwohl die 1s-Elektronen sehr stark an den jeweiligen Atomkern gebunden und nicht direkt an der Molekülbindung beteiligt sind.

Diese Nahkantenstruktur ist charakteristisch für jedes Molekül und kommt durch Anregung der atomaren 1s-Elektronen in die unbesetzten gebundenen und ungebundenen Molekülorbitale (MO) zustande. Die intensiven, schmalen Linien in Abb. 6.32 entsprechen der Anregung eines 1s-Elektrons in ein antibindendes π^*-Orbital. Die beiden N1s-π^*-Linien beim N_2O zeigen sehr schön, dass man auch gleiche Atome, die an verschiedenen Stellen im Molekül sitzen, gut unterscheiden kann: N_2O ist ein lineares Molekül mit der Anordnung NNO; die beiden N-Atome haben eine unterschiedliche Umgebung, die zu einer unsymmetrischen Elektronendichteverteilung führt und damit zu einer um 4 eV verschiedenen Bindungsenergie der N1s-Elektronen.

Ein Vergleich der verschiedenen Kanten desselben Moleküls, also z. B. C1s und O1s von CO oder N1s und O1s von N_2O, zeigt erstaunlich große Unterschiede. Wir müssen daraus schließen, dass die gemessenen Spektren kein direktes Abbild der unbesetzten Molekülzustände sind, sondern dass der Anregungsprozess selbst zu relativ starken Veränderungen in der Elektronenverteilung führt. Dies wird mit Relaxation bezeichnet. Eine gute erste Näherung ist oft das sogenannte *equivalent core model* (auch Z+1-Modell), in dem z. B. der ionisierte Rumpf eines C-Atoms für die äußeren Elektronen wie der Rumpf eines N-Atoms aussieht. Bei der theoretischen Berechnung der Spektren ist es entscheidend, diese Relaxation richtig zu beschreiben.

Sehr hilfreich dabei sind Messungen mit hoher Energieauflösung, wie sie in Abb. 6.33 (a) im Bereich der π^*-Resonanz von CO und C_2H_2 (Azetylen) dargestellt sind. Man erkennt deutlich die Schwingungszustände, die bei der Absorption des Photons angeregt werden. Während die Schwingungsfeinstruktur beim CO auf eine verschwindend kleine Änderung der Bindungsgeometrie bei der Anregung hindeutet, lässt sich die sehr komplexe Struktur beim C_2H_2 nur erklären, wenn man die Symmetriebrechung durch die Anregung eines der beiden C-Atome und vor allem die Anregung von Biegeschwingungen berücksichtigt – das Azetylen-Molekül ist nämlich linear im Grundzustand, aber gebogen im angeregten.

Ein sehr interessanter Bereich ist auch das Kontinuum unmittelbar oberhalb der Ionisationsschwellen (siehe Abb. 6.33 (a)). Man findet im Wesentlichen zwei Arten von Strukturen: relativ schmale Linien oder Gruppen von Linien, die sogar ausgeprägte Vibrationsfeinstruktur zeigen können wie etwa beim CO, und sehr breite, glatte Intensitätserhöhungen, die man als erste EXAFS-Oszillation interpretieren könnte und die in der Literatur als Shape-Resonanz [DPS 87] bezeichnet werden. Sie kommt dadurch zustande, dass die Wellenfunktion des auslaufenden Photoelektrons besonders gut in das effektive Molekülpotential passt

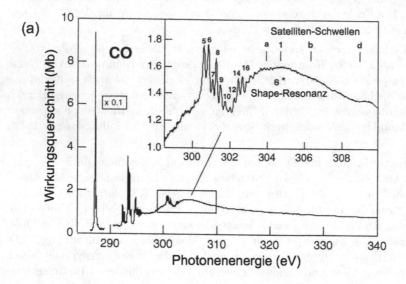

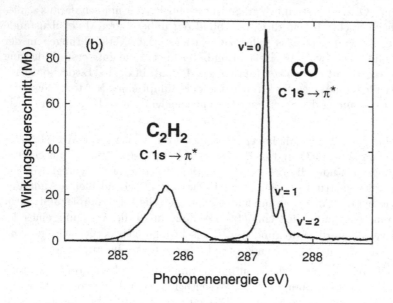

Abb. 6.33 Hochaufgelöste Photoabsorptionsspektren von (a) CO und (b) C_2H_2 im Vergleich mit CO im Bereich der C1s-Schwelle

und dadurch besonders stark mit dem Anfangszustand überlappt. Oft sind dabei wenige, hohe Drehimpulskomponenten beteiligt, und die Resonanzen zeigen meist eine ausgeprägte Symmetrie, die bei adsorbierten Molekülen zur Bestimmung der Molekülorientierung auf der Oberfläche benutzt werden kann (siehe unten).

Bei den scharfen Linien handelt es sich um Übergänge in diskrete, doppelt angeregte Zustände (siehe auch Doppelanregung von He, Kap. 6.1.1), wie sie in Abb. 6.34 (d) schematisch dargestellt sind. Beim CO z. B. kommen sie durch eine 1s-π*-Dipolanregung mit gleichzeitiger Anregung (*shake-up*) eines Valenzelektrons in ein unbesetztes MO zustande. Offensichtlich ist die Lebensdauer dieser Zustände trotz der Überlagerung mit dem Kontinuum relativ lang, denn sonst wären sie nicht mit dieser Schärfe sichtbar. Solche Shake-up-Prozesse – Abb. 6.34 zeigt einige verschiedene Varianten – sind ebenfalls eine Folge der Relaxation: Die Dipolanregung des Rumpfelektrons ist von einer plötzlichen Potentialänderung begleitet, die alle Energieniveaus verschiebt und vor allem bei den schwach gebundenen Elektronen sehr leicht zu zusätzlichen Anregungen führt.

Für ein genaueres Studium des schwellennahen Kontinuums bietet sich die Photoelektronenspektroskopie an (siehe Kap. 4.2). Abb. 6.35 zeigt als typisches Beispiel das Photoelektronenspektrum von CO bei einer Photonenenergie von 340 eV. Die starke Linie entspricht einer direkten Anregung des C1s-Elektrons ins Kontinuum, bei der das CO^+-Ion im Grundzustand zurückbleibt (Abb. 6.34 (a)). Seit einigen Jahren ist es möglich, auch die Schwingungszustände dieser Linie aufzulösen (Abb. 6.35 (b)). Alle übrigen Strukturen (Satelliten) bei kleineren kinetischen Energien, das ist etwa ein Viertel der Gesamtintensität, gehören zu Shake-up-Prozessen (Abb. 6.34 (b), (c)) als Folge der Molekülrelaxation bei der Rumpfanregung. Wenn wir nun die relativen Intensitäten dieser Linien bei verschiedenen Photonenenergien hν messen und dann als partielle Wirkungsquerschnitte in Abhängigkeit von hν auftragen, erkennen wir, wie diese einzelnen Beiträge das Photoabsorptionsspektrum zusammensetzen und welchen Einfluss Relaxationseffekte haben (Abb. 6.36).

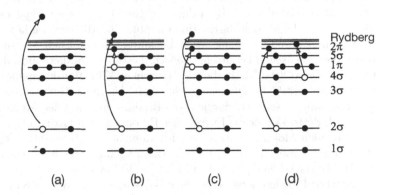

Abb. 6.34 Mögliche Anregungsprozesse bei der Absorption eines Photons durch ein C1s-Elektron im CO-Molekül. (a) direkte Ionisation mit Ion im Grundzustand; (b) 2σ-Ionisierung mit 1π-2π-Shake-up; (c) 2σ-1π-Dipolübergang mit 2π-Kontinuum-Shake-off (konjugierter Prozess zu (b)); (d) 2σ-2π-Dipolübergang mit 4σ-Rydberg-Shake-up (Doppelanregung)

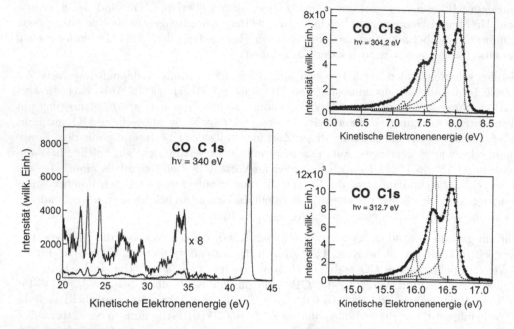

Abb. 6.35 Photoelektronenspektrum von CO bei $h\nu = 340\,\text{eV}$ (links), die C1s-Hauptlinie gemessen mit hoher Auflösung bei 304,2 eV und 312,7 eV Photonenenergie (rechts)

Die Summe der einzelnen Beiträge gibt sehr gut den Verlauf des totalen Photoabsorptionswirkungsquerschnitts wieder, abgesehen von einem schmalen Bereich bei 301 eV, der stark von Doppelanregungen gestört wird. Die Tatsache, dass diese diskreten Zustände im Wirkungsquerschnitt der C1s-Hauptlinie durchschlagen, zeigt, dass es eine starke Kopplung dieser Zustände mit dem 1s-Kontinuum gibt. Glücklicherweise liegt die Shape-Resonanz einige eV höher und ist damit fast unbeeinflusst von solchen Mehrfachanregungen. Es lässt sich daher sehr schön erkennen, wie sich dieses breite Maximum, das im Absorptionsspektrum bei etwa 304 eV liegt, bei den einzelnen Vibrationskomponenten der Hauptlinie um mehrere eV verschiebt. Dies entspricht genau den theoretischen Erwartungen, denn die Lage der Resonanz ist sehr empfindlich vom Bindungsabstand der Atome abhängig: je größer der Abstand, desto kleiner die Energie der Resonanz. Auf Grund der Nullpunktsschwingungen der neutralen Moleküle haben diese im Moment der Photoanregung etwas unterschiedliche Bindungsabstände. Da beim CO die Bindung im angeregten Zustand etwas kürzer wird, werden etwas stärker gedehnte CO-Moleküle bevorzugt in höhere Vibrationsniveaus mit entsprechend niederenergetischer Shape-Resonanz angeregt [KKFB 95].

Bei vielen Molekülen ist eine Shape-Resonanz von starken Mehrfachanregungen überlagert, sodass man die verschiedenen Effekte nur mühsam unterscheiden kann. Das Beispiel der C1s-Anregung im C_2H_2 (Abb. 6.37) zeigt besonders deutlich, wie leicht man ein Absorptionsspektrum falsch interpretieren kann. In diesem Fall hat man lange das breite Maximum bei 310 eV für eine Shape-Resonanz gehalten. Die partiellen Wirkungsquerschnitte

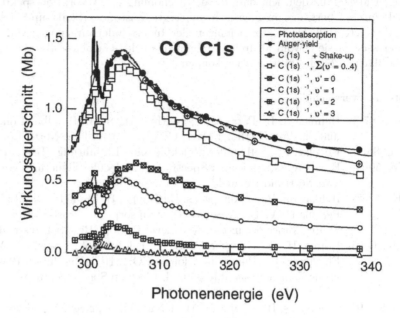

Abb. 6.36 Beiträge der einzelnen Prozesse zum C1s-Photoabsorptionswirkungsquerschnitt von CO

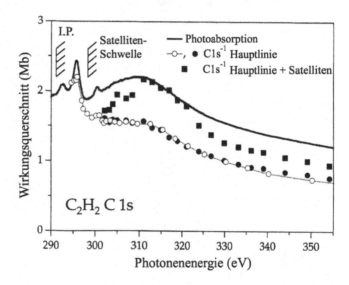

Abb. 6.37 Beiträge der C1s-Hauptlinie und der stärksten Satelliten zum Photoabsorptionswirkungsquerschnitt von C_2H_2

zeigen aber ganz deutlich, dass diese Überhöhung im Absorptionsspektrum zum größten Teil durch Übergänge in mehrfach angeregte Zustände (Shake-up-Satelliten) verursacht wird [KKK$^+$ 99]. Die Untersuchungen der Innerschalenanregungen sind von besonderem Interesse, da sie sowohl an freien Molekülen in der Gasphase als auch an Molekülen auf Oberflächen durchgeführt werden können.

Literaturverzeichnis

[DPS 87]   Dehmer, J. L.; Parr, A. C.; Southworth, S. H.: Handbook on Synchrotron Radiation, Vol. II (Hrsg.: Marr, G. V.). Amsterdam: North-Holland 1987

[Eng 85]   Engelke, F.: Aufbau der Moleküle: eine Einführung. Teubner 1985

[Her 50]   Herzberg, G.: Molecular Spectra and Molecular Structure, Vol. I-III. New York: Van Nostrand Reinhold 1950

[IKK$^+$ 95]   Itchkawitz, B. S.; Kempgens, B.; Köppe, H. M.; Feldhaus, J.; Bradshaw, A. M.; Peatman, W. B.: Absolute Photoabsorption Cross-Section Measurements of Simple Molecules in the Core-Level Region. Rev. Sci. Instr. **66** (1995) 1531

[KKFB 95]   Köppe, H. M.; Kilcoyne, A. L. D.; Feldhaus, J.; Bradshaw, A. M.: Relaxation Effects in C 1s Photoionisation of CO: a High Resolution Photoelectron Study in the Near-Threshold Region. J. Electron Spectrosc. Relat. Phenom. **75** (1995) 97

[KKK$^+$ 99]   Kempgens, B.; Köppe, H. M.; Kivimäki, A.; Neeb, M.; Maier, K.; Hergenhahn, U.; Bradshaw, A. M.: On the Correct Identification of Shape Resonances in NEXAFS. Surf. Sci. **425** (1999) L376

[Stö 92]   Stöhr, J.: NEXAFS Spectroscopy, Springer Series in Surface Sciences 25. Berlin, Germany: Springer 1992

6.2   Kondensierte Materie

6.2.1   Bindung kleiner Moleküle auf Oberflächen
Absorptionsspektroskopie, Photoelektronenbeugung
Josef Feldhaus

Mit Hilfe der Anregung von Elektronen aus inneren Schalen lässt sich die Bindung von Molekülen an Oberflächen studieren. In Abschnitt 6.1.6 sind die analogen Beobachtungen an gasförmigen Molekülen vorgestellt worden. Solange die Moleküle dabei intakt bleiben, werden auch die Molekülorbitale der adsorbierten Moleküle im Wesentlichen erhalten bleiben, wenn auch etwas modifiziert durch die mehr oder weniger starke Bindung an das Substrat. Man kann sie daher zunächst einmal identifizieren anhand der charakteristischen Strukturen in den Photoabsorptions- und -emissionsspektren (siehe Abb. 6.32 und 6.33 (b)), die durch Übergänge atomarer Rumpfelektronen in die *unbesetzten* Molekülorbitale bzw. durch direkte Ionisierung von Elektronen aus den *besetzten* Molekülorbitalen ins Kontinuum entstehen. Aber wie lernt man aus diesen Spektren etwas über die chemische Bindung an das Substrat, insbesondere über die geometrische Struktur des adsorbierten Moleküls und seiner unmittelbaren Umgebung, die ja die Grundlage für das Verständnis der elektronischen Zustände ist? Zwei verschiedene physikalische Effekte kann man dazu nutzen: (1) Symmetrie und Auswahlregeln der Dipolübergangs-Matrix, die den Photoabsorptionsprozess beschreibt, und (2) die Streuung (oder Beugung im Wellenbild) der emittierten Photoelektronen an den Nachbaratomen. Für beide Fälle wollen wir im Folgenden je ein Beispiel vorstellen, das typisch für die Anwendung von Synchrotronstrahlung zur Bestimmung von Adsorbatstrukturen ist.

Verwendet man linear polarisierte Strahlung – das ist der Normalfall bei Synchrotronstrahlung – wird diese bevorzugt absorbiert, wenn der Polarisationsvektor $\vec{E}$ in Richtung des Molekülorbitals zeigt, in welches das Elektron angeregt wird. Da Moleküle an einkristalline Oberflächen im Allgemeinen an wohldefinierten Plätzen mit genau definierter Orientierung bezüglich der Oberfläche andocken, lässt sich diese Orientierung oft direkt aus dem Intensitätsverhalten der Nahkantenstrukturen (NEXAFS, *near edge x-ray absorption fine structure*) als Funktion der Kristallorientierung relativ zum $\vec{E}$-Vektor ablesen [Stö 92]. Eine der ersten Anwendungen war die Chemisorption von CO und NO auf einer Ni(100)-Oberfläche [SBJ⁺ 81]. Abb. 6.38 zeigt eine Serie von NEXAFS-Spektren im Bereich der Kohlenstoff-K-Kante als Funktion des Winkels zwischen der einfallenden Röntgenstrahlung und der Oberfläche. Bei senkrechtem Lichteinfall ist der $\vec{E}$-Vektor parallel zur Oberfläche, und die π^*-Resonanz bei 287 eV dominiert das Spektrum, während die σ^*-Shape-Resonanz bei 303 eV kaum zu sehen ist. Bei flachem Einfall, d. h. der $\vec{E}$-Vektor ist fast senkrecht zur Oberfläche, sind die Verhältnisse genau umgekehrt. Da die π^*- und σ^*-Orbitale senkrecht bzw. parallel zur Molekülachse gerichtet sind (siehe Abb. 6.31), schließen wir aus den Daten, dass die Kohlenmonoxid-Moleküle senkrecht auf der Nickel-Oberfläche stehen.

Nun interessiert uns aber nicht nur die Orientierung der Moleküle auf der Oberfläche, sondern auch der Adsorptionsplatz, die Bindungslängen zu den Substratatomen sowie mögliche Änderungen in der Molekül- und der benachbarten Substratgeometrie. Zur Bestimmung all dieser Größen benutzt man verschiedene Beugungsmethoden [WD 94] wie LEED (*low energy electron diffraction*), SEXAFS (*surface extended x-ray absorption fine structure*), PhD

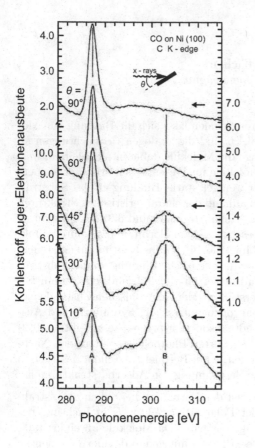

Abb. 6.38
NEXAFS-Spektren von CO, chemisorbiert auf einer Ni(100)-Oberfläche, im Bereich der Kohlenstoff-K-Kante als Funktion des Winkels zwischen der einfallenden Röntgenstrahlung und der Oberfläche (nach [SBJ⁺ 81])

(*photoelectron diffraction*) und Röntgenbeugung. Der Vorteil von SEXAFS und PhD ist wie bei EXAFS (Abschnitt 4.1.2) vor allem, dass sie keine Fernordnung benötigen wie die Röntgenbeugung und normalerweise auch LEED (siehe [WD 94, SB 96]). Beide Methoden erlauben es, die lokale Struktur in der unmittelbaren Umgebung eines bestimmten chemischen Elements zu untersuchen, indem man durch Wahl der Photonenenergie ein Rumpfniveau eben dieses Elements spezifisch anregt. Kommt dieses Element allerdings in verschiedenen Bindungen (Plätzen) in der Probe vor, so mittelt (S)EXAFS über all diese Strukturen, und die Datenanalyse wird schwierig. PhD dagegen erlaubt im Prinzip die getrennte Strukturbestimmung für jeden einzelnen Platz, indem man mit einem geeigneten Elektronenspektrometer nur die Photoelektronen selektiert, die für diesen Platz charakteristisch sind – allerdings ist die Trennung nicht immer so einfach wie etwa im Fall der beiden N-Atome des N_2O (Abb. 6.32). Ein schönes Beispiel ist in Referenz [LMC 98] beschrieben, in der die Adsorption von Arsen auf Silizium untersucht wird. Durch die Wahl der Energieniveaus wird die lokale Struktur sowohl in der Umgebung der adsorbierten Arsen-Atome als auch der Oberflächenatome des Si-Substrats gemessen.

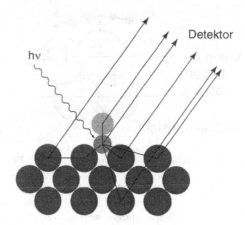

Abb. 6.39
Schematische Darstellung der Photoelektronenbeugung. Das Photon hν ionisiert ein
Rumpfelektron, das entweder direkt oder
über verschiedene Streupfade zum Detektor
gelangen kann (nach [SB 96]).

Bei der Methode der Photoelektronenbeugung (PhD, Referenz [SB 96]) nutzt man die Tatsache, dass die Intensitätsverteilung der Photoelektronen als Funktion der Emissionsrichtung
im Grunde genommen ein Hologramm ist, das zustande kommt durch die Überlagerung
(Interferenz) der direkt emittierten Photoelektronen (Referenzwelle) und derjenigen, die
zunächst an den Nachbaratomen gestreut und dann emittiert werden (Objektwellen, siehe
Abb. 6.39 und Referenz [SB 96]). Aus diesem Photoelektronen-Hologramm lässt sich im
Prinzip ein dreidimensionales Bild der Oberflächenstruktur in der Umgebung des Emitter-
Atoms rekonstruieren [Bar 88]. Für die Aufnahme eines derartigen Hologramms benötigt
man monochromatische Strahlung mit einer Energie, die einige zehn bis einige hundert
Elektronenvolt größer ist als die Bindungsenergie eines passenden Rumpfniveaus des ad-
sorbierten Moleküls, sodass die kinetische Energie der Photoelektronen einer De-Broglie-
Wellenlänge in der Größe der atomaren Abstände entspricht.

Die Datenaufnahme stellt ein größeres Problem dar, da große Datensätze mit hoher Genauigkeit gemessen werden müssen. Im Grunde müsste die Photoelektronenintensität für alle
Emissionswinkel praktisch simultan mit einer relativen Genauigkeit von besser als 1 % gemessen werden – die Interferenzeffekte verursachen Variationen in der Größenordnung von
nur etwa 10 %. Dabei muss der Detektor gleichzeitig in der Lage sein, auch die kinetische
Energie der Elektronen mit einer Genauigkeit von etwa 1 % oder besser zu messen. Derartige
Display-Analysatoren sind vereinzelt gebaut worden, aber sie sind nicht allgemein verfügbar und haben ihre Tücken bezüglich Homogenität und Untergrund. Misst man andererseits
sequentiell mit konventionellen Elektronenspektrometern, dauert die Messung sehr lange,
sodass sich inzwischen die Strahlparameter oder gar die Probe verändern. Im Allgemeinen
macht man einen Kompromiss und misst einen kleineren Datensatz, z. B. in bestimmten
hochsymmetrischen Richtungen, und variiert z. B. zusätzlich die Photonenenergie [SB 96].

Intensive experimentelle und theoretische Entwicklungen haben in den letzten Jahren dazu
geführt, dass verschiedene Varianten der Photoelektronenbeugung bzw. -holographie auf
dem besten Wege sind, zu Standardmethoden der Oberflächenphysik zu werden [Woo 07].
Es würde zu weit führen, an dieser Stelle die Einzelheiten der Messung und Datenaus-

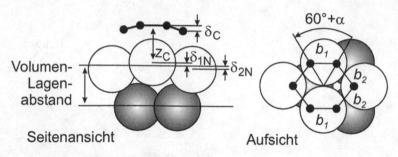

Abb. 6.40 Die Adsorptionsgeometrie von Benzol auf einer Ni(111)-Oberfläche bei niedriger Bedeckung (aus [SB 96]). Aus den Photoelektronenbeugungsdaten wurden folgende Parameter ermittelt: $z_C = 1{,}92 \pm 0{,}05$ Å, $\delta_C = 0{,}13 \pm 0{,}20$ Å, $\delta_{1N} = 0{,}08 \pm 0{,}08$ Å, $\delta_{2N} = 0{,}01 \pm 0{,}11$ Å, $b_1 = 1{,}40 \pm 0{,}14$ Å, $b_2 = 1{,}44 \pm 0.12$ Å, $\alpha = 0 \pm 3°$. Die Molekülverzerrungen sind in der Zeichnung stark übertrieben.

wertung zu beschreiben. Stattdessen sei in Abb. 6.40 ein Beispiel aus Referenz [SB 96] gegeben, das die Ergebnisse dieser Methode für die Adsorptionsgeometrie von Benzol auf einer Ni(111)-Oberfläche zeigt. Wie man erkennt, ist es möglich, sowohl den Abstand der einzelnen Kohlenstoffatome bezogen auf die obere Gitterebene der Nickeloberfläche als auch ihre Abstände, Winkel und Orientierung zur Oberfläche zu bestimmen.

Literaturverzeichnis

[Bar 88]   Barton, J. J.: Photoelectron Holography. Phys. Rev. Lett. **61** (1988) 1356

[LMC 98] Luh, D.-A.; Miller, T.; Chiang, T.-C.: Three-Dimensional Atomic Images of As/Si(111) Obtained by Derivative Photoelectron Holography. Phys. Rev. Lett. **81** (1998) 4160

[SB 96]   Schaff, O.; Bradshaw, A. M.: Orientation of Chemisorbed Molecules from Surface-Absorption Fine-Structure Measurements: CO and NO on Ni(100). Phys. Bl. **52** (1996) 997

[SBJ⁺ 81] Stöhr, J.; Baberschke, K.; Jaeger, R.; Treichler, T.; Brennan, S.: Orientation of Chemisorbed Molecules from Surface-Absorption Fine-Structure Measurements: CO and NO on Ni(100). Phys. Rev. Lett. **47** (1981) 381

[Stö 92] Stöhr, J.: NEXAFS Spectroscopy, Springer Series in Surface Sciences 25. Berlin, Germany: Springer 1992

[WD 94]   Woodruff, D. P.; Delchar, T. A.: Modern Techniques of Surface Science, 2nd Ed. Cambridge: University Press 1994

[Woo 07] Woodruff, D. P.: Adsorbate Structure Determination Using Photoelectron Diffraction: Methods and Applications. Surface Science Reports **62** (2007) 1

6.2.2 Die Wechselwirkung von Kohlenmonoxid mit Metalloberflächen
Photoabsorptionsspektroskopie, resonante inelastische Röntgenstreuung
Alexander Föhlisch, Franz Hennies

Die Wechselwirkung von Atomen und Molekülen mit Oberflächen bestimmt eine Vielzahl technologischer und chemischer Prozesse. Insbesondere die heterogene Katalyse an metallischen Oberflächen spielt eine wichtige Rolle in der Chemie, um mit hoher Effizienz und Selektivität gewünschte Reaktionsprodukte erzeugen zu können. Gerhard Ertl erhielt für „Studien von chemischen Prozessen auf Festkörperoberflächen" 2007 den Nobelpreis für Chemie. Oberflächenchemie liegt sowohl der Umwandlung von Kohlenwasserstoffen in Raffinerien als auch der Abgasreinigung in Verbrennungsmotoren durch den Drei-Wege-Katalysator zugrunde. In diesem findet die Oxidation von CO zu CO_2, die Oxidation von C_xH_y und die Reduktion von NO_z an Übergangsmetallen als katalytisch aktiven Zentren statt.

Um die Wechselwirkung von Molekülen mit Metalloberflächen zu untersuchen, muss die kleine Anzahl von Atomen und Molekülen, die mit der Oberfläche des katalytischen Materials in Kontakt sind, von der sehr viel größeren Zahl der Atome, die passiv im Inneren des Katalysatormetalls sind, getrennt werden. Resonante inelastische Röntgenstreuung als elementspezifische und chemisch selektive Untersuchungsmethode erlaubt genau dies, wie wir am Beispiel der Oberflächenbindung von CO auf dem Übergangsmetall Nickel zeigen werden.

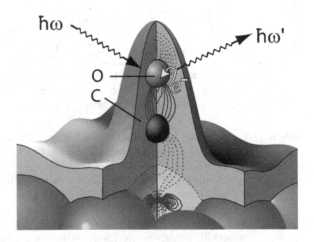

Abb. 6.41 Valenzzustandsdichte von CO auf einer Übergangsmetalloberfläche. Die Gesamtzustandsdichte (dargestellt durch die einhüllende graue Fläche) wird aus den Beiträgen der einzelnen Adsorbatatome und des Substrats gebildet. Mit RIXS ist es möglich, unter die Hülle zu sehen. Wird z. B. an der O-K-Kante gestreut, so wird der Beitrag des Sauerstoffs herausprojiziert.

Bei der CO-Oxidation in der heterogenen Katalyse stellt sich die Frage, wie CO auf Übergangsmetallen gebunden ist. Mit Standardanalyseverfahren der Oberflächenphysik[5] konnte die Bindungsenergie von CO auf Übergangsmetallen bestimmt werden. Diese liegt im Bereich von nur $\sim 1\,\mathrm{eV}$ pro Molekül, was eine schwache Adsorbat-Substrat-Wechselwirkung nahelegt. Die Dissoziationsenergie von CO ist sehr viel größer (11,23 eV). Es ist daher eine Herausforderung, zu verstehen, wieso CO in Kontakt mit einer katalytisch aktiven Metalloberfläche eine erhöhte Reaktivität hat und dadurch eine Oxidation zu CO_2 möglich wird.

Zur Beantwortung dieser Frage ist ein genauerer Blick auf die chemische Bindung des Adsorbatsystems nötig. Diese spiegelt sich in der Struktur der Valenzelektronen wieder. Die zur Bestimmung der Valenzstruktur üblicherweise verwendeten Methoden (z. B. UPS[6]) bilden die gesamte Valenzzustandsdichte ab, und es ist nicht möglich, die Beiträge unterschiedlicher Atome zur chemischen Bindung zu separieren. Resonante inelastische Röntgenstreuung (RIXS) hingegen erlaubt eine atomspezifische Projektion der Gesamtzustandsdichte und somit eine Unterscheidung der Beiträge einzelner Atome. Zudem kann die räumliche Orientierung der elektronischen Zustände aufgelöst werden. In Abb. 6.41 ist dies schematisch dargestellt.

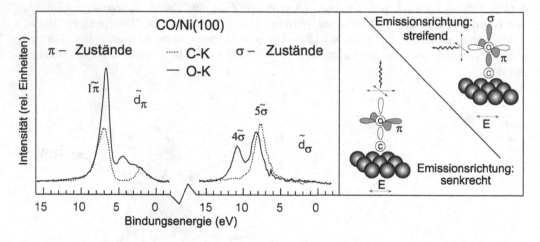

Abb. 6.42 Links: RIXS Spektren der symmetrieaufgelösten atomspezifischen Valenzstruktur am Kohlenstoff- und am Sauerstoffzentrum des Adsorbatsystems CO/Ni(100). Je nachdem, ob die Anregung an der K-Kante von C oder O erfolgt, werden atomspezifisch unterschiedliche Beiträge zur Gesamtzustandsdichte herausprojiziert. So lässt sich z. B. ablesen, dass die $\tilde{d}_\pi$-Zustände kaum Amplitude am C haben. Zudem kann durch eine winkelaufgelöste Messung die Symmetrie der Zustände bestimmt werden. Dies ist aus dem rechts stehenden Schema ersichtlich: Bei Beobachtung der Photonen, die in senkrechter Richtung emittiert werden, sind auf Grund von Polarisationsauswahlregeln nur die in der Ebene liegenden π-Zustände sichtbar, streifend emittierte Photonen stammen hingegen von π- und σ-Zuständen, nach [FNB+ 00].

---

[5]TPD: *temperature programmed desorption* = Thermodesorptionsspektroskopie
[6]Ultraviolett-Photoemissions-Spektroskopie = Valenzbandphotoemission

a)

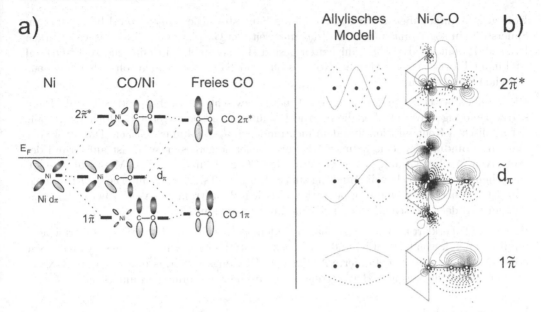

b)

Abb. 6.43 a) Kombination der π-Orbitale von CO mit den d-Bändern des Ni(100)-Substrates zur chemischen Adsorbatbindung.

b) Allylisches Modell der Bindung von CO auf Metallen. Links: Schematische Darstellung der allylischen Bindung. Rechts: Orbitalplots des π-Bindungssystems, nach [FNB+ 00]

Im Folgenden wird die Bestimmung der chemischen Bindung mit RIXS am Beispiel von CO, adsorbiert auf der Nickel-(100)-Oberfläche (Abb. 6.42), erläutert. Die Valenzstruktur ist dort mit RIXS symmetrieaufgelöst untersucht worden[7]. Mit Hilfe der atomspezifischen Projektion der Valenzzustandsdichte ist es möglich, ein differenziertes Bild der chemischen Bindung von CO auf Nickel zu entwickeln.

Der Bindungsmechanismus ist in Abb. 6.43 (a) gezeigt, so wie er mit Hilfe von RIXS experimentell bestimmt werden konnte. Die d-Elektronen des Metallsubstrats (die Elektronen an der Metallfermikante) bilden mit den 1π- und 2π-Orbitalen des freien CO-Moleküls drei Hybridorbitale des Adsorbatkomplexes (in der mittleren Spalte dargestellt). Es ergibt sich für die π-Zustände das Bild einer sogenannten allylischen Bindung. Was dies bedeutet, wird im Folgenden (Abb. 6.43 (b)) dargestellt. Das energetisch höchste, unbesetzte $2\tilde{\pi}^*$-Orbital ist antibindend zwischen Sauerstoff, Kohlenstoff und dem Metall. Es hat jeweils eine Knotenebene zwischen Ni/C und C/O. Das mittlere besetzte $\tilde{d}_\pi$-Orbital ist nichtbindend. Dieses Orbital ist charakteristisch für die allylische Konfiguration. Seine Knotenebene verläuft genau auf dem Kohlenstoffatom. Das bedeutet, dass die Elektronen dieses Orbitals dort keine Aufenthaltswahrscheinlichkeit haben. Dies spiegelt sich deutlich in den gemessenen Spektren mit π-Symmetrie (Abb. 6.42) wider: Das $\tilde{d}_\pi$-Orbital hat nur eine sehr geringe Intensität im

---

[7]vgl. den Abschnitt zu den RIXS-Auswahlregeln, σ-Zustände haben eine Knotenebene senkrecht zur C-O-Molekülachse, π-Zustände stehen senkrecht dazu.

Kohlenstoff-Anteil, aber deutlichen Anteil am Sauerstoff. Dieses $\tilde{d}_\pi$-Orbital bildet also am Sauerstoff ein sogenanntes *lone pair*, das mit weiteren Gasphasenmolekülen wechselwirken kann und somit katalytische Fähigkeiten besitzt. Das energetisch tiefliegendste $1\tilde{\pi}$-Orbital ist bindend zwischen den Metall-, Kohlenstoff- und Sauerstoffatomen, ohne Knotenebene zwischen den Atomen.

Die π-Orbitale verursachen eine starke Bindung zwischen Adsorbat und Substrat. Diese starke Bindung schwächt aber die interne Bindung im adsorbierten CO-Molekül, wie aus der allylischen Konfiguration und dem nichtbindenden $\tilde{d}_\pi$-Orbital ersichtlich. Dass trotz der starken π-Bindung nur eine geringe Adsorptionsenergie gemessen wird, ist auf Grund der repulsiven Wechselwirkung der σ-Orbitale des CO-Moleküls mit dem Metallsubstrat zu verstehen. Diese schwächen die Bindung zum Substrat und stärken die interne C-O-Bindung. Somit tritt energetisch eine Kompensation zwischen der attraktiven Wechselwirkung im π-System und der repulsiven Wechselwirkung im σ-System auf.

Dieses Modell erklärt also den scheinbaren Widerspruch zwischen der geringen Oberflächenbindungsenergie von CO auf Ni und der hohen katalytischen Aktivität dieses Systems. Nur mit RIXS ist eine derart detaillierte Analyse der Bindungsverhältnisse möglich, da RIXS es erlaubt, gezielt die geringen Beiträge einzelner Atome zur Bindung zu untersuchen.

Literaturverzeichnis

[FNB$^+$ 00] Föhlisch, A.; Nyberg, M.; Bennich, P.; Triguero, L.; Hasselström, J.; Karis, O.; Pettersson, L.; Nilsson, A.: The Bonding of CO to Metal Surfaces. J. Chem. Phys. **112** (2000) 1946

6.2.3   Geordnete Oxidation: Sauerstoff auf Cu(110)
Oberflächenröntgenbeugung
Jens Falta

Die Adsorption von Sauerstoff auf Metalloberflächen ist von entscheidender Bedeutung für das Verständnis fundamentaler chemischer Prozesse. Sie ist ein Elementarschritt wichtiger Katalyseverfahren und der erste Schritt in der Oxidation von Metalloberflächen. Dabei ist die Kenntnis der geometrischen Struktur der Oberfläche und der Sauerstoffbindung essentiell für das Verständnis der chemischen Eigenschaften dieser Prozesse. Da Sauerstoff eine starke Bindung zum Substrat aufbaut, spricht man hier von Chemisorption[8], also der Adsorption unter Ausbildung einer chemischen Bindung zur Unterlage.

Die Ausbildung einer chemischen Bindung zwischen Sauerstoff und Atomen der Metalloberflächen überführt die Oberfläche in einen energetisch niedrigeren Zustand, dabei wird pro Bindung eine Energie von einigen Elektronenvolt (eV) freigesetzt. Unter Umständen kann die Chemisorption der ersten atomaren Lagen von Sauerstoff zu einer geordneten Umlagerung der obersten Lagen der Metalloberflächen führen. Die entstehende Oberflächenrekonstruktion erstreckt sich in der Regel über mehrere Einheitszellen der Oberfläche und führt dadurch in Beugungsexperimenten neben der Beobachtung der aus dem Kristallvolumen

---

[8]Im anderen Extrem, also bei der Ausbildung einer nur schwachen Bindung zum Substrat, wird der Begriff Physisorption gebraucht, etwa bei der Adsorption von Edelgasen auf Oberflächen.

bekannten Fundamentalreflexe zum Auftreten von zusätzlichen Beugungsreflexen, den sogenannten Überstrukturreflexen. Im Folgenden soll am Beispiel der Oxidation der Cu(110)-Oberfläche gezeigt werden, wie die Untersuchung dieser Überstrukturreflexe in Kombination mit der Messung der Fundamentalreflexe zur Bestimmung der geometrischen Struktur der rekonstruierten Oberfläche eingesetzt werden kann.

Die hierfür verwendete Methode der Oberflächenröntgenbeugung (SXRD) ist in Abschnitt 5.1 beschrieben. Diese Methode hat sich in den letzten 20 Jahren zu einer der wichtigsten Methoden zur Aufklärung der atomaren Struktur von Oberflächen entwickelt, wie viele Beispiele belegen. Exemplarisch seien an dieser Stelle die Referenzen [CHN$^+$ 97, BFZ$^+$ 99, KME$^+$ 01, SRS$^+$ 04] genannt. Aber Oberflächenröntgenbeugung ist keineswegs beschränkt auf die Untersuchung reiner Oberflächen, vielmehr erlaubt sie auch die Untersuchung anderer Grenzflächen, wie die zwischen flüssigem Blei und der Si(001)-Festkörperoberflächen [RKD$^+$ 00]. Weiterführende Literatur findet sich in [Fei 89, Rob 91, RT 92, Dos 92] und [ANM 01] sowie in den in Abschnitt 5.1 angegebenen Referenzen. Um Totalreflexion und so eine hinreichende Oberflächenempfindlichkeit zu erreichen, wird die Oberfläche unter äußerst streifendem Einfall mit monochromatischer Röntgenstrahlung beleuchtet. Der Einsatz von Synchrotronstrahlung ist unentbehrlich, um die Dauer der Messung so kurz zu halten, dass eine unkontrollierte Belegung der Oberfläche mit Atomen aus dem Restgas in der Experimentierkammer während der Messung verhindert wird. Selbst unter Ultrahochvakuumbedingungen, also bei einem Druck im Bereich von 1×10^{-10} mbar, beträgt die Zeit für die Wiederbelegung einer sauberen Oberfläche mit einer atomaren Lage durch Adsorption aus dem Restgas nur ca. 24 Stunden [HG 94]. Daher wird für Messungen an Oberflächen häufig auf Wiggler und Undulatoren (Abschnitt 3.2) als Strahlungsquelle zurückgegriffen.

Die (110)-Oberfläche von Cu bildet nach Chemisorption von Sauerstoff eine Reihe verschiedener Rekonstruktionen aus. Die geometrische Struktur einiger dieser Oberflächen war lange Zeit umstritten. Zur Lösung dieser Frage haben Untersuchungen mit Oberflächenröntgenbeugung einen wesentlichen Beitrag geleistet. Exemplarisch sollen in diesem Abschnitt die SXRD-Untersuchungen der sauerstoffinduzierten Cu(110)-c(6×2)-Oberfläche vorgestellt werden [FGN$^+$ 90, FGJN 91].

Cu kristallisiert in der kubisch-flächenzentrierten Kristallstruktur (fcc). Die unrekonstruierte (110)-Cu-Oberfläche besteht aus Reihen von Cu-Atomen, die in [1$\bar{1}$0]-Richtung liegen (auch als [1 -1 0] bezeichnet). Entlang der Reihen beträgt der Abstand der Oberflächenatome 2,55 Å, zwischen den Reihen liegt ein Abstand von 3,61 Å. Dies ist gleichzeitig die Größe der sogenannten Oberflächeneinheitszelle, also der kleinsten Einheit, mit der sich die Oberfläche durch Translationsoperationen erzeugen lässt. Im beschriebenen unrekonstruierten Fall wird diese als (1×1)-Oberfläche bezeichnet. Die Bezeichnung c(6×2) macht deutlich, dass die Cu(110)-Oberfläche durch die Adsorption von Sauerstoff ihre geometrische Struktur ändert. Es bildet sich eine neue, größere Einheitszelle aus. Man spricht von einer Oberflächenrekonstruktion. Im vorliegenden Fall weist die neue Oberflächeneinheitszelle in [1$\bar{1}$0]-Richtung die sechsfache und in [100]-Richtung die doppelte Größe der einfachen (1×1) Volumeneinheitszelle auf.[9] Die Oberflächenrekonstruktion führt zum Auftreten zusätzlicher Reflexe in Beugungsexperimenten. Im Beugungsprozess werden Abstände im Realraum in

---

[9]Der Zusatz c: *centered structure* weist darauf hin, dass die angegebene Struktur nicht die kleinstmögliche Einheitszelle wiedergibt, sondern die kleinste rechtwinklige.

reziproke Abstände im Beugungsraum (reziproker Raum vgl. Abschnitt 2.2.3 und 5.1) transformiert. Im vorliegenden Fall beobachtet man folglich in einer Richtung fünf zusätzliche Beugungsreflexe in äquidistantem Abstand zwischen den Fundamentalreflexen der (1×1)-Oberflächenstruktur. In der zweiten Oberflächenrichtung taucht entsprechend der Größe der neuen Oberflächeneinheitszelle ein weiterer Reflex zwischen den Fundamentalreflexen auf. Die zusätzlichen Reflexe werden Überstrukturreflexe genannt und tragen Bezeichnungen wie $(0, 1/6)$ oder $(1/2, 4/6) = (1/2, 2/3)$. Diese Nomenklatur stammt aus Beugungsexperimenten mit niederenergetischen Elektronen (LEED: *low energy electron diffraction*). Angegeben werden hierbei nur die Komponenten des Streuvektors, die parallel zur Oberfläche liegen (vgl. Ref. [HG 94] und Abschnitt 5.1).

Im Laufe der Experimente wurde die integrale Intensität von insgesamt 114 Überstruktur- und 14 Fundamentalreflexen gemessen. Nach Mittelung der Intensitätswerte von symmetrieäquivalenten Reflexen enthält dieser Datensatz noch 56 Überstruktur- und acht Fundamentalreflexe. Nach Berücksichtigung von Geometriekorrekturen für Variationen im Einfallswinkel und der beleuchteten Probenoberfläche ergibt sich hieraus das Betragsquadrat der Strukturfaktoren.

Im Weiteren werden die Reflexe im reziproken Raum durch Verwendung folgender Einheitsvektoren indiziert, die der oben angesprochenen LEED-Nomenklatur entsprechen: $a^* = [1, \bar{1}, 0]_{\mathrm{Vol}}/2\pi a_0$, $b^* = [0, 0, 1]_{\mathrm{Vol}}/2\pi a_0$ und $c^* = [1, 1, 0]_{\mathrm{Vol}}/2\pi a_0$.
Damit ergibt sich die Einheitszelle im Realraum zu:
$a = [1/2, \bar{1/2}, 0]_{\mathrm{Vol}}a_0$, $b = [0, 0, 1]_{\mathrm{Vol}}a_0$ und $c = [1/2, 1/2, 0]_{\mathrm{Vol}}a_0$. Dabei bezeichnet a_0 die Gitterkonstante des Volumens, und der Index Vol gibt an, dass man sich hier auf die für das Kristallvolumen definierten Einheitsvektoren bezieht. Durch diese Wahl bezieht man sich auf die Basisvektoren der idealen unrekonstruierten Oberflächeneinheitszelle.

Abb. 6.44 zeigt schematisch die Intensitäten der gemessenen Reflexe. Die Überstrukturreflexe mit 1/6-, 1/2- und 5/6-Komponenten weisen nur eine geringe Intensität auf, diejenigen an 1/3- und 2/3-Positionen hingegen sind intensiv. Daraus kann man schließen, dass die

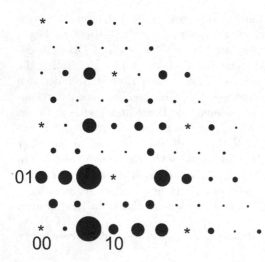

Abb. 6.44
Schematische Darstellung der gemessenen Intensitäten der Überstruktur- (•) und Fundamentalreflexe (∗). Größere Symbole entsprechen intensiveren Reflexen. (nach [FGJN 91])

Oberfläche im Wesentlichen eine 3×1-Symmetrie aufweist, zu der diese Reflexe gehören, nicht aber die oben genannten schwachen Überstrukturreflexe.

Die geometrische Struktur innerhalb der Einheitszelle kann durch einen Vergleich von Modellberechnungen mit der experimentell bestimmten Patterson-Funktion ermittelt werden (vgl. Abschnitt 5.1). Diese ist proportional zur Paarkorrelationsfunktion der Oberflächenatome. Die Paarkorrelationsfunktion beschreibt die Wahrscheinlichkeit, zwei Atome in einem bestimmten Abstand voneinander zu finden. Sie ergibt sich aus den experimentellen Daten durch eine Fourier-Transformation der Intensitäten, also des Betragsquadrats der Strukturfaktoren:

$$P(x,y) = \sum_{h,k} \left| F_{hk} \right|^2 \cos[2\pi(hx + ky)]. \tag{6.7}$$

Um besonders empfindlich für die Struktur der Oberfläche zu sein, benutzt man keine Fundamentalreflexe, sondern ausschließlich Überstrukturreflexe für die Berechnung der Patterson-Funktion, denn zu den Überstrukturreflexen liefern die Substratatome keinen Beitrag, da das Volumen des Kristalls nicht die Periodizität der Oberflächenrekonstruktion aufweist. Mit dieser Vorgehensweise lässt sich also die Struktur innerhalb der Oberflächeneinheits-

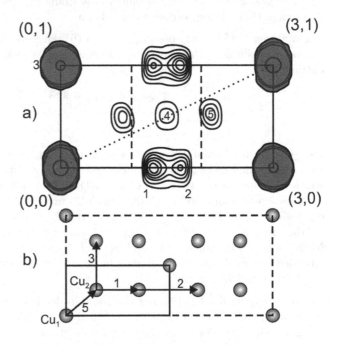

Abb. 6.45 (a) Höhenliniendarstellung der Patterson-Funktion: Der dargestellte Bereich stellt ein Viertel der $c(6 \times 2)$-Einheitszelle dar. Die Koordinaten der Ecken lauten $(0,0)$, $(3,0)$, $(3,1)$ und $(0,1)$. (b) Ausgangsmodell der $c(6 \times 2)$-Einheitszelle, bestehend aus zwei Cu-Atomen an nicht äquivalenten Positionen. Das enthaltene Rechteck ist der in (a) dargestellte Bereich. Die eingetragenen Vektoren entsprechen den Maxima (1), (2), (3) und (5) der Patterson-Funktion. (nach [FGJN 91])

zelle besonders empfindlich bestimmen. Auf der anderen Seite bedeutet die Vernachlässigung von Fundamentalreflexen, dass die Position der Oberflächeneinheitszelle relativ zum Substrat mit diesem Verfahren nicht ermittelt werden kann. Dies kann jedoch durch eine Analyse der Fundamentalreflexe nachgeholt werden. Im Weiteren wird die beschriebene Vorgehensweise verwendet.

Abb. 6.45 zeigt die aus den Überstrukturreflexen berechnete Patterson-Funktion. Die Patterson-Funktion gibt auf Grund ihrer Definition nicht die Atompositionen in der Einheitszelle wieder, sondern die Abstandsvektoren von Atomen innerhalb der Einheitszelle. Abgesehen vom Ursprung sind fünf verschiedene Maxima deutlich zu erkennen, d. h. das Beugungsbild wird im Wesentlichen von fünf interatomaren Abständen geprägt. Die Höhe der Maxima skaliert mit dem Produkt der Elektronenzahl der Streuer $Z_1 Z_2$. Kupfer hat die Ordnungszahl $Z = 29$, während Sauerstoff lediglich $Z = 8$ aufweist. Deshalb dominieren im Bild Cu-Cu-Vektoren. Alle Maxima außer (3) liegen auf Positionen, die bezüglich der $c(6 \times 2)$ Einheitszelle keine besondere Symmetrie besitzen. Abb. 6.45 b) zeigt das Ausgangsmodell für die Strukturbestimmung. Es besteht aus zwei Cu-Atomen auf nicht äquivalenten Positionen in der $c(6 \times 2)$-Einheitszelle und reproduziert – abgesehen von Maximum (4) – alle wesentlichen Strukturen der Patterson-Funktion. Maximum (4) ist schwach, und im Weiteren wird gezeigt werden, dass es einem interatomaren Abstandsvektor zwischen einem Cu- und einem O-Atom zugeordnet werden kann.

Zur weiteren Verfeinerung des in Abb. 6.45 (b) dargestellten Strukturmodells wird die Differenz zwischen der gemessenen und der aus dem Modell berechneten Patterson-Funktion betrachtet:

$$\chi^2 = \frac{1}{N-p} \sum_{h,k} \left[\frac{|F_{hk}^{\exp}|^2 - |F_{hk}^{\text{calc}}|^2}{\sigma_{hk}} \right]^2 . \tag{6.8}$$

Dabei ist N die Anzahl der gemessenen Strukturfaktoren $F_{hk}^{\exp}$, p die Zahl der freien Parameter im Modell und σ_{hk} die Fehler der gemessenen Strukturfaktoren. Für das obige Modell wurde angenommen, das ein Cu-Atom Cu(1) im Ursprung sitzt. Als freie Parameter wurden dann die Position des zweiten Cu-Atoms Cu(2) und das Quadrat der Schwingungsamplitude des Debye-Waller-Faktors B_{Cu} (s. Abschnitt 2.2.6) zugelassen. Der Einfluss der O-Atome auf die Intensitätsverteilung ist gering und wird erst in einem zweiten Schritt berücksichtigt. Nach Suche der Parameter, die das kleinste Fehlerquadrat liefern (*least-square analysis*), ergibt sich das Fehlerquadratminimum zu $\chi^2 = 12{,}0$, die Position des zweiten Cu-Atoms zu $(0{,}89 \, , \, 0{,}5)$ und $B = 2{,}9\,\text{Å}^2$.

Die Bestimmung der Position der O-Atome in der Einheitszelle und eine Verfeinerung des Ausgangsmodells (Abb. 6.45 (b)) hinsichtlich der Positionen der Cu-Atome kann durch Bildung der Differenz der projizierten Elektronendichte erzielt werden (Abschnitt 5.1). Dabei nimmt man an, dass das Ausgangsmodell hinreichend genau ist, um die Phase des Strukturfaktors α zu berechnen:

$$\Delta\rho(x,y) = \rho^{exp} - \rho^{mod}$$
$$= \sum_{hk} (|F_{hk}^{exp}| - |F_{hk}^{mod}|) \times \cos\left[2\pi(hx + ky) - \alpha\right]. \tag{6.9}$$

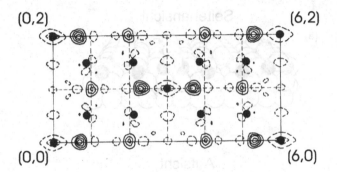

Abb. 6.46 (a) Höhenliniendarstellung der Differenz $\Delta\rho$ zwischen gemessener und berechneter projizierter Elektronendichte. Gestrichelte Konturen geben negative Werte wieder, durchgezogene Linien positive. Deutlich sind innerhalb der primitiven Einheitszelle zwei verschiedene Maxima bei (0,69, 0) und (2,00, 0) zu erkennen (siehe Tabelle 6.2). Alle weiteren Maxima in der zentrierten c(6x2)-Oberflächeneinheitszelle gehen durch Symmetrieoperationen aus den obigen zwei hervor. (nach [FGJN 91])

Die Differenz der projizierten Elektronendichte $\Delta\rho$ zeigt Extrema an den Stellen, an denen das Modell die reale Oberfläche nicht richtig wiedergibt, also an den Stellen fehlender Atome im Strukturmodell, sodass auch die Position der O-Atome bestimmt werden kann. Eine Höhenlinienabbildung der projizierten Elektronendichtedifferenz $\Delta\rho$ ist in Abb. 6.46 gezeigt.

In der Abbildung sind deutlich zwei nicht äquivalente Maxima zu erkennen. Diese entsprechen zwei unterschiedlichen Positionen von O-Atomen in der Einheitszelle. Erweitert man das Ausgangsmodell um diese beiden O-Atome, so erniedrigt sich nach Anpassung das minimale Fehlerquadrat drastisch auf $\chi^2 = 1,9$. Freie Modellparameter waren hierbei die Positionen der Kupferatome Cu(1) und Cu(2), die x-Koordinaten der beiden Sauerstoffatome O(1) und O(2) sowie die Debye-Waller-Faktoren B_{Cu} und B_O für Cu- und O-Atome. Die y-Koordinate der O-Atome kann zu $y = 0$ festgelegt werden, da sie auf einer Spiegelebene der Einheitszelle liegen. Das Ergebnis der Anpassung ist in Tabelle 6.2 zusammengefasst. Die atomare Struktur ist schematisch in Abb. 6.47 gezeigt.

Aus der bisher vorgestellten Analyse der Intensitäten von Überstrukturreflexen lassen sich zwar die Positionen der Atome innerhalb der Oberflächeneinheitszelle bestimmen, jedoch

Tab. 6.2: Relativkoordinaten der verschiedenen Atome in der primitiven Einheitszelle für die beste Anpassung des Modells an die Messwerte. Die absoluten Fehler sind in Klammern angegeben.

Atom	x	y	B
Cu(1)	0,0	0,0	2,9(2)
Cu(2)	0,890(4)	0,494(3)	2,9(2)
O(1)	0,689(13)	0,00	0,0(5)
O(2)	2,009(14)	0,0	0,0(5)

Seitenansicht

(a)

Aufsicht

(b)

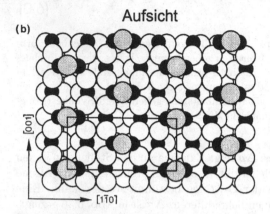

Abb. 6.47 Seitenansicht und Aufsicht auf die $c(6 \times 2)$-Struktur; die Oberflächenlage enthält zwei
Kupfer- und zwei Sauerstoffatome auf zwei jeweils nicht äquivalenten Positionen: Cu(1)
(grau) sind zusätzliche Kupferatome der $c(6 \times 2)$-Rekonstruktion. Die unterschiedlichen
Positionen für Sauerstoffatome O(1) und O(2) sind schwarz eingetragen. Weiß eingezeichnet sind die Cu-Atome der obersten Substratlage Cu(2) und Cu-Atome in tiefer
liegenden Schichten des Substrats. (nach [FGJN 91])

nicht – wie weiter oben erläutert – die relative Position der Oberflächeneinheitszelle zum
Substrat. Zu diesem Zweck sollen im Folgenden die Intensitäten der Fundamentalreflexe
ausgewertet werden. Im Gegensatz zu den Überstrukturreflexen wird die Intensität der
Fundamentalreflexe sowohl durch die Atome der Oberfläche als auch durch die Atome der
Unterlage bestimmt. Die Intensität der Fundamentalreflexe ergibt sich aus der Interferenz
dieser beiden Beiträge. Die Messung sogenannter *crystal truncation rods* (s. Abschnitt 5.1)
erlaubt daher die Bestimmung des Abstands der Oberflächenatome zum Substrat.

Auf der Cu(110)-Oberfläche kommen auf Grund von Symmetrie vier verschiedene Koordinaten für das Cu(1)-Atom infrage:

1. eine Position direkt über einem Cu-Atom der Unterlage (*on-top position*),
2. ein Muldenplatz (*four-fold hollow site*) mit Koordinaten $(1/2, 1/2)$,
3. ein langer Brückenplatz (*long-bridge site*) mit Koordinaten $(0, 1/2)$ oder
4. ein kurzer Brückenplatz (*short-bridge site*) mit Koordinaten $(1/2, 0)$.

Ohne weitere Anpassung liefert die Möglichkeit (4) im Vergleich der berechneten und gemessenen Intensitäten der Fundamentalreflexe ein Fehlerquadrat von $\chi^2 = 53$, während die anderen drei Möglichkeiten ein $\chi^2 > 1700$ ergeben. Daraus kann man schließen, dass das Cu(1)-Atom auf einem kurzen Brückenplatz, also in (10)-Oberflächenrichtung, genau zwischen zwei benachbarten Atomen der obersten Substratlage sitzt. Für eine Analyse der vertikalen Position der Atome und der Relaxation der obersten Substratlagen sind Messungen der *crystal truncation rods* der Überstruktur- und Fundamentalreflexe nötig [MM 96].

Zusammenfassend lässt sich die Cu(110)-$c(6 \times 2)$-O-Struktur als dicht gepackte Lage von Cu-O-Ketten beschreiben, die die Oberfläche in alternierenden Zickzack-Reihen belegen. Die Cu-O-Ketten sind durch Cu-Atome miteinander verbunden, die an je zwei O-Atome binden. Oberflächenröntgenbeugung ermöglicht also die Bestimmung der atomaren Struktur komplexer Oberflächenrekonstruktionen mit hoher Genauigkeit.

Literaturverzeichnis

[ANM 01] Als-Nielsen, J.; McMorrow, D.: Elements of Modern X-Ray Physics. New York: J. Wiley Sons LTD 2001

[BFZ+ 99] Bunk, O.; Falkenberg, G.; Zeysing, J. H.; Lottermoser, L.; Johnson, R. L.; Nielsen, M.; Berg-Rasmussen, F.; Baker, J.; Feidenhans'l, R.: Structure Determination of the Indium-Induced Si(111)-(4x1) Reconstruction by Surface X-Ray Diffraction. Phys. Rev. B **59(19)** (1999) 12228–12231

[CHN+ 97] Charlton, G.; Howes, P. B.; Nicklin, C. L.; Steadman, P.; Taylor, J. S. G.; Muryn, C. A.; Harte, S. P.; Mercer, J.; McGrath, R.; Norman, D.; Turner, T. S.; Thornton, G.: Relaxation of TiO_2(110)-(1x1) Using Surface X-Ray Diffraction. Phys. Rev. Lett. **78(3)** (1997) 495–498

[Dos 92] Dosch, H.: Critical Phenomena at Surfaces and Interfaces. In: Springer Tracts in Modern Physics, Vol 126. Berlin: Springer 1992

[Fei 89] Feidenhans'l, R.: Surface Structure Determination by X-Ray Diffraction. Surf. Sci. Rep. **10** (1989) 105–188

[FGJN 91] Feidenhans'l, R.; Grey, F.; Johnson, R. L.; Nielsen, M.: Determination of the Cu(110)-$c(6 \times 2)$ Structure by X-Ray Diffraction. Phys. Rev. B **44** (1991) 1875–1879

[FGN+ 90] Feidenhans'l, R.; Grey, F.; Nielsen, M.; Besenbacher, F.; Jensen, F.; Laegsgaard, E.; Steensgaard, I.; Jacobsen, K. W.; Nørskov, J. K.; Johnson, R. L.: Oxygen Cemisorption on Cu(110): A Model for the $c(6 \times 2)$ Structure. Phys. Rev. Lett. **65** (1990) 2027–2030

[HG 94] Henzler, M.; Göpel, W.: Oberflächenphysik des Festkörpers. 2. Aufl. Stuttgart: Teubner 1994

[KME+ 01] Kumpf, C.; Marks, L. D.; Ellis, D.; Smilgies, D.; Landemark, E.; Nielsen, M.; Feidenhans'l, R.; Zegenhagen, J.; Bunk, O.; Zeysing, J. H.; Su, Y.; Johnson, R. L.: Subsurface Dimerization in III-V Semiconductor (001) Surfaces. Phys. Rev. Lett. **86** (2001) 3586–3589

[MM 96]   Moritz, W.; Meyerheim, H. L.: 3-D Surface Structure Determination by X-Ray
            Diffraction. In: Surface Science: Principles and Current Applications (Hrsg.:
            MacDonald, R. J.; Taglauer, E. C.; Wandelt, K. R.). Springer-Verlag, 1996 S.
            12–28

[RKD+ 00]   Reichert, H.; Klein, O.; Dosch, H.; Denk, M.; Honkimäki, V.; Lippmann, T.;
            Reiter, G.: Observation of Five-Fold Local Symmetry in Liquid Lead. Nature
            408 (2000) 839

[Rob 91]   Robinson, I. K.: Surface Crystallography. In: Handbook of Radiation, Vol.3,
            (Hrsg.: Brown, G.; Moncton, D. E.). Elsevier Science Publishers B.V., 1991 S.
            221–266

[RT 92]   Robinson, I. K.; Tweed, D. J.: Surface X-Ray Diffraction. Rep. Prog. Phys. **55**
            (1992) 599–651

[SRS+ 04]   Stierle, A.; Renner, F.; Streitel, R.; Dosch, H.; Drube, W.; Cowie, B. C.: X-Ray
            Diffraction Study of the Ultrathin Al_2O_3 Layer on NiAl(110). Science **303**
            (2004) 1652–1656

6.2.4   Kreuzfahrt durch den reziproken Raum von $TiTe_2$: Energiebänder und Fermiflächen

Winkelauflösende Photoelektronenspektroskopie
Lutz Kipp

Die Kenntnis der elektronischen Bandstruktur $E(\vec{k})$ eines kristallinen Materials, d. h. der Gesamtheit der Energieflächen $E = E(\vec{k})$ im reziproken Raum der Wellenvektoren $\vec{k}$, ist fundamental für ein Verständnis vieler makroskopischer Eigenschaften eines Festkörpers. Dazu gehören Transporteigenschaften wie die elektrische Leitfähigkeit, insbesondere Supraleitung und optische Eigenschaften wie Absorption, Reflektivität und Lumineszenz. Eine Klassifizierung der Materialien nach Metallen, Halbmetallen, Halbleitern und Isolatoren wird erst im Bändermodell ermöglicht.

Für die experimentelle Bestimmung der elektronischen Bandstruktur gibt es verschiedene Ansätze. Die wohl leistungsfähigste (und einzig $\vec{k}$-auflösende) Methode ist die winkelauflösende Photoelektronenspektroskopie (engl. *angle resolved ultraviolet photoelectron spectroscopy*, ARUPS).

In diesem Abschnitt wird exemplarisch die winkelaufgelöste Photoemission am Schichtkristall Titantellurid ($TiTe_2$), einem Mitglied der Familie der Übergangsmetalldichalkogenide, betrachtet. Im Gegensatz zu anderen Materialien dieser Klasse zeigt $TiTe_2$ keine Ladungsdichtewellen[10] oder Phasenübergänge und ist damit als Modellsystem für Untersuchungen der ungestörten elektronischen Struktur bestens geeignet (siehe auch Referenz [KS 00]). Die Kristallstruktur wird aus Schichten von jeweils drei Atomlagen (Te-Ti-Te) gebildet (siehe Abb. 6.48 (a)). Dabei sind die Übergangsmetallatomebenen (Ti) jeweils in zwei Chalkogenlagen (Te) eingebettet. Innerhalb dieser Schichten herrschen stark ionisch/kovalente Bindungen vor, während die Schichten untereinander nur durch sehr schwache Van-der-Waals-Kräfte gebunden sind. Die in Abb. 6.48 (a) dargestellte Kristallstruktur

---

[10]Ladungsdichtewellen sind Modulationen der Elektronendichte, die mit einer periodischen Gitterverzerrung einhergehen.

zeigt die ausgeprägte geometrische Zweidimensionalität dieser Materialien. Die zugehörige Brillouin-Zone mit der Bezeichnung der hochsymmetrischen Punkte ist in Abb. 6.48 (b) gezeichnet.

In Abb. 6.49 (a) sind winkelaufgelöste Photoelektronenspektren[11] in einer Graustufendarstellung (weiß bedeutet hohe Intensität), aufgenommen bei einer Photonenenergie von $h\nu = 24\,\text{eV}$, dargestellt. Die Emissionswinkel wurden entlang der ΓK- und ΓM-Richtungen der Brillouin-Zone variiert. Man erkennt eine Reihe von Energiebändern, die im Wesentlichen von Te5p-abgeleiteten Zuständen herrühren, wie Bandstrukturrechnungen belegen. Eine Ausnahme bildet das Intensitätsmaximum an der Fermi-Energie in der Nähe des M- bzw. L-Punktes, das von $Ti3d_{z^2}$-Zuständen abgeleitet ist. Die Intensität dieses Bandes ist am Zonenrand am höchsten, nimmt in Richtung des Zentrums der Brillouin-Zone (Γ-Punkt) ab, bis sie schließlich ganz verschwindet. Die energetische Lage des Intensitätsmaximums schiebt dabei in Richtung Fermi-Energie. Das zugehörige Ti3d-Band kreuzt die Fermi-Energie und bestimmt dadurch einen Teil der Fermi-Fläche[12]. Die Photoemissionsintensitäten nahe der Fermi-Energie im Bereich des Γ-Punktes stammen von den oberen Te5p-Bändern, die in Richtung des Zonenzentrums zur Fermi-Energie dispergieren und diese ebenfalls kreuzen. Damit befinden sich $Ti3d_{z^2}$-Elektronentaschen um die M- bzw. L-Punkte und Te5p-

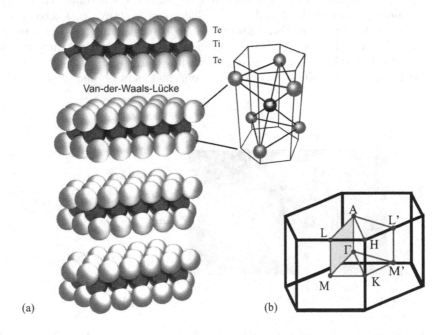

(a)   (b)

Abb. 6.48 (a) Kristallstruktur und (b) Brillouin-Zone von TiTe₂.

---

[11]Die in diesem Abschnitt gezeigten Messungen wurden mit dem Photoelektronenspektrometer ASPHERE [RKSH 01] (vgl. Abschnitt 4.2.5) an den Beamlines W3.2 und BW3 bei HASYLAB durchgeführt.

[12]Die Fermi-Fläche ist die Fläche konstanter Energie $E(\vec{k}) = E_F$.

Lochtaschen um das Zonenzentrum. Die Te5p- und Ti3d-Bänder zeigen einen deutlichen Überlapp in ihren Energielagen. Die experimentellen Bindungsenergien stimmen gut mit der Bandstrukturrechnung aus Referenz [RKS$^+$ 01] (Abb. 6.49 (b)) überein. Eine umfangreiche Studie der besetzten Bandstruktur von TiTe$_2$ findet man auch in Referenz [CAG$^+$ 96].

Von besonderem Interesse ist das Verhalten des Ti3d$_{z^2}$-Bandes in der Nähe der Fermi-Energie. Es ist von Beiträgen anderer Bänder deutlich separiert. Betrachtet man die hoch-aufgelösten Photoelektronenspektren des Ti3d$_{z^2}$-Bandes in Abb. 6.50, so beobachtet man neben dem Durchtritt durch die Fermi-Energie, der auf Grund des Einflusses der Fermi-Dirac-Verteilung mit einer starken Intensitätsabnahme verbunden ist, ein charakteristisches Verhalten der Linienform. Eine detaillierte Analyse der Linienformen ist in den Referenzen [CAA$^+$ 92, HDM$^+$ 94] zu finden und zeigt, dass die experimentelle Linienform in der Nähe der Fermi-Energie durch die Elektron-Elektron-Wechselwirkung geprägt ist und sich im Modell einer Fermi-Flüssigkeit[13] gut beschreiben lässt.

Einen tieferen Einblick in die Form der Fermi-Fläche von TiTe$_2$ erhält man durch die Aufnahme von Winkelverteilungsbildern (PAD, *photoelectron angular distribution*) der von der Fermi-Energie angeregten Elektronen. Kreuzt ein Band die Fermi-Energie bei einem bestimmten $\vec{k}$, so ergibt sich eine erhöhte Photoemissionsintensität bei den entsprechenden Emissionswinkeln. In Abb. 6.51 sind PADs von der Fermi-Energie und bei höheren Bindungsenergien für Photonenenergien von $h\nu = 24\,\text{eV}$ (a) und $h\nu = 100\,\text{eV}$ (b) gezeigt. Die ringförmige Struktur in der Mitte des Bildes ($h\nu = 24\,\text{eV}$, E_F) zeigt den Durchtritt der Te5p-Bänder durch die Fermi-Energie. Zu höheren Bindungsenergien vergrößert sich zunächst der Durchmesser des Rings, bis eine sechszählige Feinstruktur ($-0,5\,\text{eV}$) und schließlich ein dreizähliges Muster zu erkennen sind ($-1,0$ und $-1,25\,\text{eV}$). Den Durchtritt der Ti3d-Bänder durch die Fermi-Energie beobachtet man bei den zigarrenförmigen Struktu-

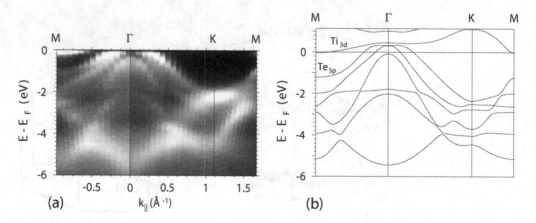

Abb. 6.49 (a) Photoelektronenspektren von TiTe$_2$ in Graustufen-Darstellung (weiß entspricht hoher Intensität), gemessen entlang der Richtungen M-Γ-K bei einer Photonenenergie von 24 eV (b) zugehörige Bandstrukturrechnung (nach Ref. [RKS$^+$ 01])

---

[13]Als Fermi-Gas bezeichnet man ein System nicht wechselwirkender Elektronen; das gleiche System mit Wechselwirkung bezeichnet man als Fermi-Flüssigkeit.

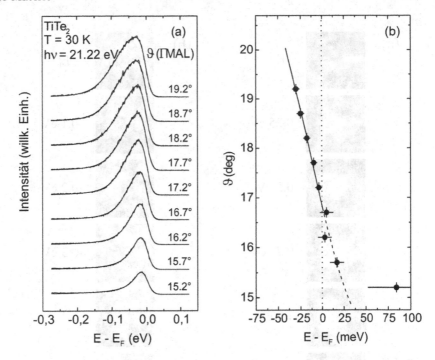

Abb. 6.50 (a) Hochaufgelöste Photoelektronenspektren ($\Delta E = 30\,\text{meV}$) von TiTe$_2$ im Bereich des Durchtritts des Ti3d-Bandes durch die Fermi-Energie entlang der $\overline{\Gamma}\overline{\text{M}}$-Richtung, $h\nu = 21{,}22\,\text{eV}$. (b) Aus numerischer Anpassung von Voigt-Profilen, multipliziert mit der Fermi-Dirac-Funktion, erhaltene Positionen der Maxima (nach [KRS$^+$ 99])

ren um die M- (bzw. L-) und M'- (bzw. L'-) Punkte. Auffallend sind die unterschiedlichen Intensitäten dieser Emissionen. Sie spiegeln z. T. den Einfluss der Polarisation und Einfalls-richtung des Lichts auf die Übergangswahrscheinlichkeiten wider und können demzufolge mit Spektrometern, in denen die Probe zur Veränderung des Emissionswinkels gedreht wird, nicht beobachtet werden.

Bei einer Photonenenergie von $h\nu = 24\,\text{eV}$ liefern die PADs im Wesentlichen Informationen über die Wellenfunktionen und Lagen der Energiebänder in der ersten Brillouin-Zone. Regt man mit höheren Photonenenergien an, so vergrößert sich durch die damit verbundenen höheren kinetischen Energien der messbare Bereich des $\vec{k}$-Raumes und man erhält Zugang zu den höheren Brillouin-Zonen. In Abb. 6.51 (b) sind Winkelverteilungsbilder, aufgenommen bei einer Photonenenergie von $100\,\text{eV}$ von der Fermi-Energie bis zu $500\,\text{meV}$ Bindungsenergie, zu sehen. Die Emissionen aus der ersten Brillouin-Zone befinden sich in der linken oberen Ecke. Man erkennt wieder die ringförmigen Te5p- und die zigarrenförmigen Ti3d-Emissionen. In höheren Brillouin-Zonen wiederholt sich dieses Grundmuster bei allerdings stark veränderten Intensitätsverhältnissen, die auf unterschiedliche Übergangswahrscheinlichkeiten zurückzuführen sind. Die Ti3d-abgeleiteten Strukturen erfahren einen

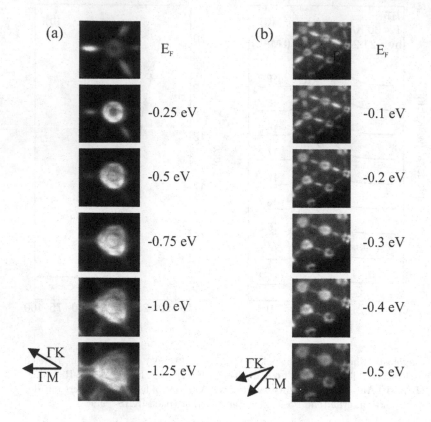

(a) E_F

-0.25 eV

-0.5 eV

-0.75 eV

-1.0 eV

ΓK
ΓM

-1.25 eV

(b) E_F

-0.1 eV

-0.2 eV

-0.3 eV

-0.4 eV

ΓK
ΓM

-0.5 eV

Abb. 6.51 Winkelverteilungen von Photoelektronen, gemessen an TiTe₂ bei Photonenenergien von (a) 24 eV und (b) 100 eV (weiß entspricht hoher Intensität)

starken Intensitätseinbruch bei Bindungsenergien unter -200 meV, der mit der Bandstrukturrechnung (Abb. 6.49 (b)) sehr gut übereinstimmt.

Die bisherigen Beispiele haben sich mit der Abhängigkeit der elektronischen Bandstruktur von der Parallelkomponente des Wellenvektors $k_\parallel$ befasst. Durch Variation der Photonenenergie ändert sich auch die Komponente des Wellenvektors senkrecht zur Oberfläche (vgl. Abbildung 4.46). Dies kann man ausnutzen, um die Dispersion elektronischer Zustände senkrecht zu den Schichten zu untersuchen. Auf Grund der ausgeprägten zweidimensionalen geometrischen Struktur von TiTe₂ erwartet man lediglich eine geringe Abhängigkeit von $k_\perp$. Wie sich jedoch zeigt, reicht der Überlapp der Te5p-Orbitale in der Van-der-Waals-Lücke für eine deutlich sichtbare Dispersion der assoziierten elektronischen Zustände senkrecht zu den Schichten aus. In Abb. 6.52 ist eine Serie von Photoelektronenspektren dargestellt, die in normaler Emission ($k_\parallel = 0$) entlang der ΓA-Richtung der Brillouin-Zone für Photonenenergien zwischen 10 und 28 eV aufgenommen wurden. Die $k_\perp$-Dispersion der elektronischen

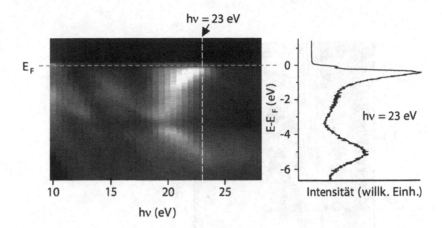

Abb. 6.52 Photoelektronenspektren von TiTe$_2$ in Graustufen-Darstellung (weiß entspricht hoher
Intensität), gemessen in normaler Photoelektronenemission ($k_\parallel = 0$) entlang der Richtung Γ-A bei Photonenenergien zwischen 10 und 28 eV. Im rechten Teilbild ist exemplarisch ein Spektrum bei hν= 23 eV in herkömmlicher Darstellung gezeigt.

Zustände spiegelt sich in der photonenenergieabhängigen Lage der Emissionsmaxima wider. Damit ist trotz der ausgeprägten Zweidimensionalität der geometrischen Struktur eine
deutliche Dreidimensionalität in der elektronischen Struktur gegeben.

Die beobachtete Dreidimensionalität der elektronischen Zustände lässt sich auch in der Form
der Fermi-Fläche senkrecht zu den Schichten wiederfinden. Winkelverteilungen von Photoelektronen, angeregt von der Fermi-Energie entlang der M'ΓM-Richtung, sind in Abb. 6.53
für Photonenenergien zwischen 11 eV und 26 eV dargestellt[14]. Bei rein zweidimensionalen
Systemen sollte überhaupt keine Abhängigkeit der Lage der Emissionen von $k_\perp$ bzw. der
Photonenenergie zu beobachten sein. Auffällig ist, dass sowohl die Te5p-Emissionen in der
Nähe des Γ-Punktes als auch die Ti3d-Emissionen um die M- bzw. M'-Punkte ihre Lage
bzgl. $k_\parallel$ bei Variation der Photonenenergie verändern. Dies gilt insbesondere für die Ti3d-
Emissionen, deren zugehörige 3d$_{z^2}$-Orbitale senkrecht zu den Schichten liegen und für die
Wechselwirkung der Schichten untereinander und damit letztlich für den Zusammenhalt des
Kristalls verantwortlich sind. Die weißen Kurven zeigen den aus der Bandstrukturrechnung
gewonnenen Schnitt durch die Fermi-Fläche [RKS$^+$ 01].

Zusammen mit den PADs von der Fermi-Energie bei konstantem hν (Abb. 6.51) hat man
mit dem PAD aus Abb. 6.53 zwei orthogonale Schnitte durch den $\vec{k}$-Raum, die bereits
wertvolle Informationen über die generelle Form der Fermi-Fläche von TiTe$_2$ liefern. Es
hat sich jedoch gezeigt, dass die Lage der Intensitätsmaxima an der Fermi-Energie nur
einen groben Anhaltspunkt für den tatsächlichen Durchtritt der Bänder geben kann (siehe
auch die systematische Abweichung des berechneten Ti3d-Fermi-Flächenschnitts von den

---

[14]Die Photonenenergien wurden hier bereits in Werte für $k_\perp$ umgerechnet, wobei für den funktionellen
Zusammenhang freie Elektronenparabeln mit einem inneren Potential von 14 eV angenommen wurden
(vgl. Abschnitt 4.2.3)

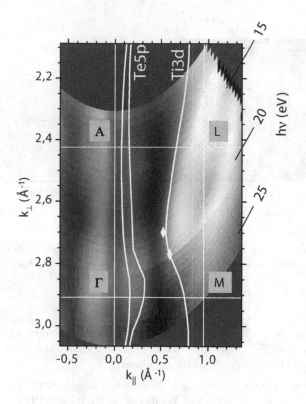

Abb. 6.53 Winkelverteilungen von Photoelektronen, angeregt von der Fermi-Energie entlang der M'ΓM-Richtung, gemessen an TiTe₂ für Photonenenergien zwischen 11 eV und 26 eV (weiß entspricht hoher Intensität). (nach Ref. [RKS⁺ 01])

Emissionsmaxima in Abb. 6.53), da k-abhängige Matrixelemente sowie endliche Energie- und k-Auflösungen des Spektrometers die Photoelektronenintensität an der Fermi-Energie zusätzlich modulieren können. Für eine detaillierte Analyse von Photoelektronenspektren zur Bestimmung von Fermi-Vektoren sei auf Referenz [KRS⁺ 99] verwiesen. Exemplarisch sei hier nur das Ergebnis einer derartigen Analyse gezeigt (weiße Rauten in Abb. 6.53), welches gut mit der Bandstrukturrechnung übereinstimmt.

Diese Beispiele zeigen, dass eine Vielzahl von Informationen nicht nur über Bandstrukturen und Fermi-Flächen, sondern auch über Wellenfunktionen eines wechselwirkenden Elektronensystems in den Winkelverteilungen von Photoelektronen enthalten ist. Eine detaillierte Analyse der Intensitätsverteilungen, die weit über die übliche Bestimmung von Bandstrukturen $E(\vec{k})$, für die im Wesentlichen Energie- und Impulserhaltung benötigt werden, hinausgeht, wird in zukünftigen Anwendungen der Photoelektronenspektroskopie immer wichtiger werden. Die Analyse von Photoemissionsintensitäten bedarf allerdings sehr genauer, qualitativ hochwertiger Berechnungen der elektronischen Struktur und differentieller Wirkungsquerschnitte für die Photoelektronenspektroskopie. In diesem Zusammenhang wird auch das Verständnis der Wechselwirkung des Lichts mit der Oberfläche (u. a. nicht lokale Feldeffekte), die die Photoemissionsintensitäten ebenfalls stark beeinflussen kann, immer wichtiger, wie es z. B. für TiS_2 bereits gezeigt wurde [SPS$^+$ 92].

Literaturverzeichnis

[CAA$^+$ 92] Claessen, R.; Anderson, R.; Allen, J.; Olson, C.; Janowitz, C.; Ellis, W.; Harm, S.; Kalning, M.; Manzke, R.; Skibowski, M.: Fermi-Liquid Line Shapes Measured by Angle-Resolved Photoemission Spectroscopy on 1-T-TiTe$_2$. Phys. Rev. Lett. **69** (1992) 808

[CAG$^+$ 96] Claessen, R.; Anderson, R. O.; Gweon, G.; Allen, J. W.; Ellis, W. P.; Janowitz, C.; Olson, C. G.; Shen, Z. X.; Eyert, V.; Skibowski, M.; Friemelt, K.; Bucher, E.; Hüfner, S.: Complete Band-Structure Determination of the Quasi-Two-Dimensional Fermi-Liquid Reference Compound TiTe$_2$. Phys. Rev. B **54** (1996) 2453

[HDM$^+$ 94] Harm, S.; Dürig, R.; Manzke, R.; Skibowski, M.; Claessen, R.; Allen, J.: Fermi-Liquid-Type Spectral Function and Angle Resolved Photoelectron Spectra of the Ti-3d$_{z^2}$-Band to TiTe$_2$. J. Electron Spectr. Rel. Phen. **68** (1994) 111

[KRS$^+$ 99] Kipp, L.; Roßnagel, K.; Solterbeck, C.; Strasser, T.; Schattke, W.; Skibowski, M.: How to Determine Fermi Vectors by Angle-Resolved Photoemission. Phys. Rev. Lett. **83** (1999) 5551

[KS 00] Kipp, L.; Skibowski, M.: Aspects on Direct and Inverse Photoemission Studies of Layered Transition Metal Dichalcogenides (Hrsg.: Starnberg, H. I.; Hughes, H. P.), Bd. 24 von Electron Spectroscopies Applied to Low-Dimensional Materials. Kluwer Academic Publishers, Dordrecht, 2000

[RKS$^+$ 01] Roßnagel, K.; Kipp, L.; Skibowski, M.; Solterbeck, C.; Strasser, T.; Schattke, W.; Vo, D.; Krüger, P.; Mazur, A.; Pollmann, J.: Three-Dimensional Fermi Surface Determination by Angle-Resolved Photoelectron Spectroscopy. Phys. Rev. B **63** (2001) 125104

[RKSH 01] Roßnagel, K.; Kipp, L.; Skibowski, M.; Harm, S.: A High Performance Angle-Resolving Electron Spectrometer. Nucl. Instrum. Meth. Phys. Res. A **467-468** (2001) 1485

[SPS$^+$ 92] Samuelsen, D.; Pehlke, E.; Schattke, W.; Anderson, O.; Manzke, R.; Skibowski, M.: Observation of Surface-Induced Photon Fields in the Photoemission of 1T-TiS$_2$. Phys. Rev. Lett. **68** (1992) 522

6.2.5 Die elektronische Struktur von Kohlenstoff-Nanoröhren
ESCA-Mikroskopie
Stefan Heun

Seit der Entdeckung von Kohlenstoff-Nanoröhren (*carbon nanotubes* (CNT)) [Iij 91] hat die Forschung an diesem Materialsystem stetig zugenommen – aus gutem Grund: CNTs haben Eigenschaften, die sie für viele Anwendungen sehr interessant machen, so z. B. in der Mikroelektronik als Dioden [YPBD 99], Transistoren [TVD 98, PTY$^+$ 01], Speicherbausteine [RKJ$^+$ 00] oder logische Schaltungen [BHND 01], aber auch als Fluss-Sensoren [GSK 03], Feldemissionsspitzen [FCF$^+$ 99] oder als Spitzen für die Rasterkraftmikroskopie [HCL 99].

Kohlenstoff-Nanoröhren kann man sich wie folgt aufgebaut denken: Man nehme eine Lage Graphit und rolle sie so zu einem Zylinder zusammen, dass zwei äquivalente Punkte des Graphitgitters übereinander zu liegen kommen. Die so erzeugten Kohlenstoffzylinder können Durchmesser von wenigen Nanometern und eine Länge von einigen Mikrometern haben. Sie können einzeln auftreten, dann spricht man von *single-wall nanotubes* (SWNT), aber auch aus konzentrischen Zylindern bestehen (*multi-wall nanotubes* (MWNT)). Im zweiten Fall entspricht der radiale Abstand einzelner Zylinder ungefähr dem Lagenabstand in Graphit. Abhängig von der Chiralität der Röhren (d. h. vom Winkel zwischen der Röhrenachse und den kristallographischen Achsen des Graphitgitters) können sie metallisch oder halbleitend sein [WVR$^+$ 98].

Eine interessante Eigenschaft der CNTs ist ihr extremes Verhältnis von Länge zu Durchmesser, so dass CNTs in guter Näherung als eindimensionale Systeme angesehen werden können. Diese Eigenschaft ist in Transportmessungen nachgewiesen worden [TDD$^+$ 97]. Inzwischen sind auch Transistoren hergestellt worden, die auf CNTs basieren und die bei Zimmertemperatur arbeiten [TVD 98, PTY$^+$ 01].

Kohlenstoff-Nanoröhren sind auch für Anwendungen als Feldemissionsspitzen vorgeschlagen worden. Erste Erfolge wurden bereits bei ihrem Einsatz in Kathodenstrahlröhren [SUH 98] und in Farbdisplays [CCK$^+$ 99] erzielt. Einen guten Überblick über dieses Forschungsgebiet gibt die Referenz [BKSN 01]. Auf Grund der extremen Asymmetrie im Verhältnis Länge zu Durchmesser kann man an den Enden der Kohlenstoffröhren eine andere elektronische Struktur erwarten als längs der Zylinderwand. Die elektronischen Eigenschaften der CNT-Spitzen sind natürlich besonders interessant für den Feldemissionsprozess.

Eine Untersuchung der elektronischen Eigenschaften von CNT-Spitzen und Seitenwänden ist wegen deren geringen Abmessungen nicht einfach. Das Rastertunnelmikroskop (*scanning tunnelling microscope* (STM)) ist wegen seiner hohen Ortsauflösung zu diesem Zweck besonders geeignet, und Spektroskopie mit dem STM ist auch bereits erfolgreich eingesetzt worden [WVR$^+$ 98]. Allerdings ist der Spektroskopie mit dem STM nur ein kleiner Energiebereich nahe der Fermi-Kante zugänglich; die volle Bandstruktur der Probe kann daher mit dem STM nicht gemessen werden. Zu diesem Zweck hat sich im Allgemeinen die Photoelektronenspektroskopie (PES) äußerst bewährt.[15] Um allerdings die volle Bandstruktur von CNT-Spitzen und Seitenwänden mit PES messen zu können, müssen die Proben entweder so präpariert werden, dass sie nur Spitze oder Seitenwand zeigen, oder es wird eine spektroskopische Sonde mit hinreichend hoher Ortsauflösung benötigt.

Wenn man dem ersten Ansatz folgt, dann ist das Hauptproblem die Probenpräparation. Wenn man CNTs ohne besondere Vorkehrungen auf ein Substrat aufbringt, dann werden die CNTs in der Regel ungeordnet sein. Von oben betrachtet sieht man dann nur Bündel von CNTs (siehe Abb. 6.54 (a)). Wegen des extremen Verhältnisses der Oberflächen von Seitenwand und Spitze wird eine integrale Messung daher in sehr guter Näherung die Seitenwände messen. Um andererseits nur die Spitzen der CNTs messen zu können, muss man speziell präparierte Proben verwenden. Unter entsprechend optimierten Wachstumsbedin-

---

[15]Eine Übersicht über PES-Messungen an CNT findet sich in [SWH 06].

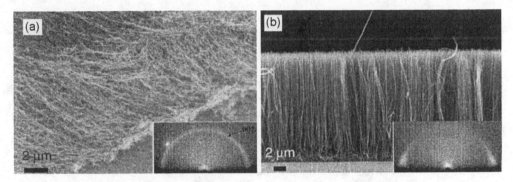

Abb. 6.54 (a) Rasterelektronenmikroskopische Aufnahme einer ungeordneten Kohlenstoff-Nanoröhren-Probe. (b) Querschnittsaufnahme einer geordneten Probe [SWK$^+$ 01]

gungen lassen sich die CNTs in eine Ordnung bringen, bei der alle CNTs ihre Achse senkrecht
zur Substratoberfläche ausrichten. Eine Spitze der CNTs verankert diese am Substrat, die
andere zeigt in die Höhe. Abb. 6.54 (b) zeigt eine solche Probe im Querschnitt. Von oben
aus betrachtet sieht man für derartige Proben nur die Spitzen der CNTs. In einer früheren
Arbeit sind diese beiden Proben gemessen worden, und die erhaltene Information wurde
dementsprechend den Seitenwänden bzw. den Spitzen der CNTs zugeordnet [SWK$^+$ 01].
Dies wirft allerdings die Frage auf, ob hier nicht Äpfel mit Birnen verglichen werden, denn
die beiden Proben dieser Untersuchung waren auf unterschiedliche Art hergestellt worden.
Insgesamt wäre es also besser, wenn man einen Weg finden würde, die elektronische Struktur von Spitze und Seitenwand *derselben* CNT zu untersuchen. Zumindest für orientierte
Proben wie in Abb. 6.54 (b) ist dies möglich, wenn man auf die Methode der Photoelektro-
nenspektromikroskopie zurückgreift.

In modernen Röntgenmikroskopen wird eine hohe laterale Ortsauflösung erzielt durch zwei
komplementäre Ansätze: Im abbildenden Röntgenmikroskop (*full-field imaging* oder *transmission x-ray microscope* (TXM)) wird ähnlich zum sichtbaren Lichtmikroskop das Objekt
mit einer Kondensoroptik beleuchtet und durch eine Objektivlinse in die Detektorebene vergrößert. Ein Spezialfall dieses Mikroskoptyps sind die sogenannten Röntgen-Photoemissions-
Elektronenmikroskope (XPEEM, *x-ray photoemission electron microscope*), in denen durch
geeignete elektrostatische und magnetostatische Linsen fokussiert und durch dispersive Elemente eine Energieauflösung erzielt wird (siehe Abschnitt 6.2.6). Im zweiten Röntgenmikro-
skoptyp, dem sogenannten Rasterröntgenmikroskop, wird das Röntgenlicht durch geeignete
Optiken in einen kleinen Brennfleck fokussiert, über welchen das Objekt zweidimensional
gerastert wird. Die Flexibilität und Adaptabilität des Rasterröntgenmikroskops beruht auf
der Tatsache, dass mehrere Objektsignale (Transmission und Emission) simultan durch geeignete Photonen- (im STXM, *scanning transmission x-ray microscope*) und Elektronenana-
lysatoren (im SPEM, *scanning photoelectron microscope* oder ESCA-Mikroskop) detektiert
werden können.

Die Auswahl der fokussierenden Röntgenoptiken ist meist ein Kompromiss zwischen hoher
Ortsauflösung (Fokusgröße) und notwendigem Photonenfluss (chemische Spezifität, gutes

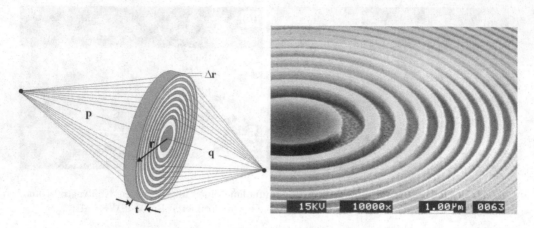

Abb. 6.55 Eine Zonenplatte für die Erzeugung eines verkleinerten Bildes der Röntgenquelle. Die
gezeigte Linse hat einen Radius r und eine kleinste äußerste Strukturbreite Δr. Objekt-
und Bildweite sind p beziehungsweise q. Das rechte Bild ist eine SEM-Aufnahme einer
elektronenstrahllithographisch hergestellten und nanostrukturierten Zonenplatte. (mit
freundlicher Genehmigung von Christian David, LMN/PSI, Villigen, Schweiz)

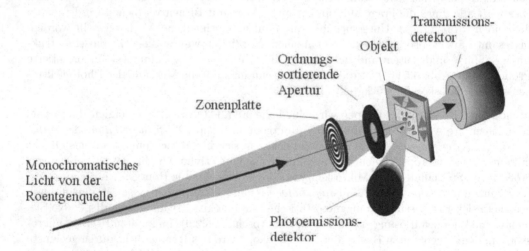

Abb. 6.56 Beschreibung des SPEM-Mikroskopaufbaus: Monochromatisches Licht von einer Röntgenquelle beleuchtet eine Zonenplatte, welche das Licht in die Objektebene fokussiert. Um höhere Beugungsordnungen der Zonenplatte auszublenden, wird eine ordnungssortierende Aperturblende zwischen Zonenplatte und Objekt justiert. Das Objekt
wird zweidimensional gerastert und das Transmissionssignal (Absorption, Phasenschie-
bung) und/oder Emissionssignal (Fluoreszenzphotonen/emittierte Photoelektronen) detektiert.

Signal-zu-Rausch-Verhältnis). Die Schwierigkeit in der Herstellung von Röntgenoptiken liegt im refraktiven Index von Materie für Röntgenstrahlung begründet. Da der Brechungsindex n für Röntgenstrahlen in Materie nur geringfügig von 1 verschieden ist ($n = 1 - \delta - i\beta$, mit $\delta \sim 10^{-6}$), hätte eine Röntgenlinse eine unpraktikabel lange Brennweite f ($f = R/2\delta$, R: Krümmungsradius der Linse z. B. 2 mm, ergibt $f \sim 10^3$ m).[16] Aus diesem Grunde werden für Optiken mit hoher numerischer Apertur vorrangig diffraktive optische Elemente, sogenannte Fresnel'sche Zonenplatten (ZP) verwendet (siehe Abb. 6.55). ZP sind kreisförmige Gitter mit radial zunehmender Liniendichte. Die beugungsbegrenzte laterale Auflösung oder Fokusgröße δ einer ZP wird gegeben durch $\delta = 1{,}22 \times \Delta r_n$, wobei Δr_n die kleinste Linienbreite der ZP bezeichnet. Moderne Nanostrukturierungsverfahren erlauben derzeit die Herstellung von ZP mit beugungsbegrenzten Ortsauflösungen von ungefähr 30 nm. Die numerische Apertur solcher Linsen beträgt typischerweise 10^{-2} bis 10^{-4}. Ein wesentlicher Vorteil von ZP ist die Tatsache, dass sie dem optischen Gesetz $1/f = 1/p + 1/q$ folgen und im Vergleich zu anderen Optiken einfach zu justieren sind. Ein wesentlicher Nachteil ist, dass ZP chromatische Linsen sind und somit monochromatische Beleuchtung benötigen. Ein weiterer Nachteil ist, dass ZP als diffraktive Elemente eine infinite Anzahl an Beugungsordnungen und Fokusse besitzen, von denen nur eine, meist die erste Ordnung mit der höchsten Intensität, verwendet wird [Att 99]. Dies wird mit einer ordnungssortierenden Aperturblende (OSA) erreicht.

Für die Analyse von CNTs wird ein Raster-Photoelektronen-Mikroskop mit ZP als fokussierende Optik wie folgt instrumentell eingerichtet (siehe Abb. 6.56): Das Röntgenlicht einer hochbrillanten Synchrotronstrahlungsquelle wird durch ein Plangitter monochromatisiert (weiche Röntgenstrahlung!), und Quellgröße sowie Energieauflösung werden durch Schlitzblenden präkonditioniert. Eine ZP und die ordnungssortierende Aperturblende (OSA) fokussieren das Licht auf die Probe. Ein Vielkanalanalysator detektiert energiedispersiv die photoemittierten Elektronen.

Wie in allen Mikroskopiemethoden bedürfen die erhaltenen Rohdaten einer kritischen Analyse in Bezug auf Artefakte durch die Datenaufnahme. Eines der wesentlichen hier zu berücksichtigenden Bildartefakte sind topographische Effekte. Da der Elektronenanalysator einen Akzeptanzwinkel von nur 30° besitzt und unter einem Winkel von 70° zur optischen Achse

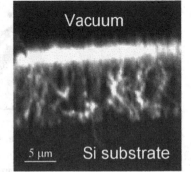

Abb. 6.57
Querschnittsaufnahme einer geordneten Kohlenstoff-Nanoröhren-Probe, aufgenommen mit dem ESCA-Mikroskop und C-1s-Photoelektronen [SWO⁺ 02]

---

[16]Man hat dieses Problem für harte Röntgenstrahlung inzwischen durch Vielfachlinsen gelöst, siehe [SRLS 01].

montiert ist, werden lokale Unebenheiten der Objektoberfläche hervorgehoben (sogenannter Shadowing-Effekt). In der Praxis erscheinen daher alle Bilder von der Seite beleuchtet, in der der Analysator platziert ist [GKKK 98].

Im Folgenden sollen exemplarisch die Ergebnisse wiedergegeben werden, die an orientierten CNT-Proben erzielt wurden [SWO$^+$ 02]. Bei den Proben handelt es sich um Kohlenstoff-Nanoröhren, die mit Hilfe eines Kobalt-Katalysators senkrecht auf einem Siliziumsubstrat aufgewachsen wurden (siehe Abb. 6.54 (b)). Der typische Durchmesser eines CNT beträgt 30 nm, die Länge 10 μm. Einzelheiten zur Probenherstellung sind in den Referenzen [BZJZ 00] und [BZZ$^+$ 00] gegeben. Die CNT-Proben wurden an Luft gespalten, im Vakuum durch Heizen bis 200° C gereinigt und dann im SPEM untersucht.

Abb. 6.57 zeigt ein SPEM-Bild der CNT-Spaltfläche, aufgenommen mit C-1s-Photoelektronen. Der Kontrast im Bild ist im Wesentlichen durch Topographie bestimmt. Strukturen von einigen 100 nm Breite, die Bündeln von MWNT zugeordnet werden können, sind klar aufgelöst.

Abb. 6.58 (a) zeigt Valenzbandspektren, die längs der Achse der CNTs gemessen wurden. Die Punkte, an denen jeweils gemessen wurde, sind in Abb. 6.58 (b) gezeigt. Nahe der Fermi-Energie wird ein klarer Unterschied zwischen den Spektren der Spitzen (1 und 7) und der Seitenwände beobachtet. Man sieht deutlich, dass bis zu 1 eV unterhalb der Fermi-Kante die Spitzen eine höhere Zustandsdichte haben als die Seitenwände.

Abb. 6.59 zeigt die zugehörigen C-1s-Spektren. Sie zeigen, dass die CNTs nicht oxidiert waren, weil keine Oxidkomponente beobachtet wird, die als zusätzliche Linie bei höheren Bindungsenergien im Spektrum deutlich erkennbar wäre [AKC$^+$ 99]. Die Spektren haben alle die gleiche Form, allerdings wird zwischen den Spektren von Spitze und Seitenwand eine kleine, aber reproduzierbare Verschiebung von 50 meV gemessen. Diese Verschiebung könnte durch eine Bandverbiegung an den Spitzen verursacht worden sein (für eine detaillierte

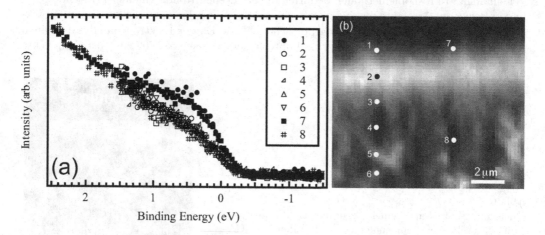

Abb. 6.58 (a) Valenzband-Photoemissionsspektren nahe der Fermi-Kante, aufgenommen von ausgewählten Punkten auf der Probe. Diese sind in (b) in die C-1s-Photoelektronen-Querschnittsaufnahme der Probe eingetragen. (nach [SWO$^+$ 01])

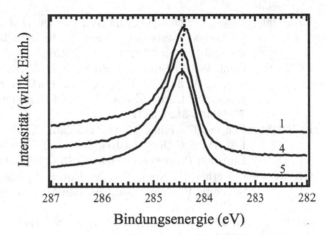

Bindungsenergie (eV)

Abb. 6.59 C1s-Photoemissionsspektren von ausgewählten Punkten auf der Probe. Die Nummern entsprechen denen in Abb. 6.58. (nach [SWO⁺ 02])

Diskussion dieses Effekts siehe Referenz [SWK⁺ 01]). Eine Bandverbiegung von 50 meV reicht allerdings nicht aus, um den Effekt im Valenzband (Abb. 6.58) zu erklären. Hierzu wäre eine Bandverbiegung von mindestens 200 meV notwendig, was ganz offensichtlich im Widerspruch zu den C-1s-Daten steht. Eine Bandverbiegung als Ursache für die Valenzband-Daten (so wie bei den integralen Messungen [SWK⁺ 01]) scheidet daher aus.

Andererseits können die vorliegenden Ergebnisse mit einem Modell beschrieben werden, das an den CNT-Spitzen eine höhere Dichte freier Kohlenstoffbindungen postuliert als auf den CNT-Seitenwänden. Diese These ist konsistent mit Messungen mit dem Transmissions-Elektronenmikroskop [ST 96] und kann den beobachteten Effekt auch quantitativ erklären [SWO⁺ 02]. Die hier vorgestellten Messungen haben beispielhaft gezeigt, wie mit Hilfe ortsaufgelöster Photoelektronenspektroskopie detaillierte Informationen über die lokalen elektronischen Eigenschaften von nanometerkleinen Objekten gewonnen werden können.

Literaturverzeichnis

[AKC⁺ 99] Ago, H.; Kugler, T.; Cacialli, F.; Salaneck, W. R.; Shaffer, M. S. P.; Windle, A. H.; Friend, R. H.: Work Functions and Surface Functional Groups of Multiwall Carbon Nanotubes. J. Phys. Chem. B **103** (1999) 8116–8121

[Att 99] Attwood, D.: Soft X-Rays and Extreme Ultraviolet Radiation: Principles and Applications. Cambridge: Cambridge University Press 1999

[BHND 01] Bachtold, A.; Hadley, P.; Nakanishi, T.; Dekker, C.: Logic Circuits with Carbon Nanotube Transistors. Science **294** (2001) 1317–1320

[BKSN 01] Bonard, J.-M.; Kind, H.; Stöckli, T.; Nilsson, L.-O.: Field Emission from Carbon Nanotubes: The First Five Years. Solid-State Electronics **45** (2001) 893–914

[BZJZ 00] Bower, C.; Zhu, W.; Jin, S.; Zhou, O.: Plasma-Induced Alignment of Carbon Nanotubes. Applied Physics Letters **77** (2000) 830–832

[BZZ⁺ 00] Bower, C.; Zhou, O.; Zhu, W.; Werder, D. J.; Jin, S.: Nucleation and Growth of Carbon Nanotubes by Microwave Plasma Chemical Vapor Deposition. Applied Physics Letters **77** (2000) 2767–2769

[CCK⁺ 99] Choi, W. B.; Chung, D. S.; Kang, J. H.; Kim, H. Y.; Yin, Y. W.; Han, I. T.; Lee, Y. H.; Jung, J. E.; Lee, N. S.; Park, G. S.; Kim, J. M.: Fully Sealed, High-Brightness Carbon-Nanotube Field-Emission Display. Applied Physics Letters **75** (1999) 3129–3131

[FCF⁺ 99] Fan, S.; Chapline, M. G.; Franklin, N. R.; Tombler, T. W.; Cassell, A. M.; Dai, H.: Self-Oriented Regular Arrays of Carbon Nanotubes and Their Field Emission Properties. Science **283** (1999) 512–514

[GKKK 98] Guenther, S.; Kolmakov, A.; Kovac, J.; Kiskinova, M.: Artefact Formation in Scanning Photoelectron Emission Microscopy. Ultramicroscopy **75** (1998) 35–51

[GSK 03]   Ghosh, S.; Sood, A. K.; Kumar, N.: Carbon Nanotube Flow Sensors. Science **299** (2003) 1042–1044

[HCL 99]   Hafner, J. H.; Cheung, C. L.; Lieber, C. M.: Growth of Nanotubes for Probe Microscopy Tips. Nature **398** (1999) 761–762

[Iij 91]   Iijima, S.: Helical Microtubules of Graphitic Carbon. Nature **354** (1991) 56–58

[PTY⁺ 01] Postma, H. W. C.; Teepen, T.; Yao, Z.; Grifoni, M.; Dekker, C.: Carbon Nanotube Single-Electron Transistors at Room Temperature. Science **293** (2001) 76–79

[RKJ⁺ 00] Rueckes, T.; Kim, K.; Joselevich, E.; Tseng, G. Y.; Cheung, C.-L.; Lieber, C. M.: Carbon Nanotube-Based Nonvolatile Random Access Memory for Molecular Computing. Science **289** (2000) 94–97

[SRLS 01] Schmahl, G.; Rudolph, D.; Lengeler, B.; Schroer, C.: Röntgenlinsen. Physikalische Blätter **57** (2001) 1 43–48

[ST 96]   Suzuki, S.; Tomita, M.: Observation of Potassium-Intercalated Carbon Nanotubes and their Valence-Band Excitation Spectra. Journal of Applied Physics **79** (1996) 3739–3743

[SUH 98]   Saito, Y.; Uemura, S.; Hamaguchi, K.: Cathode Ray Tube Lighting Elements with Carbon Nanotube Field Emitters. Japanese Journal of Applied Physics **37** (1998) L346–L348

[SWH 06]   Suzuki, S.; Watanabe, Y.; Heun, S.: Photoelectron Spectroscopy and Microscopy of Carbon Nanotubes. Current Opinion in Solid State and Materials Science **10** (2006) 53–59

[SWK⁺ 01] Suzuki, S.; Watanabe, Y.; Kiyokura, T.; Nath, K. G.; Ogino, T.; Heun, S.; Zhu, W.; Bower, C.; Zhou, O.: Electronic Structure at Carbon Nanotube Tips Studied by Photoemission Spectroscopy. Physical Review B **63** (2001) 245418 1–7

[SWO⁺ 01] Suzuki, S.; Watanabe, Y.; Ogino, T.; Heun, S.; Gregoratti, L.; Barinov, A.; Kaulich, B.; Kiskinova, M.; Zhu, W.; Bower, C.; Zhou, O.: Electronic Structure of Aligned Carbon Nanotubes Studied by Photoemission Microscopy. Elettra Highlights (2000-2001)

[SWO+ 02]   Suzuki, S.; Watanabe, Y.; Ogino, T.; Heun, S.; Gregoratti, L.; Barinov, A.;
            Kaulich, B.; Kiskinova, M.; Zhu, W.; Bower, C.; Zhou, O.: Electronic Structure
            of Carbon Nanotubes Studied by Photoelectron Spectromicroscopy. Physical
            Review B **66** (2002) 035414 1–4

[TDD+ 97]   Tans, S. J.; Devoret, M. H.; Dai, H.; Thess, A.; Smalley, R. E.; Geerligs, L. J.;
            Dekker, C.: Individual Single-Wall Carbon Nanotubes as Quantum Wires. Na-
            ture **386** (1997) 474–477

[TVD 98]   Tans, S. J.; Verschueren, A. R. M.; Dekker, C.: Room-Temperature Transistor
            Based on a Single Barbon Nanotube. Nature **393** (1998) 49–52

[WVR+ 98]   Wildöer, J. W. G.; Venema, L. C.; Rinzler, A. G.; Smalley, R. E.; Dekker, C.:
            Electronic Structure of Atmically Resolved Carbon Nanotubes. Nature **391**
            (1998) 59–62

[YPBD 99]   Yao, Z.; Postma, H. W. C.; Balents, L.; Dekker, C.: Carbon Nanotube Intra-
            molecular Junctions. Nature **402** (1999) 273–276

6.2.6   Die chemische Zusammensetzung von Nanostrukturen
Spektromikroskopie, PEEM
Stefan Heun

Die letzten Jahrzehnte waren von einem starken Wachstum der Halbleiterindustrie geprägt. Dieser Markterfolg basiert auf einem enormen Fortschritt in der Halbleitertechnologie. Als typisches Beispiel sei hier der *metal oxide semiconductor field-effect transistor* (MOSFET) genannt, der heute in den meisten integrierten Schaltungen und im Speziellen auch in Speicherbausteinen zu finden ist. In den 60er Jahren hat Gordon Moore beobachtet, dass sich die die Zahl der Bits pro Chip ungefähr alle 18 Monate verdoppelt [Sch 99]. Dieser empirische Trend hat sich bis heute fortgesetzt. Er wird einerseits dadurch erreicht, dass die Chips immer größer werden, andererseits aber auch durch eine fortgesetzte Miniaturisierung der Bauelemente. Moderne MOSFETs haben eine typische Strukturgröße von ungefähr 50 nm [ITR]. Die Miniaturisierung von integrierten Schaltungen reduziert die Kosten pro Bauelement und erhöht ihre Leistungsfähigkeit. Die Entwicklung des Personalcomputers illustriert eindrucksvoll diesen Trend.

Diese Entwicklung könnte jedoch in naher Zukunft zum Stillstand kommen. Es ist vorherge-sagt worden, dass in naher Zukunft technische Barrieren auftreten werden, die überwunden werden müssen. Diese sind das Verschwinden der Verarmungsschichten, zu hohe elektrische Felder, das spürbare Einsetzen des Tunneleffekts, zu große Wärmeentwicklung und ganz generell das Verschwinden der Volumeneigenschaften des Halbleitermaterials [MLO+ 96, Sch 99, ITR]. Daher wird schon an neuen Konzepten geforscht, die quantenmechanische Effekte ausnutzen, wie sie auf solch kleinen Längenskalen dominieren [Key 92, ITR]. Eine Reihe solcher Bauelemente sind bereits hergestellt worden: resonante Tunneldioden, Sin-gle-Electron-Transistoren, Nanotube-Devices und Quanten-Dot-Arrays. Diese Bauelemente haben laterale Strukturgrößen von 50 nm und weniger [WV 91, TVD 98, HS 00, ITR].

Die Herstellungsverfahren für solche Nanostrukturen sind bereits verfügbar. Mit Elektro-nenstrahllithographie können Strukturen von 10–20 nm erzeugt werden. Andere Verfahren, die Strukturen kleiner als 100 nm realisieren können, sind die EUV-Lithographie (Extremes Ultraviolett) und die Ionenprojektionslithographie [KKR 00]. Es gibt darüber hinaus Ansätze, die Lithographie bis zur atomaren Manipulation zu verbessern. Mit dem Rastertunnelmikroskop (*scanning tunneling microscope* (STM)) kann man einzelne Atome in kontrollierter Weise auf einer Oberfläche bewegen [ES 90]. STMs und Rasterkraftmikroskope (*atomic force microscopes* (AFMs)) sind schon dazu benutzt worden, Nanobauelemente herzustellen [SC 95, FLI+ 01]. Bei diesen rasternden Verfahren wird eine scharfe Spitze in unmittelbare Nähe der Probe oder in Kontakt mit ihr gebracht und dort gehalten. Dann wird die Probe relativ zur Spitze bewegt. Zwar sind diese rasternden Verfahren noch zu langsam für den Einsatz in der Fertigung, aber es gibt bereits Ansätze, viele Spitzen inklusive Elektronik auf einem Chip zu integrieren [MYM+ 98].

Eine der vielversprechendsten Techniken, die ein STM oder AFM zur Nanostrukturierung einsetzen, ist die lokale anodische Oxidation (LAO). Mit dieser Technik ist es möglich, bis zu 10 nm feine Oxidlinien auf Halbleiter- und Metalloberflächen zu schreiben [SC 95]. Bei der lokalen anodischen Oxidation ist die Probe die Anode und die AFM- oder STM-Spitze die Kathode. Aus der Luftfeuchtigkeit scheidet sich zwischen Probe und Spitze ein dünner Wasserfilm ab, der als Elektrolyt dient. Legt man nun eine Spannung von einigen Volt zwischen Probe und Spitze an, bewirkt das elektrische Feld eine anodische Oxidation der Probe in der Nähe der Spitze. Obwohl die Oxidlinien mikroskopisch gut charakterisiert sind (man macht das mit demselben Mikroskop, mit dem man auch die Linien geschrieben hat), ist bis heute kaum etwas über die chemische Zusammensetzung (Stöchiometrie und Homogenität) der LAO-Oxide bekannt. Dies liegt hauptsächlich daran, dass es nur mit sehr aufwendigen Methoden möglich ist, eine chemische Analyse solch kleiner Strukturen zu erhalten. Eine dieser Methoden soll im Folgenden beschrieben werden.

Das Potential der Photoelektronenspektroskopie (PES) für die chemische Oberflächenanalyse ist in diesem Buch schon ausführlich dargestellt worden. In einem PES-Experiment wird die Probe mit monochromatischen Photonen beleuchtet, und die emittierten Photoelektronen werden bezüglich ihrer Energie analysiert. Diese Methode erlaubt es, direkt die elektronische Struktur (Rumpfniveaus und Valenzband) der Probe zu untersuchen. Da die Bindungsenergien der Rumpfniveaus eine natürliche Eigenschaft der Elemente sind, erlaubt die Messung ihrer energetischen Position die Identifizierung einzelner Elemente. Aber die eigentliche Stärke der PES liegt in der Möglichkeit, chemische Verschiebungen der Rumpfniveaus zu messen. Die exakte Bindungsenergie eines Rumpfniveaus wird nämlich von seiner lokalen Nachbarschaft bestimmt. Daher erlaubt die PES in vielen Fällen, auch die chemischen Bindungspartner eines gegebenen Elements der Probe zu bestimmen.

In der traditionellen PES wird die Probe mit einem Lichtfleck von typischerweise einigen 100 μm Durchmesser beleuchtet. Das bedeutet, dass ein PES-Experiment über die entsprechende Probenfläche mittelt. Für die chemische Analyse von Nanostrukturen ist es aber wünschenswert, spektroskopische Informationen von einer Fläche gewinnen zu können, die unterhalb der Strukturgröße der Nanostruktur liegt. Ein solches Experiment stellt extreme Anforderungen insbesondere an die Lichtquelle. Daher bedeutete die Einführung von Synchrotronstrahlungsquellen der dritten Generation für die ortsaufgelöste PES einen Durchbruch.

Es gibt im Wesentlichen zwei Ansätze, in der PES zu einer Ortsauflösung von besser als 100 nm (bei gleichzeitiger Energieauflösung von besser als 500 meV) zu gelangen: Erstens kann man das Licht auf einen hinreichend kleinen Punkt auf der Probe fokussieren und die Photoelektronen, die vom beleuchteten Bereich emittiert werden, analysieren. Die Ortsauflösung wird in diesem Fall von der Größe des Lichtpunktes bestimmt. Es haben sich dabei zwei Verfahren durchgesetzt, die in der Lage sind, einen Lichtfleck von 100 nm Durchmesser oder kleiner zu liefern: Schwarzschild-Objektive und Fresnel-Zonenplatten [MC 90]. Der Analysator braucht keine Ortsauflösung aufzuweisen; daher wird im Allgemeinen ein kommerzieller Analysator (wie er für traditionelle PES benutzt wird) verwendet. Dieses Konstruktionsprinzip lässt bei der Anordnung von Probe und Detektor einige Freiheiten. So ist die Form der Probe weitgehend beliebig, und es wäre der Einsatz mehrerer Detektoren gleichzeitig denkbar. Diese Art der Messung stellt eine Mikrospektroskopie dar. Bilder der Probenoberfläche werden gemessen, indem man die Probe relativ zum Lichtpunkt bewegt. Es handelt sich also um ein rasterndes Verfahren. Der Nachteil aller rasternden Verfahren ist, dass der Bildaufbau deutlich länger braucht als eine Einzelmessung. Will man z. B. ein Bild von 100×100 Pixeln aufnehmen, so muss man 10000 Intensitäten sequenziell messen. Je nach Signalintensität dauert das Minuten bis Stunden. Ein weiteres Problem ist, dass die hohe Intensität einer Synchrotronstrahlungsquelle auf einen nur 100 nm großen Punkt fokussiert wird, was eine enorme Photonendichte bedeutet, die die Probe während der Messung verändern kann. Trotz der Verluste durch die Optik kann man heute 10^9 Photonen pro Sekunde auf 100 nm fokussieren, was einer Photonendichte von 10^{11} ph/sec/μm^2 entspricht. Dieser Wert ist zu vergleichen mit dem, was eine moderne (traditionelle) PES-Beamline erreicht: 10^{12} ph/sec auf einen Fleck von 100 μm, was einer Dichte von 10^8 ph/sec/μm^2 entspricht. Dieser Ansatz wird im Detail im Abschnitt 6.2.5 diskutiert.

Beim zweiten Ansatz wird die Probe gleichmäßig mit Licht beleuchtet, ähnlich wie in der traditionellen PES. Die hohe laterale Auflösung wird hier dadurch erreicht, dass die Photoelektronen ortsaufgelöst detektiert werden. Das geschieht mit Hilfe eines Elektronenmikroskops, das einen Teil der Probe vergrößert auf einem Schirm darstellt. Spektroskopische Informationen kann man durch Variation der Photonenenergie gewinnen oder indem das Mikroskop mit einem Energiefilter ausgestattet wird. Es handelt sich also um ein bildgebendes Verfahren, bei dem Bilder verschiedener Energien die spektroskopische Information liefern. Daher wird es auch als Spektromikroskopie bezeichnet.

Bei den bildgebenden Verfahren hat sich das Photoemissions-Elektronenmikroskop (PEEM) durchgesetzt. Hier wird die Probe großflächig homogen beleuchtet. Großflächig ist in diesem Zusammenhang relativ zum Sichtfeld des Mikroskops zu verstehen: Wenn man eine Probenfläche von 5 μm Durchmesser abbilden möchte, dann sollte die beleuchtete Fläche etwas größer sein, um eine gleichmäßige Ausleuchtung des Gesichtsfeldes des Mikroskop zu gewährleisten. Ein Leuchtfleck von z. B. 10 μm Durchmesser ist immer noch klein im Vergleich zur klassischen PES, aber groß im Vergleich zu dem, was bei den rasternden Verfahren von der Lichtoptik verlangt wird. Ein PEEM verwendet elektrostatische oder magnetische Linsen, um ein vergrößertes Bild der Probe auf einen Schirm zu projizieren. Bei hinreichend starkem Signal sind Messungen in Video-Rate möglich. Damit eignet sich das PEEM ausgezeichnet dafür, die zeitliche Entwicklung eines Systems zu untersuchen, z. B. bei der Adsorption von Gasen an Oberflächen. Moderne Geräte erreichen eine laterale Auflösung von 50 nm und besser. Die ersten PEEM-Experimente wurden mit Deuterium- und Quecksilberdampf-Lampen durchgeführt. Dabei wurden lokale Differenzen der Austrittsarbeit der Probe als Kontrastmechanismus benutzt. Um wirklich elementspezifisch

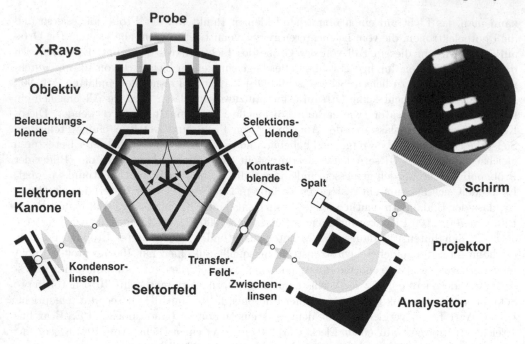

Abb. 6.60 Schematische Darstellung des SPELEEM. Die Probe kann mit Licht oder Elektronen beleuchtet werden. Das Sektorfeld trennt die ein- und auslaufenden Elektronen. Der Analysator lässt nur Elektronen einer bestimmten kinetischen Energie passieren. Der Projektor bildet dann die Probenoberfläche vergrößert auf den Schirm ab.

messen zu können, braucht man aber höhere Photonenenergien (um die charakteristischen Rumpfniveaus der Elemente anregen zu können). Solche Photonenenergien können von einer Synchrotronstrahlungsquelle mit ausreichender Intensität geliefert werden. Aber selbst dann kann man mit einem normalen PEEM noch nicht die Energieverteilung der Photoelektronen messen, denn es fehlt ein Energiefilter. Da man in einer Synchrotronstrahlungsquelle aber die Photonenenergie verändern kann, besteht die Möglichkeit, Spektroskopie der Röntgenabsorptionskanten zu machen. Die integrale Photoelektronen-Ausbeute ist nämlich proportional zum Absorptionskoeffizienten [GK 72]. Diese Technik wird μ-XANES (*x-ray absorption near edge spectroscopy*) genannt. Sie ist sehr nützlich zum Studium organischer oder magnetischer Materialien.

Für viele Anwendungen in der Oberflächenphysik, insbesondere bei Halbleitern, ist es wünschenswert, das Potential der PES ortsaufgelöst nutzen zu können. Dann muss das PEEM mit einem Energiefilter ausgestattet werden [HW 02]. Mit einem solchen Gerät sind an der Röntgenstrahlungsquelle Elettra in Triest, Italien, eine Ortsauflösung von 22 nm und eine Energieauflösung von besser als 500 meV erreicht worden. Es handelt sich um das SPELEEM (*spectroscopic photoemission and low energy electron microscope*), von dem in Abb. 6.60 eine schematische Darstellung gezeigt wird [SHS$^+$ 98, HSR$^+$ 99]. Es ist zusätzlich mit einer Elektronenkanone ausgestattet, die auch elektronenmikroskopische Untersuchun-

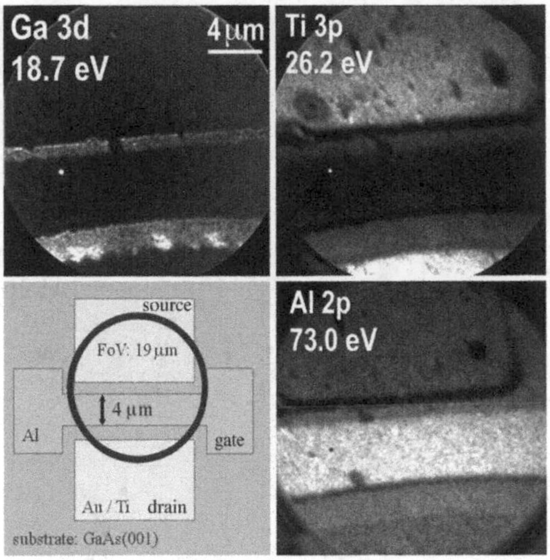

Abb. 6.61
Schematische Darstellung eines Feldeffekt-Transistors (FET, links unten) und PEEM-Bilder davon, aufgenommen mit Ga-3d-, Ti-3p- und Al-2p-Photoelektronen

gen der Probe gestattet. Die zur und von der Probe gerichteten Elektronenstrahlen werden durch ein magnetisches Prisma (oder Sektorfeld) voneinander getrennt.

Abb. 6.61 zeigt spektromikroskopische Aufnahmen von einem Feldeffekt-Transistor (FET) bei verschiedenen kinetischen Energien, die der Emission von Photoelektronen aus den Ga-3d-, Ti-3p- und Al-2p-Niveaus entsprechen [HSR$^+$ 99]. Der schwarze Kreis in der Zeichnung des FET zeigt das Gesichtsfeld des Mikroskops an (*Field of View* (FoV)). Es hat eine Größe von 19 μm. Die Photonenenergie für diese Messung war 131,3 eV. Das GaAs-Substrat des FET ist als helle Linie im Bild der Ga-3d-Photoelektronen sichtbar. Das Aluminium-Gate ist ebenfalls als helle Linie sichtbar, allerdings bei der Bindungsenergie der Al-2p-Photoelektronen. Drain und Source schließlich sind in dem Bild, das den Ti-3p-Photoelektronen entspricht, deutlich betont. Diese Bilder zeigen, wie eine qualitative Element-Identifizierung mit dem SPELEEM möglich ist.

Abb. 6.62 zeigt, wie darüber hinaus ein vollständiges Spektrum aus den Bildern gewonnen werden kann [HSR$^+$ 99]. Als Erstes wird bei fester Photonenenergie je ein Bild für verschiedene kinetische Energien der Photoelektronen aufgenommen. Fünf Beispiele (von demselben FET wie in Abb. 6.61) sind in der Abb. 6.62 exemplarisch gezeigt. Durch Integration über einen interessierenden Bereich auf der Probe (z. B. Gate oder Source) für jedes Bild der Serie kann das Spektrum dieses Bereiches rekonstruiert werden. In Abb. 6.62 sind die Spektren von Gate und Source des FET exemplarisch gezeigt. Im Bereich des Aluminium-Gates wird Emission vom Al-2p-Rumpfniveau gemessen, auf dem Au/Ti-Bereich des Source-Kontaktes findet sich hingegen kein Aluminium(-Signal).

An zwei Synchrotronstrahlungsquellen gibt es Projektgruppen, die ein PEEM mit deutlich verbesserter lateraler Auflösung entwickeln: das SMART in BESSY II [SGF$^+$ 02] und das PEEM-III an der ALS [FFM$^+$ 05]. Diese Projekte sind dem SPELEEM sehr ähnlich, weisen aber einen entscheidenden Unterschied auf: sie werden einen Elektronenspiegel in der Abbildungsoptik haben, der die Aberrationsfehler der Linsen korrigieren wird. Eine Orts-

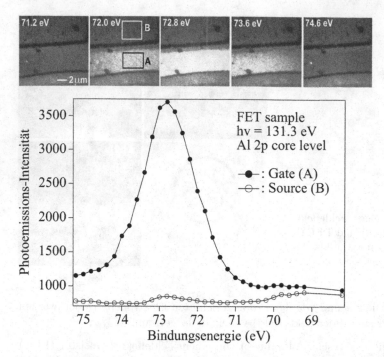

Abb. 6.62 Fünf PEEM-Bilder, die bei verschiedenen Energien im Bereich des Al-2p-Rumpfniveaus
aufgenommen wurden. Die Bereiche A und B entsprechen dem Al-Gate und dem Au/Ti-
Source-Kontakt des Feldeffekt-Transistors, der in Abb. 6.61 gezeigt wird. Das Spektrum
zeigt das Al-2p-Rumpfniveau, das durch Integration der Bereiche A und B aus einer
Serie von Bildern gewonnen wurde.

auflösung von einigen Nanometern ist für diese Geräte berechnet worden. Im LEEM Modus
(*low electron energy microscopy*) wurde mit SMART bereits eine Auflösung von etwa 3 nm,
nahe dem angestrebten Ziel von 2 nm, erreicht, und kontinuierliche Verbesserungen sind
zu erwarten. (Zitat: Thomas Schmidt, Fritz-Haber Institut Berlin, private Mitteilung). Mit
kommerziellen Aberrations-korrigierten LEEM Geräten (von Elmitec und IBM/Specs) sind
2 nm Ortsauflösung bereits erreicht worden (www.elmitec.de, www.specs.de).

Im Folgenden soll es darum gehen, Oxidlinien zu charakterisieren, die mit einer AFM-
Spitze auf eine Si-Probe geschrieben wurden. Im Hinblick auf mögliche Anwendungen dieser
Technik in Bauelementen ist es offensichtlich von Belang, möglichst viel über die lokalen
elektronischen Eigenschaften solcher Oxidlinien zu lernen. Dies schließt die elektronischen
Bindungsverhältnisse und damit die Stöchiometrie des Oxids genauso ein wie seine elektri-
schen Eigenschaften als Isolator (z. B. Durchschlagsfestigkeit). Die Messungen wurden mit
dem SPELEEM in Elettra durchgeführt. Abb. 6.63 zeigt zwei Bilder von AFM-Oxidlinien
bei verschiedenen Elektronenenergien [LHR+ 02]. Der Bilddurchmesser entspricht 12 μm.
Die vier rechteckigen Streifen auf den Bildern sind die mit der AFM-Spitze geschriebenen
Oxidlinien. Die Dicke dieser Linien variiert mit der Schreibspannung und liegt zwischen

Abb. 6.63
SPELEEM-Bilder einer mit dem AFM lokal oxidierten Siliziumprobe. Bilddurchmesser 12 μm. Die Intensität (Grauskala) ist proportional zur Photoelektronen-Ausbeute bei dieser Energie. Bindungsenergie (a) 104,7 eV, (b) 102,3 eV

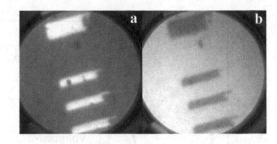

4,4 nm und 8,4 nm für Spannungen von -8 V bis -14 V. Beide Bilder in Abb. 6.63 wurden mit Si-2p-Photoelektronen gemessen; das linke bei einer Bindungsenergie von 104,7 eV, das rechte bei 102,3 eV. Eine starke Kontrastumkehr ist sichtbar. Dunkle Bereiche in beiden Bildern wurden durch Verunreinigungen an der Probenoberfläche hervorgerufen.

Der Kontrast in den Bildern wird durch Spektren erklärt, die an verschiedenen Stellen der Probe gemessen wurden. Sie sind in Abb. 6.64 gezeigt. Eines wurde auf einer AFM-Oxidlinie gemessen, das andere etwas abseits davon auf dem Substrat, dessen Oberfläche an Luft oxidiert war (*native oxide*). Das *native oxide* ist eine Lage oder 0,4 nm dick [YIK 97]. Das abgebildete Si-2p-Rumpfniveau setzt sich aus zwei Komponenten zusammen. Die schwache Komponente bei 99,3 eV Bindungsenergie stammt von Silizium, das sich in einer Volumenkoordination befindet. Es ist dem Kristall unter dem Oberflächenoxid zugeordnet. Die starke Komponente mit der höheren Bindungsenergie stammt von Siliziumatomen, die sich im Oxid befinden. Die Komponente des *native oxide* ist gegen die Volumenkomponente um 3,9 eV verschoben, was in guter Übereinstimmung mit Literaturwerten ist [HMTI$^+$ 88]. Diese Verschiebung wird durch die unterschiedliche chemische Bindung der Siliziumatome in Volumen und Oxid hervorgerufen; es handelt sich also um eine chemische Verschiebung des Rumpfniveaus. Die Oxidkomponente der AFM-Linie wird bei noch höheren Bindungsenergien gemessen. Dies ist allerdings keine chemische Verschiebung, sondern liegt daran, dass die Oberfläche des AFM-Oxids (das wesentlich dicker ist als das *native oxide*) sich während der Messung auflädt. Dies führt zu einer energetischen Absenkung der Oxidzustände relativ zur Fermi-Energie, d. h. zu einer Erhöhung der Bindungsenergie der Oxidkomponente des Si-2p-Rumpfniveaus. Die gemessene Verschiebung relativ zur Volumenkomponente beträgt zwischen 4,39 eV und 4,62 eV für Oxid-Schreibspannungen von -8 V bis -14 V. Diese Werte stimmen quantitativ mit integralen Messungen an thermisch gewachsenem SiO$_2$ überein [KKK$^+$ 98], was einen ersten Hinweis darauf gibt, dass die Qualität der AFM-Oxidlinien vergleichbar ist zu der von technologischen SiO$_2$-Filmen. Unsere Messungen haben außerdem gezeigt, dass das mit dem AFM geschriebene Oxid im Rahmen der lateralen Auflösung des Mikroskops homogen, d. h. chemisch einheitlich ist. Die chemische Zusammensetzung der oxidierten Strukturen ist stöchiometrisch (SiO$_2$), und es wurde kein Hinweis auf die Bildung substöchiometrischer Verbindungen (SiO$_x$ mit $x < 2$) gefunden. Die beobachteten Aufladungseffekte sind konsistent mit einer dielektrischen Stärke des Oxids von besser als 1 MV/cm.

Ähnliche spektromikroskopische Untersuchungen an AFM-LAO-Proben sind außerdem auf GaAs-Oxid- und auf SiO$_x$/Si$_3$N$_4$-Substraten durchgeführt worden [OIKH 00, KHS$^+$ 01]. Diese und andere Messungen an Halbleiter-Nanokristallen [HWR$^+$ 01a, HWR$^+$ 01b] oder

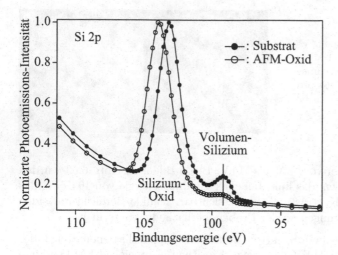

Abb. 6.64 Lateral aufgelöste Si-2p-Photoemissionsspektren, gemessen auf einer mit dem AFM geschriebenen Oxidlinie und auf dem Substrat. Beide Spektren bestehen je aus einer Volumen- und einer Oxidkomponente, die gegen die Volumenkomponente zu höheren Bindungsenergien verschoben ist. Die Oxidlinie wurde mit einer Spannung von -14 V geschrieben.

an lateral inhomogenen Schottky-Barrieren [HSS+ 99] belegen, dass die Spektromikroskopie eine sinnvolle und notwendige Ergänzung der klassischen PES darstellt. Das Interesse an Spektroskopie mit sub-100 nm Ortsauflösung wird weiter wachsen und damit einen starken Anreiz darstellen, die hier vorgestellten Techniken weiter zu verfeinern und zu verbreiten.

Literaturverzeichnis

[ES 90] Eigler, D. M.; Schweizer, E. K.: Positioning Single Atoms with a Scanning Tunnelling Microscope. Nature **344** (1990) 524–526

[FFM+ 05] Feng, J.; Forest, E.; MacDowell, A. A.; Marcus, M.; Padmore, H.; Raoux, S.; Robin, D.; Scholl, A.; Schlueter, R.; Schmid, P.; Stöhr, J.; Wan, W.; Wei, D. H.; ; Wu, Y.: An X-Ray Photoemission Electron Microscope Using an Electron Mirror Aberration Corrector for the Study of Complex Materials. Journal of Physics: Condensed Matter **17** (2005) S1339

[FLI+ 01] Fuhrer, A.; Lüscher, S.; Ihn, T.; Heinzel, T.; Ensslin, K.; Wegscheider, W.; Bichler, M.: Energy Spectra of Quantum Rings. Nature **413** (2001) 822–825

[GK 72] Gudat, W.; Kunz, C.: Close Similarity between Photoelectric Yield and Photoabsorption Spectra in the Soft X-Ray Range. Physical Review Letters **29** (1972) 169–172

[HMTI+ 88] Himpsel, F. J.; McFeely, F. R.; Taleb-Ibrahimi, A.; Yarmoff, J. A.; Hollinger, G.: Microscopic Structure of the SiO_2/Si Interface. Physical Review B **38** (1988) 6084–6096

[HS 00]   Hofmann, K.; Spangenberg, B.: Der ultimative Transistor – Traum oder Wirk-
              lichkeit? Physikalische Blätter **56(9)** (2000) 45–50

[HSR$^+$ 99] Heun, S.; Schmidt, T.; Ressel, B.; Bauer, E.; Prince, K. C.: Nanospectroscopy
              at Elettra. Synchrotron Radiation News **12(5)** (1999) 25–29

[HSS$^+$ 99] Heun, S.; Schmidt, T.; Slezak, J.; Diaz, J.; Prince, K. C.; Müller, B. H.; Fran-
              ciosi, A.: Lateral Inhomogeneities in Engineered Schottky Barriers. Journal
              of Crystal Growth **201/202** (1999) 795–799

[HW 02]   Heun, S.; Watanabe, Y.: Photoelectron Spectroscopy with a Photoemission
              Electron Microscope, Bd. 588 von Lecture Notes in Physics. Springer-Verlag
              Berlin Heidelberg, 2002 S. 157–171

[HWR$^+$ 01a] Heun, S.; Watanabe, Y.; Ressel, B.; Bottomley, D.; Schmidt, T.; Prince, K. C.:
              Core-Level Photoelectron Spectroscopy from Individual Heteroepitaxial Na-
              nocrystals on GaAs(001). Physical Review B **63** (2001) 125335-1 – 125335-8

[HWR$^+$ 01b] Heun, S.; Watanabe, Y.; Ressel, B.; Schmidt, T.; Prince, K. C.: Valence Band
              Alignment and Work Function of Heteroepitaxial Nanocrystals on GaAs(001).
              Journal of Vacuum Science and Technology B **19** (2001) 2057–2062

[ITR]   International Technology Roadmap for Semiconductors, 2002 Update of the
              2001 Edition. http://public.itrs.net/Files/2002Update/Home.pdf

[Key 92]   Keyes, R. W.: The Future of Solid-State Electronics. Physics Today (Aug.
              1992) 42–48

[KHS$^+$ 01] Klauser, R.; Hong, I.-H.; Su, H.-J.; Chen, T. T.; Gwo, S.; Wang, S.-C.;
              Chuang, T. J.; Gritsenko, V. A.: Oxidation States in Scanning-Probe-Induced
              Si_3N_4 to SiO_x Conversion Studied by Scanning Photoemission Microscopy.
              Applied Physics Letters **79** (2001) 3143–3145

[KKK$^+$ 98] Kobayashi, H.; Kubota, T.; Kawa, H.; Nakato, Y.; Nishiyama, M.: Oxide
              Thickness Dependence of Energy Shifts in the Si 2p Levels for the SiO_2/Si
              Structure, and its Elimination by a Palladium Overlayer. Applied Physics
              Letters **73** (1998) 933–935

[KKR 00]   Kassing, R.; Käsmaier, R.; Rangelow, I. W.: Lithographie der nächsten Ge-
              neration. Physikalische Blätter **56(2)** (2000) 31–36

[LHR$^+$ 02] Lazzarino, M.; Heun, S.; Ressel, B.; Prince, K. C.; Pingue, P.; Ascoli, C.:
              Atomic Force Microscope Anodic Oxidation Studied by Spectroscopic Mi-
              croscopy. Applied Physics Letters **81** (2002) 2842–2844

[MC 90]   Margaritondo, G.; Cerrina, F.: Overview of Soft-X-Ray Photoemission Spec-
              tromicroscopy. Nuclear Instruments and Methods in Physics Research A **291**
              (1990) 26–35

[MLO$^+$ 96] Montemerlo, M. S.; Love, J. C.; Opiteck, G. J.; Goldhaber-Gordon, D.; El-
              lenbogen, J. C.: Technologies and Designs for Electronic Nanocomputers.
              McLean, Virginia, USA: MITRE 1996

[MYM$^+$ 98] Minne, S. C.; Yaralioglu, G.; Manalis, S. R.; Adams, J. D.; Zesch, J.; Atalar,
              A.; Quate, C. F.: Automated Parallel High-Speed Atomic Force Microscopy.
              Applied Physics Letters **72** (1998) 2340–2342

[OIKH 00]   Okada, Y.; Iuchi, Y.; Kawabe, M.; Harris Jr., J. S.: Basic Properties of
              GaAs Oxide Generated by Scanning Probe Microscope Tip-Induced Nano-
              Oxidation Process. Journal of Applied Physics **88** (2000) 1136–1140

[SC 95]   Snow, E. S.; Campbell, P. M.: AFM Fabrication of Sub-10-Nanometer Metal-
             Oxide Devices with in situ Control of Electrical Properties. Science **270**
             (1995) 1639–1641
[Sch 99]   Schulz, M.: The End of the Road for Silicon? Nature **399** (1999) 729–730
[SGF⁺ 02]   Schmidt, T.; Groh, U.; Fink, R.; Umbachy, E.; Schaff, O.; Engel, W.; Rich-
             ter, B.; Kuhlenbeck, H.; Schlögel, R.; Freund, H.; Bradshaw, A. M.; Preikz-
             as, D.; Hartel, P.; Spehr, R.; Rose, H.; Lilienkamp, G.; Bauer, E.; Benner,
             G.: XPEEM with Energy-Filtering: Advantages and first Results from the
             SMART Project. Surface Review and Letters **9** (2002) 223
[SHS⁺ 98]   Schmidt, Th.; Heun, S.; Slezak, J.; Diaz, J.; Prince, K. C.; Lilienkamp, G.;
             Bauer, E.: SPELEEM: Combining LEEM and Spectroscopic Imaging. Surface
             Review and Letters **5(6)** (1998) 1287–1296
[TVD 98]   Tans, S. J.; Verschueren, A. R. M.; Dekker, C.: Room-Temperature Transistor
             Based on a Single Carbon Nanotube. Nature **393** (1998) 49–52
[WV 91]   Weisbuch, C.; Vinter, B.: Quantum Semiconductor Structures. San Diego,
             CA, USA: Academic Press 1991
[YIK 97]   Yano, F.; Itoga, T.; Kanehori, K.: X-Ray Photoelectron Spectroscopy Study
             of Native Oxidation on Misoriented Si(100). Japanese Journal of Applied
             Physics **36** (1997) L670–L672

6.2.7   Ge-δ-Schichten: Nachweis und Herstellung vergrabener Halbleiter-schichten

Röntgenbeugung, stehende Röntgenwellenfelder

Jens Falta

Neue Konzepte für Halbleiterbauelemente beinhalten die Verwendung ultradünner Schicht-strukturen, die aus unterschiedlichen halbleitenden Materialien bestehen. Mit solchen Struk-turen lässt sich ein zweidimensionaler Einschluss von Ladungsträgern und damit eine zweidi-mensionale Quantisierung der elektronischen Zustände in dieser Schicht erreichen, weshalb diese Schichtsysteme auch Quantentrog (*quantum well*) genannt werden [YC 96]. Quan-tentrogstrukturen werden beispielsweise in Halbleiterlaserdioden, LEDs (*light emitting de-vices*) und Hochfrequenztransistoren eingesetzt. Um innerhalb des Quantentrogs gleichzei-tig eine hohe Ladungsträgerdichte und eine möglichst hohe Beweglichkeit zu realisieren, ist es vorteilhaft, die Ladungsträger nicht durch eine Dotierung innerhalb des Quantentrogs, sondern in seiner unmittelbaren Umgebung vorzunehmen, um eine Streuung an Dotier-atomen zu vermeiden. Ein anderes Anwendungsfeld von δ-Schichten liegt beispielsweise in der Reduzierung von Defekten (Versetzungen) im Kristallaufbau epitaktischer Schichten [CPC⁺ 02]. Für GaAs-Heterostrukturen wird das Auftreten von Hochtemperatur-Ferroma-gnetismus durch Mn-δ-doping berichtet [NAS⁺ 05].

Die strukturellen Anforderungen an die Dotierungsschicht und den Quantentrog sind hoch. Neben der Kristallinität der Schicht spielen auch die Grenzflächen der Schichten eine we-sentliche Rolle für die elektronischen Eigenschaften der Struktur. Das untere physikalische Limit für die Dicke einer solchen Schicht ist ein Film, der aus nur einer Atomlage besteht. Auf Grund des zugehörigen Dotierungsprofils werden solche Strukturen auch δ-Schichten genannt.

Die Herstellung und zerstörungsfreie Charakterisierung solcher ultradünnen Schichtstrukturen stellt eine wissenschaftliche Herausforderung dar. Auf Grund ihrer großen Eindringtiefe, die im Röntgenbereich bei einigen μm liegt, bieten sich für die Untersuchung Messungen mit Synchrotronstrahlung an. Die hohe Auflösung von Röntgenmethoden gestattet es, detaillierte Aussagen über die strukturellen Eigenschaften vergrabener Schichten zu gewinnen, wie im Folgenden am Beispiel von Ge-δ-Schichten auf Si(001)-Kristallen gezeigt werden soll. Zudem erlauben Röntgenmethoden eine zerstörungsfreie Untersuchung, sodass die Proben weiter verwendet werden können.

Eine wichtige elektronische Eigenschaft von Halbleiterstrukturen ist die Mobilität der Ladungsträger in einer aktiven Schicht. Diese wird durch Fehler des Kristallgitters (z. B. Leerstellen oder Atome auf Zwischengitterplätzen) beeinträchtigt. Daher kommen für die Herstellung von Halbleiterstrukturen nur solche Verfahren in Betracht, die eine perfekte Kristallinität der hergestellten Strukturen sicherstellen können. Als geeignet haben sich hierfür z. B. die Ionenimplantation, das Wachstum aus der Gasphase (CVD, *chemical vapor deposition*) und die Molekularstrahlepitaxie (MBE, *molecular beam epitaxy*) erwiesen [YC 96]. Die dünnsten Schichten, die sich mit Ionenimplantation herstellen lassen, weisen eine Dicke von ca. 50–100 Å auf. Das CVD-Verfahren besitzt zwar die größte technische Relevanz, wird jedoch in der Forschung weitaus seltener als die MBE eingesetzt, da die CVD wegen der beteiligten Gase aufwendige Sicherheitsvorkehrungen erforderlich macht. Daher wird in der Forschung wesentlich häufiger das Verfahren der MBE angewendet. Gegenüber der Ionenimplantation zeichnet sich die MBE zudem dadurch aus, dass die minimale Schichtdicke beliebig klein gewählt werden kann und Dotierungsprofile im Prinzip frei wählbar sind. Die hier untersuchten Ge-δ-Schichten wurden mit MBE und von der MBE abgeleiteten Verfahren hergestellt.

In der Molekularstrahlepitaxie wird zunächst die Probe auf eine wohldefinierte Probentemperatur gebracht, anschließend wird das gewünschte Material aufgedampft. Der Wachstumsprozess wird dabei durch eine Vielzahl von Parametern beeinflusst. An dieser Stelle seien nur die Probentemperatur, die Aufdampfrate, die kristallographische Orientierung der Probenoberfläche, die Oberflächenrekonstruktion, Diffusionskonstanten sowie die freie Oberflächenenergie und die Gitterkonstanten der beteiligten Materialien genannt.

Für die Herstellung von Schichtstrukturen ist die Ausbildung eines planaren Wachstums wünschenswert. Im Gegensatz dazu beobachtet man jedoch häufig die Ausbildung einer rauen Oberfläche bis hin zum Auftreten von Inseln. Der Grund hierfür können unterschiedliche Gitterkonstanten der beteiligten Materialien sein, die zu extremen Verspannungen in der wachsenden Schicht und ab einer bestimmten Schichtdicke (*critical thickness*) zum Zusammenbruch des planaren Wachstums und der Ausbildung eines anderen Wachstumsverhaltens führen. Aber auch vor dem Erreichen dieser kritischen Schichtdicke sind die Schichten so stark verspannt, dass andere Prozesse stattfinden, die zu einer Reduzierung der Verspannung beitragen. Dies kann z. B. durch eine teilweise Vermischung zwischen der aufgebrachten Schicht und dem Substrat geschehen, was zu weniger abrupten Konzentrationsprofilen führt.

Eine Lösung für dieses Problem stellt die *surfactant* modifizierte Epitaxie (SME, *surfactant mediated epitaxy*) dar [CRT 89, HLC$^+$ 91, FCLT 93, SFM$^+$ 99, FSHM 96], bei der während des Wachstums gewissermaßen Oberflächenadditive zu einer gezielten Veränderung der Wachstumsbedingungen führen und damit die Herstellung ansonsten nicht erreichbarer Strukturen ermöglichen können. Die Idee hierzu ist folgende: Durch Adsorption eines geeigneten Materials, des sogenannten Surfactants (*surface active species*), kann die Zahl der ungesättigten Bindungen reduziert werden. Dadurch wird die freie Oberflächenenergie der Oberfläche minimiert. Ist dies nun gleichermaßen der Fall für die Startoberfläche und die Oberfläche der aufzubringenden epitaktischen Schicht, so wird es möglich, den Wachstumsmodus eines Systems zu ändern. Aus Inselwachstum wird planares Wachstum. Natürlich ist dieses einfache Bild nicht vollständig. Weitere Größen, die einen wesentlichen Einfluss auf das Gelingen dieses Ansatzes haben, sind beispielsweise die Wachstumstemperatur oder die Aktivierungsenergie der Platzwechselvorgänge, die erforderlich sind, damit das Surfactant nicht in die wachsende Schicht eingebaut wird, sondern stets an deren Oberfläche verbleibt. Weiterhin ist die Existenz eines Mechanismus entscheidend, der die Relaxation der verspannten Schicht ermöglicht, ohne dabei ihre Homogenität und Kristallinität zu zerstören. Im Falle des Wachstums von Ge auf der Si(111)-Oberfläche geschieht dies z. B. durch die Erzeugung von Versetzungen, die an der Grenzfläche beider Materialien lokalisiert sind.

Ein weiterer Ansatz ist die Festphasenepitaxie (SPE, *solid phase epitaxy*), d. h. die Verwendung tiefer Wachstumstemperaturen zur Unterdrückung von Interdiffusion an den Grenzflächen. Tiefe Temperaturen führen jedoch zum Verlust der Kristallinität in der wachsenden Schicht, die nach dem Wachstum durch Erwärmen der Probe ausgeheilt werden muss. Ist dabei die Aktivierungsenergie zur Rekristallisation geringer als die einer Diffusion der vergrabenen Dotierungsschicht, so können durch dieses Verfahren abrupte Grenzflächen hergestellt werden.

Im Folgenden werden die Ergebnisse von Experimenten an Ge-δ-Schichten dargestellt, die als Hauptuntersuchungsmethoden Röntgenbeugung in kinematischer Näherung (s. Abschnitt 2.2.2) und stehende Röntgenwellenfelder (s. Abschnitt 5.4) benutzten. Abb. 6.65 zeigt schematisch, welche Terme in kinematischer Näherung (vgl. Abschnitt 2.2.2) für die Berechnung der Beugungsintensität entlang eines sogenannten Bragg-Stabs (*crystal truncation rod*: CTR) zu berücksichtigen sind. Dieser Begriff beschreibt die Tatsache, dass Beugungsreflexe durch die Präsenz der Oberfläche entlang ihrer Normalen im reziproken Raum nicht

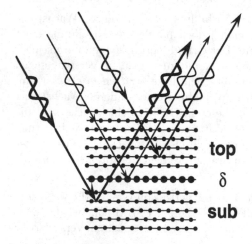

top

δ

sub

Abb. 6.65
Schematische Darstellung der Beiträge der einzelnen Schichten zur Bragg-gestreuten Intensität in kinematischer Näherung. Die Änderung der Gitterkonstanten durch die Anwesenheit der δ-Schicht führt zu einer zusätzlichen Phasenverschiebung zwischen den Beiträgen von Deckschicht (top) und Substrat (sub). Die unterschiedliche Liniendicke deutet an, dass in der Nähe der Bragg-Reflexe der Beitrag des Substrats durch die hohe Zahl der streuenden Atome dominiert.

punktförmig, sondern ausgedehnt sind (vgl. Gleichung (2.89)). Die laterale Ausdehnung der Probe wird dabei als unendlich angenommen, sodass sich ihr Beitrag zu δ-Funktionen in den lateralen Koordinaten des reziproken Raums ergibt (s. Gleichung (2.89) (a)). Jede der drei Schichten leistet einen Beitrag zur Amplitude der Streuwelle, und sind die beteiligten Schichten hinreichend glatt, so kann jeder dieser Amplitudenbeiträge A_i in drei Terme faktorisiert werden: $A_i = R_i F_i G'_i$.

In dieser Beschreibung ist F_i die Strukturamplitude der Schicht, G'_i ein vereinfachter Gitterfaktor, der eine ideale Schicht ohne Grenzflächenrauigkeit wiedergibt und R_i ein Term, der die Rauigkeit der Grenzflächen berücksichtigt. Hierfür lässt sich eine Vielzahl verschiedener Beschreibungen entwickeln – als praktisch und in den hier untersuchten Fällen ausreichend hat sich die Einführung eines Debye-Waller-artigen Rauigkeitsterms erwiesen: $R = e^{-q^2 \sigma^2}$, wobei q im reziproken Raum die Distanz zum nächsten Bragg-Reflex und σ die Standardabweichung (*rms, root-mean-square deviation*) der Grenzfläche von ihrer mittleren Lage angibt (vgl. Abschnitt 2.2.6). Hierfür wird häufig der Ausdruck mittlere Rautiefe verwendet. Der

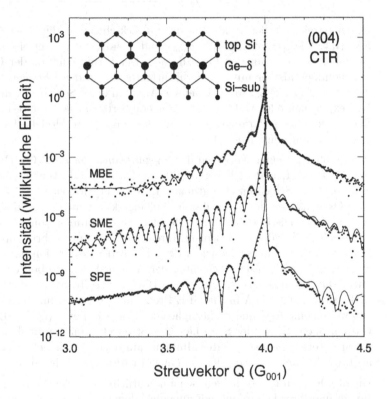

Abb. 6.66 Intensität des (00h)-Bragg-Stabs (CTR) für Ge-δ-Schichten nach unterschiedlichen Präparationen: MBE, SME und SPE. Dargestellt sind die Messergebnisse ($\bullet$) und die jeweils beste Anpassung (durchgezogene Linien) als Funktion des reziproken Gittervektors Q. Dabei entspricht $Q = 4$ dem (004)-Bragg-Reflex. Der Inset zeigt schematisch die Struktur der Ge-δ-Schicht.

vereinfachte Gitterfaktor ergibt sich dann entsprechend der Zahl der beteiligten Lagen und ihres Schichtabstands (vgl. Gleichung (2.89) (c)). Der Strukturfaktor der Einheitszelle einer Lage F ergibt sich aus der Anzahl der beteiligten Atome, ihrem atomaren Formfaktor (vgl. Gleichung (2.77)) und der geometrischen Anordnung der Atome in der Einheitszelle. Im einfachsten Fall nur eines beteiligten Elements und eines Atoms pro Einheitszelle ist der Strukturfaktor identisch mit dem atomaren Formfaktor des Elements $f(Q)$. Die gebeugte Intensität berechnet sich dann als Betragsquadrat der Summe der Einzelamplituden: $I = \left| \sum_i A_i \right|^2$.

Insgesamt ergibt sich die gestreute Intensität entlang des Bragg-Stabs zu:

$$
I = \left| e^{-q^2 \sigma_{top}^2} f_{top}(Q) \frac{1 - e^{iQa_{top}N_{top}}}{1 - e^{iQa_{top}}} \right.
$$
$$
+ e^{-q^2 \sigma_\delta^2} f_\delta(Q) e^{iQ(a_{top}(N_{top}-1)\frac{1}{2}(a_{top}+a_\delta))} \frac{1 - e^{iQa_\delta N_\delta}}{1 - e^{iQa_\delta}}
$$
$$
\left. + e^{-q^2 \sigma_{sub}^2} f_{sub}(Q) \frac{e^{iQ(a_{top}(N_{top}-1)+a_\delta(N_\delta-1)+\frac{1}{2}(a_\delta+a_{sub})+\frac{1}{2}(a_\delta+a_{top}))}}{1 - e^{iQa_{sub}}} \right|^2
$$
(6.10)

Dabei bezeichnet der Index top die Si-Deckschicht, δ die Ge-δ-Schicht und sub das Si-Substrat. Die Terme $1/2(a_\delta + a_{sub})$ und $1/2(a_\delta + a_{top})$ repräsentieren den Abstand der Netzebenen direkt an den Grenzflächen. Der Strukturfaktor der Ge-δ-Schicht wird dabei angenommen als der mittlere Strukturfaktor des in der δ-Schicht vorhandenen Ge und Si: $f_\delta = cf_{Ge} + (1 - c)f_{Si}$, wobei c den Ge-Anteil in der δ-Schicht angibt. Die quantitative Analyse experimenteller Daten erfolgt mit etablierten Least-Square-Fit-Verfahren, d. h. durch Suchen desjenigen Parametersatzes für das aufgestellte Modell, der die experimentellen Daten am genauesten wiedergibt.

Abb. 6.66 zeigt einen Vergleich der *crystal truncation rods* (CTR) von Ge-δ-Schichten, die mit MBE, SME und SPE hergestellt wurden. Die aufgebrachte Menge an Ge beträgt für alle drei Ge-δ-Schichten eine atomare Lage Ge (1 Monolage = $6,78 \times 10^{14}$ cm^{-2}). Deutlich sind Oszillationen der Intensität in Abhängigkeit vom Betrag des vertikalen Streuvektors zu erkennen. Diese kurzwelligen Oszillationen stammen von der endlichen Dicke der Si-Deckschicht über der Ge-δ-Schicht. Ihre Periode ist umgekehrt proportional zur Dicke dieser Schicht. An der unterschiedlichen Periodizität der Oszillation der einzelnen Messkurven ist zu sehen, dass die Si-Deckschichten der verschiedenen Proben eine unterschiedliche Dicke aufweisen. Die quantitative Analyse [FBM+ 96] ergibt Schichtdicken von (95 ± 1) Å für die MBE-Probe, (68 ± 1) Å für die SPE-Probe und (95 ± 1) Å für die SME-Probe. Die drei Kurven weisen eine Asymmetrie bezüglich des Bragg-Reflexes ($Q = 4{,}0$) auf: Die Amplitude der Oszillationen ist auf der Seite kleinerer Streuvektoren maximal, während sie bei größeren Streuvektoren ein ausgeprägtes Minimum aufweist. Die Ursache hierfür liegt im Netzebenenabstand der Ge-δ-Schicht, der um einige Prozent größer ist als der Si-Netzebenenabstand.

Die drei Kurven unterscheiden sich am deutlichsten in der Amplitude der Intensitätsoszillationen und ihrer Dämpfung mit zunehmendem Abstand vom Bragg-Reflex. Die Amplitude der Oszillationen ist im Wesentlichen durch den Ge-Anteil in der Ge-δ-Schicht bestimmt. Je höher der Ge-Anteil, desto stärker unterscheidet sich der Strukturfaktor f_δ der δ-Schicht von dem der Si-Deckschicht und des Si-Substrats. Das heißt, die Amplitude der Intensitätsoszillation in der Nähe des Bragg-Reflexes ist ein Maß für den Ge-Anteil in der δ-Schicht. Die

Analyse liefert einen Ge-Anteil von $0{,}27 \pm 0{,}05$ für die MBE-Probe, $0{,}62 \pm 0{,}05$ für die SPE-Probe und $0{,}73 \pm 0{,}04$ für die SME-Probe. Die Dämpfung der Oszillationsamplitude sowie der Abfall der mittleren Intensität mit steigender Distanz zum Bragg-Reflex ist bestimmt durch die Rauigkeit der Grenzflächen. Die quantitative Analyse liefert eine mittlere Rautiefe von $(2{,}8 \pm 0{,}1)$ Å für die MBE-Probe, $(1{,}8 \pm 0{,}1)$ Å für die SPE-Probe und $(1{,}6 \pm 0{,}1)$ Å für die SME-Probe. Si(001)-Substrate gehören zu den perfektesten Oberflächen, die man heute herstellen kann. Die typische mittlere Rautiefe der hier verwendeten Proben liegt in der Größenordnung von 1,6 Å. Die Werte für die SPE- und die SME-Probe entsprechen also extrem glatten Grenzflächen.

Die Untersuchung der Proben mit stehenden Röntgenwellenfeldern (XSW, s. Abschnitt 5.4) liefert zusätzliche unabhängige Informationen über die Struktur der Proben. XSW sind elementspezifisch und besonders empfindlich auf die lokale Bindungsgeometrie sowie die Kristallinität der Probe, d. h. der Anteil der Atome auf definierten Gitterplätzen kann mit großer Genauigkeit bestimmt werden. Abb. 6.67 zeigt XSW-Messergebnisse in (004)-Bragg-Reflexion für die mittels SPE hergestellte Ge-δ-Schicht. Ebenfalls angegeben sind die ermittelte kohärente Position $\Phi_c = 1{,}05 \pm 0{,}01$ und die kohärente Fraktion $f_c = 0{,}92 \pm 0{,}02$ für diese Messung [FBM$^+$ 96]. Diese Größen geben die Phase und Amplitude der Fourier-Koeffizienten der atomaren Verteilungsfunktion von Ge bezogen auf die (004)-Gitterperiodizität des Siliziumsubstrats wieder (s. Abschnitt 5.4). Der Wert der kohärenten Fraktion ist im Rahmen der Messgenauigkeit identisch mit dem für eine perfekt kristalline Ge-Verteilung, d. h. dem Debye-Waller-Faktor des Ge(004)-Bragg-Reflexes. Somit kann man schließen, dass sich alle Ge-Atome auf Gitterplätzen befinden. Im vorliegenden Fall sind die kohärente Position und Fraktion also interpretierbar als die Position der Ge-Atome relativ zu den Si-Netzebenen und der Anteil von Ge-Atomen auf diesen Ge-Gitterplätzen. Der Wert von $\Phi_c = 1{,}05 \pm 0{,}01$ zeigt an, dass dieser Gitterplatz um 0,05 Netzebenenabstände, also um

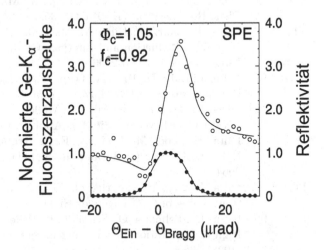

Abb. 6.67 XSW-Messergebnisse einer mittels SPE hergestellten Ge-δ-Schicht: Reflektivität ($\bullet$) und Ge-K$_\alpha$-Fluoreszenzausbeute ($\circ$) sowie beste Anpassungen (durchgezogene Linien) als Funktion des Einfallswinkels in der Nähe des (004)-Bragg-Reflexes

0,07 Å über den Si-Plätzen der entsprechenden Netzebene liegt. Dieser Wert ist leicht größer als der Unterschied der Netzebenenabstände in Si- und Ge-Kristallen, der 0,057 Å beträgt. Dies kann durch eine elastische Verspannung der Ge-δ-Schicht erklärt werden. Durch die Anwesenheit des Si-Substrats werden die Ge-Atome lateral, d. h. in der (004)-Ebene, auf Si-Gitterabstände gezwungen. Diese kompressive Verspannung der Ge-δ-Schicht wird durch eine Expansion der Netzebenenabstände senkrecht zur Ebene über den Ge-Volumenwert hinaus kompensiert. Die XSW-Ergebnisse der anderen Präparationen sind vergleichbar. Die kohärente Fraktion für die MBE-präparierten Schichten ist etwas geringer als die der mit SPE und SME hergestellten Schichten, was eine Verteilung des Ge über mehrere Schichten und damit eine geringere Ge-Konzentration in der δ-Schicht widerspiegelt.

Insgesamt zeigen die CTR- und XSW-Untersuchungen, dass sich sowohl mittels MBE als auch mittels SPE und SME Ge-δ-Schichten hervorragender struktureller Qualität erzeugen lassen. Dabei sind die SME- und SPE-Schichten denen mit MBE erzeugten hinsichtlich der Grenzflächenrauigkeit und der Ge-Konzentration in der δ-Schicht überlegen. Dieses Beispiel zeigt, wie Untersuchungen mit hochauflösenden Methoden der Röntgenbeugung unter Verwendung intensiver Synchrotronstrahlung für eine detaillierte zerstörungsfreie Charakterisierung der Struktur vergrabener Schichtsysteme genutzt werden können. Mit dem gleichen Ansatz wurden auch andere verwandte δ-Schichtsysteme untersucht, so Sb- und Bi- und SiC-δ-Schichten [FBH$^+$ 96, FMS$^+$ 98, FBH$^+$ 97] oder Ge/Si(111) [FGM$^+$ 95].

Literaturverzeichnis

[CPC$^+$ 02] Contreras, O.; Ponce, F. A.; Christen, J.; Dadgar, A.; Krost, A.: Dislocation Annihilation by Silicon Delta-Doping in GaN Epitaxy on Si. Appl. Phys. Lett. **81** (2002) 4712

[CRT 89] Copel, M.; Reuter, M. C.; Tromp, R. M.: Surfactants in Epitaxial Growth. Phys. Rev. Lett. **63** (1989) 632–635

[FBH$^+$ 96] Falta, J.; Bahr, D.; Hille, A.; Materlik, G.; Kammler, M.; Horn-von Hoegen, M.: Stress Reduction and Interface Quality of Sb δ Layers on Si(001). Appl. Phys. Lett. **69** (1996) 2906

[FBH$^+$ 97] Falta, J.; Bahr, D.; Hille, A.; Osten, H. J.; Materlik, G.: Strain Induced Interface Roughness of Si$_{1-x}$C$_x$ δ Layers. Appl. Phys. Lett. **71** (1997) 3525

[FBM$^+$ 96] Falta, J.; Bahr, D.; Materlik, G.; Müller, B. H.; Horn-von Hoegen, M.: Towards Perfect Ge δ Layers on Si(001). Appl. Phys. Lett. **68** (1996) 1394–1396

[FCLT 93] Falta, J.; Copel, M.; LeGoues, F. K.; Tromp, R. M.: Surfactant Coverage and Epitaxy of Ge on Ga-Terminated Si(111). Appl. Phys. Lett. **62** (1993) 2962–2964

[FGM$^+$ 95] Falta, J.; Gog, T.; Materlik, G.; Müller, B. H.; Horn-von Hoegen, M.: Interface Roughening of Ge δ Layers on Si(111). Phys. Rev. B **51** (1995) 7598

[FMS$^+$ 98] Falta, J.; Mielmann, O.; Schmidt, T.; Hille, A.; Sánchez-Hanke, C.; Sonntag, P.: High Concentration Bi δ Doping Layers on Si(001). Appl. Surf. Sci. **123/124** (1998) 538

[FSHM 96] Falta, J.; Schmidt, T.; Hille, A.; Materlik, G.: Surfactant Adsorption Site and Growth Mechanism of Ge on Ga Terminated Si(111). Phys. Rev. B **54** (1996) R17288

[HLC⁺ 91]   Horn-von Hoegen, M.; LeGoues, F. K.; Copel, M.; Reuter, M. C.; Tromp, R. M.:
            Defect Self-Annihilation in Surfactant-Mediated Epitaxial Growth. Phys. Rev.
            Lett. **67** (1991) 1130–1133

[NAS⁺ 05]   Nazmul, A. M.; Amemiya, T.; Shuto, Y.; Sugahara, S.; Tanaka, M.: High Tem-
            perature Ferromagnetism in GaAs-Based Heterostructures with Mn δ Doping.
            Phys. Rev. Lett. **95** (2005) 017201

[SFM⁺ 99]   Schmidt, T.; Falta, J.; Materlik, G.; Zeysing, J.; Falkenberg, G.; Johnson, R. L.:
            Bi: Perfect Surfactant for Ge Growth on Si(111)? Appl. Phys. Lett. **74(10)**
            (1999) 1391

[YC 96]   Yu, P. Y.; Cardona, M.: Fundamentals of Semiconductors. 1. Aufl. Berlin Hei-
            delberg: Springer 1996

6.2.8 Strukturelle Phasenübergänge im Bereich zwischen Oberfläche und Kristallinnerem
Hochauflösende Dreikristall-Diffraktometrie
Jochen R. Schneider

Die atomistische Beschreibung von Struktur und Dynamik von Stoffen in ihren verschiedenen Aggregatzuständen zählt zu den wichtigsten Arbeitsgebieten bei der Erforschung kondensierter Materie [GK 80, Sta 71]. Änderungen in der Struktur einkristalliner Proben als Funktion der Temperatur wurden in der Festkörpertheorie modellhaft behandelt, und auf Grund der in diesen Systemen herrschenden Translationssymmetrie konnte ein sehr detailliertes Bild erarbeitet werden. Als ein besonders erfolgreicher Ansatz erwies sich die Soft-mode-Theorie zur Beschreibung displaziver, phononengetriebener struktureller Phasenübergänge in Kristallen mit Perowskitstruktur, deren Eigenschaften seit der Entdeckung der Hochtemperatursupraleitung wieder ins Zentrum des Interesses gerückt sind. Das jahrelang etablierte, durch Neutronenstreuexperimente abgesicherte Bild der Natur dieser Phasenübergänge wurde allerdings in jüngster Zeit durch Ergebnisse aus hochauflösenden Röntgenbeugungsexperimenten grundsätzlich in Frage gestellt [Cow 96].

Dieses überraschende Ergebnis wurde zuerst an Strontiumtitanat ($SrTiO_3$) beobachtet [And 86, MHS⁺ 90], das bei etwa 100 °K einen Phasenübergang von der kubischen in die tetragonale Struktur durchläuft. Abb. 6.68 zeigt die Kristallstruktur von $SrTiO_3$. Oberhalb der kritischen Temperatur T_c ist das System kubisch, die Sauerstoffoktaeder führen Rotationsschwingungen um die spätere c-Achse der tetragonalen Einheitszelle aus. Beim Abkühlen der Probe reduziert sich die Frequenz dieser Schwingungen, die Amplituden der Auslenkungen dagegen wachsen an, bis die Bewegung der Sauerstoffoktaeder bei T_c im ausgelenkten Zustand einfriert. Durch die geänderte Periodizität verdoppelt sich in erster Näherung die Kantenlänge a der Einheitszelle, und es treten Überstruktur-Bragg-Reflexe zwischen den Hauptreflexen der kubischen Phase auf. Bei genauerer Betrachtung sieht man, dass sich als Folge der Verschiebung der Sauerstoffatome die Kantenlänge der Einheitszelle in der Ebene senkrecht zur Rotationsachse der Sauerstoffoktaeder ein wenig verkleinert, parallel dazu etwas vergrößert. Man spricht von einer tetragonalen Verzerrung [SSO⁺ 85].

Beobachtet man als Funktion der Temperatur den Bereich des reziproken Raumes in der Mitte zwischen zwei Hauptreflexen, so wird bei T_c der Überstrukturreflex messbar, und

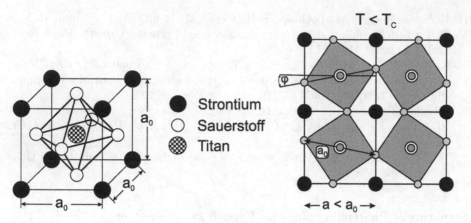

Abb. 6.68 (a): Einheitszelle der Kristallstruktur von $SrTiO_3$ in der kubischen Raumtemperatur Phase. (b): Die durch Rotation der Sauerstoff Oktaeder um den Winkel ω entstehende tetragonale Tieftemperatur Phase, gezeigt ist die Projektion von 4 benachbarten Einheitszellen.

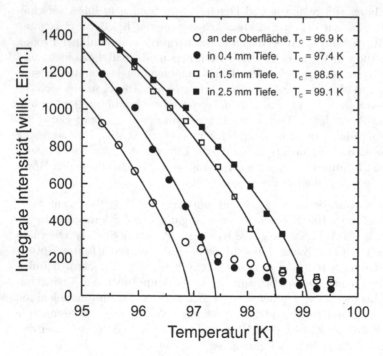

Abb. 6.69 Temperaturabhängigkeit der Intensität des $1/2$ (511)-Überstrukturreflexes des $SrTiO_3$ im Kristallinneren und in Oberflächennähe. Die durchgezogenen Linien sind Anpassungen der Exponentialfunktion mit dem kritischen Exponenten $\beta = 0{,}33$, den man in früheren Experimenten für diesen Phasenübergang bestimmt hat. Der Nulldurchgang der Exponentialform legt die kritische Temperatur T_0 fest.

seine Intensität wächst mit fallender Temperatur an, was auf eine zunehmende Verkippung der Sauerstoffoktaeder zurückgeht. Der Intensitätsverlauf lässt sich quantitativ mit der Exponentialform

$$I(T) \propto [(T - T_c)/T_c]^{2\beta} \tag{6.11}$$

beschreiben, wobei β einer der sogenannten kritischen Exponenten ist. Abb. 6.69 zeigt solche Intensitätsverläufe, wie sie mit 100 keV Synchrotronstrahlung an einem etwa 1 cm^3 großen Einkristall gemessen wurden. In verschiedenen Abständen von der Oberfläche des Kristalls ändert sich die kritische Temperatur, was mit einer ebenfalls gemessenen Änderung des Gitterparameters einhergeht. Von besonderer Bedeutung ist, dass in Oberflächennähe der Überstrukturreflex schon mehrere K oberhalb T_c sehr stark sichtbar wird, was auf eine Anomalie in den kritischen Fluktuationen hindeutet, unter denen man Schwankungen in der Dichte der Hoch- bzw. Tieftemperaturphase des Systems für Temperaturen nahe der Übergangstemperatur T_c versteht.

Die Natur der kritischen Fluktuationen ist qualitativ in Abb. 6.70 wiedergegeben. Bereits bei Temperaturen oberhalb T_c bildet sich für kurze Zeiten in kleinen Bereichen der Probe die Tieftemperaturphase aus. Die Ausdehnung dieser Bereiche wird umso größer, je mehr sich die Probentemperatur der kritischen Temperatur nähert, sie dominieren das Bild bei T_c, und bei weiterer Abkühlung frieren letztlich die kritischen Fluktuationen vollständig aus und die gesamte Probe befindet sich in ihrer Tieftemperaturphase. Ein Maß für die Größe dieser in Raum und Zeit fluktuierenden Bereiche ist die Korrelationslänge ξ. Divergiert die Korrelationslänge bei der kritischen Temperatur T_c, so wird die Reichweite der Fluktuationen größer als die Reichweite der Wechselwirkungen. Damit spielt die probenspezifische atomare Wechselwirkung keine Rolle mehr, und viele unterschiedliche physikalische Systeme können dasselbe kritische Verhalten zeigen, d. h. die Phasenübergänge lassen sich

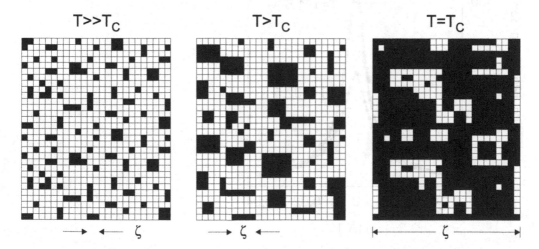

Abb. 6.70 Drei Schnappschüsse schematisch dargestellter kritischer Fluktuationen bei Temperaturen oberhalb der Phasenübergangstemperatur T_0, wie sie im Rahmen von Modellrechnungen gefunden werden. ξ ist die Korrelationslänge.

mit denselben Werten für die kritischen Exponenten beschreiben. Diese Beobachtung führt zur sogenannten Universalitätshypothese der kritischen Exponenten.

Die kritischen Fluktuationen führen an der Position des Überstrukturreflexes zu einer Lorentz-förmigen Intensitätsverteilung (Abb. 6.71). Die theoretische Analyse des Streuprozesses zeigt, dass ihre Halbwertsbreite der inversen Korrelationslänge $\kappa = \xi^{-1}$ und ihre Intensität proportional zur Suszeptibilität χ ist. Die Temperaturabhängigkeit beider Größen lässt sich mit Hilfe der kritischen Exponenten ν und γ und der Exponentialformen

$$\kappa(T) \propto |\, (T - T_c)/T_c\,|^{-\nu} \quad \text{und} \quad \chi(T) \propto |\, (T - T_c)/T_c\,|^{-\gamma} \tag{6.12}$$

beschreiben. Die kritischen Exponenten erlauben die Charakterisierung eines Phasenüberganges im Rahmen allgemeiner, probenunabhängiger Theorien.

Die modernen Theorien der Phasenübergänge beruhen auf Skalierungsgesetzen, die die kritischen Exponenten miteinander verknüpfen und die davon ausgehen, dass alle Eigenschaften des Systems in der Nähe der Phasenübergangstemperatur durch eine einzige, temperaturabhängige Längenskala beschrieben werden können. Inzwischen besteht aber kein Zweifel mehr, dass die in hochauflösenden Röntgenbeugungsexperimenten gemessene kritische Streuung quantitativ nur unter der Annahme wiedergegeben werden kann, dass die Korrelationsfunktion mindestens zwei Längenskalen aufweist. Damit steht man vor einem physikalischen Problem von grundsätzlicher Bedeutung.

Eine mögliche Ursache für die Unterschiede zwischen den Ergebnissen von Experimenten mit Neutronen [SASR 72, SCMS 93] bzw. mit Synchrotronstrahlung [MHS$^+$ 90, HHS$^+$ 95]

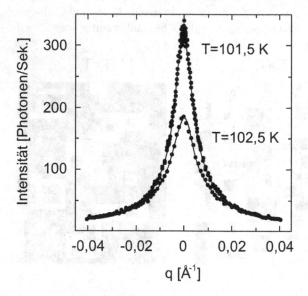

Abb. 6.71 Lorentz-förmige kritische Streuverteilungen bei zwei Temperaturen oberhalb $T_0 = 99\,\mathrm{K}$. Die Messungen wurden im Kristallinneren mit $100\,\mathrm{keV}$ Synchrotronstrahlung am $1/2$ (511)-Überstrukturreflex durchgeführt.

liegt darin, dass man mit Neutronen im Allgemeinen das Innere großer Einkristalle untersucht, während Röntgenstrahlung nur in die oberflächennahen Bereiche der Probe eindringt, sodass die Existenz der zwei Längenskalen als ein von der Probenoberfläche induziertes Problem betrachtet werden kann. Hier bleibt dann aber zu klären, ob es sich um ein intrinsisches Oberflächenproblem handelt oder ob die Ursache in einer Schädigung der Oberfläche zu suchen ist. Auf der anderen Seite ist die Impulsauflösung in Neutronenbeugungsexperimenten meist so schlecht, dass die Existenz der zweiten, sehr scharfen Komponente in der kritischen Streuung möglicherweise übersehen wurde. Beugungsexperimente mit Synchrotronstrahlung im Energiebereich um 100 keV eignen sich besonders gut zur Klärung dieser unbefriedigenden Situation, da sie das hohe Durchdringungsvermögen thermischer Neutronen mit der extremen Impulsauflösung moderner Röntgendiffraktometer verbinden. Insbesondere können dieselben Proben untersucht werden, die vorher in den Neutronenexperimenten zum Einsatz kamen [BHL$^+$ 98].

Mit einem hochauflösenden Dreikristall-Diffraktometer am DORIS-Speicherring [NRSS 95] wurde im Vergleich zur Neutronenbeugung eine 30fach bessere Impulsraum Auflösung erreicht, und trotzdem konnten an einem 1 cm^3 großen, sehr perfekten Einkristall die Ergebnisse der früheren Neutronenmessungen voll reproduziert werden. Im Inneren des Kristalles wurde keine zusätzliche scharfe Komponente in der kritischen Streuung gefunden, und auch die Temperaturabhängigkeit der inversen Korrelationslänge stimmte sehr gut mit dem aus Neutronendaten berechneten Verlauf überein.

Der Übergang vom Inneren des Kristalls an seine Oberfläche wurde dann mit Hilfe eines sehr viel brillanteren Undulatorstrahls am DESY-Speicherring PETRA untersucht. Der

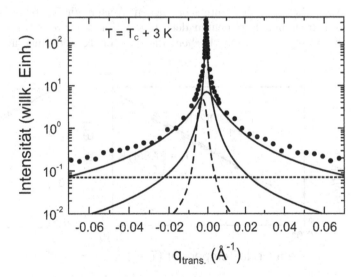

Abb. 6.72 Verteilung der kritischen Streuung in einer oberflächennahen Schicht von 50 μm Dicke. Die Messungen wurden wieder mit 100 keV Synchrotronstrahlung am 1/2 (511)-Überstrukturreflex durchgeführt. Angepasst wurden eine Lorentz-Kurve, eine Lorentz-Quadrat-Kurve und eine Gaußverteilung (siehe Text).

Primärstrahl wurde auf 2 mm Breite und nur 10 bzw. 50 μm Höhe eingeengt und parallel zur Kristalloberfläche ausgerichtet, sodass der (511)-Bragg-Reflex und der 1/2 (511)-Überstrukturreflex in der Probenoberfläche lagen. Abb. 6.72 zeigt eine typische, in Oberflächennähe gemessene Verteilung der kritischen Streuung, zu deren Beschreibung eine breite Lorentz-Kurve, eine scharfe Lorentz-Quadrat-Kurve, eine temperaturunabhängige, auf Defektstreuung zurückzuführende Gaußverteilung und ein konstanter Untergrund angepasst wurden. Voraussetzung für solch eine detaillierte Anpassung an die experimentellen Daten ist, dass die Messungen mit einer sehr guten Impulsraum-Auflösung durchgeführt wurden. Bei Raumtemperatur wurden zusätzlich der Gitterparameter d, die Netzebenenverkippung (Mosaizität) und die Spannungen Δd/d am (511)-Bragg-Reflex gemessen. Dabei zeigt sich, dass die scharfe Komponente in der kritischen Streuung zur Oberfläche der Probe hin stark anwächst, begleitet von einer Verkleinerung des Gitterparameters und einer Zunahme der Spannungen. Die breite Komponente dagegen ist unabhängig vom Abstand von der Probenoberfläche, sie ist eine reine Volumeneigenschaft. Damit konnte zum ersten Mal eine direkte Korrelation zwischen Spannungen in Oberflächennähe und dem Auftreten der zweiten Längenskala in den kritischen Fluktuationen aufgezeigt werden [RDS+ 97].

Entscheidend für einen Vergleich mit der Theorie ist aber die Bestimmung der kritischen Exponenten ν und γ für die breite und die scharfe Komponente. Die Temperaturabhängigkeit der kritischen Streuung wurde deshalb sowohl in einer 50 μm dicken Schicht an der Oberfläche, wo beide Komponenten koexistieren, als auch im Probeninneren gemessen, wo die scharfe Komponente fehlt. Wie in Abb. 6.73 und 6.74 gezeigt, lassen sich die experimentellen Daten $\kappa(T)$ und $\chi(T)$ in beiden Fällen sehr gut mit einer Exponentialform beschreiben und erlauben die Bestimmung der kritischen Exponenten ν und γ.

Abgesehen von den unterschiedlichen Werten für T_c (siehe Abb. 6.69) ergeben sich bei den kritischen Exponenten der breiten Komponente keine signifikanten Unterschiede für die Messungen in Oberflächennähe oder im Kristallinneren, man erhält $\nu_b = 1,0(1)$ und

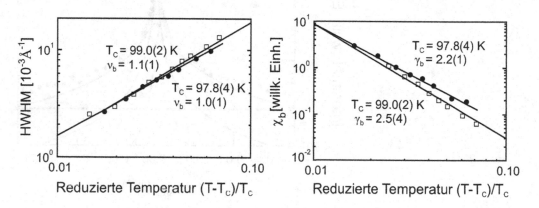

Abb. 6.73 Temperaturabhängigkeit von Halbwertsbreite (HWHM: *half width at half maximum*) und Peak-Intensität der breiten Komponente der kritischen Streuung, gemessen im oberflächennahen Bereich (volle Kreise) und im Kristallinneren (offene Quadrate). ν und γ sind die aus der Anpassung der Exponentialform bestimmten kritischen Exponenten.

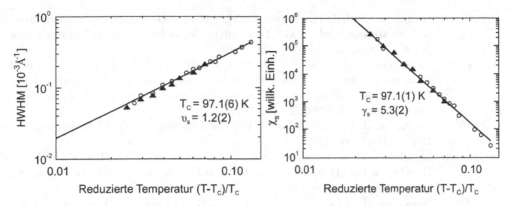

Abb. 6.74 Temperaturabhängigkeit von Halbwertsbreite und Peak-Intensität der scharfen Komponente der kritischen Streuung, gemessen im oberflächennahen Bereich der Probe mit unterschiedlichem Auflösungsvermögen des Dreikristall-Diffraktometers

$\gamma_b = 2{,}2(1)$. Der Quotient berechnet sich zu $\gamma_b / \nu_b = 2{,}2(2)$ in guter Übereinstimmung mit dem theoretischen Wert von 1,97 [Sta 71]. Für die kritischen Exponenten der scharfen Komponente wurden $\nu_s = 1{,}2(2)$, $\gamma_s = 5{,}3(2)$ und ein Quotient von $\gamma_s / \nu_s = 4{,}4(9)$ ermittelt. Letzterer ist in Übereinstimmung mit einem Wert $\gamma_s / \nu_s \sim 4$, der unter der Annahme berechnet wurde, dass statische Defekte in der oberflächennahen Schicht Zufallsfelder erzeugen, die das kritische Verhalten beeinflussen [LJJ 80]. Es muss allerdings gesagt werden, dass die theoretische Beschreibung der Ursachen für die Existenz zweier Längenskalen in den kritischen Fluktuationen bislang insgesamt noch unbefriedigend ist. Es wird in nächster Zukunft vor allem darauf ankommen, mehr über die Natur der Defekte zu lernen.

Anmerkung
Die oben beschriebenen Ergebnisse haben eine Fortführung in der Doktorarbeit von Heiko Hünnefeld gefunden [HNR$^+$ 02].

Literaturverzeichnis

[And 86] Andrews, S. R.: X-Ray Scattering Study of the R-Point Instability in SrTiO$_3$. J. Phys. C **19** (1986) 3721

[BHL$^+$ 98] Bouchard, R.; Hupfeld, D.; Lippmann, T.; Neuefeind, J.; Neumann, H.-B.; Poulsen, H. F.; Rütt, U.; Schmidt, T.; Schneider, J. R.; Süssenbach, J.; von Zimmermann, M.: A Triple-Crystal Diffractometer for High-Energy Synchrotron Radiation at the HASYLAB High-Field Wiggler Beamline BW5. J. Synchrotron Rad. **5** (1998) 90

[Cow 96] Cowley, R. A.: Are There Two Length Scales at Phase Transitions? Physica Scripta T **66** (1996) 24

[GK 80] Gebhardt, W.; Krey, U.: Phasenübergänge und kritische Phänomene. Braunschweig: Friedr. Vieweg & Sohn 1980

[HHS+ 95] Hirota, K.; Hill, J. P.; Shapiro, S. M.; Shirane, G.; Y.; Fujii: Neutron- and X-Ray-Scattering Study of the Two Length Scales in the Critical Fluctuations of $SrTiO_3$. Phys. Rev. B **52** (1995) 13195

[HNR+ 02] Hünnefeld, H.; Niemöller, T.; Rütt, J. R.; Rodewald, U.; Fleig, S.; Shirane, G.: Influence of Defects on the Critical Behavior at the 105 K Structural Phase Transition of $SrTiO_3$: On the Origin of the Two Length Scale Critical Fluctuations. Phys. Rev. B **66** (2002) 014113

[LJJ 80] LeGuillou, J. C.; J.Zinn-Justin: Critical Exponents from Field Theory. Phys. Rev. B **21** (1980) 3976

[MHS+ 90] McMorrow, D. F.; Hamaya, N.; Shimomura, S.; Fujii, Y.; Kishimoto, S.; Iwasaki, H.: On the Length Scales of the Critical Fluctuations in $SrTiO_3$. Solid State Communic. **76** (1990) 443

[NRSS 95] Neumann, H.-B.; Rütt, U.; Schneider, J. R.; Shirane, G.: Origin of the Critical Scattering on Two Length Scales in $SrTiO_3$. Phys. Rev. B **52** (1995) 3981

[RDS+ 97] Rütt, U.; Diederichs, A.; Strempfer, J.; Schneider, J. R.; Shirane, G.: Depth Dependence of Strain, Mosaicity and Sharp Component in the Critical Scattering of $SrTiO_3$. Europhys. Lett. **39** (1997) 395

[SASR 72] Shapiro, S. M.; Axe, J. D.; Shirane, G.; Riste, T.: Critical Neutron Scattering in $SrTiO_3$ and $KMnF_4$. Phys. Rev. B **6** (1972) 4332

[SCMS 93] Shirane, G.; Cowley, R. A.; Matsuda, M.; Shapiro, S. M.: q Dependence of the Central Peak in the Inelastic-Neutron Scattering of $SrTiO_3$. Phys. Rev. B **48** (1993) 15595

[SSO+ 85] Sato, M.; Soejima, Y.; Ohama, N.; Okazaki, A.; Scheel, H. J.; Müller, K.: The Lattice Constant vs. Temperature Relation around the 105 K Transition of a Flux-Grown $SrTiO_3$ Crystal. Phase Trans. **5** (1985) 207

[Sta 71] Stanley, H. E.: Introduction to Phase Transitions and Critical Phenomena. Oxford: Oxford Science 1971

6.2.9 Elementspezifische magnetische Ordnung in den Mischkristallen $Gd_xEu_{1-x}S$

Resonante magnetische Röntgenbeugung

Thomas Brückel

In allen Festkörpern, welche aus Atomen mit ungepaarten Elektronen aufgebaut sind, ist neben der Frage nach der chemischen Struktur, d. h. der Anordnung der Atome, auch die Frage nach der magnetischen Struktur von Interesse, d. h. die Frage nach der Richtung und Größe der magnetischen Momente im Kristallgitter. Die Kenntnis der magnetischen Struktur und der Wechselwirkung zwischen den magnetischen Momenten ist die Grundlage für ein mikroskopisches Verständnis aller makroskopisch-thermodynamischen magnetischen Eigenschaften. Die wichtigsten magnetischen Ordnungszustände sind der Ferromagnetismus, bei dem die atomaren Momente parallel stehen und zu einer nichtverschwindenden makroskopischen Magnetisierung Anlass geben, und der Antiferromagnetismus, bei dem die makroskopische Magnetisierung im Nullfeld verschwindet, da z. B. die magnetischen Momente auf benachbarten Plätzen jeweils antiparallel ausgerichtet sind. Neben diesen einfachen geordneten Grundzuständen sind heutzutage magnetische Zustände bekannt, die keine langreichweiti-

ge magnetische Ordnung mehr aufweisen, etwa sogenannte Spinflüssigkeiten oder Spinglä-
ser [Myd 93]. Dass keine periodische Anordnung der magnetischen Momente mehr auftritt,
obwohl es starke Wechselwirkungen zwischen den Momenten gibt, kann an einem Widerstreit verschiedener Ordnungstendenzen liegen. In Analogie zu einem Fachausdruck der
Psychologie bezeichnet man diesen Effekt als Frustration. Frustration tritt immer dann auf,
wenn an eine Person (oder an ein magnetisches Ion) widerstrebende Anforderungen gestellt
werden, die sie (es) nicht erfüllen kann. Kommt zu den Frustrationseffekten noch eine chemische Unordnung, so kann es zu einem sogenannten Spinglaszustand kommen, bei dem die
lokalen magnetischen Momente auf allen zugänglichen Zeitskalen in willkürlichen Richtungen eingefroren sind. Die Untersuchung dieser komplexen magnetischen Zustände und der
Anregungsspektren bildet ein zentrales Arbeitsgebiet der modernen Festkörperforschung.
Im Folgenden soll an dem Beispiel einer Untersuchung von Gadolinium-Europium-Sulfid-
Mischkristallen $(Gd_x Eu_{1-x} S)$ aufgezeigt werden, wie man dem Frustrationsmechanismus
und dem Zustandekommen der Spinglasphase auf die Spur kommen kann.

Sowohl GdS als auch EuS kristallisieren in der Kochsalzstruktur. GdS ist ein antiferroma-
gnetisches Metall, EuS ein ferromagnetischer Isolator. Während in der Europiumverbindung
das Seltenerd-Ion zweiwertig vorliegt, geht im Fall der Gadoliniumverbindung ein Elektron
ins Leitungsband, und das Gadolinium-Ion verbleibt dreiwertig. Gemäß den Hund'schen
Regeln ist daher in beiden Fällen der elektronische Grundzustand ein $^8 S_{7/2}$-Zustand mit
einem Spinmoment von $7\mu_B$ und verschwindendem Bahndrehimpuls. Da die Endglieder, also GdS und EuS, dieselbe Kristallstruktur mit sehr ähnlichen Gitterparametern aufweisen,
lassen sich Mischkristalle $Gd_x Eu_{1-x} S$ beliebiger Zusammensetzung x herstellen, bei denen
der Seltenerd-Platz statistisch mit Gadolinium- und Europiumionen besetzt ist.

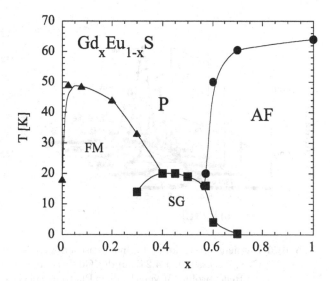

Abb. 6.75 Magnetisches Phasendiagramm von $Gd_x Eu_{1-x} S$. FM = Ferromagnet, P = Paramagnet,
      AF = Antiferromagnet, SG = Spinglas

Abb. 6.75 zeigt ein magnetisches Phasendiagramm dieser Mischkristallreihe, wie es aus Magnetisierungsmessungen an Pulverproben bestimmt wurde [BCO⁺ 81]. Wie zu erwarten, weisen die Mischkristalle für hohe Europiumkonzentrationen ferromagnetische Ordnung, für hohe Gadoliniumkonzentrationen antiferromagnetische Ordnung auf. Auf der Eu-reichen Seite tritt bereits bei kleinem x ein Metall-Isolator-Übergang auf. Für mittlere Konzentrationen ergibt sich ein Widerstreit zwischen ferromagnetischen und antiferromagnetischen Ordnungstendenzen, d. h. Frustration. Verbunden mit dem Effekt der Unordnung (statistische Platzbesetzung mit Europium- und Gadoliniumionen) führt dies zu einer Spinglasphase. Die Frustrationsmechanismen und das Zustandekommen der Spinglasphase können mit der Methode der resonanten Austauschstreuung untersucht werden. Indem eine Photonenenergie nahe der Gadolinium-L_{II}- und -L_{III}-Kanten bzw. der Europium-L_{II}- und -L_{III}-Kanten gewählt wird, können Spinpaarkorrelationen $< \vec{S}_i \cdot \vec{S}_j >$ elementspezifisch vermessen werden.

Die Abb. 6.76 zeigt Messdaten zur resonanten Austauschstreuung von einem GdS-Einkristall [BHS⁺ 01]. Neben den für die Kochsalzstruktur charakteristischen Bragg-Reflexen (hkl, h, k, l alle ganzzahlig) treten unterhalb der magnetischen Ordnungstemperatur zusätzliche magnetische Überstrukturreflexe auf, die sich durch eine Indizierung ((2h+1)/2 (2k+1)/2 (2l+1)/2, h, k, l ganzzahlig) beschreiben lassen. Dieser Halbierung der Periode im reziproken Raum entspricht eine Verdoppelung der Periode im direkten Raum, d. h. die magnetische Einheitszelle ist in allen drei Raumrichtungen doppelt so groß wie die chemische Einheitszelle. Ein magnetisches Strukturmodell, in welchem die Spins innerhalb einer (111)-Ebene ferromagnetisch angeordnet sind, während zwei aufeinanderfolgende (111)-Ebenen antiferromagnetisch koppeln, beschreibt die beobachteten Auswahlregeln für die magnetischen Überstrukturreflexe korrekt. Diese sogenannte MnO-Spinstruktur ist in Abb. 6.77 dargestellt.

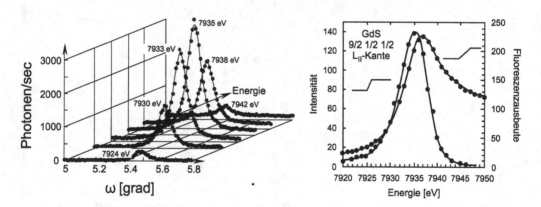

Abb. 6.76 Resonanzverstärkung des magnetischen Signals am (9/21/21/2)-Überstrukturreflex von GdS, gemessen bei 4,2 K an der Gd-L_{II}- Absorptionskante. Das linke Diagramm zeigt die Reflexprofile für verschiedene Photonenenergien, das rechte Diagramm zeigt die integralen Reflexintensitäten und die Fluoreszenzausbeute (die ein Maß für die Absorption ist) als Funktion der Photonenenergie im Bereich der Gd-L_{II}- Absorptionskante.

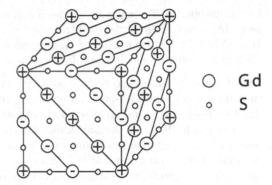

O Gd

∘ S

Abb. 6.77
Magnetische und chemische Struktur von
GdS. Die Spinrichtung ist durch die Symbole
+ und - angedeutet.

Abb. 6.76 zeigt nun Messungen an dem (9/21/21/2)-Überstrukturreflex bei einer Temperatur von 4,2 K, bei der die Sättigung der Untergittermagnetisierung erreicht ist. Im linken Teilbild sind Rohdaten zur Messung des Überstrukturreflexes gezeigt, bei dem der Kristall durch die Bragg-Reflexionsbedingung gedreht (Winkel ω) und die gestreute Intensität im Detektor aufgezeichnet wurde. Diese sogenannten Rocking-Kurven wurden nun für verschiedene Photonenenergien im Bereich der L_{II}-Absorptionskante aufgenommen. Man sieht deutlich, wie die Intensität des magnetischen Bragg-Reflexes bei Annäherung an die Absorptionskante zunimmt, um dann für höhere Energien wieder abzufallen. Dies ist noch mal im Detail im rechten Teilbild gezeigt. Die resonanzartig verlaufende Kurve stellt dabei die Intensität des (9/21/21/2)-Überstrukturreflexes als Funktion der Photonenenergie dar. Die andere Kurve ist eine Messung der Fluoreszenzstrahlung der Probe und damit ein Maß für die Absorption. Nach dieser Messung liegt die Gadolinium-L_{II}-Absorptionskante bei etwa 7932 eV. Einige eV hinter der Kante tritt eine besonders starke Absorption auf, die sogenannte weiße Linie. Das Maximum der magnetisch gestreuten Intensität liegt zwischen Absorptionskante und weißer Linie. Die Form der Resonanzkurve (Abb. 6.76 rechts) gibt spektroskopische Informationen über die Zustandsdichte der unbesetzten Zustände oberhalb der Fermi-Kante, welche als Zwischenzustände zum resonanten Streuprozess beitragen. In unserem Fall ist zu vermuten, dass nur Dipolübergänge eine Rolle spielen, da Quadrupolübergänge ein zweites Resonanzphänomen bei einer etwas anderen Energie bewirken würden. Diese Vermutung wurde durch Experimente mit Polarisationsanalyse bestätigt. Die Energiebreite der Leitungsbandzustände ist im Vergleich zu der Energiebreite der Resonanz vernachlässigbar. Vielmehr trägt zur Breite der Resonanzkurve zum einen die experimentelle Auflösung mit etwa 4 eV bei; zum anderen hat der angeregte Zwischenzustand mit einem Loch in einer inneren Schale nur eine endliche Lebensdauer, die gemäß der Heisenberg'schen Unschärferelation zu einer Energiebreite führt. Im Fall von Gadoliniumsulfid lässt sich die Lebensdauer des angeregten Zustands zu etwa 0,26 fs abschätzen. Wie schon auf Grund des einfachen elektronischen Grundzustands zu erwarten, haben in den Mischkristallen die Resonanzkurven für die Gadolinium- und Europiumionen alle etwa dieselbe Form.

In den Mischkristallen ist nun der Temperaturverlauf der Untergittermagnetisierung für die beiden Teilsysteme der Europium- und Gadoliniumionen von besonderem Interesse. Um diese Information zu erhalten, wird einmal eine Photonenenergie im Maximum der Gadoliniumresonanzkurve und einmal im Maximum der Europiumresonanzkurve gewählt. Da das

Beugungssignal in Resonanz im Vergleich zum nichtresonanten Signal um mehr als zwei Größenordnungen stärker ist, ist die Streuung des jeweils anderen Teilsystems vernachlässigbar. Wie Abb. 6.78 zeigt, wird in der Gadoliniumresonanz nur noch der Ordnungszustand der Gadoliniumspins beobachtet, an der Europiumresonanz nur noch der der Europiumspins.

Abb. 6.79 zeigt nun die so gemessene Temperaturabhängigkeit der Untergittermagnetisierung für die beiden Teilsysteme an einer $Gd_{0.8}Eu_{0.2}S$-Probe [HSS$^+$ 00, HSS$^+$ 02]. Die beiden Untersysteme verhalten sich völlig unterschiedlich. Das Gadolinium-Untersystem lässt sich sehr gut im Rahmen der Molekularfeldnäherung für ein Spinmoment von $7\mu_B$ beschreiben. Dagegen zeigt das Europium-Untersystem über weite Temperaturbereiche einen fast linearen Temperaturverlauf. Wie man es für einen kollektiven Phasenübergang erwartet, fallen die Übergangstemperaturen der beiden Teilsysteme innerhalb der Messfehler zusammen. Das unterschiedliche Temperaturverhalten kann man sich qualitativ folgendermaßen erklären (siehe Abb. 6.80):

Die magnetische Ordnung der Endglieder legt es nahe, die Austauschwechselwirkung zwischen benachbarten Gadoliniumionen als antiferromagnetisch, die zwischen benachbarten Europium-Ionen als ferromagnetisch anzunehmen. Nimmt man nun an, dass die Gd-Eu-Austauschwechselwirkung ebenfalls antiferromagnetischer Natur ist, so werden Europiumionen in kleiner Konzentration in die antiferromagnetische Ordnung von GdS mit einbezogen. Dies erklärt, dass die Untergittermagnetisierung des Gadoliniumsystems durch substitutionelle Europiumionen nicht beeinflusst wird. Bei genügend kleinen Europiumkonzentrationen wird man daher in den Mischkristallen für das Gadolinium-Untersystem ein Molekularfeldverhalten erwarten, wie es auch schon für das Endglied GdS beobachtet wurde. Bei höheren Europiumkonzentrationen steigt nun die Wahrscheinlichkeit für das Auftreten von Clustern aus zwei, drei und mehr Europiumionen. Auf Grund der ferromagnetischen Europium-Europium-Wechselwirkung versuchen sich die Europiumspins innerhalb der Cluster parallel auszurichten, während die umgebende Gadoliniummatrix eine antiparallele Ausrichtung bevorzugt. Hier wird also genau der oben angesprochene Effekt der Frustration sichtbar: Die Europium-Europium-Spinpaarkorrelation wird durch den Frustrationseffekt gegenüber dem Molekularfeldverhalten der Gadoliniumionen reduziert. Die resonante Aus-

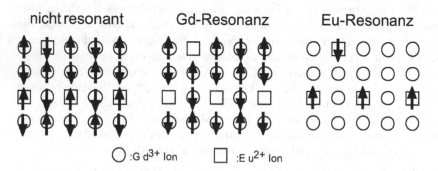

Abb. 6.78 Veranschaulichung des Effektes der magnetischen Austauschstreuung von $Gd_xEu_{1-x}S$: Durch die Resonanzverstärkung ist an den Gd-L_{II}-Kanten nur die Ordnung der Gd-Spins, an den Eu-L_{II}-Kanten nur die Ordnung der Eu-Spins sichtbar.

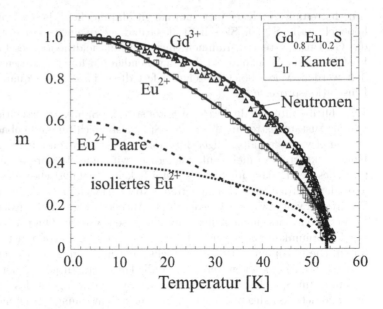

Abb. 6.79 Untergittermagnetisierung in $Gd_{0.8}Eu_{0.2}S$, gemessen mit resonanter Austauschstreuung an den L_{II}-Kanten von Eu (Quadrate) und Gd (Kreise). Die Dreiecke zeigen Neutronendaten, bei denen die über beide Spezies gemittelte Untergittermagnetisierung gemessen wird. Die durchgezogenen Linien zeigen eine Anpassung mit dem im Text beschriebenen Modell, die gestrichelten Linien die Beiträge isolierter Eu-Spins bzw. von Eu-Spinpaaren.

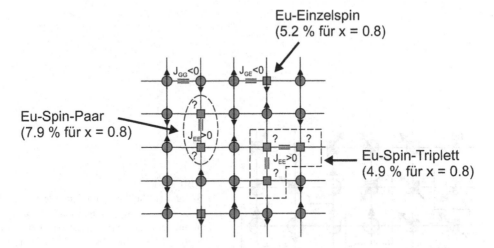

Abb. 6.80 Zweidimensionale Veranschaulichung des Frustrationsmechanismus in der antiferromagnetisch geordneten Phase. Die Austauschwechselwirkung ist antiferromagnetisch zwischen benachbarten Gd-Ionen ($J_{GG} < 0$) und zwischen Gd und Eu ($J_{GE} < 0$), dagegen ferromagnetisch zwischen benachbarten Eu-Ionen ($J_{EE} > 0$).

tauschstreuung macht es hier zum ersten Mal möglich, diesen Frustrationseffekt direkt zu beobachten [HSS+ 00]. Sie schafft die Grundlage zu einer quantitativen Theorie, bei welcher das Gd-Untersystem im Rahmen einer Molekularfeldtheorie beschrieben wird, während die Eu-Cluster im Molekularfeld der umgebenden Gd-Ionen quantenmechanisch exakt behandelt werden. Wie Abb. 6.79 zeigt, liefert diese Theorie ein quantitatives Verständnis der Frustrationsprozesse.

Schließlich sollte erwähnt werden, dass sich die Spinpaarkorrelationen mit Hilfe von resonanter Austauschstreuung bis in den Spinglasbereich hinein beobachten lassen. Dort treten an den erwähnten halbzahligen Positionen des reziproken Gitters zwar keine magnetischen Überstrukturreflexe mehr auf, sondern es wird nur eine breite diffuse Streuung beobachtet. Dies zeigt, dass im Spinglasbereich keine magnetische Fernordnung mehr existiert. Trotzdem werden antiferromagnetische Korrelationen im Gadolinium-Untersystem mit einer Reichweite von etwa 100 Å beobachtet. Antiferromagnetische Korrelationen im Europium-Untersystem können nicht mehr nachgewiesen werden. Offensichtlich setzt sich bei höheren Europiumkonzentrationen die ferromagnetische Europium-Europium-Wechselwirkung durch. Die Europiumspins können nicht mehr in die magnetische Ordnung des Gadolinium-Untersystems einbezogen werden, und die langreichweitige magnetische Ordnung bricht zusammen. Im Spinglaszustand zerfällt das System bezüglich des Magnetismus also in antiferromagnetisch nahgeordnete Gd-Bereiche und ferromagnetisch nahgeordnete Eu-Bereiche, wie in Abb. 6.81 schematisch angedeutet. Zusammenfassend zeigt das Beispiel der GdEuS-Mischkristalle, wie die elementspezifische resonante Austauschstreuung dabei hilft, zu einem detaillierten mikroskopischen Verständnis des Zustandekommens der Spinglasphase auf Grund der konkurrierenden magnetischen Wechselwirkungen zu kommen.

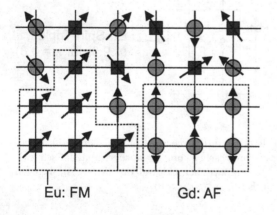

Eu: FM   Gd: AF

Abb. 6.81
Schematische zweidimensionale Veranschaulichung des Spinglaszustands. Es existiert keine langreichweitige magnetische Fernordnung mehr. Innerhalb des Eu-Untersystems gibt es eine starke Tendenz zu ferromagnetischer Ordnung, während das Gd-Untersystem antiferromagnetische Nahordnung aufweist. Die Spins sind auf makroskopischen Zeitskalen in willkürlichen Richtungen eingefroren.

Literaturverzeichnis

[BCO⁺ 81] Berton, A.; Chaussy, J.; Odin, J.; Rammal, R.; Souletie, J.; Tholene, J.; Tournier, R.: Resonant Magnetization and Thermal Relaxation in a Frustrated Spin-Glass: $Eu_{1-x}Gd_xS$. J. Appl. Phys. **52** (1981) 1763

[BHS⁺ 01] Brückel, T.; Hupfeld, D.; Strempfer, J.; Caliebe, W.; Mattenberger, K.; Stunault, A.; Bernhoeft, N.; McIntyre, G.: Antiferromagnetic Order and Phase Transitions in GdS as Studied with X-Ray Resonance-Exchange Scattering. Eur. Phys. J. B **19** (2001) 475

[HSS⁺ 00] Hupfeld, D.; Schweika, W.; Strempfer, J.; Mattenberger, K.; McIntyre, G.; Brückel, T.: Element-Specific Magnetic Order and Competing Interactions in $Gd_{0.8}Eu_{0.2}S$. Europhys. Lett. **49** (2000) 92

[HSS⁺ 02] Hupfeld, D.; Schweika, W.; Strempfer, J.; Caliebe, W.; Köbler, U.; Mattenberger, K.; McIntyre, G.; Yakhou, F.; Brückel, T.: Element-Specific Magnetic Long- and Short-Range Order and Competing Interactions in $Gd_xEu_{1-x}S$. Eur. Phys. J. B **26** (2002) 273

[Myd 93] Mydosh, J.: Spin Glasses: An Experimental Introduction. London, UK: Taylor & Francis 1993

6.2.10 Entmischungskinetik einer Kupfer-Kobalt-Legierung
Resonante Röntgen-Kleinwinkelstreuung
Günter Goerigk

Materialeigenschaften (mechanisch, elektrisch, optisch ...) werden häufig entscheidend durch die im Material vorhandene Nanostruktur beeinflusst. Darunter werden Inhomogenitäten der Dichte oder der chemischen Zusammensetzung verstanden, deren Größen auf einer Längenskala zwischen ca. 1 und 1000 Nanometern angesiedelt sind und die daher z. B. mit einem optischen Mikroskop nicht direkt untersucht werden können. Im Bereich der Metallurgie sind das Entmischungsverhalten von mehrkomponentigen Legierungen und die damit einhergehenden Änderungen der Nanostruktur sowohl für die Grundlagenforschung als auch hinsichtlich technischer Fragestellungen von großer Bedeutung.

Die strukturelle Charakterisierung von Materialien im Nanometerbereich kann durch Streuexperimente mit Synchrotronstrahlung, z. B. Röntgen-Kleinwinkelstreuung, erreicht werden. Die hohe Intensität der Synchrotronstrahlung eröffnet die Möglichkeit, durch zeitaufgelöste Streuexperimente zeitliche Veränderungen innerhalb der Nanostruktur in situ, also während des Entmischungsverlaufs, zu detektieren und die Zeitabhängigkeit sowie wichtige Entmischungsparameter der untersuchten Phasenübergänge zu bestimmen. Außerdem ist die in der Synchrotronstrahlung enthaltene Röntgenstrahlung über ein weites Energiespektrum verteilt. Das Röntgenkontinuum der Synchrotronstrahlung gestattet durch Messung der sogenannten resonanten oder anomalen Röntgen-Kleinwinkelstreuung (engl. *anomalous small-angle-x-ray scattering*) die nanostrukturelle Charakterisierung von Materialien nach chemischen Komponenten.

In Abb. 6.82 ist ein Ausschnitt des Phasendiagramms der Legierung Kupfer-Kobalt abgebildet. In Abhängigkeit von der Cu-Konzentration und der Temperatur markieren die durchgezogenen Linien die Grenzen zwischen unterschiedlichen Legierungsphasen. Die Solidus-

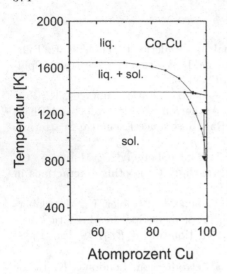

Abb. 6.82
Phasendiagramm der binären Legierung Kupfer-Kobalt

Liquidus-Linie im oberen Teil der Abbildung stellt die Grenze zwischen flüssigem und festem Aggregatzustand der Legierung dar. Unterhalb dieser Linie im festen Zustand bei hohen Cu-Konzentrationen (> 90 %) ist die sogenannte Löslichkeitslinie mit fast vertikalem Verlauf eingezeichnet. Wird diese Linie von höherer Temperatur kommend bei einer Co-Konzentration von einigen Prozent überschritten, so wird die Legierung in das sogenannte Zweiphasengebiet versetzt. Der Pfeil in Abb. 6.82 verbindet den Punkt im Phasendiagramm, bei dem die Homogenisierung der Probe durchgeführt wurde (vier Stunden bei 1223 K) mit dem Punkt, bei dem die Entmischung in situ mit Röntgen-Kleinwinkelstreuung gemessen wurde. Oberhalb dieser Trennlinie können beide Legierungsbestandteile gleichmäßig durchmischt nebeneinander bestehen. Wird diese Linie durch Abkühlung unterschritten, dann entmischt die Legierung, und es bildet sich eine zweite Phase in Form von kleinen Ausscheidungen aus, die beinahe vollständig aus Co bestehen. Weitergehende Ausführungen zur Thermodynamik der Entmischung finden sich z. B. unter [Gib 06] und [Haa 74].

Das Phasendiagramm gibt zunächst keinerlei Auskunft über Verteilung oder Morphologie der ausgeschiedenen Phase bzw. über deren zeitliche Entwicklung. Diese Zusammenhänge können mit Röntgen-Kleinwinkelstreuung untersucht werden. Der dabei zugrunde liegende Effekt ist die Streuung von Photonen an den Atomelektronen. Da die Anzahl der Elektronen von Kupfer ($Z = 29$) und Kobalt ($Z = 27$) verschieden ist, stellen die sich in der Legierung ausbildenden Co-Ausscheidungen einen Streukontrast zur umgebenden Legierung her. Das bedeutet: Röntgenphotonen, die das Legierungsmaterial durchstrahlen, werden an diesen Dichte-Inhomogenitäten gestreut und bilden auf einem geeigneten Nachweisdetektor ein für die geometrische Form und Größe der Ausscheidungen typisches Streumuster. Die Intensität der gestreuten Strahlung enthält zudem die Information über die Anzahl der in der Legierung ausgebildeten Ausscheidungen. Dieser Zusammenhang wird durch die Gleichung (6.13) zusammengefasst:

$$\frac{d\sigma}{d\Omega}(q) = N_p \, \Delta\rho^2 \, V_p^2 \, S(q) \qquad \Delta\rho^2 = |n_p \, f_p - n_m \, f_m|^2 \, . \qquad (6.13)$$

Dabei bezeichnen $q = (4\pi)/(\lambda) \sin \vartheta$ den Betrag des Streuvektors, der vom Streuwinkel 2ϑ und der Wellenlänge λ abhängt, $d\sigma/d\Omega$ den Wirkungsquerschnitt der Streuung (in Elektroneneinheiten s. u.), N_p die Anzahl der Ausscheidungen, $\Delta\rho$ den Kontrast zwischen der Elektronendichte in der Ausscheidung und der Matrixumgebung und V_p das Volumen des streuenden Teilchens. S ist der Formfaktor des Teilchens und enthält über eine Fourier-Transformation die gesamten geometrischen Informationen über die Ausscheidung wie z. B. die Form und den Radius. Der Elektronendichtekontrast $\Delta\rho$ ergibt sich aus der Differenz der mittleren Atomzahldichten n_p, n_m in der Ausscheidung und in der umgebenden Matrix, multipliziert mit den atomaren Streufaktoren f_p, f_m der beteiligten Atomsorten, die hauptsächlich durch die Anzahl der Atomelektronen Z bestimmt sind. Eine ausführliche Darstellung der Röntgen- Kleinwinkelstreuung findet sich unter [GF 55] (s. a. Abschnitt 5.5).

Zusätzlich zur Streuung der Ausscheidungen tragen allerdings auch andere Nanostrukturen (Versetzungen im Kristall, Hohlräume und Risse, Oberflächenrauigkeiten des verwendeten Probenstückchens) zur Kleinwinkelstreuung bei. Das auf dem Detektor nachgewiesene Streumuster stellt also eine Überlagerung dieser verschiedenen Streubeiträge dar, und die spezifisch von den Co-Ausscheidungen herrührende Streuung kann zunächst nicht einwandfrei von den anderen Beiträgen unterschieden werden. Das ist das klassische Problem von Streuexperimenten, die z. B. an einer Röntgenröhre durchgeführt werden.

Die Synchrotronstrahlung erlaubt nun durch das Angebot von Röntgenstrahlung über einen weiten Energiebereich eine einfache Lösung dieses Problems. In den Kontrast der Streuung nach Gleichung (6.13) gehen die atomaren Streufaktoren (Gleichung (6.14)) ein. Diese enthalten neben der Ordnungszahl Z zwei weitere, energieabhängige Terme – die sogenannten anomalen Dispersionskorrekturen $f'(E), f''(E)$ (s. auch Gleichung (5.27)):

$$f(E) = Z + f'(E) + i\, f''(E). \tag{6.14}$$

Der atomare Streufaktor f in Gleichung (6.14) wird in Einheiten des klassischen Elektronenradius, $r_e = 2{,}8 \cdot 10^{-13}$, angegeben. Insbesondere in der unmittelbaren Nähe der Röntgenabsorptionskanten (K, L, M ...) unterliegen die Dispersionskorrekturen und dadurch auch die atomaren Streufaktoren einer starken Abhängigkeit von der Energie E. So wird das Streuvermögen der Co-Atome in der Nähe der K-Absorptionskante von Co bei 7709 eV stark variiert, während das Streuvermögen der Cu-Atome nahezu konstant bleibt. Alle Nanostrukturen, die überwiegend aus Co aufgebaut sind (Co-Ausscheidungen) zeigen auf Grund ihres mit der Energie veränderlichen Kontrastes (Kontrastvariation) eine von der Energie abhängige Kleinwinkelstreuung, während die Streuung von aus Cu-Atomen aufgebauten Nanostrukturen (z. B. Versetzungen, Hohlräume) nahezu unverändert bleibt. Durch Messung der Kleinwinkelstreuung bei zwei unterschiedlichen Energien kann dann durch einfache Subtraktion die Streuung der Co-Ausscheidungen von den übrigen Streubeiträgen separiert werden. Dies gilt im Übrigen ganz allgemein für sehr unterschiedliche Legierungen (binär, ternär ...) oder auch andere Materialien (Gläser, Halbleiter, Katalysatorsysteme, Lösungen etc.). Durch Änderung des Streukontrastes an einer der Röntgenabsorptionskanten eines Materialkonstituenten können die Kleinwinkelstreubeiträge mit den für diesen Konstituenten spezifischen Strukturinformationen in sehr vielen Fällen separiert und einer theoretischen Behandlung zugeführt werden. Weitergehende Ausführungen zur Technik der anomalen Röntgenstreuung finden sich unter [SGM 91] und [HGBG 94].

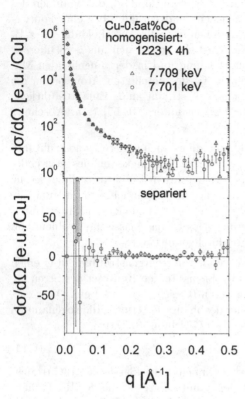

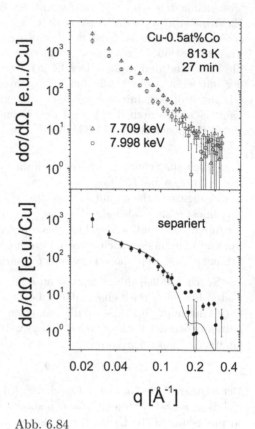

Abb. 6.83
Oben: Streukurven einer homogenisier-
ten Cu-0,5 at%Co-Legierung gemessen
bei zwei Energien in der Nähe der Co-K-
Absorptionskante. Unten: Differenzstreu-
kurve, die Datenpunkte streuen um die
Nulllinie, folglich haben sich noch keine
Ausscheidungen gebildet

Abb. 6.84
Oben: Streukurven einer homogenisierten Cu-0,5 at%Co-Legierung nach Erwär-
mung auf eine Temperatur von 813 K
für ca. 30 min, die bei zwei verschiedenen Energien in der Nähe der Co-K-Ab-
sorptionskante gemessenen Kurven zeigen deutliche Unterschiede, die von kleinen Co-Ausscheidungen herrühren. Unten: Aus der Differenz der Streukurven
kann die für die Co-Ausscheidungen charakteristische Streukurve separiert werden.

In Abb. 6.83 sind die Ergebnisse einer homogenisierten Probe dargestellt. Die untersuchte Kupfer-Kobalt-Legierung mit einem Co-Anteil von 0,5 at% (sprich Atomprozent) wurde unter reduzierender Ar/H_2-Atmosphäre über vier Stunden auf einer Temperatur von 1223 K gehalten. Wie aus dem Phasendiagramm in Abb. 6.82 entnommen werden kann, verteilt sich dann die Co-Komponente bei hinreichend langer Wartezeit völlig gleichmäßig über das gesamte Probenvolumen. Der so hergestellte Durchmischungszustand wurde durch Abschreckung der Probe in Wasser mit Raumtemperatur eingefroren. Die bei zwei Energien in unmittelbarer Nähe der K-Absorptionskante von Co bei 7709 eV gemessenen Streukurven zeigen keine Unterschiede. Die gleichmäßige Verteilung der Co-Atome über die gesamte Legierung konnte durch Abschreckung erhalten werden.

Die abgeschreckte Legierung wurde dann auf eine Temperatur von 813 K aufgeheizt. Wie Abb. 6.82 entnommen werden kann, befindet sich eine Legierung mit einer Konzentration von 0,5 at% Co bei dieser Temperatur im Zweiphasengebiet, d. h. es tritt nun Entmischung ein und es bilden sich kleine Co-Ausscheidungen. Die Entstehung und Entwicklung der Co-Ausscheidungen wurde in situ mit anomaler Röntgen-Kleinwinkelstreuung verfolgt. In Abb. 6.84 sind Messergebnisse, die ca. eine halbe Stunde nach dem Aufheizen der Probe durch Kontrastvariation gewonnen wurden, zusammengefasst. Im oberen Teil sind die bei 7709 und 7998 eV Photonenenergie gemessenen Streukurven abgebildet. Der deutliche Unterschied beider Streukurven bei mittleren q-Werten ist auf die neugebildeten Co-Ausscheidungen zurückzuführen. Aus der Differenzstreukurve im unteren Teil von Abb. 6.84 kann der mittlere Radius der Co-Ausscheidungen bestimmt werden. Für insgesamt 15 Zeitstadien zwischen 0,5 und 6 h wurden Kontrastvariationen durchgeführt und die Streuung der Co-Ausscheidungen separiert. Die Ergebnisse sind in Abb. 6.85 zusammengefasst.

Im unteren Teil sind die aus der separierten Streuung gewonnenen Ausscheidungsradien über der Zeit aufgetragen, während im oberen Teil der Volumenbruchteil der ausgeschiedenen Phase dargestellt ist. Die durchgezogenen Linien wurden nach Potenzgesetzen angepasst (Gleichung (6.15)), die für die Zeitabhängigkeit des mittleren Teilchenradius R_0 und des Volumenbruchteils v_f der ausgeschiedenen Phase aus der Theorie von Lifshitz, Slyozov und Wagner über die Entmischungskinetik in übersättigten Lösungen abgeleitet werden [LS 61, Wag 61]:

$$R_0^3(t) - R_0^3(0) = \alpha_{LSW} \cdot (t - t_0)$$
$$v_f(t) = c_0 - c_e - \Delta(t) = \Lambda \cdot t^{-\frac{1}{3}}. \tag{6.15}$$

c_0 ist die Co-Konzentration der Legierung (hier 0,5 at%). c_e ist die sogenannte Gleichgewichtskonzentration von Co-Atomen, die vom System während der Entmischung angestrebt wird. Die Übersättigung $\Delta(t)$ gibt die die Gleichgewichtslöslichkeit überschreitende Co-Konzentration im System zum Zeitpunkt t an. Aus den Konstanten α_{LSW}, Λ konnten Werte für die Grenzflächenenergie σ zu $180\,mJ/cm^2$ und den kritischen Radius R^* von 1,1 nm bestimmt werden [GHS 97]. Die Grenzflächenenergie ist die beim Aufbau einer Grenzfläche zwischen Co-Ausscheidungen und umgebender Matrix aufzuwendende Energie, während der kritische Radius die Ausscheidungsgröße angibt, oberhalb welcher Ausscheidungen stabil sind und weiter anwachsen können. Der zeitliche Verlauf der Entmischung und die berechneten Entmischungsparameter stimmen mit den theoretischen Voraussagen der Entmischungstheorien [Gib 06, LS 61, Wag 61] überein. Zusammenfassend lässt sich

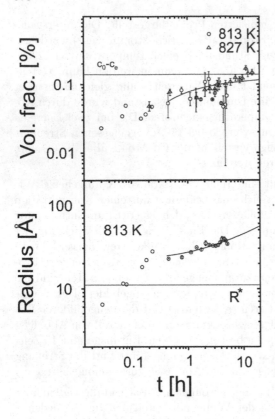

Abb. 6.85
Oben: Zeitliche Entwicklung des Volumenanteils an Co-Ausscheidungen in der Legierung. Unten: Zeitliche Entwicklung des mittleren Radius der Co-Ausscheidungen. Jeder Datenpunkt repräsentiert das Ergebnis der Analyse einer Differenzstreukurve, wie sie in Abb. 6.84 gezeigt ist. Solche Messkurven wurden sukzessive nach dem Erwärmen der Probe auf Zeiten zwischen 30 min und 6 h aufgenommen. Für kürzere Zeiten (d. h. in den ersten 15 min) konnten die Messungen nur bei einer Energie erfolgen. Die Bildung einer Differenzstreukurve ist für diese Datenpunkte daher nicht möglich, sodass sie für die weitere Analyse nicht berücksichtigt werden konnten. ([GHS 97] mit freundlicher Genehmigung von Journal of Applied Crystallography)

sagen: Mit Synchrotronstrahlung wurden erstmals zeitaufgelöste Messungen der Entmischungskinetik in Kupfer-Kobalt-Legierungen durchgeführt. Durch Messung der resonanten Röntgen-Kleinwinkelstreuung im Energiebereich der K-Absorptionskante von Kobalt wurden die Streubeiträge von Kobaltausscheidungen abgetrennt und die zeitliche Entwicklung des mittleren Radius und des ausgeschiedenen Volumenbruchteils ermittelt. Der zeitliche Verlauf der Entmischung und der berechnete Wert für die Grenzflächenenergie lassen auf einen klassischen Entmischungsprozess schließen, wie durch die Theorie von Lifshitz, Slyozov und Wagner beschrieben.

Ausscheidungen kommt eine entscheidende Bedeutung bei der Härtung von Legierungen, d. h. Verfestigung gegen Verformung, zu. Sie wirken als Hindernis bei der Bewegung von Versetzungen (Baufehler im kristallinen Aufbau), über welche die Verformung des Materials abläuft [Haa 74], und sind daher technologisch von großem Interesse, da sie über die mechanische Festigkeit des Metalls entscheiden. Andere Beispiele für Materialinhomogenitäten sind metallhaltige, amorphe Kohlenwasserstoffschichten [SFG+ 99], die zur Oberflächenvergütung von Werkzeugen oder Bauelementen (verschleißarme Gleitkontakte) verwendet werden, die Versprödung von Reaktorstahl durch strahlungsinduzierte, karbidhaltige Ausscheidungen [GEB+ 95], Glaskeramiken mit magnetischen Nanokristallen für Magnetspeicher [LHM+ 99] oder auch amorphe Silizium-Germanium-Legierungen für den Solarzellenbau [GW 01b, GW 01a]. Die opto-elektronischen Eigenschaften dieser Halbleiterlegierung sind eng korreliert mit der inhomogenen Verteilung des Germaniums in der amorphen Matrix. All diese Systeme wurden in den letzten Jahren mit anomaler Röntgen-Kleinwinkelstreuung untersucht.

Von großer Bedeutung, z. B. beim Bau von Brennstoffzellen, sind Katalysatorsysteme, bestehend aus kleinen, wenige Nanometer großen Metallpartikeln z. B. aus Platin oder Palladium, die auf eine hochporöse Stützstruktur, z. B. Silika oder porösen Kohlenstoff, aufgebracht werden. Die katalytischen Eigenschaften solcher Mehrkomponentensysteme werden stark beeinflusst durch die Größe und die Größenverteilung der Metallpartikel, aber wahrscheinlich auch durch die Trägerstruktur. Auf diesem Gebiet hat sich die ASAXS-Messtechnik als besonders geeignet erwiesen, da die relativ schwache Kleinwinkelstreuung der Metallpartikel von einer stark dominierenden Porösitätsstreuung (bis zu 99 % der Gesamtintensität) separiert werden muss [HWJ+ 96, BBC+ 99].

Literaturverzeichnis

[BBC+ 99] Benedetti, A.; Bertoldo, L.; Canton, P.; Goerigk, G.; Pinna, F.; Riello, P.; Polizzi, S.: ASAXS Study of Au, Pd, and Pd-Au Catalysts Supported on Active Carbon. Catalysis Today **49** (1999) 485–489

[GEB+ 95] Große, M.; Eichhorn, F.; Böhmert, J.; Brauer, G.; Haubold, H.-G.; Goerigk, G.: ASAXS and SANS Investigations of the Chemical Composition of Irradiation-induced Precipitates in Nuclear Pressure Vessel Steels. Nuclear Instruments and Methods in Physics research B **97** (1995) 487–490

[GF 55] Guinier, A.; Fournet, G.: Small-Angle Scattering of X-Rays. New York: Wiley 1955

[GHS 97] Goerigk, G.; Haubold, H.-G.; Schilling, W.: Kinetics of Decomposition in Copper-Cobalt: A Time-Resolved ASAXS Study. J. Appl. Cryst. **30** (1997) 1041–1047

[Gib 06] Gibbs, J. W.: The Scientific Papers of J. W. Gibbs, Vol. 1. New York, NY, USA: Longmans Green 1906

[GW 01a] Goerigk, G.; Williamson, D. L.: Comparative Anomalous Small-Angle X-Ray Scattering Study of Hotwire and Plasma Grown Amourphous Silicon-Germanium Alloys. J. Appl. Phys. **90** (2001) 5808–5811

[GW 01b] Goerigk, G.; Williamson, D. L.: Quantitative ASAXS of Germanium Inhomogeneities in Amorphous Silicon-Germanium Alloys. J. Non-Cryst. Solids **281** (2001) 181

[Haa 74] Haasen, P.: Physikalische Metallkunde. Berlin, Germany: Springer-Verlag 1974

[HGBG 94] Haubold, H.-G.; Gebhardt, R.; Buth, G.; Goerigk, G.: Structural Characterization of Compositional and Density Inhomogeneities by ASAXS, Resonant Anomalous X-Ray Scattering (Hrsg.: Materlik, G.; Sparks, C. J.; Fischer, K.). Elsevier Science Publishers B.V., 1994 S. 295–304

[HWJ+ 96] Haubold, H.-G.; Wang, X. H.; Jungbluth, H.; Goerigk, G.; Schilling, W.: In Situ Anomalous Small-Angle X-Ray Scattering and X-Ray Absorption Near-Edge Structure Investigation of Catalyst Structures and Reactions. J. Mol. Struct. **383** (1996) 283

[LHM⁺ 99]   Lembke, U.; Hoell, A.; Müller, R.; Schüppel, W.; Goerigk, G.; Gilles, R.; Wie-
            denmann, A.: Formation of Magnetic Nanocrystals in a Glass Ceramic Studied
            by Small-Angle Scattering. J. Appl. Phys. **85**(4) (1999) 2279–2286
[LS 61]   Lifshitz, I. M.; Slyozov, V. V.: The Kinetics of Precipitation from Supersatura-
            ted Solid Solutions. J. Phys. Chem. Solids **19** (1961) 35–50
[SFG⁺ 99]   Schiffmann, K. I.; Fryda, M.; Goerigk, G.; Lauer, R.; Hinze, P.; Bulack, A.: Sizes
            and Distances of Metal Clusters in Au-, Pt-, W- and Fe-Containing Diamond-
            Like Carbon Hard Coatings: A Comparative Study by Small Angle X-Ray Scat-
            tering, Wide Angle X-Ray Diffration, Transmission Electron Microscopy and
            Scanning Tunnelling Microscopy. Thin Solid Films **347** (1999) 60–71
[SGM 91]   Stuhrmann, H. B.; Goerigk, G.; Munk, B.: Anomalous X-Ray Scattering, Hand-
            book of Synchrotron Radiation, Vol. 4 (Hrsg.: Ebashi, S.; Koch, M.; Rubenstein,
            E.). Elsevier Science Publishers B.V., 1991 S. 555–580
[Wag 61]   Wagner, C.: Theorie der Alterung von Niederschlägen durch Umlösen. Z. Elek-
            trochem. **65** (1961) 581–591

6.2.11   Kristallstrukturbestimmung von Molekülkristallen am Beispiel des Lithium-4-Brommethylbenzoats

Pulverdiffraktometrie

Helmut Ehrenberg

Die atomare Struktur von Festkörpern und ihre Auswirkungen auf die physikalischen und chemischen Eigenschaften des Materials bilden einen wesentlichen Schwerpunkt der Festkörperforschung. Bei Molekülkristallen sind die Bindungslängen und -winkel innerhalb eines Moleküls meist sehr genau bekannt, und die Aufgabe der strukturellen Charakterisierung besteht hauptsächlich darin, die relative Orientierung der Moleküle zueinander zu bestimmen, um so Aussagen über die Wechselwirkungen zwischen funktionellen Gruppen treffen zu können. Im System der Alkalimetallverbindungen mit folgendem Anion (siehe Abb. 6.86) fällt auf, dass die K- und Na-Verbindungen eine thermisch induzierte Polymerisation unter Ausscheidung des Alkalimetallhalogenids zeigen, nicht aber die Li-Verbindungen [HE 99]. Da es sich dabei um direkte Übergänge zwischen zwei verschiedenen festen Phasen ohne flüssigen oder amorphen Zwischenzustand handelt, sollte das unterschiedliche Verhalten auf Grund der ausgebildeten Kristallstrukturen erklärbar sein. Am Beispiel Lithium-4-Brommethylbenzoat wird im Folgenden die allgemeine Vorgehensweise bei der Kristallstrukturbestimmung für polykristalline Proben dargestellt. Anhand der Kristallstruktur wird dann ersichtlich, warum eine thermisch induzierte Polymerisation ausbleibt [HEK⁺ 01].

Mit Hilfe der Röntgenstrukturanalyse ist es möglich, in kristallinen Materialien die Anordnung der Atome zueinander zu bestimmen, genauer gesagt die damit verbundenen Elek-

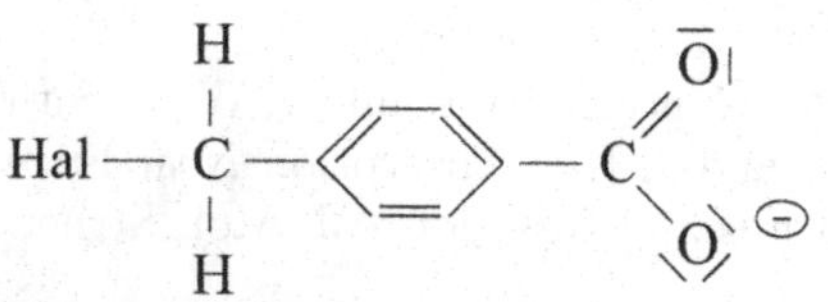

Abb. 6.86
Schematische   Darstellung   des   4-Halogenmethyl-
benzoat-Ions, Hal = Cl, Br oder I

tronendichteverteilungen. Unabhängig vom konkret angewandten Verfahren muss zunächst die Form und Größe der Elementarzelle bestimmt werden, aus der durch Translationen der gesamte Festkörper aufgebaut wird. Im folgenden Schritt sind dann die Atomlagen innerhalb einer solchen Zelle zu bestimmen. In einem Röntgenbeugungsexperiment entkoppeln diese beiden Aspekte: Die Metrik der Elementarzelle, d. h. die Länge der Translationsvektoren und die von ihnen untereinander eingeschlossenen Winkel, bestimmt, unter welchen Beugungswinkeln gegen den einfallenden Strahl konstruktive Interferenzen zwischen den von den einzelnen Atomen ausgehenden Streuwellen möglich sind. Die Intensitäten dieser Reflexe hingegen liefern Informationen über die Atomlagen innerhalb einer Zelle. Ein häufig verwendetes Verfahren zur Bestimmung dieser Intensitäten ist die Pulverdiffraktometrie (siehe Abschnitt 5.2 und [DB 08]). Ein entsprechender Aufbau ist in Abb. 6.87 schematisch dargestellt. Eine umfassende Übersicht über Strukturlösungsverfahren anhand von Pulverdiffraktionsdaten findet sich in [DSMB 02].

Monochromatische Strahlung wird an einer Kapillare gebeugt, die um ihre Längsachse senkrecht zum Strahl rotiert. Auf Grund der unregelmäßigen Orientierung vieler Kristallite in der Pulverprobe ergibt sich eine um den einfallenden Strahl symmetrische Intensitätsverteilung mit Maxima bei charakteristischen Beugungswinkeln. Der Detektor kann in konstantem Abstand um die Probe verfahren werden, sodass man bei dieser Methode als Messergebnis die Intensität in Abhängigkeit vom Beugungswinkel 2θ erhält. Die an Lithium-4-Brommethylbenzoat gemessenen Datenpunkte sind in Abb. 6.88 gezeigt. Obwohl die Daten nur als Funktion eines einzigen Parameters aufgenommen werden, enthält $I^{exp}(2\theta)$ sehr häufig genügend Informationen, um die vollständige dreidimensionale Anordnung der Atome im Festkörper abzuleiten. Die Strukturaufklärung aus Pulverdiffraktionsdaten, $I^{exp}(2\theta)$, lässt sich schematisch in drei Schritte unterteilen: (i) Bestimmung der Elementarzelle aus den Reflexlagen, (ii) Aufstellung eines Strukturmodells und (iii) Verfeinerung des Strukturmodells.

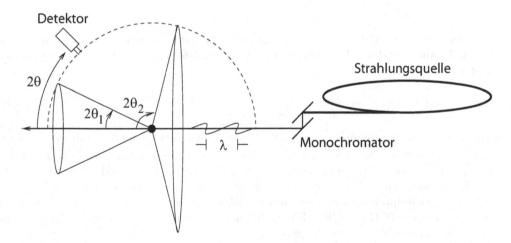

Abb. 6.87 Schematischer Aufbau eines Beugungsexperiments in Debye-Scherrer-Geometrie

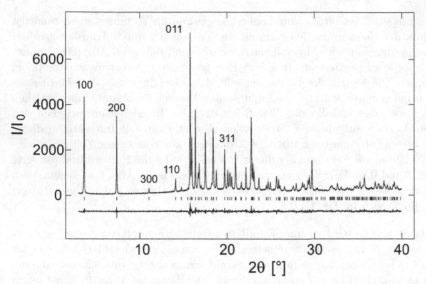

Abb. 6.88 Der obere Graph zeigt den berechneten Intensitätsverlauf sowie die zugehörigen gemes-
senen Datenpunkte, die sich auf Grund der guten Übereinstimmung von Rechnung und
Experiment kaum von der Kurve abheben. Die Strichreihe in der Mitte kennzeichnet die
Lagen aller Reflexe. Die Differenz zwischen Rechnung und Experiment ist im unteren
Graphen dargestellt. Für einige Reflexe ist die Indizierung hkl angegeben.

Zunächst müssen die einzelnen Reflexlagen, d. h. die zu Intensitätsmaxima gehörigen Beugungswinkel, möglichst genau bestimmt werden. Sehr häufig erkennt man dicht beieinanderliegende Reflexe nur an einer etwas größeren Halbwertsbreite oder an Anomalien im
Reflexprofil. Jeder Reflexlage ist dann über die Bragg-Gleichung

$$2d_{hkl}\sin\theta = \lambda \tag{6.16}$$

ein Netzebenenabstand d_{hkl} zugeordnet. Andererseits besteht zwischen den möglichen Netz-
ebenenabständen und den Basisvektoren $\vec{a^*}, \vec{b^*}, \vec{c^*}$ des reziproken Gitters folgender Zusammenhang:

$$d_{hkl} = \frac{2\pi}{|h\vec{a^*} + k\vec{b^*} + l\vec{c^*}|} = \frac{2\pi}{|\vec{q}_{hkl}|}, \tag{6.17}$$

siehe z. B. [Kop 89]. Kennt man also die Basisvektoren des reziproken Gitters, so kann
man daraus nicht nur die Elementarzelle $\{\vec{a}, \vec{b}, \vec{c}\}$ des eigentlichen Kristallgitters berechnen,
sondern auch jeden Reflex durch die Angabe von drei ganzen Zahlen hkl beschreiben. Diese
Zuordnung nennt man die Indizierung der Reflexe. Man muss also die größtmögliche Zelle
$\{\vec{a^*}, \vec{b^*}, \vec{c^*}\}$ im reziproken Raum bestimmen, sodass sich für jeden Reflex ganze Zahlen hkl
finden lassen, die (6.17) erfüllen. Für Lithium-4-Brommethylbenzoat findet man so eine
monokline Zelle, d. h. $\alpha = \gamma = 90°$, mit

$$a = 18{,}6595\,\text{Å},\ b = 5{,}0354\,\text{Å},\ c = 8{,}6588\,\text{Å}, \beta = 96{,}036°. \tag{6.18}$$

Im nächsten Schritt ist eine Auswahl möglicher Raumgruppen, also der Kombination von Punkt- und Translationssymmetrien, zu treffen [Hah 87]. Hierbei sind die sogenannten Auslöschungsregeln von zentraler Bedeutung, das heißt, bestimmte Reflexklassen hkl haben keine signifikante Intensität. Im vorliegenden Beispiel werden nur solche Reflexe $0k0$ und $h0l$ beobachtet, für die k und l gerade sind. Diese Auslöschungsregeln deuten sehr stark auf die Raumgruppe $P2_1/c$ hin. Aus der Größe der Elementarzelle lässt sich anhand der Dichte oder auf Grund empirischer Werte für den Platzbedarf der einzelnen Atome auf deren Anzahl pro Zelle schließen. Für Lithium-4-Brommethylbenzoat ergeben sich so vier Moleküle pro Elementarzelle. Die Zähligkeit einer allgemeinen Lage in der Raumgruppe $P2_1/c$ ist gerade 4, sodass sich in der asymmetrischen Einheit genau ein Molekül befindet. Die asymmetrische Einheit ist dabei der kleinste Teil einer Elementarzelle, aus dem durch andere Symmetrieelemente, wie z. B. Inversionszentren, Drehachsen oder Spiegelebenen, die gesamte Elementarzelle hervorgeht. Das Strukturmodell ist also durch die Angabe der Lage eines Moleküls vollständig definiert, die weiteren Atome in der Elementarzelle gehen durch die Symmetrieelemente von $P2_1/c$ hieraus hervor. Sehr wahrscheinlich kristallisiert Lithium-4-Bommethylbenzoat also in der zentrosymmetrischen Raumgruppe $P2_1/c$ mit der Metrik aus Gleichung (6.18) und nur einem symmetrieunabhängigen Molekül. Letztendlich lässt sich dies aber erst dann bestätigen, wenn eine Kristallstruktur abgeleitet werden kann, die die beobachteten Intensitäten richtig erklärt und chemisch sinnvolle Abstände und Winkel zwischen den Atomen liefert.

Um zunächst eine Näherungslösung für die einzelnen Atomlagen abzuleiten, sind für alle Reflexe die zugehörigen integrierten Intensitäten I^{hkl} aus den experimentellen Daten $I^{exp}(2\theta)$ zu extrahieren. Hierzu passt man einen simulierten Verlauf $I^{sim}(2\theta)$ möglichst genau an die beobachteten Daten an (sogenanntes *profile matching*. Für die Halbwertsbreiten (*full width half maximum*, FWHM) ist dabei folgende Parametrisierung üblich:

$$FWHM^2(2\theta) = u\tan^2\theta + v\tan\theta + w. \qquad (6.19)$$

Die Profilform beschreibt man meist als Faltung aus Gauß- und Lorentz-Funktion mit dem Gewichtungsparameter η ($\eta = 0$: Gauß, $\eta = 1$: Lorentz). Um möglichst wenig Parameter anpassen zu müssen, empfiehlt es sich, den Verlauf des Untergrunds durch feste Stützstellen vorzugeben, zwischen denen linear interpoliert wird. Die Anpassung des Verlaufs $I^{sim}(2\theta)$ an $I^{exp}(2\theta)$ liefert also nicht nur die Intensitäten der einzelnen Reflexe, sondern auch zuverlässige Werte für die Profil- und Halbwertsbreitenparameter η, u, v und w. Die Intensitäten der einzelnen Reflexe sind allerdings nicht unabhängig voneinander, sondern leiten sich über die Strukturfaktoren von den Atomlagen ab. Obgleich die Strukturfaktoren komplexe Größen sind, können aus den Intensitäten I^{hkl} nur die Beträge $|F^{hkl}|$ bestimmt werden, nicht aber deren Phasen (sogenanntes Phasenproblem). Würde man zusätzlich die Phasen der Strukturfaktoren kennen, wäre das Problem der Strukturlösung auf eine Fourier-Transformation reduziert. Beim Übergang von Intensitäten zu den Betragsquadraten der Strukturfaktoren sind neben dem Flächenhäufigkeitsfaktor (englisch *multiplicity*) und dem Lorentz-Faktor, der die für verschiedene Beugungswinkel unterschiedliche Verweildauer des Kristalls in Reflexionsstellung erfasst, auch noch der Einfluss der Polarisation der Synchrotronstrahlung, der Absorption in der Probe und der thermischen Bewegung der einzelnen Atome (Wilson-Plot) zu berücksichtigen [Gia 92, You 93]. Ausgehend von den Beträgen der Strukturfaktoren kann man z. B. über die Patterson-Funktion ein Startmodell für die Atomkoordinaten erhalten [Gia 92]. Die Patterson-Funktion (siehe auch Abschnitt 5.1.3)

$$P(\vec{r}) = \int_V \rho(\vec{x})\rho(\vec{x} + \vec{r})d^3x = \frac{1}{V}\sum_{(hkl)} |F^{hkl}|^2 \cos(2\pi\vec{q}_{hkl}\vec{r}) \tag{6.20}$$

zeigt ausgeprägte Maxima, wenn $\vec{r}$ dem Abstandsvektor zwischen zwei Atomen entspricht, und ist proportional zum Produkt aus deren Elektronenanzahl, erlaubt also auch eine Zuordnung der Atomsorten. Aus den Abstandsvektoren ist dann noch auf die tatsächlichen Lagen zurückzuschließen. Auf diesem Weg konnten fast alle Atomlagen in Lithium-4-Brommethylbenzoat näherungsweise bestimmt werden, wobei die Kenntnis der Molekülgeometrie lediglich als Plausibilitätskriterium diente. Die Lithiumlage musste hingegen in einem späteren Stadium mit Hilfe der Differenz-Fourier-Methode lokalisiert werden, die auf bekannten Teilstrukturen basiert.

Mit diesen Startwerten und den Profil- und Halbwertsbreitenparametern kann man nun wieder ein Diffraktogramm $I^{sim}(2\theta)$ berechnen und punktweise mit den beobachteten Intensitäten vergleichen. Im Gegensatz zum *profile matching* werden nun aber die Intensitäten aus den Strukturparametern berechnet. Bei einer solchen Rietveld-Verfeinerung optimiert man sowohl die Strukturparameter, also Atomlagen und Temperaturfaktoren, als auch globale Parameter wie Halbwertsbreite, Profile und die Metrik, um die Summe der gewichteten Abweichungsquadrate S zu minimieren [You 93]:

$$S = \sum_i \omega_i \left[I^{exp}(2\theta_i) - I^{sim}(2\theta_i)\right]^2, \qquad \omega_i = 1/I^{exp}(2\theta_i). \tag{6.21}$$

Dabei werden nicht nur die extrahierten integrierten Intensitäten berücksichtigt, sondern jeder einzelne Datenpunkt. Ausgehend von hinreichend guten Startwerten sollte die Verfeinerung konvergieren und für das absolute Minimum von S die korrekte Struktur ergeben. Der so berechnete Verlauf $I^{sim}(2\theta)$ und die Differenz zu $I^{exp}(2\theta)$ sind ebenfalls in Abb. 6.88 gezeigt. In Abb. 6.89 ist die verfeinerte Kristallstruktur des Lithium-4-Brommethylbenzoats dargestellt. Die Li-Atome sind fest in $[LiO_4]$-Tetraedern eingebunden, und eine Eliminationsreaktion unter Ausscheidung von LiBr ist deshalb nicht möglich. Die analogen K-Verbindungen zeigen ganz andere Diffraktogramme als die Li-Verbindungen und kristallisieren demzufolge auch in einer anderen Struktur. Bisher konnten jedoch keine Elementarzellen gefunden werden, die alle beobachteten Reflexe erklären. Vielmehr besteht bei den K-Verbindungen der Verdacht, dass in den untersuchten Proben stets zwei polymorphe Modifikationen, d. h. zwei Phasen gleicher chemischen Zusammensetzung, aber mit unterschiedlicher Kristallstruktur, nebeneinander vorliegen. In solchen Fällen stößt die Kristallstrukturaufklärung anhand von Pulverproben sehr schnell an ihre Grenzen, da häufig die eindeutige Zuordnung der beobachteten Reflexe zu den einzelnen Phasen unmöglich ist.

Zusammenfassend konnte an einem Beispiel gezeigt werden, dass die Pulverdiffraktometrie mit geeigneten Auswerteverfahren in der Lage ist, auch für relativ komplizierte Anordnungen Strukturinformationen in atomarer Größenordnung zu liefern und somit zum Verständnis der Eigenschaften von Verbindungen beizutragen.

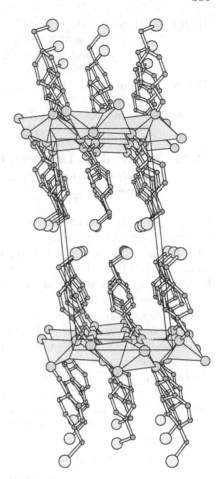

Abb. 6.89
Die Kristallstruktur von Lithium-4-Brommethylbenzoat. Die Wasserstoffatome können nicht zuverlässig lokalisiert werden und sind deshalb nicht mit eingezeichnet.

Literaturverzeichnis

[DB 08]   Dinnebier, R. E.; Billinge, S. J. L.: Powder Diffraction - Theory and Practice. Cambridge, UK: RSC Publishing 2008

[DSMB 02] David, W. I. F.; Shankland, K.; McCusker, L. B.; Baerlocher, Ch.: Structure Determination from Powder Diffraction Data. Oxford University Press 2002

[Gia 92] Giacovazzo, C.: Fundamentals of Crystallography. Oxford: Oxford University Press 1992

[Hah 87] Hahn, T.: International Tables for Crystallography, Vol. A. Dordrecht, Holland: D. Reidel Publishing Company 1987

[HE 99]   Herzberg, O.; Epple, M.: Thermally-Induced Solid-State Polymerization in Meta- and Para-Halogenomethylbenzoates to Poly(Hydroxymethylbenzoic Acid). Macromol. Chem. Phys. **200** (1999) 2662–2666

[HEK+ 01] Herzberg, O.; Ehrenberg, H.; Kitchin, S. J.; Harris, K. D. M.; Epple, M.: Characterization of Alkali-4-Halogenomethyl Benzoates by Solid State NMR Spectroscopy and Structure Determination from Synchrotron Powder Diffraction Data. J. Solid State Chem. **156** (2001) 61–67

[Kop 89] Kopitzki, K.: Einführung in die Festkörperphysik. Stuttgart: Teubner-Verlag 1989

[You 93] Young, R. A.: The Rietveld Method. Oxford: Oxford University Press 1993

6.2.12 Elektronische Ladungsdichteverteilung und chemische Bindung in Cuprit
4-Kreis-Diffraktometrie
Thomas Lippmann

Bei der Berechnung der elektronischen Struktur kondensierter Materie hat man es mit einem extremen Vielteilchenproblem zu tun. Typischerweise handelt es sich um Systeme mit ca. 10^{24} Teilchen, für die man im Prinzip die Schrödinger-Gleichung lösen müsste, was jedoch unmöglich ist. Deshalb ist man gezwungen, Näherungen durchzuführen. Der erste Schritt besteht darin, das System durch eine große Zahl von sogenannten Einteilchen-Schrödinger-Gleichungen zu beschreiben. Diese beziehen sich nicht mehr auf Elektronen, sondern auf sogenannte Quasiteilchen, die sich in einem effektiven Potential bewegen. Die Vielteilchen-Effekte müssen vom effektiven Potential beschrieben werden, das man allerdings nur näherungsweise kennt. Von daher besteht ein großes Interesse, die theoretischen Ergebnisse durch entsprechende Experimente zu überprüfen. Das erfolgreichste Schema zur Behandlung des Vielteilchenproblems in den letzten Jahren geht auf Hohenberg, Kohn und Sham zurück, auf die sogenannte Dichte-Funktional-Theorie in ihrer lokalen Näherung [DG 90, Czy 08]. Die dieser Theorie direkt zugänglichen Größen sind die Gesamtenergie des System und ihre Elektronendichteverteilung. Letztere kann man sehr genau mit kristallographischen Methoden bestimmen.

Strukturfaktoren F_h sind die Fourier-Transformierten der elektronischen Ladungsdichte und können z. B. mit Röntgenbeugungsmethoden gemessen werden. Die Ladungsdichte ρ erhält man dann durch Rücktransformation aus

$$\rho(\vec{r}) = \frac{1}{V} \sum_{\vec{h}} F_{\vec{h}} e^{-2\pi i \vec{h} \cdot \vec{r}}. \tag{6.22}$$

V bezeichnet das Volumen einer Einheitszelle und $\vec{h}$ den Beugungsvektor. An dieser Stelle werden drei Voraussetzungen angenommen:

1. Der untersuchte Festkörper hat eine periodische Struktur, die sich in allen drei Raumrichtungen makroskopisch weit erstreckt.
2. Die chemische Zusammensetzung des Kristalls, d. h. die Art der Atome, ist a priori bekannt.
3. Die Kristallstruktur, d. h. die Lage der Atome in der Einheitszelle, ist zumindest näherungsweise bekannt.

Unter diesen Voraussetzungen kann ein Modell des Kristalls erstellt und theoretische Strukturfaktoren F_{calc} berechnet werden. Diese Faktoren – und damit auch das Modell – werden dann in mehreren Schritten rechnerisch an die Messwerte $|F_{obs}|$ angepasst (Strukturverfeinerung). Diese Vorgehensweise ist notwendig, da die Reflexintensitäten nur Informationen über den Betrag des komplexen Strukturfaktors enthalten und keine Phaseninformationen liefern. Des Weiteren sind die gemessenen Strukturfaktoren thermisch verrauscht. Das Rauschen wird durch die Anpassung von Debye-Waller-Faktoren während der Strukturverfeinerung eliminiert.

Einfache Modelle gehen von kugelsymmetrischen Ladungsdichteverteilungen aus, die an den Atomkernen lokalisiert sind. Diese Modelle berücksichtigen allerdings die Möglichkeit der Orientierung von elektronischer Ladung zwischen den Atomen durch die chemischen Bindungen nicht und werden daher als *independent atom models* (IAM) bezeichnet. Aufwendigere Modelle verteilen die elektronische Ladungsdichte jedes Atoms auf einen kugelsymmetrischen inneren Bereich und auf einen äußeren Valenzbereich, der durch Kugelflächenfunktionen beschrieben wird. Diese sogenannten Multipolmodelle können also auch elektronische Ladung, die sich auf Grund kovalenter chemischer Bindungen in Bereiche zwischen die Atome verschoben hat, beschreiben und können daher besser an die Messwerte angepasst werden (Übersichtsliteratur: [Cop 97]).

Das Verfahren und die Ergebnisse einer Ladungsdichtebestimmung wird hier am Beispiel von Cuprit, Cu_2O, aufgezeigt. Die Cuprit-Struktur besteht aus einem flächenzentrierten Kupfer- und einem raumzentrierten Sauerstoff-Untergitter (Abb. 6.90). Als Folge dieser Anordnung resultieren lineare O-Cu-O-Bindungen. Rechnungen zu dieser Struktur lieferten bisher unterschiedliche Resultate. Einige ließen teils kovalente, teils ionische Bindungen vermuten, andere Rechnungen ergaben reine Ionenbindungen. Das Interesse an Cu-O-Bindungen hat in jüngster Zeit insbesondere auf Grund ihrer Rolle in den Hochtemperatur-Supraleiter-Strukturen an Bedeutung gewonnen.

Das Experiment besteht nun aus der Messung der integralen Intensität möglichst vieler Reflexe. Im vorliegenden Fall wurden 1252 Reflexe mit hochenergetischer Synchrotronstrahlung ($E = 100 \, keV$) an einem Cupritkristall mit 190 μm Durchmesser gemessen. Eine hohe Photonenenergie bedeutet geringe Absorption und Extinktion der Strahlung im Kristall, sodass

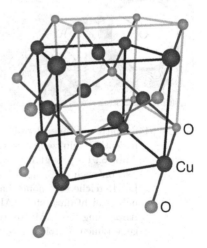

Abb. 6.90
Kristallstruktur des Cuprit. Kleine Kugeln: Sauerstoffatome, große Kugeln: Kupferatome. Dunkle Verbindungslinien deuten das flächenzentrierte Kupfer-Untergitter und helle das raumzentrierte Sauerstoff-Untergitter an. Linien mit mittlerem Grauton beschreiben die Bindungen zwischen den Atomen.

die notwendigen Korrekturfaktoren und ihre Fehler klein bleiben. Zusätzlich muss berücksichtigt werden, dass ein Teil der Strahlung nicht an den Elektronen, sondern an Phononen gestreut wird. Diese thermisch diffuse Streuung lässt sich aus den elastischen Konstanten eines Kristalls berechnen. Die gemessenen Reflexintensitäten können daher nachträglich mittels Faktoren korrigiert werden. Der letzte Schritt dieser sogenannten Datenreduktion besteht aus der Mittelung der Intensitäten symmetrieäquivalenter Reflexe. Da auf Grund der kubischen Struktur alle Reflexintensitäten mit den Indizes hkl bei Permutation von h, k und l gleich sein müssen, resultieren in unserem Fall nach der Mittelung nur noch 152 Reflexe mit unterschiedlichen Intensitäten (Übersichtsliteratur: [Gia 92]).

Abb. 6.91 (a) zeigt einen zweidimensionalen Schnitt aus einer elektronischen Ladungsdichte von Cuprit, die aus den F_{calc} eines verfeinerten IAM berechnet wurde. Gezeigt wird eine Ebene, die sowohl Kupfer- als auch Sauerstoffatome enthält. Die Bereiche sehr hoher Ladungsdichten um das zentrale Kupferatom und die Sauerstoffatome sind der Übersichtlichkeit halber nicht eingezeichnet. In der Abbildung sind auch weitab von den Atomlagen Strukturen ersichtlich, u. a. auch Bereiche negativer Ladungsdichte. Diese Strukturen sind Artefakte, die durch thermische Verschmierung der Ladungsdichte und durch unvollständige Anpassung des Modells an die Messwerte entstehen. Ein Test für die Qualität der Anpassung liefert die Berechnung der sogenannten Restdichte $\Delta\rho$ aus den Differenzen von

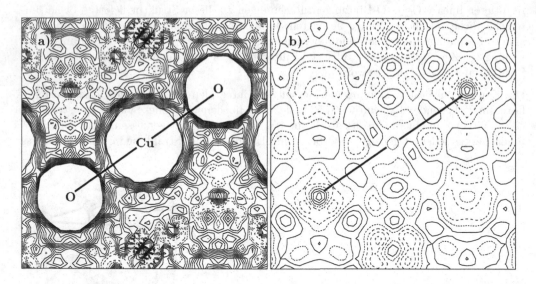

Abb. 6.91 Schnitte aus einer dreidimensionalen Dichteverteilungen von Cuprit. Die gewählte Ebene enthält ein zentrales Kupferatom, das von zwei Sauerstoffatomen flankiert wird. Abb. 6.91 (a) zeigt die totale Elektronendichte ρ_{calc}, die aus einer Fourier-Transformation nach der Anpassung eines IAM gewonnen wurde. Konturenabstand: $0{,}2\,e\text{Å}^{-3}$. Die Bereiche sehr hoher Ladungsdichten an den Atomkernen sind der Übersichtlichkeit halber nicht dargestellt. Abb. 6.91 (b) zeigt die Restdichte ($\rho_{obs} - \rho_{calc}$), ebenfalls nach Anpassung des IAM. Konturenabstand: $0{,}1\,e\text{Å}^{-3}$. Bereiche positiver Dichte: durchgezogene Linien, Bereiche negativer Dichte: gestrichelte Linien, Nulllinie: gepunktet

F_{obs} und F_{calc}:

$$\Delta\rho(\vec{r}) = \rho_{obs}(\vec{r}) - \rho_{calc}(\vec{r})$$
$$= \frac{1}{V} \sum (F_{obs} - F_{calc}) e^{-2\pi i \vec{h} \cdot \vec{r}} \tag{6.23}$$

Die Restdichte macht den Fehler des Strukturmodells deutlich, und definitionsgemäß bedeutet $\Delta\rho = 0$ eine vollständige Anpassung des Modells. Abb. 6.91 (b) zeigt insbesondere an den Positionen der Sauerstoffatome eine signifikante Restdichte und belegt daher eine ungenügende Beschreibung der Ladungsdichte durch das IAM.

Wird eine Strukturverfeinerung mit einem Multipolmodell durchgeführt, so kann die Elektronendichte auch ohne Fourier-Transformation direkt aus den Parametern des Modells berechnet werden. Diese Methode bietet den Vorteil, dass keine Artefakte entstehen, und erlaubt darüber hinaus eine getrennte Betrachtung des kugelsymmetrischen Anteils der elektronischen Ladungsdichte und des davon abweichenden Anteils, der auch Deformationsdichte genannt wird. Dieser Deformationsanteil des vorliegenden Beispiels ist in Abb. 6.92 (a) gezeigt.

Die Abbildung zeigt zwei große Beulen negativer Deformationsdichte, die vom Kupferatom auf die benachbarten Sauerstoffatome weisen. Hier fehlt also Ladungsdichte gegenüber dem kugelsymmetrischen Modell. Von den Sauerstoffatomen zeigen kleinere Bereiche positiver Deformationsdichte in Richtung des Kupferatoms. Insgesamt findet man also keine Ladungsdichteanhäufung in der Bindungsregion, was für eine Ionenbindung im Cuprit spricht.

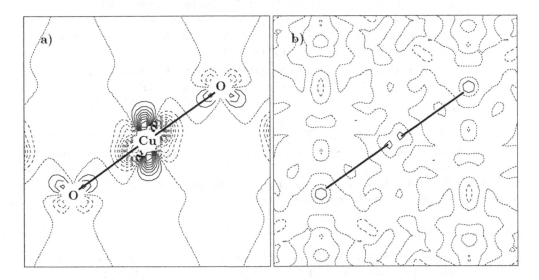

Abb. 6.92 Die in diesen Schnitten gewählten Ebenen entsprechen denen aus Abb. 6.91. Abb. 6.92 (a) zeigt den Deformationsanteil der elektronischen Ladungsdichte, der aus der Anpassung eines Multipolmodells gewonnen wurde. Abb. 6.92 (b) beschreibt die entsprechende Restdichte. Konturenabstände wie in 6.91

Die in Abb. 6.92 (b) dargestellte Restdichte ist im Vergleich zu der in Abb. 6.91 (b) dargestellten Restdichte geringer. Wie erwartet, beschreibt das Multipolmodell die Messwerte also wesentlich genauer.

Aus den hier nicht gezeigten kugelsymmetrischen Anteilen der Ladungsdichte lässt sich darüber hinaus auch der Betrag des Ladungstransfers vom Kupfer zum Sauerstoff abschätzen. Das Resultat 0,6 Elektronen führt auf die formale Notation

$$Cu_2^{+0,6}O^{-1,2}.$$

Ein Ladungstransfer von weniger als einer Elektronenladung bedeutet aber unvollständige Ionisierung und würde demnach auf einen – wenn auch geringen – kovalenten Anteil der chemischen Bindung im Cuprit hinweisen, was dem oben aufgeführten Ergebnis widerspräche. Zur Aufklärung wurde deshalb eine topologische Untersuchung der dreidimensionalen elektronischen Ladungsdichte durchgeführt. Hier wird der Gradient der Ladungsdichte untersucht, um lokale Maxima, Minima und Sattelpunkte in der Dichte zu bestimmen. Letztere sind Punkte, an denen die Ladungsdichte in zwei Dimensionen maximal und in der dritten Dimension minimal wird. Diese Punkte befinden sich folglich immer zwischen zwei Atomen und können zur Charakterisierung der Bindungen herangezogen werden. Der Laplace-Wert am Sattelpunkt

$$L_s = -\frac{\hbar^2}{4m}\nabla^2\rho_s$$

gibt darüber hinaus Hinweise auf den Charakter der Bindung. Er ist positiv für ionische und negativ für kovalente Bindungen.

Weiterhin lässt sich die gesamte Ladungsdichte durch die topologische Analyse in Partitionen aufteilen, sodass sich in jeder Partition genau ein Atom befindet. Auf diese Weise lässt sich die Ladungsdichte an jedem Punkt exakt einem Atom zuordnen, und durch Integration erhält man schließlich den Ladungszustand jedes Atoms.

Eine topologische Analyse der Cuprit-Ladungsdichte lieferte den positiven Laplace-Wert $15\,\mathrm{e\AA}^{-5}$ am Bindungs-Sattelpunkt, und aus der Integration resultierte

$$Cu_2^{+0,85}O^{-1,7}.$$

Im Cuprit liegt daher eine Ionenbindung vor.

Mit Hilfe der hochenergetischen Synchrotronstrahlung ist es möglich, Strukturfaktoren mit einer hohen Genauigkeit auszumessen und daher grundsätzliche Materialeigenschaften zu analysieren. So konnte der Charakter der chemischen Bindung durch die topologischen Untersuchungen auch quantitativ präzise bestimmt werden.

Literaturverzeichnis

[Cop 97] Coppens, P.: X-Ray Charge Densities and Chemical Bonding, Bd. 4 von IUCr Texts on Crystallography. Oxford UK: Oxford University Press, 1997

[Czy 08] Czycholl, G.: Theoretische Festkörperphysik. Berlin: Springer 2008

[DG 90] Dreizler, R. M.; Gross, E. K. U.: Density Functional Theory. Berlin: Springer 1990

[Gia 92] Giacovazzo, C. (Hrsg.): Fundamentals of Crystallography, Bd. 2 von IUCr Texts on Crystallography. Oxford UK: Oxford University Press 1992

6.2.13 Strukturbestimmung amorpher und fluider Systeme
Röntgenbeugung, EXAFS, Absorptionsspektroskopie
Jörg Neuefeind

Gläser und Flüssigkeiten – oft unter dem Oberbegriff amorphe Substanzen zusammengefasst – sind keineswegs ungeordnet, wie dieser Name vermuten lassen könnte. Amorphe Substanzen sind im Nahbereich wohlgeordnet, durch Koordinationszahlen, Bindungsabstände und Bindungswinkel charakterisiert, jedoch auf der anderen Seite auch durch die Abwesenheit von Fernordnung und Periodizität. Dieses Fehlen von Fernordnung und Periodizität erschwert aber die Untersuchung der Struktur dieser Systeme, deswegen ist über die Struktur amorpher Substanzen im Allgemeinen weniger bekannt als über verwandte kristalline Systeme. Diese relative Unkenntnis steht im krassen Missverhältnis zur Bedeutung, die Flüssigkeiten und Gläser im alltäglichen Leben, in Chemie und Physik einnehmen [Ege 92, AT 90].

Die Beschreibung der Struktur amorpher Substanzen kann über Paarkorrelationsfunktionen erfolgen, die die Wahrscheinlichkeit angeben, ein zweites Atom im Abstand r von einem willkürlich gewählten Ursprungsatom zu finden, relativ zu einem ungeordneten System. Die Paarkorrelationsfunktion ist über eine Fourier-Sinustransformation mit dem Interferenzanteil des differentiellen Streuquerschnitts $(d\sigma/d\Omega)_{inter}$ verbunden, der experimentell durch Beugungsexperimente zugänglich ist:

$$g(r) = \frac{1}{2\pi^2 \rho r} \int \frac{q \left(\frac{d\sigma}{d\Omega} \right)_{inter}}{\sigma_{total}} \; sin(qr) dq + 1. \qquad (6.24)$$

Dabei ist ρ die Dichte und σ_{total} der Streuquerschnitt eines entsprechenden ideal ungeordneten Systems. Weil vorausgesetzt wird, dass die Probe keinerlei Vorzugsrichtung relativ zum Impulsübertrag hat, treten in Gleichung (6.24) nur die Beträge r und q auf. Bei der Anwendung des Paarverteilungsformalismus auf kristalline Substanzen, Gegenstand der Monographie [EB 03], können ebenso gerichtete $g(r)$ auftreten wie bei der Einwirkung eines externen Feldes auf ein ursprünglich ungerichtetes System [PWN+ 05].

Das typische Aussehen dieser Größen ist in Abb. 6.93 illustriert. Häufig enthält die Paarkorrelationsfunktion bei kleinen Abständen in der ersten Koordinationsschale ausgeprägte scharfe Maxima, während bei größeren Abständen breite Oszillationen vorliegen, die bei etwa 10–20 Å weitgehend gedämpft sind. Die scharfen Maxima entsprechen in Gläsern den Abständen innerhalb der grundlegenden Baueinheiten – etwa dem SiO_4-Tetraeder in Quarzglas – und in molekularen Flüssigkeiten den intramolekularen Abständen. Im Fourier-Raum ist der Interferenzanteil des differentiellen Streuquerschnitts bei großen Impulsüberträgen dominiert von den Beiträgen der scharfen Maxima. Sollen, wie im Beispiel angedeutet, nahe beieinanderliegende, scharfe Strukturen getrennt werden, muss die Realraumauflösung, gegeben durch $\Delta r = \pi/q_{max}$, ausreichend sein. Für die Beispielstruktur aus Abb. 6.93 wäre ein q_{max} von $40\,\text{Å}^{-1}$ angemessen, der bereits nur von wenigen Spektrometern erreicht wird. Dagegen sind die Anforderungen an die Impulsraumauflösung – im Vergleich zur Pulverdiffraktometrie beispielsweise – gering: Die Oszillationen in q sind breit, und aus der Angabe, dass Strukturen im Realraum in der Regel nicht weiter als bis 20 Å reichen, folgt, dass $\Delta q = \pi/r_{max} \sim 0{,}15\,\text{Å}^{-1}$. Die Tatsache, dass als Amplitude der Fourier-Transformation $q(d\sigma/d\Omega)_{inter}$ auftaucht, aber $(d\sigma/d\Omega)$ gemessen wird, erschwert das Erreichen einer hohen

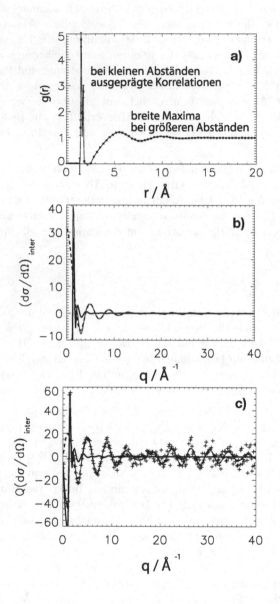

Abb. 6.93: Typisches Aussehen von a) Paarkorrelationsfunktion g(r), b) des Interferenzanteils des differentiellen Wirkungsquerschnitts $(d\sigma/d\Omega)_{inter}$ und c) Fourier-Amplitude $q(d\sigma/d\Omega)_{inter}$ einer amorphen Substanz. Die Streuung der Punkte (hier durch einen Zufallsgenerator erzeugt) entspricht der zu erwartenden Streuung, wenn $(d\sigma/d\Omega)$ mit einem Promille statistischer Genauigkeit gemessen würde (c)). In b) und c) ist der Beitrag der Strukturen bei kleinen Abständen (unterbrochene Linie), bei großen Abständen (strichpunktierte Linie) und die Summe beider Beiträge (durchgezogene Linie) separat ausgewiesen.

Realraumauflösung. In Abb. 6.93 ist das durch die Streuung der Punkte in $q(d\sigma/d\Omega)_{inter}$ angedeutet, die unter Annahme einer konstanten Streuung der Punkte in $(d\sigma/d\Omega)$ berechnet sind.

Proben, die nur eine Atomsorte enthalten, sind nicht der Normalfall – flüssiges Argon oder amorphes Silizium wären Beispiele. Wenn die Probe mehr als eine Atomsorte enthält, ist der differentielle Streuquerschnitt eine gewichtete Summe partieller Strukturfaktoren, die analog zu Gleichung (6.24) Fourier-Sinustransformierte der partiellen Paarverteilungsfunktionen g_{AB} sind. Die g_{AB} geben jetzt die Wahrscheinlichkeit an, ein Atom der Sorte B im Abstand r von einem Atom der Sorte A zu finden. Die Zahl der partiellen Paarverteilungsfunktionen steigt mit der Zahl N_{At} der nichtäquivalenten Atome in der Probe wie $0{,}5(N_{At}^2 + N_{At})$. Die Wichtungsfaktoren hängen von der Wechselwirkung der Strahlung mit den unterschiedlichen Atomsorten ab. Um Informationen auf der Ebene der partiellen Paarverteilungsfunktionen zu gewinnen, müssen die Wichtungsfaktoren der g_{AB} verändert werden. Eine elegante Möglichkeit dazu liefert die Neutronenstreuung: Die Wechselwirkung von Neutronen mit unterschiedlichen Isotopen desselben Elements unterscheiden sich zum Teil beträchtlich. Unter der Annahme, dass die Struktur von der Isotopenzusammensetzung unabhängig ist, können dann partielle Strukturfaktoren bestimmt werden. Voraussetzung ist allerdings auch, dass Proben hergestellt werden können, die sich in nichts außer der Isotopenzusammensetzung unterscheiden. Eine weitere Möglichkeit der Kontrastvariation ist die resonante Röntgen- oder Neutronenstreuung. Hier nutzt man aus, dass sich in der Nähe einer Absorptionskante das Streuvermögen des absorbierenden Elementes ändert (vgl. Abschnitt 2.1). Hier kann also die Herstellung unterschiedlicher Proben vermieden werden, dafür ist die Absorption in der Probe notwendigerweise hoch. Beide Techniken werden hier jedoch nicht weiter behandelt; weiterführende Aspekte finden sich in [SCRR 92]. Eine weitere, ebenfalls für Flüssigkeit anwendbare Möglichkeit, elementspezifische Informationen zu gewinnen, ist die EXAFS-Spektroskopie (Abschnitt 4.1.2).

Der photoelektrische Absorptionsquerschnitt für Photonen sinkt jenseits der K-Kanten näherungsweise mit der Energie wie E^3. Eine Erhöhung der Photonenenergie um eine Größenordnung reduziert daher die Absorption um drei Größenordnungen. Für Photonen im Energiebereich etwa 80–150 keV ist ähnlich wie für Neutronen in den meisten Materialien Streuung der dominante Prozess und nicht Absorption, wie das für den konventionellen Röntgenbereich der Fall ist. Durch vergleichende Messungen mit Neutronenstreuung und Streuung energiereicher Photonen wird eine Variation der Wichtungsfaktoren der g_{AB} erreicht, denn der Wechselwirkungsmechanismus ist ja ein völlig anderer. In diesem Fall hat man beide Charakteristika der Neutronenstreuung mit Isotopensubstitution und der resonanten Beugung vereint: identische Proben und niedrige Absorption. Abb. 6.94 demonstriert, dass eine starke Absorption durchaus einen bedeutenden Unterschied ausmachen kann. Hier sind die Streuintensitäten von Zinkchlorid verglichen, einmal gewonnen mit Mo-K^α-Strahlung in Reflexion, zum anderen mit 100 keV-Photonen in Transmission [NTLB 98].

Die gefundenen Streuintensitäten unterscheiden sich insbesondere bei kleinen Impulsüberträgen. Den in Transmission gemessenen Verlauf mit zwei Maxima bei $1\,\text{Å}^{-1}$ und $2\,\text{Å}^{-1}$ findet man auch mit Neutronenstreuung. Unabhängig von der Frage nach dem physikalischen Ursprung für diesen Effekt ist klar, dass energiereiche Photonen und Neutronen dasselbe sehen, dass also nur in diesem Fall tatsächlich die Kombination der unabhängigen

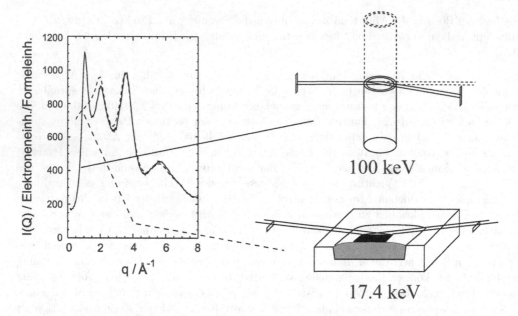

Abb. 6.94 Vergleich der normierten Streuintensität ($= (d\sigma/d\Omega)/\sigma_{el}$) von Zinkchloridschmelze mit 100 keV-Photonen in Transmission (durchgezogene Linie) und mit Mo-K$^\alpha$-Strahlung (17,4 keV) in Reflexion (gestrichelte Linie) gemessen

Information aus Neutronen- und Photonenstreuung sinnvoll ist.

Nachdem die Argumente dargelegt worden sind, die für die Nutzung energiereicher Synchrotronstrahlung für die Strukturbestimmung von Flüssigkeiten sprechen, soll das zuvor Gesagte nun am Beispiel der Kupferbromidschmelze verdeutlicht werden. Cu(I)Br gehört wie eine Reihe anderer Halogenide der Metalle der 1. Nebengruppe zu den sogenannten schnellen Ionenleitern. Damit ist gemeint, dass die Leitfähigkeit bereits im Festkörper hohe Werte annimmt, während man für einen typischen Ionenkristall wie NaCl Isolatorverhalten erwarten sollte. Die gängige Erklärung für dieses Verhalten ist, dass das Gitter der größeren Anionen intakt bleibt, jedoch die kleinen Kationen relativ frei beweglich werden und damit zur Ionenleitfähigkeit führen (Schmelzen des Kationenteilgitters).

EXAFS-Ergebnisse [DMF 97] ließen darauf schließen, dass in der Kupferbromidschmelze g_{CuBr} ein ausgeprägtes Maximum besitzt, das CuBr-Koordinationspolyeder also ausgeprägt und stabil sein sollte. Dem schienen Neutronenstreuexperimente [AH 92] zu widersprechen. Dahinter stellt sich die Frage nach der Kovalenz bzw. Ionizität der Bindung: Ein starrer Koordinationspolyeder, in diesem Fall eine tetraedrische Koordination, lässt sich leichter mit einem Modell mit hohem kovalenten Anteil erklären, während ein System, das durch ungerichtete Coulomb-Wechselwirkungen zusammengehalten wird, weniger ausgeprägte Strukturen zeigen sollte. Abb. 6.95 zeigt die mit unterschiedlichen Methoden bestimmten g_{CuBr}. Die Hochenergiephotonen bestätigen das EXAFS-Resultat. Die Realraumauflösung des Hochenergiephotonenexperiments (q_{max}=27 Å^{-1}) ist so hoch, dass ausgeschlossen werden kann,

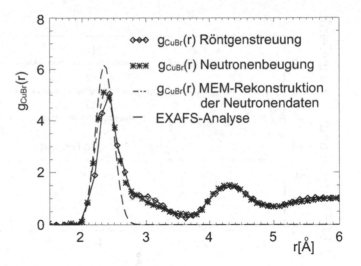

Abb. 6.95 Mit unterschiedlichen Methoden bestimmte g_{CuBr}, durchgezogene Linie mit Rauten: Hochenergiephotonenexperiment, unterbrochene Linie mit Stern: Neutronendiffraktionsexperiment, strichpunktierte Linie: Maximum-Entropie-Analyse der Neutronendaten, unterbrochene Linie: Linienform der ersten CuBr-Koordinationsschale nach der EXAFS-Analyse

dass die Auflösung die Linienform beeinflusst. Es konnte außerdem gezeigt werden, dass die Diskrepanz zwischen Neutronen und EXAFS-Ergebnis zum Teil durch das Analyseverfahren hervorgerufen wird, dem die Neutronendaten unterworfen wurden, einem sogenannten Maximum-Entropie-Verfahren, das hier zu einer deutlichen Unterschätzung der Struktur führt. Umgeht man dieses Verfahren, sind Neutronen- und Photonendaten in ausgezeichneter Übereinstimmung, sodass dieses Problem als geklärt angesehen werden kann.

Es wurde bereits festgestellt, dass für energiereiche Photonen Streuprozesse wahrscheinlicher sind als Absorptionsprozesse. Dies hat zur Folge, dass zum einen Messungen mit Hochenergiephotonen in Transmission erfolgen und damit Neutronenexperimenten sehr ähnlich werden, zum anderen werden auf Grund von Absorption hervorgerufene systematische Fehler in der Bestimmung des Streuquerschnitts drastisch vermindert. Dieser Gewinn an Genauigkeit ermöglicht die Messung sehr kleiner struktureller Unterschiede zwischen Proben unterschiedlicher Isotopenzusammensetzung, also die Überprüfung der zentralen Annahme der Isotopensubstitutionstechnik der Neutronenstreuung, die eben die Abwesenheit solcher struktureller Unterschiede postuliert. Dieser Isotopeneffekt auf die Flüssigkeitsstruktur war Ziel der ersten Untersuchungen von Flüssigkeiten mit energiereichen Photonen [REH 86], die zu der Zeit aus einer [241]Am-Gammaquelle stammten. Der um Größenordnungen höhere Fluss an einer Synchrotronquelle erlaubt die Bestimmung von partiellen Isotopeneffekten, also der Strukturänderung, die hervorgerufen wird, wenn nur einzelne funktionelle Gruppen in der Isotopenzusammensetzung verändert werden. In Abb. 6.96 ist die Änderung der Streuintensität von Ethanol gezeigt bei Deuterierung – die Ersetzung des leichten Wasserstoffkerns ^{1}H durch den schweren Wasserstoffkern [2]H – der CH_3-, CH_2- und OH- Gruppe.

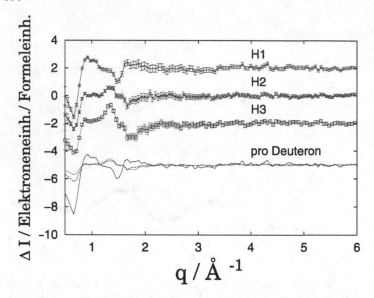

Abb. 6.96 Veränderung der Streuintensität von Ethanol bei partieller Deuterierung. H1: Deuterierung der Hydroxylgruppe, H2: Deuterierung der Methylengruppe, H3: Deuterierung der Methylgruppe. Die Messreihen sind jeweils um zwei Einheiten verschoben. Die Änderung der Streuintensität pro Deuteron ist separat angegeben und um fünf Einheiten verschoben.

Der Effekt pro Deuteron für die CH_3- und CH_2- Gruppe ist nahezu gleich, während die Deuterierung der Hydroxylgruppe einen deutlich verschiedenen, stärkeren Effekt hat. Die Struktur von wasserstoffbindenden Systemen reagiert also besonders empfindlich auf Deuterierung der Wasserstoffbrücke.

Untersuchungen mit energiereichen Photonen, ergänzt durch Experimente mit Neutronen, können eingesetzt werden, um partielle Paarverteilungsfunktionen zu gewinnen. Dadurch ist gewährleistet, dass identische Proben unter identischen Bedingungen untersucht werden (vgl. Abb. 6.94). Dies ist insbesondere nützlich für die zahlreichen Systeme, in denen Isotopensubstitution mangels geeigneter Isotope bzw. resonante Beugung mangels geeigneter Absorptionskanten oder wegen Absorptionsproblemen nicht möglich sind. Ein typisches Beispiel für diese Situation ist Quarzglas: Sowohl die Sauerstoff- als auch die Siliziumisotope haben sehr ähnliche Neutronenstreulängen, und die Absorptionskanten liegen bei ungeeignet niedrigen Energien. Mit energiereichen Photonen sind sehr genaue Messungen der Streuintensität möglich, daher können kleine Struktureffekte verfolgt werden, z. B. der hier diskutierte Isotopeneffekt, die Auswirkung kleiner Mengen eines gelösten Stoffes auf die Struktur des Lösungsmittels oder die Auswirkungen kleiner Änderungen von Druck oder Temperatur.

Literaturverzeichnis

[AH 92]   Allen, D. A.; Howe, R. A.: The Structure of Molten CuBr. J. Phys. Condens. Matter **4** (1992) 6029

[AT 90]   Allen, M. P.; Tildesley, D. J.: Comuputer Simulations of Liquids. Oxford, UK: Clarendon 1990

[DMF 97]   DiCicco, A.; Minicucci, M.; Filipponi, A.: New Advances in the Study of Local Structure of Molten Binary Salts. Phys. Rev. Lett. **78** (1997) 460

[EB 03]   Egami, T.; Billinge, S. J. L.: Underneath the Bragg Peaks. Pergamon 2003

[Ege 92]   Egelstaff, P. A.: An Introduction to the Liquid State. Oxford, UK: Clarendon 1992

[NTLB 98]   Neuefeind, J.; Tödheide, K.; Lemke, A.; Bertagnolli, H.: The Structure of Molten $ZnCl_2$. J. Non-Cryst. Sol. **224** (1998) 205

[PWN$^+$ 05] Poulsen, H. F.; Wert, J. A.; Neuefeind, J.; Honkimäki, V.; Daymond, M.: Nature Materials **4** (2005) 33

[REH 86]   Root, J. H.; Egelstaff, P. A.; Hime, A.: Quantum Effects in the Structure of Water Measured by Gamma Ray Diffraction. Chem. Phys. **109** (1986) 437

[SCRR 92]   Suck, J. B.; Chieux, P.; Raoux, D.; Riekel, C. (Hrsg.): Methods in the Determination of Partial Structure Factors of Disordered Matter by Neutron and Anomalous X-Ray Diffraction. Singapore: World Scientific 1992

6.2.14 Festigkeitsbestimmende Strukturen in Polymerfolien und Fasern
Kleinwinkelstreuung, Weitwinkelstreuung
Rainer Gehrke

Polymere [Eli 97] bestehen aus langen, kettenförmigen Molekülen, die aus kleinen Untereinheiten, den Monomeren, aufgebaut sind. Die Monomere sind normalerweise organische Moleküle, und ein Polymer entsteht dadurch, dass viele dieser Monomere chemisch zu einer Molekülkette verknüpft werden. Polymere sind wichtige Bestandteile biologischer Systeme (Proteine, Enzyme, Polysaccharide usw.), und inzwischen gibt es eine sehr große Anzahl synthetisch erzeugter Polymere, von denen viele als Werkstoffe Anwendung finden (Kunststoffe). Die mechanischen Eigenschaften dieser Werkstoffe lassen sich in weiten Grenzen durch den chemischen Aufbau sowie durch die von den Molekülen gebildeten räumlichen Strukturen beeinflussen und für spezielle Zwecke optimieren. Im Folgenden soll gezeigt werden, wie Methoden der Röntgenstreuung unter Verwendung von Synchrotronstrahlung eingesetzt werden können, um Zusammenhänge zwischen den Strukturen auf molekularer Ebene, den Herstellungsbedingungen und den Eigenschaften polymerer Materialien zu untersuchen. Solche Untersuchungen sind einerseits für die Beantwortung technologischer Fragen bedeutsam, wie sie bei der Nutzung polymerer Werkstoffe auftreten, andererseits geben sie auch Einblicke in grundsätzliche thermodynamische und mechanische Gesetzmäßigkeiten in Festkörpern, die aus langen, kettenartigen Molekülen aufgebaut sind. Somit sind diese Untersuchungen sowohl für die angewandte als auch für die Grundlagenforschung von Bedeutung.

Das Polymer, welches im Folgenden als ein typischer Vertreter beispielhaft betrachtet werden soll, ist Polyethylenterephthalat (PET), ein Polyester der Dimethylterephthalsäure,

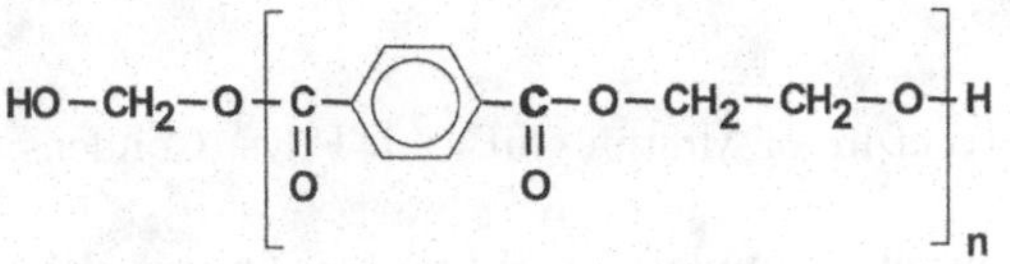

$$HO-CH_2-O\left[\begin{array}{c}C-\bigcirc\bigcirc-C-O-CH_2-CH_2-O\\ \parallel\quad\quad\quad\parallel\\ O\quad\quad\quad\quad O\end{array}\right]_n H$$

Abb. 6.97
Chemische Struktur von Polyethylenterephthalat

dessen chemische Struktur in Abb. 6.97 angegeben ist. Den innerhalb der eckigen Klammern dargestellten Teil des Moleküls muss man sich n-fach aneinandergereiht denken. Da
die Bindungen zwischen drei benachbarten sp^3-hybridisierten C-Atomen entlang der Kette
einen Winkel von etwa 110° einschließen und eine freie Drehbarkeit um die C-C-Bindungen
möglich ist, kann das Polymermolekül in stark verknäuelter Form vorliegen. Wenn im Festkörper die Ketten derartig verknäuelt sind, spricht man von einem amorphen oder glasartigen Polymer. Oberhalb einer für das jeweilige Polymer charakteristischen Temperatur
T_g (Glastemperatur) haben die einzelnen Kettensegmente genügend Bewegungsfreiheit, um
sich umlagern zu können. Mit der Umlagerung versuchen die Ketten einen höher geordneten
Zustand zu erreichen, indem einzelne Kettenabschnitte sich parallel zueinander ausrichten
und eine kristallartige Struktur bilden, die thermodynamisch günstiger ist als die amorphe
Struktur. Da jedoch die Ketten als Ganzes in ihrer Bewegungsfreiheit stark eingeschränkt
sind, gelingt dieses Ordnen nur innerhalb begrenzter Kettenabschnitte, sodass sich nur begrenzte geordnete Bereiche ausbilden, die von Bereichen umgeben sind, in denen die Ketten
ihre amorphe Struktur beibehalten [SR 03].

Die Bildung solcher sogenannter teilkristalliner Strukturen ist im linken oberen Teil von
Abb. 6.98 am Beispiel des PET veranschaulicht. Die grau unterlegten Teile stellen die
kristallin geordneten Bereiche dar, die durch Faltung und parallele Anordnung der Ketten entstehen. Die so gebildeten kristallinen Bereiche formen Lamellen, die ihrerseits in
Stapeln angeordnet sind, in denen die Lamellen durch amorphe Zwischenschichten voneinander getrennt sind. Die einzelnen Lamellenstapel sind ihrerseits in eine amorphe Matrix
eingebettet. Innerhalb der kristallinen Lamellen bilden die Moleküle eine Kristallstruktur
mit einer triklinen Elementarzelle aus, wie sie in Abb. 6.98 links unten dargestellt ist. Das
teilkristalline Polymer wird durch zwei grundlegende Größen charakterisiert. Die eine ist
die sogenannte Langperiode L, der mittlere Schwerpunktsabstand der Lamellen in den Stapeln, die andere ist der Kristallisationsgrad x, der Massenanteil des in kristalliner Form
vorliegenden Materials. Diese beiden Größen bestimmen wesentlich die mechanischen Eigenschaften der teilkristallinen Polymere, d. h. bei identischer chemischer Beschaffenheit
können sich die Materialien in ihren Eigenschaften sehr voneinander unterscheiden, wenn
L und x unterschiedlich sind. So ist amorphes PET transparent und verformbar, während
hochkristallines PET undurchsichtig und spröde ist. In welcher Form das PET vorliegt,
hängt von den Bedingungen ab, unter denen das Material behandelt wird. Schmilzt man
beispielsweise PET und schreckt es danach sehr schnell unter die Glastemperatur ab, so
erhält man ein nahezu vollständig amorphes Material. Tempert man amorphes oder bereits
teilkristallines Material oberhalb der Glastemperatur, ändert sich die amorphe oder teilkristalline Struktur durch Kristallisation oder Umkristallisation. Welche Strukturen dabei
entstehen und wie schnell die Strukturänderungen stattfinden, hängt von vielen Parametern
ab, wobei hier nur Molekulargewicht, Temperatur und die durch die vorherige Behandlung
gebildete Ausgangsstruktur genannt sein sollen.

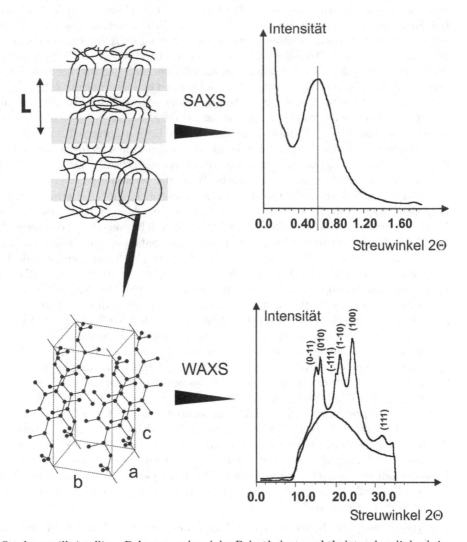

Abb. 6.98 Struktur teilkristalliner Polymere anhand des Polyethylenterephthalats, oben links: kristalline Lamellenstapel mit Langperiode L, oben rechts: daraus resultierende Röntgenkleinwinkelstreuung, unten links: Elementarzelle der kristallinen Bereiche, unten rechts: daraus resultierende Röntgenweitwinkelstreuung

Eine ausgezeichnete Messmethode zur Untersuchung der genannten Strukturen stellt die Röntgenstreuung dar [Gui 63]. Benutzt man hierfür monochromatische Strahlung mit einer Wellenlänge im Bereich um 0,1 nm, so liefern die kristallinen Bereiche Röntgenreflexe, wie sie aus der Kristallstrukturanalyse mit Röntgenstrahlung bekannt sind. Diese Reflexe treten bei Streuwinkeln 2Θ oberhalb von etwa $10°$ auf. In der Terminologie der Röntgenstreuung wird dieser Bereich als Röntgenweitwinkelstreuung (WAXS) bezeichnet. In Abb. 6.98 ist rechts unten ein WAXS-Beispielspektrum einer teilkristallinen PET-Probe dargestellt. Man erkennt verschiedene Kristallreflexe, die entsprechend der zugehörigen Netzebenen indiziert werden können. Die Reflexe sind infolge von Gitterstörungen verbreitert und sitzen auf einem noch breiteren diffusen Untergrund, der seine Ursache in der Streuung in den amorphen Bereichen hat. Da die Atome in diesen glasartigen Bereichen eine breite Abstandsverteilung haben, kommt es zu der breiten Intensitätsverteilung, deren Maximum den wahrscheinlichsten Abstand der Atome in den amorphen Bereichen repräsentiert. Aus dem Verhältnis der gesamten Intensität in den Kristallreflexen zur Gesamtintensität der Weitwinkelstreuung lässt sich auf einfache Weise der Kristallisationsgrad x_c, das Massenverhältnis zwischen kristallin geordnetem und amorphem Material ermitteln. Entlang der Lamellenstapel (Abb. 6.98 links oben) ändert sich die Massendichte und damit auch die Elektronendichte periodisch, da die kristallinen Bereiche wegen der dichteren Anordnung der Moleküle eine geringfügig größere Massendichte haben als die amorphen Bereiche. Die Periodenlänge dieser Elektronendichteänderungen ist gleich der Langperiode L, die typischerweise im Bereich zwischen etwa 10 nm und mehreren 100 nm liegt. Wie auch in der Röntgenweitwinkelstreuung führt eine periodische Schwankung der Elektronendichte mit der Korrelationslänge L zur Ausbildung eines Intensitätsmaximums unter dem Streuwinkel 2Θ, wobei zwischen Streuwinkel, Langperiode L und Wellenlänge λ der verwendeten Strahlung der Zusammenhang $L = \lambda/(2\sin\Theta)$ besteht. Dieser Zusammenhang ist analog zur Bragg-Gleichung, wie sie aus der Röntgenbeugung an Kristallen bekannt ist. Für typische Röntgenwellenlängen ($\lambda \sim 0,15$ nm) ist ein Intensitätsmaximum im Bereich von 2Θ unterhalb $1,0°$ zu erwarten. Dieser Teil des Streuspektrums wird als Röntgenkleinwinkelstreuung (SAXS) bezeichnet [GK 82]. Der rechte obere Teil von Abb. 6.98 zeigt ein typisches Röntgenkleinwinkelstreubild von teilkristallinem PET mit einem breiten SAXS-Reflex bei $2\Theta = 0,45°$. Neben der Langperiode L lässt sich aus der Kleinwinkelstreuung auch der Kristallisationsgrad bestimmen. Die integrale Intensität Q über die gesamte Kleinwinkelstreuung ist nämlich für ein streuendes System aus zwei Phasen mit einem relativen Elektronendichteunterschied $\Delta\rho$ unabhängig von der Gestalt der streuenden Phasen immer $Q = cx(1-x)(\Delta\rho)^2$, wobei c eine Konstante und x der (Volumen)-Anteil der kristallinen bzw. amorphen Phase ist.

Die Verwendung von Synchrotronstrahlung ermöglicht auf Grund ihrer um vieles größeren Intensität Experimente mit Röntgenstreuung auch für Systeme mit geringem Elektronendichtekontrast $(\Delta\rho)^2$ zwischen den streuenden Phasen und zeitaufgelöste Messungen, um beispielsweise Strukturveränderungen in der technischen Prozessierung mit Sekundenauflösung zu verfolgen.

Dies soll im Folgenden an einem Beispiel illustriert werden, in dem die Umkristallisation von PET untersucht wird [Geh 89, ZG 86, ZWGR 85]. Hierbei wird eine bereits bei einer Temperatur T1 kristallisierte Probe auf eine Temperatur $T_2 > T_1$ gebracht. Die bei der niedrigeren Temperatur gebildeten Kristall-Lamellen sind bei der höheren Temperatur

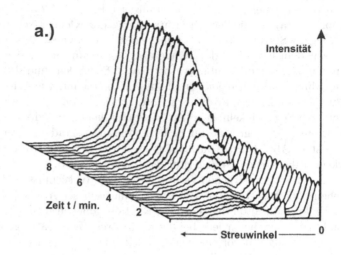

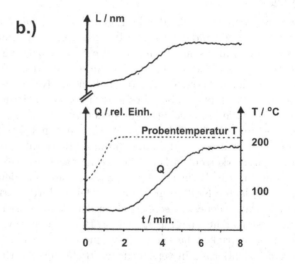

Abb. 6.99 Zeitliche Änderung der Röntgenkleinwinkelstreuung von Polyethylenterephthalat während des Temperns bei 230 °C. Die Probe war vor diesem Experiment bei 120 °C aus dem amorphen Zustand kristallisiert worden. a) gemessene Streukurven als Funktion der Zeit, b) zeitlicher Verlauf der daraus berechneten Langperiode L und Streukraft Q

thermodynamisch nicht mehr stabil und bilden sich um, ein Vorgang, der als Umkristallisation bezeichnet wird. Solche Vorgänge finden bei vielen Herstellungsprozessen statt, bei denen das verarbeitete Material häufig komplexe Temperaturprogramme durchläuft. Abb. 6.99 zeigt den Verlauf der Röntgenkleinwinkelstreuung in einem Experiment, in dem eine zunächst bei $T_1 = 120\,°C$ kristallisierte Probe bei $T_2 = 230\,°C$ umkristallisiert wird. In Abb. 6.99 (a) ist die zeitliche Entwicklung der Kleinwinkelstreuung dargestellt. Aufgetragen ist die Streuintensität als Funktion des Streuwinkels, die dritte Achse gibt die Zeit an, die seit dem Erreichen der Temperatur T_2 vergangen ist. Der Abstand zwischen zwei aufeinanderfolgenden Streubildern beträgt 20 Sekunden, und dies ist zugleich die Zeit für die Aufnahme eines einzelnen Streubildes. Man erkennt, wie sich der Kleinwinkelreflex der bei $120\,°C$ kristallisierten Probe verändert. Er wird mit der Zeit intensiver und verschiebt sich zu kleineren Streuwinkeln. Aus den Messdaten lassen sich die Langperiode und die Streukraft bestimmen, die ein Maß für den Kristallisationsgrad ist. Der Verlauf dieser beiden Größen ist in Abb. 6.99 (b) in Abhängigkeit von der Umkristallisationszeit aufgetragen. Man erkennt, dass beide Größen mit der Zeit wachsen, d. h. es bilden sich größere Kristall-Lamellen. Aus dem zeitlichen Verlauf lassen sich Rückschlüsse auf die Kinetik dieses Prozesses ziehen. Durch systematische Untersuchungen dieser Art ließ sich nachweisen, dass bei dieser Umkristallisation die Dicke der Kristall-Lamellen nicht einfach kontinuierlich zunimmt, sondern dass vielmehr jede bei der niedrigeren Temperatur gebildete Lamelle zunächst aufschmelzen muss, bevor eine neue Lamelle mit größerer Dicke gebildet werden kann. Dieser Befund kann für Herstellungsprozesse, bei denen Umkristallisationen auftreten, von großer Bedeutung sein.

Eine weitere wichtige Größe, die die Eigenschaften eines polymeren Festkörpers bestimmt, ist der Orientierungsgrad der Ketten. In einer abgeschreckten Schmelze oder in einem Material, das aus einer abgeschreckten Schmelze kristallisiert wurde, sind die Kettensegmente in alle Richtungen gleich wahrscheinlich orientiert. Wird das Material unterhalb der Schmelztemperatur gedehnt (verstreckt), so erhalten die Ketten eine bevorzugte Orientierung in Richtung der Streckung, wobei der Grad dieser Orientierung unter anderem von der Temperatur, bei der die Verstreckung stattfindet, sowie von der Geschwindigkeit und dem Grad der Verstreckung abhängt. Auch das Vorliegen von kristallinen Bereichen beeinflusst das Orientierungsverhalten, da diese als Verknüpfungspunkte in dem zu deformierenden Netzwerk aus Polymerketten wirken. Die mechanische Festigkeit des Materials wird je nach Orientierungsgrad in Richtung der Vorzugsorientierung deutlich erhöht, da das orientierte Netzwerk angelegten Kräften nicht mehr so leicht durch Verformung antworten kann. Hochorientiertes Material besitzt schließlich in der Verstreckrichtung eine sehr hohe Festigkeit, während sie senkrecht dazu nur gering ist. Benötigt man Werkstoffe, die in alle Richtungen eine optimale Festigkeit haben, so muss man Strukturen erzeugen, bei denen gleichzeitig eine Vorzugsorientierung in verschiedenen Richtungen vorliegt (biaxiale Orientierung).

Auch der Orientierungsgrad der Molekülketten kann mit der Röntgenstreuung bestimmt werden. Dies ist in Abb. 6.100 verdeutlicht. Die Streuung an einem einzelnen Lamellenstapel in der Probe (dargestellt durch die schwarzen Balken) erscheint in der Detektionsebene stets an einem bestimmten Punkt, wobei der Abstand vom Primärstrahl durch den Streuwinkel und die Lage auf dem so definierten Kreis (Debye-Kreis) durch die Orientierung des Lamellenpaketes gegeben ist. Die Kleinwinkelstreuung tritt in der Richtung senkrecht zu den Lamellen auf, die Weitwinkelstreuung senkrecht zu den Netzebenen des betrachteten

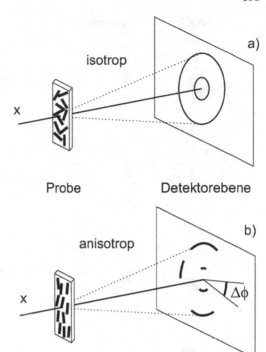

Abb. 6.100
Schematische Darstellung des Einflusses einer räumlichen Orientierung der streuenden Struktureinheiten auf das Streubild am Beispiel der Lamellenstapel in Polyethylenterephthalat, a) isotrope Verteilung der Orientierung mit gleichförmiger Intensität auf den Debye-Kreisen, b) anisotrope Verteilung mit Intensitätsmaxima auf den Debye-Kreisen

Reflexes. Wenn eine isotrope Verteilung der Kettenorientierung (und damit auch der Orientierung der Lamellen) vorliegt, so ergibt das eine gleichmäßige Verteilung der Streuintensität auf dem zum entsprechenden Streuwinkel gehörenden Debye-Kreis, wie in Abb. 6.100 (a) angedeutet ist. Liegt eine Vorzugsorientierung vor, so konzentriert sich die Intensität an bestimmten Stellen auf dem Debye-Kreis (Abb. 6.100 (b)). Aus der azimutalen Breite $\Delta\Phi$ dieser Intensitätsverteilungen lässt sich unmittelbar die Orientierungsverteilung der streuenden Lamellenstapel und damit der Molekülketten ermitteln.

Ein Beispiel zur Untersuchung der Orientierung von Ketten in Polymeren hat das Spinnen von Fasern aus einer Polymerschmelze zum Gegenstand [HKL+ 95, SSH+ 99, SSW+ 99, KSSZ 00, SSH 02]. Hierbei finden Extruder Verwendung, in denen das geschmolzene Polymer durch eine Düse gepresst wird und der so entstehende Faden auf eine schnell rotierende Rolle aufgewickelt wird. Wenn die Aufwickelgeschwindigkeit hoch genug ist, wird der Faden nach dem Austritt aus der Spinndüse gedehnt, und es kommt zu einer Orientierung der Polymerketten, die der Faser die gewünschte Festigkeit gibt. Die Abzugsgeschwindigkeiten in industriellen Faserspinnprozessen können mehr als 4000 m/min betragen. Gleichzeitig kristallisiert das Material sofort nach dem Austritt aus der Spinndüse. Da die kristallinen Bereiche als Vernetzungsstellen im Polymernetzwerk wirken, beeinflusst ihr Vorhandensein das Orientierungsverhalten des Materials, sodass die erreichte Orientierung in komplizierter Weise vom Verlauf der Temperatur während des Spinnens, von der Geschwindigkeit des Abziehens und von zahlreichen anderen Parametern wie dem Molekulargewicht des Polymers und chemischen Zusätzen abhängt.

SAXS   WAXS

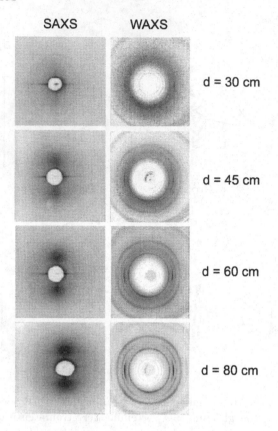

d = 30 cm

d = 45 cm

d = 60 cm

d = 80 cm

Abb. 6.101 Röntgenstreuung von mit 40 m/min bei 210 °C gesponnenen Polypropylenfasern in verschiedenen Abständen d von der Spinndüse, links: Röntgenkleinwinkelstreuung, rechts: Röntgenweitwinkelstreuung

Zur Untersuchung des Spinnprozesses von Polymerketten wurde ein Experiment aufgebaut, bei dem die gesponnene Faser während des Spinnprozesses mittels Röntgenklein- und Weitwinkelstreuung untersucht werden kann. Hierbei wird die gesponnene Faser durch den kollimierten und monochromatisierten Synchrotronstrahl geführt. Die Weitwinkelstreuung wird mit einem Image-Plate gemessen. Durch ein Loch in der Mitte des Image-Plates wird die Röntgenkleinwinkelstreuung über ein evakuiertes Rohr an einem zweidimensionalen Gasdetektor (Gabriel-Detektor) geführt und dort registriert (vgl. 3.4.3). Der Abstand zwischen der Spinndüse und dem Röntgenstrahl kann dadurch variiert werden, dass die Höhe der gesamten Spinnapparatur geändert wird. Abb. 6.101 zeigt die Ergebnisse eines Experiments, bei dem Polypropylen mit 40 m/min von der Spinndüse abgezogen wurde [KSSZ 00]. Dargestellt sind links die Weitwinkel- und rechts die Kleinwinkelstreuung für verschiedene Abstände d von der Spinndüse. Bei $d = 30$ cm (Abstand Düse-Röntgenstrahl) erkennt man noch keine Kleinwinkelstreuung, es ist lediglich der Schatten des Primärstrahlfängers zu sehen, der von

Streubeiträgen an den Kollimationsblenden überstrahlt wird. Die Weitwinkelstreuung zeigt die isotrope Streuung des amorphen Materials. Zu diesem Zeitpunkt ist also das Material noch nicht kristallisiert und zeigt auch keine Orientierung der Ketten. Ab $d = 40\,cm$ bildet sich zunehmend ein Kleinwinkelreflex aus, der deutlich in der Längsrichtung des Fadens orientiert ist. Gleichzeitig bilden sich im Weitwinkelstreubild zunehmend schärfere Kristallreflexe, die ebenfalls eine deutliche Orientierung auf den zugehörigen Debye-Kreisen zeigen. Das Material tritt also unorientiert aus der Spinndüse aus, und erst wenn die Schmelze so weit abgekühlt ist, dass Kristallisation einsetzt, kommt es auch zu der gewünschten, die Festigkeit des Fadens erhöhenden Orientierung der Ketten. Die Ergebnisse solcher Versuche erlauben es, gezielt die Bedingungen während eines Spinnprozesses zu optimieren.

Literaturverzeichnis

[Eli 97]   Elias, H. G.: An Introduction to Polymer Science. Chichester, UK: Wiley VCH 1997

[Geh 89]   Gehrke, R.: Research on Synthetic Polymers by Means of Experimental Techniques Employing Synchtrotron Radiation. Topics in Current Chemistry **151** (1989) 111

[GK 82]   Glatter, O.; Kratky, O.: Small Angle X-Ray Scattering. New York, USA: Academic Press 1982

[Gui 63]   Guinier, A.: X-Ray Diffraction. San Francisco, USA: Freeman 1963

[HKL$^+$ 95] Hsiao, B. S.; Kennedy, A. D.; Leach, R. A.; Barton, R.; Harlow, R.; Ross, R.; Seifert, S.; Zachmann, H.: In-Situ Structural Characterization During Fiber Melt Spinning Via Synchrotron X-Ray Diffraction Measurement. Polymer Preprints **36** (1995) 340

[KSSZ 00]   Kolb, R.; Seifert, S.; Stribeck, N.; Zachmann, H. G.: Simultaneous Measurements of Small- and Wide-Angle X-Ray Scattering During Low Speed Spinning of Poly(propylene) Using Synchrotron Radiation. Polymer **41** (2000) 1497

[SR 03]   Sommer, J. U.; Reiter, G.: Polymer Crystallization. Berlin, Germany: Springer Verlag 2003

[SSH$^+$ 99] Samon, J. M.; Schultz, J. M.; Hsiao, B. S.; Seifert, S.; Stribeck, N.; Gurke, I.; Saw, C.; Collins, G.: Structure Development During the Melt-Spinning of Polyethylene and Poly(vinylidene fluoride) Fibers as Studied by In-Situ Synchrotron Small and Wide Angle X-Ray Scattering Techniques. Macromolecules **32** (1999) 8121

[SSH 02]   Samon, J. M.; Schultz, J. M.; Hsiao, B. S.: Structure Development in the Early Stages of Crystallization During Melt Spinning. Polymer **43** (2002) 1873

[SSW$^+$ 99] Samon, J. M.; Schultz, J. M.; Wu, J.; Hsiao, B. S.; Yeh, F.; Kolb, R.: Study of the Structure Development During the Melt Spinning of Nylon 6 Fiber by Online Wide Angle Synchrotron X-Ray Scattering Techniques. J. Polymer Sci. **B37** (1999) 1277

[ZG 86]   Zachmann, H. G.; Gehrke, R.: Advances in Indirect Methods of Polymer Morphology Characterization in Morpholoy of Polymers (Hrsg.: Sedlacek, B.). Berlin, Germany: de Gruyter 1986

[ZWGR 85] Zachmann, H. G.; Wiswe, D.; Gehrke, R.; Riekel, C.: Characterization of Poly-
         mers with Specific Properties by Means of Synchrotron Radiation. Makromol.
         Chem., Suppl. **12** (1985) 175

6.2.15   Textur und Rekristallisation in gewalzten Blechen bei Wärmebehandlung
Diffraktometrie
Thomas Wroblewski

Wichtige Eigenschaften von polykristallinen Materialien wie die Härte und Plastizität werden nicht nur durch ihre chemische Zusammensetzung bestimmt, aus der sich ihre kristallographische (Ideal-)Struktur ergibt, sondern auch durch ihre sogenannte Realstruktur.
Zu dieser zählt unter anderem die Anordnung der Kristallite zueinander und ihre Wechselwirkung miteinander. Ein wesentlicher Aspekt hierbei ist die Textur, d. h. der Grad der
Ausrichtung der Kristallite.

Die Textur kann durch unterschiedliche Behandlung (Walzen, Hämmern, Glühen, etc.) modifiziert werden und beeinflusst die Materialeigenschaften (Härte, Elastizität, etc.). Der
Ordnungsgrad der Kristallite lässt sich mittels Röntgenbeugung bestimmen.

Abb. 6.102 zeigt zwei Beugungsdiagramme eines Kupferblechs, nachdem es gewalzt und anschließend getempert, in diesem Fall über mehrere Stunden bei einer Temperatur von 120 °C
geglüht, wurde. Die Beugungsdiagramme wurden in symmetrischer Geometrie aufgenommen, d. h. Einfalls- und Ausfallswinkel sind gleich, sodass nur Kristallebenen parallel zur
Oberfläche zur Beugung beitragen. In beiden Diagrammen weicht die Intensitätsverteilung
von der einer Probe mit regelloser Orientierung der Kristallite ab.

Während des Temperns nimmt die Intensität des 200-Reflexes auf Kosten der anderen Reflexe stark zu. Um zu ergründen, was dabei auf mikroskopischer Ebene geschieht, wurde die

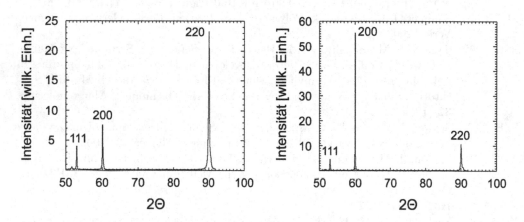

Abb. 6.102 Beugungsdiagramme eines Kupferblechs nach dem Walzen (links) und anschließendem
         Tempern bei 120 °C (rechts)

Untersuchung mit der abbildenden Pulverdiffraktometrie (siehe Abschnitt 5.2.4) durchgeführt.

Eine CCD-Kamera mit einer *micro-channel plate* (MCP) als Kollimator wurde auf den 200-Reflex ausgerichtet, um die lokale Entwicklung der Intensität während des Temperns ortsaufgelöst zu verfolgen.

Im Gegensatz zu Techniken mit einem extrem kollimierten Röntgenstrahl, die nur einen Probenort erfassen, kann bei diesem abbildenden Verfahren die gesamte Probe simultan beobachtet werden. Somit lässt sich die Bildung von Kristallisationskeimen und deren anschließendes Wachstum verfolgen, ohne dass die Orte, an denen sich die Keime bilden, vorher bekannt sein müssen. Tatsächlich zeigen die Bilder, die zu Beginn des Glühvorgangs aufgenommen wurden, nur wenig, meist diffuse Intensität. Während des Heizens entstehen und wachsen Kristallite, die auf den Bildern als helle Bereiche wachsender Intensität erscheinen. Ausgehend von den letzten Bildern, die sämtliche neu gebildeten Kristallite enthalten, kann man den Verlauf der Intensität für die einzelnen Kristallite bestimmen. Die Kristallitgröße nach der Rekristallisation erstreckt sich über mehrere Größenordnungen. Abb. 6.103 zeigt Wachstumskurven für Kristallite mittlerer Größe.

Man erkennt drei Phasen: Keimbildung, Wachstum und Sättigung. Auffällig ist, dass es keinen Zusammenhang zwischen Kristallgröße, Zeitpunkt der Keimbildung und Wachstumsgeschwindigkeit zu geben scheint. Ein derartiges Verhalten ist mit den herkömmlichen Theorien nicht zu erklären (das Buch von Humphreys und Hatherly [HH 96] gibt hierzu einen guten Überblick mit vielen Referenzen).

Die ersten Modelle zur Rekristallisation [Kol 37, JM 39, Avr 39] gingen von homogener Keimbildung und Wachtum aus, konnten aber nicht einmal die globale Rekristallisationskinetik zufriedenstellend beschreiben. Auch Modifikationen der Theorie, wie die Einführung variabler Keimbildungs- und Wachstumsraten, ergaben nur mangelhafte Übereinstimmung

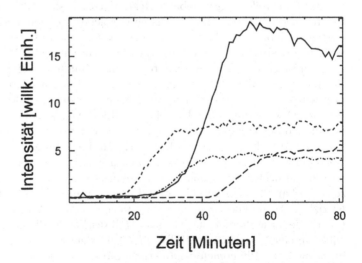

Abb. 6.103 Intensität des 200-Reflexes als Funktion der Zeit für vier Kristallite mittlerer Größe

mit den Experimenten. Ein Grund für diese Abweichungen könnten Inhomogenitäten in der Mikrostruktur sein.

Ein weiteres Experiment mit der abbildenden Pulverdiffraktometrie lieferte hierzu überraschende Erkenntnisse [Wro 02]. Es wurde ursprünglich konzipiert, um Artefakte durch die Fehlorientierung einzelner Kristallite auszuschließen. Die Kippung eines Kristallits aus der exakten Reflexionsstellung hätte nämlich eine niedrigere Intensität zur Folge und könnte eine kleinere Kristallitgröße vortäuschen. Daher wurde während des Temperns eine Serie von Scans gefahren, bei denen die Probenorientierung variiert wurde. Dies war mit dieser Methode wegen der geringen Messzeit von wenigen Sekunden pro Bild (dominiert durch die Auslesezeit der Kamera) leicht möglich. Innerhalb von zwei Minuten wurden so 21 Bilder bei verschiedenen Probenorientierungen (Scanbereich 1°, Schrittweite 0,05°) aufgenommen. Diese Scans wurden ständig wiederholt, was nach drei Stunden einen Datensatz von 1890 Bildern (21 Winkelschritte mal 90 Zeitschritte) ergab.

Das Experiment bestätigte das in den vorhergehenden Versuchen beobachtete Keim- und Wachstumsverhalten. Weiterhin zeigte es, dass keine messbare Rotation der Kristallite während ihres Wachstums stattfindet. Die interessantesten Ergebnisse lieferten jedoch Cluster von Kristalliten. Die Orientierung der Kristallite in einem Cluster, d. h. einem Bereich der Probe, in dem gehäuft Kristallite auftreten, variiert nur um ca. 0,3°, bei einer Halbwertsbreite von 0,1° für einen einzelnen Kristalliten, während die Breite der Winkelverteilung aller Kristallite der Probe mehr als 10° beträgt. Die Kristallite sind also Subkörner eines größeren Korns, was auch dadurch erhärtet wird, dass keine harten Korngrenzen, sondern ein kontinuierlicher Übergang (Netzebenenkrümmung) beobachtet wird. Abb. 6.104 zeigt das Wachstum eines solchen Clusters. Man erkennt deutlich, dass das Korn nicht homogen, von einem Keim ausgehend, wächst. Es sieht vielmehr so aus, als rege der primäre Keim die Bildung weiterer Kristallite (ähnlicher Orientierung) in seiner Umgebung an, welche dann zu einem Korn zusammenwachsen.

Bei der Beschreibung der globalen Rekristallisationskinetik wird auch der Einfluss der Textur diskutiert [HH 96]. Hierzu existieren widerstreitenden Theorien: Die Theorie der orientierten Keimbildung [Bar , Bec 54] geht davon aus, dass sich bevorzugt Keime einer Orientierung ausbilden, während die Theorie des orientierten Wachstums [DK 74] den Prozess dadurch beschreibt, dass Kristallite einer bestimmten Orientierung schneller wachsen und sich daher gegenüber anderen durchsetzen. Untersuchungen an Proben, die nur kurz getempert wurden, zeigten zwar einen Zusammenhang zwischen den schnell wachsenden Körnern und der Orientierung ihrer Umgebung [DLKL 93], es kann aber nicht ausgeschlossen werden, dass diese Kristallite ihre Umgebung bereits beeinflusst haben. Alternativ wurde daher ein Konzept diskutiert, das die frühen Kristallisationsstadien nicht auf die Orientierung der Umgebung, sondern auf lokale Differenzen in der beim Deformationsprozess gespeicherten Energie zurückführt [SD 95]. Eine konsequente Erweiterung dieser Idee, die zusätzlich eine zeitliche Variation der gespeicherten Energie erlaubt, ist das Modell der selbstorganisierten Kritizität. Diese Theorie greift für Systeme in einem metastabilen Zustand und erklärt so unterschiedliche Phänomene wie das $1/f$-Rauschen, Erdbeben, fraktale Strukturen oder Lawinen in einem Sandhaufen [BTW 87]. Außerdem ist sie, wie im Folgenden erläutert, auch im Stande, das Phänomen der Rekristallisation zu beschreiben.

Eine Kernaussage dieser Theorie ist, dass eine kleine Störung (Energiezufuhr beim Tempern)

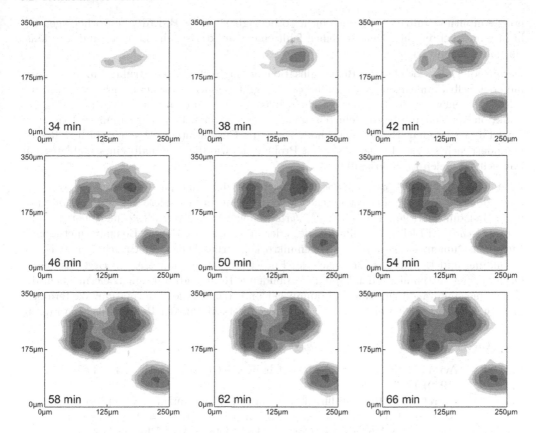

Abb. 6.104: Wachstum eines Kristallclusters. Der primäre Keim regt die Bildung weiterer Kristallite (ähnlicher Orientierung) in seiner Umgebung an, welche dann zu einem Korn zusammenwachsen. Der Kristall unten rechts gehört wahrscheinlich nicht zu dem Cluster. Seine Orientierung weicht um 0,5° ab.

zu makroskopischen Fluktuationen führen kann. Hierbei hängt es vom lokalen Zustand des Systems ab, wie weit sich die Störung ausbreitet. Als Modell stelle man sich ein Gitter aus gekoppelten Pendeln (Atome im Festkörper) vor. Stößt man eines an, so kann die Reaktion des Systems, je nach Ausgangszustand, lokal begrenzt bleiben oder sich lawinenartig ausbreiten. Auch nach der Relaxation befindet sich das System in einer metastabilen Konfiguration (es wurde nur ein kleiner Teil der gespeicherten Energie freigesetzt), die bestimmt, wie es auf die nächste Störung reagiert. Auf die Rekristallisation übertragen bedeutet dies, dass ein Kristallit seine Umgebung entweder schon nach kurzem Wachstum stabilisieren kann, oder aber, dass ein wachsender Kristallit seine Umgebung derart verändert, dass weitere schnell wachsende Keime entstehen.

Wie beim $1/f$-Rauschen, bei dem Amplitude und Frequenz umgekehrt proportional zueinander sind, entstehen große Fluktuationen seltener als kleine. Der Zeitpunkt, wann eine hohe Amplitude auftritt, ist jedoch nicht vorhersagbar (was z. B. Erdbebenvorhersagen nahezu unmöglich macht). Den Systemen fehlt eine charakteristische Längen- und Zeitskala, sie sind skaleninvariant.

Daraus folgt, dass sich bei der Rekristallisation, analog zu fraktalen Strukturen, das Phänomen der Selbstähnlichkeit beobachten lässt. Es gibt Bereiche mit wenigen Kristalliten und solche, in denen die Beiträge der einzelnen Kristalle überlappen. Der Intensitätsverlauf als Funktion der Zeit in diesen Gebieten ähnelt dem, den man für gut getrennten Kristallite bzw. für die gesamte Probe beobachtet. Auch die Gesamtintensität einer solchen Region verändert sich so wie die der gesamten Probe oder wie die innerhalb eines Gebietes mit hinreichend vielen Einzelkristalliten.

Zwar liefert das Modell der selbstorganisierten Kritizität eine gute Beschreibung des Systems, doch ist über die mikroskopischen Mechanismen, insbesondere bei der Keimbildung, wenig bekannt [HH 96]. Die gängigen Verfahren liefern entweder Informationen im realen (optische und Elektronenmikroskopie) oder im reziproken Raum (Beugungsmethoden). Einige Instrumente, z. B. das Elektronenmikroskop, ermöglichen ein Umschalten zwischen Abbildung und Beugung, sodass nach der Entdeckung eines interessanten Bereichs dessen Orientierung bestimmt werden kann. Die abbildende Röntgendiffraktometrie ermöglicht dagegen eine simultane Erfassung von räumlicher und struktureller Information. Weitere Studien auf diesem Gebiet werden zu einem besseren Verständnis der Rekristallisation führen.

Literaturverzeichnis

[Avr 39]   Avrami, M.: Kinetics of Phase Change. I General Theory. J. Chem. Phys. **7** (1939) 1103

[Bar]   Barret, C. S.: Recrystallization Texture of Aluminum after Compression, journal = Trans. Am. Inst. Min. Engrs., volume = 137, pages = 128, year = 1940, ()

[Bec 54]   Beck, P. A.: Annealing of Cold Worked Metals. Adv. Phys. **3** (1954) 245

[BTW 87]   Bak, P.; Tang, Ch.; Wiesenfeld, K.: Self-Organized Criticality: An Explanation of 1/f Noise. Phys. Rev. Lett. **59** (1987) 381–384

[DK 74]   Dillamore, I. L.; Katoh, H.: Mechanisms of Recrystallization in Cubic Metals With Particular Reference to Their Orientation Dependence. Metal Sci. **8** (1974) 73

[DLKL 93]   Duggan, B. J.; Lücke, K.; Köhlhoff, G.; Lee, C. S.: On the Origin of Cube Texture in Copper. Acta metall. mater. **41** (1993) 1921–1927

[HH 96]   Humphreys, F. J.; Hatherly, M.: Recrystallization and Related Annealing Phenomena. 2. Aufl. Oxford, U.K.: Pergamon Press 1996

[JM 39]   Johnson, W. A.; Mehl, R. F.: Reaction Kinetics in Processes of Nucleation and Growth. Trans. Metall. Soc. A.I.M.E. **135** (1939) 416

[Kol 37]   Kolmogorov, A. N.: On Statistical Theory of Metal Crystallisation. Izv. Akad. Nauk SSSR, Ser. Mat. **3** (1937) 355

[SD 95]   Samajdar, I.; Doherty, R. D.: Role of S[(123)<634>] Orientations in the Preferred Nucleation of Cube Grains in Recrystallization of fcc Metals. Scripta Metallurgica et Materialia **32** (1995) 845–850

[Wro 02]   Wroblewski, T.: Self-Organized Criticality - A Model for Recrystallization? Zeitschrift für Metallkunde **93** (2002) 1228–1232

6.3   Biologie und Medizin

6.3.1   Phasenübergänge in Lipid/Wasser-Suspensionen
Kleinwinkelstreuung, Weitwinkelstreuung
Gert Rapp

Phospholipide sind die Grundbausteine biologischer Membranen [ABL$^+$ 95]. Sie bestehen aus hydrophoben Kohlenwasserstoffketten mit typischerweise 10–20 Kohlenstoffatomen und einer hydrophilen Kopfgruppe (Abb. 6.105), die geladen oder zwitterionisch sein kann, d. h. an verschiedenen Stellungen in der Kette unterschiedliche Ladungen tragen kann. Auf Grund dieser amphiphilen Struktur bilden sie in wässriger Suspension je nach Konzentration, Temperatur, Druck, Kettenlänge, Kopfgruppe, Zusammensetzung, Salzgehalt etc. eine Vielzahl verschiedener Phasen. Beispiele dafür sind in Abb. 6.106 dargestellt. Man findet Mizellen verschiedener Form. Unter Mizellen versteht man eine oftmals kugelförmige Anordnung von Molekülen, die sowohl polare als auch unpolare Anteile enthalten, sodass sich z. B. die unpolaren Paraffinketten in wässriger Suspension zusammenlagern, um die Kontaktfläche mit dem polaren Lösungsmittel Wasser zu minimieren. Dadurch wird die freie Energie des Gesamtsystems minimiert. Die Mizellen bilden eindimensional lamellare, zweidimensional hexagonale und dreidimensional kubische Strukturen. Wie diese einzelnen Strukturen ineinander übergehen und welche Mechanismen ihren Umwandlungen zugrunde liegen, ist noch weitgehend unbekannt und Gegenstand aktueller Forschung, insbesondere auch mit Synchrotronstrahlung.

Die folgende Nomenklatur zur Charakterisierung der einzelnen Phasen geht auf Luzzati [Cha 68] zurück, eine ausführliche Beschreibung findet man bei Seddon [LS 95]:

Lamellare Phasen: In den L$_c$- und L$_{,,}$-Phasen sind die hydrophoben Kohlenwasserstoffketten in einer gestreckten (*all-trans*) Konfiguration senkrecht oder gekippt zu den Lamellen auf einem zweidimensional rechtwinkligen (L$_c$, lamellar kristalline Phase) oder einem hexagonalen Gitter angeordnet (L$_{,,}$, Gel-Phase). Bei Temperaturerhöhung findet bei vielen Lipiden ein Übergang in die sogenannte flüssigkristalline Phase (L$_\alpha$) statt, in der die Ket-

Abb. 6.105 (a) Dilauroylphosphatidylcholin (DLPC) als typisches Beispiel für ein Phospholipid bestehend aus zwei hydrophoben Kohlenwasserstoffketten mit je zwölf C-Atomen und hydrophiler Kopfgruppe (b) Fettsäuren (im Beispiel Laurinsäure, LS) spielen eine wichtige Rolle in allen biologischen Systemen.

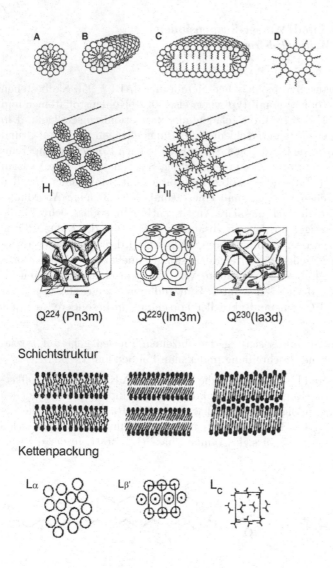

Abb. 6.106 Polymorphismus von Lipid/Wasser-Suspensionen. Kreise symbolisieren die hydrophilen
Anteile. Auf Grund der amphiphilen Struktur der Moleküle bilden sie in wässriger
Suspension (in biologischen Systemen herrscht Überschuss an Wasser) je nach Struktur
und äußeren Parametern wie Druck, Temperatur etc. Mizellen (links oben), lamellare,
hexagonale oder kubische Phasen.

ten keine Nahordnung mehr aufweisen. Der Übergang von der L_β- in die L_α-Phase ist stark endotherm und wird als Hauptübergang bezeichnet, bei welchem die Ketten schmelzen.

Hexagonale Phasen bestehen aus hexagonal gepackten Zylindern, die entweder aus Lipid- oder Wassersäulen bestehen. Im ersten Fall spricht man von der normalen hexagonalen Phase (H_I, d. h. Öl in Wasser), im zweiten von der inversen Phase (H_{II}, d. h. Wasser in Öl). Aus dem Röntgenbeugungsbild kann man nicht direkt erkennen, ob die hexagonale Struktur normal oder invers ist (Babinet-Prinzip). Zur Beantwortung dieser Frage werden Messungen bei verschiedenen Wasserkonzentrationen durchgeführt, da sich normale und inverse Phasen in charakteristischer Weise ändern. Phospholipide bilden in der Regel die H_{II}-Phase.

Kubische Phasen bestehen entweder aus diskreten Mizellen oder aus zwei ineinander verschlungenen, aber nicht verbundenen Netzwerken von Wasserröhren, deren Wände von Lipid-Mono- oder Doppelschichten gebildet werden. Bisher wurden sieben kubische Phasen identifiziert, von denen drei in Abb. 6.106 dargestellt sind.

Das Interesse an Phospholipiden oder vergleichbaren amphiphilen[17] Substanzen ist vielfältig:

- Das Grundgerüst einer biologischen Membran ist eine Doppelschicht bestehend aus bis zu 100 verschiedenen Komponenten mit einer breiten Variation in Aufbau und Funktion. In der Membran, die ein hochdynamisches System darstellt, liegen die Lipide vor allem in der flüssigkristallinen (L_α) Phase vor; bestimmte Proteine sind entweder darin eingebettet oder an der Membran verankert.

- Den nicht-lamellaren hexagonalen und kubischen Phasen wird eine biologische Bedeutung als lokale und transiente intermediäre Zustände bei verschiedenen biologischen Prozessen [WKF+ 05] zugeschrieben, wie z. B. der Zellfusion oder beim Fettstoffwechsel. Auf Grund der vielfältigen Strukturen eignen sie sich weiterhin als Modellsysteme für experimentelle Studien zur Überprüfung theoretischer Konzepte bezüglich gekrümmter Flächen.

- In Modellsystemen aus einer oder wenigen Komponenten kann man die Eigenschaften und Funktionen von Biomembranen simulieren [PAP+ 08].

- Sie eignen sich zum Studium von Selbstorganisationsprozessen, einem der faszinierendsten Gebiete sowohl in der Physik als auch der Biologie.

- In dem sich entwickelnden Forschungsgebiet über weiche kondensierte Materie sind sie Untersuchungsobjekte für grundlegende physikalisch-chemische Fragestellungen (Beispiel Phasenübergänge) [NKK+ 06]. Die Strukturen, die in die Kategorie der Flüssigkristalle fallen, haben gleichzeitig Eigenschaften von Flüssigkeiten und Festkörpern. Heute werden Flüssigkristalle neben den bekannten Aggregatzuständen fest, flüssig und gasförmig allgemein als der vierte Aggregatzustand der Materie genannt und als Mesophasen, d. h. Zwischenphasen, bezeichnet.

- Technische Anwendungen reichen von der Sensorik über organische Katalysatoren bis zu Transportsystemen für Medikamente.

---

[17]Von amphibisch: zu Wasser und zu Lande. Man versteht darunter Moleküle, die sowohl hydrophile (polare) als auch hydrophobe (unpolare) Anteile davon enthalten. Auf dieser Struktur beruht die Tendenz zur Selbstorganisation, da sich z. B. in polaren Lösungsmitteln wie Wasser die hydrophilen Anteile dem Lösungsmittel zu- und die hydrophoben Anteile davon abwenden.

Umwandlungen zwischen diesen Phospholipid/Wasser-Phasen sind Gegenstand des vorliegenden Abschnitts. Aus der Kenntnis der einzelnen Strukturen ergeben sich unmittelbar weitere Fragen: (i) Wie gehen diese Strukturen ineinander über? (ii) Welcher Natur ist der Phasenübergang? (iii) Welche Kräfte dominieren? (van-der-Waals-, elektrostatische etc.) (iv) Welchen Einfluss auf die Natur und Kinetik des Phasenüberganges hat die treibende Kraft? In dem bisher noch wenig erforschten Gebiet der Nichtgleichgewichtsthermodynamik [Hak 82, LL 83] können vergleichende Experimente von Phasenübergängen in der Nähe des thermischen Gleichgewichts (Heizrate z. B. 0,1 °C/min) und unter extremen Nichtgleichgewichtsbedingungen (Heizrate z. B. 10.000 °C/s) wesentliche Beiträge zur Erarbeitung theoretischer Konzepte leisten.

Auf Grund des vorhandenen Photonenflusses sind Experimente mit Synchrotronstrahlung besonders geeignet, um die oben genannten Fragestellungen über Struktur und Kinetik der Phasenumwandlungen zu untersuchen. Die Gitterkonstanten der Kettenanordnungen betragen ca. 0,4 nm, die der supramolekularen Aggregate liegen im Bereich zwischen 4–30 nm. Ausgehend von der Bragg'schen Gleichung für konstruktive Interferenz (s. Gleichung (2.78)) erhalten wir den Betrag des Streuvektors s

$$s_{hkl} = \frac{1}{d_{hkl}} = \frac{2 \sin \Theta}{\lambda} \tag{6.25}$$

mit der Wellenlänge λ der Röntgenstrahlen, Θ dem halben Streuwinkel und den Miller-Indizes hkl. Biologische Proben enthalten vor allem leichte Elemente und sind deshalb schwache Streuer. Für die gestreute Intensität gibt es ein Maximum, wenn für die Probendicke t und deren Absorptionskoeffizient μ, der von der Wellenlänge abhängt, $t = 1/\mu$ gilt. Da viele Proben aus praktischen Gründen ca. 1 mm dick sind, folgt aus dieser Beziehung für die optimale Wellenlänge ein Wert von ca. 0,15 nm.

Aus der Position der Röntgenreflexe und dem Verhältnis dieser Positionen erhält man direkt ablesbare Information über die Struktur:

Verhältnis der Reflexpositionen (in s-Werten)	Gittertyp	Gitterkonstante
1 :2:3:4:5:6	lamellar	$d_{lam} = l \ / \ s_l$
1 :(3:4:7:9:12:13...)$^{1/2}$	hexagonal	$a_{hex} = 2 \ d_{10} \ / \ 3^{1/2}$
2$^{1/2}$:(3:4:6:8:9:10:11:12:14)$^{1/2}$	kubisch, Q^{224}, Pn3m	$a_{kub} = (h^2+k^2+l^2)^{1/2} \ / \ S_{hkl}$
2$^{1/2}$:(4:6:8:10:12:14:16)$^{1/2}$	kubisch, Q^{229}, Im3m	
6$^{1/2}$:(8:14:16:20)$^{1/2}$	kubisch, Q^{230}, Ia3d	

Anmerkung: Kubische Phasen sind dadurch unterscheidbar, dass bei bestimmten Symmetrien nur Reflexe mit $S_{hkl} = (h^2+k^2+l^2)^{1/2}/a_{kub}$ erlaubt sind [Kle 77]. Es sind nur die am häufigsten auftretenden Strukturen aufgelistet. Die Angaben betreffen die Raumgruppe (Q^{224}) und das international verwendete Symbol (Pn3m). Detaillierte Informationen zu den kubischen Phasen findet man bei [Kle 77].

In kinematischer Näherung sind die Reflexe einer unendlichen periodischen Struktur ohne Gitterfehler Deltafunktionen (s. auch Abschnitt 2.2), verbreitert um die instrumentellen Beiträge wie Auflösung des Detektors und Divergenz der einfallenden Strahlung. Alle realen, aber insbesondere flüssigkristalline Strukturen zeigen starke Fluktuationen und haben

Defekte, und so kann man durch Analyse der Reflexbreite und -form Information über den Ordnungsgrad der Struktur erhalten [War 90].

Im Folgenden wird an einem Beispiel gezeigt, wie mit Synchrotronstrahlung der Polymorphismus von Lipidphasen untersucht werden kann. Dabei ist zu bemerken, dass Untersuchungen dieser Art oftmals die einzige Möglichkeit darstellen, direkte Informationen über Struktur *und* Zeitverlauf des Phasenüberganges zu erhalten.

Fettsäuren sind sowohl Ausgangs- als auch Spaltprodukte im Stoffwechsel vieler biologischer Systeme, und es ist wichtig zu wissen, welchen Einfluss sie auf Membranen haben. Dazu soll das temperaturabhängige Phasendiagramm für eine Mischung aus Dilauroylphosphatidylcholin DLPC und Laurinsäure aufgestellt werden (s. Abb. 6.107). Die Probe wird in dünne Glasröhrchen mit $10\,\mu$m Wandstärke und $1\,$mm Durchmesser gefüllt und in einem thermostatisierten Halter von $10\,°$C auf $70\,°$C mit einer Heizrate von $1\,°$C/min erwärmt.

Während des Heizens wird die Probe, die kristallographisch als Pulver anzusehen ist (Debye-Scherrer-Aufnahmen) alle $30\,$s für je $5\,$s belichtet, und die Beugungsringe werden mit einem ortsempfindlichen Datenerfassungssystem [RGDK 95] aufgezeichnet. In Abb. 6.107 sind die Messergebnisse und die Zuordnung der Reflexe zu den jeweils auftretenden Phasen dargestellt. Mit keiner anderen Methode kann in dieser kurzen Zeit eine eindeutige Identifizierung der einzelnen Strukturen erfolgen. Kalorimetrische und spektroskopische Methoden können zwar zwischen verschiedenen lamellaren, kubischen und hexagonalen Strukturen unterscheiden, aber nur mit Strukturmethoden wie Röntgenbeugung können die einzelnen Phasen eindeutig identifiziert und darüber hinaus geometrische Parameter bestimmt werden.

Bei Temperaturen unter $20\,°$C findet man eindimensional lamellarkristalline (L_c) Phasen eines Komplexes von DLPC/LS ($^{com}L_c$) und der Laurinsäure ($^{LS}L_c$), die an der 1. und 2. Ordnung im Kleinwinkelbereich und an der Vielzahl der Reflexe im Weitwinkelbereich zu erkennen sind. Bei ca. $26\,°$C sieht man deutliche Änderungen im gesamten Winkelbereich: Bei großen Winkeln (Weitwinkelbereich) verschwinden einige Reflexe vollständig, im Kleinwinkelbereich ändern sich deren Positionen.

Diese Daten werden so verstanden, dass durch Zufuhr thermischer Energie die stabilisierenden Van-der-Waals-Wechselwirkungen zwischen den Kohlenwasserstoffketten geschwächt werden und sich dadurch die molekulare Ordnung zwischen den Ketten verringert. Bei ca. $39\,°$C ist dieser Prozess so weit fortgeschritten, dass die Weitwinkelreflexe, die von der molekularen Ordnung der Ketten herrühren, vollständig verschwunden sind. Die lamellar flüssigkristalline Phase L_α mit vollständig ungeordneten Ketten existiert in dem vorliegenden Beispiel nur in einem engen Temperaturbereich. Im weiteren Temperaturverlauf ergeben sich Umwandlungen in kubische Phasen, die mit einer hexagonalen Phase koexistieren. Die auftretenden Phasen haben sehr unterschiedliche optische und mechanische Eigenschaften. Im Gegensatz zu lamellaren Phasen sind kubische Phasen optisch isotrop und haben eine höhere Viskosität. Die genaue Sequenz sieht wie folgt aus:

$$^{com}L_c + {}^{LS}L_c \longrightarrow L_{,,} + {}^{LS}L_c \longrightarrow L_\alpha \longrightarrow \text{Ia3d} + H_{II} \longrightarrow \text{Pn3m} + H{I}I \longrightarrow \text{Im3m} + H_{II}$$

Bei der vorliegenden molaren Mischung von 1:2 ist das Phasenverhalten relativ komplex, und bei nur gering verschiedenen Mischungen findet man wesentlich weniger Strukturen.

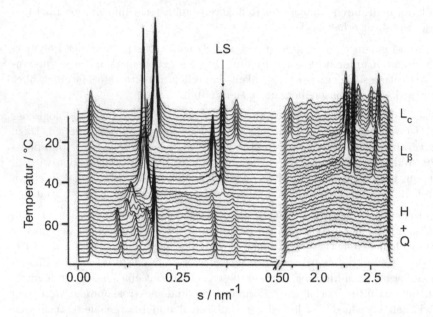

Abb. 6.107 Zeitaufgelöste Röntgenbeugungsbilder von Dilauroylphosphatidylcholin (DLPC) und
Laurinsäure (LS) im Mischungsverhältnis 1:2 (mol/mol) in Abhängigkeit der Temperatur. Im sogenannten Kleinwinkelbereich von 0–0,5 nm^{-1} findet man Reflexe, die
Informationen über die Überstruktur (lamellar, hexagonal, kubisch) geben. Im Weitwinkelbereich von 1,5–2,8 nm^{-1} sieht man Reflexe, die die Kettenanordnung auf molekularer Ebene charakterisieren. Am rechten Rand sind die den Reflexen zugeordneten
Strukturen aufgelistet. Weitere Details sind im Text beschrieben. Beachten Sie die
unterschiedliche Skalierung auf der Abszisse.

Das vollständige temperaturabhängige Phasendiagramm für Mischungen aus DLPC und
LS findet man bei [KTR 97].

Dieser Beitrag soll einen Überblick geben über aktuelle Fragestellungen im Grenzgebiet von
Physik und Biologie. Das vorgestellte Experiment ist ein Beispiel für Arbeiten an Modell-
systemen aus der Welt der biologischen Zelle und für Grundlagenforschung, die bis in das
Gebiet der theoretischen Physik reicht. Darüber hinaus sind technische Anwendungen in den
Bereichen dünner Schichten, organischer Katalysatoren und der Nanostrukturen absehbar.

Das obige Experiment dient zur Illustration für das Auftreten einer Vielzahl von Strukturen in einem System, in welchem nur die Temperatur geändert wurde. Es wurde gezeigt,
wie mit Hilfe der Synchrotronstrahlung Phasendiagramme erstellt werden können. Darüber
hinaus können mit zeitaufgelösten Experimenten an solchen Lipidsystemen grundlegende physikalische Fragestellungen nach der Natur und Kinetik von Phasenumwandlungen
untersucht werden. Stichworte dazu sind Keimbildung und Wachstum, spinodale Entmi-

schung[18] oder martensitische Übergänge[19]. Allerdings würde eine auch nur oberflächliche Diskussion den Rahmen dieses Beitrages sprengen, und es soll auf einschlägige Monographien [Dor 85, LL 83, Sta 71] oder Übersichtsartikel [KL 91] verwiesen werden.

Literaturverzeichnis

[ABL+ 95] Alberts, B.; Bray, D.; Lewis, J.; Raff, M.; Roberts, K.; Watson, J. D.: Molekularbiologie der Zelle, 3. Auflage. Weinheim: VCH 1995

[Cha 68] Chapman, D.: Biological Membranes, Vol. 1. London: Academic Press 1968

[Dor 85] Doremus, R. H.: Rates of Phase Transformations. London: Academic Press 1985

[Hak 82] Haken, H.: Synergetics. An Introduction. Berlin: Springer 1982

[KL 91] Kinnunen, P.; Laggner, P. (Hrsg.): Phospholid Phase Transitions. Chem. Phys. Lipids **67** (1991)

[Kle 77] Kleber, W.: Einführung in die Kristallographie. Berlin: VEB Verlag Technik 1977

[KTR 97] Koynova, R.; Technov, B.; Rapp, G.: Mixing Behaviour of Saturated Short-Chain Phosphatidylcholines and Fatty Acids. Chem. Phys. Lipids **88** (1997) 45–61

[LL 83] Landau, L. D.; Lifshitz, E. M.: Lehrbuch der theoretischen Physik, Bd. 10, Physikalische Kinetik. Berlin: Akademie Verlag 1983

[LS 95] Lipowsky, R.; Sackmann, E.: Structure and Dynamics of Membranes. Handbook of Biological Physics, Vol. 1. Amsterdam: Elsevier 1995

[NKK+ 06] Nicolini, C.; Kraineva, J.; Khurana, M.; Periasamy, N.; Funari, S. S.; Winter, R.: Temperature and Pressure Effects on Structural and Conformational Proporties of POPC/SM/Cholesterol Model Raft Mixtures - a FT-IR, SAXS, DSC, PPC and Laurdan Fluorescence Spectroscopy Study. Biochim. Biophys. Acta **1758** (2006) 248–258

[PAP+ 08] Prades, J.; Alemany, R.; Perona, J. S.; Funari, S. S.; Vögler, O.; Ruiz-Gutiérrez, V.; Escribá, P.; Barceló, F.: Effects of 2-Hydroxyoleic Acid on the Structural Properties of Biological and Model Plasma Membranes. Mol. Mem. Biol. **25** (2008) 46–57

[RGDK 95] Rapp, G.; Gabriel, A.; Dosiere, M.; Koch, M. H. J.: A Dual Detector Single Readout System for Simultaneous Small- (SAXS) and Wide-Angle X-Ray (WAXS) Scattering. Nucl. Instrum Meth. **A 357** (1995) 178–182

[Sta 71] Stanley, H. E.: Introduction to Phase Transtitions and Critical Phenomena. Oxford: Clarendon Press 1971

[War 90] Warren, B. E.: X-Ray Diffraction. New York: Dover Publications 1990

---

[18]Durch Konzentrationsfluktuationen getriebener Phasenübergang in Mehrkomponentensystemen, der sehr schnell ablaufen kann. (Gegensatz: Keimbildung und Wachstum, martensitische Übergänge)

[19]Phasenübergänge ohne nennenswerte Diffusion einzelner Moleküle. Dadurch können diese Übergänge sehr schnell ablaufen. Andere Übergänge beruhen auf Keimbildung und Wachstum, wobei die einzelnen Moleküle diffundieren müssen.

[WKF⁺ 05] Willumeit, R.; Kumpugdee, M.; Funari, S. S.; Lohner, K.; Navas, B. P.; Bran-
           denburg, K.; Linser, S.; Andrä, J.: Structural Rearrangement as Reason for
           Bacterial Membrane Destruction by the Peptide Antibiotic NK-2. Biochim.
           Biophys. Acta **1669** (2005) 125–134

6.3.2   Struktur des Motorproteins Kinesin
Proteinkristallographie
Stefan Sack, Alexander Marx, Eckhard Mandelkow

Das Protein Kinesin wandelt chemische Energie in gerichtete Bewegung um und arbeitet
somit als molekularer Motor. Um den Mechanismus dieses Motors zu verstehen, ist es erforderlich, die dreidimensionale Anordnung der Atome im Molekül zu bestimmen. Dies gelingt
mit röntgenkristallographischen Methoden unter Ausnutzung der Synchrotronstrahlung. Die
bisherigen Untersuchungen leisten einen Beitrag zum Verständnis der Funktionsweise einer
biologischen Nanomaschine auf molekularer Basis, die möglicherweise später für chemische
oder biologische Anwendungen modifiziert werden kann.

Zusammenhang zwischen Struktur und Funktion von Proteinmolekülen

Ziel der Untersuchung der strukturellen Eigenschaften von Proteinen (Eiweißen) ist ein besseres Verständnis ihrer Funktion. Struktur und Funktion sind in biologischen Systemen eng
verbunden, da die Vielfältigkeit biologischer Prozesse auf der Kombination nur weniger Ein-
zelbausteine beruht. So ist die gesamte Erbinformation auf der DNA als eine Abfolge von
vier Basenbausteinen (Adenosin, Cytosin, Thymidin und Guanosin) gespeichert, und die
große Zahl der Proteine in der Natur baut sich aus nur 20 unterschiedlichen Aminosäuren
auf. Wie ist es dann möglich, dass eine derartige Fülle von verschiedenartigen Aufgaben
von den Proteinen übernommen werden kann? Die Antwort auf diese Frage ist, dass Proteine nicht als eindimensionale Kette von aneinandergereihten Aminosäure-Bausteinen ihre
Funktion ausüben, sondern sich zu komplexen dreidimensionalen Strukturen ordnen, die für
die verschiedenen Aufgaben in einem Organismus maßgeschneidert sind (zur Funktion und
Struktur von Proteinen siehe z. B. [BT 99]).

Die Primärstruktur, also die Abfolge der Aminosäuren als eine Kette (Polypeptidkette), lässt
sich aus der Sequenz des Gens bestimmen: Jeweils drei Basenpaare auf der DNA kodieren
eine Aminosäure. Ist der DNA-Abschnitt bekannt, der das Protein enthält, so kann die
Primärstruktur mit Standardmethoden quasi abgelesen werden. Die Aminosäurekette bleibt
allerdings nicht langgestreckt, sondern ordnet sich zu spiraligen Strukturen, sogenannten α-
Helices, zu langgestreckten parallelen oder antiparallelen Strängen, den β-Faltblättern, und
zu flexiblen Abschnitten, den Loops. Diese Sekundärstruktur-Elemente fügen sich dann
zum vollständigen Protein zusammen, das in dieser gefalteten Struktur (Tertiärstruktur)
seine Funktion ausüben kann. Erst auf der Ebene der Tertiärstruktur oder Quartärstruktur
(wenn sich mehrere Proteine zu einem Komplex zusammenlagern) bilden sich die für die
Umsetzung von Stoffen notwendigen dreidimensionalen Bindungsregionen aus und schaffen
damit die Voraussetzungen für das Ablaufen der biologischen Prozesse.

Von der Proteingewinnung zur Proteinstruktur

Bisher ist es nicht möglich, allein aus der Kenntnis der Aminosäurefolge verlässliche Vorhersagen über die dreidimensionale Struktur eines Eiweißes zu machen. Immerhin kann ein Eiweißmolekül mehrere zehntausend Atome enthalten. Es ist daher erforderlich, seine Struktur experimentell, d. h. mit den Methoden der Proteinkristallographie, zu bestimmen. Das gilt auch für die Bestimmung der dreidimensionalen Struktur des Motorproteins Kinesin.

Um ein kristallographisches Experiment durchführen zu können, ist es zunächst erforderlich, das zu untersuchende Protein bzw. den Komplex zu kristallisieren. Diese trivial erscheinende Tatsache ist allerdings heutzutage bei vielen Untersuchungen der zeitbestimmende Faktor. Der typische Ablauf der Kristallisation eines Proteins ist wie folgt: Der DNA-Abschnitt, der das zu untersuchende Protein kodiert, wird in ein Bakterium eingebracht. Die Bakterien erzeugen dann dieses Protein in einer sehr hohen Konzentration. Mit proteinchemischen Reinigungsmethoden erhält man aus dem Zellextrakt eine große Menge reinen Proteins, das die Voraussetzung für eine erfolgreiche Kristallisation bildet. Zur eigentlichen Kristallisation wird die gereinigte Proteinlösung vorsichtig in den Zustand der Übersättigung übergeführt, meist durch langsames Verdunsten des Lösungsmittels und unter der Mitwirkung von geeigneten Fällungsmitteln. Unter günstigen Bedingungen kommt es dabei zur Ausbildung einzelner Proteinkristalle. Dies ist allerdings nicht die Regel. Meistens fällt das Protein als amorpher oder polykristalliner Niederschlag aus. Daher müssen teilweise hunderte Kristallisationsversuche unternommen werden, bis die idealen Bedingungen (Proteinkonzentration, Zusammensetzung des Fällungsmittels, pH-Wert, Temperatur ...) bekannt sind, unter denen das Protein kristallisiert.

Sind gute Einkristalle vorhanden, so ist es in der Regel schnell möglich, die zur Strukturbestimmung benötigten Röntgenbeugungsdaten an Synchrotronstrahlungsquellen aufzu-

Abb. 6.108
Fotografie von Kristallen des monomeren Kinesins. Die Kristalle haben Dimensionen von ca. 0,2 mm in allen drei Raumrichtungen. Aufnahme: Jens Müller (Dissertation, Hamburg 2000)

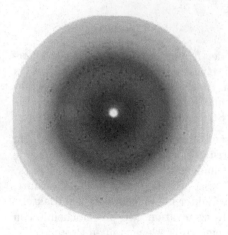

Abb. 6.109
Drehkristall-Aufnahme von monomerem Kinesin, aufgenommen an der Synchrotronstrahlführung BW6 (MPG/HASYLAB, Hamburg). Wellenlänge der Röntgenstrahlung $\lambda = 1{,}1\,\text{Å}$. Drehwinkel $\Delta\Phi = 1°$

nehmen (s. Abb. 6.108, 6.109). Mit den modernen Flächendetektoren (Bildplatten- oder CCD-Detektoren, neuerdings auch sehr effiziente Pixel-Detektoren in Hybrid-Technologie (PILATUS), s. Abschnitt 3.4.3) lassen sich komplette Datensätze, die aus mehreren hundert Einzelaufnahmen bestehen können, in kurzer Zeit aufnehmen. Ziel der Messungen ist es, die Intensitäten möglichst vieler Röntgenbeugungsreflexe zu bestimmen. Dazu muss jeder einzelne Reflex (identifiziert durch seine Miller'schen Indizes hkl) die Beugungsbedingung (Bragg- oder Laue-Bedingung) erfüllen. In dem heute üblicherweise verwendeten Drehkristallverfahren wird der Kristall während jeder einzelnen Aufnahme um einen bestimmten Winkel $\Delta\Phi$ um eine Achse senkrecht zum Röntgenstrahl (die sogenannte Φ-Achse) gedreht. Dadurch können während einer Aufnahme verschiedene Reflexe (einige wenige bis mehrere tausende, je nach Kristall und Drehwinkel) die Beugungsbedingung erfüllen und somit gleichzeitig aufgezeichnet werden. Die Daten werden nach Auslesen der Detektoren elektronisch gespeichert und im Computer weiterverarbeitet. Ein typischer Datensatz umfasst dabei etwa 0,5 bis 10 GByte. Mit geeigneter Software werden die zugehörigen hkl ermittelt und die Intensitäten I zusammen mit den geschätzten Standardabweichungen σ_I in Listenform gespeichert. Diese reduzierten und skalierten Daten bilden die Grundlage für die Berechnung der Elektronendichteverteilung des Kristalls (auch Elektronendichtekarte genannt), aus der sich letztlich die Molekülstruktur ablesen lässt. (Eine gute Einführung in die Röntgenstrukturanalyse von Proteinen findet sich in dem Buch von Jan Drenth [Dre 07]. Grundlagen zur Röntgenstrukturanalyse s. Abschnitt 2.2, für Details sei auf weiterführende Literatur verwiesen, z. B. [Mas 07].)

Die Qualität der Kristalle bemisst sich an ihrer Fähigkeit, Röntgenstrahlen zu beugen. Gemessen wird dies als maximaler Bragg-Winkel θ, unter dem noch Beugung auftritt. Je größer θ, desto genauer ist die räumliche Information. Über die Bragg-Beziehung $\lambda = 2d \sin\theta$ kann ein direkter Zusammenhang zur Auflösung d hergestellt werden. Die Auflösung ist ein direktes Maß dafür, welche Details in der Struktur der Proteine erkannt werden können. So kann man bei einer Auflösung von 4,5 Å das Aminosäuregerüst des Proteins und die Anwesenheit von einzelnen großen Seitenketten erkennen. Wird die Auflösung besser (3—2 Å), so kann man unterschiedliche Aminosäuren identifizieren. Diese sind dann als Umrisse in der Elektronendichtekarte auszumachen. Bei einer Auflösung von ca. 1 Å sind schließlich die einzelnen Atome des Proteinmoleküls klar voneinander getrennt. Man spricht in diesem Zusammenhang auch von atomarer Auflösung.

In besonders günstig verlaufenden Fällen kann unmittelbar nach der Messung bereits eine erste Elektronendichtekarte ermittelt werden. Allerdings muss dafür das sogenannte Phasenproblem gelöst werden (s. auch Abschnitt 2.2). Dazu stehen verschiedene Methoden zur Verfügung: Infrage kommen der multiple isomorphe Ersatz (MIR), die Verwendung der anomalen Beugung von Streuern bei Wellenlängen in der Nähe der Absorptionskante (MIRAS, SIRAS, MAD) oder der molekulare Ersatz (MR). Da es mit Hilfe der Synchrotronstrahlung möglich ist, verschiedene Wellenlängen einzusetzen, gewinnen Methoden, die anomale Streuung verwenden, zunehmend an Bedeutung.

Bestimmung der Streuphasen

Die Methode des isomorphen Ersatzes besteht darin, dass Datensätze von mehreren isomorphen (strukturell gleichen) Kristallen eines Proteins gemessen werden. Zusätzlich zu dem unveränderten, dem nativen Proteinkristall werden so genannte Schweratomderivate vermessen, d. h. Kristalle desselben Typs, bei denen sich aber an bestimmten Stellen Schweratome (z. B. Au, Pt, Hg, ...) an die Proteinmoleküle angelagert haben. Solche Schweratomderivate erhält man manchmal durch Kristallisation in Anwesenheit eines Schweratomsalzes oder — viel einfacher — durch Eintauchen eines nativen Kristalls in eine Lösung mit Schweratomionen, wobei diese in den Kristall hineindiffundieren und sich an die Moleküle anlagern. Da Schweratome erheblich mehr Elektronen als die sonst in den Proteinkristallen vorkommenden Elemente (C, N, O und H) haben, beeinflussen sie das Beugungsbild merklich. Häufig lassen sich die Positionen der Schweratome leicht bestimmen, da es sich in der Regel nur um eine kleine Anzahl von Schweratomen (pro Proteinmolekül) handelt. Dann kann man aus den Unterschieden der Reflexintensitäten mit und ohne Schweratome Schätzwerte für die Streuphasen und damit zugleich eine erste Elektronendichtekarte berechnen. Der Nachteil dieser Methode liegt darin, dass sie nur bei Isomorphie der Kristalle funktioniert. Es ist allerdings nicht selten, dass Proteinkristalle nach dem Eintauchen in die Schweratomlösungen nicht mehr isomorph zu den nativen Kristallen sind. Ein weiterer Nachteil besteht darin, dass man Datensätze von zwei oder mehr Schweratomderivaten benötigt, um die Streuphasen eindeutig bestimmen zu können (MIR, für *multiple isomorphous replacement*).

Die Benutzung anomaler Signale kann eine Modifikation des isomorphen Ersatzes sein. In diesem Fall wird die anomale Beugung in der Nähe der Absorptionskante des zusätzlich eingebrachten Streuers (Schweratoms) als weitere Information zur Phasierung verwendet (MIRAS/SIRAS, für *multiple/single isomorphous replacement with anomalous signals*). Eine Methode, die ausschließlich auf der Verwendung anomaler Signale beruht, ist das MAD-Verfahren (von *multiple wavelength anomalous dispersion*). Bei diesem Verfahren werden alle benötigten Daten an einem einzigen Kristall gemessen. Dies ist ein großer Vorteil gegenüber den auf isomorphem Ersatz beruhenden Verfahren, da diese in jedem Fall mehrere Kristalle erfordern, die hinreichend isomorph in ihrem Aufbau sein müssen. Das MAD-Verfahren nutzt die Möglichkeit aus, dass bei Synchrotronstrahlungsquellen die Wellenlänge ausgewählt werden kann. Es werden von einem Proteinkristall, der geeignete Streuer enthält (etwa Selen, das sich anstelle von Schwefel in die Proteine einbringen lässt), mehrere Datensätze bei verschiedenen Wellenlängen aufgenommen. Die Summe der Informationen dieser nahe bei der Absorptionskante gemessenen Datensätze ermöglicht bei guter Datenqualität eine sehr genaue Bestimmung der Phasen, ohne dass ein Isomorphie-Problem auftritt.

Eine ganz andere Art, das Phasenproblem zu lösen, besteht darin, eine verwandte Struktur (Modellstruktur) als Ausgangspunkt für die Phasierung der Daten zu verwenden. Hierbei wird vorausgesetzt, dass die tatsächlichen Phasen nicht sehr von denen verschieden sind, die man erhalten würde, wenn die gesuchte Struktur mit der Modellstruktur übereinstimmen würde. Diese Methode erfordert außer der Messung des nativen Kristalls keine weiteren Messungen, sie ist allerdings nicht ganz risikolos, da das verwendete Modell die errechnete Elektronendichteverteilung beeinflusst und verfälscht. Das kann so weit gehen, dass bei geringer Auflösung eine fehlerhafte Struktur entsteht. Erfolgreich ist diese als Methode des molekularen Ersatzes (MR, *molecular replacement*) bezeichnete Vorgehensweise hauptsächlich dann, wenn man sich relativ sicher sein kann, dass die Struktur des kristallisierten Proteins nur geringfügig anders ist als die verwendete Modellstruktur — etwa wenn verschiedene Zustände eines Proteins oder vergleichbare Proteine aus unterschiedlichen Organismen vorliegen.

Modellierung und Verfeinerung

Wenn eine erste, in der Regel noch ungenaue Elektronendichtekarte erstellt ist, beginnt die letzte Phase der Strukturbestimmung. In einem iterativen Verfahren wird die Elektronendichteverteilung durch ein dreidimensionales Molekülmodell der Zielstruktur (in Form einer Liste von Atomkoordinaten) interpretiert. Mit Hilfe dieses Modells lassen sich verbesserte Phasen und damit eine genauere Elektronendichtekarte berechnen, was wiederum eine Verfeinerung des Strukturmodells erlaubt. Dieses zyklische Verfahren wird so lange fortgesetzt, bis keine Verbesserung mehr möglich ist. Zur Beurteilung der Qualität des Strukturmodells dient neben stereochemischen Kriterien vor allem der Grad der Übereinstimmung zwischen den Reflexintensitäten, die auf Grund des Modells zu erwarten sind, und den tatsächlich gemessenen Intensitäten (kristallographischer R-Faktor).

Fallbeispiel: Kinesin

Kinesin ist ein Motorprotein, d. h. es verwandelt chemische Energie (in Form der energiereichen Phosphatverbindung ATP) in gerichtete Bewegung. Es bewegt sich dabei entlang von Mikrotubuli, das sind aus dem Protein Tubulin bestehende Hohlzylinder, welche die Zelle durchziehen. Kinesin übernimmt mit dem gerichteten Transport wichtige Aufgaben in der Zelle, indem es zum Beispiel Nährstoffe in Vesikeln (das sind Transportgefäße in der Zelle) über große Distanzen bewegt (s. Abb. 6.110). Das konventionelle Kinesin (so genannt zur Unterscheidung von später entdeckten Kinesin-Varianten) ist ein Komplex aus zwei leichten und zwei schweren Polypeptidketten. Die beiden identischen schweren Moleküle (Mw ca. 100 000) sind die Motoren, die leichten Ketten (Mw ca. 60 000) dienen der Ankopplung an die zu transportierenden Zellbestandteile. Einen Überblick über Motorproteine und speziell über Kinesine geben [Val 03, MMM 05, HN 08].

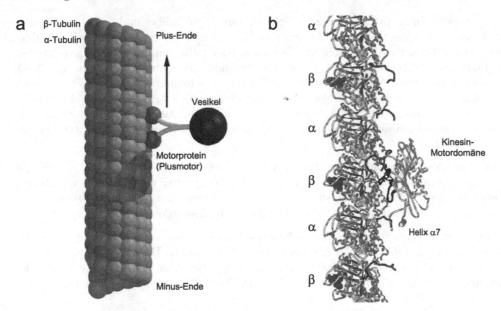

Abb. 6.110 Modell von Motorprotein Kinesin und Mikrotubuli. (a) Das Motorprotein Kinesin bewegt sich an den Mikrotubuli entlang wie auf Gleisen. Es zieht dabei Vesikel hinter
sich her und ermöglicht damit einen geordneten Stofftransport in der Zelle. Zwei Ki-
nesinmoleküle mit je einer Motoreinheit bilden dabei eine funktionelle Einheit. (b) In-
teraktion der Kinesin-Motordomäne mit der Mikrotubulus-Oberfläche. Gezeigt ist nur
ein einzelnes Protofilament (Kette aus α-, β-Tubulin-Untereinheiten) aus der Wand
des Mikrotubulus. Das Strukturmodell beruht auf einer Kombination elektronenmikro-
skopischer Aufnahmen mit kristallographisch bestimmten molekularen Modellen von
Tubulin und Kinesin.

Die schweren Ketten bestehen aus mehreren Domänen: einer globulären Motordomäne, die
für die Umwandlung chemischer Energie in Bewegung verantwortlich ist, einem langgestreckten helikalen Bereich (Stängel) und einem Schwanzbereich, an den sich die leichten
Ketten anheften können. Wegen der komplexen Domänenstruktur erscheint es aussichtslos,
den vollständigen Motorkomplex oder auch nur die schwere Kette als Ganzes zu kristallisieren. Um dennoch Aufschluss über die Struktur der Motordomäne und den molekularen
Mechanismus der Krafterzeugung zu gewinnen, wurden in den Max-Planck-Arbeitsgruppen
für strukturelle Molekularbiologie in Hamburg verschieden lange Teilbereiche (Konstrukte)
der schweren Kette untersucht. Dazu wurden zunächst die entsprechenden Abschnitte des
Kinesin-Gens in einen Bakterienstamm eingeführt und größere Mengen Protein erzeugt.
Nach vielen Kristallisationsversuchen gelang es, Kristalle von zwei verschiedenen Kinesin-
Konstrukten mit der vollständigen Motordomäne zu erhalten: einem kürzeren Konstrukt,
das als Einzelmolekül kristallisiert, und einem längeren Konstrukt, das sich zu Dimeren mit
zwei Motordomänen zusammenlagert [SMM+ 97, KSM+ 97].

Zur Lösung des Phasenproblems wurden Schweratome (Quecksilber und Selen) in die Kristalle des dimeren Kinesins eingebracht und sowohl ihre anomalen Signale als auch die Differenzen zum nativen Kristall verwendet. Es handelte sich also um ein MIRAS-Experiment. Allerdings war die Auflösung, die mit diesen Kristallen erreicht werden konnte, mit 3,0 Å nicht sehr hoch. Später gelang es, zusätzlich Kristalle des monomeren Proteins zu züchten (Abb. 6.108), die Messungen mit einer Auflösung von bis zu 1,9 Å erlaubten (Abb. 6.109). Mit Hilfe der Methode des molekularen Ersatzes, basierend auf ersten Elektronendichtekarten des dimeren Konstrukts, konnte dann auch die Phasierung dieses Proteinmodells bestimmt werden.

Die Struktur des Motordomäne des Ratten-Kinesins ist in Abb. 6.111 dargestellt. Es besteht aus einem zentralen achtsträngigen β-Faltblatt, das von je drei vor- und hintergelagerten α-Helices flankiert wird. Im unteren Teil des Bildes erkennt man ein kleines Stück der für die Dimerisierung verantwortlichen Helix $\alpha7$, die an die Motordomäne anschließt.

Weitere Informationen liefert das dimere Kinesin-Konstrukt, das die Anordnung der beiden Motordomänen im funktionellen Komplex zeigt (Abb. 6.112). Dabei stellte sich überraschenderweise heraus, dass die beiden Kinesin-Köpfe über eine 120°-Drehung ineinander überführt werden können und nicht, wie erwartet, durch eine zweizählige Symmetrie mit-

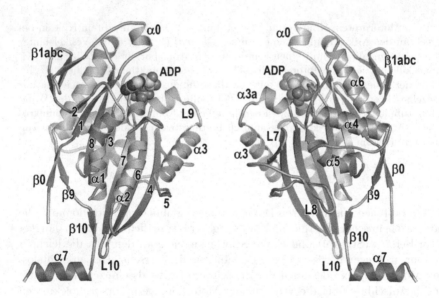

Abb. 6.111 Struktur des Motorproteins Kinesin in schematischer Darstellung (konventionelles Kinesin, Vorder- und Rückansicht). Man erkennt ein zentrales β-Faltblatt, das aus acht β-Strängen besteht (in der linken Ansicht mit den Ziffern 1-8 durchnummeriert, in der Reihenfolge der Peptidsequenz). Davor und dahinter befinden sich jeweils drei α-Helices. Die an der Wechselwirkung mit den Mirkotubuli direkt beteiligten Strukturelemente sind in grüner Farbe dargestellt. Am unteren Bildrand befindet sich die für die Verbindung zwischen zwei Kinesin-Molekülen verantwortliche C-terminale Helix $\alpha7$ (vgl. auch Abb. 6.112).

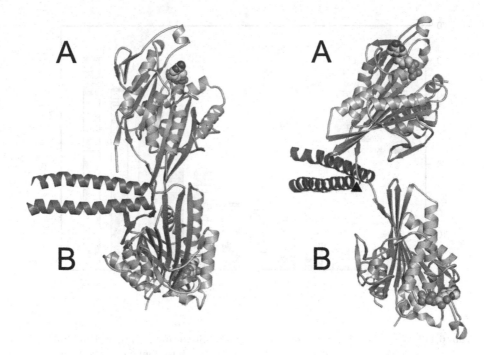

Abb. 6.112 Struktur des dimeren Kinesins. Zwei Kinesin-Moleküle mit jeweils einer Motordomäne
lagern sich über die Wechselwirkung ihrer C-terminalen α-Helices (α7) zusammen. Die
linke Ansicht entspricht etwa der Orientierung in Abb. 6.111 links, die rechte Abbildung zeigt einen Blick entlang der Pseudo-Symmetrieachse. Die beiden Motordomänen
(nicht aber die Dimerisierungsregionen α7, rot) sind über eine 120°-Drehung miteinander verbunden. Die Drehachse ist durch das schwarze Dreieck in der rechten Ansicht
angedeutet.

einander verbunden sind. Aus diesen Informationen ließen sich erste Rückschlüsse auf die
Bindungsverhältnisse des Kinesins am Mikrotubulus und die Art der Bewegung ziehen.

Mittlerweile sind mehr als 60 Strukturen von sehr unterschiedlichen Kinesinen bekannt und
in der Protein-Datenbank PDB (http://www.wwpdb.org/) öffentlich zugänglich gemacht
(Abb. 6.113). Nicht zuletzt im Zuge der verschiedenen Genomprojekte, also der Bemü-
hungen, einen Überblick über die gesamte genetische Ausstattung der unterschiedlichsten
Organismen einschließlich des Menschen zu gewinnen, hat sich herausgestellt, dass Kinesine
und verwandte Proteine vermutlich in allen höheren Zellen vorkommen. Man findet sie in
Einzellern wie in Vielzellern, in Hefepilzen und Kartoffeln wie in Würmern, Fliegen und
Säugetieren. Die große Familie der Kinesine wird heute in 14 Klassen eingeteilt, die sich
durch spezifische Eigenheiten in Aufbau und Funktion unterscheiden. Interessanterweise ist
die alle Kinesine kennzeichnende Motordomäne in jedem einzelnen bisher bekannten Fall
sehr ähnlich zu den hier beschriebenen Strukturen. Die erstaunliche Diversität der Kinesine
kommt durch relativ kleine Veränderungen einzelner Sekundärstrukturelemente bei weit-

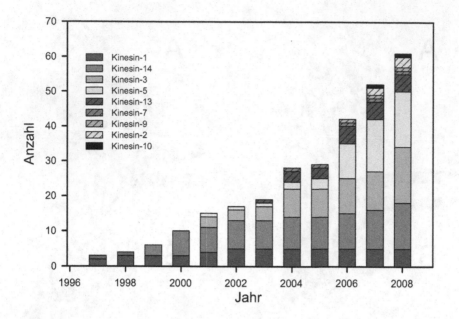

Abb. 6.113 Entwicklung der Anzahl der Kinesin-Strukturen in der Protein-Datenbank. Die Balken geben die Gesamtzahlen der Motordomänen-Strukturen in der PDB (http://www.wwpdb.org/) jeweils zum Ende des angegebenen Jahres wieder (gezählt nach dem Jahr der Veröffentlichung). Die zur Zeit bekannten Strukturen stammen aus neun der insgesamt 14 Kinesin-Familien (Stand Januar 2009).

gehend gleichbleibender Faltung der Motordomäne zustande. Man kann daraus schließen, dass die Kinesine einen bestimmten Mechanismus der Krafterzeugung durch Spaltung von ATP entwickelt haben und diesen in vielfältiger Weise benutzen, um sehr unterschiedliche Aufgaben zu erfüllen.

Allein mit röntgenkristallographischen Strukturuntersuchungen lassen sich die komplexen biologischen Vorgänge allerdings nicht enträtseln. Den Röntgenbeugungsexperimenten ist immer nur ein quasi eingefrorener Zustand eines Moleküls zugänglich. Dieses befindet sich aber während der verschiedenen Phasen eines biologischen Prozesses in unterschiedlichen Zuständen. Deshalb sind weitere Untersuchungsmethoden erforderlich, um den Bewegungsmechanismus im Einzelnen aufzuklären. Als besonders hilfreich hat sich hierbei die elektronenmikroskopische Untersuchung an in Eis eingebetteten Kinesin-Mikrotubuli-Komplexen erwiesen. Die Kryo-Elektronenmikroskopie erlaubt die strukturelle Untersuchung großer, nicht kristallisationsfähiger Komplexe unter nahezu physiologischen Bedingungen — allerdings um den Preis einer relativ niedrigen Auflösung. Durch die Kombination mit den hochaufgelösten Strukturen der Röntgenkristallographie ergeben sich dennoch detaillierte Einblicke in die Wechselwirkung zwischen den einzelnen Bestandteilen der Komplexe.

So führten röntgenkristallographische und elektronenmikroskopische Untersuchungen in Verbindung mit einer Reihe anderer Methoden mittlerweile zu einem recht detaillierten Bild von der Funktionsweise einiger Kinesine. Das konventionelle Kinesin zum Beispiel hangelt sich am Mikrotubulus entlang, indem sich die beiden Motordomänen abwechselnd am Mikrotubulus festhalten oder von einer Bindungsstelle zur nächsten bewegen. Diese alternierende Bewegung ist streng mit der Bindung von ATP, seiner Spaltung in ADP und Phosphat und der Ablösung der Spaltprodukte gekoppelt. Dabei spielen Konformationsänderungen der beiden Motordomänen eine Rolle, die durch ATP hervorgerufen werden und über die mechanische Verknüpfung der Motordomänen (Dimerisierung) so koordiniert werden, dass zu jedem Zeitpunkt mindestens eine Motordomäne am Mikrotubulus festhält. Auf diese Weise ist gewährleistet, dass der Motorkomplex nicht vom Mikrotubulus abfällt und wegdiffundiert, sondern über hunderte von Schritten hinweg am Mikrotubulus bleibt.

Schlussbetrachtung

Mit Hilfe der Synchrotronstrahlung lassen sich unverzichtbare Informationen über die molekulare Struktur von biologischen Makromolekülen gewinnen, die unser Verständnis des Ablaufs biologischer Vorgänge auf atomarer Ebene erweitern. Solche Informationen sind im Bereich der medizinischen und biotechnologischen Anwendungen unverzichtbar, beispielsweise, wenn es darum geht, maßgeschneiderte neue Medikamente zu entwickeln. Trotz der bemerkenswerten Fortschritte der letzten Jahre bleiben aber noch viele Einzelheiten in der Funktionsweise der Kinesine zu klären. Die Entwicklung noch leistungsfähigerer Synchrotronstrahlungsquellen (z. B. PETRA III, NSLS-II) sowie die Konzeption und Realisierung von Röntgenlaseranlagen (LCLS, X-FEL) lassen erwarten, dass sich die Möglichkeiten struktureller Untersuchungen in Zukunft noch beträchtlich erweitern. So wird es möglich sein, atomar aufgelöste Strukturen von Mikrokristallen zu erhalten, vielleicht sogar von einzelnen Molekülen oder Molekülkomplexen, was die Notwendigkeit der Kristallisation beseitigen würde. Dank der hohen Brillanz und der ultrakurzen Pulse der Röntgenlaser scheinen Strukturbestimmungen mit hoher räumlicher wie zeitlicher Auflösung an großen oder instabilen Komplexen möglich, an die bisher nicht zu denken war.

Literaturverzeichnis

[BT 99]   Branden, C.; Tooze, J.: Introduction to Protein Structure. Garland Publishing 1999

[Dre 07]   Drenth, J.: Principles of Protein X-Ray Crystallography. Springer 2007

[HN 08]   Hirokawa, N.; Noda, Y.: Intracellular Transport and Kinesin Superfamily Proteins, KIFs: Structure, Function, and Dynamics. Physiol. Rev. **88** (2008) 1089

[KSM⁺ 97]   Kozielski, F.; Sack, S.; Marx, A.; Thormählen, M.; Schönbrunn, E.; Biou, V.; Thompson, A.; Mandelkow, E. M.: The Crystal Structure of Dimeric Kinesin and Implications for Microtubule-Dependent Motility. Cell **91** (1997) 985

[Mas 07]   Massa, W.: Kristallstrukturbestimmung. Teubner 2007

[MMM 05]   Marx, A.; Müller, J.; Mandelkow, E.: The Structure of Microtubule Motor Proteins. Advances in Protein Chemistry **71** (2005) 299

[SMM+ 97] Sack, S.; Müller, J.; Marx, A.; Thormählen, M.; Mandelkow, E. M.; Brady, S.;
           Mandelkow, E.: X-Ray Structure of Motor and Neck Domains of Rat Brain
           Kinesin. Biochemistry **36** (1997) 16155

[Val 03]   Vale, R. D.: The Molecular Motor Toolbox for Intracellular Transport. Cell
           112 (2003) 467–480

6.3.3 Abbildung menschlicher Knochenstruktur in der Osteoporoseforschung
Mikrotomographie, Röntgenabsorption
Felix Beckmann und Walther Graeff

Osteoporose nennt man eine Erkrankung des Knochengerüsts, die überwiegend bei Frauen nach der Menopause auftritt, bei der durch krankhafte Veränderung eine Schwächung des Knochengerüsts zu einem erhöhten Frakturrisiko führt, z. B. Häufung von Oberschenkelhalsbrüchen [Psc 01]. Eine frühzeitige Erkennung dieser Erkrankung ist nötig, damit es zu den Folgeschäden gar nicht erst kommt. Hierfür ist die genaue Untersuchung der Ursachen und Folgen dieser Veränderungen im Knochenbau erforderlich. Informationen über die Struktur des Knochens gewinnt man durch Entnahme von Knochengewebe, sogenannte Biopsien, an charakteristischen Stellen (z. B. am oberen Rand des Beckens). Es handelt sich also hier um ein Diagnoseverfahren, das außerhalb des Körpers körpereigenes Gewebe untersucht. Die histologische Untersuchung, d. h. die Herstellung von Dünnschliffen zur mikroskopischen Betrachtung der dreidimensionalen Knochenstruktur, ist sehr aufwendig. Eine echte dreidimensionale Darstellung erfordert viele, eng benachbarte Schliffe, die letztlich zur Zerstörung der Probe führen. Davon abzuhelfen hat sich die Mikrotomographie zum Ziel gesetzt [BBG+ 94, DHB+ 95].

Tomographie ist ein schon seit Jahrzehnten in der Medizin gängiges Verfahren. Dabei wird von der orts- und winkelaufgelösten Messung der Röntgenabsorption von außen auf die Verteilung des Absorptionskoeffizienten im Innern geschlossen. In exakterer mathematischer Schreibweise [Nat 86] (siehe auch Abb. 6.114) wird zu jedem Ort s und jedem Winkel φ die Intensität $I(s, \varphi)$ eines Strahls gemessen, der auf der anderen Seite des Objektes mit der Intensität I_0 in das Objekt eingetreten ist. Dann gilt

$$I(s, \varphi) = I_0 e^{- \int_c \mu(x,y)dxdy}, \qquad (6.26)$$

wobei das Integral längs des Weges C, der der Einfachheit halber als gradlinig angesehen wird, zu nehmen ist. Der Wert des Integrals hängt natürlich von der räumlichen Verteilung des Absorptionskoeffizienten $\mu(x, y)$ ab, den es zu bestimmen gilt. Die mathematische Aufgabe, aus allen bekannten Integralen einer zweidimensionalen Funktion auf die Funktion selber zu schließen, wurde schon 1912 von Radon gelöst. Es dauerte allerdings einige Jahrzehnte bis 1973, ehe durch Hounsfield der erste brauchbare medizinische Scanner beschrieben wurde. Dass die Aufgabe lösbar ist und unter welchen Voraussetzungen, macht man sich leicht klar, wenn man sich die Aufgabe der Rekonstruktion als riesiges Gleichungssystem vorstellt (in praxi nimmt man natürlich Näherungsverfahren). Die Aufgabe ist, eine bestimmte Anzahl von unbekannten Werten innerhalb eines Kreises in der Schnittebene aus linear unabhängigen Gleichungen (Messungen) zu finden. Zunächst stellt man sich auf

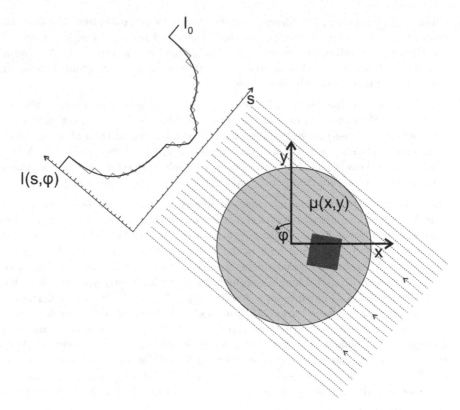

Abb. 6.114 Schematische Darstellung der Tomographie. Gemessen werden für viele Winkel φ die Verteilung I(s) hinter dem Objekt, und rekonstruiert wird auf einem Raster x, y innerhalb des Kreises.

einem Quadrat, das diesen Kreis einschließt, eine diskrete Unterteilung in n Streifen, also n^2 kleinste Quadrate vor, die damit das räumliche Auflösungsvermögen festlegen. Mit einem Zeilendetektor mit n Einzelelementen werden dann zu jedem Winkel n Messungen gewonnen. Bedingt durch die Winkeldrehung können nur innerhalb eines Kreises, der ganz innerhalb des Quadrats liegt, die gesuchten Werte liegen. Die Zahl der gesuchten Werte reduziert sich also um $\pi/4$. Daraus lässt sich sofort die Zahl der benötigten Winkel, nämlich $n \cdot \pi/4$, für eine vollständige und eindeutige Rekonstruktion ermitteln.

Eine wichtige Größe bei der Tomographie ist die räumliche Auflösung. Einerseits ist jeder Detektor nur in der Lage, mit einer endlichen Bildelementgröße d (allgemein Pixel genannt) das gewünschte Bild aufzunehmen, andererseits ist auch die Rekonstruktion auf diskrete Bildpunkte beschränkt. Die bei der Rekonstruktion eingesetzten Filterfunktionen beeinflussen die räumliche Auflösung noch weiter. Die räumliche Auflösung wird auch durch den Durchmesser des Objektes begrenzt. So können naturgemäß kleine Objekte mit einer höheren Auflösung untersucht werden als größere, da die Zahl der Pixel längs eines Durchmessers in die Genauigkeit der Rekonstruktion eingeht. Genauer gesagt ist jeder rekonstruierte

Punkt eine Funktion aller Messungen, die diesen Punkt enthalten. Da jede Messung mit einem Fehler behaftet ist, häufen sich die Fehler der Einzelmessung in diesem rekonstruierten Punkt und stellen eine praktikable Obergrenze für die räumliche Auflösung dar. Will man also Strukturen im Mikrometerbereich untersuchen, so muss man sich auf Objekte mit wenigen Millimetern Durchmesser beschränken.

Knochenbiopsien sind für die Mikrotomographie sehr geeignete Proben. Sie haben in der Regel 4 mm Durchmesser, und der Kontrast zwischen Knochenmineral und Fettgewebe (in den Zwischenräumen) ist sehr ausgeprägt. Bei der tomografischen Messung wird ein dreidimensionaler Datensatz gewonnen, der anschließend mit einem geeigneten Visualisierungsprogramm in verschiedenen Schnittebenen betrachtet werden kann. Zusätzlich erlaubt die weitere Auswertung am Rechner die exakte Ermittlung von objektiven Strukturparametern.

Die Mikrotomographie benötigt eine sehr intensive Strahlquelle, da jeder Bildpunkt mit hinreichender Genauigkeit registriert werden muss. Da die Registrierung von Röntgenquanten stets der Poisson-Statistik unterliegt, muss die Zahl der registrierten Photonen pro Bildpunkt konstant bleiben, will man in der Rekonstruktion die gleiche Genauigkeit erzielen. Gegenüber Mikrotomographiekameras an konventionellen Röntgenquellen bietet der Einsatz von Synchrotronstrahlung gleich mehrere Vorteile. Neben der Intensität der Strahlung auch hinter einem Monochromator bei weitgehend freier Wählbarkeit der benutzten Photonenenergie ist die hohe Parallelität und spektrale Reinheit sehr hilfreich. Die Parallelität vereinfacht das Rekonstruktionsverfahren im Gegensatz zu einem konischen Strahlengang. Die spektrale Reinheit lässt das Problem der Strahlhärtung (Zunahme des Anteils höherer Photonenenergien im transmittierten Strahl bei endlicher energetischer Breite des einfallenden Strahls) gar nicht erst aufkommen. Die freie Wählbarkeit der Photonenenergie erlaubt es außerdem, die Transmission der Probe für das tomographische Untersuchungsverfahren optimal anzupassen.

Abb. 6.115 zeigt den prinzipiellen Aufbau der benutzten Kamera. Die einfallende Synchrotronstrahlung wird von einem Doppelkristallmonochromator auf die gewünschte Energie (in diesem Fall etwa 24 keV) monochromatisiert. Nach Transmission durch die Probe fällt der Strahl auf einen transparenten Szintillatorschirm, wo er in sichtbares Licht umgewandelt wird. Mit Hilfe eines Objektives wird das Bild auf diesem Schirm auf die Bildebene einer CCD-Kamera mit einer Pixel-Größe von 9,0 μm abgebildet. Je nach Abbildungsverhältnis resultiert daraus die Röntgenpixelgröße von typisch 1,5–5,0 μm. Um Strahlschwankungen und ortsabhängige Detektorausbeute (häufig *fixed pattern noise* genannt) zu kompensieren, wird die Probe zwischen den einzelnen Projektionen völlig aus dem Strahl gefahren und ein Leerbild angefertigt. Um eine verlässliche Rekonstruktion zu erhalten, ist eine exakte Repositionierung der Probe erforderlich. Überhaupt sind die Anforderungen an die mechanische Stabilität, Winkelgenauigkeit und Justierung der Probe durch die angestrebte Ortsauflösung sehr hoch. Die Probe z. B. muss so rotiert werden, dass eine zu rekonstruierende Schicht (senkrecht zur Rotationsachse) sich innerhalb von Bruchteilen eines Pixels, also Mikrometern, in sich selbst dreht. Für einen akzeptablen Rekonstruktionsfehler von etwa 10 % muss bei Hunderten von Pixeln längs des Probendurchmessers jede Einzelmessung mit einer Genauigkeit von deutlich unter 1 % erfolgen.

Die Daten werden wegen des nahezu parallelen Strahls schichtweise rekonstruiert und anschließend aufeinandergestapelt. Für eine dreidimensionale Ansicht werden sämtliche Grau-

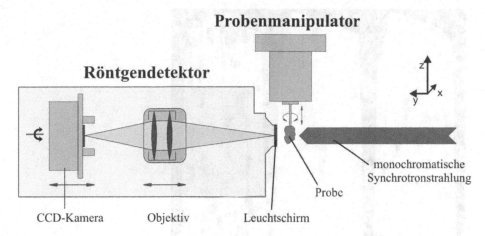

Abb. 6.115 Schematischer Aufbau der benutzten Kamera. Die von einem Speicherring kommende Synchrotronstrahlung wird in einem Monochromator auf die gewünschte Energie beschränkt. Der Strahl durchdringt die Probe, die auf einem präzisen Drehtisch um 180° gedreht und auch ganz aus dem Strahl entfernt werden kann (Leerbild). In einem transparenten Leuchtschirm wird die Röntgenstrahlung in sichtbares Licht mit einem Objektiv auf den lichtempfindlichen Eingangsschirm eines CCD (*charge coupled device*) abgebildet. Dies ist für ein besseres Rauschverhalten mit einem Peltier-Element gekühlt.

werte in einem Histogramm aufgetragen. Die Darstellung der Knochenmineralwerte zeigt ein gutes Verhältnis von Signal und Untergrund, sodass es leicht fällt, einen Schwellwert für die Unterscheidung Knochen/Untergrund festzulegen. In schwierigeren Fällen muss man zu einem dynamischen, d. h. ortsabhängigen Schwellwert greifen. Nun definiert man für die verschiedenen Grauwerte einen Farb- und Transparenzwert. Im einfachsten Fall würde man Grauwerte unterhalb des Schwellwertes als komplett transparent und Werte oberhalb als intransparent definieren. Mit der geeigneten Software lassen sich dann Schnitte durch oder Ansichten des dreidimensionalen Datensatzes berechnen und darstellen.

Abb. 6.116 zeigt die dreidimensionale Rekonstruktion eines osteoporotischen Knochens. Die Probe wurde aus dem Kompaktknochen der Diaphyse (für medizinische Fachausdrücke sei der Leser auf die medizinische Literatur am Ende dieses Abschnitts hingewiesen [Psc 01]) eines Oberschenkelknochens gewonnen. In der Darstellung links lassen sich unterschiedliche Knochendichten erkennen. Durch Anfärben der Bereiche mit niedriger Absorption bei gleichzeitiger Transparenz von Bereichen starker Absorption lassen sich Havers-Kanäle sichtbar machen. In diesem komplexen Netzwerk verlaufen Blutgefäße und Nerven. Bei genauer Betrachtung des rechten Bildes kann man zusätzlich einen neugebildeten Havers-Kanal erkennen [HAR].

Durch den Einsatz von Synchrotronstrahlung sind mikrotomographische Untersuchungen mit Ortsauflösungen im Mikrometerbereich möglich. Das gewählte Beispiel demonstriert eindrucksvoll die Qualität der dreidimensionalen Datensätze. Hiermit lassen sich Knochen-

Abb. 6.116 Darstellung der dreidimensionalen Rekonstruktion eines 1x1x2 mm^3-Ausschnittes aus einem osteoporotischen kortikalen Knochen. Durch Anfärben lässt sich das dreidimensionale Netzwerk der Havers-Kanäle visualisieren.

strukturen eindeutig erfassen und verschiedene Fragestellungen am Computer klären. In Zukunft wird es notwendig sein, anhand entsprechender Serienuntersuchungen Aussagen über den Zusammenhang bestimmter Knochenkrankheitsbilder mit der räumlichen Struktur des Knochens zu gewinnen. Es ist aber festzuhalten, dass diese Methode für den klinischen Alltagsbetrieb wahrscheinlich zu aufwendig ist. Für Grundlagenforschung im Bereich von Knochenerkrankungen allerdings erlaubt dieses Verfahren, zusammen mit der interdisziplinären Zusammenarbeit von Medizinern und Physikern, Ergebnisse von bisher nicht gekannter Qualität.

Literaturverzeichnis

[BBG$^+$ 94] Bonse, U.; Busch, F.; Günnewig, O.; Beckmann, F.; Pahl, R.; Delling, G.; Hahn, M.; Graeff, W.: 3D Computed X-Ray Tomography of Human Cancellous Bone at 8 μm Spatial and 10^{-4} Energy Resolution. Bone and Mineral **25** (1994) 25

[DHB$^+$ 95] Delling, G.; Hahn, M.; Bonse, U.; Busch, F.; Günnewig, O.; Beckmann, F.; Uebbing, H.; Graeff, W.: Neue Möglichkeiten der Strukturanalyse von Knochenbiopsien bei Anwendung der Mikrocomputertomographie (μCT). Pathologe **16** (1995) 342

[HAR] HASYLAB Jahresbericht 2001. http://hasylab.desy.de/science/annual_reports/desy_annual_reports/2001/

[Nat 86]   Natterer, F.: The Mathematics of Computerized Tomography. John Wiley and
           Sons Ltd. 1986

[Psc 01]   Pschyrembel, W.: Pschyrembel Klinisches Wörterbuch. de Gruyter 2001

6.3.4   Räumliche Abbildung der Verteilung von Spurenelementen auf mikroskopischem Niveau: Wo sitzt das Blei in menschlichen Knochen?

Mikroskopische Röntgenfluoreszenzanalyse

Gerald Falkenberg und Wolf Osterode

Blei ist ein nahezu überall vorkommendes Schwermetall, das über die Nahrung und über die Lunge (z. B. bei Umweltbelastungen) in den Organismus aufgenommen wird. In höheren Konzentrationen hat Pb eine toxische Wirkung, die hauptsächlich das Blut (Anämie) [OBG 99], die Niere (Hypertonie) und das Gehirn (Einschränkung der Hirnleistung) betrifft. Blei wird im Wesentlichen im Knochen gespeichert, bei Erwachsenen ist etwa 90–95 % des gesamten Körper-Pb im Knochen eingelagert. Durch den permanenten Knochenstoffwechsel (Knochenaufbau und Knochenabbau) kann Pb wieder in die Blutbahn freigesetzt werden. Die biologische Halbwertszeit ($T_{1/2}$) von Pb im menschlichen Knochen beträgt 6–12 Jahre. Diese Halbwertszeit entspricht in etwa der normalen Zeitdauer für den Knochenumsatz. Während die Messung der Bleikonzentration im Blut eher die aktuelle Bleibelastung widerspiegelt ($T_{1/2}$ im Blut etwa 2–3 Monate), stellt die Pb-Konzentration im Knochen einen Parameter für die Langzeitbelastung dar, sodass der Knochen als kumulativer Pb-Sensor angesehen werden kann. Bei Erkrankungen, die einen erhöhten Knochenstoffwechsel verursachen (z. B. Überfunktion der Schilddrüse, Nebenschilddrüse oder auch Medikamente, die einen erhöhten Knochenstoffwechsel bewirken), wird Blei vermehrt in den Blutkreislauf abgegeben und kann zu einer zusätzlichen endogenen Bleibelastung führen [ORM+ 00], [OWBV 04]. Da der Knochen im Wesentlichen aus zwei verschiedenen Strukturen besteht, nämlich einem kompakten und einem spongiösen (schwammartigen) Anteil, die einem unterschiedlichen Metabolismus unterliegen, ist es von essentiellem Interesse, auf mikroskopischem Niveau den Ort der Einlagerung des Bleis im Knochen zu kennen, um Ergebnisse von In-vivo-Untersuchungen (z. B. [109]Cd-K-X-ray-Fluoreszenz-Messungen) abschätzen und einordnen zu können. Deshalb sind folgende Fragen von besonderer Bedeutung:

- Ist Blei innerhalb verschiedener Knochen homogen verteilt?
- Gibt es besondere Areale im Knochen, in denen Blei vermehrt inkorporiert wird?
- Variiert die Bleibelastung zwischen den Knochenarten?

Eine gut geeignete Methode zur Untersuchung dieser Fragestellung ist die Röntgenfluoreszenzanalyse mit Synchrotronstrahlung (*synchrotron radiation x-ray fluorescence analysis*, SRXRF) [JAR 00]. Das Prinzip der Röntgenfluoreszenzanalyse ist in Abb. 6.117 dargestellt. Ein Atom wird durch das Entfernen eines Elektrons aus einer inneren Schale angeregt und relaxiert in seinen Grundzustand durch den Übergang eines Elektrons aus einem höheren Energieniveau in das freie innere Niveau (siehe auch Abschnitt 2.1.9). Die Energie dieses Übergangs wird mit einer bestimmten Wahrscheinlichkeit als Röntgenquant frei (oder andernfalls durch Emission eines zweiten Elektrons aus einer äußeren Schale (Auger-Emission)). Die Energie des emittierten Röntgenquants ist charakteristisch für das Element, und nach Mittelung über viele Anregungen ist die Intensität der Röntgenstrahlung proportional zur Anzahl der angeregten Atome. Die strahlende Relaxation bezeichnet man als Fluoreszenz.

Seit dem Ende der 60er Jahre ist die Röntgenfluoreszenzanalyse eine gängige und ausgereifte Multi-Element-Technik, mit deren Hilfe quantitative Informationen zur Elementzusammensetzung verschiedener Materialien gewonnen werden können. Die Methode ist nicht zerstörend und schnell. Festkörper können ohne bzw. mit geringer Probenvorbereitung analysiert werden. Mit Ausnahme leichter Elemente sind alle Elemente nachweisbar (mit Kernladungszahl $Z > 11$). Für Laborgeräte, die Röntgenröhren zur Anregung nutzen, liegt die Empfindlichkeit der Methode im Bereich $\mu g/g$ (*parts per million*, ppm) Die Resultate sind präzise und genau, wenn Matrixeffekte korrigiert werden können (siehe unten). Mitte der 80er Jahre bildeten sich zwei wichtige Varianten der Röntgenfluoreszenzanalyse heraus, nämlich Röntgenfluoreszenz unter Totalreflexion (TXRF) und Mikro-Röntgenfluoreszenzanalyse (Micro-XRF). Die Micro-XRF-Technik basiert auf der lokalisierten Anregung mit einem Mikrostrahl. Eine mikroskopisch kleine Fläche auf der Oberfläche einer größeren Probe wird analysiert, wodurch laterale Auflösung in der Verteilung der Haupt-, Neben- und Spurenelemente erzielt werden kann. Wenig später wurde die Röntgenfluoreszenzanalyse mit Synchrotronstrahlung eingeführt (SRXRF). Sie ist eine der wenigen Methoden, die Nachweisgrenzen im (sub-)ppm- und (sub-)Femtogramm-Bereich bietet und gleichzeitig zerstörungsfrei ist und eine hohe Genauigkeit aufweist. In SRXRF werden die hohe Intensität und Parallelität des Synchrotronstrahls sowie seine lineare Polarisation ausgenutzt. Synchrotronquellen der zweiten Generation (wie DORIS III am HASYLAB) ermöglichen eine laterale Auflösung im Bereich 10 μm, an Synchrotronquellen der dritten Generation (wie der ESRF) stehen Strahlgrößen um 1 μm und darunter zur Verfügung. Einen ausgezeichneten Einblick in die Mikro-Röntgenfluoreszenzanalyse vermittelt [JAR 00].

Der Aufbau eines SRXRF-Experimentes ist vergleichsweise einfach und ist schematisch in Abb. 6.118 für das Experiment am Mikrofokus-Messplatz L am HASYLAB/DESY gezeigt.

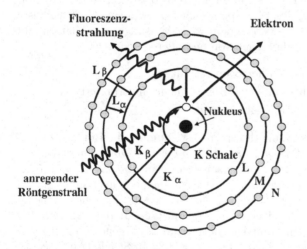

Abb. 6.117 Schematische Darstellung des Röntgenfluoreszenzprozesses

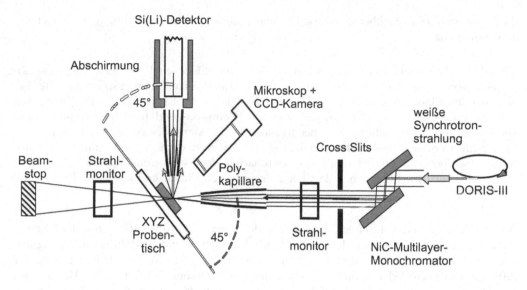

Abb. 6.118 Aufbau des Experiments für mikroskopische Röntgenfluoreszenzanalyse am Strahlrohr L des HASYLAB. Im Standardexperiment mit dünnen Proben befindet sich keine Polykapillare vor dem Detektor.

Die von einem Ablenkmagneten des Speicherrings DORIS III kommende Synchrotronstrahlung wird mit einem Monochromator – basierend auf Vielschichtspiegeln – auf die gewünschte Energie beschränkt. Der Bandpass des Monochromators von $\Delta E/E = 2\,\%$ ist ausreichend zur Unterdrückung des Streuuntergrundes und erhöht den Fluss im Vergleich zu einem Silizium-Monochromator um zwei Größenordnungen. Als fokussierendes Element dient eine Polykapillarlinse. Diese Linse besteht aus vielen hunderttausenden Einzelkapillaren von jeweils wenigen Mikrometern Durchmesser. Der Röntgenstrahl wird durch Totalreflexion an den Innenwänden der Einzelkapillare entlang der sich verjüngenden Form der Polykapillare geleitet und bildet in einem Abstand von einigen Millimetern vom Kapillarausgang einen Brennfleck von wenigen $10\,\mu$m Durchmesser [PVJ$^+$ 03]. In diesen Fokus wird die Probe mit Hilfe eines Verfahrtisches positioniert. Ein Mikroskop mit langem Fokalabstand und angeschlossener CCD-Kamera dient der optischen Kontrolle der Position des Strahls auf der Probe. Der Röntgenstrahl durchdringt – je nach seiner Energie und der Beschaffenheit des Materials – die Probe vollständig und regt entlang seines Wegs Atome zur Fluoreszenz an und wird gestreut. Die Fluoreszenz und die gestreute Strahlung werden mit einem energieauflösenden Halbleiterdetektor gemessen. Um auch in Strahlrichtung eine möglichst gute Ortsauflösung zu erhalten, werden in der Regel Dünnschnitte von 10–50 μm Probendicke präpariert. Ist dies nicht möglich, weil die Probenkonsistenz, zum Beispiel von Knochenmaterial, dies nicht zulässt oder die Probe unbehandelt erhalten bleiben soll, kann vor dem Detektor eine zweite Polykapillare positioniert werden [KMR 03]. Sie schränkt die Weglänge ein, von der Fluoreszenz und Streuphotonen in den Detektor gelangen können, so dass in dieser konfokalen Anordnung effektiv ein Volumenelement von etwa $20 \times 20 \times 20\,\mu$m^3 gemessen wird [JPF 04]. Für eine mehrdimensionale Abbildung der Elementverteilung wird die Probe rasterförmig über den Strahl bewegt und an jedem Rasterpunkt ein Spektrum aufgenommen.

Die Abb. 6.119 zeigt zwei Einzelspektren, die an verschiedenen Positionen aufgenommen wurden, sowie das über alle Punkte des Rasters aufaddierte Summenspektrum. Die beobachtbaren Fluoreszenzlinien (hier K_α- und K_β-Linien der Elemente Ca, Fe, Zn, Sr und L_α-, L_β-, L_γ-Linien von Pb) und die Streuung (Compton- und Rayleigh-Streuung) sind verbreitert durch die endliche Energieauflösung des Detektors. Nach der Kalibrierung des Spektrums werden an den wohlbekannten Energiepositionen der Fluoreszenzlinien Gaußprofile an das Spektrum angepasst und die Nettoflächen der Fluoreszenzlinien berechnet. Das Programm berücksichtigt dabei die Überlagerungen von Linien und zieht den Untergrund ab.

Aus den Zählraten der einzelnen Fluoreszenzlinien können die Konzentrationen der Elemente in der Probe berechnet werden. Dafür steht eine Vielzahl von Verfahren zur Verfügung. Die Fundamentalparametermethode vermittelt einen Einblick in die Abhängigkeiten der Zählrate von verschiedenen physikalischen und geometrischen Größen (siehe Abb. 6.120). In erster Näherung und wenn eine K-Linie betrachtet wird, ist der Anteil dR_{ijk}^{mono} zur totalen

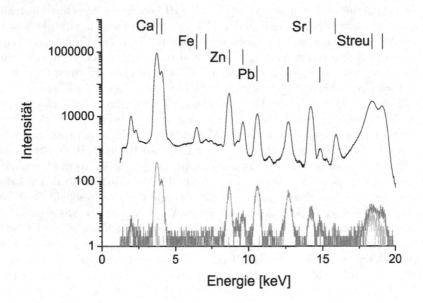

Abb. 6.119 Röntgenfluoreszenzspektren einer Knochenprobe. Die Fluoreszenzlinien sind durch die endliche Energieauflösung des Halbleiterdetektors verbreitert.

detektierten Zählrate aus der Schicht dz [JAR 00]:

$$dR_{ijk}^{mono} = I_0(E_0) \cdot S \, \rho \, w_i \, dz$$
$$\cdot \frac{\Omega}{4\pi} \varepsilon(E_{ijk})\omega_{ij} \, p_{ijk} \, \tau_{ij}(E_0) \qquad (6.27)$$
$$\cdot e^{-[\mu(E_0)/\sin(\alpha)+\mu(E_{ijk})\sin(\beta)]\,\rho\,z}.$$

Hier bedeuten die Indizes i das betrachtete Element, j die Schale, in der die Leerstelle erzeugt wird, und k die betreffende Linie des Übergangs (z. B. ijk entspricht Ca-$K\alpha$. Die Zählrate ist proportional zur Intensität der einfallenden Strahlung I_0 bei der Energie E_0, der bestrahlten Fläche S, der Dichte ρ, dem Gewichtsanteil w_i des Elements i (der gesuchten Größe), der betrachteten Schichtdicke dz, den Detektorparametern Raumwinkel Ω und Effizienz ε, den Fundamentalparametern Fluoreszenzausbeute ω, Übergangswahrscheinlichkeit p und photoelektrischer Wirkungsquerschnitt τ sowie einem Exponentialterm, der die Absorption des anregenden Strahls und der Fluoreszenz innerhalb der Probe beschreibt. $\mu(E_0)$ und $\mu(E_{ijk})$ bezeichnen die Massenabsorptionskoeffizienten der Probe bei der Energie des einfallenden Strahls und der Fluoreszenz. Die Fundamentalparameter sind in der Literatur tabelliert. Die Berechnung der Absorption ist in der Praxis das größte Problem, denn sie benötigt Informationen über die Zusammensetzung und Dichte der Probe (Hauptelemente), welche insbesondere bei inhomogenen Proben nicht ausreichend genau bekannt sind. Weitere bedeutende Verfahren zur Quantifizierung sind neben der Fundamentalparametermethode die empirische Kalibration mit Hilfe von Standards, die der Probe möglichst ähnlich sind, und Monte-Carlo-Methoden, bei denen insbesondere auch komplexere Proben- und Detektor-Geometrien berücksichtigt werden können.

Bei der elementsensitiven Abbildung ist häufig jedoch weniger der absolute Wert der Konzentration eines Elementes von Interesse als die lokale Verteilung des Elements. Dazu wird die Probe rasterförmig über den anregenden Strahl bewegt, und an jedem Punkt wird ein Röntgenspektrum aufgenommen. Vielfach wird – wie im vorliegenden Beispiel – auf eine Quantifizierung verzichtet, und es werden allein die Linienintensitäten nach einer Normierung auf die Intensität der einfallenden Strahlung und die Totzeit des Detektors dargestellt.

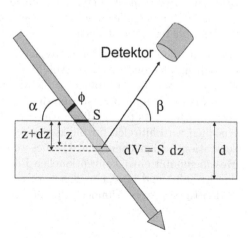

Abb. 6.120
Strahlgeometrie des Röntgenfluoreszenzexperiments

Zur Untersuchung der Pb-Verteilung in menschlichen Knochen wurde Material verwendet, das Patienten bei Gelenkoperationen aus dem Hüft- und Kniebereich entfernt worden war. Die Patienten waren zuvor keiner beruflichen Bleibelastung ausgesetzt gewesen. Die Knochen wurden mit Alkohol entwässert, in Acryl eingebettet und auf eine Dicke von $200\,\mu m$ plan geschliffen. Die Proben sind optisch ausreichend transparent, um das zu untersuchende Areal auf der Grundlage des Mikroskopbildes am Röntgenfluoreszenzexperiment klassifizieren zu können. Verschiedene Bereiche des Knochens wurden mit Röntgenfluoreszenz analysiert [ZWS$^+$ 05, ZRH$^+$ 06]. Die Abb. 6.121 zeigt einen $500 \times 500\,\mu m^2$ großen Ausschnitt einer Kniescheibe (Patella) im Querschnitt als Mikroskopbild und als Elementkarten. Jeweils links oben befindet sich ein Bereich mit Gelenkknorpel (*articular cartilage*). Daran schließt ein Bereich mit kalzifiziertem Knorpel an, der in kompakten Knochen und schließlich links unten in spongiösen (porösen) Knochen übergeht. Die Probe wurde rasterartig mit einer Schrittweite von $10\,\mu m$ durch den Mikrostrahl bewegt (Anregungsenergie 19 keV), und an jedem Punkt wurde für 5 s ein Fluoreszenzspektrum aufgenommen. Die Abb. 6.119 zeigt zwei Einzelspektren sowie das über alle Punkte des Rasters aufaddierte Summenspektrum. Die Linienintensitäten werden aus jedem Einzelspektrum extrahiert und sind für die Elemente Ca, Sr, Zn und Pb sowie für die Streuung in Abhängigkeit vom Ort in Form von Graustufenbildern dargestellt. Die Kodierung zur Rechten jedes Bildes ordnet den Graustufen die Zählraten der entsprechenden Fluoreszenzlinien zu.

Der Vergleich zwischen den Elementkarten und dem Lichtmikroskopbild zeigt, dass die Topographie der Elementverteilung genau mit den histologischen Eigenschaften der Knochenprobe zusammenpasst. Wie erwartet, ist Kalzium gleichmäßig über den Bereich des Knochens und des kalzifizierten Knorpels verteilt, nicht jedoch im nicht mineralisierten Knorpel und in den mit Einbettungsmaterial gefüllten Hohlräumen des Knochens. Die Verteilung des Strontiums ist ähnlich wie die des Kalziums und der elastischen Streuung, allerdings mit geringerer Konzentration im spongiösen Bereich. Zink und Blei zeigen dagegen ein anderes Verteilungsmuster. Die höchsten Intensitäten des Bleis werden an der Grenzschicht zwischen nicht mineralisiertem und mineralisiertem Knorpel gemessen, der sogenannten *tidemark*. Weitere Bleianreicherungen, allerdings mit niedrigerer Intensität, finden sich an den Grenzflächen zwischen einzelnen Osteonen (Baueinheiten des kompakten Knochengewebes). Die Grenzschichten sind nur wenige Mikrometer stark. Die Zinkverteilung ist ähnlich der Bleiverteilung, allerdings ist die Zinkkonzentration an der *tidemark* nur wenig höher als an den anderen Grenzflächen.

Die mikroskopische Röntgenfluoreszenzanalyse mit Synchrotronstrahlung (Micro-SRXRF) ermöglicht die (quantitative) Abbildung der Verteilung von Spurenelementen (fg-μg) im Größenbereich von Mikrometern bis Millimetern. Die Methode benötigt nur geringe Probenpräparation und ist zerstörungsfrei. Am Beispiel der Bleiverteilung in menschlichen Knochen wurde das Potential dieser Methode demonstriert. Die Kenntnis der Bleiverteilung im Knochen wird hilfreich für die korrekte Interpretation von In-vivo-Messungen der Bleikonzentration im Knochen sein. Hierbei werden – nicht ortsaufgelöste – Röntgenfluoreszenz-Messungen mit einer konventionellen Röntgenröhre bzw. radioaktiver Quelle am Patienten durchgeführt und in regelmäßigen Abständen wiederholt, um die kumulative Bleiaufnahme in den Körper zu bestimmen (Pb-Sensor).

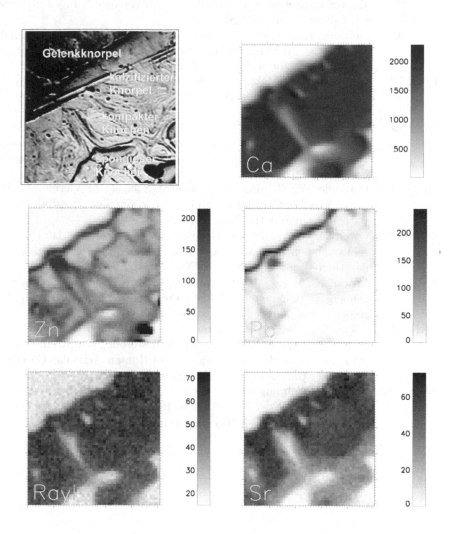

Abb. 6.121 Optisches Mikroskopbild (oben links) und signalspezifische Karten (Ca-Fluoreszenz, Zn-Fluoreszenz, Pb-Fluoreszenz, Rayleigh-Streuung, Sr-Fluoreszenz) des Querschnitts einer Kniescheibe. Die Farbkodierung zur Rechten jedes Bildes ordnet den Graustufen die Zählraten der entsprechenden Fluoreszenzlinien zu. Die höchste Bleikonzentration wird an der *tidemark* zwischen nicht mineralisiertem und mineralisiertem Knorpel gemessen.

Literaturverzeichnis

[JAR 00]   Janssens, K.; Adams, F.; Rindby, A.: Microscopic X-Ray Fluorescence Analysis. Chichester: Wiley 2000

[JPF 04]   Janssens, K.; Proost, K.; Falkenberg, G.: Confocal Microscopic X-Ray Fluorescence at the HASYLAB Microfocus Beamline: Characteristics and Possibilities. Spectrochimica Acta **B 59** (2004) 1637–1645

[KMR 03]   Kanngießer, B.; Malzer, W.; Reiche, I.: A New 3D Micro X-Ray Fluorescence Analysis Set-Up – First Archaeometric Applications. Nucl. Inst. Meth. Phys. Res. B **211** (2003) 259

[OBG 99]   Osterode, W.; Barnas, U.; Geissler, K.: Dose-Dependent Reduction of Erythroid Progenitor Cells and Inappropriate Erythropoietin Response in Lead Exposed Man - New Aspects of Lead Induced Anemia. Occup Environ Med **54** (1999) 106–109

[ORM+ 00]   Osterode, W.; Reining, G.; Männer, G.; Jäger, J.; Vierhapper, H.: Increased Lead Excretion Correlates with Desoxypyridinoline Crosslinks in Hyperthyroid Patients. Thyroid **10** (2000) 161–164

[OWBV 04]   Osterode, W.; Winker, R.; Bieglmayer, C.; Vierhapper, H.: Effects of Parathyroidectomy on Lead Mobilization from Bone in Patients with Primary Hyperparathyroidism. Bone **35(4)** (2004) 942–7

[PVJ+ 03]   Proost, K.; Vincze, L.; Janssens, K.; Gao, N.; Bulska, E.; Schreiner, M.; Falkenberg, G.: Characterisation of a Polycapillary Lens for Use in Micro-XANES Experiments. X-Ray Spectrom. **32** (2003) 215–222

[ZRH+ 06]   Zöger, N.; Roschger, P.; Hofstaetter, J. G.; Jokubonis, C.; Pepponi, G.; Falkenberg, G.; Fratzl, P.; Berzlanovich, A.; Osterode, W.; Streli, C.; Wobrauschek, P.: Lead Accumulation in Tidemark of Human Articular Cartilage. Osteoarthritis and Cartilage **14** (2006) 906–913

[ZWS+ 05]   Zöger, N.; Wobrauschek, P.; Streli, C.; Pepponi, G.; Roschger, P.; Falkenberg, G.; Osterode, W.: Distribution of Pb and Zn in Slices of Human Bone by Synchrotron μ-XRF. X-Ray Spectrum **34** (2005) 140–143

7   Eine neue Generation: Freie-Elektronen-Laser

Elke Plönjes und Rolf Treusch

7.1   Einleitung

Die Synchrotronstrahlung ist, wie in den vorangegangenen Kapiteln dargestellt, in vielen
Bereichen der Grundlagen- und angewandten Forschung wie Materialforschung, Lebens-
wissenschaften und Geowissenschaften in den letzten Jahrzehnten ein immer wichtigeres
Instrument zur Aufklärung kleinster und komplexester Strukturen geworden. Daher steigt
die Nachfrage nach exzellenten durchstimmbaren Lichtquellen vom ultravioletten Spektralbereich bis hin zur harten Röntgenstrahlung seit Jahren weltweit. Damit einher geht die
Forderung nach Strahlungsquellen mit immer größerer Spitzenintensität. Abb. 7.1 zeigt
die Entwicklung der Spitzenleuchtstärke der Röntgenquellen im 20. Jahrhundert seit der

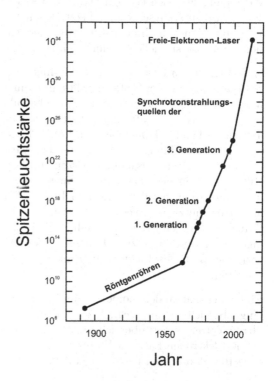

Abb. 7.1
Entwicklung der Spitzenleuchtstärke (*peak
brilliance* in Photonen pro $s\,mrad^2\,mm^2$
0,1 % Bandbreite) der Röntgenquellen im 20.
Jahrhundert

Entdeckung der Röntgenstrahlung 1895. Nach der Entdeckung der Synchrotronstrahlung 1947 [EGLP 47] und mit ihrer Nutzung ab Ende der 1960er Jahre nahm die Leuchtstärke alle zehn Jahre etwa drei Größenordnungen zu. Dank der enormen Fortschritte in der Entwicklung dedizierter Synchrotronstrahlungsquellen liefern moderne Synchrotronstrahlungs-Speicherringe der sogenannten dritten Generation, wie zum Beispiel die ESRF in Grenoble oder BESSY II in Berlin, nahezu beugungsbegrenzte Röntgenstrahlung. Dem theoretischen Leuchtstärkenlimit durch die Beugungsbegrenzung (Divergenz $\sim$ Wellenlänge/Durchmesser der Quelle) hat man sich heute an Speicherringen für Wellenlängen im Röntgenbereich um 0,1 nm bis auf etwa einen Faktor 100 genähert und die vorhandenen technischen Möglichkeiten damit weitgehend ausgereizt.

In den letzten Jahrzehnten hat Röntgenstrahlung die Erforschung der Welt immer kleinerer Strukturen ermöglicht, beispielsweise durch die konsequente Weiterentwicklung der Methoden der Röntgenbeugung. Im nächsten Schritt erfordert die Erforschung grundlegender physikalischer Prozesse neben höchster Strukturauflösung auf atomaren Längenskalen eine zusätzlichen Betrachtung der zeitlichen Veränderung dieser Strukturen mit höchsten zeitlichen Auflösungen. Atome, Moleküle oder nanostrukturierte Festkörper ändern ihre Struktur, ihre elektronischen, magnetischen und andere Eigenschaften mit der Zeit, und zwar häufig umso schneller, je kleiner die Struktur ist. Die Untersuchung der Physik, Chemie und Biologie der Nanowelt erfordert also experimentelle Techniken, die eine räumliche Auflösung im Sub-Nanometerbereich mit einer Zeitauflösung im Sub-Pikosekundenbereich verbinden. Die Anwendung von Femtosekundenlasern für den infraroten und sichtbaren Wellenlängenbereich ermöglicht die Untersuchung ultraschneller Prozesse, erlaubt jedoch keine Strukturanalyse, während konventionelle Synchrotronstrahlungsquellen zur Strukturanalyse geeignet, in ihrer Zeitauflösung jedoch auf den Pikosekundenbereich begrenzt sind, sieht man von speziellen Techniken ab.

Freie-Elektronen-Laser (FEL) stellen hier den nächsten Entwicklungssprung dar, der eine weitere Erhöhung der Spitzenleuchtstärke um etwa einen Faktor 10^6 bis 10^8 ermöglicht und weite Wellenlängenbereiche durchstimmbar überdeckt. Dazu besitzen FELs auch von klassischen Lasern bekannte Eigenschaften wie hohe Kohärenz und im Besonderen kurze Pulsdauern im Femtosekundenbereich. Freie-Elektronen-Laser verbinden also die Techniken der Synchrotronstrahlungsforschung mit den Methoden der Femtosekunden-Lasertechnologie. Da die bisherigen Ansätze zur Erzeugung kurzwelliger VUV- und Röntgenstrahlung mit Hilfe konventioneller Laser relativ ineffizient sind [Jae 06], stellen FELs in diesem Bereich insbesondere auch auf Grund ihrer breiten Durchstimmbarkeit und hohen Intensitäten eine extrem nützliche – vermutlich auch in Zukunft meist konkurrenzlose – Alternative dar. Grundlage für den Erfolg kurzwelliger FELs ist die revolutionäre Entwicklung der Beschleunigertechnologie im letzten Jahrzehnt [Win 98], die es heute erlaubt, in Linearbeschleunigern relativistische Elektronenstrahlen extrem hoher Phasenraumdichte und Qualität zu erzeugen.

Eine Übersicht zu den momentan im Betrieb befindlichen und geplanten FELs aller Wellenlängenbereiche ist in [FEL, HAS] zu finden. Erste erfolgreiche Experimente im vakuumultravioletten Spektralbereich werden bereits seit 2001 am Freie-Elektronen-Laser FLASH (Freie-Elektronen-Laser in Hamburg) beim Deutschen Elektronen-Synchrotron DESY mit etwa 10^{13} Photonen/Puls durchgeführt, während an der Sub-Picosecond Light Source (SPSS) bei der Stanford Linear Accelerator Facility (SLAC), USA, für eine kurze Periode bis 2006 Voruntersuchungen für zukünftige Röntgen-FELs mit kurzen Pulsen im Röntgenbereich bei jedoch geringeren Photonenintensitäten von etwa 10^7 Photonen pro Puls stattfanden. Beginnend mit der Linac Coherent Light Source (LCLS) [A$^+$ 02a, SS 00] am SLAC ab 2009 und einige Jahre später am Europäischen Röntgenlaserlabor XFEL [MT 01, A$^+$ 07b] in Hamburg erschließen diese neuen Röntgenlaser einen Wellenlängenbereich von 10 nm bis unter 0,1 nm mit Photonenzahlen um 10^{13} pro Puls bei Pulslängen von 100 fs und weniger. Auch für den VUV- und weichen Röntgenbereich sind weltweit eine Reihe Freie-Elektronen-Laser geplant [FEL, HAS]. Mit den zukünftigen Röntgen-FELs wird es möglich sein, z. B. die Dynamik chemischer Reaktionen, das Schmelzen von Kristalloberflächen oder Strukturänderungen von Biomolekülen auf einer Femtosekunden-Zeitskala bei gleichzeitiger atomarer Auflösung zu studieren. Dieser Schritt von der Betrachtung einer statischen Nanowelt zum dynamischen Filmen darin ist ein weiteres Ziel der Forschung mit FELs.

Neben dem FEL und Röntgenstrahlungsquellen, die mit Hilfe konventioneller Laser erzeugt werden [Jae 06] und deren Darstellung über den Rahmen dieses Buches hinausgeht, werden gegenwärtig alternative Konzepte für hochbrillante Röntgenstrahlung entwickelt. Zusätzlich zu der weiteren Verfeinerung und Optimierung von konventionellen Speicherringen ist in erster Linie der Energy Recovery Linac (ERL) zu nennen [GBB$^+$ 02]. Hier handelt es sich um eine Kombination von einem Linearbeschleuniger mit ringförmig, meist wie in einem Speicherring angeordneten Undulatoren (Abb. 7.2). Im Unterschied zum Speicherring wird der Elektronenstrahl nach einem Umlauf in den supraleitenden Linearbeschleuniger zurückgeführt und gibt dort seine Energie wieder ab. Der ERL basiert auf dem Zusammenwirken

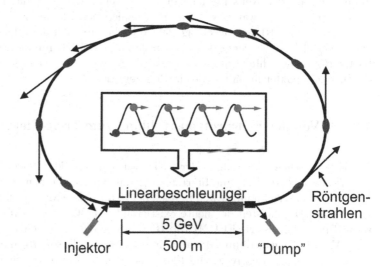

Abb. 7.2 Schematische Darstellung eines Energy Recovery Linac (ERL). Beim ersten Durchlauf der Elektronen (obere Elektronen im mittleren Teil der Abbildung, hellgrau) durch den Linearbeschleuniger werden sie beschleunigt, beim zweiten (untere Elektronen, dunkelgrau) durch die Phasenverschiebung von 180 Grad abgebremst. Das Funktionsprinzip wird im Text erläutert.

einer ganzen Reihe von interessanten Ideen, die hier nur angerissen werden können. So wird
der aus einem Injektor kommende Pulszug von Elektronenpaketen in dem supraleitenden
Linearbeschleuniger auf seine Endenergie beschleunigt. Nach einem Umlauf durch die verschiedenen Undulatoren kehrt der Elektronenstrahl in den Linearbeschleuniger zurück. Die
Länge des Umlaufs wird so gewählt, dass die Phase der Pakete relativ zur Hochfrequenz im
Vergleich zu der ursprünglichen Beschleunigungsphase um 180 Grad verschoben ist (siehe
Abb. 7.2), sodass die Elektronen abgebremst werden und ihre Energie nahezu vollständig an
das Hochfrequenzfeld zurückgeben. Anschließend werden die abgebremsten Elektronen in
einen Elektronenstrahlabsorber (*beam dump*) umgeleitet. Die abgegebene Energie steht für
die Beschleunigung des nächsten aus dem Injektor kommenden Pulszuges zur Verfügung. Da
die im Speicherring nach vielen Umläufen unvermeidbare Aufweitung des Strahls entfällt,
strahlen die frischen Elektronenpakete mit niedriger Emittanz und mit durch sogenannte
Bunchkompressoren verkürzter Länge äußerst brillante und auch kurze Röntgenpulse ab.
Von der Strahlqualität im Hinblick auf Divergenz, Kohärenz und Pulslänge von 20 fs−2 ps
ähnelt der ERL dem FEL, allerdings ist die Intensität der FEL-Pulse durch die kohärente
Verstärkung um mehrere Größenordnungen höher. Da der ERL auf die kohärente Verstärkung der Strahlung verzichtet, ist eine sehr hohe Strahlstabilität zu erwarten. Zu einem
gewissen Grad nimmt der ERL daher eine Mittelstellung zwischen Speicherring und FEL
ein. Die erwartete zeitlich gemittelte Brillanz der beugungsbegrenzten Strahlen reicht an
die der FELs mit geringer Repititionsrate heran. Im einzelnen Puls ist der FEL erwartungsgemäß sehr viel intensiver. Das Grundprinzip der Energierückgewinnung in einem
supraleitenden Beschleuniger, auf dem der ERL fußt, wurde 2003 am Jefferson Laboratory demonstriert [B+ 03]. Details zu geplanten ERL und zum wissenschaftlichen Programm
finden sich auf der Webseite der Cornell Universität, an der das ERL-Konzept entwickelt
wurde [ECC]. Gegenwärtig werden an verschiedenen Plätzen z. B. in Cornell, Brookhaven
und Daresbury, ERL entwickelt, geplant oder bereits als Pilotanlagen aufgebaut. Wenn auf
extreme Pulsleistung verzichtet werden kann, sind ERL für die Erzeugung hochbrillanter
harter Röntgenstrahlung interessant, da die Anlagen nach dem jetzigen Stand der Technik
deutlich kompakter ausfallen als ein Röntgen-FEL.

7.2　　Von der Synchrotronstrahlung zum Freie-Elektronen-Laser

Die theoretischen Grundlagen der FELs wurden seit den 1960er und 70er Jahren gelegt
[Pal 72, Cso 78, Mad 71] und führten zu ersten experimentellen Demonstrationen von Freie-
Elektronen-Lasern im infraroten Bereich bei 10 μm durch Madey und Mitarbeiter [EFM+ 76,
DEM+ 77]. Die meisten der heute existierenden FELs wurden für Wellenlängen im infraroten Bereich realisiert [FEL, HAS]. Hierbei bedient man sich wie beim klassischen Laser
eines Verstärkungsmediums, das von einem optischen Resonator umschlossen ist (Abb. 7.3).
Beim FEL dienen relativistische Elektronenpakete, die in einem Undulator Synchrotronstrahlung erzeugen, als Verstärkungsmedium. Dabei befindet sich der Undulator zwischen
zwei Spiegeln, die zur Speicherung des Strahlungsfeldes dienen. Die Umlaufzeit des Lichtes
im Resonator ist mit der Umlaufzeit der Elektronenpakete im Speicherring respektive der
Wiederholrate der Elektronenpakete eines Linearbeschleunigers synchronisiert. Wiederholte
Durchgänge von Elektronenpaketen durch den Undulator führen somit zu einer entspre-

chenden Verstärkung des Strahlungsfeldes. Typische Verstärkungen pro Umlauf betragen nur einige Prozent (an wenigen der FELs bis zu maximal etwa 30 Prozent). Für einen effektiven Gewinn an Strahlungsintensität in diesen sogenannten FEL-Oszillatoren sind daher Spiegel mit sehr hohen Reflektivitäten nahe 100 % notwendig.

Derartige Spiegel sind für Wellenlängen unterhalb von etwa 100 nm nicht mehr verfügbar. Bei senkrechtem Einfall beträgt die Reflektivität meist weniger als 30 % und nimmt zu kurzen Wellenlängen sehr stark ab. Überdies befindet man sich bei senkrechtem Einfall von intensiver FEL-Strahlung auf Grund des hohen Anteils an absorbierter Strahlung an oder oberhalb der Zerstörungsschwelle der Spiegel. Für kurze Wellenlängen im VUV- und Röntgenbereich muss daher die volle Verstärkung des FEL ohne optischen Resonator in einem einzigen Durchgang der Elektronen durch einen langen Undulator erreicht werden. In diesem Fall spricht man von einem FEL-Verstärker (Amplifier) [SSY 00]. Ein solcher Verstärkungsprozess kann in einem Single-Pass-SASE-FEL (SASE = *self-amplified spontaneous emission*) erzeugt werden. Wegen der extrem hohen Anforderungen an die Qualität des Elektronenstrahls kann ein derartiger FEL jedoch nicht an einem Speicherring realisiert werden. Stattdessen werden Linearbeschleuniger verwendet, die Elektronenpakete höchster Qualität, d. h. sehr hoher sechsdimensionaler Phasenraumdichte, erzeugen können.

Die Idee einen FEL zu realisieren, indem man den Verstärkungsfaktor des Systems so hoch treibt, dass spontan emittierte Strahlung in nur einem Durchgang durch das verstärkende Medium zu laserähnlicher Strahlung verstärkt wird, wurde 1980 von Kondratenko und Saldin [KS 80] erstmals formuliert (für den infraroten Spektralbereich) und 1985 von Murphy und Pellegrini für den weichen Röntgenbereich [MP 85] vorgeschlagen. Weitergehende Betrachtungen [Pel 88] zeigten, dass die Möglichkeit, den Röntgenbereich bei 1 Å zu erreichen, im Wesentlichen von der Strahlqualität des Elektronenstrahls abhängt.

Große Fortschritte in der Linearbeschleuniger-Technologie, insbesondere bei Hochfrequenz-Photokathoden-Elektronenkanonen [Win 98, K$^+$ 04], und die damit erzielten extrem hohen Phasenraumdichten der Elektronen haben kurzwellige Single-Pass-SASE-FEL-Lichtquellen

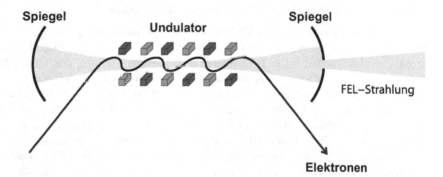

Abb. 7.3 Schematische Darstellung eines FEL mit optischem Resonator für den infraroten und sichtbaren Spektralbereich bis hinein in das VUV ($\lambda \geq 150$ nm). Die Umlaufzeit des Lichtes im Resonator ist mit der Umlaufzeit der Elektronenpakete im Speicherring respektive der Wiederholrate der Elektronenpakete eines Linearbeschleunigers synchronisiert.

seit etwa 1995 möglich gemacht. Vom SASE-FEL im Infrarotbereich bei $12\,\mu m$ Wellenlänge [H+ 98] über den sichtbaren und ultravioletten Spektralbereich [M+ 01] ist mittlerweile der vakuum-ultraviolette und Röntgen-Spektralbereich erreicht [A+ 00, A+ 06]
(lcls.slac.stanford.edu). Bezüglich der Spitzenleistung, der Kohärenz und insbesondere der
Durchstimmbarkeit sind die neuen Freie-Elektronen-Laser anderen Lasern oder Frequenz-
konversions-Schemata, die in den vakuum-ultravioletten oder Röntgen-Spektralbereich zie-
len (siehe z. B. [Jae 06]), auf absehbare Zeit klar überlegen.

7.2.1   Das SASE-Prinzip

Das Verstärkungsmedium eines FEL wird durch in einem Linearbeschleuniger auf relativistische Energien beschleunigte Elektronenpakete gebildet. Diese hochenergetischen Elektronenpakete werden beim Durchgang durch die periodische Magnetstruktur eines Undulators auf eine sinusförmige Trajektorie gezwungen und erzeugen hierbei zunächst spontane
Synchrotronstrahlung, die in der Phase unkorreliert, d. h. inkohärent ist. Interferenzeffekte
führen im Undulator dazu, dass jedes Elektron Strahlung in eine schmale Bandbreite um
eine Resonanzwellenlänge λ emittiert, die gegeben ist durch (siehe auch Abschnitt 3.2.5)

$$\lambda = \frac{\lambda_u}{2\gamma^2}\left(1 + \frac{K^2}{2}\right),$$

(7.1)

wobei λ_u die Undulatorperiode, γ die Elektronenenergie in Einheiten der Elektronenruhemasse $\gamma = E_e/m_0 c^2$ mit E_e der Elektronenenergie, m_0 der Elektronenruhemasse und c der
Lichtgeschwindigkeit ist, und $K = eB_u\lambda_u/2\pi m_0 c$ mit B_u dem Magnetfeld des Undulators
ist.

Beim FEL wird nun eine kohärente Abstrahlung und Erhöhung der Strahlungsintensität
um viele Größenordnungen durch eine Wechselwirkung der Elektronen mit der von ihnen
selbst emittierten spontanen Strahlung erzeugt, durch die eine longitudinale Strukturierung
der Ladungsdichteverteilung im Elektronenpaket ausgebildet wird. Dieser Prozess ist in
Abb. 7.4 dargestellt und in [SSY 00] im Detail beschrieben.

Ist die Phasenraumdichte des Elektronenpakets hinreichend groß und der Überlapp mit
dem vorwärtsgerichteten elektromagnetischen Feld optimal, so prägt Letzteres den Elektronen gewissermaßen seine Periodizität auf. Die am Eingang des Undulators annähernd
homogene Ladungsdichteverteilung des Elektronenpakets, wandelt sich in eine Reihe von
Ladungsscheibchen, sogenannte *micro-bunches*, die in Längs-, d. h. Flugrichtung aufgereiht
sind und dabei von Scheibchen zu Scheibchen genau den Abstand der Wellenlänge der
emittierten Strahlung λ haben. Durch diese Mikrostrukturierung erreicht man beim Freie-
Elektronen-Laser die phasenrichtige, d. h. kohärente Superposition der von den einzelnen
Ladungsscheibchen emittierten Strahlung und somit eine Intensitätserhöhung. Dieses intensivere elektromagnetische Feld führt in einem sich selbst verstärkenden Effekt zu noch
ausgeprägteren Mikrostrukturierung der Ladungsverteilung und so weiter.

Es werden also Korrelationen zwischen den Elektronen erzeugt, die zu einem exponentiellen Anstieg der Intensität der Strahlung einer bestimmten Wellenlänge führen und damit
zu einer sehr viel höheren Spitzenleuchtstärke. Man spricht von einer Selbstverstärkung

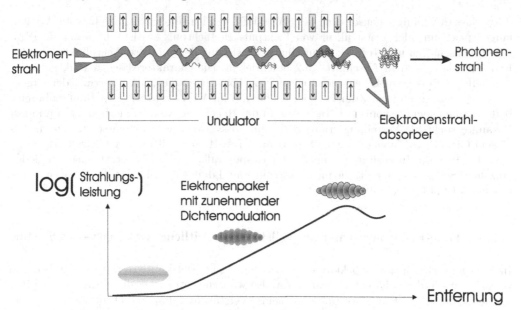

Abb. 7.4 Schematische Darstellung eines Single-Pass-SASE-FEL. Oben ist der Elektronenstrahl beim Durchgang durch den Undulator gezeigt. Im unteren Teil der Abbildung ist skizziert, wie beim Durchgang des Elektronenpakets durch den Undulator parallel zur fortschreitenden Ladungsdichtemodulation die Strahlungsleistung exponentiell bis zu einem Sättigungswert ansteigt. Es ist zu beachten, dass in Realität die Anzahl der Ladungsscheibchen (Micro-Bunches), d.h. die Frequenz der Dichte-Modulation viel höher ist. So beträgt die Länge des strahlenden Elektronenpakets typischerweise $100\,\mu$m und der Abstand der Micro-Bunches bei FLASH momentan etwa $10\,$nm (= Wellenlänge des FEL), sodass es ca. 10000 Micro-Bunches gibt.

der spontanen Emission (*self-amplified spontaneous emission* = SASE), die bei vollständiger Ladungsdichtemodulation des Elektronenpakets ihre Sättigungsleistung erreicht. Diese Leistungsgrenze der Strahlung liegt bei wenigen Promille der kinetischen Energie des sie erzeugenden Elektronenstrahls [SSY 00] und ist damit millionenfach höher als die spontane Synchrotronstrahlung im Undulator.

Die Interferenzeffekte, die zur Mikrostrukturierung der Ladungsverteilung innerhalb eines Elektronenpakets führen, können nur in einem sehr langen Undulator von einem Elektronenstrahl sehr hoher Qualität, d.h. hoher Ladungsdichte, geringer Emittanz und Energiebandbreite bei einem ausreichend langen Überlapp der Elektronen mit der von ihnen emittierten Strahlung erzeugt werden. Ein SASE-FEL-Undulator für den VUV-Bereich ist mit einigen zehn Metern Länge etwa fünf- bis zehnmal länger als Undulatoren, die an Synchrotronstrahlungs-Speicherringen verwendet werden. Für Röntgen-FELs sind sogar Längen von einigen hundert Metern notwendig.

Die SASE-charakteristische Strahlungserzeugung aus spontaner Undulatorstrahlung, d.h. der Start aus dem Rauschen (dem sogenannten *shot noise*) am Undulatoreingang führt dazu, dass Strahlungseigenschaften des SASE-FEL wie Pulsintensität, Strahlprofil, Wellen-längenspektrum oder Zeitstruktur von Lichtpuls zu Lichtpuls statistisch variieren. Typi-sche Eigenschaften und Techniken zur Charakterisierung der auf diese Weise fluktuierenden FEL-Strahlung sind in Abschnitt 7.3.2 beschrieben. Die charakteristischen Fluktuationen von Puls zu Puls können bei einer Vielzahl von Experimenten die Auswertung der Ergeb-nisse schwierig gestalten. Zum Beispiel ist für die im VUV- und weichen Röntgenbereich bedeutsamen spektroskopischen Techniken in der Regel eine wohldefinierte oder zumindest bekannte spektrale Verteilung erforderlich, um aussagekräftige Ergebnisse zu liefern. Aus diesem Grund wird in einem ersten Schritt am FLASH eine vollständige Charakterisierung der FEL-Pulse in Intensität, räumlicher Lage, spektraler und zeitlicher Struktur für jeden einzelnen Schuss angestrebt, die nicht-destruktiv und damit parallel mit den Experimenten möglich ist [TFG$^+$ 03].

7.2.2   Freie-Elektronen-Laser mit vollständiger zeitlicher Kohärenz - das Seeding

In einer längerfristigen Perspektive ist die Erzeugung Fourier-limitierter, d. h. räumlich und zeitlich vollständig kohärenter Strahlungspulse wünschenswert. Da die statistischen Fluk-tuationen des SASE-FEL wie erwähnt auf seiner Verstärkung spontanen Rauschens beruhen, liegt eine Lösung in der alternativen Verstärkung eines wohldefinierten Seed-Pulses (*seed =* Keim). Bei FLASH wird das Konzept des sogenannten Self-Seeding [FSS$^+$ 97] verfolgt, das in Abb. 7.5 dargestellt ist. In einem ersten Undulator wird ein SASE-Puls im exponenti-ellen Verstärkungs-Regime mit allen seinen oben beschriebenen typischen Charakteristika erzeugt. Anschließend werden Elektronen- und Photonenstrahl durch eine magnetische Schi-kane getrennt, und der Photonenstrahl wird in einem Monochromator auf die gewünschte Bandbreite monochromatisiert. Werden nun Photonen- und Elektronenstrahl räumlich und zeitlich in einem nächsten Undulator wieder zusammengeführt, dient der nun schmalbandige Photonenpuls als Keim und erzeugt nach seiner Verstärkung einen vollständig longitudinal kohärenten FEL-Puls in Sättigung, wie in Abb. 7.6 dargestellt. Ein Vorteil des Self-Seeding liegt darin, dass die komplette Durchstimmbarkeit des FEL erhalten bleibt. Nachteilig ist

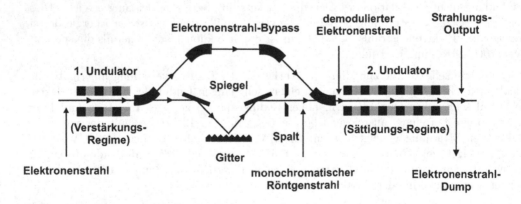

Abb. 7.5 Schematischer Aufbau des Self-Seeding für einen SASE-FEL (nach [FSS$^+$ 97])

jedoch, dass, abhängig von der spektralen Verteilung des Ursprungspulses im ersten Undulator, der monochromatisierte Puls mit etwa einer fünfprozentigen Wahrscheinlichkeit so wenig Intensität haben kann, dass er nicht als Seed-Puls ausreicht, da er die Intensität des *shot noise* nicht klar übertrifft. In diesem Fall entsteht im zweiten Undulator ein normaler SASE-Puls.

Eine alternative Strategie zum Self-Seeding, die an mehreren FELs für den VUV- und weichen Röntgenbereich weltweit verfolgt wird, ist die Verwendung eines FEL-Verstärkers, der durch einen geeigneten voll kohärenten optischen Laserpuls oder dessen höhere Harmonische getriggert wird. In einem ersten kurzen Undulator, der auf die Laserfrequenz abgestimmt ist, wird durch die Wechselwirkung des Elektronenpakets mit dem Seed-Laser dem Elektronenpaket eine kleine Energiemodulation aufgeprägt, die in einer anschließenden magnetischen dispersiven Strecke in eine Dichtemodulation des Pakets gewandelt wird. Beim Durchgang der Elektronen durch einen zweiten Undulator, der auf die n-te Harmonische des Seed-Pulses abgestimmt ist, wird nun diese n-te harmonische Wellenlänge bis in die Sättigung verstärkt. Dieses Konzept, *high-gain harmonic generation* (HGHG) genannt, konnte im Infraroten [Y+ 00] sowie im Ultravioletten Bereich [Y+ 03] demonstriert werden. Die Methode besitzt den neuesten theoretischen Arbeiten zufolge hinsichtlich der Qualität der Strahlung, d. h. Reproduzierbarkeit, glatte Pulsform, spektrale Breite, und der Synchronisation mit optischen Lasern gegenüber dem einfachen SASE-Prinzip einige Vorteile. Harte Röntgenstrahlung bei der für Strukturuntersuchungen notwendigen Wellenlänge um 0,1 nm zu erzeugen erscheint nach jetzigem Kenntnisstand jedoch schwierig, da kurze Wellenlängen ausgehend von einem sichtbaren oder UV-Seed-Puls in mehreren kaskadenartigen Stufen erzeugt werden, bei denen die Strahldegradierung durch Rauschen ein großes Problem darstellt.

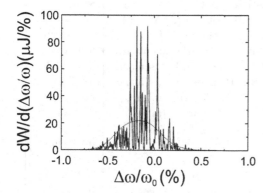 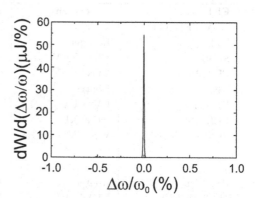

Abb. 7.6 Spektrale Verteilung des Ursprungspulses nach dem SASE-FEL (oben) und nach Verstärkung im FEL-Amplifier (unten) (nach [FSS+ 97])

7.3 Eigenschaften und Charakterisierung der FEL-Strahlung am Beispiel des Vakuum-Ultraviolett-FEL-FLASH bei DESY

Wie in Tabelle 7.1 dargestellt, sind weltweit eine Reihe Freie-Elektronen-Laser für den VUV- und Röntgenbereich geplant oder im Bau befindlich [FEL, HAS]. Da der Vakuumultraviolett-Freie-Elektronen-Laser FLASH bei DESY mit gegenwärtig 6,5 nm zur Zeit den Weltrekord hinsichtlich der kürzesten Wellenlänge bei FEL hält und gleichzeitig die einzige in diesem Spektralbereich in Betrieb befindliche Nutzeranlage darstellt, werden in den folgenden Abschnitten der Aufbau und die Eigenschaften der SASE-FELs, notwendige Entwicklungen zur Charakterisierung der Strahlung sowie erste Experimente mit diesen einzigartigen neuen Strahlungsquellen anhand der Ergebnisse bei FLASH dargestellt.

7.3.1 Technische Details des Freie-Elektronen-Lasers FLASH bei DESY

Der Freie-Elektronen-Laser FLASH entstand in mehreren Ausbaustufen. Für die erste Ausbaustufe des FEL stand an der sogenannten TESLA Test Facility (TTF) ein Linearbeschleuniger mit 250 MeV zur Verfügung, an dem am 22. Februar 2000 erstmals eine Verstärkung der spontanen Strahlung [A$^+$ 00] demonstriert werden konnte, eine gemeinsame Anstrengung von Wissenschaftlern und Technikern von 48 Instituten aus elf Ländern. Im September 2001 erreichte der FEL im Bereich um 100 nm Wellenlänge die maximal erreichbare Ausgangsleistung (Sättigung) [A$^+$ 02b]. Für erste grundlegende Experimente an Clustern und Oberflächen [W$^+$ 02, S$^+$ 02] standen damit bei Wellenlängen von 80 bis 120 nm kohärente, beugungsbegrenzte Strahlungspulse mit Leistungen im Gigawattbereich bei Pulslängen um 100 fs FWHM (*full width at half maximum* = Halbwertsbreite) zur Verfügung [A$^+$ 02c].

Tab. 7.1: Übersicht über FEL-Projekte für kurzwellige Strahlung / Stand Anfang 2010 (XUV = *extreme ultraviolet*)

FEL Name	λ-Bereich	Institut, Ort	Status
DUV-FEL-ATF	VUV	NSLS, Brookhaven, NY, USA	in Betrieb
LCLS	Röntgen	SLAC, Stanford CA, USA	in Betrieb
SCSS	VUV–XUV	SPring-8, Nishi Harima, Japan	in Betrieb
FLASH	VUV–XUV	DESY, Hamburg, Deutschland	in Betrieb
XFEL	Röntgen	DESY, Hamburg, Deutschland	im Bau
EUFELE	UV–VUV	ELETTRA, Trieste, Italien	in Betrieb
FERMI	VUV–XUV	ELETTRA, Trieste, Italien	im Bau
SPARC/SPARX	VIS–UV/Röntgen	CNR, ENEA, INFN, Tor Vergata Univ., INFM-ST, Italien	in Betrieb / in Planung
PSI-XFEL	Röntgen	PSI, Villigen, Schweiz	in Planung
MAX-IV FEL	VUV–XUV	MAX-Lab, Lund, Schweden	in Planung
Shanghai DUV-FEL	VUV	NSRL, Shanghai, China	in Planung
PAL XFEL	Röntgen	PAL, Pohang, Korea	in Planung

Nach dem erfolgreichen Betrieb des FEL in dieser ersten Phase der TESLA Test Facility bis November 2002 erfolgte ein umfangreicher Umbau der gesamten Anlage, sodass in der zweiten Ausbauphase nun FEL-Strahlung vom Vakuum-Ultraviolett (VUV) bis in den weichen Röntgenbereich, von etwa 45 bis 6,5 nm in der Fundamentalen, einer breiten Nutzerschaft zur Verfügung steht. Abb. 7.7 zeigt die wesentlichen Komponenten des Freie-Elektronen-Lasers FLASH in der zweiten Ausbaustufe (eine detailliertere technische Beschreibung findet sich in Ref. [A$^+$ 06, A$^+$ 07a]). Ein mit der Hochfrequenz des Beschleunigers synchronisierter gepulster Nd:YLF-Laser erzeugt im sogenannten Photoinjektor durch Beschuss einer $CsTe_2$-Photokathode ein kompaktes Elektronenpaket mit 0,5–1 nC Ladung pro Puls, entsprechend einem Strom von 50–80 A. Dies wird in einem aus supraleitenden Niob-Hohlraum-Resonatoren bestehenden Beschleuniger auf relativistische Geschwindigkeiten gebracht. Der Linearbeschleuniger wurde durch weitere supraleitende Beschleunigungsmodule ergänzt, sodass seit 2007 Elektronenenergien bis 1 GeV erreicht werden können. An zwei Positionen entlang des Beschleunigers wird beim Durchgang durch eine magnetische Schikane eine longitudinale Kompression der Elektronenpakete erzeugt, sodass am Ende des Linearbeschleunigers Spitzenströme um 1–2 kA vorliegen. Beim Durchgang der Elektronenpakete durch eine 30 m lange, hochpräzise Undulatorstruktur werden die FEL-Pulse erzeugt. Die jeweils zu verwendenden Beschleunigerparameter variieren sowohl mit der gewünschten Wellenlänge als auch mit der variabel einstellbaren zeitlichen Pulsdauer. Eine Übersicht ist in [The 02] zu finden.

Erstes Lasen bei 32 nm mit mittleren Intensitäten von 10 μJ, d. h. $1,6 \cdot 10^{12}$ Photonen, und Spitzenintensitäten von 40 μJ wurde Anfang 2005 erzielt [A$^+$ 06]. Gleichzeitig wurde eine Nutzeranlage mit fünf Experimentierstationen, die den FEL-Strahl im Wechsel nutzen, entwickelt und gebaut [TFG$^+$ 03], an der seit August 2005 zahlreiche Experimente durchgeführt wurden [HAS]. In dieser zweiten Ausbaustufe, die 2007 nach mehreren Umbauphasen mit einer Elektronenenergie von 1 GeV abgeschlossen wurde, konnten bei 13,7 nm eine Spitzenintensität von 170 μJ [A$^+$ 07a] und als kürzeste Wellenlänge 6,5 nm (ab 2010 $\sim$ 5 nm) in der Fundamentalen sowie Wellenlängen bis 1,6 nm in der fünften Harmonischen erreicht werden. In den höheren Harmonischen des FEL kommen somit nun auch Experimente im sogenannten Wasserfenster von 4,4–2,3 nm ins Visier, ein Spektralbereich, der insbesondere für spektros- und mikroskopische Untersuchungen an organischen Systemen in wässrigen Lösungen relevant ist.

7.3.2 Charakterisierung der FEL-Strahlung

Die Eigenschaften der Strahlung eines SASE-FEL sind eng mit seiner Strahlungserzeugung aus dem Rauschen spontaner Undulatorstrahlung verknüpft, die zu Strahlungseigenschaften führen, die von Puls zu Puls variieren können [SSY 00]. Zur detaillierten Charakterisierung des FEL wurden jeweils für einzelne Pulse die Pulsenergie und die Intensitätsstatistik von Schuss zu Schuss, das Spektrum, die Winkelverteilung sowie die Kohärenz der VUV-Strahlung bestimmt.

In Abb. 7.8 [A$^+$ 02c, A$^+$ 03] ist die gemessene exponentielle Verstärkung des SASE-FEL in der Phase 1 an der Tesla Test Facility bei DESY als Funktion der aktiven Undulatorlänge für 95 nm Wellenlänge dargestellt. Die aktive Undulatorlänge ist die Länge, über die Elek-

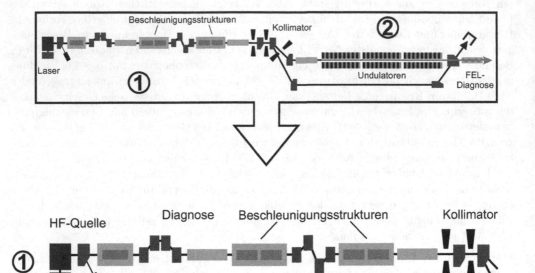

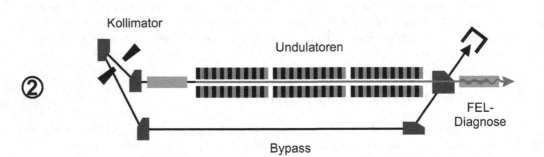

Abb. 7.7 Aufbau des FLASH-FEL bei DESY

tronen und Strahlungsfeld hinreichend gut überlappen, sodass es zur Strahlungsverstärkung (SASE) kommt. Zum graduellen Abschalten des SASE-Effektes wurde mit Hilfe von Korrekturspulen bei der entsprechenden Undulatorlänge das Elektronenpaket so weit aus seiner Bahn ausgelenkt, dass für die dahinter verbleibende Bahn durch den Undulator kein zur Verstärkung hinreichender Überlapp mit dem Strahlungsfeld mehr vorhanden war. Die logarithmische Darstellung illustriert die bereits erwähnte exponentielle Verstärkung des FEL, hier mit einer charakteristischen Verstärkungslänge von $L_g = (67 \pm 5)$ cm. Vergleichbare Messungen für FLASH in der zweiten Ausbaustufe sind in [A+ 07a] zu finden.

Bei vollständiger Unterdrückung von SASE wird der erwartete Wert für ausschließlich spontane Emission längs des gesamten Undulators von etwa 2,5 nJ gemessen, während beim Einsatz der Sättigung bei einer aktiven Undulatorlänge von ca. 12 m ein Wert von etwa 50 μJ vorliegt. Auf den ersten 5 m Undulatorlänge ist die Strahlungsverstärkung natürlich auch präsent, wird jedoch bei der Messung durch die über die volle Undulatorlänge gemessene spontane Emission überdeckt. Extrapoliert man die Gerade in der logarithmischen Darstellung auf den Beginn des Undulators, so erhält man eine Pulsenergie von ca. 0,3 pJ, in guter Übereinstimmung mit dem erwarteten Wert für das Anfangsrauschen der spontanen Emission [SSY 00]. Dieser *shot noise* entspricht der spontanen Emission, d. h. der Synchrotronstrahlung der Elektronen in dem einer Verstärkungslänge entsprechenden Anfangsbereich des Undulators, integriert über den geringeren Öffnungswinkel der späteren FEL-Strahlung und deren ebenfalls geringere Bandbreite.

Abb. 7.9 zeigt exemplarisch zwei gemessene Einzelpulsspektren. Diese wurden am Ausgang eines Gitter-Spektrometers mit einer intensivierten CCD-Kamera (ICCD) gemessen, die Belichtungszeiten bis hinunter zu 5 ns ermöglicht [TLX+ 00, Tre 05]. Die Spektren zeigen jeweils mehrere Maxima. Diese resultieren aus der endlichen Anzahl von longitudinalen Moden des FEL. Bei diesen longitudinalen Moden handelt es sich um longitudinal (= zeitlich)

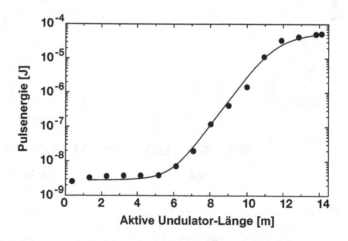

Abb. 7.8 Gemessene Verstärkung des TTF-FEL in seiner 1. Ausbaustufe als Funktion der aktiven Undulatorlänge bei einer Wellenlänge von 98 nm. Punkte: Messergebnisse. Linie: Simulation mit dem Programm FAST, nach [SSY 99]

voll kohärente Abstrahlung einzelner lokaler Bereiche entlang des Elektronenpakets. Die Intensitäten und die exakten spektralen Positionen der Maxima in den Spektren fluktuieren wie die Moden von Puls zu Puls.

Der genaue Vergleich zwischen den beiden Spektren in Abb. 7.9 illustriert, dass sich durch Variation der longitudinalen Kompression der Elektronenpakete auch die Länge des Strahlungspulses variieren lässt. Die Halbwertsbreite $\Delta\omega$ der einzelnen Maxima der spektralen Verteilung ist mit der Pulslänge τ_{rad} näherungsweise durch $\tau_{rad} \simeq 2\pi/\Delta\omega$ verknüpft [A+ 02c]. Für das im oberen Teil der Abbildung gezeigte Spektrum ergibt sich daraus eine Pulslänge von etwa 50 fs Halbwertsbreite (FWHM) bei zwei bis drei longitudinalen Moden, während eine geänderte longitudinale Kompression der Elektronenpakete im unteren Bild zu einem etwa 100 fs (FWHM) langen Puls mit sechs Moden führt. Entsprechende Spektren für FLASH in der zweiten Ausbaustufe sind ebenfalls in [A+ 06] zu finden. Die Pulslänge, deren Wert bisher deduktiv aus derartigen Spektren bestimmt wurde, konnte in Phase 1 zwischen etwa 50 und 200 fs FWHM variiert werden. Bei 13 nm beträgt sie zur Zeit ~ 10 fs. In Zukunft soll auch eine direkte Bestimmung der Pulslänge über Auto- oder Kreuzkorrelations-Messungen erfolgen.

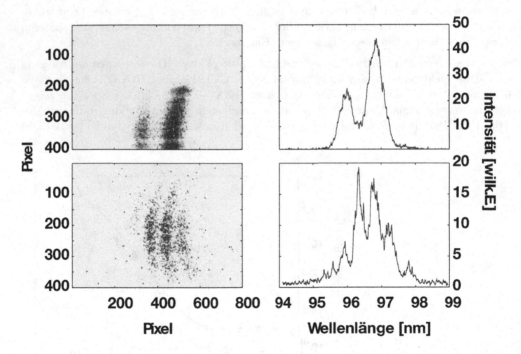

Abb. 7.9 Spektren der FEL-Strahlung für einen kurzen (≈ 50 fs FWHM) Puls (oben) und einen langen (≈ 100 fs FWHM) Puls (unten). Links ist jeweils das Bild der ICCD-Kamera am Ausgang des Gitter-Monochromators dargestellt, wobei die Dispersionsebene, d. h. Wellenlängenachse in der Horizontalen liegt und entsprechende horizontale Schritte zu den Spektren rechts führen. Die Variation der Pulslänge wurde durch eine Variation der Kompression des Elektronenpakets erzielt. Die einzelnen Maxima repräsentieren die longitudinalen Moden des Strahlungspulses.

Ein Freie-Elektronen-Laser besitzt wie schon erwähnt auch höhere Harmonische, beispielsweise Strahlung bei der zweifachen bzw. dreifachen Photonenenergie, deren Verstärkung durch den SASE-Prozess der Grundwelle und die daraus resultierende Ladungsdichtemodulation getrieben wird. Signifikante Intensitäten in den höheren Harmonischen erhält man daher erst im Sättigungsbereich der Grundwelle. Beim FEL beobachtet man im Gegensatz zur spontanen Emission bei Undulatoren in seltenen Fällen auch eine zweite Harmonische in Vorwärtsrichtung auf der Achse. Hierbei handelt es sich um einen Vielteileneffekt, der seinen Ursprung in transversalen Ladungsdichtefluktuationen des Elektronenpakets hat [SSY 00]. In der Regel beobachtet man aber auf der Undulatorlängsachse, wie auch bei der Synchrotronstrahlung, nur die ungeraden Harmonischen. Bei FLASH wurden für zahlreiche Wellenlängen höhere Harmonische vermessen, bei einer Fundamentalen von 13,7 nm konnten die dritte (4,6 nm) und fünfte (2,75 nm) Harmonische nachgewiesen werden [A+ 07a], und nach dem Ausbau 2007 wurde sogar die fünfte Harmonische von 8 nm bei 1,6 nm demonstriert und für Experimente verwendet [HAS].

Mit einer Fundamentalen von 32,2 nm wurden ebenfalls die zweite und dritte Harmonische, bei 16,1 nm und 10,7 nm respektive, vermessen (Abb. 7.10). Ihre Intensität liegt in der Größenordnung von 0,3–0,6 % der Grundwelle, in guter Übereinstimmung mit den theoreti-

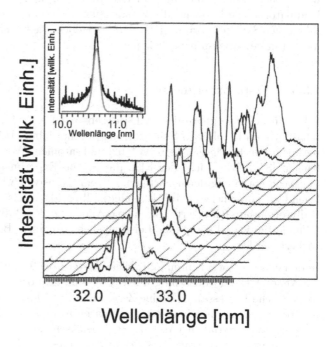

Abb. 7.10 Einzelschussspektren von zehn beliebig gewählten FEL-Pulsen mit einer mittleren Wellenlänge von 32,2 nm und eine Halbwertsbreite von 0,4 nm sind gezeigt; Einsatz oben links: 3. Harmonische, Spektrum bei 10,7 nm, gemittelt über 2500 Pulse (nach [DRG+ 06])

schen Erwartungen. Alternativ zur Auswertung der Photonenspektren der Fundamentalen und Harmonischen wurde Photoelektronenspektroskopie an einem dünnen Edelgastarget durchgeführt. Durch die hohe Photonenenergie des FEL-Pulses werden die Atome ionisiert und Elektronen mit einer definierten kinetischen Energie erzeugt. Mittels der Photoelektronenspektroskopie konnten sowohl die Intensität der Grundwelle des FEL-Pulses als auch seine harmonischen Anteile Schuss für Schuss vermessen werden, wobei sich eine gute Übereinstimmung mit den Auswertungen der gemittelten FEL-Spektren ergab [DRG$^+$ 06].

Im Gegensatz zur nur partiellen zeitlichen Kohärenz ist die erwartete räumliche Kohärenz nahezu vollständig, da von den am Undulatoranfang erzeugten zahlreichen transversalen Moden in der Sättigung die fundamentale Mode dominiert, weil sie den besten Überlapp mit dem Elektronenstrahl hat. Die räumliche Kohärenz der FEL-Strahlung wurde mit Hilfe des klassischen Young'schen Doppelspalt-Experiments gemessen. Ein typisches Beugungsmuster ist in Abb. 7.11 dargestellt. Da sich der Beobachtungsschirm, ein fluoreszierender Kristall, aus technischen Gründen nur 3 m hinter dem Doppelspalt befand, entstand dieses Beugungsmuster im Übergangsbereich zwischen Nah- und Fernfeld, sodass zur Auswertung eine Simulation mittels Wellenfront-Propagation statt der im Fernfeld in der Fraunhofer'schen Näherung gültigen, relativ einfachen geometrischen Beschreibung erforderlich war [I$^+$ 04]. Eine Auswertung einer Reihe von Beugungsmustern bei verschiedenen aktiven Undulatorlängen bestätigte die Verstärkung der räumlichen Kohärenz bis zur Sättigung. In sehr tiefer Sättigung kann die Kohärenz jedoch wieder nachlassen, da andere transversale Moden in der Intensität nachziehen.

7.3.3 Erste Experimente

Schon in der Pilotphase des FEL-Betriebs bei DESY führten zwei Gruppen von Wissenschaftlern am Hamburger Synchrotronstrahlungslabor (HASYLAB) erste grundlegende Experimente an Edelgasclustern [W$^+$ 02] und -atomen [WdCG$^+$ 05] sowie an Festkörperoberflächen [S$^+$ 02] im Licht des FEL durch. Die Experimente der Phase 1 hatten das Ziel, die Wechselwirkung der neuartigen, extrem intensiven VUV-Strahlung mit Materie grundlegend zu untersuchen. Mit Hilfe eines Ellipsoidspiegels wurde der FEL-Strahl auf 20 μm Halbwertsbreite fokussiert. Durch eine Änderung der Position der Wechselwirkungszone im fokussierten Strahl konnte die Leistungsdichte in einem Bereich von etwa 10^{10}–10^{14} W/cm^2 variiert werden.

In den ersten Experimenten an Edelgasclustern bei 98 nm (12,7 eV) [W$^+$ 02] zeigt sich, dass die Xenon-Cluster vollständig durch Coulomb-Explosion (siehe auch Abschnitt 6.1.4, photochemische Prozesse), d. h. eine Zerstörung des Clusters durch die abstoßenden Coulomb-Kräfte zwischen seinen ionisierten atomaren Konstituenten, in zum Teil sehr hoch geladene atomare Ionen zerfallen (Abb. 7.12). Überraschenderweise startet die Coulomb-Explosion bereits bei $\approx 10^{11}$ W/cm^2; diese Leistungsdichteschwelle liegt etwa hundertmal niedriger als die Schwelle bei der Wechselwirkung mit infraroten Lasern. Die Absorption der kurzwelligen VUV-Strahlung und die anschließende Ionisation unterscheiden sich offenbar grundlegend von Prozessen bei Anregung mit konventionellen Lasern im sichtbaren oder infraroten Spektralbereich. Die für diese Spektralbereiche etablierten Modelle scheinen im VUV keine hinreichend präzisen quantitativen Vorhersagen zu liefern. Qualitativ erlauben sie aller-

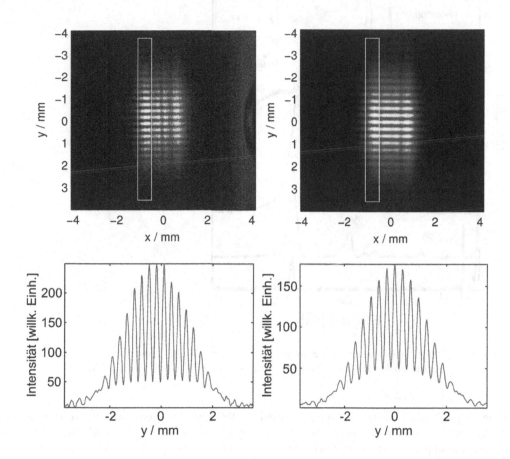

Abb. 7.11 Beugungsbild der FEL-Strahlung hinter einem Doppelspalt 1 mm. Die Doppelspalte (je 2 mm vertikal ×200 μm horizontal, Separation) sind etwa 12 m vom Ende des Undulators entfernt. Das linke Bild wurde mit einer CCD-Kamera von einem Ce:YAG-Fluoreszenzschirm aufgenommen (3 m hinter den Spalten), der die VUV-Strahlung in sichtbares Licht konvertiert. Die rechte Abbildung stellt eine Simulation des gemessenen Bildes (links) dar. Das Bild ergab sich nach einer Propagation der Wellenfront der simulierten FEL Quelle. Der untere Teil der beiden Abbildungen zeigt jeweils einen horizontalen Schnitt durch das Beugungsmuster. Die nahezu vollständige Modulation reflektiert dabei die annähernd perfekte transversale Kohärenz des FEL-Pulses. (nach [I⁺ 04])

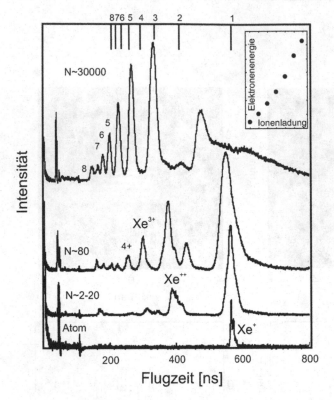

Abb. 7.12 Flugzeitmassenspektren der Ionisationsprodukte von Xe-Clustern und Atomen nach Anregung mit höchst intensiven FEL-Pulsen mit 98 nm Wellenlänge (nach [W⁺ 02])

dings, den Ionisationsprozess zum wesentlichen Teil als Photonen-unterstützte thermische
Elektronenemission zu interpretieren. Der im optischen Bereich, d. h. bei längeren Wellenlängen dominante Prozess der Feldionisation ist bei Anregungen im VUV vernachlässigbar.
Die Cluster werden in dem extrem intensiven Strahlungsfeld stark aufgeheizt. Bei höchster
Leistungsdichte von fast 10^{14} W/cm^2 entspricht die Energieaufnahme der Absorption von
etwa 30 Photonen pro Atom im Cluster. Die durch das hochfrequente elektrische Wech-
selfeld des FEL verursachte Oszillation der Elektronen spielt bei diesen hohen Frequenzen
keine Rolle, da die zur Oszillation gehörende kinetische Energie (ponderomotive Energie)
mit etwa 100 meV im Vergleich zur Bindungsenergie der Elektronen sehr klein ist. Mittlerweile wurden verschiedene theoretische Modelle ausgearbeitet, die die starke Absorption im
Rahmen von plasmaphysikalischen Effekten erklären [SG 03, Bau 04, ZWW⁺ 09].

In der zweiten Ausbauphase der Nutzeranlage FLASH konnten nur wenige Monate nach In-
betriebnahme des FEL ab August 2005 eine Reihe von Experimenten durchgeführt werden,
die in ihrer wissenschaftlichen Bandbreite von der Atom-, Molekül- und Clusterphysik über
die Festkörper- und Plasmaphysik bis hin zur Chemie und Biologie das Potential für neue,
bahnbrechende Experimente mit dem Freie-Elektronen-Laser reflektieren. In den folgenden

Jahren hat sich das Forschungsfeld etabliert und erzielt regelmäßig neue, stark beachtete Forschungsergebnisse [HAS]. Zwei der ersten Experimente sollen kurz exemplarisch dargestellt werden.

Entscheidend für die weitere Entwicklung der Forschung mit Röntgenstrahlung ist wie erwähnt der Schritt von statischen Untersuchungen an Atomen, Molekülen oder Nanostrukturen mit atomarer Auflösung hin zu dynamischen Untersuchungen. Um die experimentellen Möglichkeiten von FLASH, insbesondere die ultrakurze Pulsdauer, umfassend nutzen zu können, werden eine Reihe Methoden entwickelt, um sogenannte Pump-Probe-Verfahren mit Femtosekundenauflösung durchzuführen. Hierfür wurde die FLASH-Nutzeranlage durch einen intensiven, durchstimmbaren, gepulsten optischen Laser ($\lambda = 790\text{--}830\,\text{nm}$) speziell für Pump-Probe-Experimente ergänzt [WDF$^+$ 05]. Das Zusammenspiel von optischem Laser und FEL erlaubt es, Vorgänge mit zeitlicher Auflösung im Femtosekundenbereich zu verfolgen sowie nichtlineare Optik in neuen Wellenlängenbereichen zu untersuchen.

In einem ersten Experiment dieser Art wurden sowohl die FEL-Pulse als auch die optischen Laserpulse in ein dünnes Edelgastarget fokussiert, beispielsweise aus einer Düse expandierendes Xenon mit einem lokalen Xenon-Partialdruck, der von 10^{-5} bis 10^{-8} mbar variiert wurde. Durch die hohe Photonenenergie (kurze Wellenlänge) des FEL-Pulses wird ein Großteil der Atome ionisiert und dabei Elektronen mit einer definierten kinetischen Energie erzeugt. Bei zeitlichem und räumlichen Überlapp der beider Pulse ergeben sich zusätzlich zu der einen Photoelektronenlinie noch weitere Linien, sogenannte Seitenbänder, im Energiespektrum der erzeugten Elektronen. Diese zusätzlichen Linien erscheinen im Abstand der optischen Photonenenergie oberhalb und unterhalb der durch den FEL-Puls erzeugten Hauptlinie. Wie in Abb. 7.13 dargestellt, wurden diese Elektronenspektren als Funktion der Zeitverzögerung zwischen FEL und optischem Laser gemessen. Bei sehr gutem räumlichen Überlapp erheben sich abhängig von der Zeitverzögerung deutlich derartige Seitenbänder im Photoelektronenspektrum [R$^+$ 07].

Zur Durchführung dieser Experimente müssen die zunächst unabhängigen Ultrakurzpulsquellen synchronisiert werden. Obwohl beide Quellen ein gemeinsames stabilisiertes Hochfrequenzsignal erhalten, ist die Synchronisation auf eine Sub-Pikosekunden-Genauigkeit bei Distanzen von 300 m und entsprechenden Signallaufzeiten im Bereich von μs an der Grenze des technisch Möglichen. Aus diesem Grund wurde alternativ die Synchronisation für jeden Puls gemessen. Eine Methode hierfür vermisst die Zeitdifferenz eines Teils der optischen Laserstrahlung gegenüber der spontanen Synchrotronstrahlung, die im letzen Ablenkmagneten entsteht, der den Elektronenstrahl in den Strahl-Dump lenkt, siehe Abb. 7.7. Diese Synchrotronstrahlung ist mit dem FEL-Puls zeitlich korreliert und dient somit als Zeitreferenz für die Ankunftszeit des FEL-Pulses. Auf einer Streakkamera, einer Art Fotodetektor, der den zeitlichen Verlauf sehr kurzer Lichtpulse messen kann, wird die Zeitdifferenz beider Pulse mit ~ 300 fs Genauigkeit gemessen [WDF$^+$ 05]. Diese Messungen zeigen eine zeitliche Stabilität von unter einer ps (rms) über viele Stunden. Somit ist es möglich, Experimente durchzuführen, in denen die FEL-Strahlung direkt mit dem optischen Laser zusammenwirkt.

Ein weiteres bedeutendes Forschungsziel zukünftiger Röntgen-FELs sind Röntgen-Strukturuntersuchungen an biologisch relevanten Einzelmolekülen [NWvdS$^+$ 00], aber auch an anderen Nanostrukturen, bei denen sehr hohe räumliche, aber auch zeitliche Auflösung von Interesse ist. Ziel ist es, molekulare Strukturen vermessen zu können, ohne die Pro-

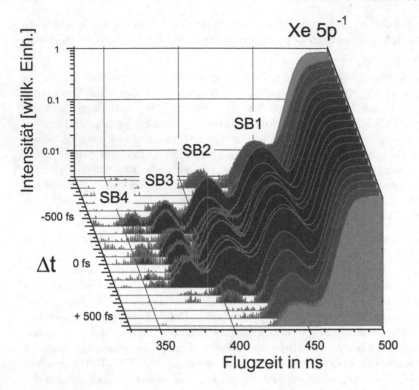

Abb. 7.13 Elektronen-Flugzeitspektrum für die Zwei-Photonen-Ionisation von Xenon. Die verschiedenen Spektren sind bei unterschiedlichem zeitlichen Überlapp des FLASH-Pulses (20 fs, 13,8 nm) mit dem optischen Laser (120 fs, 800 nm, 20 μJ) aufgenommen. Bei Überlapp der beiden Pulse entstehen sogenannte Seitenbänder (SB1 – SB4). (nach [R+ 07])

ben kristallisieren zu müssen, was bisher wegen der zu geringen Intensitäten der zur Verfügung stehenden Röntgenquellen und des daraus resultierenden geringen Signals im Streubild nicht möglich ist. Theoretische Studien und Simulationen lassen erwarten, dass mit kurzen und intensiven Röntgen-FEL-Pulsen Beugungsbilder einzelner großer Makromoleküle aufgenommen werden können, bevor das Molekül in einer Coulomb-Explosion zerstört wird. Ein dreidimensionaler Datensatz könnte erzeugt werden, wenn eine Vielzahl von Beugungsbildern reproduzierbarer Proben aufgenommen werden kann, die nacheinander von einem Röntgenlaserpuls getroffen werden.

Erste Ergebnisse am FLASH mit einem FEL-Puls bei 32 nm, 25 fs Pulslänge und einer Leistungsdichte von 10^{14} W/cm^2 zeigen, dass auswertbare Beugungsbilder aufgenommen werden können, bevor die Testobjekte, in diesem Fall ein Mikrometer großes Schnittbild zweier „Cowboys" in eine Silizium-Nitrid-Membran, explodieren (Abb. 7.14) [C+ 06]. Das Bild des Objekts, das aus dem Beugungsbild gewonnen wird, kann bis zur theoretischen Auflösungsgrenze rekonstruiert werden und zeigt keine Zerstörung der ursprünglichen Probe (Abb. 7.15), während eine Folgeaufnahme mit einem zweiten FEL-Puls nur Streuung

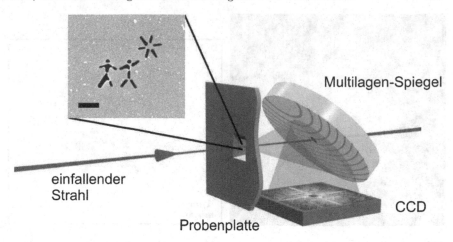

Abb. 7.14 Der FEL wird von links kommend auf ca. 20 μm Halbwertsbreite fokussiert und trifft das Test-Bild. Der direkte FEL-Strahl verlässt den Experimentbereich zum Schutz der Kamera durch ein Loch in einem planaren Multilayer-Spiegel, der das Diffraktionsbild auf eine CCD-Kamera spiegelt. (nach [C$^+$ 06])

an dem im Testobjekt entstandenen Loch zeigt. Folglich geschieht die Zerstörung erst, nachdem der FEL-Strahl die Probe durchdrungen hat. Dieses erste Ergebnis zeigt, dass Diffraktion mit sehr hoher zeitlicher Auflösung an kleinsten Strukturen bei entsprechender Photonenintensität auch experimentell in den Bereich des Möglichen kommt, jedoch werden erhebliche interdisziplinäre Anstrengungen und Fortschritte im Bereich der Probenpräparation und Einbringung in den FEL-Strahl einerseits und der Auswertung der erzeugten Einzelmolekül-Beugungsbilder andererseits vonnöten sein, um dieses Forschungsgebiet in Zukunft an den Röntgen-FELs zum Erfolg zu bringen. Mittlerweile gelang es bereits auch analoge zeitaufgelöste Experimente durchzuführen [CHRB$^+$ 07].

7.3.4 Ausblick

Freie-Elektronen-Laser sind extrem brillante neuartige Strahlungsquellen, die Eigenschaften klassischer Laser, wie Kohärenz und Femtosekunden-Pulse, mit der Wellenlängendurchstimmbarkeit der Synchrotronstrahlung kombinieren. Grundlage für kurzwellige FELs ist die Entwicklung der Beschleunigertechnologie, die in Linearbeschleunigern relativistische Elektronenstrahlen höchster Qualität zur Verfügung stellt und damit FELs mit Wellenlängen bis in den Röntgenbereich ermöglicht. Röntgen-FELs werden einer besonderen Klasse von Experimenten dienen, die Seite an Seite mit Speicherringen und den in Abschnitt 7.1 angesprochenen Energy Recovery Linacs (ERL) stehen. Auch diese Quellen werden in Zukunft für die Erzeugung von Synchrotronstrahlung weiter optimiert, bzw. es stehen erste Konzepte und Planungen zur Verfügung.

Mit dem erfolgreichen Vorstoß in den vakuum-ultravioletten und weichen Röntgenspektralbereich an der Anlage FLASH bei DESY bis hinunter zu einer Wellenlänge von 6,5 nm und

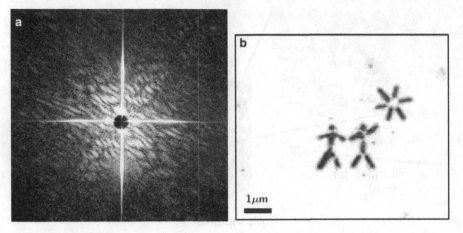

Abb. 7.15 (a) Diffraktionsbild erzeugt von einem einzelnen 25 Femtosekunden langen FEL-Puls.
(b) Rekonstruiertes Bild (nach [C$^+$ 06])

einer Pulslänge von 10–50 fs existiert eine für diesen Spektralbereich einzigartige Strahlungsquelle für eine neue Klasse von Experimenten. FLASH ermöglicht viele neue Experimente
beginnend bei der Atomphysik [RAB$^+$ 09, MJF$^+$ 07], über Plasmaphysik [NZF$^+$ 09] hin
zu einer breiten Palette ganz verschiedener, interdisziplinärer Gebiete; eine Momentauf-
nahme findet sich bei [BCC$^+$ 09]. Gegenwärtig entstehen weltweit eine Reihe von FEL-
Strahlungsquellen, die für den Spektralbereich vom Vakuum-Ultraviolett- bis zum Röntgenbereich bei 1 Å geplant sind und die existierenden technologischen Fortschritte aufgrei-
fen und weiterentwickeln. In Stanford ist 2009 die Linac Coherent Light Source (LCLS) in
Betrieb gegangen, die den Energiebereich von 600 eV–8 keV abdecken wird. Mit ersten spannenden Forschungsergebnissen mit dieser Quelle ist jetzt zu rechnen. In Hamburg befindet
sich XFEL als europäisches Großprojekt im Bau. Hier darf man noch höher-energetische
Strahlung bis unterhalb 1 Å erwarten, vor allem liefert XFEL dank supraleitendem Beschleuniger um ein vielfaches mehr Pulse pro Sekunde. So gesehen befindet sich gegenwärtig (2010)
die Forschung mit Synchrotronstrahlung in einer stürmischen Entwicklung.

Erste Experimente mit kurzwelligen FELs wurden bereits bei FLASH durchgeführt und lieferten zum Teil überraschende, auf jeden Fall aber bahnbrechende neue Ergebnisse [HAS].
Eine Kombination experimenteller Techniken der im sichtbaren und infraroten Wellenlängenbereich gebräuchlichen Ultrakurzzeit-Spektroskopie mit Techniken der Synchrotronstrahlungsforschung, die höchste Strukturauflösungen erreichen, werden in Zukunft das Studium grundlegender physikalischer, chemischer und biologischer Prozesse und der zeitlichen
Veränderung kleinster Strukturen ermöglichen. Filme in der Nanowelt könnten dann vom
Traum zur Realität werden.

Literaturverzeichnis

[A⁺ 00]   Andruszkow, J.; et al.: First Observation of Self-Amplified Spontaneous Emission in a Free-Electron Laser at 109 nm Wavelength. Phys. Rev. Lett. **85** (2000) 3825–3829

[A⁺ 02a]   Arthur, J.; et al.: Linac Coherent Light Source (LCLS) Conceptual Design Report SLAC-R-593, UC-414. Stanford, USA: SLAC 2002. Verfügbar unter http://www-ssrl.slac.stanford.edu/lcls/cdr/

[A⁺ 02b]   Ayvazyan, V.; et al.: Generation of GW Radiation Pulses from a VUV Free-Electron Laser Operating in the Femtosecond Regime. Phys. Rev. Lett. **88** (2002) 104802

[A⁺ 02c]   Ayvazyan, V.; et al.: A New Powerful Source for Coherent VUV Radiation: Demonstration of Exponential Growth and Saturation at the TTF Free-Electron Laser. Eur. Phys. J. D **20** (2002) 149–156

[A⁺ 03]   Ayvazyan, V.; et al.: Study of the Statistical Properties of the Radiation from a VUV SASE FEL Operating in the Femtosecond Regime. Nucl. Instrum. and Meth. A **507** (2003) 368–372

[A⁺ 06]   Ayvazyan, V.; et al.: First Operation of a Free-Electron Laser Generating GW Power Radiation at 32 nm Wavelength. Eur. Phys. J. D **37** (2006) 297–303

[A⁺ 07a]   Ackermann, W.; et al.: Operation of a Free Electron Laser in the Wavelength Range from the Extreme Ultraviolet to the Water Window. Nature Photonics **1** (2007) 336–342

[A⁺ 07b]   Altarelli, M.; et al. (Hrsg.): The European X-Ray Free-Elektron Laser. Technical Design Report. DESY Report DESY 2006-097 2007. Verfügbar unter http://xfel.desy.de/tdr/tdr

[B⁺ 03]   Bogacz, A.; et al.: CEBAF Energy Recovery Experiment. Proc. PAC 2003. Portland, OR, USA 2003. S. 195–197. Verfügbar unter www.jacow.org

[Bau 04]   Bauer, D.: Small Rare Gas Clusters in Laser Fields: Ionization and Absorption at Long and Short Laser Wavelengths. J. Phys. B: At. Mol. Opt. Phys. **37** (2004) 3085–3101

[BCC⁺ 09]   Bostedt, C.; Chapman, H. N.; Costello, J. T.; Lopez-Urrutia, J. R. C.; Duesterer, S.; Epp, S. W.; Feldhaus, J.; Foehlisch, A.; Meyer, M.; Moeller, T.; Moshammer, R.; Richter, M.; Sokolowski-Tinten, K.; Sorokin, A.; Tiedtke, K.; Ullrich, J.; Wurth, W.: Experiments at FLASH. Nucl. Instr. Meth. A **601** (2009) 108

[C⁺ 06]   Chapman, H. N.; et al.: Femtosecond Diffractive Imaging with a Soft-X-Ray Free-Electron Laser. Nature Physics **2** (2006) 839–843

[CHRB⁺ 07] Chapman, H. N.; Hau-Riege, S. D.; Bogan, M. J.; et al.: Femtosecond Time-Delay X-Ray Holography. Nature **448** (2007) 676

[Cso 78]   Csonka, P.: Enhancement of Synchrotron Radiation by Beam Modulation. Part. Acc. **8** (1978) 225

[DEM⁺ 77]   Deacon, D. A. G.; Elias, L. R.; Madey, J.; Ramian, G. J.; Schwettman, H. A.; Smith, T. I.: First Operation of a Free-Electron Laser. Phys. Rev. Lett. **38** (1977) 892–894

[DRG⁺ 06]   Düsterer, S.; Radcliffe, P.; Geloni, G.; Jastrow, U.; Kuhlmann, M.; Plönjes, E.; Tiedtke, K.; Treusch, R.; Feldhaus, J.; Nicolosi, P.; Poletto, L.; Yeates, P.; Luna, H.; Costello, J. T.; Orr, P.; Cubaynes, D.; Meyer, M.: Spectroscopic Characterization of Vacuum Ultraviolet Free Electron Laser Pulses. Opt. Lett. **31** (2006) 1750–1752

[ECC]   http://erl.chess.cornell.edu/

[EFM⁺ 76]   Elias, L. R.; Fairbank, W. M.; Madey, J. M. J.; Schwettman, H. A.; Smith, T. I.: Observation of Stimulated Emission of Radiation by Relativistic Electrons in a Spatially Periodic Transverse Magnetic Field. Phys. Rev. Lett. **36** (1976) 717–720

[EGLP 47]   Elder, F. R.; Gurewitsch, A. M.; Langmuir, R. V.; Pollock, H. C.: Radiation from Electrons in a Synchrotron. Phys. Rev. **71** (1947) 829–830

[FEL]   http://sbfel3.ucsb.edu/www/vl_fel.html

[FSS⁺ 97]   Feldhaus, J.; Saldin, E. L.; Schneider, J. R.; Schneidmiller, E. A.; Yurkov, M. V.: Possible Application of X-Ray Optical Elements for Reducing the Spectral Bandwidth of an X-Ray SASE FEL. Opt. Commun. **140** (1997) 341–352

[GBB⁺ 02]   Gruner, S. M.; Bilderback, D.; Bazarov, I.; Finkelstein, F.; Shen, Q.; Krafft, G.; Merminga, L.; Padamsee, H.; Sinclair, C.; Tinger, M.: Energy Recovery Linacs as Synchrotron Radiation Sources. Rev. Sci. Instr. **73** (2002) 1402–1406

[H⁺ 98]   Hogan, M. J.; et al.: Measurements of Gain Larger than 10^5 at $12\mu m$ in a Self-Amplified Spontaneous-Emission Free-Electron Laser. Phys. Rev. Lett. **81** (1998) 4867–4870

[HAS]   http://hasylab.desy.de/facilities/sr_and_fel_labs/

[I⁺ 04]   Ischebeck, R.; et al.: Measurement of the Transverse Coherence of the TTF Free Electron Laser. Proc. EPAC 2004. Lucerne, Switzerland 2004. 2577–2579, über www.jacow.org

[Jae 06]   Jaeglé, P.: Coherent Sources of XUV Radiation, Soft X-Ray Lasers and High-Order Harmonic Generation. New York: Springer 2006

[K⁺ 04]   Krasilnikov, M.; et al.: Optimizing the PITZ Electron Source for the VUV-FEL. Proc. EPAC 2004. Lucerne, Switzerland 2004. 360–362

[KS 80]   Kondratenko, A. M.; Saldin, E. L.: Generation of Coherent Radiation by a Relativistic Electron Beam in an Ondulator. Part. Accelerators **10** (1980) 207

[M⁺ 01]   Milton, S. V.; et al.: Exponential Gain and Saturation of a Self-Amplified Spontaneous Emission Free-Electron Laser. Science **292** (2001) 2037–2041

[Mad 71]   Madey, J. M. J.: Stimulated Emission of Bremsstrahlung in a Periodic Magnetic Field. J. Appl. Phys. **42** (1971) 1906–1913

[MJF⁺ 07]   Moshammer, R.; Jiang, Y. H.; Foucar, L.; Rudenko, A.; Ergler, T.; Schröter, C. D.; Lüdemann, S.; Zrost, K.; Fischer, D.; Titze, J.; Jahnke, T.; Schöffler, M.; Weber, T.; Dörner, R.; Zouros, T. J. M.; Dorn, A.; Ferger, T.; Kühnel, K. U.; Düsterer, S.; Treusch, R.; Radcliffe, P.; Plönjes, E.; Ullrich, J.: Few-Photon Multiple Ionization of Ne and Ar by Strong Free-Electron-Laser Pulses. Phys. Rev. Lett. **98** (2007) 203001

[MP 85]   Murphy, J. B.; Pellegrini, C.: Free Electron Lasers for the XUV Spectral
               Region. Nucl. Instrum. and Meth. A **237** (1985) 159–167

[MT 01]   Materlik, G.; Tschentscher, T. (Hrsg.): TESLA Technical Design Report, Part
               V. Hamburg: DESY Report 2001-011/TESLA-FEL 2001-05 2001. Verfügbar
               unter http://tesla.desy.de/new_pages/TDR_CD/PartV/fel.html

[NWvdS+ 00]   Neutze, R.; Wouts, R.; van der Spoel, D.; Weckert, E.; Hajdu, J.: Potential for
               Biomolecular Imaging with Femtosecond X-Ray Pulses. Nature **406** (2000)
               752–757

[NZF+ 09]   Nagler, B.; Zastrau, U.; Faeustlin, R. R.; Vinko, S. M.; Whitcher, T.; Nelson,
               A. J.; Sobierajski, R.; Krzywinski, J.; Chalupsky, J.; Abreu, E.; Bajt, S.; Bor-
               nath, T.; Burian, T.; Chapman, H.; Cihelka, J.; Doeppner, T.; Duesterer, S.;
               Dzelzainis, T.; Fajardo, M.; Foerster, E.; Fortmann, C.; Galtier, E.; Glenzer,
               S. H.; Goede, S.; Gregori, G.; Hajkova, V.; Heimann, P.; Juha, L.; Jurek, M.;
               Khattak, F. Y.; Khorsand, A. R.; Klinger, D.; Kozlova, M.; Laarmann, T.;
               Lee, H. J.; Lee, R. W.; Meiwes-Broer, K.-H.; Mercere, P.; Murphy, W. J.;
               Przystawik, A.; Redmer, R.; Reinholz, H.; Riley, D.; Roepke, G.; Rosmej, F.;
               Saksl, K.; Schott, R.; Thiele, R.; Tiggesbaeumker, J.; Toleikis, S.; Tschent-
               scher, T.; Uschmann, I.; Vollmer, H. J.; Wark, J. S.: Turning Solid Aluminium
               Transparent by Intense Soft X-Ray Photoionization. Nature Physics **5** (2009)
               693

[Pal 72]   Palmer, R. B.: Interaction of Relativistic Particles and Free Electromagnetic
               Waves in the Presence of a Static Helical Magnet. J. Appl. Phys. **43** (1972)
               3014–3023

[Pel 88]   Pellegrini, C.: Progress Toward a Soft X-Ray FEL. Nucl. Instrum. and Meth.
               A **272** (1988) 364–367

[R+ 07]   Radcliffe, P.; et al.: An Experiment for Two-Color Photoionization Using
               High Intensity Extreme-UV Free Electron and Near-IR Laser Pulses. Nucl.
               Instrum. and Meth. A **583** (2007) 516–525

[RAB+ 09]   Richter, M.; Amusia, M. Y.; Bobashev, S. V.; Feigl, T.; Juranic, P. N.; Mar-
               tins, M.; Sorokin, A. A.; Tiedtke, K.: Extreme Ultraviolet Laser Excites Ato-
               mic Giant Resonance. Phys. Rev. Lett. **102** (2009) 163002

[S+ 02]   Sobierajski, R.; et al.: Book of Abstracts FEL 2002. Argonne, USA, 9–13
               September 2002. II77–8

[SG 03]   Santra, R.; Green, C.: Xenon Clusters in Intense VUV Laser Fields. Phys.
               Rev. Lett. **91** (2003) 233401

[SS 00]   Shenoy, G. K.; Stöhr, J. (Hrsg.): LCLS – The First Ex-
               periments.   Stanford, USA: SLAC 2000.   Verfügbar unter
               http://www-ssrl.slac.stanford.edu/lcls/papers/LCLS_experiments_2.pdf

[SSY 99]   Saldin, E. L.; Schneidmiller, E. A.; Yurkov, M.: FAST: a Three-Dimensional
               Time-Dependent FEL Simulation Code. Nucl. Instrum. and Meth. A **429**
               (1999) 233–237

[SSY 00]   Saldin, E. L.; Schneidmiller, E. A.; Yurkov, M.: The Physics of Free Electron
               Lasers. Berlin-Heidelberg: Springer 2000

[TFG⁺ 03]   Tiedtke, K.; Feldhaus, J.; Gerth, C.; Hahn, U.; Jastrow, U.; Plönjes, E.; Steeg, B.; Treusch, R.: The SASE FEL at DESY: Photon Beam Diagnostics for the User Facility. Proc. SRI2003. San Francisco, U.S.A 2003. AIP Conf. Proc. **705** (2004) 588–592

[The 02]   The TESLA Test Facility FEL team: SASE FEL at the TESLA Test Facility, Phase 2. Hamburg, Germany: DESY Report TESLA-FEL 2002-01 2002

[TLX⁺ 00]   Treusch, R.; Lokajczyk, T.; Xu, W.; Jastrow, U.; Hahn, U.; Bittner, L.; Feldhaus, J.: Development of Photon Beam Diagnostics for VUV Radiation from a SASE FEL. Proc. FEL99. Nucl. Instrum. and Meth. A **445** (2000) 456–462

[Tre 05]   Treusch, R.: Photon Diagnostics for the VUV-FEL. HASYLAB Annual Report (2005) 159–164. Verfügbar über http://hasylab.desy.de/science/annual_reports/

[W⁺ 02]   Wabnitz, H.; et al.: Multiple Ionization of Atom Clusters by Intense Soft X-Rays from a Free-Electron Laser. Nature **420** (2002) 482–485

[WdCG⁺ 05]   Wabnitz, H.; de Castro, A. R. B.; Gürtler, P.; Laarmann, T.; Laasch, W.; Schulz, J.; Möller, T.: Multiple Ionization of Rare Gas Atoms Irradiated with Intense VUV Radiation. Phys. Rev. Lett. **94** (2005) 023001

[WDF⁺ 05]   Will, I.; Düsterer, S.; Feldhaus, J.; Plönjes, E.; Redlin, H.: Optical Laser Synchronized to the DESY VUV-FEL for Two-Color Pump-Probe Experiments. Proc. FEL2005. Stanford, CA, U.S.A 2005. S. 690–693. Verfügbar unter www.jacow.org

[Win 98]   Winick, H.: Synchrotron Radiation Sources – Present Capabilities and Future Directions. J. Syn. Rad. **5** (1998) 168–175. Und darin enthaltene Referenzen

[Y⁺ 00]   Yu, L.-H.; et al.: High-Gain Harmonic-Generation Free-Electron Laser. Science **289** (2000) 932–934

[Y⁺ 03]   Yu, L. H.; et al.: First Ultraviolet High-Gain Harmonic-Generation Free-Electron Laser. Phys. Rev. Lett. **91** (2003) 074801

[ZWW⁺ 09]   Ziaja, B.; Wabnitz, H.; Wang, F.; Weckert, E.; Möller, T.: Energetics, Ionization, and Expansion Dynamics of Atomic Clusters Irradiated with Short Intense Vacuum-Ultraviolet Pulses. Phys. Rev. Lett. **102** (2009) 205002

Abkürzungsverzeichnis

ADC	Analog-Digital-Converter
ADP	Adenosindiphosphat
AFM	Atomic Force Microscopy/Microscope
APPLE	Advanced Planar Polarized Light Emitter
APS	Advanced Photon Source
ARUPS	Angle Resolved Ultraviolet Photoelectron Spectroscopy
ARXPS	Angle Resolved X-Ray Photoelectron Spectroscopy
ASAXS	Anomalous Small-Angle X-Ray Scattering
ASPHERE	Angular Spectrometer for Photoelectrons with High Energy Resolution
ATP	Adenosintriphosphat
BESSY	Berliner Elektronenspeicherring
CCD	Charge Coupled Device
CFEL	Center for Free Electron Laser Science, Hamburg
CFS	Constant Final State
CIS	Constant Initial State
CMA	Cylindrical Mirror Analyzer
CNT	Carbon Nanotubes
COLTRIMS	Cold Ion Recoil Momentum Spectroscopy
CTR	Crystal Truncation Rod
CVD	Chemical Vapor Deposition
DELTA	Dortmunder Elektronenspeicherring-Anlage
DESY	Deutsches Elektronen-Synchrotron (Hamburg)
DLPC	Dilauroylphosphatidylcholin
DORIS	Doppelringspeicher, jetzt Synchrotronstrahlungsquelle
EDC	Energy Distribution Curve
ELSA	Elektronen-Stretcher-Anlage
ERL	Energy Recovery Linac
ESCA	Electron Spectroscopy for Chemical Analysis
ESRF	European Synchrotron Radiation Facility

EUV	Extreme Ultraviolet
EXAFS	Extended X-Ray Absorption Fine Structure
FEL	Freie-Elektronen-Laser
FET	Feldeffekt-Transistor
FLASH	Freie-Elektronen-Laser in Hamburg
FoV	Field of View
FWHM	Full Width at Half Maximum
HASYLAB	Hamburger Synchrotronstrahlungslabor
HONORMI	Hochauflösender Normal-Incidence-Monochromator
ID	Insertion Device
LAO	Local Anodic Oxidation
LCLS	Linac Coherent Light Source (Stanford)
LEED	Low Energy Electron Diffraction
LS	Laurinsäure
MAD	Multiple Anomalous Dispersion
MBE	Molecular Beam Epitaxy
MCA	Multi-Channel Analyzer
MCP	Micro-Channel Plate
MIRAS	Multiple Isomorphous Replacement with Anomalous Signals
MO	Molekülorbital
MOSFET	Metal Oxide Semiconductor Field Effect Transistor
MWNT	Multi-Wall Nanotubes
NEXAFS	Near Edge X-Ray Absorption Fine Structure
PEEM	Photoemission Electron Microscopy/Microscope
PES	Photoelectron Spectroscopy
PET	Polyethylenterephthalat
PETRA	Synchrotronstrahlungsquelle (DESY, Hamburg), früher Positron-Elektro-nen-Tandem-Ringbeschleuniger-Anlange
RIXS	Resonant Inelastic X-Ray Scattering
rms	root-mean-square
SANS	Small-Angle Neutron Scattering
SASE	Self-Amplified Spontaneous Emission
SAXS	Small-Angle X-Ray Scattering

SEM	Scanning Electron Microscopy/Microscope
SEXAFS	Surface Extended X-Ray Absorption Fine Structure
SIRAS	Single Isomorphous Replacement with Anomalous Signals
SLAC	Stanford Linear Accelerator Facility
SLS	Swiss Light Source (Villingen)
SME	Surfactant Mediated Epitaxy
SPE	Solid Phase Epitaxy
SPEAR	Stanford Positron Electron Accelerating Ring
SPELEEM	Spectroscopic Photoemission and Low Energy Electron Microscopy/ Microscope
SPEM	Scanning Photoelectron Microscopy/Microscope
SPSS	Sub-Picosecond Light Source
SR	Synchrotron Radiation
SRXRF	Synchrotron Radiation X-Ray Fluorescence Analysis
STM	Scanning Tunnelling Microscopy/Microscope
STXM	Scanning Transmission X-Ray Microscop/Microscope
SWNT	Single-Wall Nanotubes
SXRD	Surface X-Ray Diffraction
TAC	Time to Amplitude Converter
TEY	Total Electron Yield
TOF	Time Of Flight
TTF	TESLA Test Facility (Hamburg)
TXM	Transmission X-Ray Microscopy/Microscope
TXRF	Total Reflection X-Ray Fluorescence
UHV	Ultrahochvakuum
UPS	Ultraviolet Photoelectron Spectroscopy
USAXS	Ultra-Small-Angle X-Ray Scattering
VLS	Variable Line Spacing
VUV	Vakuum-Ultraviolett
WAXS	Wide-Angle X-Ray Scattering
XAFS	X-Ray Absorption Fine Structure
XANES	X-Ray Absorption Near-Edge Structure
XAS	X-Ray Absorption Spectroscopy
XFEL	X-Ray Free-Electron Laser, Europäisches Röntgenlaserlabor, Hamburg
XPD	X-Ray Photoelectron Diffraction
XPEEM	X-Ray Photoemission Electron Microscopy/Microscope
XPLEEM	X-Ray Photoemission and Low-Energy Electron Microscopy/Microscope

XPS   X-Ray Photoelectron Spectroscopy
XRF   X-Ray Fluorescence
XSW   X-Ray Standing Waves
XUV   Extremes Ultraviolett

ZP   Fresnel'sche Zonenplatte

Autorenverzeichnis

Fundamental-Konstanten in SI-Einheiten

magnetische Feldkonstante	μ_0	$= 4\pi \cdot 10^{-7}\,\mathrm{VsA^{-1}m^{-1}}$
Permeabilität des Vakuums		$= 1{,}256637... \cdot 10^{-6}\,\mathrm{VsA^{-1}m^{-}1}$
elektrische Feldkonstante	ε_0	$= (\mu_0 c^2)^{-1}$
Permittivität des Vakuums		$= 8{,}8541878... \cdot 10^{-12}\,\mathrm{AsV^{-1}m^{-1}}$
Lichtgeschwindigkeit	c	$= 2{,}99792458 \cdot 10^8\,\mathrm{ms^{-1}}$
Boltzmann-Konstante	k_B	$= 1{,}380658 \cdot 10^{-23}\,\mathrm{JK^{-1}}$
Faraday-Konstante	F	$= 9{,}6485309 \cdot 10^4\,\mathrm{Cmol^{-1}}$
Elementarladung	e	$= 1{,}602176 \cdot 10^{-19}\,\mathrm{C}$
Elektron-Ruhemasse	m_0	$= 9{,}1093897 \cdot 10^{-31}\,\mathrm{kg}$
Spezifische Elektronenladung	e/m_0	$= 1{,}75881962 \cdot 10^{11}\,\mathrm{Ckg^{-1}}$
Protonen-Ruhemasse	m_P	$= 1{,}6726231 \cdot 10^{-27}\,\mathrm{kg}$
Planck'sches Wirkungsquantum	h	$= 6{,}6260755 \cdot 10^{-34}\,\mathrm{Js}; \hbar = h/2\pi$
Rydberg-Konstante	R_∞	$= 1{,}0973731534 \cdot 10^7\,\mathrm{m^{-}1}$
Bohr'scher Radius	a_0	$= 0{,}529177249 \cdot 10^{-10}\,\mathrm{m}$
Bohr'sches Magneton	μ_B	$= 9{,}2740154 \cdot 10^{-24}\,\mathrm{Am^2}$
Kernmagneton	μ_K	$= 5{,}0507866 \cdot 10^{-27}\,\mathrm{Am^2}$
Compton-Wellenlänge des Elektrons	λ_e	$= 2{,}42631058 \cdot 10^{-12}\,\mathrm{m}$
Feinstruktur-Konstante	α	$= 7{,}29735308 \cdot 10^{-3}$
Avogadro-Konstante (Loschmidt-Zahl)	N_L	$= 6{,}0221 \cdot 10^{23}\,\mathrm{mol^{-1}}$
klassischer Elektronenradius	r_0	$= 2{,}81794 \cdot 10^{-15}\,\mathrm{m}$

nach CODATA 2006, http://physics.nist.gov/cuu/Constants/

Energie-Umrechnungstabelle

		J	eV	cm^{-1}
1 Joule (J)	$\triangleq$	1	$6{,}251512 \cdot 10^{18}$	$5{,}03404 \cdot 10^{22}$
1 eVolt (eV)	$\triangleq$	$1{,}602176 \cdot 10^{-19}$	1	$8{,}06548 \cdot 10^{3}$
1 $cm^{-}1$	$\triangleq$	$1{,}98648 \cdot 10^{-23}$	$1{,}23985 \cdot 10^{-4}$	1
1 K	$\triangleq$	$1{,}38066 \cdot 10^{-23}$	$8{,}61735 \cdot 10^{-5}$	$6{,}95030 \cdot 10^{-1}$
1 GHz	$\triangleq$	$6{,}62608 \cdot 10^{-25}$	$4{,}13564 \cdot 10^{-}6$	$3{,}33560 \cdot 10^{-2}$

		K	GHz
1 Joule (J)	$\triangleq$	$7{,}24290 \cdot 10^{22}$	$1{,}50919 \cdot 10^{24}$
1 eVolt (eV)	$\triangleq$	$1{,}16045 \cdot 10^{4}$	$2{,}41801 \cdot 10^{5}$
1 $cm^{-}1$	$\triangleq$	$1{,}43879$	$2{,}99796 \cdot 10^{1}$
1 K	$\triangleq$	1	$2{,}0836 \cdot 10^{1}$
1 GHz	$\triangleq$	$4{,}79921 \cdot 10^{-2}$	1

Sachverzeichnis

Aus dem Programm Physik

Dobrinski, Paul / Krakau, Gunter / Vogel, Anselm

Physik für Ingenieure

11., durchges. Aufl. 2007. 703 S. Periodensystem der Elemente,
Spektraltafel 4c Geb. EUR 39,90
ISBN 978-3-8351-0020-6

Mechanik - Wärmelehre - Elektrizität und Magnetismus - Strahlenoptik
- Schwingungs- und Wellenlehre - Atomphysik - Festkörperphysik -
Relativitätstheorie

Neben den klassischen Gebieten der Physik werden auch moderne
Themen, z.B. makroskopische Quanten-Effekte wie Laser, Quanten-Hall-
Effekt und Josephson-Effekte, die in der Anwendung immer wichtiger
werden, ausführlich dargestellt. Zahlreiche Beispiele stellen immer
wieder den Bezug zur Praxis heraus. Für eine optimale Unterstützung
des Selbststudiums enthält das Buch ca. 300 Aufgaben mit Lösungen.

**VIEWEG+
TEUBNER**

Abraham-Lincoln-Straße 46
65189 Wiesbaden
Fax 0611.7878-400
www.viewegteubner.de

Stand Juli 2009.
Änderungen vorbehalten.
Erhältlich im Buchhandel oder im Verlag.

Aus dem Programm Chemie

Claus Czeslik / Heiko Seemann / Roland Winter,

Basiswissen Physikalische Chemie

3., überarb. u. erw. Aufl. 2009. XVI, 372 S. mit 159 Abb. u. 30 Tab.
(Studienbücher Chemie, hrsg. von Elschenbroich, Christoph / Hensel,
Friedrich / Hopf, Henning) Br. EUR 39,90
ISBN 978-3-8351-0253-8

Aggregatzustände - Thermodynamik - Aufbau der Materie - Statistische Thermodynamik - Oberflächenerscheinungen - Elektrochemie
- Reaktionskinetik - Molekülspektroskopie

Das Basiswissen der Physikalischen Chemie wird in klarer und
kompakter Weise dargestellt. Angesichts des Umfangs traditioneller
Lehrbücher der Physikalischen Chemie soll der hier dargebotene Stoff
das Lernen für Prüfungen und Klausuren erleichtern. Ziel des Buches
ist es, für die fortgeschrittene und spezielle Ausbildung in diesem
Fach ein tragfähiges - mathematisch fundiertes - Fundament zu legen.
Neben der makroskopischen, phänomenologischen Beschreibungs-
weise kommt der molekularen theoretischen Deutung der Begriffe
und Gesetzmäßigkeiten eine zentrale Rolle zu. Wichtige Aspekte der
quantenmechanischen Darstellung molekularer Eigenschaften werden
ebenfalls besprochen.
In der 3. Auflage wurden kleinere Verbesserungen und Ergänzungen
vorgenommen.

**VIEWEG+
TEUBNER**

Abraham-Lincoln-Straße 46
65189 Wiesbaden
Fax 0611.7878-400
www.viewegteubner.de

Stand Januar 2010.
Änderungen vorbehalten.
Erhältlich im Buchhandel oder im Verlag.